"基于系统能力培养的计算机专业课程建设研究"项目规划教材
普通高等教育"十一五"国家级规划教材

北京高等教育精品教材

计算机网络实验教程

Computer Network Experimental Tutorial

第2版

钱德沛 张力军 编著

高等教育出版社·北京

内容提要

本书共有十七个实验，内容分为网络基本原理、路由协议、网络新技术和网络综合应用四部分，包括实验入门、链路层、网络层、传输层、应用层、RIP、OSPF协议、BGP、组播、IPv6、MPLS、无线网络、无线传感器网络、网络管理、网络编程、复杂网络组建、综合组网实验。每个实验均设计了预习报告和实验报告，以方便实验教学使用。同时，与本书配套的计算机网络实验MOOC课程和在线网络实验平台已在北航学堂MOOC平台上线。

本书在实验设计中力图覆盖计算机网络基本原理的主要内容和知识点，突出通过实验使学生系统深入地分析和理解网络协议的原理和实现过程，并面向工程实践，通过实际操作网络设备和模拟真实网络设计，提高学生的工程实践能力。同时紧跟网络技术发展的前沿，设计了一些网络新技术相关的实验。

本书可作为计算机类专业本科生和研究生的网络实验课程教材，对从事计算机网络工作的工程技术人员也有参考价值。

图书在版编目(CIP)数据

计算机网络实验教程 / 钱德沛,张力军编著.--2版.--北京:高等教育出版社,2017.9（2020.12重印）
ISBN 978-7-04-047326-1

Ⅰ.①计… Ⅱ.①钱… ②张… Ⅲ.①计算机网络-高等学校-教材 Ⅳ.①TP393

中国版本图书馆CIP数据核字(2017)第022842号

Jisuanji Wangluo Shiyan Jiaocheng

策划编辑 韩 飞　责任编辑 韩 飞　封面设计 张申申　版式设计 张 杰
插图绘制 杜晓丹　责任校对 刘娟娟　责任印制 赵义民

出版发行 高等教育出版社
社 址 北京市西城区德外大街4号
邮政编码 100120
印 刷 北京中科印刷有限公司
开 本 787mm×1092mm 1/16
印 张 37.75
字 数 840千字
购书热线 010-58581118
咨询电话 400-810-0598
网 址 http://www.hep.edu.cn
http://www.hep.com.cn
网上订购 http://www.hepmall.com.cn
http://www.hepmall.com
http://www.hepmall.cn
版 次 2005年4月第1版
2017年9月第2版
印 次 2020年12月第2次印刷
定 价 59.00元

本书如有缺页、倒页、脱页等质量问题，请到所购图书销售部门联系调换

物 料 号 47326-00

数字课程资源使用说明

与本书配套的数字课程资源发布在高等教育出版社易课程网站，请登录网站后开始课程学习。

一、注册/登录

访问 http://abook.hep.com.cn/1863720，点击“注册”，在注册页面输入用户名、密码及常用的邮箱进行注册。已注册的用户直接输入用户名和密码登录即可进入“我的课程”页面。

二、课程绑定

点击“我的课程”页面右上方“绑定课程”，正确输入教材封底防伪标签上的20位密码，点击“确定”完成课程绑定。

三、访问课程

在“正在学习”列表中选择已绑定的课程，点击“进入课程”即可浏览或下载与本书配套的课程资源。刚绑定的课程请在“申请学习”列表中选择相应课程并点击“进入课程”。

四、资源说明

与本书配套的数字课程资源包括电子教案、设备部署和配置文件、附录等，以便读者学习使用。

如有账号问题，请发邮件至：abook@hep.com.cn。

序

从技术的角度看,现代计算机工程呈现出系统整体规模日趋庞大、子系统数量日趋增长且交联关系日趋复杂等特征。这就要求计算机工程技术人才必须从系统的高度多维度地研究与构思,综合运用多种知识进行工程实施,并在此过程中反复迭代以寻求理想的系统平衡性。上述高素质计算机专业人才的培养,是当前我国高校计算机类专业教育的重要目标。

经过半个多世纪的建设,我国计算机专业课程体系完善、课程内容成熟,但在高素质计算机专业人才的培养方面还存在一些普遍性问题。

(1) 突出了课程个体的完整性,却缺乏课程之间的融通性。每门课程教材都是一个独立的知识体,强调完整性,相关知识几乎面面俱到,忽略了前序课程已经讲授的知识以及与课程之间知识的相关性。前后课程知识不能有效地整合与衔接,学生难以系统地理解课程知识体系。

(2) 突出了原理性知识学习,却缺乏工程性实现方法。课程教学往往突出原理性知识的传授,注重是什么、有什么,却缺乏一套有效的工程性构建方法,学生难以实现具有一定规模的实验。

(3) 突出了分析式教学,却缺乏综合式教学。分析式教学方法有利于学习以往经验,却难于培养学生的创新能力,国内高校计算机专业大多是分析式教学。从系统论观点看,分析式方法是对给定系统结构,分析输入输出关系;综合式方法是对给定的输入输出关系,综合出满足关系的系统结构。对于分析式教学方法来说,虽然学生理解了系统原理,但是仍然难于重新构造系统结构。只有通过综合式教学方法,才能使得学生具有重新构造系统结构的能力。

在此背景下,教育部高等学校计算类专业指导委员会提出了系统能力培养的研究课题。这里所说的"系统能力",是指能理解计算机系统的整体性、关联性、动态性和开放性,掌握硬软件协同工作及相互作用机制,并综合运用多种知识与技术完成系统开发的能力。以系统能力培养为目标的教学改革,是指将本科生自主设计"一台功能计算机、一个核心操作系统、一个编译系统"确立为教学目标,并据此重构计算机类课程群,即注重离散数学的基础,突出"数字逻辑""计算机组成""操作系统""编译原理"4 门课程群的融合,形成边界清晰且有序衔接的课群知识体系。在教学实验上,强调按工业标准、工程规模、工程方法以及工具环境设计与开发系统,提高学生设计开发复杂工程问题解决方案的系统能力。

在课题研究的基础上,计算机类教学指导委员会研制了《高校计算机类专业系统能力培养研究报告》(以下简称《研究报告》)。其总体思路是:通过对系统能力培养的课程体系教学工作凝练总结,明确系统能力培养目标,展现各学校已有的实践和探索经验;更重要的是总结出一般性方法，推动更多高校开展计算机类专业课程改革。国内部分高校通过长期的系统能力培养教学改革探索与实践，不仅提高了学生的系统能力，同时还总结出由顶层教学目标驱动“课程群为中心”的课程体系建设模式，为计算机专业改革提供了有益参考。这些探索与实践成果，也为计算机类专业工程教育认证中的复杂工程问题凝练，以及解决复杂工程问题能力提供了很好的示范。

高水平的教材是一流专业教育质量的重要保证。在总结系统能力培养教学改革探索与实践经验的基础上，国内部分高校也组织了计算机专业教材编写。高等教育出版社为《研究报告》的研制以及出版这批具有创新实践性的系列教材提供了支持。这些教材以强化基础、突出实践、注重创新为原则，体现了计算机专业课程体系的整体性与融通性特点，突出了教学分析方法与综合方法的结合，以及系统能力培养教学改革的新成果。相信这些教材的出版，能够对我国高校计算机专业课程改革与建设起到积极的推动作用，对计算机专业工程教育认证实践起到很好的支撑作用。

教育部高等学校计算类专业教学指导委员会秘书长

马殿富

2016 年 7 月

第2版前言

计算机网络对人类生活、工作、学习和科学研究的方式产生着越来越重要的影响。计算机网络技术作为计算机学科最重要的研究领域和社会信息基础设施的支撑技术之一,在飞速发展的同时也存在大量急需解决的挑战性问题。因此,研究网络的基础理论,解决网络发展的关键技术,培养适应网络时代需要的高质量人才,是计算机类学科在新形势下的重要任务之一。而建设先进的网络实验体系和实验教材,对于培养网络时代高质量人才尤其重要。

本书是在北京航空航天大学(以下简称北航)计算机网络实验课程建设过程中逐步形成的。通过与H3C公司合作,建设了北航-H3C计算机网络实验室,并合作开发教材。《计算机网络实验教程(第一版)》自2005年4月正式出版以来,经过了十余届学生的使用,取得了良好的教学效果,受到了学生和同行们的广泛好评。

在十余年的教学实践中,针对网络实验教学中出现的问题,结合网络技术的发展,课程团队每年都不断地对教材进行改进和补充,经过十多年的积累,形成了《计算机网络实验教程》的第二版。

本书在第一版的基础上进行了较大的调整与修改,删去了第一版的实验十五(基于IXA架构的网络实验),新增了实验十三(无线网络实验)、实验十四(无线传感器网络实验)和实验十七(综合组网实验)3个实验;对实验二(数据链路层实验)、实验四(传输层实验)、实验七(OSPF协议实验)、实验九(网络管理实验)、实验十(组播实验)、实验十一(IPv6技术实验)和实验十五(网络编程实验)7个实验进行了重新编写;其他实验也都进行了调整与改进,充实了实验内容和实验类型。

本书作为计算机类专业本科生和研究生的网络实验课程教材,内容分为网络基本原理、路由协议、网络新技术和网络综合应用四部分。在内容的安排上采取由易到难、循序渐进的方式,先通过基础的原理实验以加深对网络原理和技术的理解,进而逐步涉及难度较大的设计型和研究型实验。

第一部分是网络基本原理实验,包括实验入门、链路层、网络层、传输层和应用层实验。第二部分是路由协议实验,主要包括RIP、OSPF协议、BGP实验。第三部分是网络新技术实验,包括组播、IPv6、MPLS、无线网络、无线传感器网络实验。第四部分是综合应用实验,包括网络管理、网络编程、复杂网络组建、综合组网实验。

本书是在参考国内外相关文献资料和H3C公司培训教材的基础上,结合北航自己的教学实践而编写的,有一定的特色。本书使用H3C公司网络设备设计和开发实验,将直接适用于拥有

H3C 网络设备的实验室,但对拥有其他公司产品的网络实验设计也有一定的参考作用。

本书实验一~实验七的内容涉及计算机网络的基本原理,可以根据具体情况选择使用。实验八~实验十四可作为计算机类专业研究生网络实验课程的主体内容,可以根据课时安排和实验环境选择其中一部分,对于实验十五~实验十七的综合实验部分,可以根据教学需求选择 1~2 个实验供本科生或研究生教学使用。当然,也可以选择本书的一部分内容作为非计算机类专业本科生或研究生教学使用。本书的每个实验均附有预习报告和实验报告,以方便实验教学使用。

另外,与本书配套的计算机网络实验 MOOC 课程和在线实验平台已上线,读者可以在北航学堂在线网站访问本课程,下载相关的教学视频、课件、实验报告、学习资料。并且可以访问计算机网络在线实验平台,远程预约实验设备,通过远程组网,配置交换机、路由器,分析截获报文等方式,体验突破时间空间的限制,随时随地进行网络实验的感觉。

本书由北航钱德沛教授和张力军副教授主编,统一规划和设计全书。全书共分为十七个实验,实验一、实验四、实验五、实验七、实验十、实验十二、实验十三、实验十四、实验十六由张力军老师编写,实验二由张力军和吕良双老师编写,实验三由吴秀娟老师编写,实验六和实验八由焦福菊老师编写,实验十一由吕良双老师编写,实验九、实验十五、实验十七由刘艳芳老师编写。另外,研究生连林江、王晓雷、臧海峰、崔雪菲、贺会龙、纪金堡、祝铭、刘锐、杨岱青、张毅、高山、石新凌、胡莉婷、徐海航、袁园园、乔俊龙、袁永鑫、孟振伟、孙青、付陈和李若巍等同学也参加了部分教材的编写工作。

本书很多实验内容参考了 H3C 公司培训中心的培训教材和有关资料,H3C 公司的工程师朱冬光、刘凤敏、陈喆、李彦宾等在教材编写中给予了很大的支持与帮助。谨在此表示衷心的感谢。

作者水平有限,不妥和错误之处请读者批评指正,编者邮箱:ljzhang@ buaa.edu.cn。

编　者

2016 年 7 月 20 日

第1版前言

随着计算机网络的迅猛发展,计算机网络对人类生活、工作、学习和科学研究的方式产生着越来越重要的影响。计算机网络技术作为计算机学科最重要的研究领域和最重要的社会信息基础设施支撑技术之一,在飞速发展的同时也存在大量急需解决的挑战性问题。因此,研究网络的基础理论,解决网络发展的关键技术,培养适应网络时代需要的高质量人才,是计算机科学与技术学科(以下简称计算机学科)在新形势下的首要任务。建设先进的网络实验体系和实验教材,对于培养网络时代高质量人才具有尤其重要的意义。

目前,国内许多著名的高校在计算机学科的本科生和研究生课程中都开设了计算机网络类课程,并开设具体的实验。但是,由于网络通信设备价格昂贵而经费有限,大多数高校的网络实验都是偏向组网和网络应用方面的实验。完整覆盖计算机网络技术的各个层次和方面的网络实验体系在国内高校中十分少见,而与之配套的网络实验教材更是缺乏。

本书是在北京航空航天大学(以下简称北航)先进计算机网络实验中心建设过程中逐步形成的。通过与华为公司合作,建设北航—华为计算机网络实验室并合作开发教材,以及总结近几年本科生和研究生网络实验课的教学实践,我们认为编写和出版网络实验教材的时机已经成熟。

本书作计算机专业本科生和研究生网络实验教材,内容分为网络基本原理、网络路由协议分析、网络管理、网络编程应用和先进网络技术五部分。在内容的安排上力求循序渐进,先通过基础的原理实验来加深对网络原理和技术的理解,进而逐步涉及难度较大的设计型和研究型实验。

第一部分是网络基本原理实验,包括基本组网、链路层、网络层、传输层和应用层协议分析实验。第二部分是路由协议分析实验,主要包括 RIP 分析、OSPF 协议分析、BGP 分析、复杂组网实验。第三、四部分分别是网络管理实验和网络编程应用实验。第五部分是先进网络技术实验,包括基于 IXA 架构的网络交换和路由设计实验、组播实验、MPLS 实验、IPv6 实验。

本书是在参考国内外最新文献资料和华为公司培训教材的基础上,结合我们自己的教学和科研实践而编写的,有一定的特色。本书使用华为公司网络设备设计和开发实验,将直接适用于拥有华为网络设备的实验室,但对拥有其他公司产品的网络实验设计也有较好的参考作用。

本书前 7 个实验内容涉及计算机网络的基本原理,可以根据具体情况选择使用。后面的 8 个实验可作为计算机专业研究生网络实验的主体内容,可以根据课时安排和实验环境选择其中一部分。当然,也可以选择本书的一部分内容作为本科生或非计算机专业研究生教学使用。

本书是在具备比较扎实的计算机网络基本原理的基础上使用的。每个实验均附有预习报告和实验报告,其中实验报告、实验课件、实验中使用的软件和复杂组网实验中的部署和设备配置文件,均可以从高等教育出版社网站下载,以方便实验使用。网站链接地址为:http://www.hep-st.com.cn。

本书由北航钱德沛教授主编,对全书进行统一规划和设计。全书共分为 15 个实验,实验一~实验六、实验八、实验十和实验十三由北航张力军博士编写,实验七由华为公司陈喆老师和北航张力军博士编写,实验九由华为公司李彦宾老师和北航张力军博士编写,实验十一和实验十五由北航王卓老师编写,实验十二和实验十四由北航洪飞博士编写。北航研究生刘兵圹、王晓东、王金辉、丁楠、谢婷婷、连林江和王海省等也参加了部分编写工作。

本书很多实验内容参考了华为公司培训中心的培训教材和有关资料,华为公司的汪济民、张仁军、朱冬光、赵广、陈喆、李彦宾、许青邦等在教材编写中给予了很大的支持和帮助。北京大学李晓明教授审阅了全书,并提出了宝贵的意见。北航计算机学院马殿富院长、刘旭东副院长、张莉副院长等领导也给予了多方面的支持和帮助。谨在此表示衷心的感谢。

作者水平有限,不妥和错误之处望读者指正。

编　者

2005 年 4 月 8 日

目　录

实验一　网络实验入门

1　实验内容

实验一
内容介绍

(1) 实验环境及设备简介。
(2) 网线的制作和测试。
(3) 路由器和交换机的基本配置。
(4) 报文分析软件简介。
(5) 简单局域网组建实验。
(6) 基于地址转换的组网实验。

网络实验
课程宣传片

2　实验环境及设备简介

2.1　北航计算机网络实验室简介

北京航空航天大学(以下简称北航)计算机网络实验室由网络实验教室和中心机房两部分组成。如图 1-1 所示,中心机房部署着网络实验室的核心设备,有 10 台中高端路由器和交换机。图 1-2 所示的实验教室是学生做实验的地方,它以小组为单位,共有 18 个小组。每个小组都预先布设了多根网线与中心机房的配线架相连,通过跳线灵活地进行组网,从而实现从小组、多组到全体的多种实验方式。

每次实验中每组最多支持 4 人,每人一台计算机,共用一个实验机柜,机柜中有两台路由器、两台三层交换机和一个集线器。桌子和实验机柜并列一排,实验机柜居中。学生通过在实验机柜的配线架上连线,结合在计算机和网络设备上的操作,完成相应的实验内容。

实验机柜由橱窗、配线架和抽屉三部分组成,橱窗部分主要放置路由器、交换机和集线器,配线架是 24 口的标准配线架,两个抽屉主要用来放置实验工具和线缆。

图 1-3 所示是一个 24 口配线架的正面和背面,正面的每个端口有 8 个引脚,分别与背面的 8 个线卡相连,背面的线卡可以卡接标准的双绞线。如图 1-4 所示,按照 EIA/TIA568B 的标准,24 口配线架卡接了 24 根标准双绞线的一端,双绞线的另一端接一个 RJ-45 的水晶头或者网络接线模块。

图 1-1　网络实验中心机房

(a) 网络实验教室

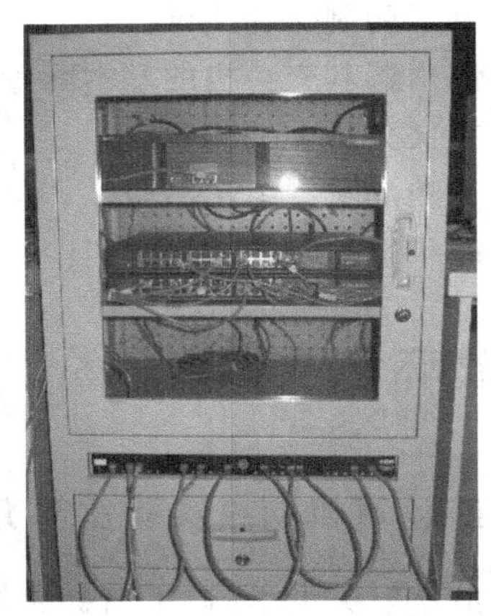

(b) 机柜

图 1-2　网络实验教室和机柜

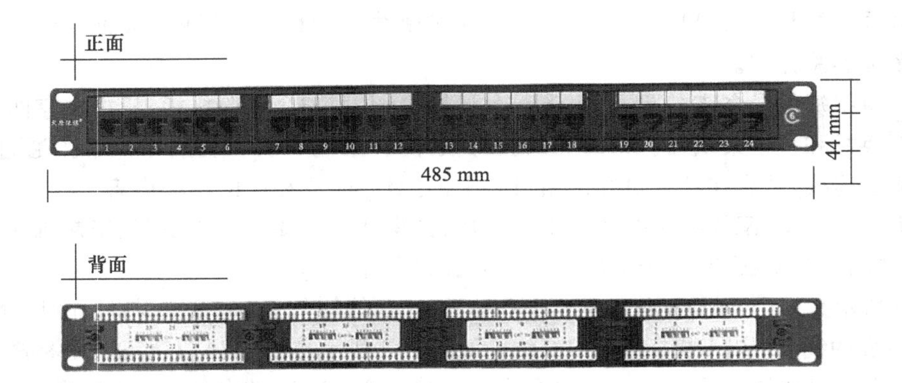

图 1-3　24 口配线架的正面和背面

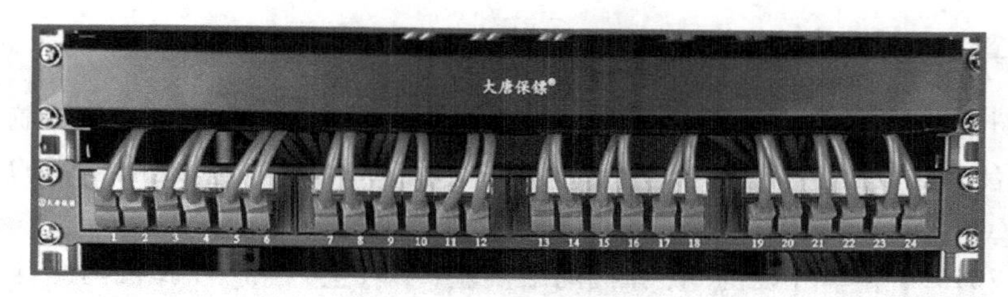

(a) 正面布线视图

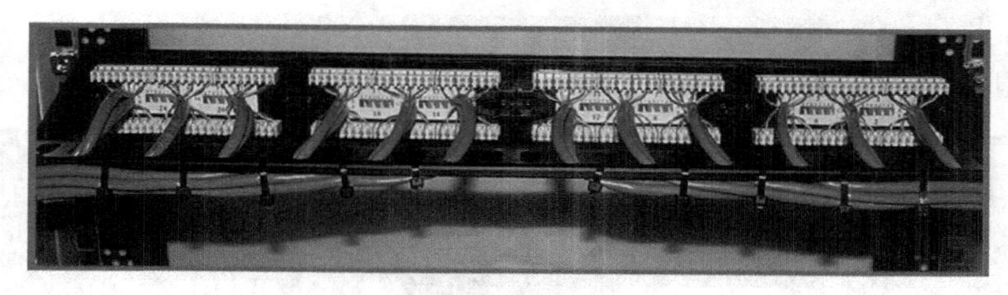

(b) 背面布线视图

图 1-4 配线架在网络布线中的应用

在实验机柜内部,将配线架上双绞线的另一端与计算机、路由器、交换机的对应端口相连接,并用标签标识。这样,就将路由器、交换机和计算机的所有在实验中需要用到的以太网端口,都通过直通双绞线引到了配线架的相应端口上,学生进行组网连线时,只需要在配线架上用短跳线进行连接,而不需要对路由器和交换机的相关端口频繁地进行插拔线操作,也不需要频繁地搬动设备进行连线。这样,在保证不影响实验效果的前提下,在最大程度上保证了昂贵的网络设备不被损坏,还使得实验组网既方便又高效。

实验机柜配线架标签标识如图 1-5 所示,其中,R1、R2 是路由器编号,S1、S2 是交换机编号,其下面的符号表示路由器或交换机相应的端口;PCA、PCB、PCC、PCD 表示每组中的 4 台计算机网卡接口,Console 口表示路由器或交换机的配置口。

PCA	PCB	S1 CONSOLE	S2 CONSOLE	R1 CONSOLE	R2 CONSOLE
S1 E0/1	S1 E0/2	S1 E0/13	S1 E0/14	S1 E0/23	S1 E0/24
S2 E0/1	S2 E0/2	S2 E0/13	S2 E0/14	S2 E0/23	S2 E0/24
R1 E0/0	R1 E0/1	R2 E0/0	R2 E0/1	PCC	PCD

图 1-5 机柜配线架标签标识

2.2　北航计算机网络实验 MOOC 课程网站

MOOC 课程网址

为了促进计算机网络实验课程教学的开展和本教材的使用，笔者专门在北航学堂 MOOC 平台上建设了本科生和研究生的网络实验 MOOC 课程。北航学堂的网址是：http://www.mooc.buaa.edu.cn。

图 1-6 是 2015 年春季开设的“计算机网络实验（本科生）”和“计算机网络与通信实验（研究生）”两门 MOOC 课程的网页。

(a) “计算机网络实验（本科生）” 课程

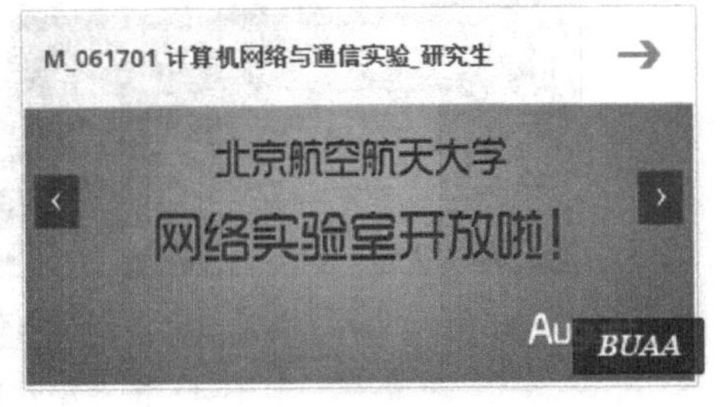

(b) “计算机网络与通信实验（研究生）” 课程

图 1-6　两门网络实验 MOOC 课程网站

该 MOOC 课程网站主要提供教学资源共享、实验指导、实验报告、作业批改、实验评测、交流讨论、通知公告、教学数据的存储、分析和统计等功能。资源共享主要包括教学课件、实验指导书、实验报告、教学视频、参考文献、国际标准、工程应用案例、优秀实验项目、网络模拟软件、网络实验工具软件等，交流讨论将采用 MOOC 在线社交网络功能。

2.3　远程在线计算机网络实验平台简介

当前大学中的网络实验室因为管理、维护和安全等方面的原因，无法做到全天候自由开放，学生做实验存在场所、时间和内容等方面的限制。而采用网络模拟器软件进行虚拟仿真网络实验，又存在实验的真实性不足、工程实践性差、软件功能和可靠性方面无法与商用级设备相比等问题。针对上述问题，笔者本着“虚实结合，能实不虚”的原则，探索了远程在线计算机网络实验教学的新模式，将真实的由商用级路由器和交换机组成的网络实验环境部署到互联网上，使学生能够随时、随地进行网络实验，并且能够满足多人远程异地在线联合实验，教师能够同步进行远程实验指导与考查。

2.3.1　远程在线计算机网络实验平台

远程在线网络实验环境介绍

针对远程在线网络实验教学的需求，北航专门建设了远程在线计算机网络实验平台，其结构如图 1-7 所示。整个平台由若干组实验设备、管理与应用服务器组和安全防护三部分组成。服务器组主要由在线实验课程网站、课程实时监控系统、课程管理系统和后台数据库组成;网络安全防护部分主要包括部署防火墙、入侵检测系统和网络安全审计系统,用以保证整个平台的安全性。

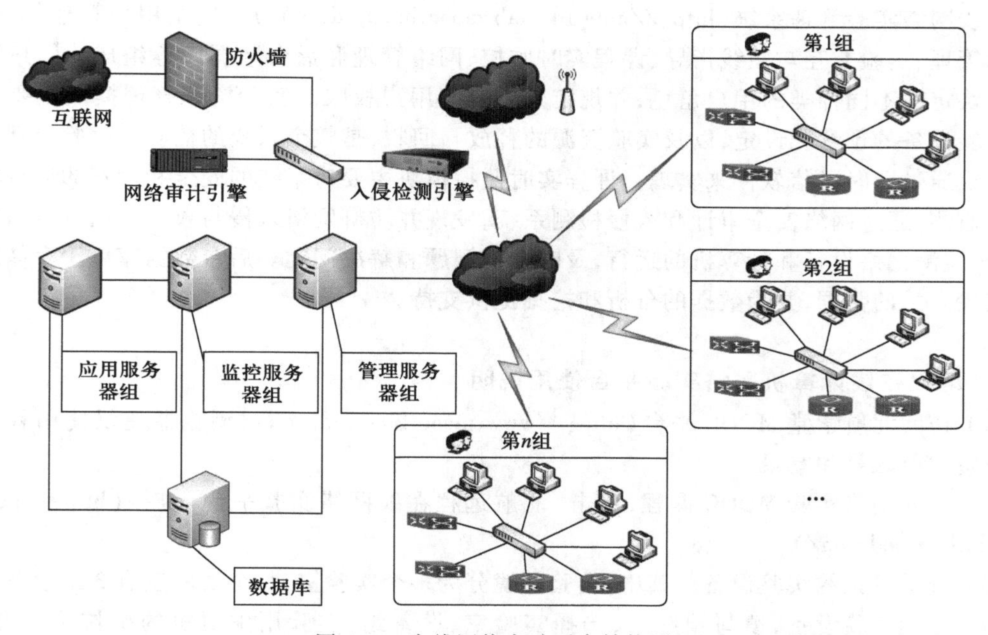

图 1-7　在线网络实验平台结构图

实验设备部分包括若干组,每组的实验设备包括 4 台虚拟机、2 台路由器和 2 台三层交换机。每台虚拟机专门配置一台路由器或交换机。应用 VMware Workstation 软件的远程共享虚拟化技术,实现对每组 4 台虚拟机的远程共享,实现了多名学生远程、异地在线联合实验,教师远程同步在线指导与考查。学生在宿舍或家里可以像在网络实验室一样进行网络实验,完成远程组网、配置路由器和交换机、分析协议报文等实验操作,具有与在网络实验室几乎一样的实验体验。

基于这个实验平台,能够完成几乎所有在网络实验室才能够完成的实验,包括网络设备基本配置与组网、数据链路层、网络层、传输层、应用层、RIP 路由协议、OSPF 路由协议、BGP 路由协议、IPv6 技术、组播技术、MPLS VPN 技术、网络管理、综合网络组建等实验。

同时,该实验平台具有良好的可扩展性,不仅能够满足基于网络设备的远程在线实验,而且还能够结合 H3C 公司的网络模拟软件 HCL,利用虚拟机上运行 HCL 软件就可以模拟一台网络设备的特点,可以实现路由器、交换机、虚拟机与网络模拟器的虚实结合实验,可以有效提高实验的规模和水平。同时,利用虚拟机可以支持 Linux、Windows 等多种操作系统的特点,可以支持学生的自主型的提高层次实验,通过在虚拟机上自主设计与实现网络协议或算法,并随时可以与远程平台上的网络设备进行联调测试与验证,为学生开展研究创新型实践活动提供良好的支持。

2.3.2　在线网络实验管理系统

在线网络实验管理系统(http://network-lab.mooc.buaa.edu.cn/)主要由用户管理与认证、实验资源管理、实验交互与在线指导、课程实时监控、网络管理和后台数据库等组成。用户管理与认证模块定义不同种类的用户角色,并规定其相应的用户权限。实验资源管理模块主要完成用户对实验设备的预约和设定,以及实验资源的释放与回收,是整个系统的核心。实验交互与在线指导模块通过即时通信软件来实现。课程实时监控模块主要对系统的安全和设备的运行状况进行实时监测,通过网络安全审计和入侵检测系统,发现并防御网络入侵与攻击。通过网络管理系统,实时监测网络设备和计算机的运行,及时发现问题和解决问题。后台数据库用于存储所有与在线实验有关的数据,并为数据的分析和挖掘提供支持。

2.3.3　远程在线计算机网络实验平台使用说明

(1) 访问北航学堂 MOOC 平台(http://www.mooc.buaa.edu.cn),浏览器建议使用谷歌浏览器。免费注册账号和登录。

(2) 进入网络实验 MOOC 课程,单击“北航远程在线网络实验平台”链接(http://network-lab.mooc.buaa.edu.cn/)

(3) 查看可预约实验设备。其中,实验环境分为多个实验室,每个实验室有 3 组设备。

(4) 预约实验设备,填写预约单,选择实验室、设备组、实验用虚拟机的操作系统、时间段(目前只支持以 1 h 为单位)、助手(共同参与实验的学生)人数、实验项目等。

(5) 预约成功后,会分配给用户和助手临时的账号和密码,以及实验用的远程登录服务器地址和端口号。在预约时间,用 VMware Workstation 软件(版本 10 以上,需要预先下载并安装软件,可以用试用版)连接远程虚拟服务器,进行网络实验。

(6) 熟悉实验环境。每组实验设备有 4 台虚拟机、2 台路由器、2 台交换机、1 台组网连线设备。每台虚拟机的 Com 口通过 Console 线与某台网络设备的 Console 口相连,实现对该设备的配置。具体为:PCA 配置交换机 S1,PCB 配置交换机 S2,PCC 配置路由器 R1,PCD 配置路由器 R2。

(7) 依次开启所分配的 4 台虚拟机,分别双击各台 PC 桌面上的超级终端“S1”、“S2”、“R1”、“R2”图标,按 Enter 键就可以看到用户视图<quidway>或<h3c>。

(8) 清空上一时间段同学实验留下的配置,有两种方法:

① 推荐使用清空配置命令脚本方式,先查看该设备当前的配置,适当编辑桌面上的清空配置命令的脚本文件,选中并复制需要使用的命令脚本,在超级终端软件界面上,点击鼠标右键,选择“粘贴至主机”。这种方法比较方便、快捷和节省时间。

② 重新启动网络设备的方式,首先,删除设备上保存的配置文件,命令是:

<h3c>reset saved-configuration,然后,重新启动路由器或交换机,命令是:<h3c>reboot。切记不要选择保存当前配置。这种方式比较费时,设备重新启动通常需要 2-3 分钟。

(9)“连线组网”软件的使用。运行 PCA 桌面上的“连线组网”软件,进行组网连线。(注意:该软件只在 PCA 上运行)

① 单击相关设备,按照拓扑图调整设备位置。

② 用鼠标右键显示设备的可用接口,进行连线操作,大多数情况 PC 只用 eth0。

③ 连线相应的接口列表均显示在右上方列表中,可以用鼠标右键进行“取消连线”、“断开连接”、“恢复连接”操作。

④ 报文截获,可以选择一台 PC,专门来截获某台设备的某接口收发的所有报文。

⑤ 连线完成后,单击“实验组网”并“提交”。

(10)连线组网提交后,为了充分利用时间,应该立即配置实验中要用到的 PC 的 IP 地址,然后再按照实验指导逐步进行实验的配置和分析。

2.4　集线器和交换机简介

集线器的英文名称为“Hub”,其主要功能是对端口接收到的电信号进行复制、整形、放大,以扩大网络的传输距离,同时把所有节点的连线集中在以它为中心的端口上。它工作于 OSI(开放式系统互联参考模型)参考模型第一层(物理层)。它的每个端口都具有发送和接收数据的功能,当集线器的某个端口接收到主机发来的比特信号时,只简单地将该比特信号向其他端口复制转发。若两个端口同时有信号输入,则所有端口都收不到正确的信号,就产生了冲突(碰撞)。如果定义满足同一时刻只能有一个主机发送数据的主机的集合为一个冲突域,则连接在同一个集线器上的主机属于一个冲突域,它们需要共享该集线器的带宽,如图 1-8(a)所示。

交换机是工作在 OSI 参考模型第二层(数据链路层)的网络连接设备,它的基本功能是在多个计算机或者网段之间交换数据。

从外观上来看,交换机与集线器相似,都具有多个端口,每个端口可以连接一台计算机。交换机与集线器的区别在于它们的工作方式:集线器共享传输介质,同时有多个端口需要传输数据时会发生冲突,而交换机内部通常采用背板总线交换结构,为每个端口提供一个独立的共享介质,即每个冲突域只有一个端口,如图 1-8(b)所示。

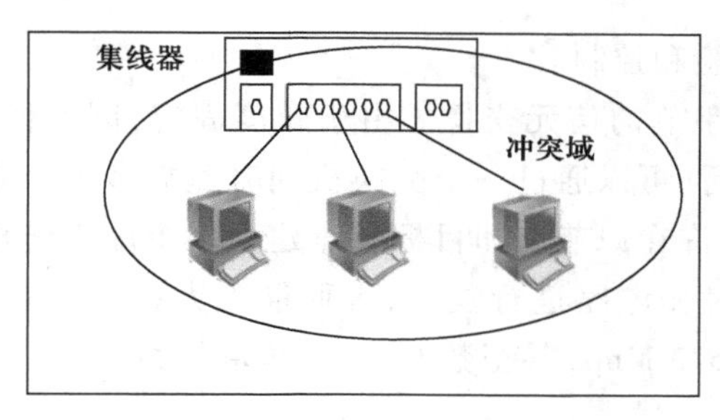

(a) 集线器与冲突域

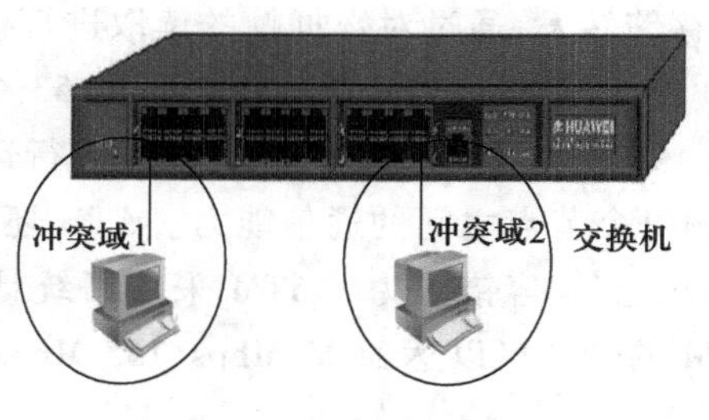

(b) 交换机与冲突域

图 1-8　集线器和交换机

以太网交换机在数据链路层进行数据转发时，根据数据包的 MAC（介质访问层）地址决定数据转发的端口，而不是简单地向所有端口进行转发，有利于提高网络的利用率。交换机基于 MAC 地址表转发数据帧的原理将在数据链路层实验中进行详细介绍。

交换机在交换数据时有以下 3 种交换技术。

（1）端口交换。端口交换技术最早出现在插槽式的集线器中，这类集线器的背板通常划分有多个以太网段，不用网桥或路由器连接，网络之间是互不相通的。以太主模块插入后通常被分配到某个背板的网段上，端口交换用于将以太模块的端口在背板的多个网段之间进行分配、平衡，如图 1-9 所示。

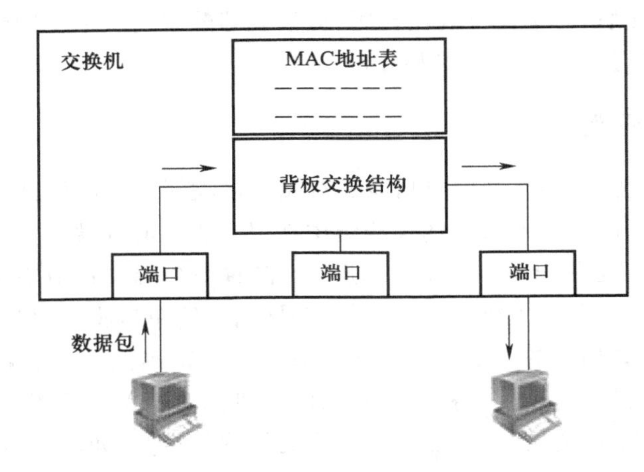

图 1-9　交换机结构

（2）帧交换。帧交换是目前应用最广的局域网交换技术，它通过对传统传输媒介进行微分段，提供并行传送的机制，以减小冲突域，获得高的带宽。一般来讲，每个公司的产品的实现技术均会有所差异，但对数据帧的处理方式一般有以下两种。

① 直通交换：提供线速处理能力，交换机只读出数据帧的前 14 个字节，便将数据帧传送到相应的端口上。

② 存储转发：通过对数据帧的读取进行校验和控制。

（3）信元交换。ATM 采用固定长度 53 个字节的信元交换。由于长度固定，因而便于用硬件实现。ATM 采用专用的非差别连接，并行运行，可以通过一个交换机同时建立多个节点，但并不会影响每个节点之间的通信能力。ATM 还容许在源节点和目标节点建立多个虚拟链接，以保障足够的带宽和容错能力。ATM 采用了统计时分电路进行复用，因而能大大提高通道的利用率。ATM 的带宽可以达到 25 Mbps、155 Mbps、622 Mbps 甚至数 Gbps 的传输能力。

2.5　路由器简介

路由器是工作在 OSI 参考模型第三层（网络层）的网络连接设备，它的基本功能是根据数据包的 IP 地址选择发送路径,转发数据包到相应网络。路由器一般工作在广域网,具有两个以上的端口,分别连接不同的网络。从通信角度看,路由器是一种中继系统,与物理层中的中继器、数据链路层中的网桥类似,只不过它工作在网络层,结构更为复杂,功能也要强大得多。

在互联网中,路由器是最关键的一部分,它是网络中的交通枢纽,把不同的网络连接在一起,使它们相互之间可以通信。在 Internet 上存在很多类型的网络,如 ATM、以太网和 X. 25 等,它们之间通过路由器连接在一起(图 1-10),进而形成一个遍布世界各地的通信网络。

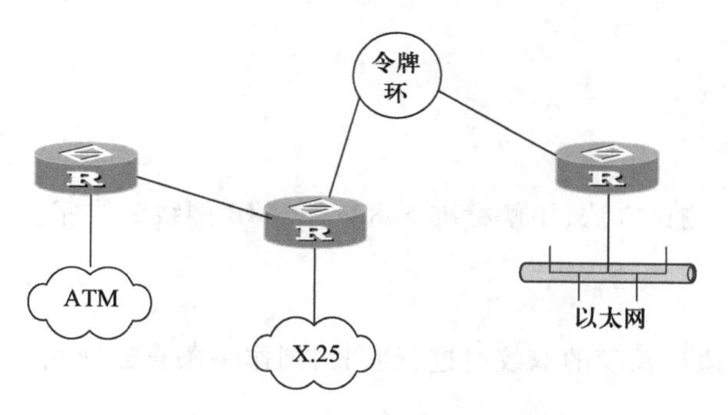

图 1-10 网络中的路由器

路由器的数据转发是基于路由表实现的,每个路由器都会维护一张路由表,根据路由表决定数据包的转发路径。当路由器接收到一个数据包后,首先对数据包进行校验,对于发给路由器的路由协议数据包,路由器将交给相应的模块去处理,而大多数需要转发的普通数据包,路由器将查询路由表,然后根据查询结果转发数据包到相应的端口和网络。

图 1-11 是路由器的基本结构,路由表是路由器对网络拓扑结构的认识,所以路由表的更新和维护对于路由器至关重要,常见的路由选择策略有静态路由和动态路由。

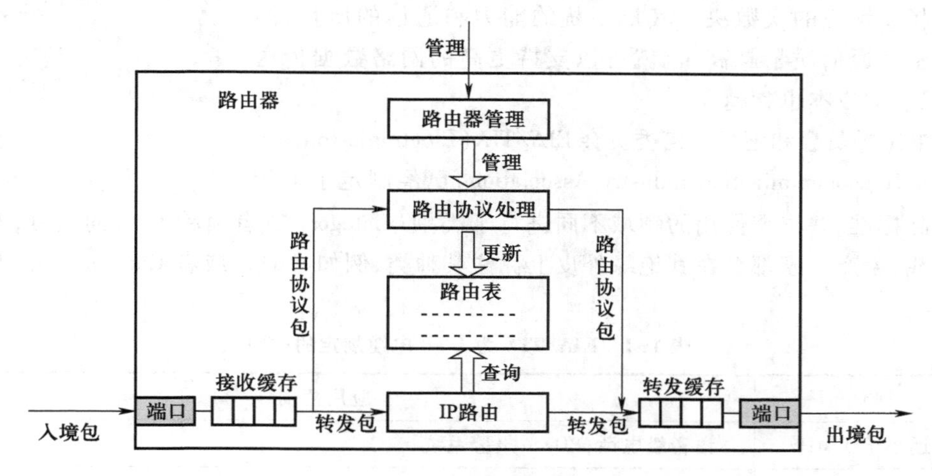

图 1-11 路由器结构

(1) 静态路由不能对网络的改变做出及时的反应，并且当网络规模较大时，其配置将十分复杂。

(2) 动态路由能够对网络的变化做出及时的反应，使路由器的功能更加完善，包括路由的发现、更新和传播等。常见的动态路由协议有距离矢量路由选择协议（RIP）、链路状态路由选择协议（OSPF）、边界网关协议（BGP）等。

3　网线的制作

3.1　实验目的

网线的制作和测试

掌握网线的制作和测试方法，了解标准 568A 与 568B 网线的线序。

3.2　实验内容

每 2 人一组，剪取适当长度的双绞线进行实验，制作一条直连网线。

3.3　实验原理

3.3.1　双绞线

非屏蔽双绞线（Unshielded Twisted Pair, UTP）是在塑料绝缘外皮里面包裹着八根信号线，它们每两根为一对相互缠绕，总共形成四对，双绞线也因此得名。如图 1-12 所示，双绞线这样互相缠绕的目的就是利用铜线中电流产生的电磁场互相作用，抵消邻近线路之间的干扰。每对线在每英寸长度上相互缠绕的次数决定其抗干扰的能力和通信的质量，缠绕得越紧密其通信质量越高，也就可以支持更高的网络数据传送速率，当然它的成本也就越高。

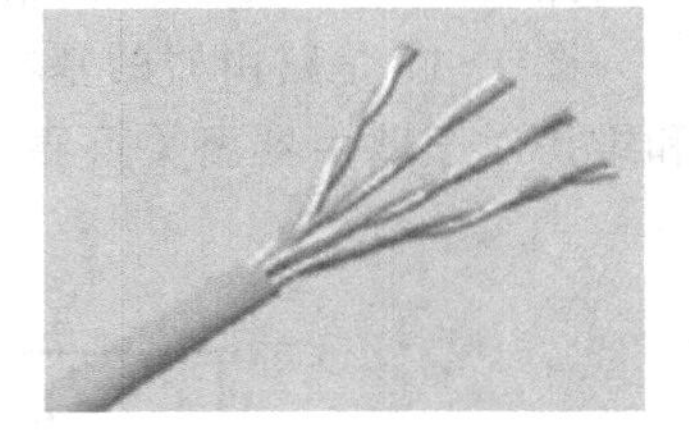

图 1-12　双绞线

国际电工委员会和国际电信委员会 EIA/TIA（Electronic Industry Association/Telecommunication Industry Association）已经制定了 UTP 网线的国际标准，并根据使用的领域不同进行了类别（Category 或者简称 Cat）的划分，对于每种类别的网线，生产厂家都会在其绝缘外皮上标注其种类，例如 Cat-5 或者 Category-5。具体类别见表 1-1。

表 1-1　EIA/TIA 为 UTP 电缆规定的类别

类别	频率	应用范围
1	远小于 1 MHz	语音级电话；POTS；报警系统
2	最高为 1 MHz	语音级电话；IBM 小型计算机和大型机终端；ARCnet；LocalTalk

续表

类别	频率	应用范围
3	最高为 16 MHz	语音级电话;10Base-T 以太网;4 Mbps 令牌环网;100Base-T4;100VG-AnyLAN
4	最高为 20 MHz	16 Mbps 令牌环网
5	最高为 100 MHz	100Base-TX;OC-3(ATM);SONet
5e	最高为 100 MHz	1000Base-T(千兆位以太网)

在日常的局域网中,一般的双绞线、集线器和交换机均使用 RJ-45 连接器进行连接。基于 RJ45 的网络连接线分为直通线和交叉线两种。

3.3.2 RJ-45 连接器

制作网线所需要的 RJ-45 连接器(俗称水晶头)前端有 8 个凹槽,简称“8P”(P 代表 Position,即位置)。凹槽内的金属触点共有 8 个,简称“8C”(C 代表 Contact,即触点),所以也被叫做“8P8C”。如图 1-13 所示。特别需要注意的是 RJ-45 水晶头的金属触点序号,当金属片面对我们的时候,从左至右触点序号是 1~8,序号对于网络连线非常重要,不能颠倒。

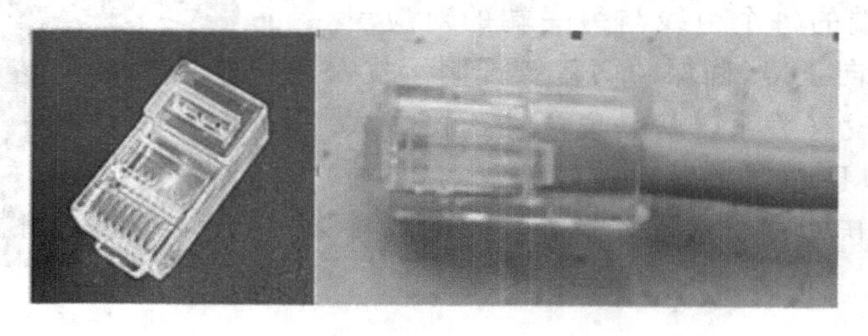

图 1-13 RJ-45 连接器

EIA/TIA 的布线标准中规定了两种双绞线的线序 568A 与 568B。对 RJ-45 接线方式规定如下。

- 1、2 用于发送,3、6 用于接收,4、5,7、8 是双向线。
- 1、2 线必须是双绞,3、6 双绞,4、5 双绞,7、8 双绞。

这样可以最大限度地抑制干扰信号,提高传输质量。

标准 568A:绿白-1,绿-2,橙白-3,蓝-4,蓝白-5,橙-6,棕白-7,棕-8,如图 1-14 所示。

标准 568B:橙白-1,橙-2,绿白-3,蓝-4,蓝白-5,绿-6,棕白-7,棕-8, 如图 1-15 所示。

3.3.3 直通线介绍

大多数的情况下,双绞线电缆的线路是直通连接的。计算机使用分开的线路来发送和接收数据,计算机及其他设备相互通信时,一般是通过各自的发送和接收端口进行,设备 A 通过发送

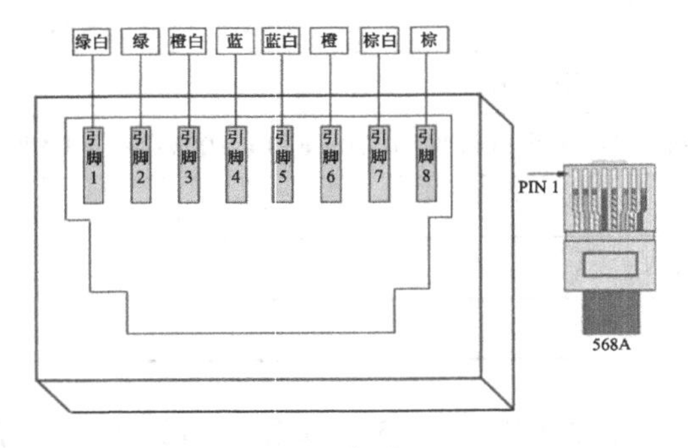

图 1-14　标准 568A

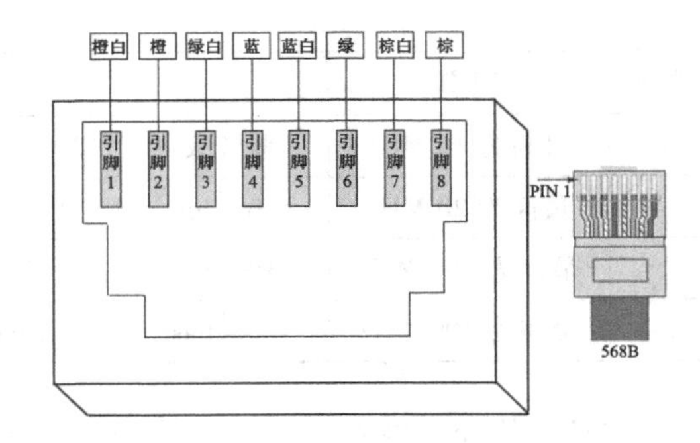

图 1-15　标准 568B

端口发送数据到设备 B 的接收端口，同时 A 也通过接收端口接收 B 设备发送端口发出的数据，就是说，在发送和接收线路对之间必须出现信号交叉。通常集线器会负责进行信号的交叉。当计算机通过集线器与其他计算机相连时，集线器内部可以完成发送端口与接收端口之间的匹配。目前很多交换机也可以自动识别直通线和交叉线，决定是否进行信号转换。

综上所述，所谓的直通线就是双绞线两端的发送端口与发送端口直接相连，接收端口与接收端口直接相连。如图 1-16 所示。

由于直通线一端的每个引线与另一端的对应引线相连，所以只要方向正确，确保两两双绞抑制干扰，线路是什么颜色并没有关系。就是说两种连接方式没有本质的区别，但是必须做出明确的决定，究竟使用那一种标准，避免因混淆造成无效连接。本实验统一采用 568B 标准。

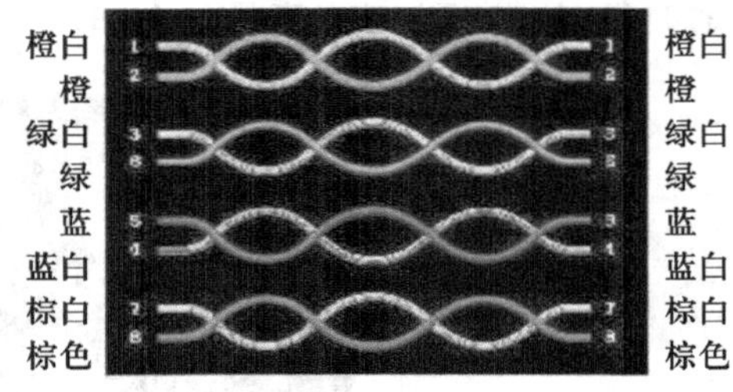

图 1-16　直通双绞线

3.3.4　交叉线介绍

当要把两台计算机直接连接起来形成一个简单的两节点以太网，或者集线器与集线器通过普通的端口进行级连时，就必须使用交叉线。

所谓的交叉线即指双绞线两端的发送端口与接收端口交叉相连。要求双绞线的两头连线 1-3，2-6 进行交叉，即如果在一端，橙白线对应到水晶头的第一个脚，则在另一端的水晶头，橙白线要对应到其第三个脚。如图 1-17 所示。

在进行设备连接时，需要正确的选择线缆。将设备的 RJ45 接口分为 MDI（Media Dependent Interface）和 MDIX 两类。当同种类型的接口通过双绞线互连时（两个接口都是 MDI 或都是 MDIX），使用交叉网线；当不同类型的接口（一个接口是 MDI，一个接口是 MDIX）通过双绞线互连时，使用直通网线。通常主机和路由器的接口属于 MDI，交换机和集线器的接口属于 MDIX。例如，路由器与主机相连，使用交叉网线；交换机与主机相连则是用直通网线。图 1-18 示意了如何选择双绞线连接设备。

有一点需要指出的是,随着技术的发展,目前一些新的网络设备,可以自动识别连接的网线类型,用户不管采用直通网线或者交叉网线均可以正确连接设备。如H3C公司的QuidwayS3026,QuidwayS3526以太网交换机的10/100 M以太网口就具备智能MDI/MDIX识别技术。详细连线情况可参考表1-2,表中N/A表示不可连接。

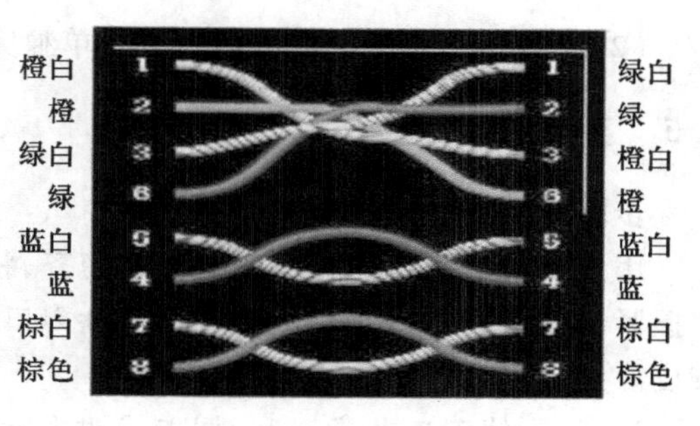

图1-17 交叉双绞线

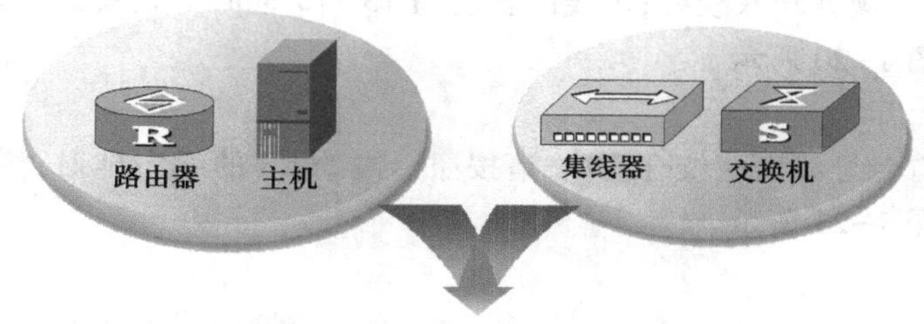

图1-18 直通网线和交叉网线

表1-2 设备间连线

设备	主机	路由器	交换机 MDIX	交换机 MDI	集线器
主机	交叉	交叉	直通	N/A	直通
路由器	交叉	交叉	直通	N/A	直通
交换机 MDIX	直通	直通	交叉	直通	交叉
交换机 MDI	N/A	N/A	直通	交叉	直通
集线器	直通	直通	交叉	直通	交叉

3.3.5 卡线钳介绍

卡线钳可以完成剪线、剥线和压线三个步骤,是制作网线的主要工具。卡线钳种类很多,具体使用时应参考使用说明,本实验采用市场上比较常见的品种。如图1-19所示。

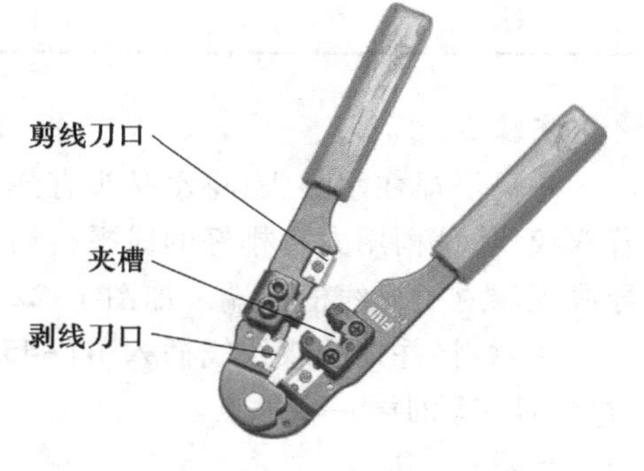

图1-19 卡线钳

3.4 实验环境及分组

(1) 网线4段,卡线钳2个,水晶头若干,电缆测试仪2个。

（2）每 4 人为一组，每位同学需要单独完成网线制作。

3.5　实验步骤

步骤 1　剥线

用卡线钳剪线刀口将双绞线两端剪齐，将双绞线的一端伸入剥线刀口并触及前挡板，然后适度握紧卡线钳，同时慢慢旋转双绞线，让刀口划开双绞线的保护胶皮，取出双绞线从而剥下保护胶皮。

注意：剥线刀口非常锋利，握卡线钳力度不能过大，否则会剪断线芯，只要看到电缆外皮略有变形就应停止加力，慢慢旋转双绞线；剥线的长度为 13～15 mm，不宜太长或太短。

剥好的线头如图 1-20 所示。

步骤 2　理线

双绞线由 8 根有色导线两两绞合而成，请按照标准 568B 的线序排列，整理完毕后用剪线刀口将前端修齐。如图 1-21 所示。

图 1-20　剥好的线头

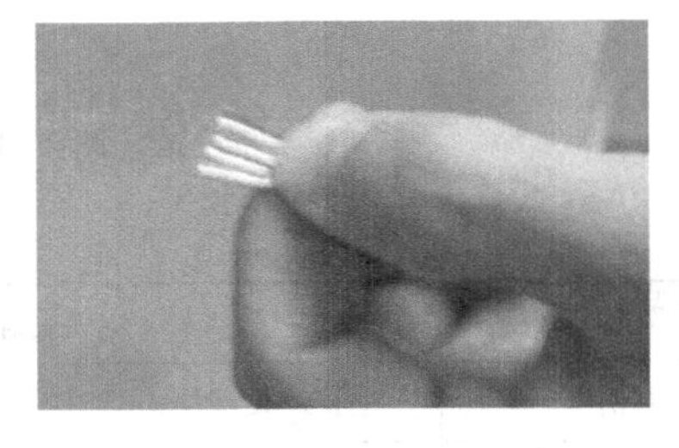

图 1-21　理好的双绞线

请将线序记在表 1-3 中。

表 1-3　网线两端线序

触点序号	1	2	3	4	5	6	7	8
线序								

步骤 3　插线

一只手捏住水晶头，将水晶头有弹片一侧向下，另一只手平捏着双绞线，稍稍用力将排好的线平行插入水晶头内的线槽中，八条导线顶端应插入线槽顶端。如图 1-22 所示。

注意：将并拢的双绞线插入 RJ-45 接头时，注意“橙白”线要对着 RJ-45 的第一个触点。

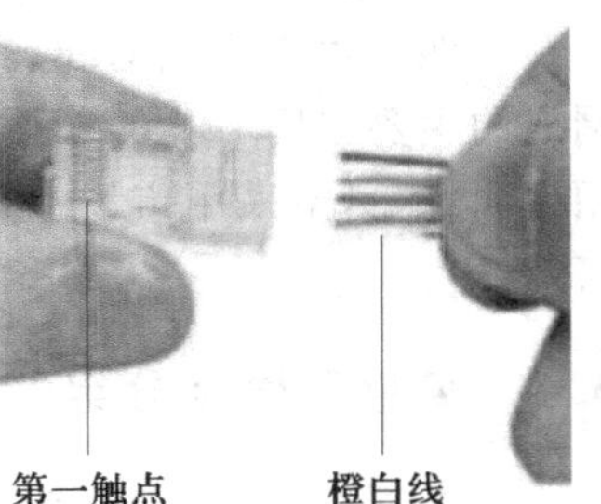

图 1-22　插线

步骤 4　压线

确认所有导线都到位后，将水晶头放入压线钳夹槽中，用力捏几下压线钳，压紧线头即可。

注意：如果测试网线不通，应先把水晶头再用卡线钳用力夹一次，把水晶头的金属片压下去。新手制作的网线不通大多数是由此造成的。

再按照以上四步制作双绞线的另一端。

步骤 5　检测

这里用的是电缆测试仪，测试仪分为信号发射器和信号接收器两部分，各有 8 盏信号灯。测试时将双绞线两端分别插入信号发射器和信号接收器，打开电源。如果网线制作成功，则发射器和接收器上一一对应的指示灯会亮起来，依次从 1 号到 8 号。如图 1-23 所示。

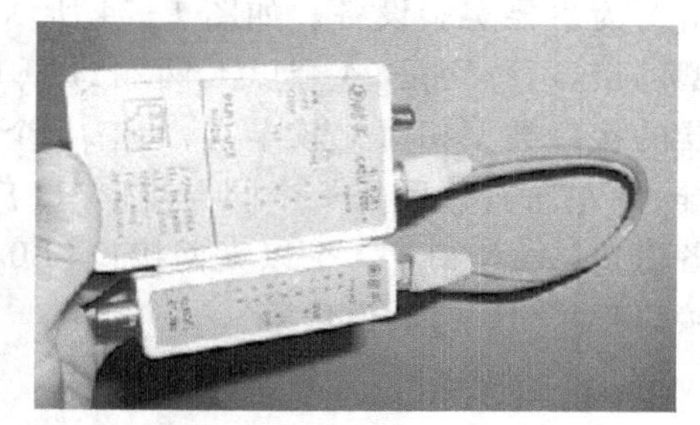

图 1-23　电缆测试仪

如果网线制作有问题，灯亮的顺序就与上面所述的不同。比如：若发射器的第一个灯亮时，接收器第七个灯亮，则表示线序做错了（不论是直通线或交叉线，都不可能有 1 对 7 的情况）；若发射器的第一个灯亮时，接收器却没有任何灯亮起，说明网线的一端水晶头的第一个触点与另一端水晶头的第一个触点没有连通。原因可能是导线中间断了，或是可能是两端至少有一个金属片未接触该条线芯，等等。网线制作完成后，一定要通过测试后才可以使用。否则断路会导致无法通信，短路有可能损坏网卡或网络设备。

如果通过了电缆测试仪的检测，说明已成功地完成了这根网线的制作。请观察你所做的网线在测试时，发射器和接收器灯亮的顺序各是怎样的，记录在表 1-4 上。

表 1-4　发射器和接收器灯亮的顺序

发射器								
接收器								

思考题

如果两个水晶头的线序发生同样的错误网线还能用吗？为什么？

3.6　实验总结

通过本次实验，掌握了网线制作和测试的方法，熟悉不同标准 RJ-45 连接器的线序。虽然本次实验只要求做直通网线，但是也应该掌握交叉网线的制作方法，理解交叉线和直通线的不同应用范围及其原理。

4　交换机和路由器的基本配置

交换机和路由器的基本配置

4.1　交换机和路由器的接口介绍

本教材选择了华三通信技术有限公司(简称 H3C 公司)生产的交换机和路由器为主要实验设备。如图 1-24 所示,交换机的接口类型较少,主要有两种类型的接口,分别是 24 个以太网端口(E1/0/1 ~ E1/0/24)和一个配置口(Console 口)。而路由器的接口类型相对比较丰富,它有 5 个固定接口和 3 个扩展插槽。其中,固定接口在下面一排,从左向右分别是 1 个同异步串口(广域网 WAN 接口 S0/0)、1 个配置口(Console 口)、1 个备份口(AUX 口)、2 个以太网接口(E0/0 和 E0/1),扩展插槽可以插多种接口模块,如以太网接口模块、IP 电话模块等。

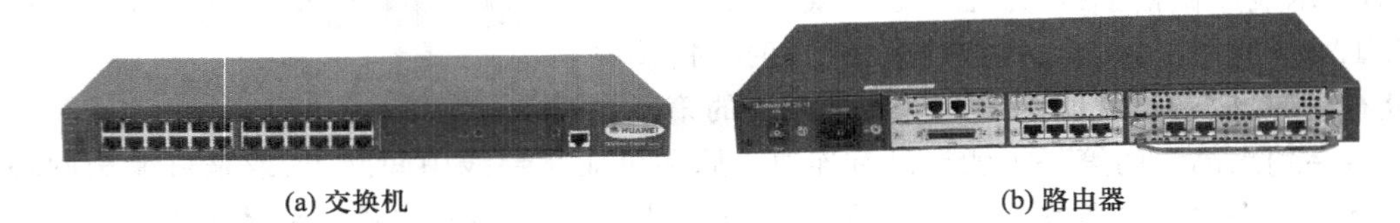

(a) 交换机　　　　(b) 路由器

图 1-24　Quidway 系列交换机和路由器

交换机和路由器的接口编号采用三段式或两段式。其形式为 type A/B/C 或 type B/C。

(1) type 是接口的类型,可以用缩写。如 E 是百兆以太网 Ethernet 的缩写,GE 是千兆以太网 GigabitEthernet 的缩写,S 是串口 Serial 的缩写。

(2) A 是智能弹性架构(Intelligent Resilient Framework,IRF)中成员设备的序号,若未形成 IRF,其取值为 1。

(3) B 是该接口模块所插的设备槽位的序号,通常从 0 开始编号。

(4) C 是该接口所在模块上的接口序号,通常交换机从 1 开始编号,路由器从 0 开始编号。

目前,常见的交换机端口编号有:E1/0/1 ~ E1/0/24、E0/1 ~ E0/24 和 GE1/0/1 ~ GE1/0/24,常见的路由器接口编号有:E0/0 ~ E0/1、GE0/0 ~ GE0/1、GE2/0/0 ~ GE2/0/1、Serial1/0 和 Serial5/0。

4.2　交换机和路由器的配置方式

4.2.1　通过 Console 口配置

步骤 1　如图 1-25 所示,建立本地配置环境,只需将微型计算机(或终端)的串口通过配置电缆与交换机或路由器的 **Console** 口连接。

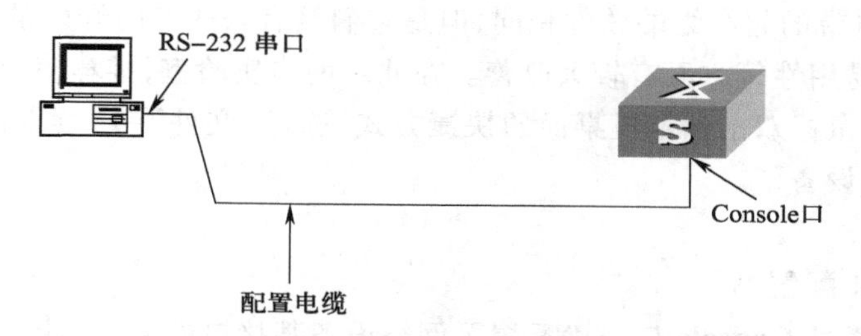

图 1-25 通过 Console 口搭建本地配置环境

步骤 2 在微型计算机上运行超级终端程序(选择"开始"→"程序"→"附件"→"通信"→"超级终端"命令),设置终端通信参数为:波特率为 **9 600 bps**、8 位数据位、1 位停止位、无奇偶校验、无流量控制。单击"确定"按钮进入下一步,如图 1-26 所示。

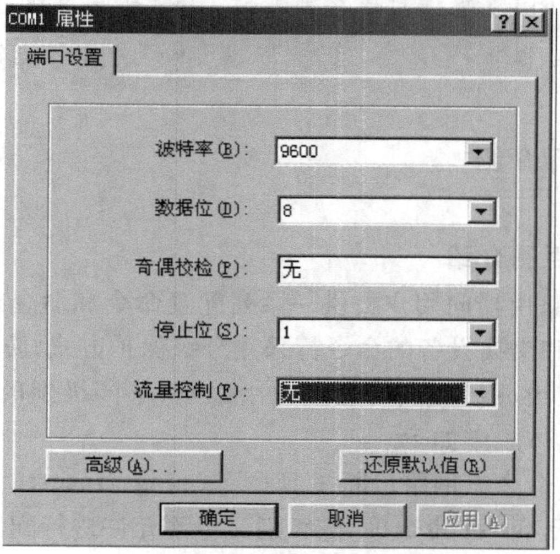

COM1 属性

端口设置

波特率(B): 9600

数据位(D): 8

奇偶校检(P): 无

停止位(S): 1

流量控制(F): 无

高级(A)... 还原默认值(R)

确定 取消 应用(A)

图 1-26 超级终端设置

步骤 3 如果已经将线缆按照要求连接好,并且交换机已经启动,此时按 **Enter** 键,将进入交换机的用户视图并出现如下标识符:<h3c>或**<Quidway>**。否则请重新启动交换机,超级终端会自动显示交换机的整个启动过程。

步骤 4 输入命令,配置网络设备或查看其运行状态。需要帮助可以随时输入"?"。

说明:

(1) 为了方便实验,远程在线实验平台在实验环境准备时,在计算机的桌面上保存了已配置好的超级终端的快捷方式,学生只需用鼠标双击该快捷方式,按 **Enter** 键后,就可以进行网络设备的配置。

(2) 另外,很多公司或个人还开发了多种超级终端软件,虽然这些软件在主要功能上与

Windows 操作系统自带的超级终端软件相同，但是它们具有一些专门开发的辅助功能，使得软件在使用的方便性和易用性等方面有较大改善。在北航网络实验室，推荐使用的是 **TCL** 超级终端软件，使用时只需用鼠标双击计算机桌面的快捷方式，选择“文件”→“读取配置”命令，按 **Enter** 键，就可以配置网络设备了。

4.2.2　通过 Telnet 配置

如果用户已经通过 **Console** 口正确配置了网络设备某接口的 **IP** 地址，并且配置了远程登录的相关设置，如 **Telnet** 用户名和认证口令等，就可以利用 Telnet 远程登录到相应的网络设备，并进行相关的配置。

简答题

在实验中用 Console 线配置路由器或交换机时，请分别写出使用超级终端和 TCL 软件的操作过程。

4.3　网络设备的命令行介绍

4.3.1　网络设备命令行视图介绍

H3C 公司的交换机和路由器向用户提供一系列配置命令和命令行接口，方便用户对它们进行配置和管理。这些路由和交换设备的命令行采用分级保护方式，防止未授权用户的非法侵入。命令行划分为参观级、监控级、配置级、管理级 4 个级别，不同级别的用户分别赋予了不同的权限，对应不同的命令行。具体规定如下。

参观级：该级别包含的命令有网络诊断工具命令（**ping**、**tracert**）、用户界面的语言模式切换命令（**language-mode**）以及 **telnet** 命令等，该级别命令不允许进行配置文件保存的操作。

监控级：用于系统维护、业务故障诊断等，包括 **display**、**debugging** 命令，该级别命令不允许进行配置文件保存的操作。

配置级：业务配置命令，包括路由、各个网络层次的命令，这些命令用于向用户提供直接网络服务。

管理级：关系到系统基本运行、系统支撑模块的命令，这些命令对业务提供支撑作用，包括文件系统、FTP、TFTP、XModem 下载、用户管理命令、级别设置命令等。

在网络实验中，主要通过 Console 线对路由交换设备进行配置，其命令行级别为最高的管理级。在管理级命令行中包括多种命令行视图，每种命令行视图都是针对不同的配置要求实现的，包括用户视图、系统视图、以太网端口视图、VLAN 视图、VLAN 接口视图、RIP 视图、OSPF 视图、ACL 视图等。图 1-27 是路由器的视图关系图，交换机的情况与此类似。

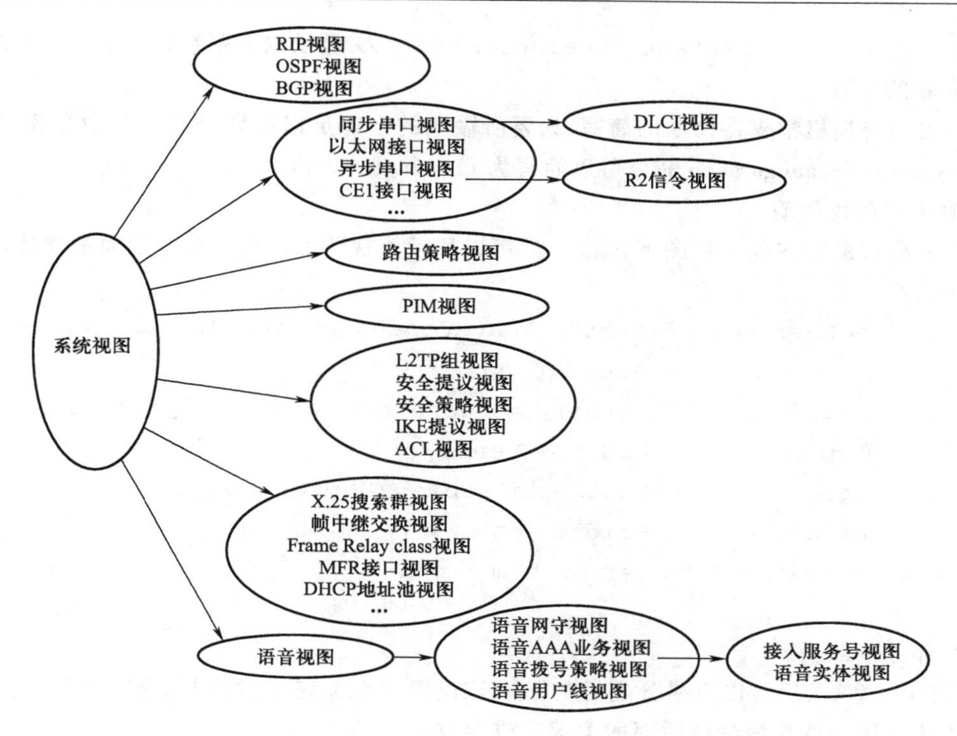

图 1-27 路由器的命令行视图

这些命令行视图之间既有联系又有区别，例如，交换机或路由器启动后即进入用户视图(**<h3c>**)，在这个视图下只能完成查看运行状态和统计信息等简单功能，再输入下列命令可进入系统视图([**h3c**])，在系统视图下，可以输入不同的命令进入相应的视图。(以交换机为例。)

```
<h3c>system-view                    //由用户视图进入系统视图
[h3c]interface ethernet 1/0/1       //进入以太网接口 E 1/0/1 视图
[h3c- interface e 1/0/1]quit        //从以太网接口视图退出至系统视图
[h3c]quit                           //从系统视图退出至用户视图
<h3c>
```

4.3.2 网络设备基本配置命令介绍

下面介绍一些路由器和交换机的基本命令。

1. display 命令

display 命令是最重要和最有用的命令之一，它用来查看系统、接口或协议等的配置和参数，可以在任一视图下使用，例如：

```
<h3c>display current-configuration        //显示系统当前的配置
<h3c>display version                      //显示系统软件的版本
```

[h3c]display interface ethernet 1/0/1 //显示以太网端口 E 1/0/1 的信息

2. 命令的简写

路由器和交换机都支持命令的简写，只要所输入的字符足以识别是某一条命令就可以。例如，display current-configuration 命令可以简写为 dis cur。

3. 命令行在线帮助

(1) 完全帮助。在任一视图下，输入“?”可以显示该视图下所有的命令及简单描述。

```
[h3c]?
        aaa-enable     Enable AAA(Authentication,Authorization and
                       Accounting)
        acl            Specify structure of acl configure information
        arp            Add a ARP entry
        bgp            Enable/disable BGP protocol
        bridge         Bridge Set
        clock          Set system clock
.....
```

(2) 部分帮助。

① 输入一命令，后接以空格分隔的“?”，若该位置存在关键字，则列出全部可选的关键字及其简单描述。用于查找该命令后面的关键字或参数。

```
[h3c]display ?
          aaa                 AAA information
          aaa-client          Display the buffered voice information
          acl                 Display acl information
          arp                 ARP table information
          bgp                 BGP protocol information
          bridge              Remote bridge information
    .....
```

② 输入一字符串，其后紧接“?”，则列出以该字符串开头的所有命令。

```
[h3c]di?
          dialer    dialer-rule    display
```

③ 输入一命令，后接一紧接“?”的字符串，则列出以该字符串开头的所有关键字。

```
[h3c]display a?
          aaa    aaa-client    acl    arp
```

4. debugging 命令

debugging 命令用来打开系统调试开关，undo debugging 命令用来关闭系统调试开关。默认情况下，系统关闭全部调试开关。该命令在用户视图下执行。

debugging 命令的使用将在数据链路层和 OSPF 协议实验中介绍。

5. save 命令

save 命令用来将当前配置信息保存到存储设备(如 flash)中。该命令在用户视图下执行。

```
<h3c>save
```

6. reset 命令

reset 命令用来重置或清除相关的配置。该命令在用户视图下执行,例如:

```
<h3c>reset saved-configuration          //删除已保存的配置文件
<h3c>reset arp                          //清空 arp 表
<h3c>reset ospf process                 //重启 OSPF 协议的所有 OSPF 进程
```

7. reboot 命令

reboot 命令用来重启路由器。该命令在用户视图下执行。

在每次实验开始时,应该首先检查路由器和交换机的配置是否为空。如果设备保存有原先的配置,则需要对其进行清空操作。该操作分为两步,首先,执行 reset saved-configuration 命令用于擦除 flash 中的配置信息,但是此时在交换机 RAM 中的配置信息仍然在工作;然后,执行 reboot 命令,即重启交换机才能够彻底清除交换机 RAM 和 flash 中的配置信息。

这样,reboot 命令与 reset saved-configuration 命令共同使用,以清除交换机的配置信息。

```
<h3c>reset saved-configuration
<h3c>reboot
     This will reboot Switch.Continue? [Y/N]y
```

4.4 路由器的基本配置

4.4.1 基本配置

1. 配置路由器的名称

请在系统视图下进行下列配置。默认情况下,路由器的名称为"h3c"或"Quidway"。

配置路由器名称的命令:**sysname** sysname

```
[h3c]sysname R1                  //将路由器的名称由 h3c 改为 R1
[R1]
```

2. 显示路由器的系统信息

```
[R1]display clock                //显示路由器当前日期和时钟
[R1]display version              //显示路由器软件版本信息
```

4.4.2 接口配置

1. 进入指定以太网接口的视图

请在所有视图下进行下列配置。

进入指定以太网接口的视图：**interface ethernet** number

例如：

```
[R1]interface ethernet 0/0      //进入编号为0/0的以太网接口
[R1-Ethernet0/0]
```

2. 设置网络协议地址

设置接口的 IP 地址：**ip address** ip-address mask[**sub**]

取消接口的 IP 地址：**undo ip address**[ip-address mask][**sub**]

当为一个以太网接口配置两个乃至两个以上的 IP 地址时，对第二个及以后的 IP 地址（即辅助的 IP 地址）可以用 **sub** 关键字，例如：

```
[R1-Ethernet0/0]ip address 192.168.0.1 24
//将接口的IP设置为192.168.0.1,掩码为24位
```

或者

```
[R1-Ethernet0/0]ip address 192.168.0.1 255.255.255.0
```

3. 设置 MTU

MTU（Maximum Transmission Unit，最大传输单元）参数影响 IP 报文的分片与重组。

设置 MTU 命令：**mtu** size

恢复 MTU 的默认值命令：**undo mtu**

例如：

```
[R1-Ethernet0/0]mtu 100      //将编号为0/0的以太网接口的MTU设为100
[R1-Ethernet0/0]undo mtu     //恢复MTU的默认值
```

默认情况下，采用 Ethernet_Ⅱ 帧格式时，size 的值为 1 500 Byte；采用 Ethernet_SNAP 帧格式时，size 的值为 1 492 Byte。

4. 选择快速以太网接口的工作速率

快速以太网接口可以工作在 10 Mbps、100 Mbps 这两种速率下。请在以太网接口视图下进行下列配置来选择接口的工作速率。

选择快速以太网接口的工作速率：**speed**{ **100** | **10** | **negotiation** }

默认速率选择 **negotiation** 即系统自动协商最佳的工作速率。用户也可强制指定接口工作速率，但指定的速率值应与实际所连接网络的速率相同，例如：

```
[R1-Ethernet0/0]speed 100            //将该接口的工作速率设为100 Mbps
[R1-Ethernet0/0]speed negotiation    //将该接口的工作速率设为系统自动
                                       协商
```

5. 以太网接口的显示和调试

显示指定以太网接口的状态：**display interfaces ethernet** number

```
[R1-Ethernet0/0]display interfaces Ethernet 0/0   //显示指定以太网接口
                                                    的状态
```

简答题

请利用 display current-configuration 命令，写出用户所在组的路由器 R1 和 R2 中以太口 E0/0、E0/1，串口 S0/0 所对应的实际编号。

4.5 交换机的基本配置

4.5.1 以太网端口配置

1. 进入以太网端口视图

请在系统视图下进行下列配置。

```
interface{interface_type interface_num |interface_name}
```

例如：

```
[h3c]interface ethernet 1/0/1     //进入以太网端口 E 1/0/1
```

2. 打开/关闭以太网端口

当端口的相关参数及协议配置好之后，可以使用以下命令打开端口；如果想使某端口不再转发数据，可以使用以下命令关闭端口，例如：

```
[h3c-Ethernet 1/0/1]shutdown          //关闭以太网端口
[h3c-Ethernet 1/0/1]undo shutdown     //打开以太网端口
```

3. 对以太网端口进行描述

可以使用以下命令设置端口的描述字符串，以区分各个端口，例如：

```
[h3c-Ethernet 1/0/1]description To-R1-E0/0   /*设置以太网端口描述字符
                                                串，这里表示该端口连接路
                                                由器 R1 的 E0/0 接口*/
```

4. 设置以太网端口双工状态

当希望端口在发送数据包的同时可以接收数据包时，可以将端口设置为全双工属性；当希望端口同一时刻只能发送数据包或接收数据包时，可以将端口设置为半双工属性；当设置端口为自协商状态时，端口的双工状态由本端口和对端端口自动协商而定。

设置以太网端口的双工状态命令：**duplex{auto|full|half}**

例如：

```
[h3c-Ethernet 1/0/1]duplex full     //设置为全双工状态
[h3c-Ethernet 1/0/1]undo duplex     //恢复以太网端口的双工状态为默认值
```

默认情况下，端口的双工状态为 **auto**（自协商）状态。

5. 设置以太网端口速率

可以使用以下命令对以太网端口的速率进行设置，当设置端口速率为自协商状态时，端口的速率由本端口和对端端口双方自动协商而定。

设置百兆位以太网端口的速率命令：**speed{10|100|auto}**

例如：

```
[h3c-Ethernet 1/0/1] speed 10    //设置该以太网端口的速率为 10 Mbps。
```

默认情况下，以太网端口的速率处于 **auto**（自协商）状态。

6. 设置以太网端口网线类型

以太网端口的网线有直通网线和交叉网线，可以使用命令对网线类型进行设置。

设置以太网端口连接的网线的类型命令：**mdi{across|auto|normal}**

例如：

```
[h3c-Ethernet 1/0/1]mdi across    //设置该以太网端口的网线类型为交叉网线
```

默认情况下，端口的网线类型为 **auto**（自识别）型，即系统可以自动识别端口所连接的网线类型。

7. 设置以太网端口流量控制

当本端和对端交换机都开启了流量控制功能后，如果本端交换机发生拥塞，它将向对端交换机发送消息，通知对端交换机暂时停止发送报文；而对端交换机在接收到该消息后，将暂时停止向本端发送报文；反之亦然。从而避免了报文丢失现象的发生。可以使用以下命令对以太网端口是否开启流量控制功能进行设置，例如：

```
[h3c-Ethernet 1/0/1]flow-control          //开启以太网端口的流量控制
[h3c-Ethernet 1/0/1]undo flow-control     //关闭以太网端口的流量控制
```

默认情况下，端口的流量控制为关闭状态。

8. 设置以太网端口的链路类型

以太网端口有 3 种链路类型：Access、Trunk 和 Hybrid。Access 类型的端口只能属于 1 个 VLAN，一般用于连接计算机的端口；Trunk 类型的端口可以属于多个 VLAN，可以接收和发送多个 VLAN 的报文，一般用于交换机之间相连；Hybrid 类型的端口可以属于多个 VLAN，可以接收和发送多个 VLAN 的报文，可以用于交换机之间的连接，也可以用于连接用户的计算机。Hybrid 端口和 Trunk 端口的不同之处在于，Hybrid 端口可以允许多个 VLAN 的报文发送时不携带 tag 标签，而 Trunk 端口只允许默认 VLAN 的报文发送时不携带 tag 标签。

请在以太网端口视图下进行下列设置。

```
[h3c-Ethernet 1/0/1]port link-type access    //设置端口为 Access 端口
[h3c-Ethernet 1/0/1]port link-type hybrid    //设置端口为 Hybrid 端口
[h3c-Ethernet 1/0/1]port link-type trunk     //设置端口为 Trunk 端口
[h3c-Ethernet 1/0/1]undo port link-type      /* 恢复端口的链路类型为默认的
                                                Access 端口 * /
```

默认情况下，端口为 Access 端口。

4.5.2 以太网端口显示和调试

在完成配置后,在所有视图下执行 **display** 命令可以显示配置后以太网端口的运行情况,通过查看显示的信息来验证配置的效果。显示端口信息的命令如下:

display interface {interface_type |interface_type interface_num |interface_name}

例如:

[h3c]display interface e 1/0/1   //显示以太网端口 1/0/1 的所有信息

简答题

请写出将路由器或交换机某一接口重新启动的命令。

5 报文分析软件介绍

报文分析
软件介绍

本课程的一个重要的实验分析手段是使用报文分析软件在相关链路上截获报文,并利用该软件分析报文的格式和协议的交互机制。目前,常用的软件有Sniffer、Wireshark 和 Ethereal 等。这里主要使用 Wireshark 和 Ethereal 软件。下面重点介绍 Wireshark 软件,Ethereal 软件与其类似。

Wireshark 是当前较为流行的一种计算机网络调试和数据包嗅探软件。Wireshark 类似于 tcpdump 软件,但它提供了良好的图形用户界面和众多分类信息及过滤选项。Wireshark 软件通过将计算机的网卡设置为混杂模式,使得在实验中通过 Wireshark 软件,可以查看到与该网卡相连的链路上的所有通信信息。

Wireshark 软件比较容易使用,软件启动以后,选择 Capture→Start 命令,就可以进行报文截获。选择 Capture→Stop 命令,就可以结束报文截获。截获的报文会被该软件自动解析,并展示在界面中,如图 1-28 所示。

Wireshark 的 Capture 选项界面如图 1-29 所示。其中,Interface 是指定进行报文截获的接口(网卡)。Limit each packet 是指是否限制每个包的大小,默认情况不限制。Capture packets in promiscuous mode 是指网卡是否工作在混杂模式,如果勾选,则截获链路上所有的报文;否则,只截获本机收到或者发出的报文。Capture Filter 是指设置过滤器,只截获满足过滤规则的报文。File 是指如果需要将截获的报文保存到文件中,可在这里输入文件名称。其他的项目选择默认的设置即可。

在 PCA 上启动 Wireshark 软件截获报文,将上网线与之连接,访问 FTP 服务器(ftp://10.111.1.29)或者任意上网;从 Wireshark 截获的报文中任意选一个 FTP 或 HTTP 报文,并进行分析,填写表 1-5。

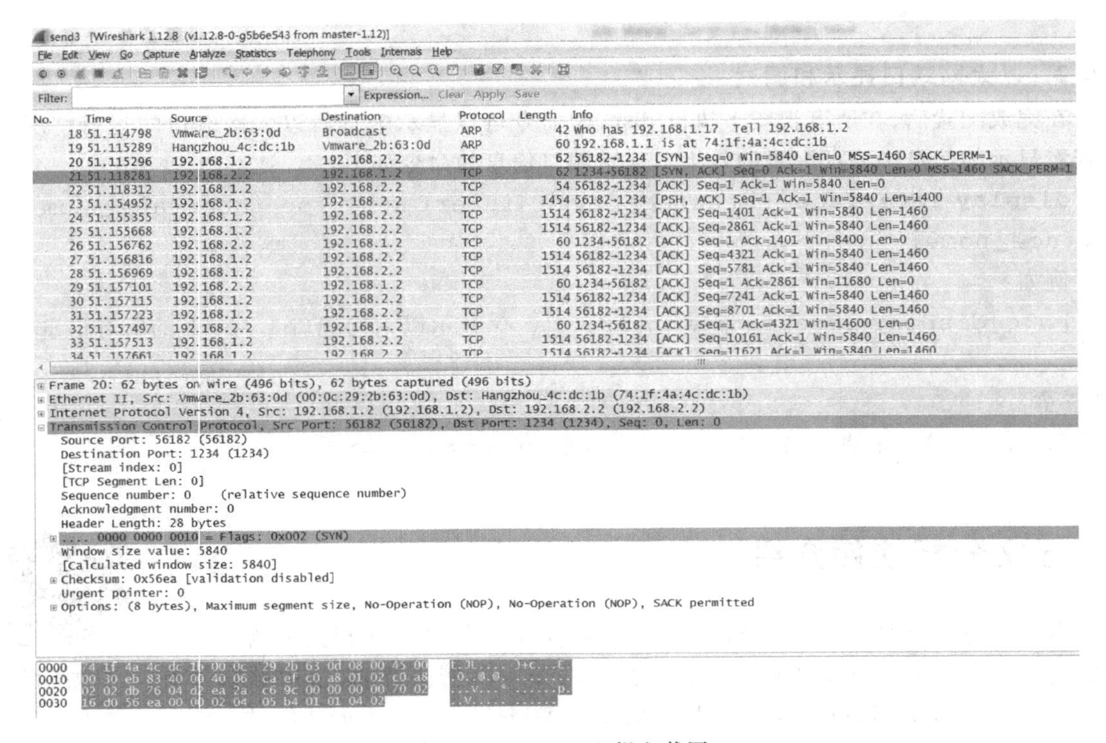

图 1-28　Wireshark 报文截图

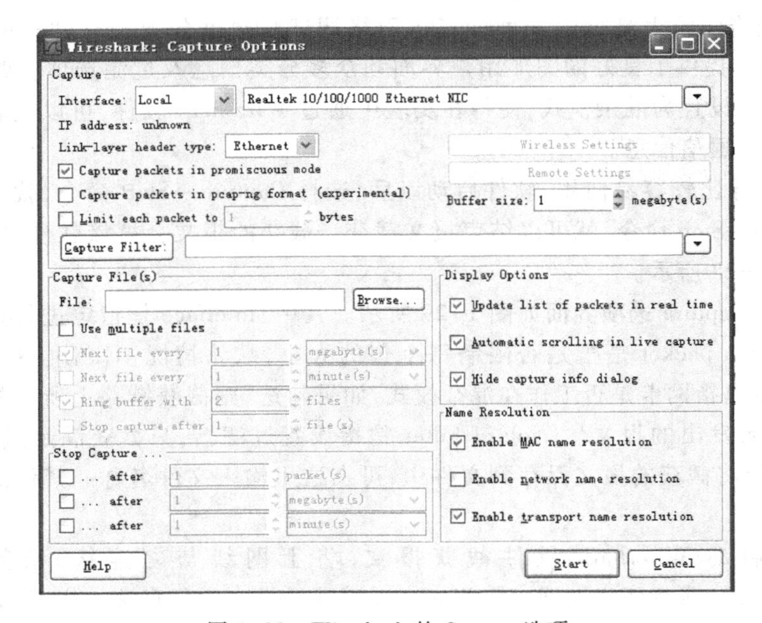

图 1-29　Wireshark 的 Capture 选项

表 1-5 报 文 信 息

此报文类型		
此报文的基本信息(数据报文列表窗口中的 Information 选项的内容)		
Ethernet Ⅱ协议树中	Source 字段值	
	Destination 字段值	
Internet Protocol 协议树中	Source 字段值	
	Destination 字段值	
传输层协议树中	Source Port 字段值	
	Destination Port 字段值	
应用层协议树中	协议名称	
	所包含的字段名	

6 简单局域网组建实验

简单局域网组建实验

6.1 实验目的

掌握用路由器、交换机进行简单局域网组建的方法,了解交换机、路由器的工作原理。

6.2 实验内容

如图 1-18 所示,本实验模拟一个公司有两个部门,PCA、PCB 属于部门 1,PCC、PCD 属于部门 2。首先,使用交换机 S1、S2 分别将两个部门的所有计算机连接起来组成两个局域网,并分别分配 192.168.2.0/24 和 192.168.3.0/24 两个网段。这样就可以实现部门内的互联互通。然后,要实现部门之间的互联互通,就需要用路由器将这两个部门连接起来。这里只需要配置路由器的两个接口的 IP 地址,将这两个地址分别配置为两个局域网的网关,就可以实现整个公司网络的互联互通。

6.3 实验原理

关于实验中局域网 IP 地址的规划,这里给两个部门分配了专用地址网段 192.168.2.0/24 和 192.168.3.0/24。所谓专用地址就是 RFC 1918 规定的 10.0.0.0/8、172.16.0.0/12 和 192.168.0.0/16 三个网段的专用地址(Private Address),这些地址只能用作私网地址,而不能作为公网地址。

RFC 1918 规定了这些专用地址只能用于一个机构的内部通信,而不能用于与因特网上主机的通信。并且严格规定了在因特网中的所有路由器,对目的地址是专用地址的报文一律不进行转发。

因特网中的专用地址如表 1-6 所示。

表 1-6　因特网中的专用地址

序号	专用地址	专用地址范围
1	10. 0. 0. 0/8	10. 0. 0. 0 到 10. 255. 255. 255
2	172. 16. 0. 0/12	172. 16. 0. 0 到 172. 31. 255. 255
3	192. 168. 0. 0/16	192. 168. 0. 0 到 192. 168. 255. 255

6. 4　实验环境与分组

（1）H3C 系列路由器 1 台，以太网交换机 2 台，PC 4 台，标准网线 6 根。

（2）每组 4 名学生，各操作一台 PC，协同进行实验。

6. 5　实验组网

实验组网如图 1-30 所示。

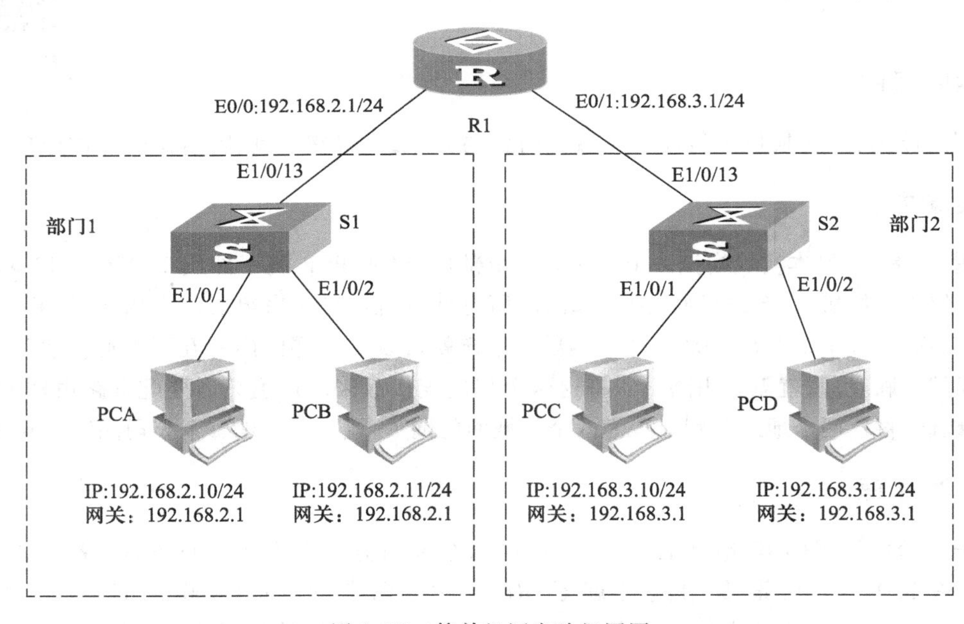

图 1-30　简单组网实验组网图

6. 6　实验步骤

步骤 1　按照图 1-30 将设备连接好；设置好各个计算机的 IP 地址、子网掩码和默认网关。

步骤 2　本实验不需要配置交换机，交换机只需要保持初始的清空状态，通过 ping 命令，查看 4 台 PC 之间的连通性，体会此时部门内和部门间的连通性差别。

步骤 3 配置路由器 R1 的接口 IP 地址，参考命令如下。

路由器 R1：

```
<h3c>system-view
[h3c]sysname R1
[R1]interface e0/0
[R1-Ethernet0/0]ip address 192.168.2.1 24
[R1]interface e0/1
[R1-Ethernet0/1]ip address 192.168.3.1 24
```

在各台计算机上使用 ping 命令检查网络的连通情况。将结果填入表 1-7 中。

表 1-7 简单组网结果

		所用命令	能否 ping 通
同一网段中	PCA ping PCB		
	PCC ping PCD		
不同网段中	PCB ping PCC		
	PCD ping PCA		

思考题

如果把图 1-30 中路由器 R1 接口 E0/0 的 IP 地址改为 192.168.4.1/24，请写出 4 台主机间的连通情况，并解释为什么。

6.7 实验总结

通过本次实验，熟悉 H3C 公司路由器和交换机的基本配置命令，理解路由器和交换机的工作原理。

7 基于地址转换的组网实验

基于地址转换的组网实验

7.1 实验目的

体会通过地址转换（Network Address Translation/NAT）技术进行网络组建，使内部局域网能够联通互联网的过程；理解和体会目前常用的无线路由器的有线接入、地址转换和路由等功能，了解 NAT 原理和实现方法,以及 NAT 配置的过程。

7.2 实验内容

地址转换 NAT 技术是被广泛应用的网络技术之一,它有效地解决了 IPv4 地址短缺的问题,被普遍应用在基于 NAT 的局域网组建和家庭无线路由器中。本实验就是应用 NAT 技术模拟组建一个公司的网络,假设该公司有几十名员工,所有人都需要同时上网,但是该公司只有 5 个可以上网的 IP 地址。可以应用地址转换技术解决这个问题。

另外,当前家庭中普遍使用的无线路由器是将宽带路由器和无线接入点 AP 合二为一的扩展型产品,它主要包括有线接入、无线接入、路由、地址转换、DHCP 等功能。如图 1-31 所示,常见的无线路由器一般都有一个上联到外部网络的 WAN 接口,1~4 个用来连接内部局域网的 LAN 接口,以及无线接入模块。其内部还有专门处理 LAN 接口之间信息交换的网络交换芯片、LAN 接口与 WAN 接口之间的地址转换以及 DHCP 等模块。本实验还可以理解为用交换机、路由器来模拟无线路由器的部分功能,重点了解地址转换的配置和基本工作原理。

图 1-31　无线路由器

7.3 实验原理

网络地址转换 NAT 技术是在 1994 年提出的,主要是为了解决全球 IPv4 地址短缺的问题。我国的公网 IPv4 地址短缺情况十分严重,地址转换技术在日常生活中应用非常普遍,像家里的小路由器、实验室的出口路由器等很多都应用了这项技术。

使用 NAT 技术可以将多个内部专用 IP 地址映射为少数几个甚至一个公网 IP 地址,用来减少公网 IP 地址的使用。将专用内部网络连接到因特网的出口路由器应当是具有地址转换功能的 NAT 路由器,并且该路由器上至少有一个可以上网的 IP 地址。这样,所有使用本地专用地址的主机在和外界通信时,都要在 NAT 路由器上将其本地专用源地址转换成可以上网的源地址,才能与因特网上的主机通信。

同时,地址转换技术还起到了隐藏内部网络结构的作用,对于本地主机而言具有一定的安全性。当然,这样的地址 NAT 技术不支持某些网络层安全协议(如 IPSec),而且本地主机在外网是不可见的,会影响一些网络应用和业务的部署。

NAT 技术主要包括 3 种方式:静态 NAT(Static NAT)、动态地址 NAT(Pooled NAT)、网络地

址与端口转换 NAPT(Network Address and Port Translation)。其中静态 NAT 是设置最简单和最容易实现的一种,内部网络中的每个主机都被永久映射成外部网络中的某个外网 IP 的地址。而动态地址 NAT 则是在外部网络中定义了一系列的外网 IP 地址,采用动态分配的方法映射到内部网络。静态 NAT 和动态 NAT 合称基本 NAT,要求其同一时刻被映射的内部主机数小于或等于所拥有的外网 IP 地址数。NAPT 则是把内部地址映射到外部网络的一个 IP 地址的不同端口上。3 种 NAT 方案各有利弊,可以满足不同的业务需求。

目前被大量使用的是网络地址与端口号转换 NAPT 技术,该技术在 NAT 转换表中还利用了传输层的端口号,以便更加有效地利用 NAT 路由器上有限的可上网 IP 地址。这样,就可以使多个拥有本地专用地址的主机共用一个 NAT 路由器上的上网 IP 地址,同时与因特网上的主机进行通信。

图 1-32 和图 1-33 描述了内网主机 PCA 与外网主机 PCB 应用地址转换 NAPT 技术进行通信的过程。其中,内部网络是 10.0.1.0/ 24 网段,出口 NAT 路由器的公网地址只有 202.0.0.1 一个地址,并且其地址池也只有这唯一的 IPv4 地址。

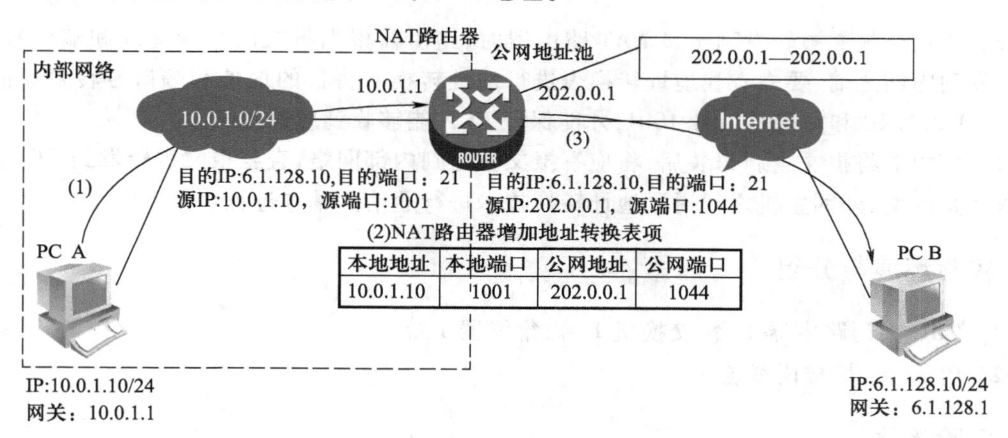

图 1-32 地址转换 NAPT 示意图 1

(1) 当内网主机 PCA 向外网主机 PCB 发送一个 FTP 连接请求,这时从 PCA 发出的报文的源 IP 地址是 10.0.1.10,源端口号是 1001,目的地址是 PCB 的 IP 地址 6.1.128.10,目的端口号是 21。

(2) 当这个报文被转发到出口 NAT 路由器时,NAT 路由器就会先查看公网地址池,然后在地址转换表中插入一条记录,分别是转换前的源地址、源端口号和转换后的源地址、源端口号。

(3) NAT 路由器按照转换后的源地址和源端口号来重新封装报文,目的地址和端口号不变,并将新报文从出接口发送出去。

(4) 当报文被转发到 PCB 时,PCB 收到报文后,会针对该 FTP 请求报文,发送应答报文,此时 PCB 应答报文的源地址是 PCB 的 IP 地址 6.1.128.10,源端口号是 21;目的地址和端口号是转换后的 IP 地址 202.0.0.1 和端口号 1044。

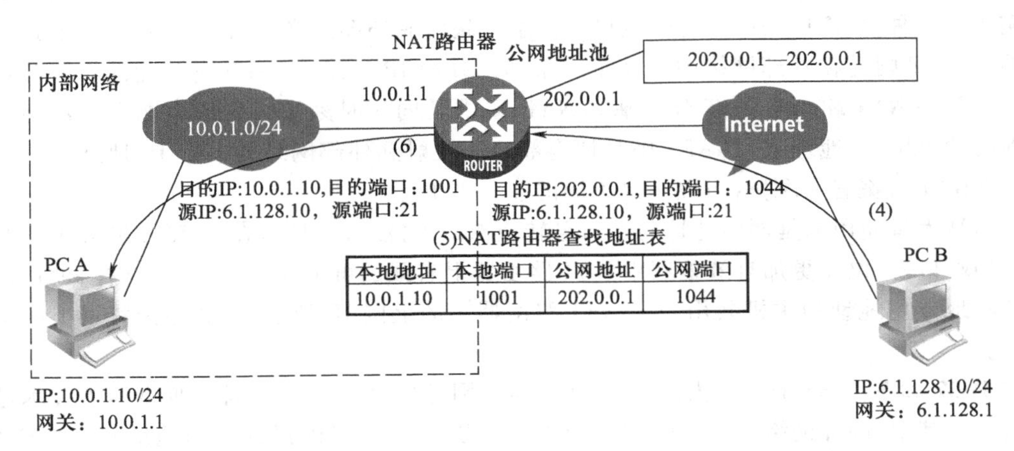

图 1-33　地址转换 NAPT 示意图 2

(5) 当这个报文被转发到出口 NAT 路由器时,路由器根据报文的目的地址和端口号,在将报文转发到内网之前,要先查找地址转换表进行地址转换。将目的地址和端口号转换成内网本地地址 10.0.1.10 和内网端口号 1001,才能保证 PCA 能够收到应答报文。

(6) 路由器将报文重新封装后,将应答报文发送到内部网络,直至报文被转发到 PCA。

这就是内网、外网主机之间通过地址转换技术进行通信的基本过程。

7.4　实验环境与分组

(1) H3C 系列路由器 1 台,交换机 1 台,集线器 1 台。

(2) PC 4 台,标准网线若干。

7.5　实验组网

地址转换实验中,如果发生上网地址(路由器出口 E0/1 地址)或地址池的地址的冲突,会导致该配置失效,无法上网。实验中主机可以直接连接互联网,采用自动获取 IP 地址上网的方式,其自动获取的地址段是 192.168.5.2-100。

为了避免各组之间的地址冲突,特分配地址如表 1-8 所示,请大家一定遵守:

表 1-8　上网地址和地址池的分配

组号	实验室-组号(在线实验平台)	R1 的 E0/1 接口地址	地址池
1	vms1-g0	192.168.5.105	192.168.5.105-109
2	vms1-g1	192.168.5.110	192.168.5.110-114
3	vms1-g2	192.168.5.115	192.168.5.115-119

续表

组号	实验室-组号(在线实验平台)	R1 的 E0/1 接口地址	地址池
4	vms2-g0	192.168.5.120	192.168.5.120-124
5	vms2-g1	192.168.5.125	192.168.5.125-129
6	vms2-g2	192.168.5.130	192.168.5.130-134
7	vms3-g0	192.168.5.135	192.168.5.135-139
8	vms3-g1	192.168.5.140	192.168.5.140-144
9	vms3-g2	192.168.5.145	192.168.5.145-149
10	vms4-g0	192.168.5.150	192.168.5.150-154
11	vms4-g1	192.168.5.155	192.168.5.155-159
12	vms4-g2	192.168.5.160	192.168.5.160-164
13	vms5-g0	192.168.5.165	192.168.5.165-169
14	vms5-g1	192.168.5.170	192.168.5.170-174
15	vms5-g2	192.168.5.175	192.168.5.175-179
16	vms6-g0	192.168.5.180	192.168.5.180-184
17	vms6-g1	192.168.5.185	192.168.5.185-189
18	vms6-g2	192.168.5.190	192.168.5.190-194
19	vms7-g0	192.168.5.195	192.168.5.195-199
20	vms7-g1	192.168.5.200	192.168.5.200-204
21	vms7-g2	192.168.5.205	192.168.5.205-209
22	vms8-g0	192.168.5.210	192.168.5.210-214
23	vms8-g1	192.168.5.215	192.168.5.215-219
24	vms8-g2	192.168.5.220	192.168.5.220-224

这样,为了避免 IP 地址冲突,路由器 E0/1 接口 IP 地址中的 * 为本组组号×5+100,每组配置的地址池范围定为:组号×5+100~组号×5+104。以第一组为例,E0/1 的 IP 地址为 192.168.5.105,所配置的地址池为 192.168.5.105~192.168.5.109(以下实验步骤以第一组为例)。

7.6 实验步骤

步骤 1 按照图 1-34 把设备连接好,并且 PCC 在 R1 的 E0/1 接口处截获报文。设置好各个计算机的 IP 地址和默认网关。交换机 S1 在本实验中作为二层交换机,不需要任何配置。

步骤 2 配置路由器 R1 的接口的 IP 地址,以第一组为例,参考命令如下:

```
<h3c>system
[h3c]sysname R1
[R1]interface e0/0
[R1-Ethernet0/0]ip address 10.0.0.1 24
[R1]interface e0/1
[R1-Ethernet0/1]ip address 192.168.5.105 24
```

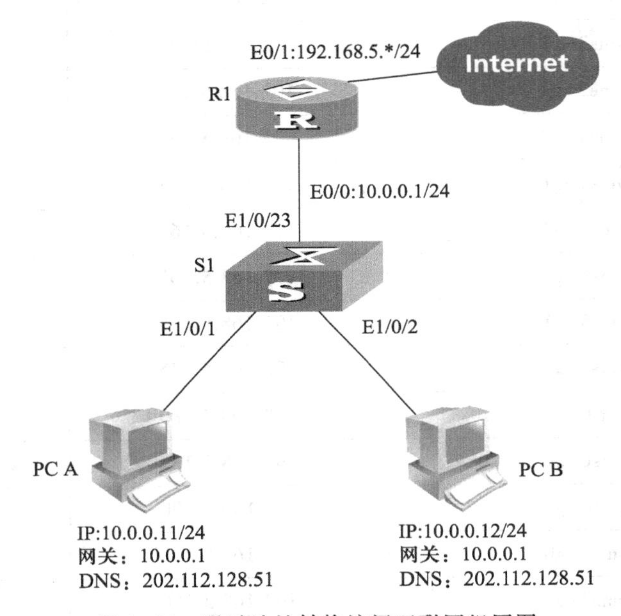

图 1-34　通过地址转换访问互联网组网图

步骤 3　配置地址转换，把所有内网地址转换成所配置的地址池中的地址，参考命令如下：

```
[R1]acl number 2001
[R1-acl-2001]rule permit source 10.0.0.0  0.0.0.255
[R1-acl-2001]rule deny source any
```

#这个访问控制列表定义了允许 IP 源地址为 10.0.0.0/24 的外出数据包

```
[R1]nat address-group 1  192.168.5.105  192.168.5.109
```

以上是 V5 版本命令，V7 版本命令是：

```
[R1]nat address-group 1
[R1-address-group-1]
address  192.168.5.105  192.168.5.109
```

#这条命令定义了一个包含 5 个公网地址(5~9)的地址池，地址池名称为 1

```
[R1]interface e0/1
```

```
[R1-Ethernet0/1]nat outbound 2001 address-group 1
[R1]ip route-static 0.0.0.0 0.0.0.0 192.168.5.1
```

#在路由表中添加默认路由。

注:不同型号的设备,地址转换命令略有不同,详情请参考相关设备的命令手册。

步骤 4 所有 PC 都启动 Wireshark 截获报文,在 PCA 上访问 Internet,分析 PCA 和 PCC 上截获的报文,体会 NAPT 地址转换技术的原理。针对一个访问外网的报文,填写表 1-9。

表 1-9 NAPT 报文转发过程

报文转发过程	源 IP 地址	源端口	目的 IP 地址	目的端口
PCA→R1				
R1→外网				
外网→R1				
R1→PCA				

7.7 实验总结

通过本次实验,掌握地址转换技术的原理和配置。

预习报告

1. 写出 EIA/ TIA 568A 和 568B 标准的线序及各个引脚的作用。
2. 写出制作网线的步骤及制作过程中应注意的问题。
3. 写出什么情况下需要使用直通线,什么情况下需要使用交叉线。
4. 说明下列交换机配置命令的含义。

```
<h3c>system-view
[h3c]sysname  S3526
[S3526]interface  e0/1
[S3526 Ethernet0/1]duplux full
[S3526 Ethernet0/1]quit
[S3526]display interface e0/1
```

5. 说明下列路由器配置命令的含义。

```
<h3c>sysname RouterA
[RouterA]interface e0/0
```

```
[RouterA Ethernet0/0]ip address 192.168.1.1 24
[RouterA Ethernet0/0]speed 100
[RouterA Ethernet0/0]mtu 1500
[RouterA Ethernet0/0]display interface e0/0
```

6. 写出清空交换机、路由器配置的命令。

7. 复习 NAT 协议的原理,及其在路由器上的配置命令,填写表 1-10。

表 1-10　NAT 协议在路由器上的命令

命令行	解释命令的作用
[h3c]interface Ethernet 0/1	
[h3c-Ethernet0/1]ip add 192.168.5.105 255.255.255.0	
[h3c]interface Ethernet 0/0	
[h3c-Ethernet0/0]ip add 10.0.0.1 255.255.255.0	
[h3c]ip route-static 0.0.0.0 0.0.0.0 192.168.5.1	
[h3c]nat address-group 1 192.168.5.105 192.168.5.109	
[h3c] acl number 2001	
[h3c-acl-2001]rule permit source 10.0.0.0 0.255.255.255	
[h3c-acl-2001]rule deny source any	
[h3c-Ethernet0/1]nat outbound 2001 address-group 1	

实验二 数据链路层实验

1 实验内容

实验二
内容介绍

（1）以太网链路层帧格式分析。
（2）交换机的 MAC 地址表和端口聚合。
（3）VLAN 的配置与分析。
（4）广域网协议分析。
（5）设计型实验。

2 以太网链路层帧格式分析

以太网
链路层帧
格式分析

2.1 实验目的

分析 Ethernet V2 标准规定的 MAC 层帧结构，了解 IEEE 802.3 标准规定的 MAC 层帧结构，了解 TCP/IP 协议簇中的主要协议及其层次结构。

2.2 实验内容

通过对截获帧进行分析，分析和验证 Ethernet V2 标准和 IEEE 802.3 标准规定的 MAC 层帧结构，初步了解 TCP/IP 协议簇中的主要协议及其层次结构。

2.3 实验原理

局域网按照网络拓扑可以分为星形网、环形网、总线网和树形网，相应代表性的网络主要有以太网、令牌环、令牌总线等。局域网经过 40 多年的发展，尤其是近些年来快速以太网（100 Mbps）、吉比特以太网（1 Gbps）和 10 吉比特以太网（10 Gbps）的飞速发展，采用 CSMA/CD（Carrier Sense，Multiple Access with Collision Detection）的接入方法的以太网已经在局域网市场中占有绝对优势，以太网几乎成为局域网的同义词。因此，本章有关局域网实验以以太网为主。

常用的以太网 MAC 帧格式有两种标准,一种是 DIX Ethernet V2 标准,另一种是 IEEE 的 802.3 标准。图 2-1 显示了这两种不同的 MAC 帧格式。

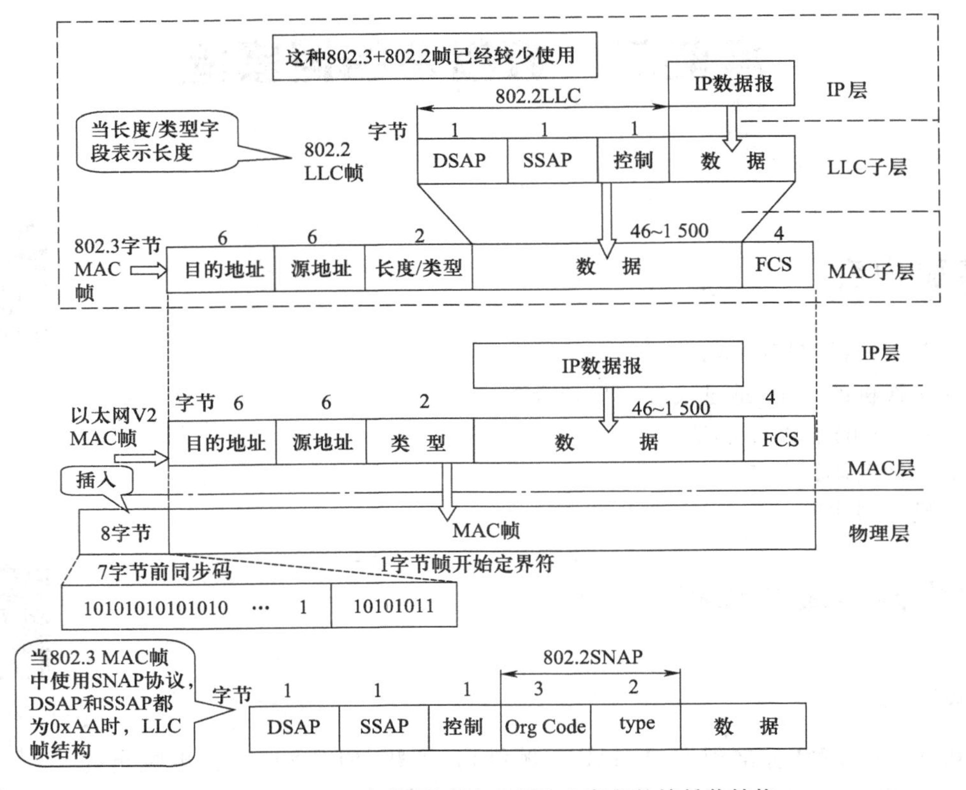

图 2-1　Ethernet 和 IEEE 802.3/802.2 定义的帧封装结构

2.3.1　Ethernet V2 标准的 MAC 帧格式

DIX Ethernet V2 标准是指数字设备公司(Digital Equipment Corp.)、英特尔公司(Intel Corp.)和 Xerox 公司在 1982 年联合公布的一个标准。它是目前最常用的 MAC 帧格式,结构比较简洁,由 5 个字段组成。第一、二字段分别是目的地址和源地址字段,长度都是 6 字节;第三字段是类型字段,长度是 2 字节,标识上一层使用的协议类型;第四字段是数据字段,其长度在 46 至 1 500 字节之间;第五字段是帧检验序列 FCS,长度是 4 字节。

此外,为了使发送端和接收端达到比特同步,实际传送时要在 MAC 帧前设置前同步码(7 字节)和帧开始界定符(1 字节)。这两个字段和帧检验序列 FCS 在网卡接收 MAC 帧时被去掉了,因此实验中抓包软件截获报文中没有这些字段。

Ethernet V2 标准定义 MAC 帧都有最小长度要求,规定数据部分必须至少为 46 字节。为了保证这一点,必要时需要插入填充(pad)字节。

2.3.2 IEEE 802.3 标准的 MAC 帧格式

1983 年,IEEE(电子电气工程师协会)802 委员会公布了一个稍有不同的标准集,局域网的数据链路层被拆成逻辑链路控制 LLC 子层和介质访问控制 MAC 子层。MAC 子层中定义了几种不同的局域网标准,如 802.3 针对整个 CSMA/CD 网络,802.4 针对令牌总线网络,802.5 针对令牌环网络。如图 2-1 所示,802.2 和 802.3 定义了一个与 DIX Ethernet V2 标准不同的以太网帧格式。

IEEE 802.3 标准设计的主要特点是,MAC 层能够知道其有效数据的长度和能够为局域网提供面向连接的服务。与 DIX Ethernet V2 标准相比要复杂一些。

IEEE 802.3 MAC 帧的第一、二字段也分别是目的地址和源地址字段,长度都是 6 字节;第三字段是长度/类型字段,如果该字段数值小于 1 500,它就表示 MAC 帧数据字段的长度;如果其数值大于 0x0600,就表示类型,即上层协议的类型,此时 802.3 的 MAC 帧和 Ethernet V2 的 MAC 帧一样。

当长度/类型字段表示长度时,MAC 帧的数据部分为 IEEE 802.2 标准定义的 LLC 子层的 LLC 帧,其长度就是长度/类型字段的值。LLC 帧的首部有 3 个字段:目的服务访问点(Destination Service Access Point,DSAP),为 1 字节;源服务访问点(Source Service Access Point,SSAP),为 1 字节;控制字段,为 1 或 2 字节。DSAP 指出 LLC 帧的数据应当上交的协议,SSAP 指出发送数据的协议,控制字段则指出 LLC 帧的类型。其数据字段、帧检验序列 FCS 字段、MAC 帧前同步码、帧开始界定符,以及最小长度要求与 Ethernet V2 标准类似。

此外,为了使 IEEE 802.3 标准能够更好地与 Ethernet V2 标准相兼容,IEEE 802 委员会又制定了 802.3 子网接入协议(Sub-network Access Protocol,SNAP),对 LLC 首部进行扩展。使用 SNAP 时,DSAP 和 SSAP 的值都设为 0xaa,Ctrl 字段的值设为 3,随后的 3 个字节 Org Code 一般都置为 0。再接下来的 2 个字节类型字段和以太网帧格式一样。截获真实帧如图 2-2 所示。

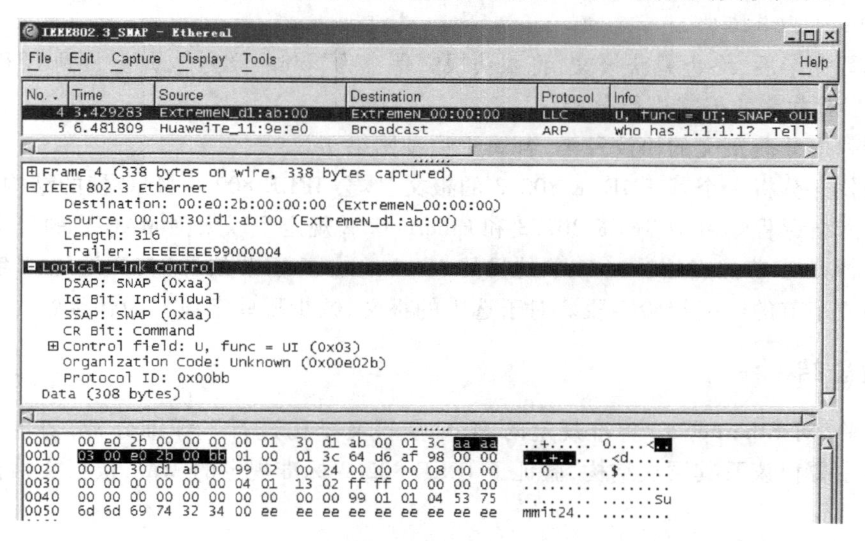

图 2-2 802.3 子网接入协议 SNAP 的 MAC 帧格式

显然，与 Ethernet V2 标准相比，其在 MAC 帧中增加了 8 个字节的开销，而且实践证明，这样做过于烦琐，使得其在实际中很少得到使用。因此，本次实验中重点分析 Ethernet V2 MAC 帧的格式，802.3 MAC 帧只作一般了解。

2.4　实验环境与分组

(1) 交换机 1 台，标准网线 2 条，Console 线 2 条，计算机 4 台。

(2) 计算机均需要在网络设置中配置 NWLink IPX/SPX/NETBIOS 协议。

2.5　实验组网

实验组网如图 2-3 所示。

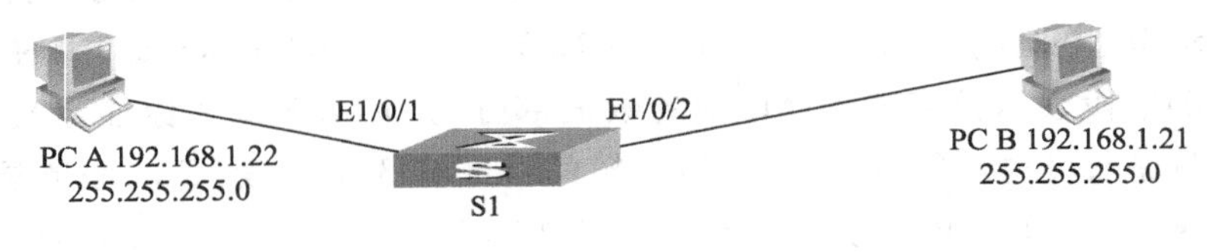

图 2-3　Wireshark 实验组网图

2.6　实验步骤

步骤 1　按照图 2-3 的组网连接各个实验设备，正确配置 PC A 和 PC B 的 IP 地址。将交换机的配置清空。

步骤 2　在 PC A 和 PC B 上都启动 Wireshark 捕获报文，然后 PC A 进入 Windows 命令行窗口，执行如下命令：

```
ping 192.168.1.21
```

命令执行完毕后，终止截获报文，将截获报文保存为“ping-学号”，并上传到 FTP 服务器。

步骤 3　对截获的报文进行分析。

(1) 请列出截获报文的协议种类，各属于哪种网络协议？

(2) 查找并分析一个基于 IEEE 802.3 的报文，体会 IEEE 802.3 MAC 帧的结构。

(3) 在网络课程学习中，IEEE 802.3 和 Ethernet V2 规定了以太网 MAC 层的报文格式分为 7 字节的前导符、1 字节的起始符、6 字节的目的 MAC 地址、6 字节的源 MAC 地址、2 字节的类型、数据字段和 4 字节的数据校验字段。对于选中的报文，缺少哪些字段？为什么？

2.7　实验总结

通过实验，对 Ethernet V2 标准规定的 MAC 层报文结构进行了详细分析，初步了解 TCP/IP 协议簇中的主要协议及其层次结构，验证了 IEEE 802.3 标准规定的 MAC 层报文结构。

3 交换机的 MAC 地址表和端口聚合

交换机的 MAC
地址表和
端口聚合

3.1 实验目的

通过查看交换机的 MAC 地址表,理解 MAC 地址表的学习过程。通过端口聚合的配置理解端口聚合的原理和应用。

3.2 实验内容

通过查看交换机的 MAC 地址表,理解交换机 MAC 地址表的生成过程。配置端口聚合,体会端口聚合技术的作用。

3.3 实验原理

3.3.1 交换机的 MAC 地址表

对于网络交换机来说,MAC 地址表是其能否正确转发数据包的关键,为此,协议标准 RFC 2285 和 RFC 2889 中都对以太网交换机的 MAC 地址表和 MAC 地址学习进行专门的描述。MAC 地址表显示了主机的 MAC 地址与以太网交换机端口映射关系,指出数据帧去往目的主机的方向。当以太网交换机收到一个数据帧时,将收到数据帧的目的 MAC 地址与 MAC 地址表进行查找匹配。操作如下。

(1) 如果在 MAC 地址表中没有相应的匹配项,则向除接收端口外的所有端口发送该数据帧,有人将这种操作翻译为泛洪(Flood,泛洪操作发送的是普通数据帧而不是广播帧)。

(2) 如果 MAC 地址表中有匹配项时,若该匹配项指定的交换机端口与接收端口相同,则表明该数据帧的目的主机和源主机在同一广播域中(例如,这两台主机是通过 HUB 上联到交换机的这个端口的),不通过交换机可以完成通信,交换机将丢弃该数据帧。否则,交换机将把该数据帧转发到相应的端口。

(3) 交换机还将检查收到数据帧的源 MAC 地址,并查找 MAC 地址表中与之相匹配的项。如果没有,交换机将增加一条由该 MAC 地址和接收该数据帧的端口组成的记录,并激活一个定时器。这个过程被称为地址学习。这个定时器一般就是在配置交换机时的 AgeTime 选项,而且通常可以配置这一定时器的时间长度。在定时器到时的时候,该项记录将从 MAC 地址表中删除。如果接收的数据帧的源 MAC 地址在 MAC 地址表中有匹配项,交换机将复位该地址的定时器。

交换机的转发是基于 MAC 地址表的,而 MAC 地址表是交换机在收到帧时通过学习帧中的源地址和帧的来源端口而生成的。交换机记录帧的源 MAC 地址与端口的对应关系,作为转发时使用的 MAC 地址表。

3.3.2　交换机的端口聚合

1. 端口聚合的需求和应用

以太网技术经历从 10 Mbps 标准以太网到 100 Mbps 快速以太网,到现在的 1 000 Mbps 以太网,提供的网络带宽越来越大,但是仍然不能满足某些特定场合的需求,特别是集群服务的发展对此提出了更高要求。到目前为止,主机以太网网卡基本都有 1 000 Mbps 带宽,而集群服务器面向的是成百上千的访问用户,如果仍然采用 1 000 Mbps 网络接口提供连接,必然成为用户访问服务器的瓶颈。由此产生了多网络接口卡的连接方式,一台服务器同时通过多个网络接口提供数据传输,提高用户访问速率。这就涉及用户究竟使用哪一网络接口的问题。同时为了更好地利用网络接口,人们也希望在网络用户较少时,这些用户可以占用尽可能大的网络带宽。这些就是端口聚合技术解决的问题。

同样,在大型局域网中,为了有效转发和交换所有网络接入层的用户数据流量,核心层设备之间或者核心层和汇聚层设备之间,都需要提高链路带宽。这也是端口聚合技术广泛应用所在。

在解决上述问题的同时,端口聚合还有其他的优点。如采用端口聚合远远比采用更高带宽的网络接口卡来得容易,成本更加低廉。

从上述需求可以看出端口聚合主要应用于以下场合。

(1) 交换机与交换机之间的连接:汇聚层交换机到核心层交换机或核心层交换机之间。

(2) 交换机与服务器之间的连接:集群服务器采用多网卡与交换机连接提供集中访问。

(3) 交换机与路由器之间的连接:交换机和路由器采用端口聚合可以解决广域网和局域网连接瓶颈。

(4) 服务器与路由器之间的连接:集群服务器采用多网卡与路由器连接提供集中访问。特别是在服务器采用端口聚合时,需要专有的驱动程序配合完成。

2. 端口聚合的实现原理

端口聚合需要解决的问题已经分析清楚,那么端口聚合技术究竟如何实现这些功能的呢?端口聚合的物理模型如图 2-4 所示。

模型中假设有两个以太网交换机进行 n 个端口的聚合,此时当交换机 A 要向交换机 B 通过聚合链路进行数据传输时,从上层协议封装而来的数据帧进行排队,然后通过帧分发器按照一定的规则将数据帧分发到不同的端口发送队列分别进行发送,数据帧到达对端后,交换机 B 通过帧接收器将接收到的帧按照接收顺序上交给上层协议,再由上层协议处理。在此需要注意,帧分发器并不会把某一具体的数据帧分拆到不同的端口发送队列,而是将整个数据帧分配到某一端口发送队列,甚至为了保证数据帧的有序传送,还必须将同一会话的数据帧分配到同一端口进行发送。

3. 端口聚合的配置

早期的 Quidway S 系列以太网交换机提供两种方式的端口聚合:一种方式是根据数据帧的源 MAC 地址进行数据帧的分发;另一种方式是根据数据帧的源 MAC 地址和目的 MAC 地址进行数据帧的分发。在实现端口负载分担时,两种方式对数据帧分发有较大差别。前一种对数据流

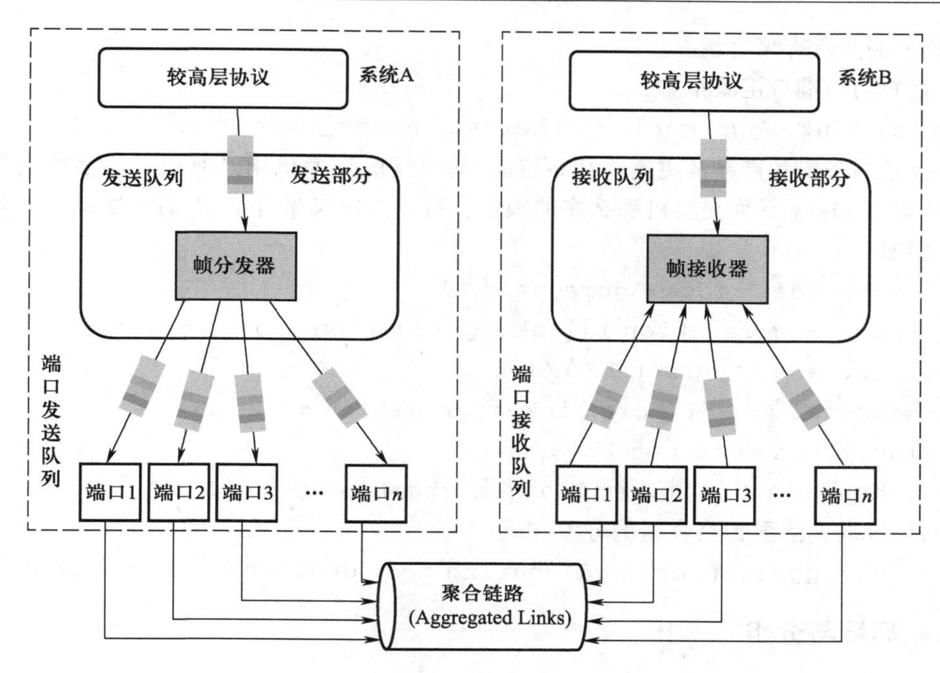

图 2-4 端口聚合物理模型

的分类较粗,对实现负载分担不利,而后者分类细致,有利于链路的负荷均担,根据不同的应用场合选择合适的聚合方式,更有利于发挥产品的特性。

不同的交换机支持的聚合组数量和大小都有所不同。如 S3026 只支持一个聚合组,每个聚合组最多包含 4 个端口,参加聚合的端口必须连续,但对起始端口无特殊要求。如果需要,两个扩展模块也可以汇聚成 1 个聚合组。而 S3526 支持 4 个聚合组,每个聚合组最多可以包含 8 个端口,参加聚合的端口也必须连续,但是聚合组的起始端口(主端口)只能是 Ethernet0/1、Ethernet0/9、Ethernet0/17 或 Gabitethernet1/1。其他产品请参考产品配置手册。

另外,所有参加聚合的端口还必须满足另一条件,即所有端口都必须工作在全双工模式下,且工作速率相同才能进行聚合,并且聚合功能需要在链路两端同时配置方能生效。

Quidway S 系列交换机提供的具体配置命令如下。

(1) 设置以太网汇聚端口:

```
[Quidway]link-aggregation  ethernet port_num1 to ethernet port_num2
{ingress |both}
```

ingress:表示聚合方式为根据源 MAC 地址进行数据分流。

both:表示聚合方式为根据源 MAC 地址和目的 MAC 地址进行数据分流。

(2) 删除以太网汇聚端口:

```
[Quidway]undo link-aggregation{ethernet master_port_num |all}
```

master_port_ num:表示主端口号,即聚合组中起始端口号。

all：表示删除所有聚合组。

(3) 查看当前端口汇聚配置：

```
display link-aggregation[ethernet master_port_num]
```

随着技术的进步和产品的更新换代，目前一些较新的交换机则具有更加灵活的端口聚合配置，没有早期 Quidway 系列交换机那么多的限制。可以先定义聚合组，然后将物理端口加入到聚合组中。例如：

```
[S1]interface Bridge-Aggregation 1
[S1-Bridge-Aggregation 1]link-aggregation mode dynamic
[S1]interface Ethernet 1/0/1
[S1-Ethernet 1/0/1]port link-aggregation group 1
[S1]interface Ethernet 1/0/2
[S1-Ethernet 1/0/2]port link-aggregation group 1
```

此外，还可以灵活配置聚合组的分发方式：

```
[S1]link-aggregation load-sharing mode destionation-mac source-mac
```

3.4　实验环境与分组

交换机 2 台，标准网线 6 条，Console 线 2 条，计算机 4 台。

3.5　实验组网

实验组网如图 2-5 所示。

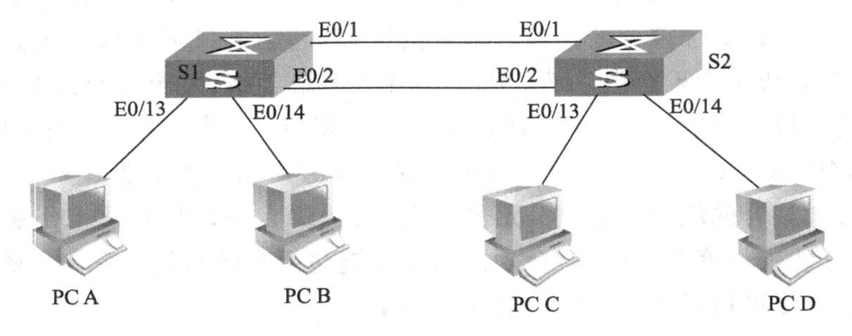

图 2-5　交换机环路（广播风暴）实验组网图

3.6　实验步骤

1. MAC 地址表实验

步骤 1　如图 2-3 所示，继续上节实验，在计算机 PCA 上执行 ping 192.168.1.21。

步骤 2　查看交换机的 MAC 地址表，命令如下：

```
[h3c]display mac-address
```

结果为______________________________。

（1）解释 MAC 地址表中各字段的含义。

（2）简述 MAC 地址表的学习过程。

（3）这个实验能够说明 MAC 地址表的学习是来源于源 MAC 地址而非目的 MAC 地址吗？试给出一个验证方法。

2. 广播风暴实验[1]

按图 2-5 连接好设备，每台计算机启动 Wireshark 截取报文。

观察交换机端口的指示灯的闪烁情况，查看捕获报文的种类和数量，体会广播风暴和链路环路的危害。

然后，在两台交换机上都配置启用生成树协议。交换机 S1 的配置如下：

```
<h3c>system-view                                //进入系统视图
Enter system view , return user view with Ctrl+Z
[h3c]sysname S1                                 //将交换机名称设置为 S1
[S1]stp enable                                  //使能生成树(STP)协议
```

交换机 S2 的配置类似。

请问是否还能观察到广播风暴？为什么？

3. 端口聚合实验[1]

步骤 1　撤销两台交换机上的生成树协议的配置，配置端口聚合，参考配置如下：

```
[s1]stp disable
[s1]interface bridge-aggregation 1
[s1-Bridge-Aggregation 1]link-aggregation mode dynamic
[s1]interface Ethernet 1/0/1
[s1-Ethernet 1/0/1]port link-aggregation group 1
[s1]interface Ethernet 1/0/2
[s1-Ethernet 1/0/2]port link-aggregation group 1
```

交换机 S2 的配置类似。

请问是否还能观察到广播风暴？为什么？

步骤 2　模拟链路故障，将连接两台交换机的一根网线拔掉或者将被聚合的某个端口关闭，检查网络两端是否仍能联通，体会其链路备份的作用。

1　由于广播风暴和端口聚合实验在组网中会形成交换机环路，有可能会对在线实验平台产生不良影响，故在线实验平台暂时不支持这两个实验。

3.7　实验总结

通过实验，了解交换机的转发原理和 MAC 地址表的学习过程，以及端口聚合的配置和作用。

4　VLAN 的配置与分析

VLAN 的配置与分析

4.1　实验目的

了解 VLAN（虚拟局域网）的作用，掌握在一台交换机上划分 VLAN 的方法和跨交换机的 VLAN 的配置方法，掌握 Trunk 端口的配置方法，了解 VLAN 数据帧的格式、VLAN 标记添加和删除的过程。

4.2　实验内容

首先，验证交换机来划分 VLAN 时的连通情况。然后，在一台交换机上划分 VLAN，然后用 ping 命令测试在同一 VLAN 和不同 VLAN 中设备的连通性。最后，在交换机上配置 Trunk 端口，用 ping 命令测试在同一 VLAN 和不同 VLAN 中设备的连通性。在上述过程中，需要截获 VLAN 数据帧，分析 VLAN 数据帧的格式和 VLAN 标记添加与删除的过程。

4.3　实验原理

4.3.1　VLAN 的产生

以太网交换机在数据链路层上基于端口进行数据转发，使得冲突域缩小到交换机的每一个端口，有效地提高了网络的利用率。但是，随着网络规模的增大，网络内主机数量将急剧增加。如果这些主机都属于同一个局域网，也就是属于同一个广播域，那么网络中任一主机发送的广播报文将被转发给该广播域内所有主机，这样网络的利用率就会大大下降。网络中将传播过多的广播信息而引起的网络性能恶化的现象称为广播风暴。

怎样才能够避免这种情况的发生呢？首先想到的应该是减小广播域内的主机量，也就是将大的广播域隔离成多个较小的广播域，这样主机发送的广播报文就只能在自己所属的某一个小的广播域内传播，从而提高整个网络的带宽利用率。最早用来隔离广播的设备就是常见的路由器，但是路由器在处理数据报文时需要经过烦琐的软件处理，并且由于路由器对其他功能的兼顾，使路由器的成本令一般局域网用户无法接受。经过一段时间的发展，出现了现在广泛应用的 VLAN 技术——一种专门为隔离二层广播报文设计的虚拟局域网技术。

路由器隔离广播域，是因为路由器的数据转发都在 IP 层进行，所以对于二层本地广播来说，它是无法通过路由器的。那么 VLAN 技术又是如何实现广播报文的隔离呢？在 VLAN 技术中，规定凡是具有 VLAN 功能的交换机在转发数据报文时，都需要确认该报文属于某一个 VLAN，并且该报文只能被转发到属于同一 VLAN 的端口或主机。每一 VLAN 代表了一个广播域,不同的 VLAN 用户属于不同的广播域,它不能接收来自不同 VLAN 用户的广播报文,如图 2-6 所示。

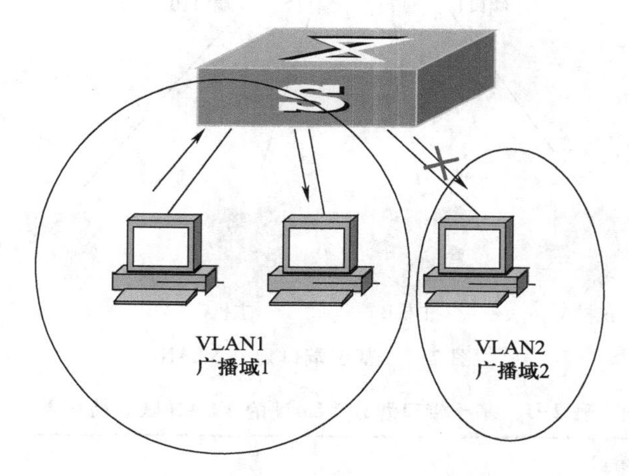

图 2-6 VLAN 划分广播域

虚拟局域网将一组位于不同物理网段上的用户在逻辑上划分在一个局域网内,在功能和操作上与传统 LAN 基本相同,可以提供一定范围内终端系统的互联。VLAN 与传统的 LAN 相比,具有以下优势。

(1) 限制广播范围,提高带宽的利用率。

(2) 减少移动和改变的代价。

(3) 虚拟工作组。

(4) 用户不受物理设备的限制,VLAN 用户可以处于网络中的任何地方。

(5) VLAN 对用户的应用不产生影响。

(6) 增强通信的安全性。

(7) 增强网络的健壮性。

4.3.2 VLAN 的划分

VLAN 的主要目的就是划分广播域,那么在建设网络时,如何确定这些广播域呢?是根据物理端口、MAC 地址、协议还是子网呢?其实到目前为止,上述参数都可以用来作为划分广播域的依据。

1. 基于端口的 VLAN 划分

基于端口的 VLAN 划分方法是用以太网交换机的端口来划分广播域,也就是说,交换机某些端口连接的主机在一个广播域内,而另一些端口连接的主机在另一个广播域,VLAN 和端口连接的主机无关,如图 2-7 和表 2-1 所示。

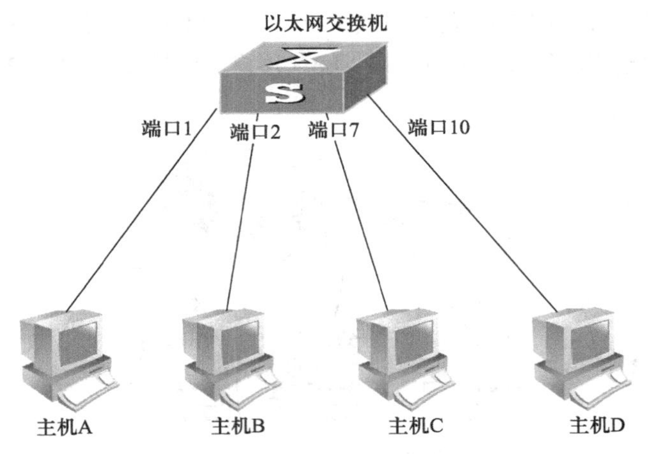

图 2-7 基于端口划分 VLAN

表 2-1 基于端口划分 VLAN 的 VLAN 映射简化表

端口	VLAN ID
端口 1	VLAN2
端口 2	VLAN3
…	…
端口 7	VLAN2
…	…
端口 10	VLAN3

假设指定交换机的端口 1 和端口 7 属于 VLAN2,端口 2 和端口 10 属于 VLAN3,此时,主机 A 和主机 C 在同一 VLAN,主机 B 和主机 D 在另一 VLAN 下。如果将主机 A 和主机 B 交换连接端口,则 VLAN 表仍然不变,而主机 A 变成与主机 D 在同一 VLAN(广播域),而主机 B 和主机 C 在另一 VLAN 下。如果网络中存在多个交换机,还可以指定交换机 1 的端口和交换机 2 的端口属于同一 VLAN,这样同样可以实现 VLAN 内部主机的通信,也隔离了广播报文的泛滥。所以这种 VLAN 划分方法的优点是定义 VLAN 成员非常简单,只要指定交换机的端口即可。但是如果 VLAN 用户离开原来的接入端口,而连接到新的交换机端口,就必须重新指定新连接的端口所属的 VLAN ID。

2. 基于 MAC 地址的 VLAN 划分

基于 MAC 地址的 VLAN 划分方法是根据连接在交换机上主机的 MAC 地址来划分广播域的。也就是说,某个主机属于哪一个 VLAN 只和它的 MAC 地址有关,和它连接在哪个端口或者 IP 地址都没有关系。这种划分 VLAN 的方法最大的优点在于当用户改变物理位置(改变接入端口)时,不需要重新配置。但是这种方法的初始配置量很大,要针对每个主机进行 VLAN 设置,并且对于那些容易更换网络接口卡的笔记本电脑用户,会经常迫使交换机更改配置。

3. 基于协议的 VLAN 划分

基于协议的 VLAN 划分方法是根据网络主机使用的网络协议来划分广播域的。也就是说，主机属于哪一个 VLAN 决定于它所运行的网络协议（如 IP 和 IPX 协议），而与其他因素没有关系。这种 VLAN 划分在实际当中应用非常少，因为目前实际上绝大多数都是 IP 的主机，其他协议的主机组件几乎都被 IP 主机代替，所以它很难将广播域划分得更小。

4. 基于子网的 VLAN 划分

基于子网的 VLAN 划分方法是根据网络主机使用的 IP 地址所在的网络子网来划分广播域的。也就是说，IP 地址属于同一个子网的主机属于同一个广播域，而与主机的其他因素没有任何关系。这种 VLAN 划分方法管理配置灵活，网络用户自由移动位置而不需要重新配置主机或交换机，并且可以按照传输协议进行子网划分，从而实现针对具体应用服务来组织网络用户。但是，这种方法也有它不足的一面，因为为了判断用户属性，必须检查每一个数据包的网络层地址，这将耗费交换机不少的资源，并且同一个端口可能存在多个 VLAN 用户，这对广播报文的抑制效率有所下降。

从上述几种 VLAN 划分方法的优缺点综合来看，基于端口划分 VLAN 是最普遍使用的方法之一，它也是目前所有交换机都支持的一种 VLAN 划分方法。

4.3.3 VLAN 的帧格式

IEEE 802.1q 协议标准规定了 VLAN 技术，它定义同一个物理链路上承载多个子网的数据流的方法。其主要内容包括 VLAN 的架构，VLAN 技术提供的服务，VLAN 技术涉及的协议和算法。为了保证不同厂家生产的设备能够顺利互通，IEEE 802.1q 标准严格规定了统一的 VLAN 帧格式以及其他重要参数。

IEEE 802.1q 标准规定在原有的标准以太网帧格式中增加一个特殊的标志域——tag 域，用于标识数据帧所属的 VLAN ID。其帧格式如图 2-8 所示。

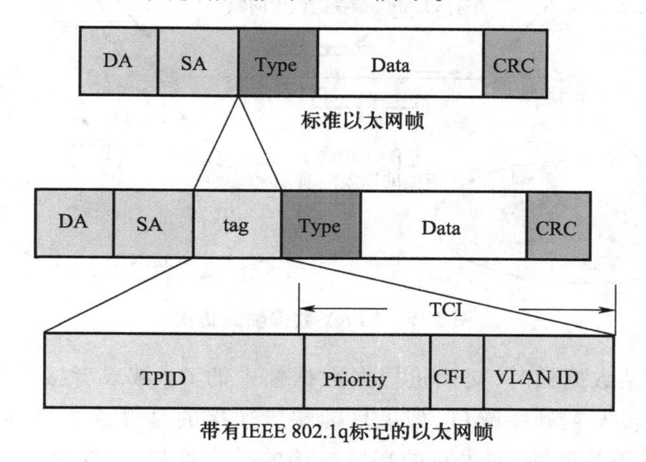

图 2-8 VLAN 帧格式

从两种帧格式可以知道 VLAN 帧相对标准以太网帧在源 MAC 地址后面增加了 4 字节的 tag 域。它包含了 2 字节的标签协议标识(TPID)和 2 字节的标签控制信息(TCI)。其中 TPID(Tag Protocol Identifier)是 IEEE 定义的新的类型,表示这是一个加了 IEEE 802.1q 标签的帧。TPID 包含了一个固定的十六进制值 0x8100。TCI(Tag Control Information)又分为 Priority、CFI 和 VLAN ID 三个域。

Priority:该域占用 3 bit,用于标识数据帧的优先级。

CFI(Canonical Format Indicator):该域仅占用 1 bit,如果该位为 0,表示该数据帧采用规范帧格式,如果该位为 1,表示该数据帧为非规范帧格式。它主要用在令牌环/源路由 FDDI 介质访问,用来指示数据帧中所带地址的比特次序信息。如果在 802.3Ethernet 和透明 FDDI 介质访问方法中,它用于指示是否存在 RIF 域,并结合 RIF 域来指示数据帧中地址的比特次序信息。

VLAN ID:该域占用 12 bit,它明确指出该数据帧属于某一个 VLAN。所以 VLAN ID 表示的范围为 0~4 095。

4.3.4 VLAN 数据帧的传输

目前任何主机都不支持带有 tag 域的以太网数据帧,即主机只能发送和接收标准的以太网数据帧,而认为 VLAN 数据帧为非法数据帧。所以支持 VLAN 的交换机在与主机和交换机进行通信时,需要区别对待。当交换机将数据发送给主机时,必须检查该数据帧,并删除 tag 域。而发送给交换机时,为了让对端交换机能够知道数据帧的 VLAN ID,它应该对从主机接收到的数据帧增加 tag 域后再发送。其数据帧在传播过程中的变化如图 2-9 所示。

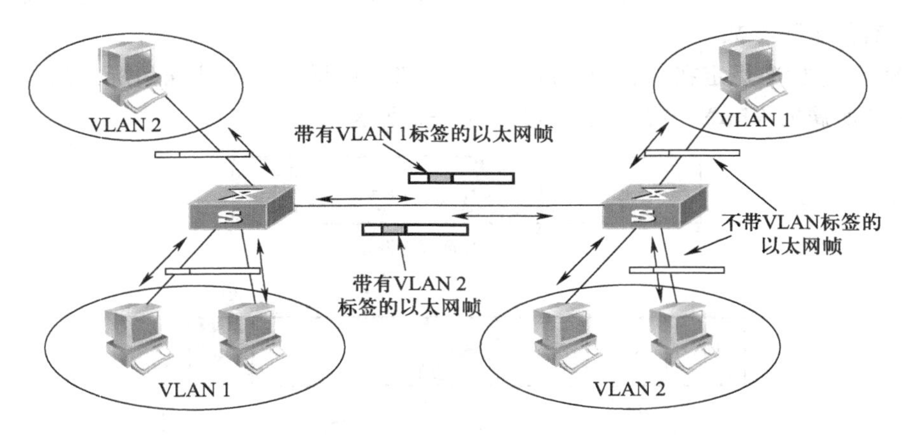

图 2-9　VLAN 数据帧的传播

当交换机接收到某数据帧时,交换机根据数据帧中的 tag 域或者接收端口的默认 VLAN ID 来判断该数据帧应该转发到哪些端口,如果目标端口连接的是普通主机,则删除 tag 域(如果数据帧包含 tag 域)后发送数据帧;如果目的端口连接的是交换机,则添加 tag 域(如果数据帧不包含 tag 域)后发送数据帧。(为了保证交换机之间的 Trunk 链路上能够接入普通主机,Quidway S

系列以太网交换机还有特殊处理:发送时,当检查到数据帧的 VLAN ID 和 Trunk 端口的默认 VLAN ID 相同时,不会在数据帧中增加 tag 域。而到达对端交换机后,交换机发现数据帧没有 tag 域时,就确认该数据帧为接收端口的默认 VLAN 数据。)

4.3.5 VLAN 端口的分类

根据端口对 VLAN 数据帧的处理方式,可以将交换机的端口分为 Access、Trunk 和 Hybrid 三类。Access 端口一般是指那些连接不支持 VLAN 技术的终端设备的端口,这些端口接收到的数据帧都不包含 VLAN 标签,而向外发送数据帧时,必须保证数据帧中也不包含 VLAN 标签。一般接主机或路由器。

Trunk 端口一般是指那些连接支持 VLAN 技术的网络设备(如交换机)的端口,这些端口接收到的数据帧一般都包含 VLAN 标签(数据帧 VLAN ID 和端口默认 VLAN ID 相同除外),而向外发送数据帧时,必须保证接收端能够区分不同 VLAN 的数据帧,故常常需要添加 VLAN 标签(数据帧 VLAN ID 和端口默认 VLAN ID 相同除外)。一般用于交换机之间的连接。

Hybrid 端口属于 Access 和 Trunk 的混合模式,工作在 Hybrid 模式下的端口可以属于多个 VLAN,可以接收和发送多个 VLAN 的报文,可以用于交换机之间连接,也可以用于连接用户的计算机。

Hybrid 端口和 Trunk 端口的不同之处在于 Hybrid 端口允许多个 VLAN 的报文不带标签,而 Trunk 端口只允许默认 VLAN 的报文不带标签。

下面对默认 VLAN(pvid)、带标签(tagged)和不带标签(untagged)进行说明。

(1) 默认 VLAN。默认 VLAN 是指每个端口都有的一个 VLAN 属性,其值为 pvid,可以人为设置。当交换机从某端口收到一个不带 VLAN 标签的数据帧时,在交换机内部将该数据帧视为带默认 VLAN(pvid)标签的数据帧。

H3C 交换机初始化时,一般将所有端口都设为属于 VLAN1,并且 VLAN1 是每个端口的默认 VLAN(pvid=1),VLAN1 是 untagged 的。

(2) 带标签(tagged)和不带标签(untagged)。可以将带标签(tagged)和不带标签(untagged)理解为端口的一个 VLAN 属性,用于确定从该端口发出的数据帧是否带 VLAN 标签。一般情况下,Access 端口都是 untagged,Trunk 端口只有默认 VLAN 才是 untagged,Trunk 端口除默认 VLAN 外所有 VLAN 都是 tagged,Hybrid 端口比较灵活,可以对某个 VLAN 自行设置 untagged 或 tagged,以满足一些特殊应用的需要。

(3) 以太网交换机带 VLAN 标签的帧转发说明。对于某个端口接收到的数据帧,首先,检查该数据帧是否带 VLAN 标签,如果没有,则将该端口默认 VLAN ID(pvid)作为其 VLAN ID,如果带 VLAN 标签,则检查是否与该端口的 VLAN 标签一致,若发现不一致则丢弃该数据帧。接下来,交换机结合 VLAN ID 进行源 MAC 地址学习,更新 MAC 地址表。然后,根据该数据帧的目的 MAC 地址和 VLAN ID,查找 MAC 地址表并向相应端口转发该数据帧。最后,在发送数据帧的端口,需要根据该 VLAN ID 的类型(tagged 或 untagged)来决定是否将 VLAN 标签去掉,然后发送数据帧。

4.3.6 VLAN 的配置

VLAN 配置命令中最常用的是创建 VLAN 和向当前 VLAN 中添加端口命令。在此基础上，还有指定端口类型、指定端口默认 VLAN ID、指定 Trunk 端口可以通过的 VLAN 数据帧、Hybrid 端口设置 untagged 或 tagged 属性等命令。具体如下。

(1) 创建/删除 VLAN：

[h3c][undo]vlan *vlan_id*

例如：

[h3c]vlan 2

[h3c]undo vlan 2

(2) 向当前 VLAN 中添加/删除端口：

[h3c-vlan2][undo]port port_num[to port_num]

例如：

[h3c-vlan2]port Ethernet 1/0/1 to Ethernet 1/0/3

[h3c-vlan2]undo port Ethernet 1/0/1 to Ethernet 1/0/3

(3) 指定端口类型：

[h3c-Ethernet 1/0/1]port link-type{access |trunk |hybrid}}

例如：

[h3c-Ethernet 1/0/24]port link-type trunk

[h3c-Ethernet 1/0/24]undo port link-type

[h3c-Ethernet 1/0/24]port link-type hybrid

(4) 指定/删除端口的默认 VLAN ID：

[h3c-Ethernet 1/0/1][undo]port trunk pvid vlan *vlan_id*

[h3c-Ethernet 1/0/1][undo]porthybrid pvid vlan *vlan_id*

例如：

[h3c-Ethernet 1/0/1]port trunk pvid vlan 2

[h3c-Ethernet 1/0/1]port hybrid pvid vlan 2

[h3c-Ethernet 1/0/1]undo port hybrid pvid

(5) 指定/删除 Trunk 端口可以通过的 VLAN 数据帧：

[h3c-Ethernet 1/0/1][undo]port trunk permit vlan{vlan_id_list |all}

例如：

[h3c-Ethernet 1/0/24]port trunk permit vlan 2 to 3

(6) 将 Hybrid 端口加入到指定的已经存在的 VLAN，并标记为 tagged 或 untagged：

[h3c-Ethernet 1/0/1]port hybrid vlan vlan_id_list{tagged |untagged}

例如：

```
[h3c-Ethernet 1/0/1]port hybrid vlan 30 40 untagged
```

4.4 实验环境与分组

(1) H3C S3600V2 交换机 1 台,计算机 4 台,Console 线 4 条,标准网线 4 根。

(2) 每 4 位学生为 1 组,共同配置交换机。

4.5 实验组网

实验组网如图 2-10 所示。

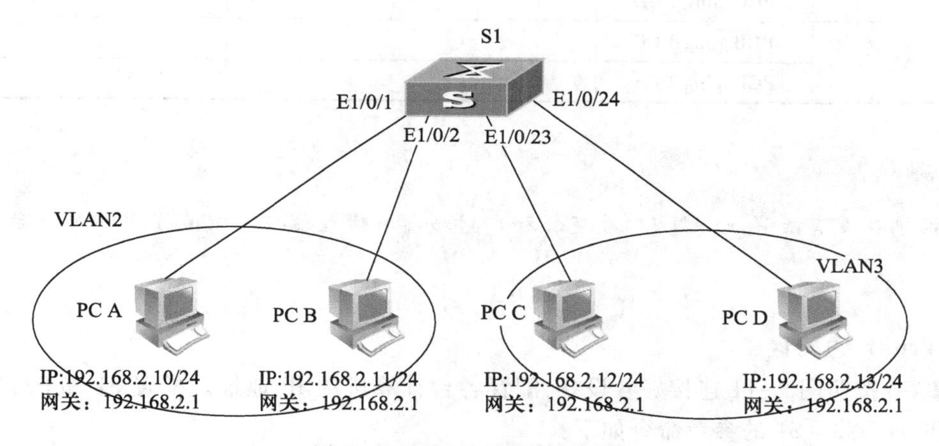

图 2-10 VLAN 的配置组网图

注:E1/0/1 到 E1/0/5 属于 VLAN2,E1/0/20 到 E1/0/24 属于 VALN3

4.6 实验步骤

4.6.1 VLAN 的基本配置

步骤 1 按图 2-10 连接好设备,清空交换机 S1 的配置,配置各台计算机的 ip 地址。用 ping 命令查看 4 台计算机的联通情况。

步骤 2 在交换机 S1 上配置 VLAN,其参考配置如下:

```
<h3c>system
Enter system view,return user view with Ctrl+Z
[h3c]sysname S1
[S1]VLAN 2
[S1-VLAN2]port e 1/0/1 e 1/0/2 e 1/0/3 e 1/0/4 e 1/0/5
[S1-VLAN2]quit
[S1]VLAN 3
```

```
[S1-VLAN3]port e 1/0/20 to e 1/0/24
[S1-VLAN3]quit
```

步骤 3　验证同一 VLAN 中的两台计算机能否通信,VLAN 之间的计算机能否通信,请将结果填在表 2-2 上。

表 2-2　VLAN 的配置结果

		ping 命令	能否 ping 通
同一 VLAN 中	PCA ping PCB		
	PCC ping PCD		
不同 VLAN 中	PCB ping PCC		
	PCD ping PCA		

思考题

交换机在没有配置 VLAN 时,冲突域和广播域各有哪些端口? 配置了 VLAN 以后呢?

4.6.2　Trunk 的配置

步骤 1　按照图 2-11 连接好各设备,配置各台计算机的 IP 地址。配置 S1 和 S2,各自划分 VLAN2 和 VLAN3。S1 的参考命令如下:

注 1:在线实验平台中,需要在连线组网软件上设置 Trunk 参数和设置 PCB 监听 S1 的 E1/0/13 端口。

注 2:在现场实验室中,可以将 HUB 串接在 S1 和 S2 之间,用一台 PC 接到 HUB 上,就可以监听交换机之间的 Trunk 链路上的所有报文。

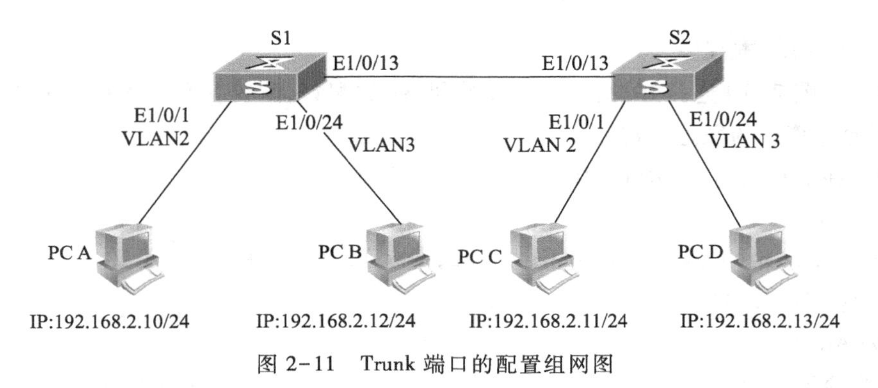

图 2-11　Trunk 端口的配置组网图

```
<h3c>system
[h3c]sysname S1
```

```
[S1]VLAN 2
[S1-VLAN2]port e 0/1 to e 0/5
[S1-VLAN2]quit
[S1]VLAN 3
[S1-VLAN3]port e 1/0/20 to e 1/0/24
```

请参考 S1 配置命令,配置 S2,在预习报告中写出配置命令。

步骤 2　此时,PCA ping PCC,PCB ping PCD,看是否能够 ping 通。答案是否定的。两台交换机上的相同 VLAN 内的主机还不能通信。

步骤 3　配置交换机上的 Trunk 端口。将 S1 的 E0/13 和 S2 的 E0/13 的接口类型配置成 Trunk 类型,并且允许 VLAN2 和 VLAN3 通过。S1 的参考命令如下:

```
[S1]inter e 1/0/13
[S1-Ethernet 1/0/13]port link-type  trunk
[S1-Ethernet 1/0/13]port trunk permit VLAN 2 3
```

S2 上的配置与此相同,不再赘述。

步骤 4　查看交换机上 VLAN 2 和 VLAN 3 的配置:

```
[S1]display VLAN 2
VLAN ID:2
VLAN Type:static
Route Interface:not configured
Description:VLAN 0002
Tagged  Ports:
          Ethernet 1/0/13
Untagged Ports:
          Ethernet 1/0/1       Ethernet 1/0/2       Ethernet 1/0/3
          Ethernet 1/0/4       Ethernet 1/0/5
```

可以看到,VLAN2 除了包括刚才配置的 E0/1 到 E0/5 端口外,还包括一个“tagged Port” Ethernet0/13。同样观察 VLAN3 的配置,也包括“tagged Port”Ethernet0/13。说明 Ethernet0/13 既属于 VLAN2,又属于 VLAN3。“tagged”表示从该端口通过的报文要打上 IEEE 802.1q 标记,用于标记该报文所属的 VLAN。这样,当对端交换机收到该报文时,根据 tag 标记来确定该报文属于哪个 VLAN,从而只在该 VLAN 中广播或单播该报文。

4.6.3　VLAN tag 标记的分析

步骤 1　所有主机启动 Wireshark 截获报文,执行 PC A ping PC C,观察能否 ping 通,请对各计算机截获报文进行综合分析,将第一条 ICMP echo Request 报文的二层转发过程填入表 2-3。请体会报文转发和 VLAN 标记添加与删除过程(PC B ping PC D 情况类似)。

表 2-3　跨交换机 VLAN 的实验

转发过程	源 MAC 地址	目的 MAC 地址	源 IP 地址	目的 IP 地址	VLAN ID
PC A→S1					
S1→S2					
S2→PC C					

步骤 2　请查看交换机 S1 的 MAC 地址表，填写表 2-4，并进一步体会交换机 MAC 地址表的学习和转发。

表 2-4　交换机 S1 的 MAC 地址表

MAC 地址	对应的主机	VLAN ID	State	端口号	AGING TIME

步骤 3　继续前面的实验，如图 2-12 所示，参照下面的命令对两台交换机的 E0/13 端口进行设置。

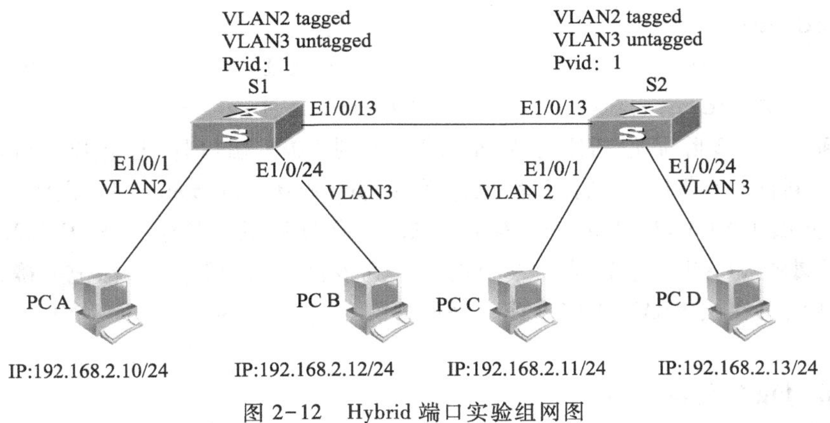

图 2-12　Hybrid 端口实验组网图

```
[S1-Ethernet 1/0/13]undo port link-type
[S1-Ethernet 1/0/13]port link-type hybrid
```

```
[S1-Ethernet 1/0/13]port hybrid pvid vlan 1
[S1-Ethernet 1/0/13]port hybrid vlan 2 tagged
[S1-Ethernet 1/0/13]port hybrid vlan 3 untagged
```

S2 的配置类似,执行 PCB ping PCD,观察能否 ping 通,为什么?

修改两个交换机的 E0/13 端口的配置,写出配置命令,使 PCB 和 PCD 能够 ping 通,结合各计算机截获报文综合分析,将第一条 ICMP echo Request 报文的二层转发过程填入表 2-5。

表 2-5　跨交换机 VLAN 的实验

转发过程	源 MAC 地址	目的 MAC 地址	源 IP 地址	目的 IP 地址	VLAN ID
PC B→S1					
S1→S2					
S2→PC D					

思考题

与步骤 1 比较,截获的报文有何不同?请结合 VLAN 端口分类和 PVID 的作用,解释这种情况下报文转发的过程。

4.7　实验总结

通过在一台交换机上划分 VLAN 和配置 Trunk 端口,并用 ping 命令测试在同一 VLAN 和不同 VLAN 中设备的连通性,进一步理解 IEEE 802.1q 协议标准规定的 VLAN 技术的基本原理。

5　广域网数据链路层协议

广域网数据链路层协议

5.1　实验目的

掌握广域网链路层 PPP 的基本原理和基本配置。

5.2　实验内容

由于实验中并不存在真实的广域网,为进行实验利用背靠背连线模拟广域网,并配置广域网的数据链路层协议——PPP 及其认证方式,使各网络互通,体会广域网协议的工作过程和配置方法。

5.3 实验原理

5.3.1 PPP

PPP(Point to Point Protocol,点到点协议)是广域网中广泛使用的数据链路层协议,它已成为因特网的正式标准[RFC 1661]。PPP 有以下 3 个组成部分。

(1) 一个将 IP 数据报封装到串行链路的方法。PPP 既支持异步链路(无奇偶校验的 8 比特数据),也支持面向比特的同步链路。IP 数据报在 PPP 帧中就是其信息部分。这个信息部分的长度受最大接收单元 MRU 的限制。MRU 的默认值是 1 500 字节。

(2) 一个用来建立、配置和测试数据链路连接的链路控制协议(Link Control Protocol,LCP)。通信的双方可协商一些选项。

(3) 一套网络控制协议(Network Control Protocol,NCP),其中的每一个协议支持不同的网络层协议,如 IP、OSI 的网络层、DECnet,以及 AppleTalk 等。

PPP 的帧格式和 HDLC 的相似,如图 2-13 所示。

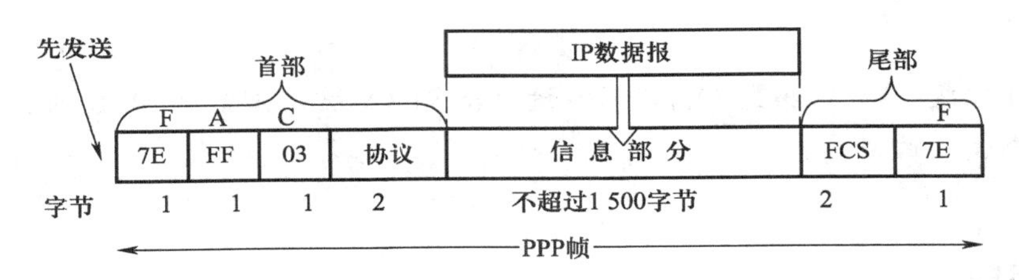

图 2-13　PPP 的帧结构

PPP 帧的前 3 个字段中,标志字段 F 是 0x7E,地址字段 A 只置为 0xFF,表示所有的站都接收这个帧。因为 PPP 只用于点对点链路,地址字段实际上不起作用。控制字段 C 通常置为 0x03。表示 PPP 帧不使用编号。PPP 不是面向比特而是面向字节的,因而所有的 PPP 帧的长度都是整数个字节。

接下来是两个字节的协议字段,当协议字段为 0x0021 时,PPP 帧的信息字段就是 IP 数据报。若为 0xC021,则信息字段是 PPP 链路控制数据,而 0x8021 表示这是网络控制数据。

PPP 不使用序号和确认机制的主要原因如下。

第一,在数据链路层出现差错的概率不大时,使用比较简单的 PPP 较为合理。

第二,数据链路层的可靠传输并不能保证网络层的传输也是可靠的。

第三,PPP 可保证无差错接收。

PPP 的协商及状态转移过程如图 2-14 所示,由于篇幅限制,详细内容请参考网络原理类书籍和 RFC 1661。

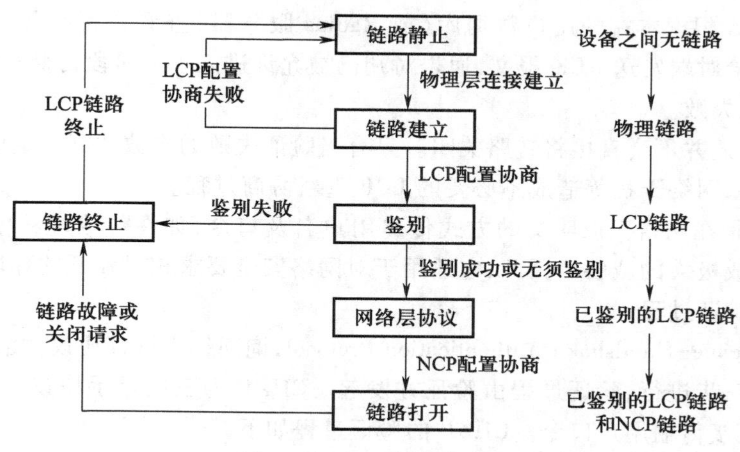

图 2-14 PPP 的状态图[1]

5.3.2 PPP 的身份认证

PPP 主要是针对在点对点链路上传送网络协议数据而提出的，通常是利用拨号线路进行互联，由于语音交换机对数据通信中的安全性考虑不多，因此 PPP 包含了通信双方身份认证的安全性协议，即在网络层协商 IP 地址之前，首先必须通过身份认证。

PPP 的身份认证有两种方式：PAP 和 CHAP。

1. PAP 的验证过程

PAP(Password Authentication Protocol，密码认证协议)是一种很简单的认证协议，分两步进行，验证过程从客户端发起，密码明文传输。PAP 协议仅在连接建立阶段进行，在数据传输阶段不进行 PAP 认证。

PAP 验证过程如图 2-15 所示。

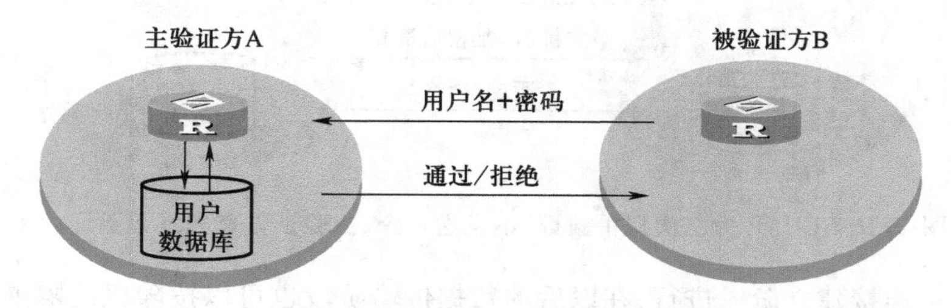

图 2-15 PAP 是两次握手验证协议，口令以明文传送，被验证方首先发起验证请求

(1) A 与 B 之间通过 PPP 互联，A 设置为验证方，B 为被验证方，当 B 拨通 A 后，B 会将用户名(一般设置为路由器的名字)与口令一起发给 A。

---

1 图 2-14 引自参考文献[1]。

（2）验证方 A 根据本端的用户数据库（或 Radius 服务器）查看是否有此用户，口令是否正确。如正确则会给对端发送 ACK 报文，通告对端已被允许进入下一阶段协商；否则发送 NAK 报文，通告对端验证失败。

通常，验证失败并不会直接将链路关闭。只有当验证失败的次数达到一定值时，才会关闭链路，以防止因误传、网络干扰等造成不必要的 LCP 重新协商过程。

PAP 的特点是在网络上以明文的方式传递用户名及口令，如在传输过程中被截获，便有可能对网络安全造成极大的威胁。因此，它适用于对网络安全要求相对较低的环境。

2. CHAP 的验证过程

CHAP（Challenge-Handshake Authentication Protocol，询问握手认证协议）相对 PAP 安全性更高。它的验证分三步进行，验证过程由验证方发起。CHAP 为三次握手协议。只在网络上传输用户名，而并不直接传输用户口令。CHAP 的验证过程如下。

（1）验证方 A 向被验证方 B 发送一些随机产生的报文，并同时将本端的主机名附带上一起发送给 B。

（2）B 接收到对端发送的验证请求（Challenge）时，便根据此报文中 A 的主机名和本端的用户数据库查找用户口令字（密钥），如找到用户数据库中与验证方主机名相同的用户，便利用接收到的随机报文、此用户的密钥和报文 ID 用 MD5 算法生成应答（Response），随后将应答和自己的主机名送回。

（3）A 接收到此应答后，利用对端的用户名在本端的用户数据库中查找本方保留的口令字，对本方保留的口令字（密钥）和随机报文及报文 ID 用 MD5 算法得出结果，与被验证方应答比较，根据比较结果返回相应的结果（ACK 或 NAK）。

其交互过程如图 2-16 所示。

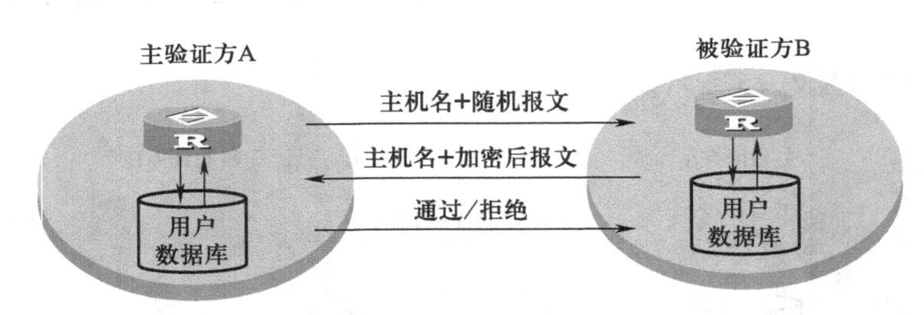

图 2-16　CHAP 为三次握手验证，不发送口令，主验证方首先发起验证请求

CHAP 不仅在连接建立阶段进行，在以后的数据传输阶段也可以按随机间隔继续进行，但每次 A 发给 B 的随机数据都应不同，以防被第三方猜出密钥。如果 A 发现结果不一致，将立即切断线路。它的特点是只在网络上传输用户名，而并不传输用户口令，因此它的安全性要比 PAP 高。

5.4　实验环境与分组

（1）H3C MSR 路由器 2 台，计算机 2 台，Console 线 2 条，V35 或 V24 DTE/DCE 线缆 1 对。

（2）每 4 学生一组，每 2 人配置一台路由器。

5.5 实验组网

实验组网如图 2-17 所示。

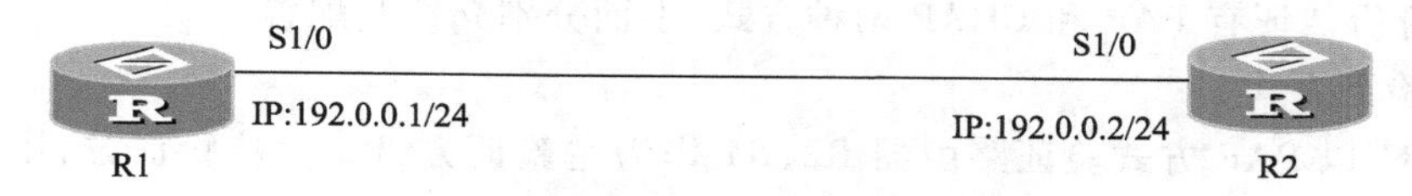

图 2-17 实验组网图

5.6 实验步骤

5.6.1 PPP

步骤 1 为了保证配置不受影响，请在实验之前清除路由器的所有配置后重新启动，实验组网图中的连接已事先完成，直接配置各路由器接口的 IP 地址。其参考配置如下：

```
[h3c]sysname R1
[R1]interface Serial 1/0
[R1-Serial1/0]ip address 192.0.0.1 24
```

R2 的配置过程与 R1 相似。

步骤 2 配置 PPP，参考配置命令：

```
[R1]interface Serial 1/0
[R1-Serial1/0]link-protocol ppp
```

R2 的配置过程与 R1 相似。

步骤 3 在配置完成后，需要重新启动该接口使之生效。

```
[R1-serial1/0]shutdown                        //关闭端口
[R1-serial1/0]undo shutdown                   //启用端口
```

R2 的配置过程与 R1 相同。

步骤 4 两个路由器相互 ping，看能否 ping 通。

```
[R1]ping 192.0.0.2
```

步骤 5 执行下面的命令：

```
<R1>debugging ppp all                         //打开 PPP 的 debug 开关
<R1>terminal debugging                        //显示 debug 信息
[R2-Serial2/0]shutdown                        //关闭 S2/0 接口，以免信息干扰
[R2-Serial1/0]shutdown
[R2-Serial1/0]undo shutdown
```

问题:根据 R1 上的 debug 显示信息,画出 LCP 在协商过程中的状态转移图(事件驱动、状态转移)。

5.6.2 配置路由器之间的 PPP 的身份认证

PPP 的身份认证有 PAP 和 CHAP 两种方式,下面分别介绍其配置。

1. PAP 验证方式

路由器 R1 以 PAP 方式验证路由器 R2,R1 作为主验证方,R2 为被验证方,用户名为 RTB,密码为 aaa。在配置时要注意双方的密码必须一致且区分大小写。

步骤 1 路由器 R1 的配置:

```
[R1]local-user RTB class network                //配置用户列表
[R1-luser-network-RTB]service-type ppp          //配置服务类型
[R1-luser-network-RTB]password simple aaa       //配置用户对应密码
[R1]interface serial 1/0                        //进入路由器接口视图
[R1-serial 1/0]ppp authentication  pap          //授权 PAP 验证
```

步骤 2 路由器 R2 的配置:

```
[R2]interface serial 1/0                        //进入路由器接口视图
[R2-serial 1/0]ppp pap local-user RTB password simple aaa
                                                //配置 PAP 用户名和密码
```

步骤 3 重新启动接口,使配置生效。

在配置完成后,需要在接口上 shutdown 和 undo shutdown 使之生效。

```
[R1-serial 1/0]shutdown                         //关闭端口
[R1-serial 1/0]undo shutdown                    //启用端口
```

步骤 4 检查上述配置是否生效。

在路由器 R1 上 ping 路由器 R2,看能否 ping 通。

```
[R1]ping 192.0.0.2
```

如果能够 ping 通,则说明上述配置没有问题。

问题:请简述 PAP 验证的配置过程。

同时,执行下面的命令:

```
<R1>debugging ppp pap all                       //打开 PAP 的 debug 开关
<R1>terminal debugging                          //显示 debug 信息
[R1-Serial 1/0]shutdown
[R1-Serial 1/0]undo shutdown
```

根据 debug 显示和 PAP 协商流程,画出 PAP 的状态转移图。

2. CHAP 验证方式

路由器 R1 以 CHAP 方式验证路由器 R2,R1 作为主验证方,R2 为被验证方,用户名分别为

RTA 和 RTB,密码为 aaa。其中,在配置中要注意双方的密码必须一致且区分大小写。

步骤 1 路由器 R1 的配置:

```
[R1]local-user RTB class network                    //配置用户列表
[R1-luser-network-RTB]service-type ppp              //配置服务类型
[R1-luser-network-RTB]password simple aaa           //配置用户对应密码
[R1] interface serial 0/0                           //进入路由器接口视图
[R1-serial0/0]ppp authentication-mode chap          //授权 CHAP 验证
[R1-serial0/0]ppp chap user RTA                     //配置本地名称
```

步骤 2 路由器 R2 的配置:

```
[R2]local-user RTA class network                    //配置用户列表
[R2-luser-network-RTA] service-type ppp             //配置服务类型
[R2-luser-network-RTA] password simple aaa          //配置用户对应密码
[R2]interface serial 1/0                            //进入路由器接口视图
[R2-serial 1/0]ppp chap user RTB                    //配置本地名称
```

步骤 3 重新启动接口,使配置生效。

在配置完成后,需要在接口上 shutdown 和 undo shutdown 使之生效。

```
[R1-serial 1/0]shutdown                             //关闭端口
[R1-serial 1/0]undo shutdown                        //启用端口
```

步骤 4 检查上述配置是否生效。

在路由器 R1 上 ping 路由器 R2,看能否 ping 通。

```
[R1]ping 192.0.0.2
```

问题:请简述 CHAP 验证的配置过程,并比较 PAP 和 CHAP 的相似点和不同点。(选做)

同时,执行下面的命令:

```
<R1>debugging ppp chap all                          //打开 CHAP 的 debug 开关
<R1>terminal debugging                              //显示 debug 信息
[R1-Serial 1/0]shutdown
[R1-Serial 1/0]undo shutdown
```

根据 debug 显示和 CHAP 协商流程,画出 CHAP 的状态转移图。

5.7 实验总结

通过在实验室中模拟广域网,并配置广域网的链路层协议,初步了解广域网所使用的数据链路层协议,加深对数据链路层的理解和认识。

6　设计型实验

一个公司需要组建局域网，公司主要有财务、人事、工程、研发、市场等部门，每个部门人数都不超过 20 人，另外公司还有一些公共服务器。请给出设计方案，并提供实验验证。要求满足以下两方面。

（1）所有部门不能互相访问。

（2）每个部门都可以访问公共服务器。

预习报告

1. 查阅相关资料，写出交换机和集线器的不同之处。

2. 请写出 Ethernet Ⅱ 标准和 IEEE 802.3 标准的 MAC 层报文结构，以及它们的相同点和不同点。

3. 简述交换机 MAC 地址表的学习和基于 MAC 地址表的数据转发过程。

4. 划分虚拟局域网（VLAN）有什么作用？写出 VLAN 数据帧的传输过程。

5. 请写出 Access 端口、Trunk 端口和 Hybrid 端口有什么不同？

6. PPP 的两种身份验证协议 PAP 和 CHAP 有什么不同？请写出 R1 为被验证方，R2 为主验证方时，PAP 验证方式和 CHAP 验证方式下 R1 和 R2 路由器的配置。

实验三　网络层实验

实验三
内容简介

1　实验内容

(1) ARP 分析。
(2) ICMP 分析。
(3) IP 分析。
(4) 网络层分片实验。
(5) 静态路由及其配置实验。
(6) VLAN 间通信综合实验。
(7) 设计型实验。

ARP 分析

2　ARP 分析

2.1　实验目的

分析 ARP 报文首部格式,分析 ARP 在同一网段内和不同网段间的解析过程。

2.2　实验内容

通过在位于同一网段和不同网段的主机之间执行 ping 命令,截获报文,分析 ARP 报文结构,并分析 ARP 在同一网段内和不同网段间的解析过程。

2.3　实验原理

2.3.1　ARP

ARP(Address Resolution Protocol)是地址解析协议的简称。在实际通信中,物理网络使用的是硬件地址进行报文传输,IP 地址不能被物理网络所识别。所以必须建立两种地址的映射关系,这一过程称为地址解析。用于将 IP 地址解析成硬件地址的协议就被称为地址解析协议

(ARP)。ARP 是动态协议,也就是说这个过程是自动完成的。

在每台使用 ARP 的主机中,都保留了一个专用的内存区(称为缓存),存放最近的 IP 地址与硬件地址的对应关系。一旦收到 ARP 应答,主机将获得的 IP 地址和硬件地址的对应关系存到缓存中。当发送报文时,首先去缓存中查找相应的项,如果找到相应项,便将报文直接发送出去;如果找不到,再利用 ARP 进行解析。ARP 缓存信息在一定时间内有效,过期不更新就会被删除。

2.3.2 同一网段的 ARP 解析过程

在同一网段内通信时,如果 ARP 缓存中查找不到对方主机的硬件地址,则源主机直接发送 ARP 请求报文,目的主机对此请求报文做出应答即可。如图 3-1 所示,主机 A 需要发报文给主机 B,如果在缓存中查找不到相应的记录,就必须先解析主机 B 的硬件地址。主机 A 首先在网段内发出 ARP 请求报文,主机 B 收到后,判断报文的目的 IP 地址是自己的 IP 地址,便将自己的硬件地址写入应答报文,发送给主机 A,主机 A 收到后将其存入缓存,则解析成功。然后才将报文发往主机 B。

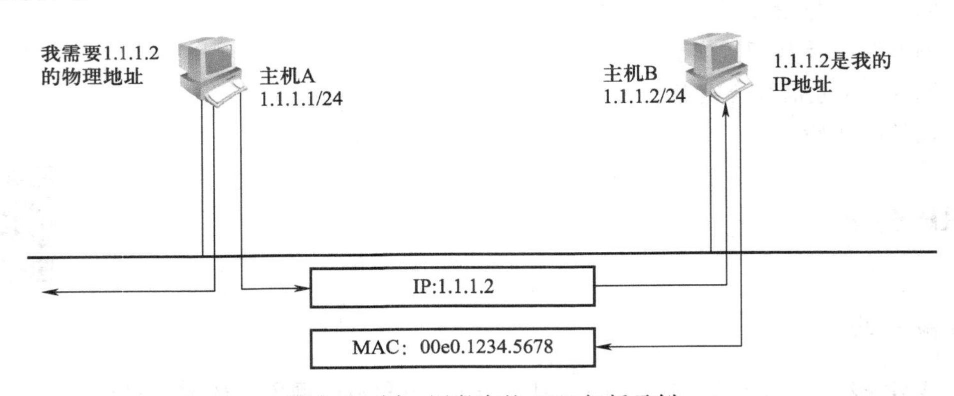

图 3-1　同一网段内的 ARP 解析示例

2.3.3 不同网段的 ARP 解析过程

位于不同网段的主机进行通信时,源主机只需将报文发送给它的默认网关,即只需查找或解析自己的默认网关地址即可。如图 3-2 所示,主机 A 要发报文给主机 B,首先主机 A 分析目的地址不在同一网段,需要将报文先发给其默认网关,再由默认网关转发。如果没有找到默认网关的硬件地址,便发送 ARP 请求报文,请求默认网关的硬件地址,默认网关收到之后,将自己的硬件地址写入应答报文,发送给主机 A。然后,主机 A 到主机 B 的报文首先被送到默认网关。默认网关再根据报文的目的 IP 地址进行转发,依此类推,直至报文送到主机 B 中。主机 B 到主机 A 的报文以相反的顺序发送。

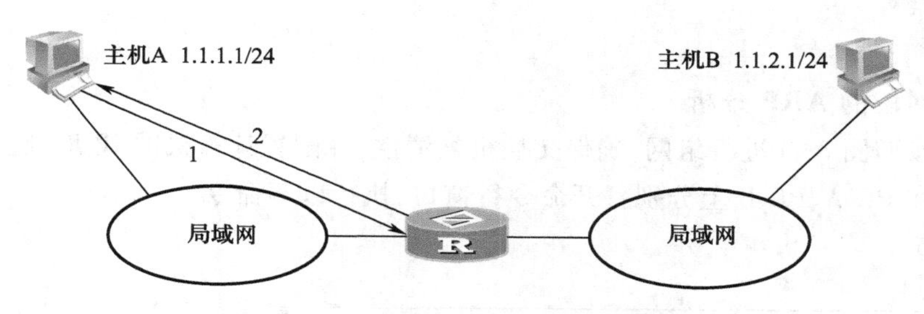

图 3-2　不同网段间的 ARP 解析示例

2.4　实验环境与分组

（1）三层交换机 2 台，标准网线 4 条，Console 线 4 条，计算机 4 台。

（2）每 4 名学生为一组，其中每 2 名学生再分为一小组，每小组共同配置 1 台交换机。

2.5　实验组网

实验组网如图 3-3 和图 3-4 所示。

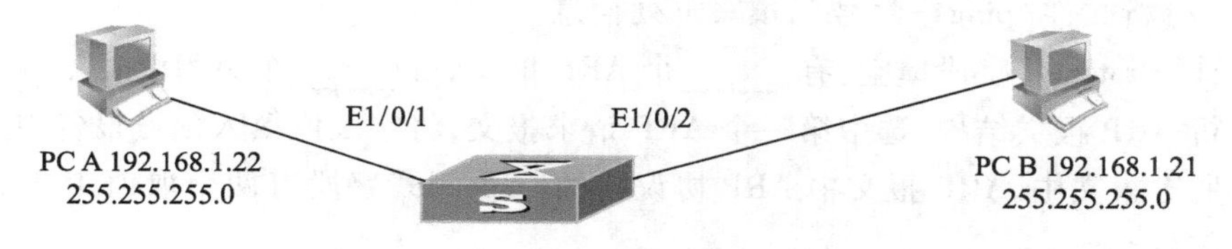

图 3-3　ARP 实验组网图 1

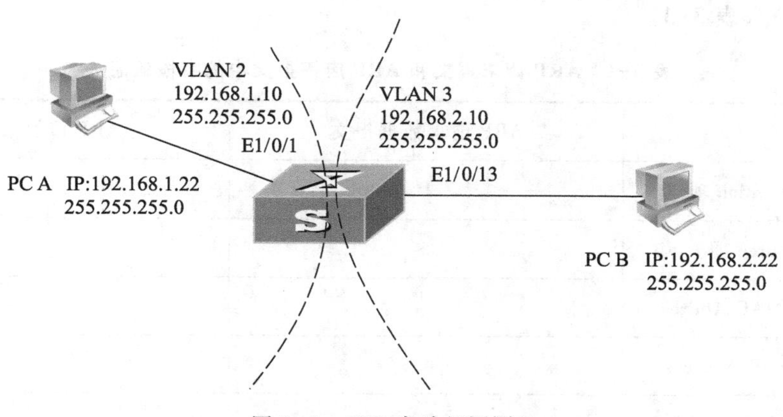

图 3-4　ARP 实验组网图 2

2.6 实验步骤

2.6.1 同一网段的 ARP 分析

步骤 1 按照图 3-3 进行组网,确保交换机被清空,并配置计算机的 IP 地址。

步骤 2 在 PC A、PC B 上分别打开命令行窗口,执行以下命令:

```
C:\>arp-a
```

结果是:______________________________

如果 ARP 缓存非空,则可执行 arp-d 命令,清空 ARP 缓存。

步骤 3 运行 PC A、PC B 上的 Wireshark 软件,开始截获数据报文;在 PC A 的命令行窗口上执行 ping 192.168.1.21 命令。执行完之后,停止 PC A、PC B 上的 Wireshark 报文截获,将此次结果保存文件名为"ping1-学号"。

步骤 4 在 PC A、PC B 上的命令行窗口,执行 ARP-a 命令:

```
C:\>arp-a
```

结果是:______________________________

步骤 5 重复步骤 3。将此次结果保存文件名为"ping2-学号"。

步骤 6 分析文件"ping1-学号",填写下列信息。

(1) 统计"Protocol"字段填空:有______个 ARP 报文,有______个 ICMP 报文。

(2) 分析 ARP 报文结构:选中第一个 ARP 请求报文,将字段值填入预习报告中。

(3) 在所有报文中,ARP 报文中 ARP 协议树的"Opcode"字段有两个取值 1、2,两个取值分别表达什么信息?

(4) 选中第一条 ARP 请求报文和第一条 ARP 应答报文,将 ARP 请求报文和 ARP 应答报文中的字段信息填入表 3-1。

表 3-1　ARP 请求报文和 ARP 应答报文中的字段信息

字段项	ARP 请求数据报文	ARP 应答数据报文
链路层 Destination 项		
链路层 Source 项		
网络层 Sender MAC Address		
网络层 Sender IP Address		
网络层 Target MAC Address		
网络层 Target IP Address		

步骤 7 分析文件“ping2-学号”,填写下列信息。

(1) 比较“ping1-学号”中截获的报文信息,少了什么报文? 简述 ARP Cache 的作用。

(2) 体会 ARP 协议在同一网段内的解析过程。

步骤 8 按照图 3-4 重新进行组网,并确保连线正确。修改计算机的 IP 地址,并将 PC A 的默认网关修改为 192.168.1.10,PC B 的默认网关修改为 192.168.2.10。考虑如果不设置默认网关会有什么后果。

2.6.2 不同网段的 ARP 分析

步骤 1 设置交换机的 VLAN 2 和 VLAN 3,命令如下:

```
//配置 VLAN 2
[S1]vlan 2
[S1-vlan2]port e 1/0/1
[S1-vlan2]inter vlan 2
[S1-Vlan-interface2]ip add 192.168.1.10 255.255.255.0
```

交换机的 VLAN 3 的配置命令请在预习报告中完成。

注意:完成这一步后,先不要用 ping 命令来检验组网连通性,否则必须在进行第 2 步前先清空 arp 缓存,用 arp-d 命令。

步骤 2 运行 PC A、PC B 上的 Wireshark 软件,开始截获数据报文;在 PC A 的命令行窗口上执行 ping 192.168.2.22 命令。执行完之后,停止 PC A、PC B 上的 Wireshark 报文截获,将此次结果保存文件为“ping3-学号”。

步骤 3 这时,在 PC A 上的命令行窗口执行 ARP-a 命令:

```
C:\>arp-a
```

结果是:______________________________

____

步骤 4 分析 ARP 报文结构:选中第一条 ARP 请求报文和第一条 ARP 应答报文,将 ARP 请求报文和 ARP 应答报文中的字段信息与上表进行对比。请回答,与 ARP 协议在相同网段内解析的过程相比较,有何异同点?

2.7 实验总结

在本次实验中,分析了 ARP 在同一网段和不同网段间主机通信时的执行过程,分析了 ARP 报文结构,理解 ARP 缓存、计算机默认网关等的作用。

3　ICMP 分析

ICMP 分析

3.1　实验目的

分析 ICMP 报文格式和协议内容,并了解其应用。

3.2　实验内容

通过在不同环境下执行 ping 命令,截获报文,分析不同类型 ICMP 报文,理解其具体意义。

3.3　实验原理

3.3.1　ICMP

ICMP(Internet Control Message Protocol)是因特网控制报文协议[RFC 792]的缩写,是因特网的标准协议。ICMP 允许路由器或主机报告差错情况和提供有关信息,用以调试、监视网络。

在网络中,ICMP 报文将作为 IP 层数据报的数据,封装在 IP 数据报中进行传输,如图 3-5 所示。但 ICMP 并不是高层协议,而仍被视为网络层协议。

图 3-5　ICMP 报文

3.3.2　ICMP 报文的格式

由于 ICMP 报文的类型很多,且各自又有各自的代码,因此,ICMP 并没有一个统一的报文格式以供全部 ICMP 信息使用,不同的 ICMP 类别分别有不同的报文字段。

ICMP 报文只是在前 4 个字节是统一的格式,共有类型、代码和校验和 3 个字段。接着的 4 个字节的内容与 ICMP 报文的类型有关。再后面的数据字段的长度取决于 ICMP 报文的类型。以回送请求或应答报文为例,其 ICMP 报文格式如图 3-6 所示。

0	8	16	31
类型(8/0)	代码(0)	校验和	
标识		序列号	
数据部分 …			

图 3-6　回送请求和应答报文格式

其中,类型字段表示 ICMP 报文的类型,代码字段是为了进一步区分某种类型的几种不同情况,校验和字段用来检验整个 ICMP 报文。

3.3.3 ICMP 报文的分类

ICMP 报文可以分为 ICMP 差错报告报文和 ICMP 询问报文两种,它们各自对应的报文类型及代码如表 3-2 所示。

表 3-2 ICMP 报文类型

ICMP 报文种类	类型的值	ICMP 报文的类型
差错报告报文	3	终点不可达
	4	源站抑制(Source quench)
	11	超时
	12	参数问题
	5	路由重定向(Redirect)
询问报文	8 或 0	回送(Echo)请求或应答
	13 或 14	时间戳(Timestamp)请求或应答
	17 或 18	地址掩码(Address mask)请求或应答
	10 或 9	路由器询问(Router solicitation)或通告

ICMP 差错报告报文主要有终点不可达、源站抑制、超时、参数问题和路由重定向 5 种。实验中主要涉及终点不可达和超时两种。其中终点不可达报文中需要区分的不同情况较多,对应的代码列表如表 3-3 所示。

表 3-3 终点不可达报文对应的代码列表

代码	描述	处理方法	代码	描述	处理方法
0	网络不可达	无路由到达主机	8	源主机被隔离(作废不用)	无路由到达主机
1	主机不可达	无路由到达主机	9	目的网络被强制禁止	无路由到达主机
2	协议不可达	连接被拒绝	10	目的主机被强制禁止	无路由到达主机
3	端口不可达	连接被拒绝	11	由于服务类型 TOS,网络不可达	无路由到达主机
4	需要进行分片,但设置了不分片比特	报文太长	12	由于服务类型 TOS,主机不可达	无路由到达主机
5	源站选路失败	无路由到达主机	13	由于过滤,通信被强制禁止	(忽略)
6	目的网络不认识	无路由到达主机	14	主机越权	(忽略)
7	目的主机不认识	无路由到达主机	15	优先权中止生效	(忽略)

其中较常见的是前 5 种。

ICMP 询问报文有回送请求或应答、时间戳请求或应答、地址掩码请求或应答以及路由器询问或通告 4 种。

ICMP 回送请求报文是由主机或路由器向一个特定的目的主机发出询问，收到此报文的机器会给源主机发送 ICMP 回送应答报文。ping 命令就是基于它的一个广泛而重要的应用。其报文格式如图 3-6 所示。

ICMP 时间戳请求报文是请某个主机或路由器应答当前的日期和时间。可用来进行时钟同步和测量时间。其报文格式如图 3-7 所示，报文长度不少于 12 字节。

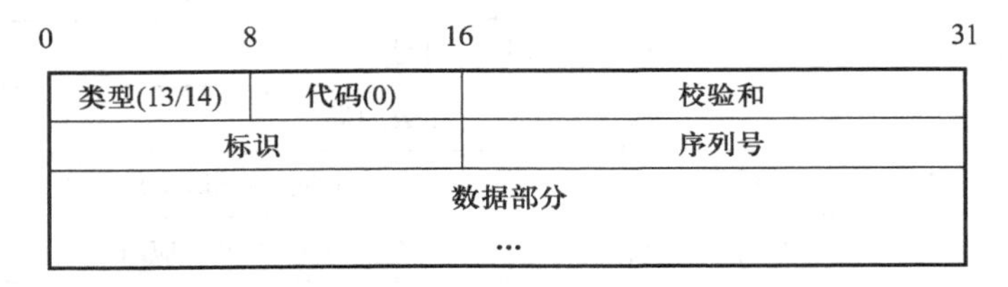

图 3-7　时间戳请求和应答报文格式

主机使用 ICMP 地址掩码请求报文，可得到某个主机接口的地址掩码。其报文格式如图 3-8 所示，报文长度不少于 20 字节。

0	8	16	31
类型(17/18)	代码(0)	校验和	
标识		序列号	
数据部分 ...			

图 3-8　掩码地址请求和应答报文格式

详细内容请参见参考文献 2。

3.3.4　基于 ICMP 的应用程序

目前网络中常用的基于 ICMP 的应用程序主要有 ping 和 tracert 命令。

1. ping 命令

ping 是调试网络最有用的工具之一，其命名来自于潜艇的声呐系统。在 IP 层中，ping 发出 ICMP Echo 请求报文并监听其回应。通过执行 ping 命令主要可获得如下信息。

（1）检测网络的连通性，检验与远程计算机或本地计算机的连接。

（2）确定是否有数据报被丢失、复制或重传。ping 在所发送的数据包中放置唯一的序列号（Sequence Number），以此检查其接收到应答报文的序列号。

（3）ping 在其所发送的数据报中还放置时间戳（Timestamp），根据返回的时间戳信息可以很容易地计算数据包往返的时间,即 RTT(Round Trip Time)。

(4) ping 校验每一个收到的数据报,据此可以确定数据报是否损坏。

ping 命令需要主机中安装 TCP/IP 之后才能使用,其命令参数如下:

`ping [-t] [-a] [-n count] [-l length] [-f][-i ttl] [-v tos] [-r count][-s count] [[-j computer-list] |[-k computer-list]] [-w timeout] destination-list`

实验中可能用到的参数解释如下。

-t:校验与指定计算机的连接,直到用户中断。

-n count:发送由 count 指定数量的 ECHO 报文,默认值为 4(Windows 操作系统)。

-l length:发送包含由 length 指定数据长度的 ECHO 报文。默认值为 64 字节,最大值为 8 192 字节。

-i ttl:将“生存时间”字段设置为 ttl 指定的数值。

-s count:指定由 count 指定的转发次数的时间戳。

-w timeout:以毫秒为单位指定超时间隔。

destination-list:指定要校验连接的远程计算机。

2. traceroute 命令

traceroute 命令用来获得从本地计算机到目的主机的路径信息。在 MS Windows 中该命令为 tracert,而 UNIX 系统中则为 traceroute。traceroute 发送数据报到目的设备直到其应答,通过应答报文得到路径和时延信息。一条路径上的每个设备 traceroute 要测 3 次,输出结果中包括每次测试的时间(ms)和设备的名称(如有)或 IP 地址。

该程序通过向目的地发送具有不同生存时间(TTL)的 ICMP 回送请求报文,以确定至目的地的路由。路径上的每个路由器都要在转发该 ICMP 回送请求报文之前将其 TTL 值减 1,因此 TTL 是有效的跳转计数。当报文的 TTL 值减少到 0 时,路由器向源系统发回 ICMP 超时信息。通过发送 TTL 为 1 的第一个回送请求报文并且在随后的发送中每次将 TTL 值加 1,直到目标发送回送应答报文或达到最大 TTL 值,由此 traceroute 可以获得从本地计算机到目的主机的路径信息。

在 Windows 系统下执行的 tracert 命令描述如下:

`tracert [-d] [-h maximum_hops] [-j computer-list] [-w timeout] target_name`

参数说明如下。

-d:指定不对计算机名解析地址。

-h maximum_hops:指定查找目标的跳转的最大数目。

-j computer-list:指定在 computer-list 中松散源路由。

-w timeout:等待由 timeout 对每个应答指定的毫秒数。

target_ name:目标计算机的名称。

关于 ping 和 traceroute 命令的详细说明请参见参考文献 2。

3. Pingtest 程序

为了深入分析 ICMP,这里开发了一个 ICMP 应用程序,该程序除了具备 ping 命令的基本功能外,还具有获取目的主机的子网掩码和时间戳的功能。

Pingtest 程序开发了图形界面,如图 3-9 所示,只需将需要用到的 ICMP 参数填入界面,就可以发送一定功能的 ICMP 报文,操作和使用比较方便。

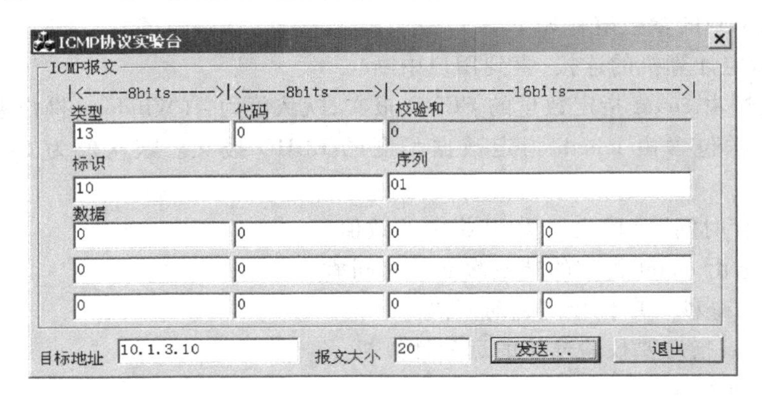

图 3-9　Pingtest 程序界面

3.4　实验环境与分组

(1) 三层交换机 2 台,标准网线 4 条,Console 线 4 条,计算机 4 台。

(2) 每 4 名学生为一组,其中每 2 名学生分为一小组,每小组共同配置 1 台交换机。

3.5　实验组网

实验组网如图 3-10 所示。

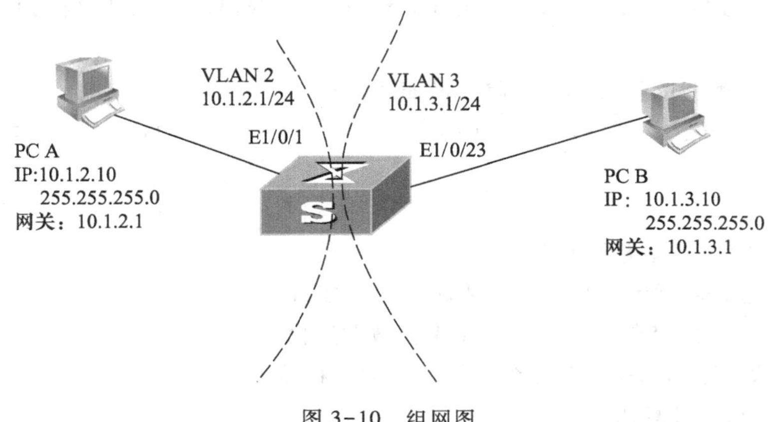

图 3-10　组网图

3.6 实验步骤

3.6.1 ICMP 询问报文分析

步骤 1 按照图 3-10 进行组网,配置计算机和交换机。其中交换机 VLAN 的配置命令要求在预习报告中完成。

步骤 2 在 PC A 和 PC B 上启动 Wireshark 软件进行报文截获,然后 PC A ping PC B,分析截获的 ICMP 报文。

共有______个 ICMP 报文,分别属于哪些种类?对应的种类和代码字段分别是什么?

请分析报文中的哪些字段保证了回送请求报文和回送应答报文的一一对应。

步骤 3 在 PC A 和 PC B 上启动 Wireshark 软件进行报文截获,运行 Pingtest 程序,设置地址掩码请求报文参数,如图 3-11 所示。

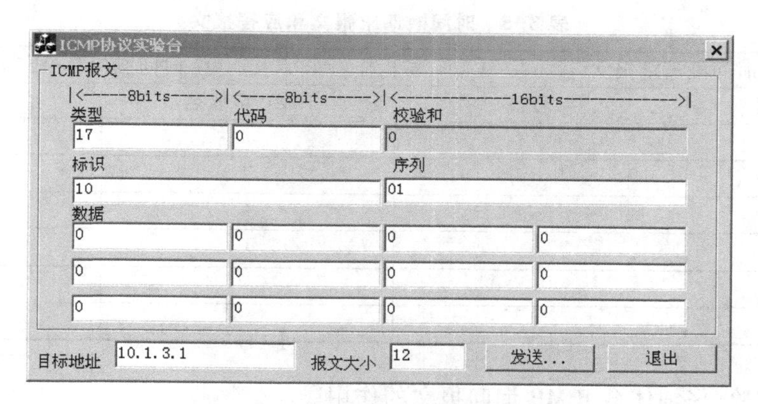

图 3-11 地址掩码请求报文参数输入

单击“发送”按钮。分析截获报文,填写表 3-4。

表 3-4 地址掩码请求报文和应答报文

地址掩码请求报文		地址掩码应答报文	
ICMP 字段名	字段值	ICMP 字段名	字段值

步骤 4 在 PC A 和 PC B 上启动 Wireshark 软件进行报文截获,运行 Pingtest 程序,设置时间戳请求报文参数,如图 3-12 所示。

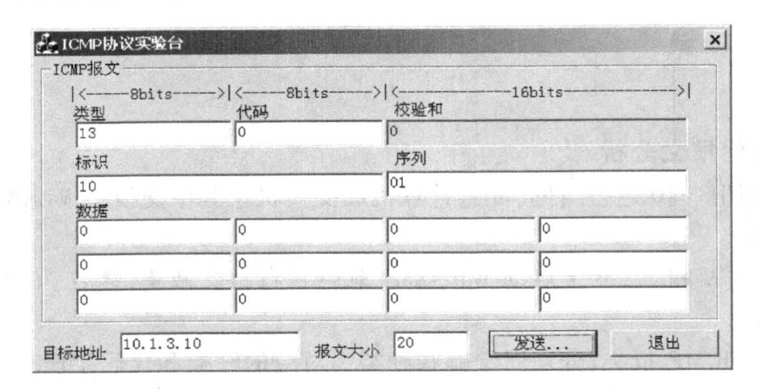

图 3-12　时间戳请求报文参数输入

单击“发送”按钮。分析报文，填写表 3-5。

表 3-5　时间戳请求报文和应答报文

时间戳请求报文		时间戳应答报文	
ICMP 字段名	字段值	ICMP 字段名	字段值

通过上述实验，仔细体会 ICMP 询问报文的作用。

3.6.2　ICMP 差错报文分析

步骤 1　在 PC A 和 PC B 上启动 Wireshark 软件进行报文截获，然后在 PC A 上执行 ping 10.1.3.20 和 ping 10.1.4.10 命令，分析 PC A 和 PC B 截获的 ICMP 报文。

（1）请比较这两种情况有何不同。

（2）截获了哪种 ICMP 差错报文？其类型和代码字段值是什么？此报文的 ICMP 的协议部分又分为了几部分？其作用是什么？

步骤 2　取消 PC A 上的 DNS 配置，在 PC A 和 PC B 上启动 Wireshark 软件进行报文截获，然后在 PC A 上执行 tracert 10.1.3.10 命令，将 PC A 截获的报文保存文件为“tracert-学号”，并进行分析。

网络设备出于安全性的考虑，默认对 tracert 命令不回应，避免网络设备的 IP 地址被获取后，成为攻击目标。所以本次实验需要用专门的命令打开对 tracert 的响应。

```
[S1] ip ttl-expires enable
```

```
[S1] ip unreachables enable
```

这样就得到我们需要的结果了。

注意:为了便于分析,避免截获报文太多太杂,建议首先取消 PCA 上的 DNS 配置。或者用 tracert -d 10.1.3.10,避免 DNS 配置的干扰。

(1) 结合报文内容,简述 tracert 的工作过程。

(2) 截获了哪种 ICMP 差错报文?其类型和代码字段值是什么?

4 IP 分析

IP 分析

4.1 实验目的

分析 IP 报文格式、IP 地址的分类和 IP 层的路由功能。

4.2 实验内容

首先,结合上一个实验的报文,分析 IP 报文格式;然后,结合实验体会 IP 地址的编址方法和数据报文发送、转发的过程;最后,分析路由表的结构和功能。

4.3 实验原理

4.3.1 IP 报文格式

如图 3-13 所示,IP 数据报由首部和数据两部分组成。

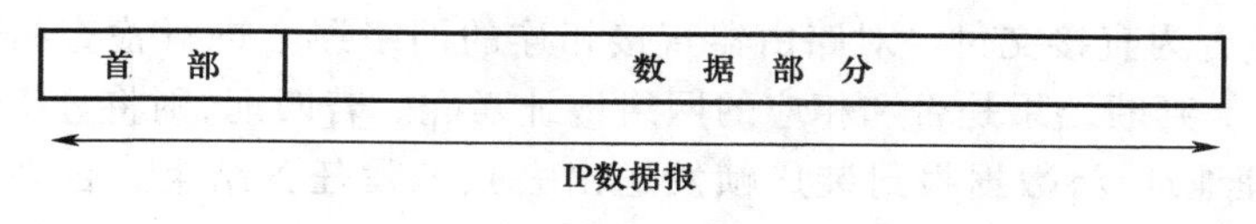

图 3-13 IP 数据报文

首部又分为两部分,前一部分是固定长度的,是必不可少的,共 20 字节;其后一部分是一些可选字段,长度可变,如图 3-14 所示。

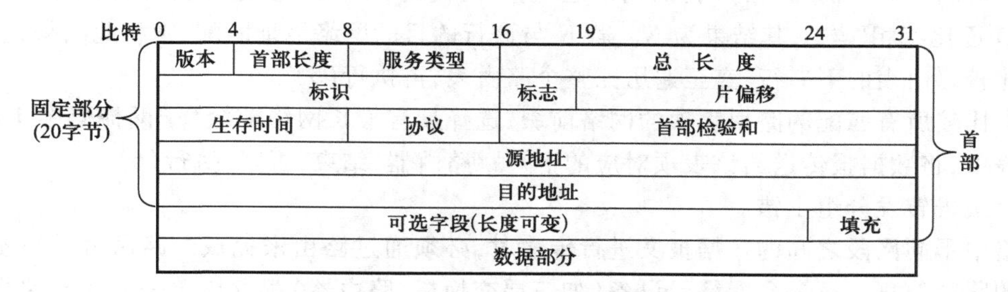

图 3-14 IP 数据报首部

IP 数据报首部中各个字段的意义请见参考文献 1,这里不再复述。

4.3.2 IP 地址的编址方法

IP 地址是给每个连接在因特网上的主机分配一个全世界范围内唯一的 32 位的标识符。IP 地址的编址方法共经历过 3 个阶段。

第一阶段是分类的 IP 地址,这是一种基于分类的两级 IP 地址编址方法。IP 地址被分为“网络号”和“主机号”。针对 IP 地址空间的利用率较低、路由表变得太大以及两级的 IP 地址不够,引入了地址掩码,进入了划分子网的第二阶段,采用“网络号”、“子网号”和“主机号”的三级 IP 地址编址方法;然后,根据第二阶段的问题,提出了无分类域间路由选择 CIDR 的第三阶段编址方法。IP 地址采用“网络前缀”和“主机号”的编址方式。

目前 CIDR 是应用最广泛的编址方法,它消除了传统的 A 类、B 类、C 类地址和划分子网的概念,提高了 IP 地址资源的利用率,并使得路由聚合的实现成为可能。

详细内容请见参考文献 1,这里不再复述。

4.3.3 IP 层的路由分析

数据报文在网络中的传输主要分为主机发送和路由器转发两种。主机发送数据报的方式有直接交付和间接交付两种。首先,主机将要发送数据报的目的地址同自己的子网掩码进行逐比特相“与”;然后,判断如果运算结果等于其所在网络地址,则将数据报直接交付到本网络;否则,发往下一跳路由器(一般为主机的默认网关)。

路由器转发数据报的算法一般如下。

(1) 从收到的数据报的首部提取目的 IP 地址 D。

(2) 先判断是否为直接交付。对路由器直接相连的网络逐个进行检查:各网络的子网掩码和 D 逐比特相“与”,判断结果是否和相应的网络地址匹配。若匹配,则将分组进行直接交付(需要将 D 转换为物理地址,将数据报封装成帧发送出去),转发任务结束。否则就是间接交付,执行(3)。

(3) 若路由表中有目的地址为 D 的特定路由,则将数据报传送给路由表中所指明的下一跳路由器;否则,执行(4)。

(4) 对路由表中的每一行(目的网络地址,子网掩码,下一跳地址)进行扫描,将其中的子网掩码和 D 逐比特相“与”,其结果为 N。若 N 与该行的目的网络地址匹配,则将此结果记录下来。再继续比较路由表的下一行,直至遍历完整个路由表,再执行(5)。

(5) 比较所有匹配的路由表项的网络前缀,选择具有最长网络前缀(子网掩码中 1 的个数)的路由表项,将数据报传送给该表项对应的下一跳路由器,结束;否则,执行(6)。

(6) 报告转发分组出错。

网络中不同网段之间的数据报文进行传输时,必须通过路由来完成。路由就是控制报文进行转发的路径信息。每一台网络层设备(如三层交换机、路由器)都存储着一张关于路由信息的表格，称之为路由表。数据报文到达网络层设备之后，根据其目的 IP 地址查找路由表确定报文传输的最佳路径（下一跳）。然后利用网络层的协议封装数据报文，利用下层提供的服务把数据报文转发出去。

路由表的生成方式可以分为静态配置和动态生成两种，对应的路由也有静态路由和动态路由。这部分内容将在后续章节详细介绍。

4.4 实验环境与分组

（1）三层交换机 2 台，标准网线 4 条，Console 线 4 条，计算机 4 台。

（2）每 4 名学生为一组，其中每 2 名学生分为一小组，每小组共同配置 1 台交换机。

4.5 实验组网

与 3.5 节图 3-10 相同。

4.6 实验步骤

步骤 1 组网图与 3.5 节相同（图 3-10）。在 3.6.2 实验步骤 2 的基础上，用 Wireshark 软件打开文件“tracert-学号”，分析 IP 报文。tracert 命令用到了网络层的哪些协议和哪些字段？

步骤 2 将 PC A 上的子网掩码配置为：255.255.0.0，在 PC A 和 PC B 上启动 Wireshark 软件进行报文截获，然后 PC A ping PC B。观察 PC A 和 PC B 能否 ping 通，结合截获报文分析原因。

步骤 3 将 PC A 上的子网掩码恢复为：255.255.255.0。查看交换机路由表信息，执行下列命令：

```
[H3C]display ip routing-table
```

将结果添加到表 3-6 中。

表 3-6 结 果

Destination/Mask	Protocol	Pre	Cost	Nexthop	Interface

步骤 4 取消交换机的三层转发功能，配置命令在预习报告中完成。

步骤 5 执行 PC A ping PC B，并查看路由表信息，并比较步骤 3 中的结果，体会路由表的作用。

步骤 6 按照实验二的 5.5 节（PPP 实验）图 2-17 配置路由器，两个路由器相互 ping，看能否 ping 通（例如：[R1]ping 192.0.0.2）。

执行下面的命令：

```
<R1>debugging ppp all                    //打开 PPP 的 debug 开关
<R1>terminal debugging                   //显示 debug 信息
[R2-Serial0/0]shutdown
[R2-Serial0/0]undo shutdown
```

根据 R1 上的 debug 显示信息，画出 IPCP 在协商过程中的状态转移图（事件驱动、状态转移）。

步骤 7 将路由器 R2 的接口 S0/0 的 IP 地址改为 10.0.0.1/24，两台路由器能否 ping 通（[R1]ping 10.0.0.1）？并解释为什么。

4.7 实验总结

在本次实验中，分析了 IP 报文格式、IP 地址的编址和数据报文发送、转发的过程，体会子网掩码的作用。尤其是在不同网络中传输数据报文时，网络设备通过查找路由表，确定目的地址可达及的下一跳是哪个端口，从而实现路由功能。

5 网络层分片实验

网络层
分片实验

5.1 实验目的

分析 TCP/IP 中网络层的分片过程。

5.2 实验内容

通过在路由器与计算机之间传送数据报文，设置 MTU（Maximum Transmission Unit，最大传输单元）的大小，将报文分为几片分别传输，来验证分片过程。

5.3 实验原理

分片就是数据包从一个 MTU 较大的网络传输到 MTU 较小的网络过程中，将一个较大的数据包分为几个较小的数据包来传输。

在以太网路由器的设计中，ping 命令的数据包数据部分大小范围是从 46 字节到 1 500 字节。可以设置 ping 的数据部分为 300 字节，同时将路由器的以太网端口 MTU 设为 100 字节。于是在使用 ping 命令时,300 字节的数据分 4 片进行传输。

5.4　实验环境与分组

(1) 路由器一台(带以太网端口),交换机一台,网线 5 条,Console 线 4 条,计算机 4 台。

(2) 每组 4 人,共同配置路由器,共同组网。

5.5　实验组网

实验组网如图 3-15 所示。

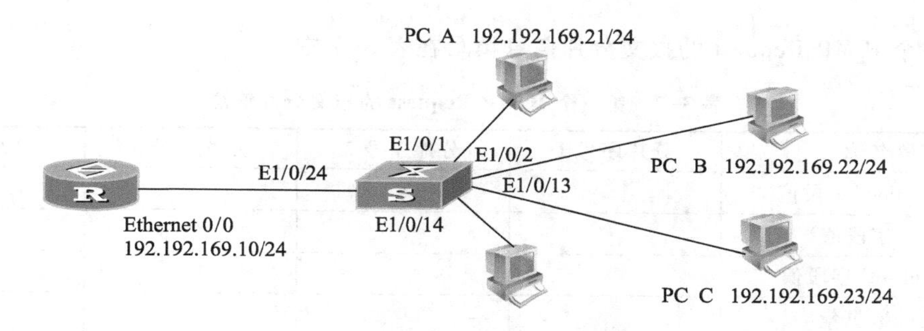

图 3-15　分片实验组网图

5.6　实验步骤

步骤 1　按照图 3-15 组网,配置计算机的 IP 地址,并确保清空路由器和交换机。

步骤 2　配置路由器,设置路由器以太网端口 MTU 为 100 B,如下:

```
[H3C]inter ethernet 0/0
[H3C-Ethernet0/0]mtu 100
[H3C-Ethernet0/0]ip add 192.192.169.10 255.255.255.0
```

步骤 3　打开 PC A、PC B、PC C、PC D 上的 Wireshark 软件,开始报文截获。

步骤 4　将 ping 命令的数据包数据部分大小设置为 300 字节,这样数据包只能分片。执行下列命令:

```
[H3C-Ethernet0/0]ping -s 300 192.192.169.21      //向 PC A 发送数据报文
[H3C-Ethernet0/0]ping -s 300 192.192.169.22      //向 PC B 发送数据报文
[H3C-Ethernet0/0]ping -s 300 192.192.169.23      //向 PC C 发送数据报文
[H3C-Ethernet0/0]ping -s 300 192.192.169.24      //向 PC D 发送数据报文
```

步骤 5　各自分析在计算机上截获的数据报文。

(1) 将截获的报文文件命名为“fragment-学号”,并上传至 FTP 服务器的“网络实验\网络层实验”目录下。

（2）在截获报文中，有______个 ARP 报文，______个 ICMP：Echo 报文，______个 ICMP：Echo Reply 报文，______个 IP 报文。

（3）根据 ping 命令执行过程的分析，将本属于同一个数据报文信息的报文截取出来，如图 3-16 所示，从信息栏中可以看出，报文 1、2、3、4 属于同一数据段。

```
1 ( 192.192.169.10  192.192.169.20 ICMP   Echo (ping) request
2 ( 192.192.169.10  192.192.169.20 IP     Fragmented IP protocol (proto=ICMP 0x01, off=80)
3 ( 192.192.169.10  192.192.169.20 IP     Fragmented IP protocol (proto=ICMP 0x01, off=160)
4 ( 192.192.169.10  192.192.169.20 IP     Fragmented IP protocol (proto=ICMP 0x01, off=240)
```

图 3-16　截取的报文示例

将第一个 ICMP Request 的报文分片信息填写在表 3-7 中。

表 3-7　第一个 ICMP Request 的报文分片信息

字段名称	分片序号 1	分片序号 2	分片序号 3	分片序号 4
“Identification”字段值				
“Flag”字段值				
“Frame offset”字段值				
传输的数据量				

分析表格内容，根据 IP 首部字段设置，体会分片过程。

（4）ping 的数据部分为 300 字节，路由器的以太网端口 MTU 设为 100 字节。回送请求报文为何被分片为 4 片而不是 3 片？数据部分长度为多少时报文正好被分为 3 片？

5.7　实验总结

在本次实验中，验证了网络层的分片过程，知道了如果数据报文从 MTU 较大的网络通过 MTU 较小的网络，就会分片传输。

6　VLAN 间通信

6.1　实验目的

首先，掌握三层交换的原理，熟悉 VLAN 接口的配置。然后，通过这个综合性实验，综合掌握链路层和网络层的主要知识点，以达到对这些概念与原理进行综合应用和融会贯通的目的。

VLAN 间通信

6.2　实验内容

在实验二的 4.6.2 节 VLAN trunk 实验的基础上进一步配置，利用交换机的三层功能，实现

VLAN 间的路由，用 ping 命令测试其连通性，详细分析截获的报文，综合分析数据链路层的 MAC 地址学习与转发、VLAN 技术、网络层的 ARP、ICMP、IP 路由等概念和原理。深入理解数据链路层和网络层之间的联系，及其在数据转发处理方面的区别。

6.3 实验原理

VLAN 技术将同一 LAN 上的用户在逻辑上分成了多个虚拟局域网（VLAN），只有同一 VLAN 的用户才能相互交换数据。但是，建设网络的最终目的是要实现网络的互联互通，VLAN 技术是为隔离广播报文、提高网络带宽的有效利用率而设计的。所以虚拟局域网之间的通信成为人们关注的焦点。在使用路由器隔离广播域的同时，实际上也解决了 LAN 之间的通信，但是这还是与讨论的问题有微小区别：路由器隔离二层广播时，实际上是将大的 LAN 用三层网络设备分割成独立的小 LAN，连接每一个 LAN 都需要一个实际存在的物理接口。为了解决物理接口需求过大的问题，在 VLAN 技术的发展中，出现了另一种路由器——独臂路由器，是用于实现 VLAN 间通信的三层网络设备，它只需要一个以太网接口，通过创建子接口可以作为所有 VLAN 的网关，在不同的 VLAN 间转发数据。如图 3-17 所示，图中路由器仅仅提供一个以太网接口，而在该接口下提供 3 个子接口分别作为 3 个 VLAN 用户的默认网关，当 VLAN 100 的用户需要与其他 VLAN 的用户进行通信时，该用户只需将数据报发送给默认网关，默认网关修改数据帧的 VLAN 标签后再发送至目的主机所在 VLAN，即完成了 VLAN 间的通信。

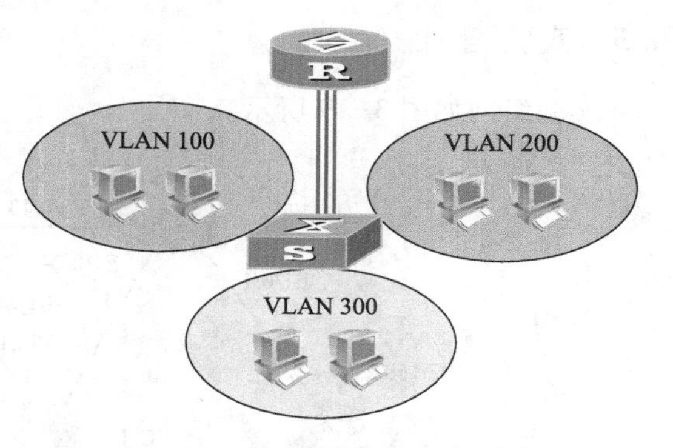

图 3-17 路由器实现 VLAN 路由

在上述通信过程中，可以看出：VLAN 间的通信受到路由器和交换机之间的链路带宽限制，并且这种分离的网络设备使得网络建设成本大大增加。为了简化上述通信过程，降低网络建设成本，专门为此研究开发了一种新的网络设备——三层交换机，也称为路由交换机。它综合实现了路由和二层交换的功能。

三层交换机中的路由软件模块，实现三层路由转发；二层交换模块，实现 VLAN 内的二层快速转发。其用户设置的默认网关就是三层交换机中虚拟 VLAN 接口的 IP 地址。

三层交换机在转发数据报时，效率上有很大的提高，因为它采用了一次路由多次交换的转发技术。即同一数据流（VLAN 通信），只需要分析首个数据报的 IP 地址信息，进行路由查找等操作，完成第一个数据报的转发后，三层交换机会在二层上建立快速转发映射，当同一数据流的下一个数据报到达时，直接按照快速转发映射进行转发。从而省略了对绝大部分的数据报三层报头信息的分析处理，提高了转发效率。其数据报转发示意如图 3-18 所示（图中实线表示第一个数据报的转发，虚线表示后续数据报的转发）。

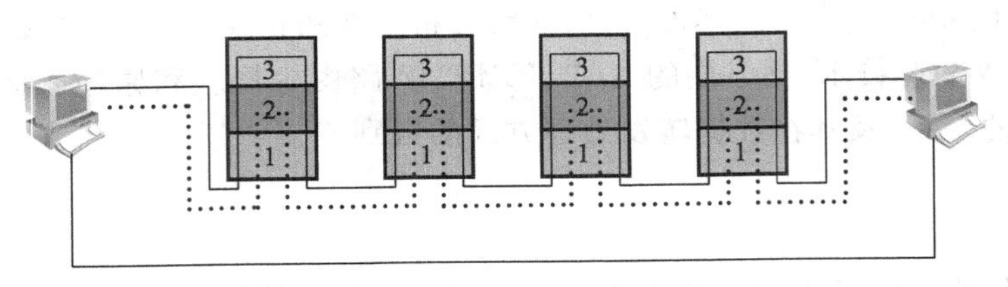

图 3-18　三层交换机转发数据示意图

6.4　实验环境与分组

H3C 三层交换机 2 台,计算机 4 台,Console 线 4 条,标准网线 6 根。

6.5　实验组网

实验组网如图 3-19 所示。

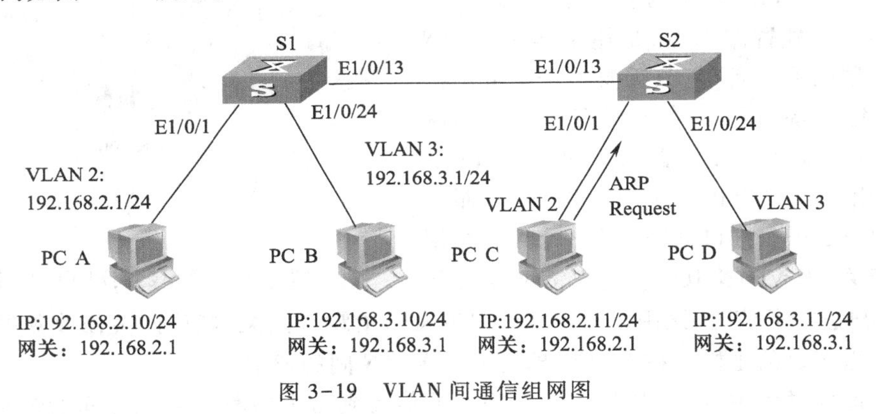

图 3-19　VLAN 间通信组网图

6.6　实验步骤

步骤 1　如图 3-19 所示,在**实验二**的 4.6 节 **trunk 实验**的基础上继续进行。在 4 台计算机上都运行 Wireshark 软件截获报文,执行 PC C ping PC D,观察能否 ping 通,请对各计算机截获报文进行综合分析,说明为什么。

步骤 2　在交换机 S1 上配置 VLAN 2 和 VLAN 3 的接口 IP 地址,VLAN 2 接口的 IP 地址配置为 192.168.2.1/24,VLAN 3 接口的 IP 地址配置为 192.168.3.1/24。

```
[S1]inter VLAN 2
[S1-VLAN-interface2]ip address 192.168.2.1 255.255.255.0
[S1]inter VLAN 3
[S1-VLAN-interface3]ip address 192.168.3.1 255.255.255.0
```

步骤 3　按实验组网配置各台计算机的默认网关地址。S1 是三层交换机,有三层交换功能。

计算机会把目的地址不在同一网段的报文送到默认网关,即 S1,交换机 S1 会分析报文的 IP 地址,通过查找路由表,转发到对应的 VLAN。也就是说,交换机启动了三层交换的功能。

步骤 4 清空所有计算机和交换机的 **MAC 地址表和 arp 缓存**,其命令如下。

(1) 清空交换机 S1 和 S2 的 MAC 地址表:[S1]undo mac-address,[S2]undo mac-address

(2) 清空三层交换机 S1 的 ARP 缓存:<S1>reset arp all

(3) 清空计算机的 ARP 缓存:arp-d

步骤 5 在 4 台计算机上都运行 Wireshark 软件截获报文,执行 PC C ping PC D 命令,观察能否 ping 通,请根据所截获报文,对整个网络层和数据链路层的报文转发过程进行分析。约定如下。

数据帧中的 MAC 地址对:(目的 MAC 地址,源 MAC 地址)

数据报中的 IP 地址对:(目的 IP 地址,源 IP 地址)

第 1 步

(1) 如图 3-20 所示,PCC 的第一个报文类型是什么?为什么?

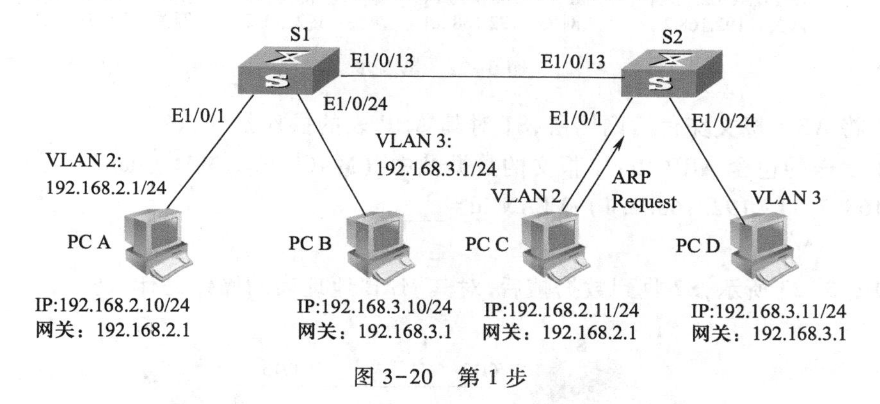

图 3-20 第 1 步

(2) 包含该报文数据帧中的 VLAN id、MAC 和 IP 地址对是:VLAN id = ____ MAC:(ff.ff.ff.ff.ff.ff ,MAC_PCC),IP:(192. 168. 2. 1,192. 168. 2. 11)

第 2 步

(1) 如图 3-21 所示,S2 收到数据帧后,对其 MAC 地址表的操作是什么?

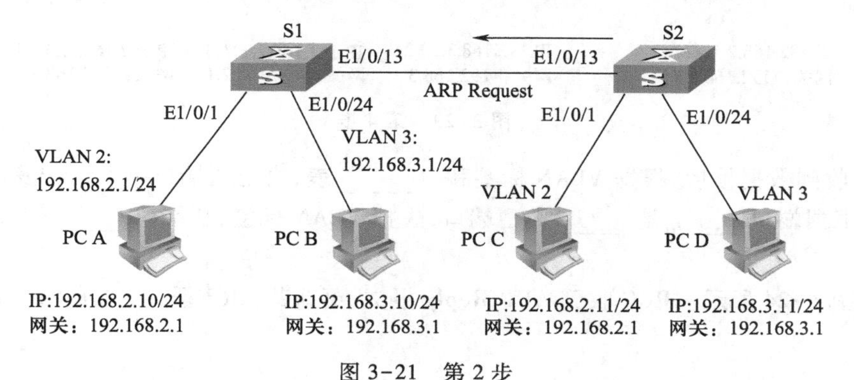

图 3-21 第 2 步

（2）S2 根据接收数据帧的端口所属 VLAN，在其中插入 VLAN id=______的 tag 标签，并向所有 VLAN 2 端口转发这个数据帧。

第 3 步

（1）如图 3-22 所示，S1 收到数据帧后，对其 MAC 地址表的操作是什么？

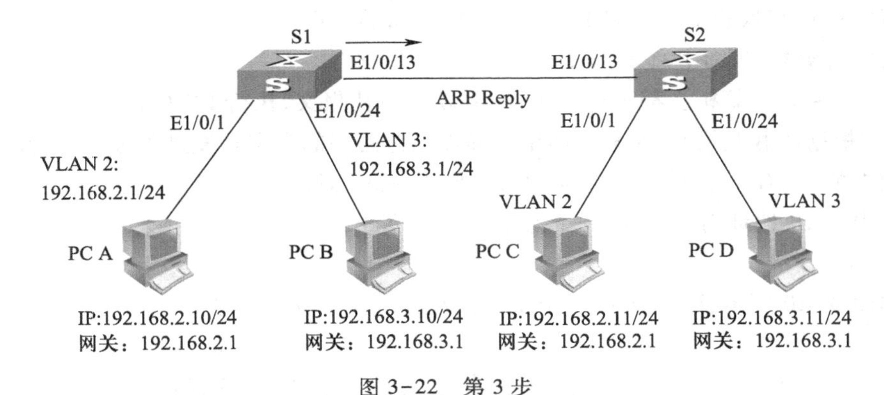

图 3-22　第 3 步

（2）S1 将 ARP 报文交付给网络层，S1 对其 ARP 表的操作是什么？

（3）S1 发送的包含 ARP Reply 报文的数据帧中：（MAC_PCC，MAC_vlan2）（192.168.2.11，192.168.2.1）；VLAN id=______

第 4 步

（1）如图 3-23 所示，S2 收到数据帧后，对其 MAC 地址表的操作是什么？

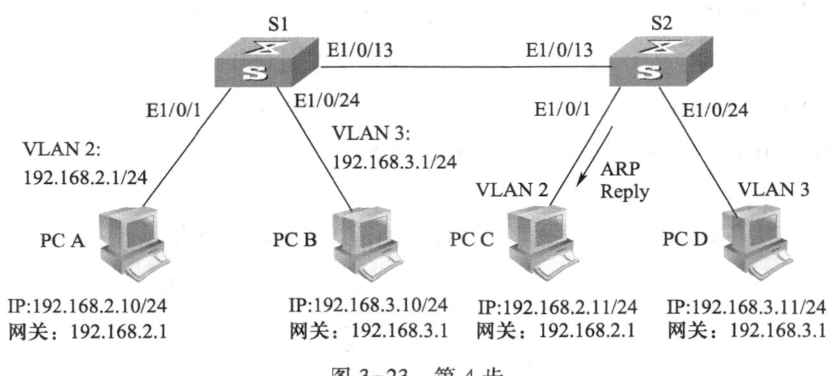

图 3-23　第 4 步

（2）S2 收到数据帧后，根据 VLAN 标签和________表，决定向端口______转发该数据帧。

（3）S2 根据端口______是______类型端口，去掉 VLAN 标签，从端口______转发该帧。

第 5 步

（1）如图 3-24 所示。PCC 收到 ARP Reply 报文，更新其 ARP 缓存，显示 ARP 缓存的命令：

______

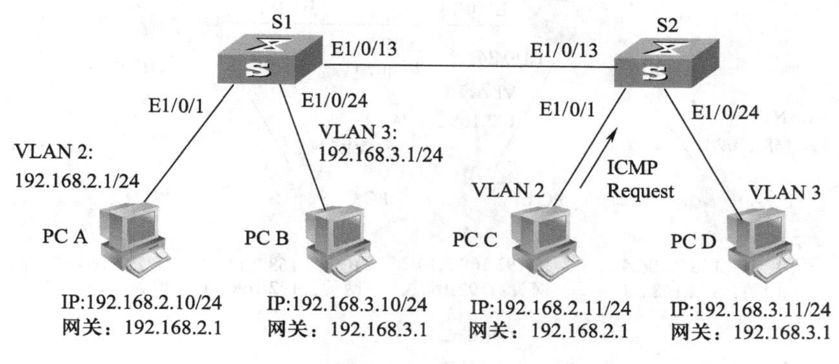

图 3-24 第 5 步

显示的内容:________________

(2) PCC 发送的包含 ICMP Echo request 报文的数据帧中:VLAN id=______

MAC:(__________,__________)

IP:(____________,______________)

第 6 步

(1) 如图 3-25 所示,S2 收到数据帧,根据其接收端口,添加 vlan 2 tag;根据目的 MAC,查找 MAC 地址表;将数据帧由______端口转发给 S1。

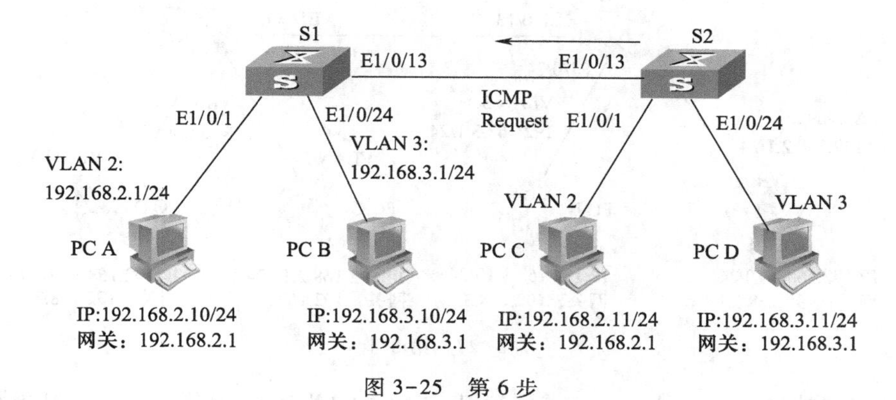

图 3-25 第 6 步

(2) S2 转发的数据帧中:VLAN id=______

MAC:(__________,__________)

IP:(____________,______________)

第 7 步

(1) 如图 3-26 所示,S1 收到 S2 转发的数据帧,交付网络层,根据目的 IP 地址,查路由表,将报文路由到 interface vlan 3,准备由数据链路层直接交付给 PCD。

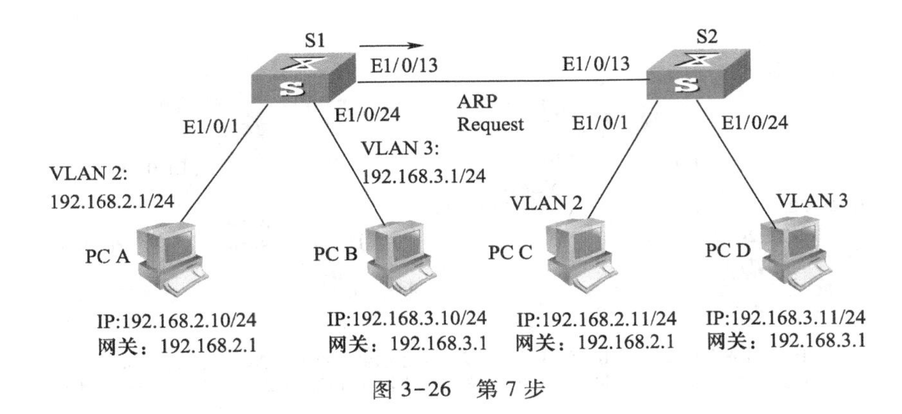

图 3-26　第 7 步

(2) 但没有查到 PCD 的 MAC 地址,就要发送包含 ARP Request 报文的数据帧:

VLAN id=______

MAC:(__________,__________)

IP:(____________,______________)

第 8 步

(1) 如图 3-27 所示,S2 收到 S1 转发的数据帧,根据其 VLAN id=______,向所有属于 VLAN ______的端口转发该数据帧。

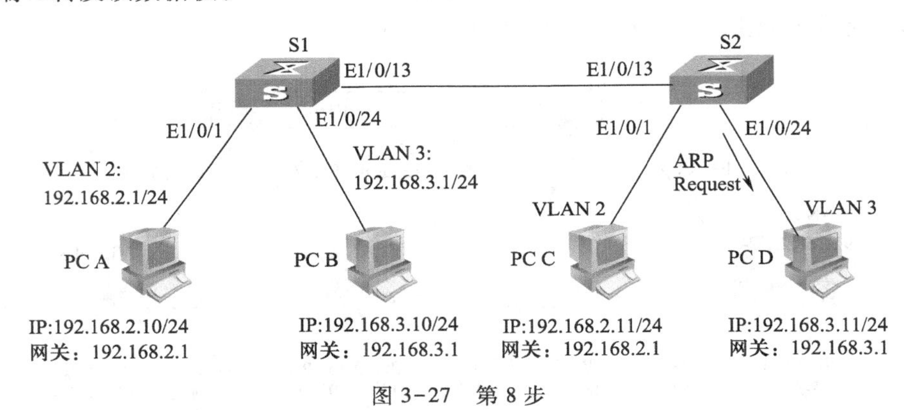

图 3-27　第 8 步

(2) S2 根据端口______是______类型端口,去掉 VLAN 标签,从端口______转发该帧。

第 9 步

(1) 如图 3-28 所示,PCD 收到 S2 转发的数据帧,更新其 ARP 缓存,其 ARP 缓存的内容是______

(2) PCD 发送包含 ARP Reply 报文的数据帧中:VLAN id=______

MAC:(__________,__________)

IP:(____________,______________)

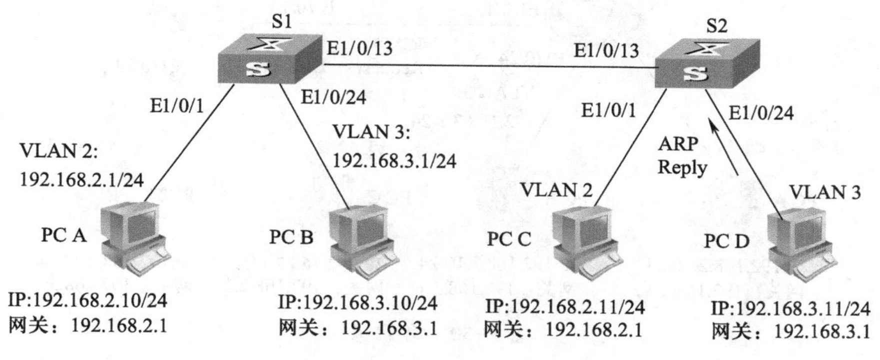

图 3-28 第 9 步

第 10 步

（1）如图 3-29 所示，S2 收到数据帧，根据其接收端口，添加 VLAN____ 的 tag；根据目的 MAC，查找 MAC 地址表；将数据帧由______端口转发给 S1。

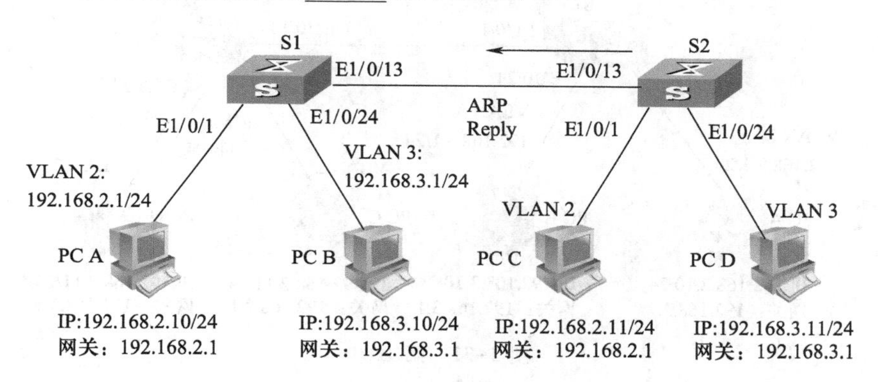

图 3-29 第 10 步

（2）S2 转发的数据帧中：VLAN id = ______

MAC：(__________，__________)

IP：(____________，____________)

第 11 步

（1）如图 3-30 所示，S1 收到数据帧，提交到网络层，更新其 ARP 表。

（2）S1 对包含 ICMP Request 报文的数据帧的 VLAN 标签进行替换，由 VLAN id = ____ 变为 VLAN id = ____。封装的数据帧中：VLAN id = ______

MAC：(__________，__________)

IP：(____________，____________)

（3）查找 MAC 地址表，由______端口发送。

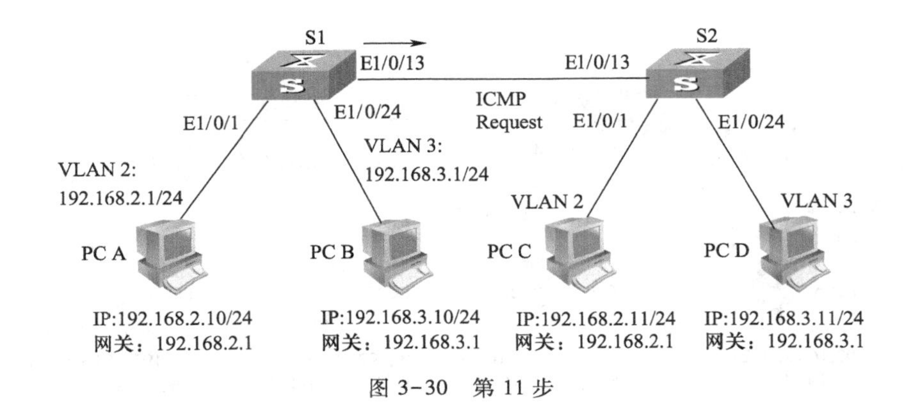

图 3-30　第 11 步

第 12 步

（1）如图 3-31 所示，S2 收到 S1 转发的数据帧，根据其 VLAN id 和目的 MAC 地址，向______端口转发该数据帧。

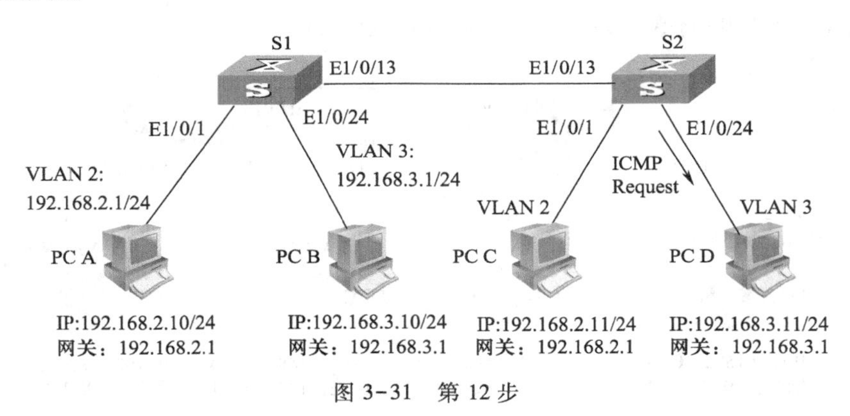

图 3-31　第 12 步

（2）同时，S2 根据端口______是______类型端口，去掉 VLAN 标签，从端口______转发该帧。

第 13 步

如图 3-32 所示，PCD 收到包含 ICMP Request 报文的数据帧，发送包含 ICMP Reply 报文的数据帧：VLAN id = ______

MAC：(__________，__________)

IP：(__________，__________)

第 14 步

（1）如图 3-33 所示，S2 收到数据帧，根据其接收端口，添加 VLAN______的 tag；根据目的 MAC，查找 MAC 地址表；将数据帧由______端口转发给 S1。

（2）S2 转发的数据帧中：VLAN id = ______

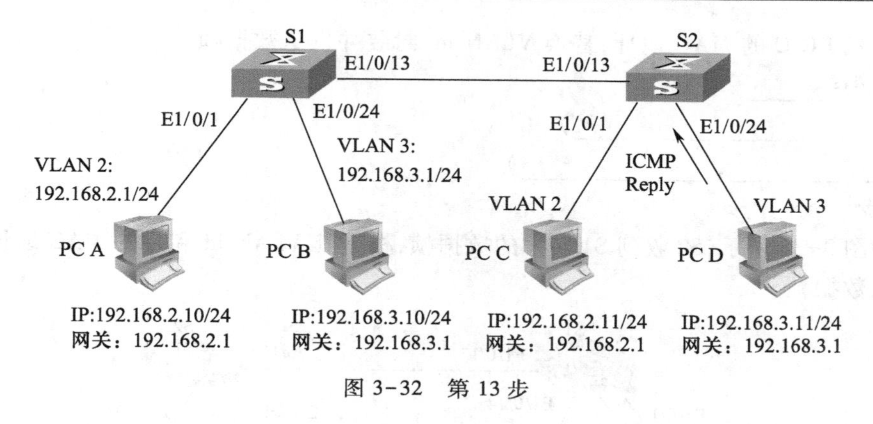

图 3-32　第 13 步

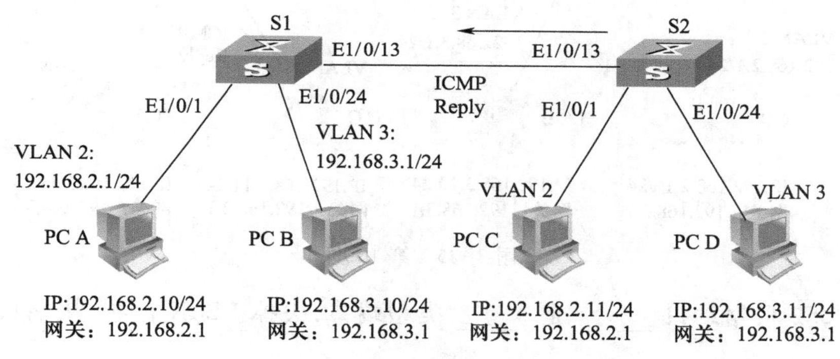

图 3-33　第 14 步

MAC：(__________，__________)

IP：(____________，____________)

第 15 步

(1) 如图 3-34 所示，S1 收到 S2 转发的数据帧，交付网络层，根据目的 IP 地址，查路由表，将报文路由到 interface vlan2，准备由数据链路层直接交付给 PC C。

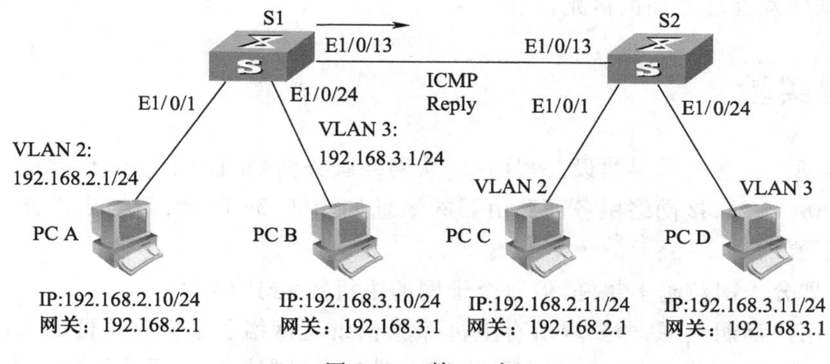

图 3-34　第 15 步

（2）查找 PC C 的 MAC 地址，替换 VLAN id，封装并发送数据帧。

VLAN id = ______

MAC：(__________，__________)

IP：(__________，______________)

第 16 步

（1）如图 3-35 所示，S2 收到 S1 转发的数据帧，根据其 VLAN id 和目的 MAC 地址，向______端口转发该数据帧。

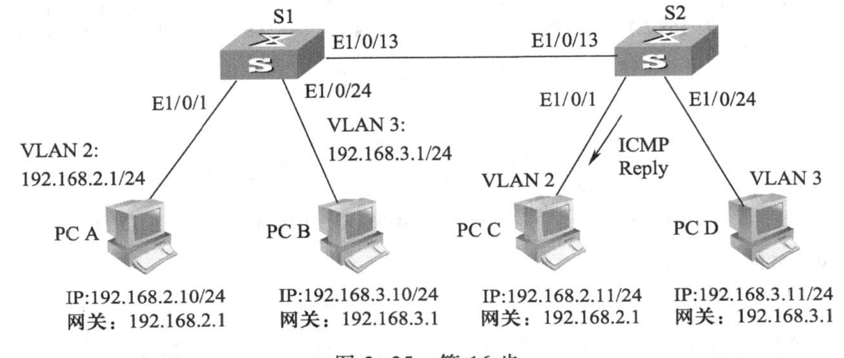

图 3-35　第 16 步

（2）同时，S2 根据端口______是______类型端口，去掉 VLAN 标签，从端口______转发该帧。

这样，PC C 收到 S2 转发的包含 ICMP Echo Reply 报文的数据帧。第一轮 ICMP 询问和应答过程结束。

6.7　实验总结

通过这个综合性实验，将数据链路层的 MAC 地址学习与转发、VLAN 技术、网络层的 ARP、ICMP、IP 路由等概念和原理进行综合应用，融会贯通。深入理解数据链路层和网络层之间的联系，及其在数据转发处理方面的区别。

7　设计型实验

设计型实验

如图 3-36 所示，某公司要建设公司网络，从网络服务商处租用了一个 C 类地址 202.108.100.*/24，接网络服务商路由器的地址如图 3-36 所示，请给出设计方案，满足如下要求。

（1）网络划分子网数越多越好，但每个子网的主机数大于 15 台。

（2）所有用户都能上网，即要求所有主机都能 ping 通网络服务商路由器的 E0 口。

提示：如图 3-36 所示，划分好子网后，在路由器和三层交换机上要配置静态路由。

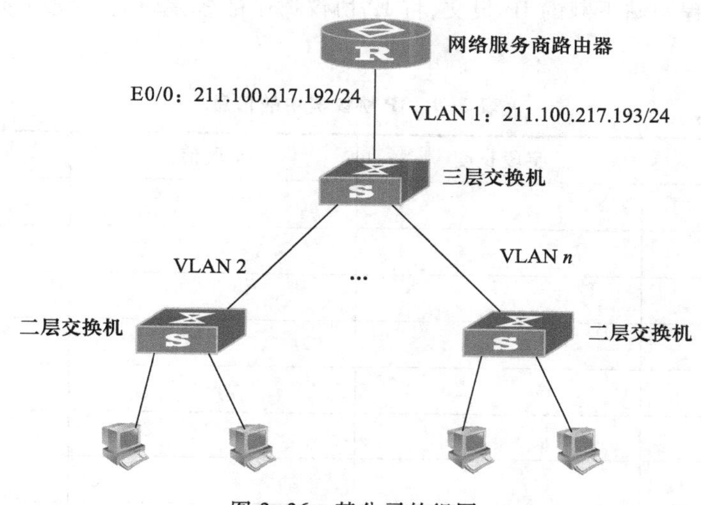

图 3-36　某公司的组网

预习报告

1. 预习网络层报文结构，写出 ARP 报文首部、IP 报文首部、ICMP 报文首部中各字段的名称、字段作用。

（1）根据从课程网站下载的 ARP 报文，将 ARP 协议树中的各字段名、字段长度、字段值、字段表达信息填入表 3-8 中。

表 3-8　ARP 协议树中的信息

字段名	字段长度	字段值	字段表达信息

（2）根据从课程网站下载的 IP 报文，将 IP 协议树中的各字段名、字段长度、字段值、字段表达信息填入表 3-9。

表 3-9　IP 协议树中的信息

字段名	字段长度	字段值	字段表达信息

（3）根据从课程网站下载的 ICMP 报文，将 ICMP 协议树中的各字段名、字段长度、字段值、字段表达信息填入表 3-10。（字段值在实验中根据截获报文内容填写。）

表 3-10　ICMP 协议树中的信息

字段名	字段长度	字段值	字段表达信息

2. 请写出 2.6.2 中步骤 1 的交换机的 VLAN 3 的配置命令，3.6 中步骤 1 的交换机配置命令，以及 4.6 中步骤 4 的交换机配置命令。

3. 熟悉 ping 和 tracert 命令的使用，写出 ping 和 tracert 命令的原理。

4. 写出同一网段和不同网段的 ARP 解析的过程。

5. 请简述 IP 地址的 3 种编址方式,以及子网掩码的作用。

6. 请简述主机发送数据报和路由器转发数据报的过程,思考路由表中应该包含的字段,写出查看路由表的命令。

7. 预习网络层数据报文分片原理,回答当路由器以太网端口 MTU 为 300 字节时,数据部分大小为 1 200 字节的数据报将被分成几片进行传输?为什么?

8. 请写出设计型实验的主要配置命令。

实验四　传输层实验

1　实验内容

实验四
内容简介

传输层实验主要包括 TCP 和 UDP 两个部分，重点是 TCP 拥塞控制实验，为了达到定量化分析 TCP 拥塞控制算法和机制的目的，TCP 实验中的主机都使用 Linux 系统，通过修改 Linux 内核程序，将 Linux 内核中 TCP 全部过程的相关状态和参数的实时数据全部记录下来，并导出到文件中进行分析。同时，还通过配置网络设备以设定不同的网络带宽，改变 TCP 测试程序相关参数，以及人为制造多种网络拥塞状况（如接收端休眠、断开连接、人为丢包）等方式，帮助对相应的拥塞控制算法进行实验分析。本实验的操作和配置不复杂，以分析实验数据为主。具体实验内容如下。

（1）TCP 基本分析。

（2）TCP 的拥塞控制。

（3）UDP 分析。

（4）简单的 Socket 编程。

2　TCP 基本分析

TCP 基本
分析

2.1　实验目的

理解 TCP 报文首部格式和字段的作用，TCP 连接的建立和释放的过程，TCP 数据传输中编号与确认的过程。

2.2　实验内容

应用 TCP 应用程序传输文件，截取 TCP 报文，分析 TCP 报文首部信息、TCP 连接的建立和释放过程、TCP 数据的编号与确认机制。

2.3　实验原理

TCP 是传输控制协议(Transfer Control Protocol)的简称。TCP 工作在网络层协议之上,是一个面向连接的、端到端的、可靠的传输层协议。

2.3.1　TCP 的报文格式

如图 4-1 所示,TCP 的报文段分为首部和数据两部分。

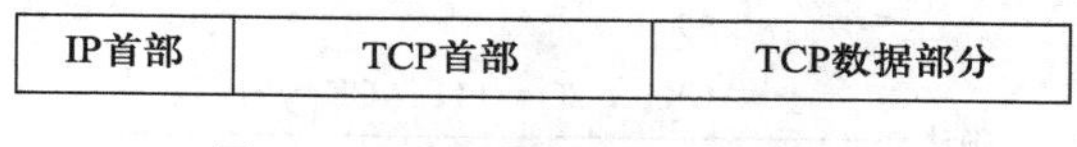

图 4-1　TCP 报文段的总体结构

TCP 的报文段首部又分为固定部分和选项部分,如图 4-2 所示,固定部分共 20 字节,主要字段有源端口、目的端口、序号、确认号、数据偏移、保留、码元比特、窗口、校验和、紧急指针、选项和填充字段,各字段的意义参见参考文献 1。正是这些字段作用的有机结合,实现了 TCP 的全部功能。

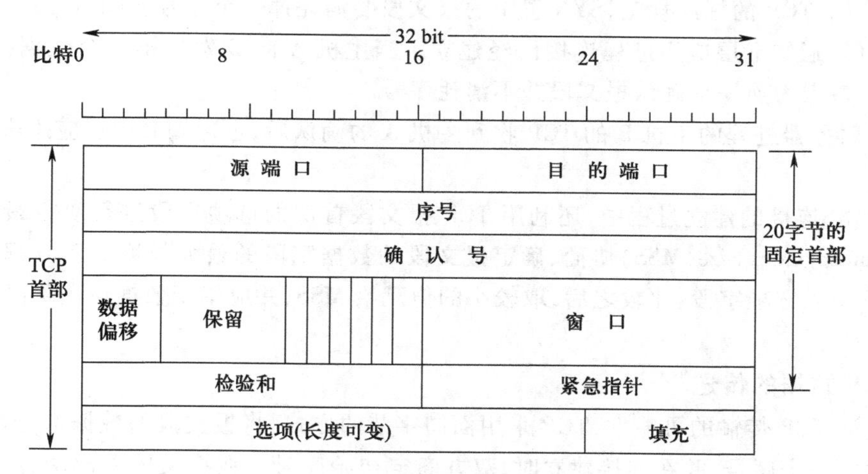

图 4-2　TCP 报文段的首部

TCP 采用运输连接的方式传送 TCP 报文,运输连接包括连接建立、数据传送和连接释放 3 个阶段。

2.3.2　TCP 连接的建立

TCP 连接的建立采用了 3 次握手(Three-way Handshake)方式。

首先,主机 A 的 TCP 向主机 B 的 TCP 发出连接请求报文段,其首部中的同步比特 SYN 应置 1,同时选择一个序号 x,表明在后面传送数据时的第一个数据字节的序号是 x+1,如图 4-3 所示。

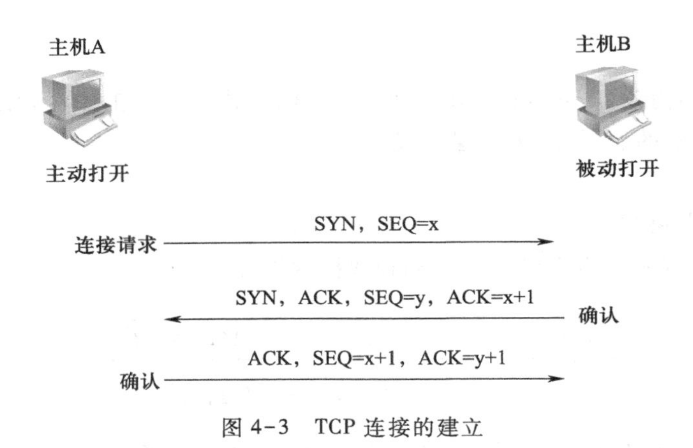

图 4-3　TCP 连接的建立

然后，主机 B 的 TCP 收到连接请求报文段后，若同意，则发回确认。在确认报文段中应将 SYN 和 ACK 都置 1，确认号应为 x+1，同时也为自己选择一个序号 y。

最后，主机 A 的 TCP 收到 B 的确认后，要向 B 给出确认，其 ACK 置 1，确认号为 y+1，而自己的序号为 x+1。TCP 的标准规定，SYN 置 1 的报文段要消耗掉一个序号。同时，运行客户进程的主机 A 的 TCP 通知上层应用进程连接已经建立。当主机 A 向 B 发送第一个数据报文段时，其序号仍为 x+1，因为前一个确认报文段并不消耗序号。

当运行服务器进程的主机 B 的 TCP 收到主机 A 的确认后，也通知其上层应用进程连接已经建立。

另外，TCP 连接的建立过程中，还利用 TCP 报文段首部的选项字段进行双方最大报文段长度（Maximum Segment Size，MSS）协商，确定报文段的数据字段的最大长度。双方都将自己能够支持的 MSS 写入选项字段，比较之后，取较小的值赋给 MSS，并应用于数据传送阶段。

2.3.3　TCP 数据的传送

为了保证 TCP 传输的可靠性，TCP 采用面向字节的方式，将报文段的数据部分进行编号，每一个字节对应一个序号，并在连接建立时，双方商定初始序号。在报文段首部中，序号字段和长度字段可以确定发送方传送数据的每一个字节的序号，确认号字段则表示接收方希望下次收到的数据的第一个字节的序号，即表示这个序号之前的数据字节均已收到。这样，既做到了可靠传输，又做到了全双工通信。

当然，数据传送阶段有很多非常复杂的问题和情况，如流量控制、拥塞控制、重传控制等，将在下一部分介绍。

2.3.4　TCP 连接的释放

在数据传输结束后，通信的双方都可以发出释放连接的请求。TCP 连接的释放采用所谓 4

次握手方式。

首先,设图 4-4 中的主机 A 的应用进程先向其 TCP 发出连接释放请求,并且不再发送数据。TCP 通知对方要释放从 A 到 B 这个方向的连接,将发往主机 B 的 TCP 报文段首部的终止比特 FIN 置 1,其序号 x 等于前面已传过的数据的最后一个字节的序号加 1。

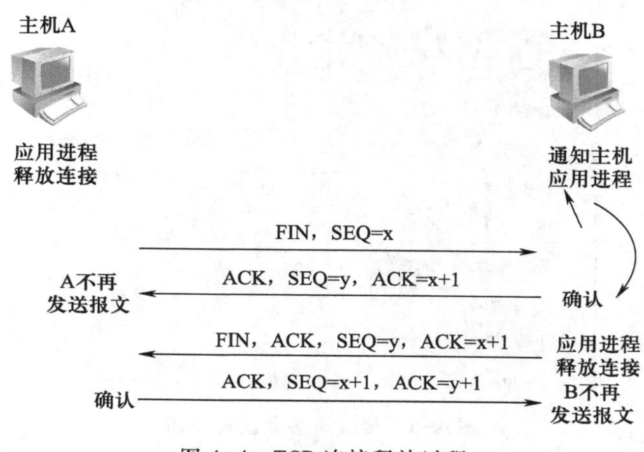

图 4-4 TCP 连接释放过程

主机 B 的 TCP 收到释放连接通知后即发出确认,其序号为 y,确认号为 x+1,同时通知高层应用进程。这样,从 A 到 B 的连接就释放了,连接处于半关闭(half-close)状态,相当于主机 A 向主机 B 说:“我已经没有数据要发送了,但你如果还发送数据,我仍接收。”

此后,主机 B 不再接收主机 A 发来的数据。但若主机 B 还有一些数据要发往主机 A,则可以继续发送(这种情况很少)。主机 A 只要正确收到数据,仍应向主机 B 发送确认。

若主机 B 不再向主机 A 发送数据,其应用进程就通知 TCP 释放连接。主机 B 发出的连接释放报文段必须将终止比特 FIN 和确认比特 ACK 置 1,并使其序号仍为 y(因为前面发送的确认报文段不消耗序号),但还必须重复上次已发送过的 ACK = x+1。主机 A 必须对此发出确认,将 ACK 置 1,ACK = y+1,而自己的序号是 x+1,因为根据 TCP 标准,前面发送过的 FIN 报文段要消耗一个序号。这样把 B 到 A 的反方向连接释放掉。主机 A 的 TCP 再向其应用进程报告,整个连接已经全部释放。

2.3.5 TcpTest 程序介绍

Linux 系统下的 TcpTest 程序是用 Java 编写的基于 TCP 的文件传输程序。程序主要用到了 Socket、ServerSocket、FileOutputStream、FileInputStream、DataOutputStream、DataInputStream 等几个类。实现从发送端读取一个文件,写入套接字,再从接收端套接字读取数据,写入指定文件。程序界面如图 4-5、图 4-6 所示,通过适当选取参数,程序具有改变发送、接收缓存;启用、禁用 Nagle 算法;设置接收端休眠等功能。程序中的时间单位都是毫秒。

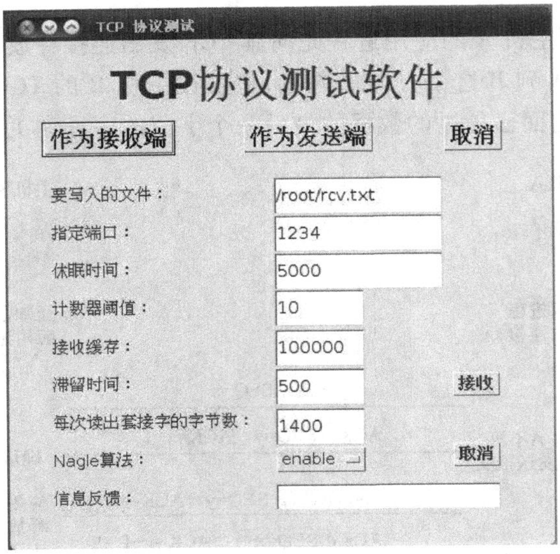

图 4-5　接收端参数设置界面

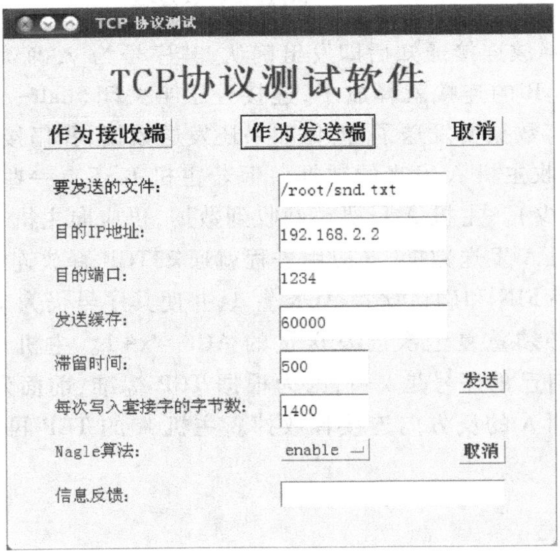

图 4-6　发送端参数设置界面

打开 TcpTest 程序的方法如下。

方法 1(图形界面方式):双击桌面上的 tcptest 脚本,在弹出的对话框中选择“在终端中运行”或“运行”命令。

方法 2(命令方式):按 Ctrl+Alt+T 键打开终端,在终端中输入以下命令:

```
root@qjl-desktop:~#    cd  /root/TCPTest/
root@qjl-desktop:~/TCPTest#    /root/jre/bin/java  TcpTest
```

发送端作为客户端,使用 Socket 类,构造方法为 Socket(InetAddress address, int port),两个参数分别为目的地址和目的端口。使用 setSendBufferSize()、setTcpNoDelay()、setSoTimeout()、setSoLinger()方法来设定发送缓存、Nagle 算法、超时时间和滞留时间。为了达到分析 TCP 工作机理的目的,程序提供了几个参数由用户选择,它们分别是目的地址、目的端口、每次写入套接字的字节数、套接字发送缓存、滞留时间。在实验中,将通过不同的参数设定来观察和分析 TCP。

接收端作为服务器端使用 ServerSocket 类,构造方法为 ServerSocket(int port),参数是本地端口。使用 setReceiveBufferSize()、accept()、setSoLinger()方法来设定接收缓存、监听指定端口和滞留时间。为了人为制造 TCP 的异常情况,程序中可以通过设定从套接字读取数据的次数来使接收端程序休眠一段时间。程序提供的用户接口包括以下参数:接收端口、接收缓存、每次读出套接字的字节数、连续读取次数的最大值、休眠时间、滞留时间。

2.4 实验环境与分组

(1) 路由器和交换机各 2 台,标准网线 4 条,Console 线 4 条,计算机 4 台。

(2) 每 4 名学生为一组,其中每 2 名学生分为一小组,每小组共同配置 1 台路由器和交换机。

(3) 本实验 PC 采用的是 Linux 的 Ubuntu 10.0 操作系统。

2.5 实验组网

实验组网如图 4-7 所示。

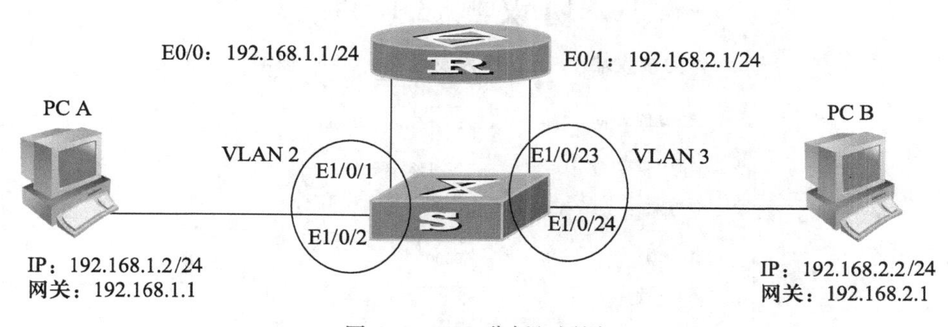

图 4-7 TCP 分析组网图

注:由于计算机与路由器需要用交叉线连接,如果使用直连线需要通过交换机转换一下,方法就是用标准网线把 PC 连到交换机上,然后从交换机上另外一个端口连到路由器相应端口,并划分相应的 VLAN 即可。

2.6　实验步骤

步骤 1　按照图 4-7 进行组网,并配置路由器和交换机。(在“终端命令行”中执行 Linux 超级终端命令,minicon)

步骤 2　PC A 和 PC B 均进入 Linux 操作系统(用户名:root,密码:network),启动 Wireshark 软件进行报文截获。

步骤 3　如图 4-8 和图 4-9 所示,在 PC A 和 PC B 上分别运行 TcpTest 程序的发送和接收模块:

```
root@qjl-desktop:~#    cd  /root/TCPTest/
root@qjl-desktop:~/TCPTest#    /root/jre/bin/java  TcpTest
```

传送一个 300 KB 的文件,文件传输完毕后,保存截获报文为文件“send1-学号”和“receive1-学号”;上传至 FTP 服务器的“网络实验\传输层实验”目录下。

图 4-9 中的“休眠时间”表示接收端进程每次休眠的时间;“计数器阈值”表示每次进行休眠前从套接字读取数据的次数。这里把它们都设成 0,建立正常的 TCP 连接,分析文件传递的过程。

这里,TCP 的连接和建立采用的是:________方式,PC A 是________,PC B 是________。

先单击“发送”按钮再单击“接收”按钮,会出现什么问题?为什么?

步骤 4　分析截获报文中数据发送部分的第一条 TCP 报文及其确认报文,将报文中的字段值填写在预习报告的表格中。

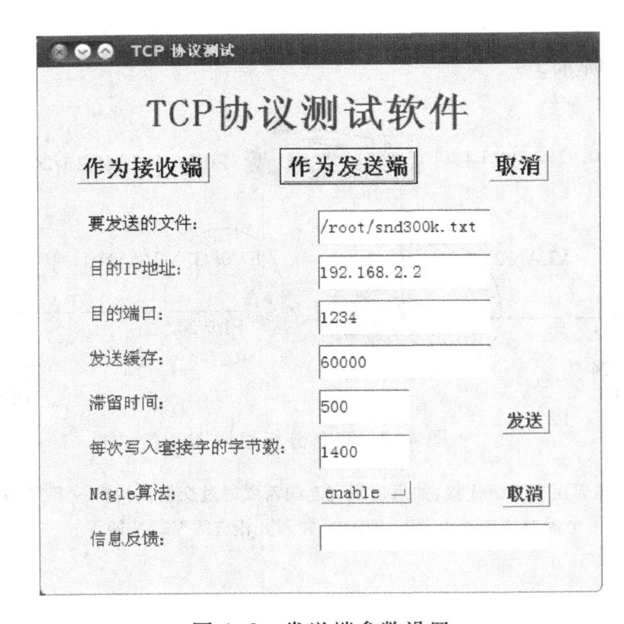

图 4-8　发送端参数设置

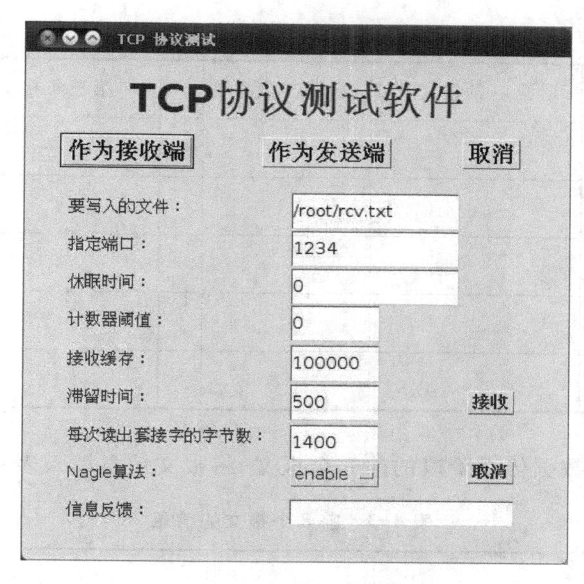

图 4-9 接收端参数设置

步骤 5 结合预习报告，分析 TCP 连接的建立过程，根据 TCP 建立过程的 3 个报文填写表 4-1。

表 4-1 TCP 建立过程的 3 个报文

字段名称	第一条报文	第二条报文	第三条报文
报文序号			
Sequence Number			
Acknowledgement Number			
ACK			
SYN			

步骤 6 TCP 连接建立时，其报文首部与其他 TCP 报文不同，有一个“Option”字段，它的作用是什么，有什么内容？值为多少？结合 IEEE 802.3 协议规定的以太网最大帧长度分析此数据是怎样得出的。

步骤 7 结合预习报告，分析 TCP 连接的释放过程，选择 TCP 连接撤销的 4 个报文，将报文信息填入表 4-2。

表 4-2　TCP 连接撤销的 4 个报文

字段名称	第一条报文	第二条报文	第三条报文	第四条报文
报文序号				
Sequence Number				
Acknowledgement Number				
ACK				
FIN				

步骤 8　分析 TCP 数据传送阶段的前 8 个报文，将报文信息填入表 4-3。

表 4-3　前 8 个报文的信息

报文序号	报文种类（发送/确认）	序号字段	确认号字段	数据长度	被确认报文序号	窗口

请写出 TCP 数据部分长度的计算公式。数据传送阶段第一个报文的序号字段值是否等于连接建立时第三个报文的序号？

2.7　实验总结

在实验中，通过分析截获的 TCP 报文首部信息，可以看到首部中的序号、确认号等字段是 TCP 的可靠连接的基础。然后，通过分析 TCP 连接的 3 次握手建立和 4 次握手的释放过程，理解了 TCP 连接建立和释放的机制和控制比特字段的作用。最后,通过对数据传送阶段报文的初步分析,了解数据的编号和确认机制。

总之,TCP 中的各项设置都是为了在数据传输时提供可靠的面向连接的服务。

3 TCP 的拥塞控制

3.1 实验目的

理解和体会 TCP 的滑动窗口机制、慢启动、拥塞避免、快重传和快恢复算法,以及坚持定时器的作用。

3.2 实验内容

通过 TcpTest 程序参数的选择和路由器端口速率的设置,制造 TCP 传输的不同环境,截取 TCP 报文,分析滑动窗口机制、慢启动、拥塞避免、快重传和快恢复算法,以及坚持定时器的作用。具体内容如下。

(1) 滑动窗口机制和窗口侦查机制分析。

(2) 糊涂窗口综合征和 Nagle 算法分析。

(3) 慢启动、拥塞避免及拥塞处理和超时与重传机制分析。

(4) 快重传和快恢复算法分析。

3.3 实验原理

TCP 的拥塞控制和流量控制是一个比较复杂的问题,它包括发送端发送报文的大小和报文的时机,接收端发送确认和窗口大小的策略。同时还要兼顾不同网络的具体情况,算法要具有一定的自适应性,在保证可靠传输的同时,尽量提高传输效率。

这里主要对目前公认的比较行之有效的一些拥塞控制和流量控制算法进行介绍和验证,主要有 TCP 的滑动窗口机制、TCP 的糊涂窗口综合征和 Nagle 算法分析、网络拥塞的处理、TCP 的超时与重传、TCP 的窗口探查技术、TCP 的快重传和快恢复。

3.3.1 TCP 的滑动窗口机制

为了提高报文段的传输速率,TCP 采用大小可变的滑动窗口进行流量控制。窗口大小的单位是字节。发送窗口在连接建立时由双方商定,但在通信过程中,接收端可根据自己的接收缓存的大小,随时动态地调整发送端的发送窗口的上限值。这就是接收端窗口 rwnd(receiver window),这个值被放在接收端发送的 TCP 报文段首部的窗口字段中。

TCP 的滑动窗口机制

同时,发送端根据其对当前网络拥塞程度的估计而确定的窗口值,叫做拥塞窗口 cwnd(congestion window)。其大小与网络的带宽和时延密切相关。

发送端设置的当前能够发送数据量的大小叫做发送窗口,发送窗口的上限值由下面公式确定:

发送窗口的上限值 = Min[cwnd,rwnd]

rwnd 由接收端根据其接收缓存确定,发送端确定 cwnd 比较复杂,详细情况在慢启动和拥塞避免一节中叙述。

发送窗口的左边沿对应已发送数据中被确认的最高序号+1,其右边沿对应左边沿的序号加上发送窗口的大小。在数据传输的过程中,这个发送窗口不时地向右移动构成了滑动窗口。窗口的两个边沿的相对运动增加或减少了窗口的大小。这里使用 3 个术语来描述窗口左右边沿的运动。

(1) 当窗口左边沿向右边沿靠近时,称之为窗口合拢。这种现象发生在数据被发送和确认时。如果窗口的左边沿与右边沿重合,则称其为一个零窗口,此时发送方不能发送任何数据。

(2) 当窗口右边沿向右移动时将允许发送更多的数据,称之为窗口张开。这种现象发生在另一端的接收进程读取已经确认的数据并释放了 TCP 的接收缓存时。

(3) 当右边沿向左移动时,称之为窗口收缩。这种情况一般不会发生,但是 TCP 必须能够在某一端产生这种情况时进行处理。

3.3.2　TCP 的糊涂窗口综合征和 Nagle 算法

TCP 的糊涂窗口综合征和 Nagle 算法

TCP 的流量控制方案是基于窗口的,有可能会出现一种被称为“糊涂窗口综合征”的状况。其中一种情况是,如果接收方处理较慢,并且每次从其接收缓存取走很少量数据就通告这个很小的窗口,而不是等到有较大的窗口时才通告;发送方得到这个很小的接收窗口后,立即按照这个窗口大小组成一个 TCP 报文段发送出去,而不是等待接收窗口变大后以便发送一个大的报文段。如此往复,会导致网络的传输效率降低。

对于糊涂窗口综合征的现象,发送和接收双方均可以采取措施加以避免。

发送端比较有效的方法是采用 Nagle 算法。该算法主要是,在连接建立开始发送数据时,立即按序发送缓存中的数据(必须小于或等于 MSS),在已经传输的数据还未被确认的情况下,后续数据的发送由数据是否足以填满发送缓存的一半或一个最大报文段长度决定。

接收端采用推迟确认技术,对收到的报文段进行确认和通告窗口的前提条件是,接收缓存的可用空间至少达到总空间的一半或者达到最大报文长度。如果条件不满足,则推迟发送确认和窗口通告。

总之,避免糊涂窗口综合征的总的原则是,接收端避免通告小窗口,发送端尽量将数据组成较大的报文段发送出去。

3.3.3 TCP的慢启动和拥塞避免

TCP的慢启动和拥塞避免

为了保证网络平稳高效地运行，防止网络流量的剧烈起伏振荡。1997年公布的因特网建议标准[RFC 2001]提出了慢启动(Slow-start)和拥塞避免算法(Congestion Avoidance)。

慢启动算法的原理是，在主机开始发送数据时，采用试探的方式，由小到大逐渐增大发送端的拥塞窗口数值。通常是在一开始cwnd应设置为不超过2×MSS(最大报文段)个字节，在每收到一个对新的报文段的确认后，拥塞窗口至多增加1个MSS的数值，使分组注入网络的速率比较合理。

拥塞避免算法是使发送端的拥塞窗口cwnd值在每收到一个非重复的ACK报文后，增加一个SMSS×SMSS/cwnd的大小。也就是当发送方每收到cwnd个非重复的ACK报文，cwnd加1。可以论证，基本上是时间每经过一个RTT，cwnd就会加1。其中SMSS是发送端的MSS。(详见RFC2001)

慢启动与拥塞避免算法相比较，拥塞窗口增加的方式分别是指数方式和线性方式。慢启动算法使发送端在发送数据的开始阶段逐步增加注入网络的分组数，但随着拥塞窗口按指数方式快速增长，势必会引起网络拥塞。需要在网络拥塞之前，将拥塞窗口的增长速率降下来，也就是将慢启动算法切换到拥塞避免算法。因此，需要设置一个慢启动门限变量ssthresh，利用ssthresh得到慢启动和拥塞避免的综合算法：

当cwnd<ssthresh时，使用慢启动算法。

当cwnd>ssthresh时，使用拥塞避免算法。

当cwnd=ssthresh时，既可以使用慢启动算法，也可以使用拥塞避免算法。

3.3.4 网络拥塞的处理

网络拥塞的处理

网络拥塞是指发送端没有按时收到确认报文或者收到了重复的确认报文。

在任何时候，只要发送端发现网络拥塞，就立即进行网络拥塞的处理，RFC 2001给出如下公式设置慢启动门限值：

$$ssthresh = \max(cwnd/2, 2\times MSS)$$

以及设置拥塞窗口：cwnd=1。

然后，重新执行上一小节所述的慢启动和拥塞避免的综合算法。

这样，能够迅速地减少主机发送到网络中的分组数，使得发生拥塞的主机或者路由器有时间把队列中的积压分组处理完毕。

3.3.5　TCP 的超时与重传

TCP 的超时与重传

超时与重传机制是 TCP 中最重要和最复杂的技术之一。发送端每发送一个报文段,TCP 为其保留一个副本,设定一个定时器并等待确认信息。如果定时器超时,而发送的报文段中的数据仍未得到确认,则重传这一报文段。由此可见,定时器是重传数据的关键。

针对网络环境的复杂性,TCP 采用了一种自适应算法,提出超时重传时间应略大于平均往返时延 RTT,而 RTT 是根据各个报文段的往返时延样本的加权平均得出的。如何比较精确地估计 RTT 的值,Karn 算法是目前公认的效果较好的算法。

Karn 算法提出在计算平均往返时延 RTT 时,不计算发生过报文段重传的往返时延样本;同时报文段每重传一次,相应增大重传时间:

$$新的重传时间=\gamma\times旧的重传时间$$

其中,系数 γ 的典型值是 2。并且,当不再发生报文段重传时,才根据报文段的往返时延更新 RTT 和重传时间的数值。

这样得出的平均往返时延 RTT 和重传时间就比较准确,并且实践证明,该方法比较合理和有效。

3.3.6　TCP 的窗口探查技术

TCP 的窗口探查技术

当接收端的接收缓存已满,不能继续接收数据时,需要向发送端发送一个窗口为 0 的通告报文。发送端接收到这个报文后,停止发送数据,等待新的窗口通告。如果接收端通过确认报文通告窗口,TCP 并不对这个确认报文进行确认,如果这个确认丢失了,则双方就有可能因为等待对方而使连接中止:接收方等待接收数据(因为它已经向发送方通告了一个非 0 的窗口),而发送方在等待允许它继续发送数据的窗口更新。为防止这种死锁情况的发生,发送方使用一个坚持定时器(Persist Timer)来周期性地向接收方查询,以便发现窗口是否已增大。这些从发送方发出的报文段称为窗口探查(Window Probe),窗口探查是包含一个字节的数据的报文段。

3.3.7　TCP 的快重传和快恢复

TCP 的快重传和快恢复

为了避免 TCP 因等待重传定时器超时而空闲较长时间,又提出了两个新的拥塞控制算法:快重传和快恢复。

快重传算法是指当发送端连续收到 3 个重复的 ACK 报文时,即可认为某一报文段丢失并且网络仍能够进行正常报文传输。因此,不必等待那个报文的定时器超时,而直接重传那个认为是丢失的报文段。即在某些情况下更早地重传被估计为丢失的报文段。

快恢复算法是慢启动算法的一个补充,它与快重传算法配合使用。根据 RFC 2001,其具体步骤如下。

(1) 当发送端收到连续 $n(n \geqslant 3)$ 个重复的 ACK,设置慢启动门限值:

$$ssthresh = max(cwnd/2, 2 * MSS)$$

同时,将 cwnd 设置为

cwnd = min[cwnd,已发送的报文数-已到达接收方但未正式确认的报文+重传的报文数+3]

(2) 如果发送窗口值还容许发送报文段,就按拥塞避免算法继续发送报文段。

(3) 若收到了确认新的报文段的 ACK,就将 cwnd 缩小到 ssthresh。

在采用快恢复算法时,慢启动算法只在 TCP 连接建立时才使用。

以上简要介绍了主要的 TCP 的拥塞控制算法,供实验预习参考。没有介绍到的内容(如 RED 算法等),请参见参考文献 1。

3.4 实验环境与分组

(1) 路由器和交换机各 2 台,标准网线 4 条,Console 线 4 条,计算机 4 台。

(2) 每 4 名学生为一组,其中每 2 名学生分为一小组,每小组共同配置 1 台路由器和交换机。

(3) 本实验 PC 采用的是 Linux 的 Ubuntu 10.0 操作系统。

3.5 实验组网

实验组网如图 4-10 所示。

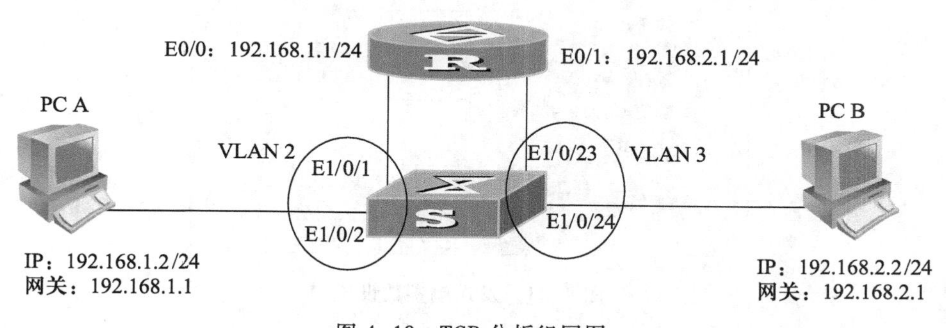

图 4-10 TCP 分析组网图

3.6 实验步骤(Linux 环境下的拥塞控制实验)

3.6.1 滑动窗口机制和窗口侦查机制分析

步骤 1 按照图 4-10 所示进行组网,确保组网正确和路由器、PC 接口 IP 地址配置正确。

步骤 2　所有 PC 进入 Linux 操作系统(用户名:root,密码:network)。打开所有 PC 上的 Wireshark 软件,进行报文截获。**注意:启动 Wireshark 建议最好使用 TCP 报文过滤。**

步骤 3　PC A(PC C)(即发送端)在 Linux 下"终端命令行"中运行脚本来初始化**"TCPConnection 实时监控模块"**:

```
root@qjl-desktop:~#    cd /root /TCPLog        //进入目录/root/TCPLog
root@qjl-desktop:~/TCPLog#    ./init.sh        //点斜杠表示当前目录
```

步骤 4　所有 PC 在 Linux 下打开一个新的"终端命令行",使用命令行方式启动 TcpTest 程序:

```
root@qjl-desktop:~#    cd   /root /TCPTest /
root@qjl-desktop:~/TCPTest#    /root /jre /bin /java   TcpTest
```

PC A(PC C)作为发送端,并选择一个 300 KB 的文件准备发送,PC B(PC D)作为接收端。参数设置如图 4-11 和图 4-12 所示(**要发送的文件处改成/root/snd300k. txt**)。检查参数设置无误后 PC B(PC D)单击"接收"按钮,然后 PC A(PC C)单击"发送"按钮。

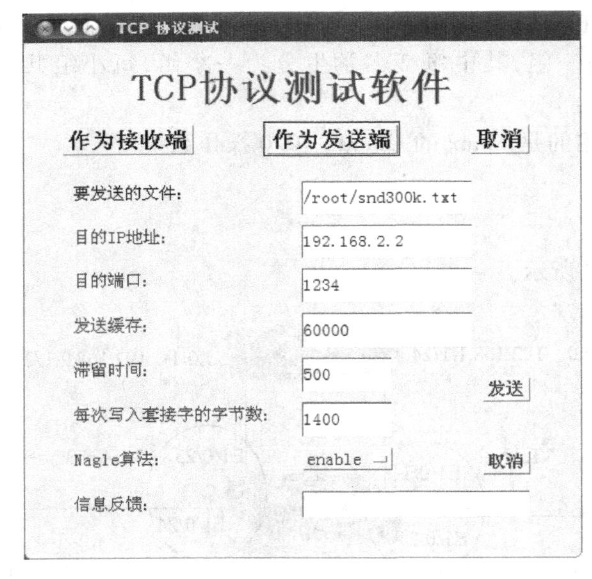

图 4-11　发送端参数设置

文件传输完成后,将截获的报文命名为"send2-学号"和"receive2-学号",保存到本地磁盘/root/DATA/目录下。

步骤 5　在 PC A(PC C)(即发送端)的"终端命令行"中运行脚本来读取"TCPConnection 实时监控模块"已记录的此 TCP 连接期间的相关参数数据:

```
root@qjl-desktop:~#  cd /root /TCPLog
root@qjl-desktop:~/TCPLog #  ./read.sh        //点斜杠表示当前目录
```

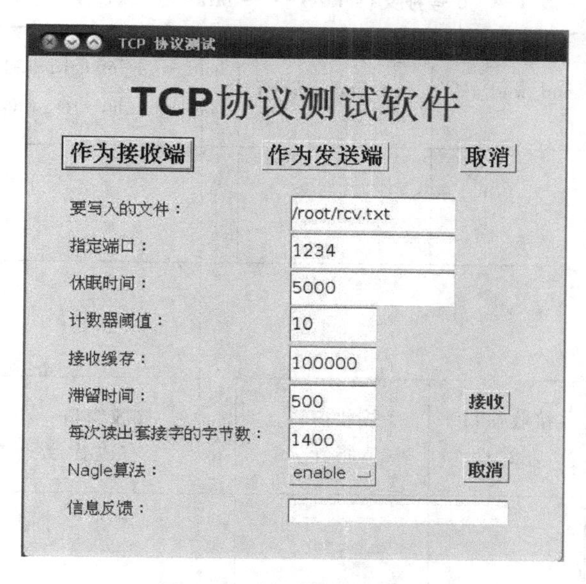

图 4-12 接收端参数设置

此脚本将读取的 TCP 连接相关参数数据保存在本地磁盘/root/TCPLog/目录下的“tcpsndwnddata.txt”和“tcprtodata.txt”文件中，将其复制到/root/DATA/目录下并改名为“send2-学号-tcpsndwnddata.txt”和“send2-学号-tcprtodata.txt”。

进行分析前请看步骤 7 后面的“注意：* -tcpsndwnddata. txt 和 * -tcprtodata. txt 文件导读”。

步骤 6 分析文件“send2-学号”(或“receive2-学号”)和“send2-学号-tcpsndwnddata. txt”，体会滑动窗口机制。

(1) 分析数据发送部分的前几条报文，描述发送方发送窗口的变化，并解释为什么。

(2) 指出从哪个序号的报文能够明显看出接收端开始休眠，并解释理由。

(3) 分析文件“send2-学号-tcpsndwnddata. txt”，选中 3 次握手连接建立后的前 4 条报文记录(3 条 DATA 报文、一条 ACK 报文，序号为 4、5、6、7)，记下发送方发送窗口的相关值(rcv_wnd, snd_wnd_left, snd_wnd_point, snd_wnd_left+cwnd, snd_wnd_left+rcv_wnd ,(snd_wnd_point- left))。按表 4-4～表 4-6 分析计算接收方(及发送方)的窗口的相关值。

(4) 根据文件“send2-学号-tcpsndwnddata. txt”中发送方的发送窗口相关值进行分析，接收方开始休眠后，描述接收窗口的变化，指出窗口收缩、窗口合拢、窗口张开对应的开始报文序号，并记下“send2-学号-tcpsndwnddata. txt”文件中的对应报文的数值记录(pkt_seqno, pkt_type, …, …)。

表 4-4　5 号报文(sender----data---->receiver)

	rcv_wnd	snd_wnd_left	snd_wnd_pointer	snd_wnd_left+cwnd 和 snd_wnd_left+rcv_wnd	snd_wnd_point- left
发送方发出报文					
发送窗口右边沿					
	通告的接收窗口	接收窗口左边沿	接收窗口指针	接收窗口右边沿	在接收缓存中的数据量(即未确认的数据)
接收方收到 DATA 前					
接收方收到 DATA 后					

表 4-5　6 号报文(sender----data---->receiver)

	rcv_wnd	snd_wnd_left	snd_wnd_pointer	snd_wnd_left+cwnd 和 snd_wnd_left+rcv_wnd	snd_wnd_point- left
发送方发出报文					
发送窗口右边沿					
	通告的接收窗口	接收窗口左边沿	接收窗口指针	接收窗口右边沿	在接收缓存中的数据量(即未确认的数据)
接收方收到 DATA 前					
接收方收到 DATA 后					

表 4-6 7 号报文(receiver----ack---->sender)

	通告的接收窗口	接收窗口左边沿	接收窗口指针	接收窗口右边沿	在接收缓存中的数据量(即未确认的数据)
接收方发出 ACK					
	rcv_wnd	snd_wnd_left	snd_wnd_pointer	snd_wnd_left+cwnd 和 snd_wnd_left+rcv_wnd	snd_wnd_point- left
发送方收到 ACK 后					
发送窗口右边沿					
发送方收到 ACK 前					
发送窗口右边沿					

步骤 7 分析文件“send2-组座号”(或“receive2-组座号”),体会窗口侦查机制。

写出窗口侦查开始的报文序号、窗口侦查报文数据长度、窗口侦查报文发送的时间规律。

注意:* - tcpsndwnddata. txt 和 * -tcprtodata. txt 文件导读。

在 Linux 系统下查看这些数据文件建议使用 gedit,方法:在图形化视图下选中一个数据文件,右击,在弹出的快捷菜单中选择 Open with gedit 命令,并在“编辑”菜单“首选项”子菜单中取消勾选“启用自动换行”复选项。

如图 4-13 所示,“ * - tcpsndwnddata. txt”数据文件中保存的是 TCP 发送方一些与窗口相关的数值记录,具体字段含义如下。

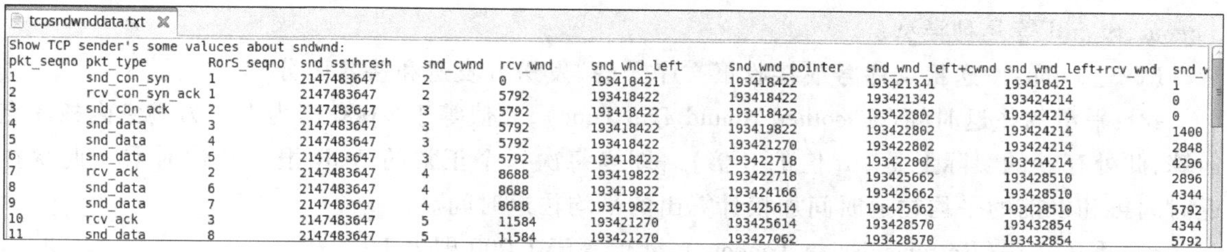

```
tcpsndwnddata.txt
Show TCP sender's some valuces about sndwnd:
pkt_seqno pkt_type        RorS_seqno snd_ssthresh snd_cwnd rcv_wnd snd_wnd_left snd_wnd_pointer snd_wnd_left+cwnd snd_wnd_left+rcv_wnd snd_w
1         snd_con_syn     1          2147483647   2        0       193418421    193418422       193421341         193418421            1
2         rcv_con_syn_ack 1          2147483647   2        5792    193418422    193418422       193421342         193424214            0
3         snd_con_ack     2          2147483647   3        5792    193418422    193418422       193422802         193424214            0
4         snd_data        3          2147483647   3        5792    193418422    193419822       193422802         193424214            1400
5         snd_data        4          2147483647   3        5792    193418422    193421270       193422802         193424214            2848
6         snd_data        5          2147483647   3        5792    193418422    193422718       193422802         193424214            4296
7         rcv_ack         2          2147483647   4        8688    193419822    193422718       193425662         193428510            2896
8         snd_data        6          2147483647   4        8688    193419822    193424166       193425662         193428510            4344
9         snd_data        7          2147483647   4        8688    193419822    193425614       193425662         193428510            5792
10        rcv_ack         3          2147483647   5        11584   193421270    193425614       193428570         193432854            4344
11        snd_data        8          2147483647   5        11584   193421270    193427062       193428570         193432854            5792
```

图 4-13 “ * -tcpsndwnddata. txt”示例

pkt_seqno：此 TCP 连接中所有报文的序号。可与 Wireshark 所截报文对应。**所以在 Wireshark 软件截取报文时切记最好使用 TCP 报文过滤。**

pkt_type：报文的类型，共有 snd_con_syn、rcv_con_syn_ack、snd_con_ack、snd_data、rcv_ack、timeout、tx_full 等几种类型。

RorS_seqno：发送报文序号或接收报文序号（按发送方发送和接收区分）。

snd_ssthresh：发送方的慢启动阈值。

snd_cwnd：发送方的拥塞窗口大小（以 MSS 为单位）。

rcv_wnd：目前接收方通告的窗口大小（以字节为单位）。

snd_wnd_left：发送窗口左边沿，即已发送数据中等待确认的第一个序号。

snd_wnd_pointer：发送窗口指针，即已发送数据的最高序号+1。

snd_wnd_left+rcv_wnd：此值 = snd_wnd_left + rcv_wnd，即发送窗口的左边沿加上接收方通告的接收窗口大小（字节）后的值。

snd_wnd_left+cwnd：此值 = snd_wnd_left + snd_cwnd×1 460，即发送窗口的左边沿加上发送方的拥塞窗口大小（字节）后的值。

snd_wnd_pointer−left：此值 = snd_wnd_pointer − snd_wnd_left，表明发送方已发送但未被确认的数据字节数。

如图 4-14 所示，“ * − tcprtodata. txt”数据文件中保存的是 TCP 发送方一些与超时时间相关的数值记录，具体字段含义如下。

tcprtodata.txt

Show TCP sender's some values about RTO:

pkt_seqno	pkt_type	RorS_seqno	srtt	rto
1	snd_con_syn	1	0	3000
2	rcv_con_syn_ack	1	24	203
3	snd_con_ack	2	24	203
4	snd_data	3	24	203
5	snd_data	4	24	203
6	snd_data	5	24	203
7	rcv_ack	2	22	202
8	snd_data	6	22	202
9	snd_data	7	22	202

图 4-14　* −tcprttdata. txt 示例

pkt_seqno：此 TCP 连接中所有报文的序号。可与 Wireshark 所截报文对应。

pkt_type：报文的类型，共有 snd_con_syn、rcv_con_syn_ack、snd_con_ack、snd_data、rcv_ack、timeout、tx_full 等几种类型。

RorS_seqno：发送报文序号或接收报文序号（按发送方发送和接收区分）。

srtt：平滑的往返时间（Smoothed Round Trip Time），此值等于 8 000 即为 1 s（为避免内核浮点运算，此处存储的实际上是 srtt 值的 8 倍）。即当每次一个正常的 ACK 报文到达时取样此次往返时间再和以前的平均往返时间加权计算出的平均往返时间。

rto：重传超时（Retransmission Timeout），此值等于 1 000 即为 1 s。

RFC 1122 规定了 RTT 和 RTO 的初始值为：RTT = 0 s，RTO = 3 s。

3.6.2 慢启动、拥塞避免及拥塞处理和超时与重传机制分析

步骤 1 在路由器上配置端口转发速率为 10 Mbps,如下:

```
[Router]interface e0/0
[Router-Ethernet0/0]qos lr outbound cir 10000
[Router-Ethernet0/0]interface e0/1
[Router-Ethernet0/1]qos lr outbound cir 10000
```

步骤 2 在 PC A(PC C)(即发送端)和 PC B(PC D)(即接收端)重新开始 Wireshark 报文截获。**注意:启用 TCP 报文过滤。**

步骤 3 发送一个 6 MB 的文件,TcpTest 程序参数设置如图 4-15 和图 4-16 所示(**发送端要发送的文件处改成/root/snd6m.txt,接收端休眠时间和计数器阈值均改成 0**)。检查参数设置无误后 PC B(PC D)单击“接收”按钮,然后 PC A(PC C)单击“发送”按钮。**在 PC A(PC C)一单击“发送”按钮后立即 shutdown 路由器一个端口**,如下所示(注意,由于文件发送的时间较快,请预先在 minicom 上输入命令 shutdown,一旦 PC A(PC C)单击“发送”按钮,就立即在 minicom 上按 Enter 键。一定要保证 shutdown 一个路由器端口后,程序还在传送数据。如果 shutdown 一个路由器端口前程序已经传输完数据,则重做此步骤,切记。

```
[Router-Ethernet0/0]shutdown
```

等待 10 s 后再将此端口 undo shutdown:

```
[Router-Ethernet0/0]undo  shutdown
```

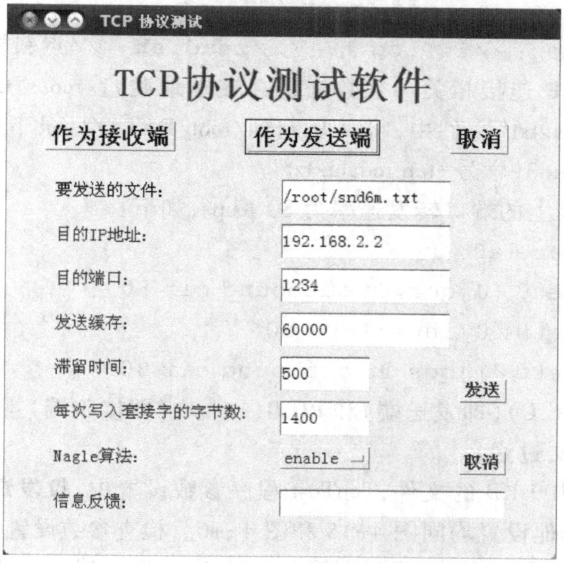

图 4-15 发送端参数设置

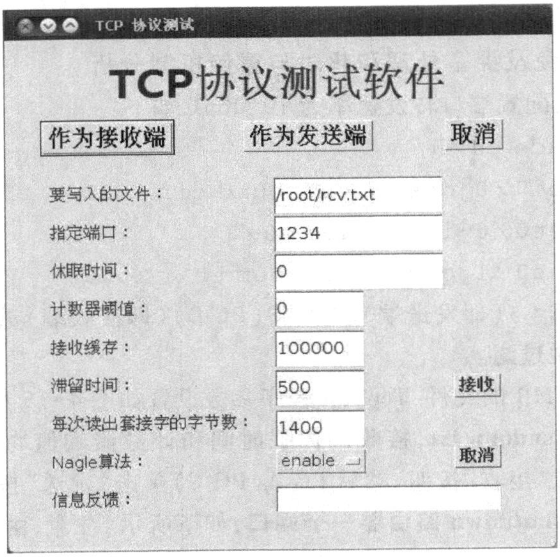

图 4-16　接收端参数设置

文件传输完成后，将截获的报文命名为“send3-学号”和“receive3-学号”，保存到本地磁盘/root/DATA/目录下。

步骤 4　在 PC A(PC C)(即发送端)的“终端命令行”中运行脚本来读取“TCPConnection 实时监控模块”已记录的此 TCP 连接期间的相关参数数据：

```
root@qjl-desktop:~#     cd /root /TCPLog
root@qjl-desktop:~/TCPLog #     ./read.sh   //点斜杠表示当前目录
```

此脚本将读取的 TCP 连接相关参数数据保存在本地磁盘/root/TCPLog/目录下的“tcpsndwnddata. txt”和“tcprtodata. txt”文件中，将其复制到/root/DATA/目录下并改名为“send3-学号-tcpsndwnddata. txt”和“send3-学号-tcprtodata. txt”。

步骤 5　更改路由器上的端口转发速率为 80 Kbps，如下：

```
[Router]interface e0/0
[Router-Ethernet0/0]qos lr outbound cir 80
[Router-Ethernet0/0]interface e0/1
[Router-Ethernet0/1]qos lr outbound cir 80
```

步骤 6　在 PC A(PC C)(即发送端)和 PC B(PC D)(即接收端)重新开始 Wireshark 报文截获。**注意：启用 TCP 报文过滤。**

步骤 7　发送一个 100 KB 的文件，TcpTest 程序参数设置中，**仅发送端将要发送的文件处改成/root/snd100k. txt**，其他设置均同图 4-15 和图 4-16。检查参数设置无误后 PC B(PC D)单击“接收”按钮，然后 PC A(PC C)单击“发送”按钮。shutdown 路由器一个端口(由于此次文件传输较慢，可从容配置命令。但也一定要保证 shutdown 一个路由器端口后，程序还在传送数据，切记)。

```
[Router-Ethernet0/0]shutdown
```

等待 40 s 后再将此端口 undo shutdown：

```
[Router-Ethernet0/0]undo  shutdown
```

文件传输完成后，将截获的报文命名为“send4-学号”和“receive4-学号”，保存到本地磁盘/root/DATA/目录下。

步骤 8 在 PC A(PC C)(即发送端)的“终端命令行”中运行脚本来读取“TCPConnection 实时监控模块”已记录的此 TCP 连接期间的相关参数数据：

```
root@qjl-desktop:~#    cd/root/TCPLog
root@qjl-desktop:~/TCPLog#    ./read.sh   //点斜杠表示当前目录
```

此脚本将读取的 TCP 连接相关参数数据保存在本地磁盘/root/TCPLog/目录下的“tcpsndwnddata. txt”和“tcprtodata. txt”文件中，将其复制到/root/DATA/目录下并改名为“send4-学号-tcpsndwnddata. txt”和“send4-学号-tcprtodata. txt”。

步骤 9 分析文件“send3-学号”(或“receive3-学号”)和“send3-学号-tcpsndwnddata. txt”(或“send4-学号”和“send4-学号-tcpsndwnddata. txt”)，体会慢启动、拥塞避免及拥塞处理机制。

(1) 选中第一条发送数据的报文记录，记下其 ssthresh 和 cwnd 值是多少，为何为此值？按发送窗口的计算公式计算出当前的发送窗口 snd_wnd 值，并记下此时的发送窗口左边沿 snd_wnd_left 值并计算出此时的发送窗口右边沿。

(2) 在随后的发送数据报文中，ssthresh 和 cwnd 值有何变化，呈何种规律？为什么呈此种规律？发送的报文是否可以验证这一规律？

(3) 指出 ssthresh 和 cwnd 值有突然变化的报文序号，为何会有这种变化？此后(直至结束)的 ssthresh 和 cwnd 值有何变化？呈何种规律？为什么？

步骤 10 分析文件“send3-学号”、“send3-学号-tcprtodata. txt”和“send4-学号”、“send4-学号-tcprtodata. txt”，体会超时与重传机制。

(1) 对 Wireshark 截获的报文进行分析，分别记下 TCP 传输过程中发送第一条重传报文的序号，并请用截获报文的时间字段分别计算出在两种转发速率下第一条重传报文和其对应的原始发送报文的时间差、第二条重传报文和第一条重传报文发送的时间差、第三条重传报文和第二条重传报文发送的时间差，等等，填写表 4-7。分析两种转发速率下两次重传的时间差，结合题(2)对此现象做出解释。

表 4-7 重传时间差

	第一个重传时间差	第二个重传时间差	第三个重传时间差
10 Mbps			
80 Kbps			

(2) 对“send3-学号-tcprtodata. txt”和“send4-学号-tcprtodata. txt”文件进行分析。在正常传输时,两种速率下的 TCP 连接的 RTO 时间分别稳定在多少？在发生报文超时重传时,RTT 和 RTO 值有何变化？特别是 RTO 值有何特定变化规律？为什么？继续正常报文传输时 RTT 和 RTO 值又有何变化？为什么？

(3) 课外:查阅相关资料,对 RTT 和 RTO 值的变化做出定量的计算和分析。建议阅读《用 TCP/IP 进行网络互联,第一卷(第四版)》中译本,由美国人 Douglas E. Comer 编著,林瑶等译,电子工业出版社出版。其第 13 章中对 RTT、RTO 等的计算有比较详细的阐述,与 Linux 下对此的实现相同。

3.6.3 快重传和快恢复算法分析

步骤 1　继续上一小节的实验,配置路由器,取消对接口的速率限制。请写出命令：

步骤 2　在 PC B(PC D)(即接收端)的“终端命令行”中装载**“TCPConnection 丢包内核模块”**:

```
root@qjl-desktop:~#    cd /root /TCPDropPkt
root@qjl-desktop:~/TCPDropPkt #    ./load.sh   //点斜杠表示当前目录
```

步骤 3　在 PC A(PC C)(即发送端)和 PC B(PC D)(即接收端)重新开始 Wireshark 报文截获。**注意:启用 TCP 报文过滤。**

步骤 4　发送一个 300 KB 的文件,TcpTest 程序参数设置如图 4-17 和图 4-18 所示(**发送方要发送的文件处改成/root/snd300k. txt,接收方休眠时间和计数器阈值均改成 0**)。检查参数设置无误后 PC B(PC D)单击“接收”按钮,然后 PC A(PC C)单击“发送”按钮。

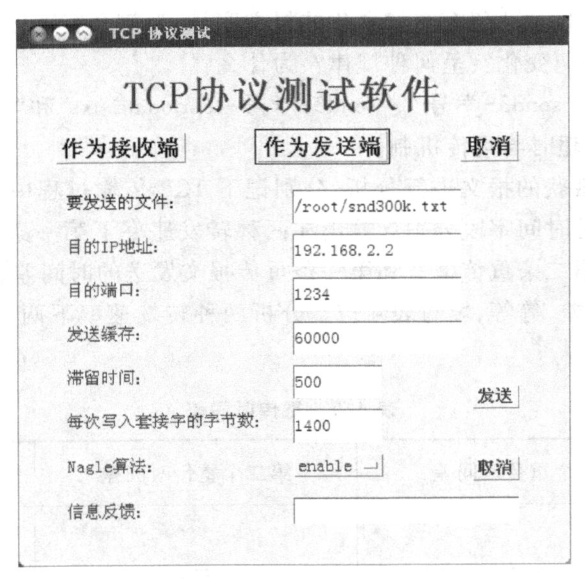

图 4-17　发送端参数设置

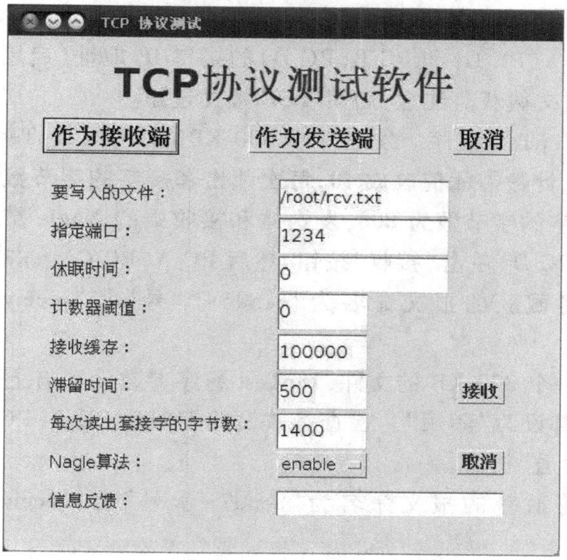

图 4-18 接收端参数设置

文件传输完成后，将截获的报文命名为“send5-学号”和“receive5-学号”，保存到本地磁盘/root/DATA/目录下。

步骤 5 在 PC A(PC C)(即发送端)的“终端命令行”中运行脚本来读取“TCPConnection 实时监控模块”已记录的此 TCP 连接期间的相关参数数据：

```
root@qjl-desktop:~#   cd /root /TCPLog
root@qjl-desktop:~/TCPLog #   ./read.sh   //点斜杠表示当前目录
```

此脚本将读取的 TCP 连接相关参数数据保存在本地磁盘/root/TCPLog/目录下的“tcpsndwnddata. txt”和“tcprtodata. txt”文件中，将其复制到/root/DATA/目录下并改名为“send5-学号-tcpsndwnddata. txt”和“send5-学号-tcprtodata. txt”。

步骤 6 分析文件“send5-学号”、“receive5-学号”和“send5-学号-tcpsndwnddata. txt”、“send5-学号-tcprtodata. txt”，体会快重传和快恢复算法的作用。

(1) 请写出前 3 个重复 ACK 的报文序号。在第三个重复 ACK 报文到达后，发送报文发生什么变化？为什么？

(2) 在前 3 个重复的 ACK 报文到达期间，ssthresh 和 cwnd 有何变化？RTT 和 RTO 有何变化？为什么？

(3) 在第三个重复 ACK 报文到达后是否还有重复 ACK 报文到达？随之(直至传输结束)，ssthresh 和cwnd 有何变化？呈何种规律？为什么有此规律？

3.6.4　糊涂窗口综合征和 Nagle 算法分析

步骤 1　配置好 PC A(PC C)和 PC B(PC D)的接口 IP 地址(启用相应的网络连接),并分别启动 Wireshark 进行报文截获。**注意:启用 TCP 报文过滤。**

步骤 2　分别启动 TcpTest 程序。发送一个 300 KB 的文件,TcpTest 程序参数设置如下:**接收端休眠时间 5 000 ms,计数器阈值改成 40,每次读出套接字的字节数为 500;发送端发送缓存为 2 000,每次写入套接字的字节数为 800;发送端和接收端的 Nagle 算法都设为"启用"**。检查参数设置无误后 PC B(PC D)单击"接收"按钮,然后 PC A(PC C)单击"发送"按钮。

文件传输完成后,将截获的报文命名为"send6-学号"和"receive6-学号",保存在本地磁盘。

步骤 3　重新发送一个 300 KB 的文件,TcpTest 程序参数设置**与上面实验不同**的是:**发送端和接收端的 Nagle 算法都设为"禁用"**。检查参数设置无误后 PC B(PC D)单击"接收"按钮,然后 PC A(PC C)单击"发送"按钮。

文件传输完成后,将截获的报文命名为"send7-学号"和"receive7-学号",保存在本地磁盘。

步骤 4　分析文件"send6-学号"、"receive6-学号"和"send7-学号"、"receive7-学号",体会糊涂窗口综合征和 Nagle 算法的作用。

(1) 分别分析两次 TCP 传输过程中数据发送部分的前面几条报文,结合 TcpTest 程序参数设置,分析其数据长度的变化,并解释为什么。

(2) 在两次 TCP 传输过程中,窗口通告为 0 后,窗口张开时通告的第一个窗口大小分别是多少?为什么?

(3) 通过这两次 TCP 传输实验,比较分析 Nagle 算法的作用。

最后,将所有实验数据上传 FTP 服务器相应目录。

3.7　实验总结

通过实验,初步验证了 TCP 中关于流量控制和拥塞控制的主要算法,体会了滑动窗口机制、糊涂窗口综合征的避免、慢启动、拥塞避免、重传机制、快重传和快恢复等算法的作用,以及这些算法如何有机地结合起来实现高效的面向连接的可靠传输服务。

4　UDP 分析

4.1　实验目的

UDP 分析

(1) 分析 UDP 报文格式。

(2) 了解和理解 UDP 的运行机理及其作用。

4.2 实验内容

使用模拟通信程序 UDPTest 发送消息数据，并使用 Wireshark 软件截获报文，分析 UDP 的报文格式。并进而了解和理解 UDP 的运行机理。

4.3 实验原理

1. UDP 简介

UDP 是 User Datagram Protocol 的缩写，主要用来支持在计算机之间传输数据的网络应用，与 TCP 一样，UDP 也是位于 IP 之上，UDP 报文是封装在 IP 报文中进行传输的。

UDP 是基于数据报文的协议，在传输过程中每一次都最大限度地传输数据。同时，UDP 又是不可靠的，在传输数据之前不建立连接，传输过程中没有报文确认信息。

2. UDPTest 软件介绍

UDPTest 程序是用 C++编写的基于 UDP 的模拟通信软件。程序是在 Microsoft Visual C++平台上，使用标准 Socket 接口为本实验进行开发的，实现了两端互发消息进行通信的功能。程序界面如图 4-19 所示。

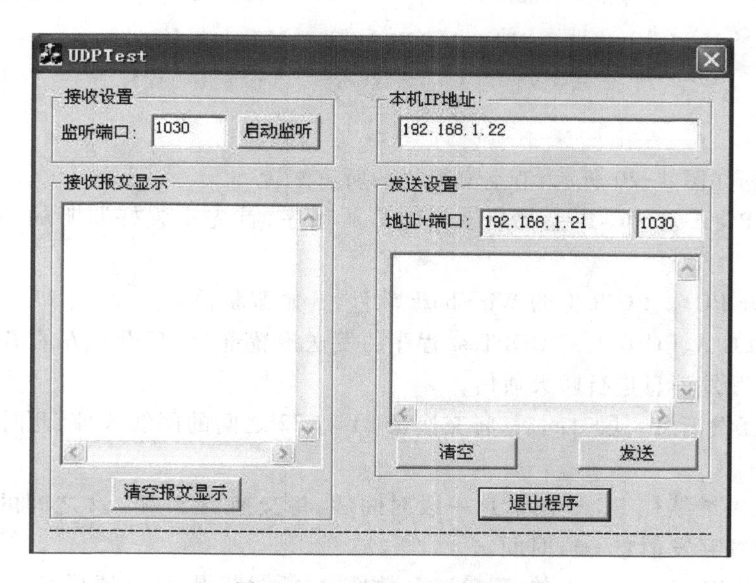

图 4-19 UDPTest 程序界面

在程序启动后，程序会自动显示出本机的 IP 地址。

程序的使用十分简单，只需在启动程序后首先设置好监听的 UDP 端口并启动监听，即可接收任何发往本机被监听 UDP 端口的 UDP 消息。同时还可以设置想要发送消息的目的 IP 地址和目的 UDP 端口，输入消息内容单击“发送”按钮即可发出此消息，当然前提是对方(目的 IP 主机)已用本程序在相应 UDP 端口进行监听。这样即可实现两者之间的消息通信。

4.4　实验环境与分组

(1) 三层交换机 2 台,标准网线 4 条,Console 线 4 条,计算机 4 台。

(2) 每 4 名学生分为一组,共同配合,完成实验。

(3) 本实验 PC 使用 Windows XP 操作系统。

4.5　实验组网

实验组网如图 4-20 所示。

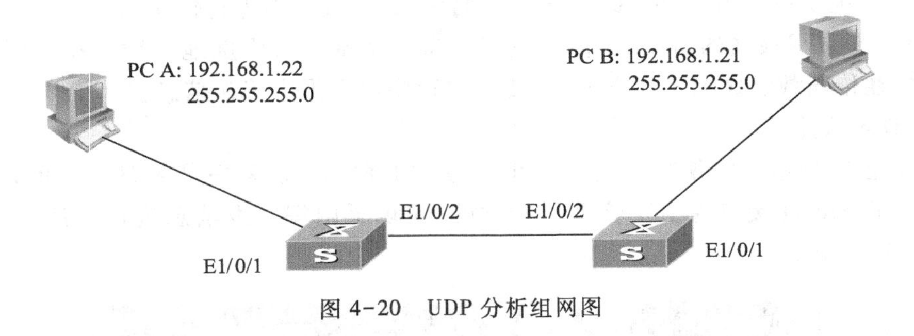

图 4-20　UDP 分析组网图

4.6　实验步骤

步骤 1　组网如图 4-20 所示,清空交换机的所有配置。

步骤 2　在 PC A 和 PC B 上都启动 UDPTest 程序,首先设置好监听的 UDP 端口并启动监听。

步骤 3　打开 PC A、PC B 上的 Wireshark 软件,开始截获报文。

步骤 4　在 PC A、PC B 上的 UDPTest 程序的发送设置部分,互设对方的 IP 地址和 UDP 监听端口(1030)。互发消息进行聊天通信。

步骤 5　在互发消息一段时间后,将交换机 S1 和 S2 之间的网线拔掉,此时 PC A 再继续往 PC B 发消息。

步骤 6　PC A 继续往 PC B 发消息一段时间后,将交换机 S1 和 S2 之间的网线重新插上。PC A 和 PC B 继续互发消息一段时间。

步骤 7　操作 PC A、PC B 上的 Wireshark 软件,分析截获得报文,填写表 4-8。

(1) 将实验截获的报文命名为"UDP-学号",上传至 FTP 服务器的"网络实验\传输层实验"目录下。

(2) 分析 UDP 报文结构:选中第一个 UDP 报文,将 UDP 协议树中各字段名、字段长度、字段值、字段表达信息填入表 4-8,并绘制 UDP 报文结构,详细绘制 UDP 协议树字段。

(3) UDP 报文结构与 TCP 报文结构有什么区别?

表 4-8 UDP 协议树中的信息

字段名	字段长度	字段值	字段表达信息

（4）在步骤 5 交换机 S1 和 S2 之间的网线拔掉期间，PC A 向 PC B 发送的 UDP 消息，在步骤 6 交换机 S1 和 S2 之间的网线重新插上之后 PC B 是否收到？请解释为什么会出现这种现象。

（5）综合分析 TCP 和 UDP 的不同之处。

4.7 实验总结

本次实验利用 UDPTest 程序互发 UDP 消息进行通信，利用 Wireshark 截获并分析了 UDP 报文，并设计了一个小实验来验证 UDP 的运行机理。从 UDP 报文格式及验证实验中可以看到，在 UDP 报文的首部没有报文顺序号、确认号，没有 SYN、FIN、ACK 等标志位，所以 UDP 报文的传输没有建立连接，传输过程中也没有确认。总之，UDP 是无连接的、不可靠的传输层协议。

5 TCP 编程实验

5.1 实验目的

基于 TCP 进行网络编程，并通过实验对结果进行验证，加深对 TCP 以及其他网络基本概念的理解。

5.2 实验内容

基于 C/C++语言或者 Java 语言使用套接字编程技术，编写基于 TCP 的程序，来测量网络带宽，并通过实验进行验证。

5.3 实验原理

从源端发送一个文件到目的端，在发送开始和结束时读取系统时间，得到 TCP 传送文件所需要的总时间。详细分析 TCP 传输文件的过程，构造一个算法来计算带宽。为了保证结果的可靠性可以重复测试多次，取平均值作为最终结果。

具体实现方法请参考有关文献和本实验前面的 TcpTest 程序介绍。

5.4　实验环境与分组

(1) 路由器和交换机各 1 台,标准网线 4 条,Console 线 2 条,计算机 4 台。

(2) 每名同学独立完成。

5.5　实验组网

实验组网如图 4-21 所示。

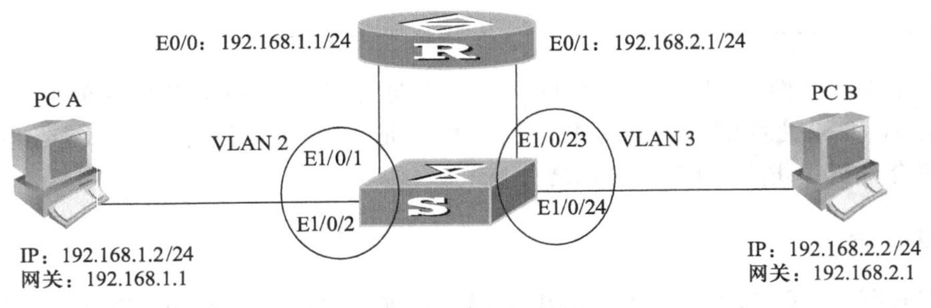

图 4-21　TCP 编程实验组网

5.6　实验步骤

步骤 1　将编写的程序导入计算机中,编译运行。

步骤 2　通过在路由器上进行限速和多台主机同时在网络上传送文件来制造不同的网络环境,观察不同情况下网络带宽的变化,分析测量结果,说明为什么不同情况下测得的带宽会有差异。

步骤 3　将编写的程序和对实验结果的分析上传到 FTP 服务器。

5.7　实验总结

通过设计和实现具有一定功能的 TCP 应用程序,加深对 TCP 的理解,逐步提高网络编程的能力。

6　设计型实验

通过以上实验可以知道 UDP 是无连接的、不可靠的传输层协议。那么如何用 UDP 实现可靠的数据传输呢? 请设计基于 C/C++语言或者 Java 语言使用套接字技术,编写基于 UDP 的可靠数据传输程序,并通过实验进行验证。

提示:可参考 TFTP(RFC 1350,TFTP Version 2)的设计和实现。

预习报告

1. 预习 TCP 报文结构,将 TCP 报文首部各字段名、字段长度、字段表达信息,填写表 4-9。字段值请根据 MOOC 网站或 FTP 所提供的报文填写。

表 4-9 TCP 报文结构

字段名	长度	字段值		字段意义
		发送报文	确认报文	

2. 写出 UDP 的报文格式。
3. 简要描述 TCP 连接建立和释放的过程。
4. 简要描述 TCP 的滑动窗口机制。
5. 简要描述慢启动和拥塞避免算法。
6. 简要描述快重传和快恢复算法。
7. 简要描述 TCP 传输中时间延迟的计算,以及超时重传机制。
8. 简要描述糊涂窗口综合征产生的原因及其解决方法。

实验五　应用层实验

实验五
内容简介

1　实验内容

(1) DNS 协议分析。
(2) HTTP 分析。
(3) SMTP 分析。
(4) FTP 分析。
(5) DHCP 分析。

DNS 协议
分析

2　DNS 协议分析

2.1　实验目的

分析 DNS 协议报文首部格式和 DNS 协议的工作过程。

2.2　实验内容

应用 Simple DNS Plus 软件配置 DNS 服务器,作为本地主机的 DNS 服务器。在本地主机访问互联网过程中,在服务器上和本地主机上同时截获 DNS 报文,分析 DNS 的报文首部格式及 DNS 协议的工作过程。

2.3　实验原理

2.3.1　DNS 协议

DNS 是域名系统(Domain Name System)的缩写,是一种分层次的、基于域的命名方案,主要用来将主机名和电子邮件目标地址映射成 IP 地址。当用户在应用程序中输入 DNS 名称时,DNS 通过一个分布式的数据库系统将用户的名称解析为与此名称相关的 IP 地址。这种命名系统能够适应 Internet 的增长。它主要有以下 3 个组成部分。

（1）域名空间和相关资源记录（RR）：它们构成了 DNS 的分布式数据库系统。

（2）域名服务器：是若干维护 DNS 的分布式数据库系统的服务器，用以答复来自 DNS 客户机的查询请求。

（3）DNS 解析器：DNS 客户机中的一个进程用来帮助客户端访问 DNS 系统，发出域名查询来获得解析的结果。

DNS 查询分为两类：递归查询和迭代查询。当主机需要进行域名解析时，主机的 DNS 客户机向本地域名服务器发送递归查询请求，如果本地域名服务器没有所请求的答案，则会向根域名服务器、顶级域名服务器和权限域名服务器发送迭代查询请求，最后给主机的 DNS 客户机返回域名解析答案或域名解析失败消息。这就是主机的 DNS 客户机与本地域名服务器之间的递归查询。

本地域名服务器进行迭代查询时，首先向根域名服务器发送查询请求，根域名服务器如果没有要查询的答案，通常会给本地域名服务器返回若干个顶级域名服务器的信息，让本地域名服务器向顶级域名服务器查询，顶级域名服务器如果也没有要查询的答案，通常也会给本地域名服务器返回若干个权限域名服务器的信息，以此类推，本地域名服务器就这样进行迭代查询，直到最终获得域名解析的答案。

一般都会采用递归和迭代相结合的查询方法，其具体过程见实验步骤 10，这里不再详述。

2.3.2 DNS 服务器软件配置简介

Simple DNS Plus 软件安装完毕后，其内部已经存储了一些根域名服务器的 IP 地址，在 Simple 菜单的 DNS Cache Snapshot 选项中可以看到当前 DNS 的缓存信息，而 13 个根域名服务器的 IP 地址则存储在缓存（Tools 菜单的 DNS Cache Snapshot 选项）的 root/net/root-servers 目录下。当收到 DNS 请求时，如果在本地缓存找不到相应的记录，本地域名服务器则向这些根域名服务器发出域名解析请求，并逐步完成解析过程。

将本机作为本地域名服务器需要进行以下的配置。

（1）将本地连接的 TCP/IP 属性中首选 DNS 服务器的 IP 地址设为本机的 IP 地址（Windows 2000 不允许设为 127.0.0.1）。

（2）运行 Simple DNS Plus 软件，选择 DNS 服务器的 Tools 菜单中的 Options 命令，弹出子菜单：选择 General 选项卡，勾选 Run as windows service 复选框。

（3）在 DNS requests 选项卡，将本机的 IP 地址选上，使本机作为本地域名服务器。

（4）使用浏览器访问 Internet，如果 DNS 服务器工作正常则配置完成。

2.4 实验环境与分组

（1）路由器 2 台，交换机 2 台。

（2）计算机 4 台，网线若干。

（3）本实验每组又可以分为两个小组，独立进行实验。

2.5 实验组网

实验组网如图 5-1 所示。

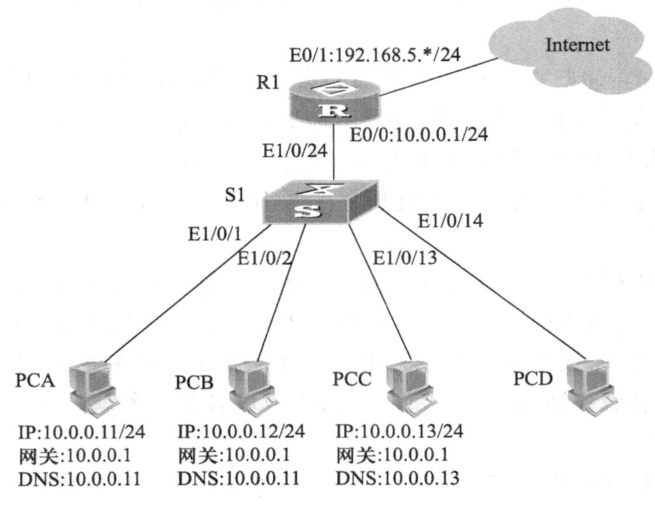

图 5-1 应用层协议分析组网图

2.6 实验步骤

步骤 1 按图 5-1 进行组网。配置计算机上的 IP 地址，默认网关为 10.0.0.1；配置路由器出口 IP 地址 192.168.5.x/24，其中 x 值为所在的分组号×5+100。

步骤 2 将 PC A 配置为本地域名服务器，配置 PC B 的 DNS 服务器为 PC A，即 10.0.0.11/24，PC D 的 DNS 服务器为 PC C，即 10.0.0.13，删除备用 DNS 服务器（PC A 和 PC C 的 DNS 服务器都设为本机的 IP）。

步骤 3 在作为 DNS 服务器的计算机（PC A、PC C）上运行 Simple DNS Plus 程序，按照实验原理 2.3.2 节配置 DNS 服务器。本实验不需要添加本地主机的域名和 IP 地址对。

步骤 4 配置路由器的 NAT 功能，确保能够上网，路由器和交换机的配置均与实验一中的基于地址转换的组网实验的配置相同。

步骤 5 清除本地计算机 DNS 缓存：将 IE 的主页设定为空白页，以避免启动 IE 就自动访问 Internet，然后选择 IE 的“工具”→“Internet 选项”→“清空历史记录”命令，删除文件，**不要关闭** IE。在命令行下执行 ipconfig/flushdns 命令。

步骤 6 清空 DNS 服务器的缓存，方法为在 Simple DNS Plus 界面选择 Tools→Clear DNS cache 命令。

步骤 7 在 DNS 服务器和本地计算机上分别启动 Wireshark 进行报文截获，然后在客户机

(PC B、PC D)上打开网页 www.buaa.edu.cn。这样,就可以看到 DNS 解析的全过程。

步骤 8 滤去其他报文,只对 DNS 报文进行分析。方法为在 Wireshark 的上方的 Filter 栏中填入要显示的协议名称,这里只需要填 DNS。

步骤 9 DNS 请求报文和应答报文的格式分析。

(1) 选择 DNS 服务器第一次向 Internet 发出的 DNS 请求报文和对应的 DNS 应答报文(注意 DNS 报文的 DNS 协议树中有一个 Transaction ID 字段,这两个报文的此字段值应相同),将两条报文信息填入表 5-1。

表 5-1 两条报文信息

No.	Source	Destination	Info.

DNS 服务器向 Internet 发送的第一条查询报文的目的地址是 13 个根域名服务器的 IP 地址之一,查找 DNS 服务器的缓存,写出域名和 IP 地址对。(查看 DNS 服务器缓存的方法是,选择 Simple→DNS Cache Snapshot 命令,可以看到当前 DNS 的缓存信息,而 13 个不同 IP 地址的根域名服务器的 IP 地址则存储在 root/net/root-servers 目录下。)

____

(2) 客户机向本地域名服务器发送的查询报文中 Flags 字段中 Recursion desired 位置 1,表示使用递归查询;本地域名服务器向 Internet 中的 DNS 服务器发送的查询报文中 Flags 字段中 Recursion desired 置 0,表示使用迭代查询。试结合递归查询和迭代查询的特点分析这样做的原因:

____

____

____

(3) DNS 应答报文的协议树字段中应该包括"Queries"、"Answers"、"Authoritative nameservers"、"Additional records"4 个字段,每个字段中会有多个子协议树。

Queries 字段包含对应的查询报文提出的查询问题。

Answers 字段包含对 Queries 字段中的查询问题的直接答案,如返回被查询域名的 IP 地址或者别名。

Authoritative nameservers 字段包含与查询域相关的授权域名服务器。

Additional records 字段包含与 Queries 中查询问题相关的资源记录,但不是直接的答案。

选择一条 DNS 应答报文,上述 4 个字段中每个字段只选择一个子协议树分别填入表 5-2 中,并具体说明其表示的含义。

① Queries 字段中的一个子协议树,总的信息:______________________

② 如①中的分析方法，请分析 Answers 字段、Authoritative nameservers 字段、Additional records 字段的子协议树。

表 5-2　子协议树信息

字段名	字段值	字段长度	字段信息

③ Answers 字段所表达的信息：

____

Authoritative nameservers 字段所表达的信息：

____

Additional records 字段所表达的信息：

____

思考题

对比 DNS 请求报文和 DNS 应答报文，回答以下问题。

1. DNS 客户端如何和 DNS 服务器协商是否使用递归查询？
2. 对比 DNS 请求报文，DNS 应答报文中多了哪些字段？这些字段传递什么信息？

步骤 10　DNS 的解析过程分析——分析服务器端截获的 DNS 报文。

（1）同小组学生将服务器端截获的报文命名为“DNS-学号”，并上传到 FTP 服务器的“网络实验\应用层实验”目录下。同小组学生共同分析 DNS 服务器上截获的报文。

（2）将解析 www.buaa.edu.cn 域名的全部报文填入表 5-3 中。整个解析过程可以分为三部分：客户端对本地 DNS 服务器的递归查询，三次迭代逐级获得.cn、.edu.cn、buaa.edu.cn 域的授权服务器，在 buaa.edu.cn 域中迭代查询 www.buaa.edu.cn 的 IP 地址，如图 5-2 所示。

表 5-3　报 文 信 息

序号	No.	Source	Destination	报文主要作用	所属查询类型
1					
2					
…					

（3）从报文 2 得知，DNS 服务器所请求的根域名服务器 IP 地址为________________________。

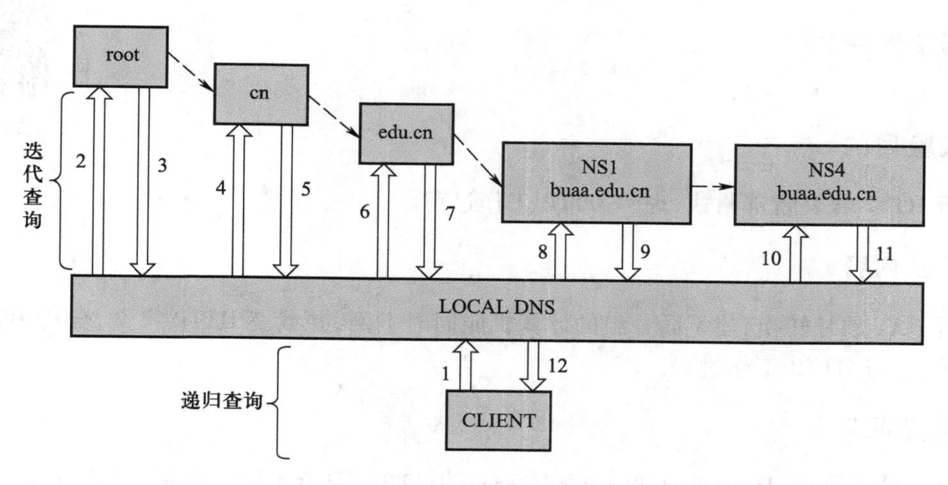

图 5-2 DNS 的解析过程

(4) 分析报文 3,找出 DNS 服务器向哪一个.cn 域名服务器发出请求报文,并写出它的域名和 IP 地址______________________________。

(5) 写出 www.buaa.edu.cn 的本地授权域名服务器的域名和 IP 地址,填入表 5-4。

表 5-4 本地授权域名服务器的域名和 IP 地址

www.buaa.edu.cn 的本地授权域名服务器的域名	IP 地址

(6) 根据(1)~(5)中分析,简述 DNS 域名解析的过程。

思考题

DNS 使用哪种传输层协议?为什么使用这种协议?

2.7 实验总结

通过在本地计算机上运行 DNS 服务器软件,把本地计算机配置为本地域名服务器,并通过此 DNS 服务器对地址 www.buaa.edu.cn 的解析,观察 DNS 域名解析的全过程,分析协议报文格式和字段作用,以及递归和迭代相结合的查询方法。

3　HTTP 分析

HTTP 分析

3.1　实验目的

分析 HTTP 报文首部格式，理解 HTTP 工作过程。

3.2　实验内容

通过 NAT 地址转换，使不同分组的计算机能同时上网，并截获 HTTP 报文，分析 HTTP 报文首部格式、学习 HTTP 工作过程。

3.3　实验原理

超文本传送协议（HyperText Transfer Protocol，HTTP），是万维网客户程序与万维网服务器程序之间的交互所要严格遵守的协议。HTTP 是一个应用层协议，它使用 TCP 连接进行可靠的数据传输。对于万维网的站点的访问要使用 HTTP。HTTP 的 URL 的一般形式如下：

http://〈主机〉:〈端口〉/〈路径〉

WWW 采用 B/S 结构，客户使用浏览器在 URL 栏中输入 HTTP 请求，即输入对方服务器的地址，向 Web 服务器提出请求。如访问北航的机构设置页面 http://www.buaa.edu.cn/office.php 具体的工作过程如下。

（1）浏览器分析指向页面的 URL。

（2）浏览器向 DNS 请求解析 www.buaa.edu.cn 的 IP 地址。

（3）域名系统 DNS 解析出北航服务器的 IP 地址，向浏览器回送应答。

（4）浏览器与服务器建立 TCP 连接（服务器端的端口是 80）。

（5）浏览器发出取文件命令：GET/office.php。

（6）服务器 www.buaa.edu.cn 给出响应，将文件 office.php 发送给浏览器。在访问过程中，客户端会打开多个端口，与服务器建立多个 TCP 连接。

（7）TCP 连接释放。

（8）浏览器显示“北航机构设置”页面。

服务器提供的默认端口号为 80。

3.4　实验环境与分组

路由器 1 台（带以太网端口），交换机 1 台，网线 4 条，Console 线 1 条，计算机 4 台。

3.5　实验组网

实验组网如图 5-1 所示。

3.6 实验步骤

步骤 1 在上一节实验基础上,将所有计算机的 DNS 服务器配置为 202.112.128.51,并停止运行 Simple DNS Plus 软件。其余配置不变。

步骤 2 在计算机上打开 Wireshark 软件,进行报文截获。

步骤 3 在浏览器上访问 www.buaa.edu.cn 页面,具体操作为打开网页,浏览,关闭网页。

步骤 4 停止 Wireshark 的报文截获,结果保存文件为"http-学号",并将文件上传至 FTP 服务器的"网络实验\应用层实验"目录下。

步骤 5 分析截获的报文,回答以下问题。

(1) 分析 HTTP 报文:从众多 HTTP 报文中选择两条报文,一条是 HTTP 请求报文(即 GET 报文),另一条是 HTTP 应答报文,将报文信息填入表 5-5。

表 5-5 报文信息

No.	Source	Destination	Info.

(2) 分析 HTTP 请求报文格式:结合预习报告,分析(1)中选择的 HTTP 请求报文(即 GET 报文)的各字段的实际值。

(3) 分析 HTTP 应答报文格式:结合预习报告,分析(1)中选择的 HTTP 应答报文的各个字段的实际值。

(4) 总体分析截获的数据报文,概括 HTTP 的工作过程(从在浏览器上输入网址,到出现网页,关闭网页),填入表 5-6。

表 5-6 HTTP 的工作过程

步骤	所包括的报文序号	主要完成的功能(目的)
DNS 解析过程		
TCP 连接的建立过程		
HTTP 的传文件过程		
TCP 连接释放过程		

3.7 实验总结

通过在上网过程中截获报文,分析 HTTP 的报文格式和工作过程。

4　电子邮件相关协议分析

电子邮件相关
协议分析

4.1　实验目的

分析电子邮件相关协议报文格式和电子邮件系统的工作过程。

4.2　实验内容

1. 电子邮件的发送过程

通过在本地配置邮件服务器和用户代理,向 Internet 的邮件服务器发邮件,并在各计算机上截获报文,分析 SMTP 报文和电子邮件的发送过程。

2. 电子邮件的接收过程

设置用户代理,从 Internet 上的邮件服务器接收邮件到本地,截获 POP3 报文,分析 POP3 报文和邮件的接收过程。

4.3　实验原理

4.3.1　SMTP 简介

简单邮件传输协议(Simple Mail Transfer Protocol,SMTP)是电子邮件的发送协议。一个电子邮件系统应具有 3 个主要组成构件:用户代理、邮件服务器,以及电子邮件使用的协议。

用户代理就是用户与电子邮件系统的接口,用户代理使用户能够通过一个友好的接口来发送和接收邮件。邮件服务器是电子邮件系统的核心部分,因特网上所有 ISP 都有邮件服务器。邮件服务器的功能是发送和接收邮件,邮件服务器按照客户服务器方式工作。这里应当注意,一个邮件服务器既可以作为客户端,也可以作为服务器。

电子邮件的发送和接收过程如下。

(1) 发信人调用用户代理来编辑要发送的邮件,用户代理用 SMTP 将邮件传送给发送端邮件服务器。

(2) 发送端邮件服务器将邮件放入邮件缓存队列中,等待发送。

(3) 运行在发送端邮件服务器的 SMTP 客户进程发现在邮件缓存中有待发送的邮件,就向运行在接收端邮件服务器的 SMTP 服务进程发起 TCP 连接。当 TCP 连接建立后,SMTP 客户进程开始向远程的 SMTP 服务器发送邮件。如果有多个邮件在邮件缓存中,则 SMTP 客户会逐一将它们发送到远程的 SMTP 服务器。当所有的待发邮件发完后,SMTP 就关闭所建立的 TCP 连接。

(4) 运行在接收端邮件服务器中的 SMTP 服务器进程收到邮件后,将邮件放入收信人的用户邮箱中,等待收信人在方便时读取。收信人收信时,调用用户代理,使用 POP 协议将自己的邮件从接收端邮件服务器的用户邮箱中取回。

SMTP 不使用中间邮件服务器。由于 SMTP 只能传送可打印的 7 位 ASCII 码邮件,因此在 1993 年又提出了通用因特网邮件扩充(Multipurpose Internet Mail Extensions,MIME)标准。MIME 并没有改动 SMTP 或取代它。MIME 的意图是继续使用目前的 RFC 822 格式,但增加了邮件主体的结构,并定义了传送非 ASCII 码的编码规则。

4.3.2 SMTP 协议的工作过程

1. SMTP 的连接建立阶段

当 SMTP 需要身份验证时,此过程可能还包括 AUTH 等命令。

(1) SMTP 客户与目的主机的 SMTP 服务器建立 TCP 连接,在 TCP 连接建立后,SMTP 服务器要发出"220(服务就绪)"。

(2) SMTP 客户向 SMTP 服务器发送 HELO 命令,附上发送方的主机名。

(3) SMTP 服务器若有能力接收邮件,则回答:"250 OK",表示已准备好接收。

2. 邮件的传送过程

(1) SMTP 连接建立后,就准备开始邮件的传送。邮件的传送从 MAIL 命令开始。MAIL 命令后面有发信人的地址。

(2) SMTP 服务器回答"250 OK"。否则返回一个错误代码,指出原因。

(3) 下面跟着一个或多个 RCPT 命令,它取决于将同一个邮件发给一个或多个收信人。

(4) 邮件服务器每收到一个 RCPT 命令,都会返回相应的信息。如"250 OK"或"550 No such user here"。

(5) 接着是 SMTP 客户向 SMTP 服务器发送 DATA 命令,此命令表示要开始传送邮件的内容了。

(6) 若 SMTP 服务器能够接收邮件,则返回信息"354",否则,返回信息"421"或"500"。

(7) SMTP 客户发送邮件的内容,发送完毕后,再发送 \r\n.\r\n 表示邮件内容结束。

(8) SMTP 服务器返回信息"250 OK",表示邮件收到。

3. SMTP 的连接释放过程

(1) 邮件发送完毕后,SMTP 客户应发送 QUIT 命令。

(2) SMTP 服务器返回信息"221"(服务关闭)。

相关的详细内容请见参考文献[1]。

4.3.3 Magic Winmail server 的配置

从 FTP 服务器下载安装程序并进行安装,安装过程中会要求设置两个密码,其中一个为管理该工具的密码,另一个是系统管理员邮箱的密码。安装完成后,第一次该软件启动后,使用快速设置向导添加邮箱,如 pca@ mail.buaa.com(其中建立的域,如@ mail.buaa.com,最好不要与 Internet 上的域同名,以免混淆)。

(1) 启动 Winmail 服务器。

(2) 启动 Magic Winmail 管理端工具进行配置(密码为安装时输入的 admin 密码)。

(3) 查看系统服务是否正常运行,正常显示为绿灯。

(4) 可在“用户和域”菜单的“用户管理”选项中看到刚才所配置的域名及其中的用户。

另外,此软件也提供网页式的操作,可在浏览器中进行邮箱的管理,Winmail 系统支持 Webmail 收发邮件,登录地址是 http://your-server-ip:6080/。

该服务器只能向 Internet 或本地用户发送邮件,不能由 Internet 邮箱向本邮件服务系统发送邮件,因为本地域名并没有在 Internet 上注册,无法进行解析。

4.3.4　Foxmail 的配置

用刚才搭建的邮件系统中设置的邮箱向 Internet 发送邮件,搭建的邮件系统作为 SMTP 发送邮件服务器。在 Internet 上获得一个支持 POP3 的电子邮箱,将该 Internet 邮件系统作为 POP3 接收邮件服务器。为了统一管理,本实验使用 Foxmail 工具收发邮件。

启动 Foxmail,配置如下:选择“账户”→“属性”命令,弹出对话框如图 5-3 所示。

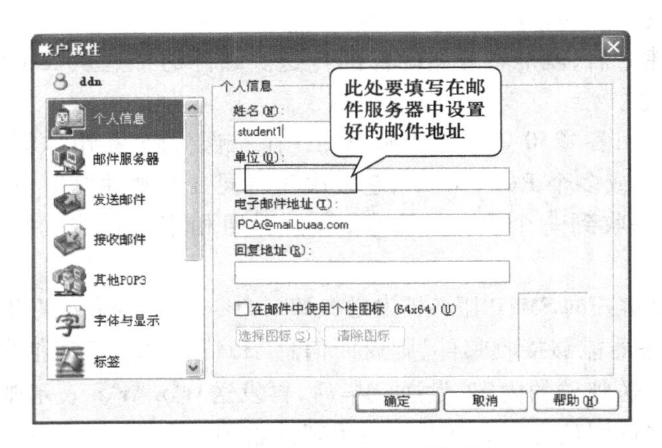

图 5-3　Foxmail 账户的配置

图 5-3 所示,在“电子邮件地址”文本框中填写搭建邮件系统时新建的邮件地址,“姓名”文本框中填写希望收件人看到的名字,电子邮件地址为在本地邮件服务器中的地址,如 PCA@mail.buaa.com(下面将用这个邮件服务器中的邮箱 PCA@mail.buaa.com 向 Internet 发邮件)。

选择“邮件服务器”选项,如图 5-4 所示,在“发送邮件服务器(SMTP)”文本框中填写本地邮件服务器的 IP 地址(如 PC A 填 10.0.0.12)。

接收邮件服务器:由于实验中的邮件系统不能被 Internet 上的其他邮件系统所识别,所以要使用自己的真实邮箱作为接收邮箱,对接收邮件服务器修改相应的 POP3 服务器地址,并填写邮箱的账号和密码(邮箱的 POP3 服务器地址可上网查询,如 163.com 的 POP3 服务器为 pop.163.com。请注意有些邮箱需要更多的步骤,如 Gmail)。也可在 Foxmail 中选择“账户”→“新建”命令,在此向导中填入真实的邮箱地址,之后 Foxmail 会在下一步中自动识别并显示邮箱的 POP3 服务器地址。

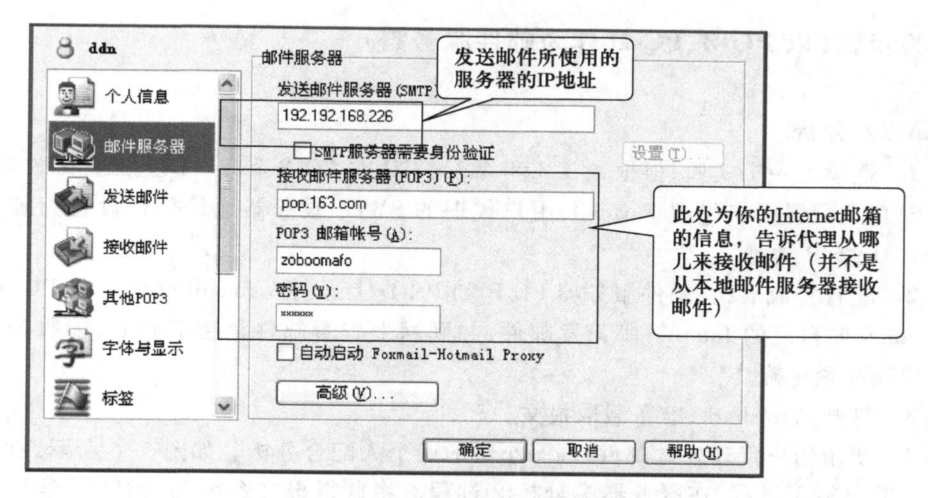

图 5-4 Foxmail 邮件服务器的配置

4.4 实验环境与分组

路由器 1 台(带以太网端口),交换机一台,网线 4 条,Console 线 1 条,计算机 4 台。

4.5 实验组网

实验组网如图 5-5 所示。

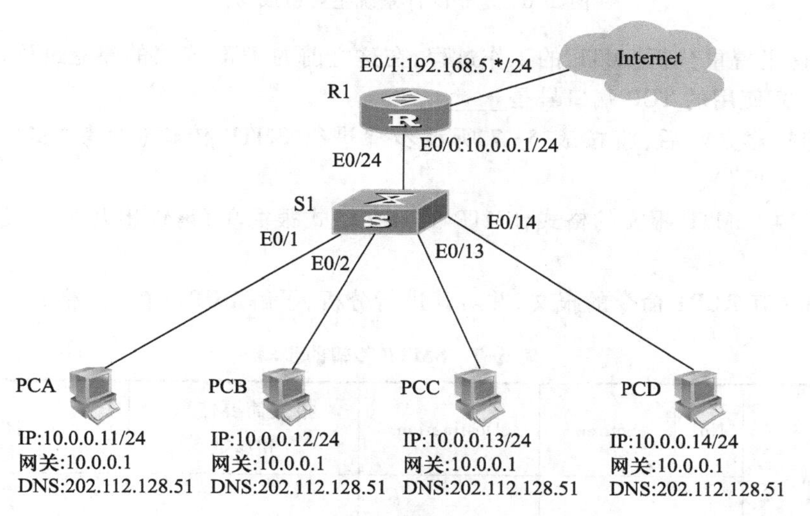

图 5-5 电子邮件协议分析组网图

4.6 实验步骤(以 PC B、PC D 作为邮件服务器)

4.6.1 SMTP 分析

步骤 1　继续上一个实验,根据 4.3.3 和 4.3.4 节,在 PC B 和 PC D 上配置邮件服务器,在 PC A 和 PC C 上配置用户代理 Foxmail,用户代理的 SMTP 服务器地址分别设置为邮件服务器 PC B 和 PC D 的 IP 地址。

步骤 2　配置完成后,在邮件服务器 PC B 和 PC D 上运行 Winmail 软件。在 PC A 和 PC C 上通过 Foxmail 向自己的 Internet 邮箱发邮件,并到网上查看邮件是否能收到,能收到表示服务器和用户代理配置正确。

步骤 3　打开 Wireshark,准备截取报文。

步骤 4　使用用户代理发送邮件,同一小组的两个人配合分析。如图 5-6 所示,在用户代理处截获报文并分析①过程,在服务器端分析②过程。将截得报文命名为“SMTP-学号”,并上传到 FTP 服务器的“网络实验\应用层实验”目录下。

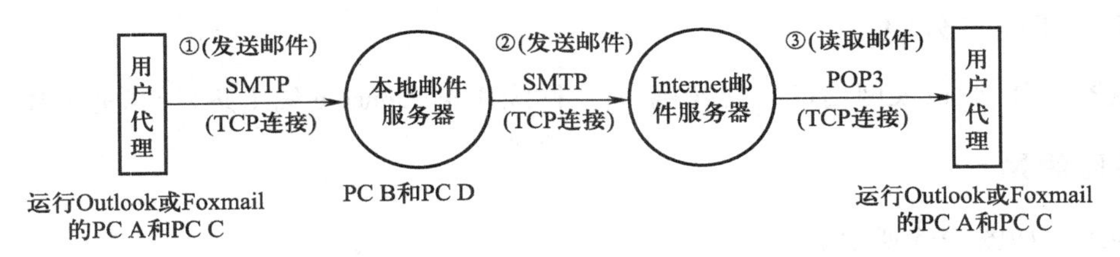

图 5-6　电子邮件系统主要组成构件

步骤 5　这里着重分析 SMTP 的工作过程,在这之前的 TCP 连接的建立过程,请学生自行分析,并查看 SMTP 使用的 TCP 端口号是________。

在 TCP 连接建立好后,将按表 5-7 所示步骤进行 SMTP 传输(参考“实验原理”部分的“SMTP 的工作过程”)。

步骤 6　分析 SMTP 报文的格式,SMTP 的报文格式很简单,请选出几个有代表性的报文自行分析。

(1) 找到含有 RCPT 命令的报文,并对其进行分析,了解 RCPT 命令的格式。

表 5-7　SMTP 传输的步骤

	No.	Source	Destination	报文简要信息和参数	报文作用
SMTP 连接的建立过程					

续表

	No.	Source	Destination	报文简要信息和参数	报文作用
邮件的传送过程					
SMTP 连接的释放过程					

(2) 找到传输邮件主体的第一个报文,即包含很多 Message 字段的 SMTP 报文。

① 邮件的内容首部包括一些关键信息,如 From、Subject、To 等,请分析邮件首部格式。

② 分析在邮件的首部字段中关于 MIME 的信息。

思考题

RCPT 命令的作用是什么?

4.6.2 电子邮件的接收过程

步骤 1 配置用户代理(POP3 客户端)的账户的 POP3 服务器地址。

步骤 2 确保邮箱里有邮件,准备截获报文。启动 Foxmail,然后单击"收取"按钮。

步骤 3 邮件接收完成后,停止截取报文,过滤出 POP3 报文。请分析 POP3 的工作过程并画出邮件接收过程简图,并比较与 SMTP 有什么不同。

注意:由于各 POP3 服务器的速度和网络状况的不同,有时需要等待比较长的时间。

4.7 实验总结

配置邮件服务器和用户代理(客户端),并通过客户端向 Internet 发送邮件,截获 POP3 和 SMTP 报文,分析了 POP3 和 SMTP 的工作过程和电子邮件的收发过程。

5　FTP 分析

FTP 分析

5.1　实验目的

分析 FTP 报文格式和 FTP 工作过程。

5.2　实验内容

在前面的实验中，曾经使用 FTP 进行组网，分析了报文 MAC 层格式和报文 TCP 层格式，本次实验主要分析 FTP 报文格式和 FTP 的工作过程。

5.3　实验原理

5.3.1　FTP 简介

FTP 是文件传输协议（File Transfer Protocol）的简称，它采用两个 TCP 连接来传输一个文件，它们是控制连接和数据连接。

控制连接以通常的客户服务器方式建立。服务器以被动方式打开用于 FTP 的端口 21，等待客户的连接。客户则以主动方式打开 TCP 端口 21，来建立连接。控制连接始终等待客户与服务器之间的通信。该连接将命令从客户传给服务器，并传回服务器的应答。

每当一个文件在客户与服务器之间传输时，就创建一个数据连接。

图 5-7 描述了客户与服务器以及它们之间的连接情况。从图中可以看出，用户接口通常不处理在控制连接中转换的命令和应答。这些通常由协议解释器和协议接口来完成。“用户接口”的功能是按用户所需提供各种交互界面（菜单选择，逐行输入命令，等等），并把它们转换成在控制连接上发送的 FTP 命令。

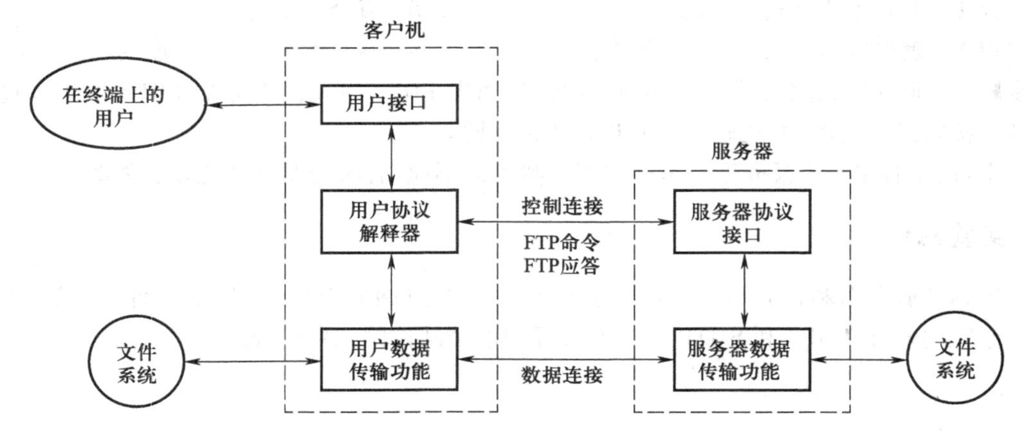

图 5-7　数据传输中的处理过程

类似地，从控制连接上传回的服务器应答也被转换成用户所需的交互格式。

从图 5-7 中还可以看出，正是这两个协议解释器根据需要控制文件传送功能。

5.3.2 3Cdaemon 软件使用说明

3Cdaemon 软件是 3Com 公司推出的 FTP Server、TFTP Server、Syslog Server 和 TFTP Client 一体化工具软件，界面简单，使用方便。这里主要介绍它的 FTP Server 功能。

主界面如图 5-8 所示，软件左边的功能窗口有 4 种功能配置，分别是 TFTP Server、FTP Server、Syslog Server 和 TFTP Client。

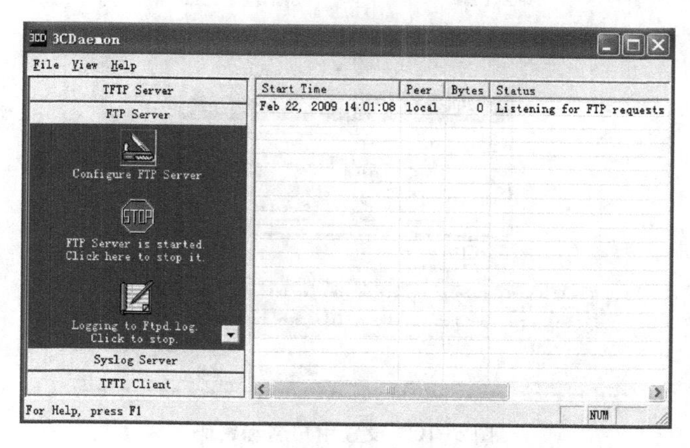

图 5-8 主界面

在 FTP Server 选项卡中有较多的服务器的特性配置，经常需要使用的就是第一项 Config FTP Server。选择该选项，出现一些配置选项，如图 5-9 所示。

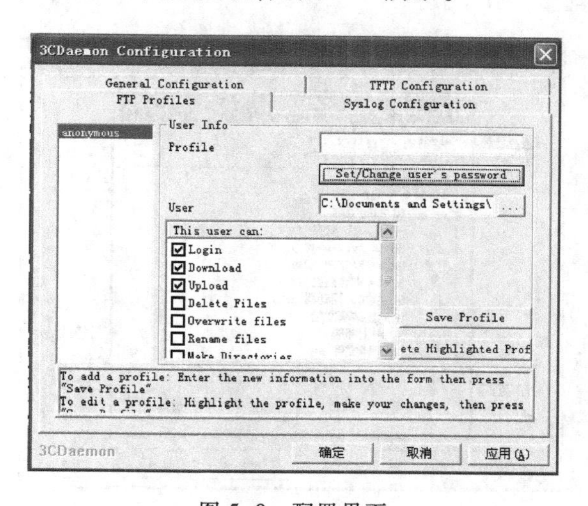

图 5-9 配置界面

在该面板上，需要做的事情主要就是三部分，一是设置用户名、密码，二是设置 FTP Server 的根目录，三是设置相应账号的 FTP 权限。

步骤 1　设置用户名和密码。

将图 5-10 所示的 anonymous（任何人）配置一个比较容易记忆的名字，如 user_a。单击 Set/Change user's password 按钮设置相应用户的密码。单击 Save Profile 按钮保存配置，此时最左边的用户列表出现了配置的账号 user_a。

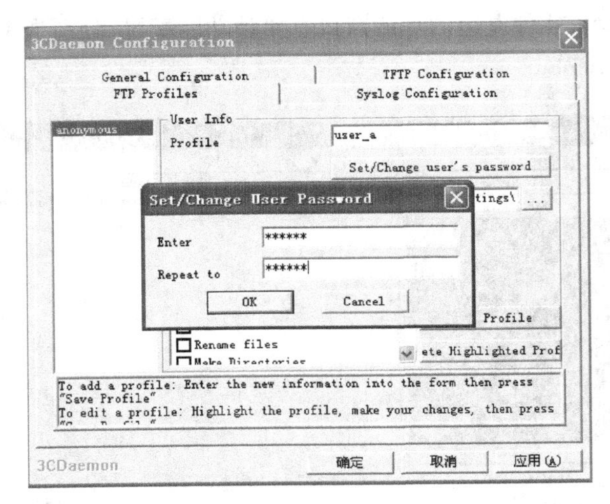

图 5-10　设置用户名和密码

步骤 2　设置 FTP Server 的根目录。

图 5-11 所示，更改 FTP Server 的根目录。找到欲采用的根目录，单击"确定"按钮，就完成了 FTP Server 根目录的配置工作。

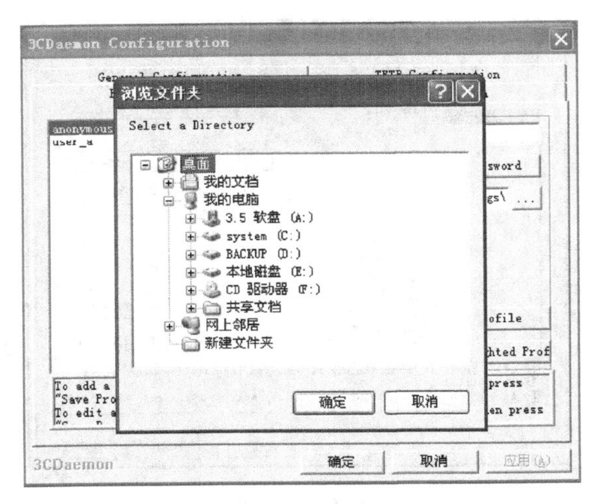

图 5-11　设置根目录

步骤 3 配置用户权限。

用户权限主要包括登录、上传、下载、文件改名、创建文件夹等，这里使用默认的上传、下载、登录功能，如图 5-12 所示。

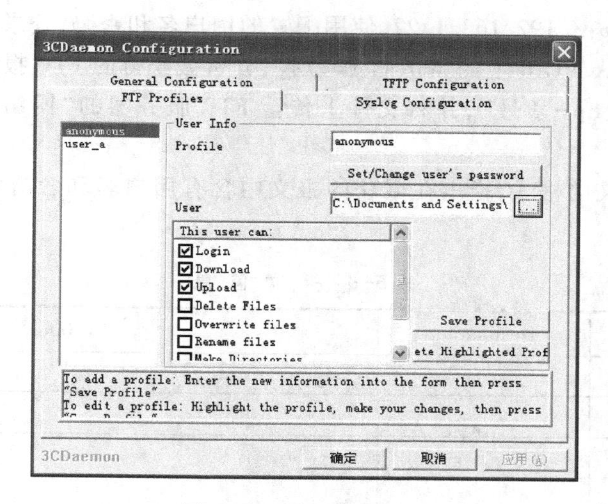

图 5-12 设置用户权限

以上配置做完之后，单击 Save Profile 按钮保存配置，至此完成搭建一个 FTP Server 的工作。熟悉了 3Cdaemon 软件使用后，进行下面的实验。

5.4 实验环境与分组

(1) 标准网线 4 条，Console 线 4 条，计算机 4 台。

(2) 每 4 名学生为一组，其中每 2 名学生可分为一小组，分别配置客户端和服务器端。

5.5 实验组网

实验组网如图 5-13 所示。

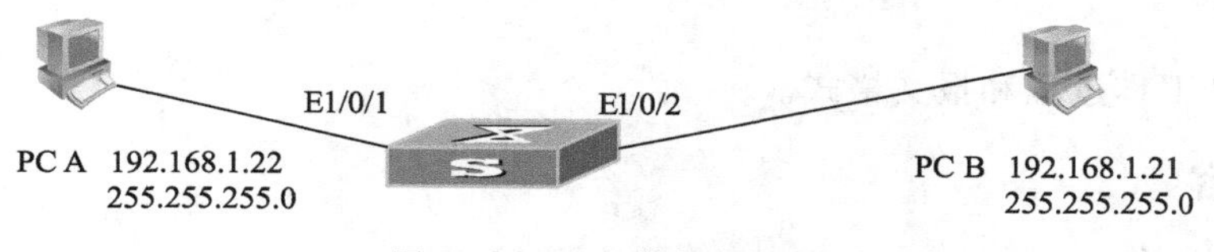

图 5-13 FTP 分析组网图

5.6 实验步骤

步骤 1 如图 5-13 所示组网。

步骤 2 根据 3Cdaemon 软件的配置方法，在 PC A 上配置 FTP Server 功能，配置一个新的用户名和密码。

步骤 3　打开 PC A、PC B 上的 Wireshark 软件，开始报文捕获。

步骤 4　在 PCB 上用 IE 浏览器登录 FTP 服务器。在 PC B 的 IE 浏览器的 URL 栏输入 FTP 服务器 PC A 的地址 ftp://192.168.1.22，使用配置的用户名和密码，登录 FTP 服务器。

步骤 5　关闭 PC A、PC B 上的 Wireshark 软件，分析截获得的 FTP 报文。

(1) 结果保存为“ftp-学号”，并将文件上传至 FTP 服务器的“网络实验\应用层实验”目录下。

(2) 分析 FTP 报文的格式，指出在截获的报文中含有用户名和含有密码信息的报文，并将报文信息填入表 5-8。

表 5-8　报文信息

No.	Source	Destination	Info.

(3) 根据截获的报文进行总体分析，分析 FTP 的工作过程，分析控制连接和数据连接是如何工作的。

5.7　实验总结

在本次实验中，分析了 FTP 报文格式和 FTP 的工作过程。通过 FTP 进行数据传输时，必须先建立控制连接，再建立数据连接。

6　DHCP 分析

DHCP 分析

6.1　实验目的

分析 DHCP 工作过程和报文格式。

6.2　实验内容

实验主要分析 DHCP 报文格式和 DHCP 的工作过程。

6.3　实验原理

DHCP 是动态主机配置协议（Dynamic Host Configuration Protocol）的简称。动态主机配置协议是一种使网络管理员能够集中管理和自动分配 IP 网络地址的通信协议。在 IP 网络中，每个连接 Internet 的设备都需要分配唯一的 IP 地址。DHCP 使网络管理员能从中心节点监控和分配 IP 地址。当某台计算机移到网络中的其他位置时,能自动获得新的 IP 地址。

根据客户端是否第一次登录网络,DHCP 的工作形式会有所不同。客户端从 DHCP 服务器上获得 IP 地址的整个过程分为以下几个步骤。

1. 寻找 DHCP 服务器

当 DHCP 客户端第一次登录网络时,计算机发现本机上没有任何 IP 地址设定,将以广播方式发送 DHCP discover 报文来寻找 DHCP 服务器,即从 255. 255. 255. 255 为目的地址发送特定的广播信息。网络上每一台安装了 TCP/IP 的主机都会接收这个广播信息,但只有 DHCP 服务器才会做出响应。

2. 分配 IP 地址

在网络中接收到 DHCP discover 报文的 DHCP 服务器都会做出响应,它从尚未分配的 IP 地址中挑选一个分配给 DHCP 客户机,向 DHCP 客户机发送一个包含分配的 IP 地址和其他设置的 DHCP offer 报文。

3. 接收 IP 地址

DHCP 客户端接收到 DHCP offer 报文之后,选择第一个接收到的 DHCP offer 报文,然后以广播的方式回应一个 DHCP request 报文,该报文包含它所获得的 DHCP 服务器分配的 IP 地址等内容。

4. IP 地址分配确认

当 DHCP 服务器收到 DHCP 客户端回应的 DHCP request 报文后,便向 DHCP 客户端发送一个包含它所提供的 IP 地址和其他设置的 DHCP ack 报文,告诉 DHCP 客户端可以使用它提供的 IP 地址。然后,DHCP 客户机便将其 TCP/IP 与网卡绑定,另外,除了 DHCP 客户机选中的服务器外,其他的 DHCP 服务器将收回曾经提供的 IP 地址。

以后 DHCP 客户端每次重新登录网络时,就不需要再发送 DHCP discover 报文了,而是直接发送包含前一次所分配的 IP 地址的 DHCP request 报文。当 DHCP 服务器收到这一报文后,它会尝试让 DHCP 客户机继续使用原来的 IP 地址,并回答一个 DHCP ack 报文。如果此 IP 地址已无法再分配给原来的 DHCP 客户机使用,则 DHCP 服务器给 DHCP 客户机回答一个 DHCP nack 否认报文。原来的 DHCP 客户机收到此 DHCP nack 否认信息后,就必须重新发送 DHCP discover 报文来请求新的 IP 地址。

此外,DHCP 服务器向 DHCP 客户机分配的 IP 地址一般都有一个租借期限,期满后 DHCP 服务器便会收回分配的 IP 地址。如果 DHCP 客户机要延长其 IP 租约,则必须更新其 IP 租约。DHCP 客户机启动时和 IP 租约期限过一半时,DHCP 客户机都会自动向 DHCP 服务器发送更新其 IP 租约的报文。

6.4 实验环境与分组

4 台 PC、1 台交换机和 1 台 DHCP 服务器。

6.5　实验组网

实验组网如图 5-14 所示。

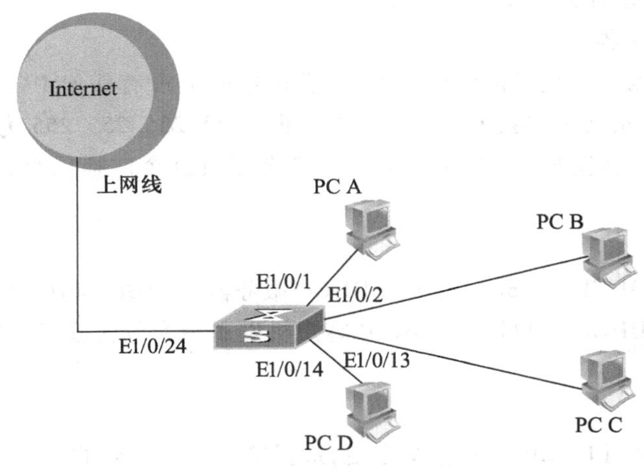

图 5-14　DHCP 分析组网图

6.6　实验步骤

步骤 1　组网图如图 5-14 所示,将各主机设置为“自动获得 IP 地址”。

步骤 2　在主机上打开 Wireshark 软件,开始报文截获。

步骤 3　“修复”本地连接,如图 5-15 所示。

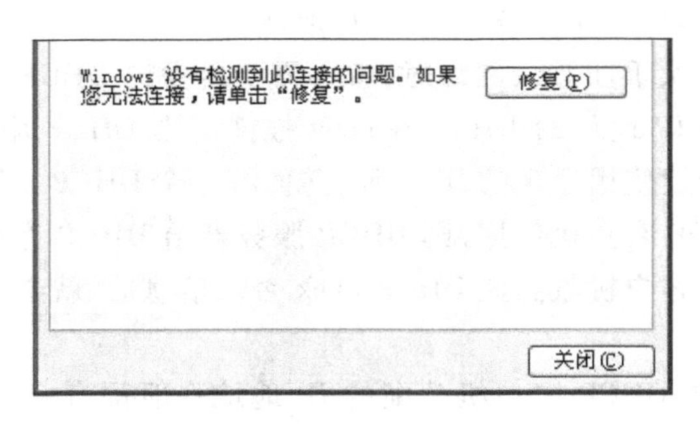

图 5-15　修复本地连接

步骤 4　停止 Wireshark 软件,结果保存为“dhcp-学号”,并将文件上传至 FTP 服务器的“网络实验\应用层实验”目录下。

步骤 5　分析截获的报文。

(1) 从 DHCP 报文中选取 4 条报文,分析其功能,并将报文信息填入表 5-9。

表 5-9 报 文 信 息

No.	Source	Destination	Info.

（2）根据截获的报文进行总体分析，分析客户端从 DHCP 服务器上获得 IP 地址的过程。

6.7 实验总结

在本次实验中，使用 DHCP 服务器为主机分配 IP 地址，并对这一过程截获报文，分析了 DHCP 报文格式和 DHCP 协议的工作过程。

预习报告

1. 复习 NAT 协议的原理，及其在路由器上的配置命令，填写表 5-10。

表 5-10 NAT 协议在路由器上的配置命令

命令行	解释命令的作用
[h3c]interface Ethernet 0/1	
[h3c-Ethernet011]ip add 192.168.5.5 255.255.255.0	
[h3c]interface Ethernet 0/0	
[h3c-Ethernet010]ip add 10.0.0.1 255.255.255.0	
[h3c]ip route-static 0.0.0.0 0.0.0.0 192.168.5.1	
[h3c]nat address-group 1 192.168.5.5 192.168.5.9	
[h3c]acl num 2001	
[h3c-acl-2001]rule permit source 10.0.0.0 0.255.255.255	
[h3c-acl-2001]rule deny source any	
[h3c-Ethernet011]nat outbound 2001 address-group 1	

2. 预习 DNS 协议的基础知识、作用、原理、解析过程。在自己机器上运行 ping www.buaa.edu.cn 命令并抓取报文，软件 Wireshark 可以从 http://www.Wireshark.com/download.html 下载。填写表 5-11 和表 5-12。

表 5-11　DNS 请求报文结构

字段名	字段长度	字段值	字段表达信息

表 5-12　DNS 应答报文结构

字段名	字段长度	字段值	字段表达信息

3. 预习 HTTP 的原理、报文格式、执行过程。在自己机器上打开浏览器，访问 http://www.buaa.edu.cn 并截获报文，填写表 5-13 和表 5-14。

表 5-13　HTTP 请求报文格式

字段名	字段长度	字段值	字段表达信息

表 5-14 HTTP 应答报文

字段名	字段长度	字段值	字段表达信息

4. 预习 SMTP 的原理和电子邮件的传送过程，并写出自己常用的 POP3 服务器地址，实验时使用。填写表 5-15。

表 5-15 MIME 主要包括的新的邮件首部

字段名	表达信息

5. 写出 FTP 原理和工作过程，以及主要的 FTP 命令(至少 3 个)。

6. 写出 DHCP 的原理和工作过程。

实验六　RIP 实验

1　实验内容

实验六
内容简介

（1）静态路由及默认路由配置。
（2）RIP 配置及 RIPv1 报文结构分析。
（3）距离矢量算法（DV 算法）分析。
（4）触发更新和水平分割。
（5）RIPv2 报文结构分析。
（6）RIP 组网设计实验。

2　静态路由及默认路由配置

静态路由及
默认路由配置

2.1　实验目的

理解路由的概念和路由协议的分类，掌握静态路由的配置方法。

2.2　实验内容

在路由器/三层交换机上依次配置静态路由、默认路由，然后分别用 ping 命令测试网络的连通性。

2.3　实验原理

2.3.1　静态路由

路由表生成的方法有很多，通常可划分为静态配置和动态路由协议生成两类。相应的，路由协议可划分为静态路由、动态路由协议两类。其中动态路由协议包括 TCP/IP 协议簇的 RIP（Routing Information Protocol，路由信息协议）、OSPF（Open Shortest Path First，开放式最短路径优先）协议、OSI 参考模型的 IS-IS（Intermediate System to Intermediate System）协议、BGP（Border Gateway Protocol，外部网关）等，如图 6-1 所示。

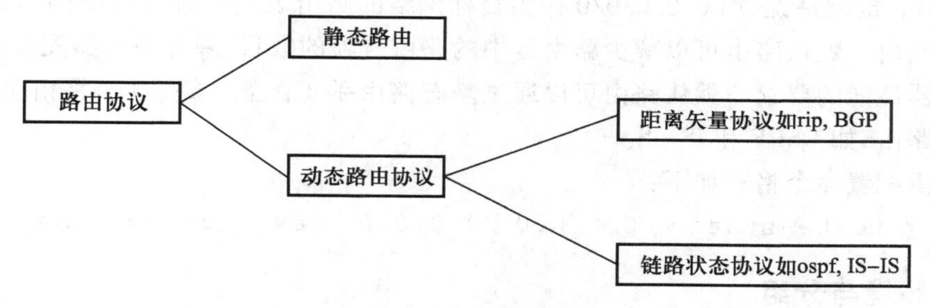

图 6-1 路由协议的分类

静态路由(Static Routing)是一种由网络管理员采用手工方式在路由器中配置而形成的路由。这种方法适合在规模较小、路由表也相对简单的网络中使用。它较简单,容易实现;可以精确控制路由选择,改进网络的性能;减少路由器的开销,为重要的应用保证带宽。但对于大规模网络而言,如果网络拓扑结构改变或网络链路发生故障,用手工的方法配置及修改路由表,会对管理员形成很大压力。

在路由器上配置静态路由的命令为 IP route-static,其完整语法格式如下:

[h3c]ip route-static IP-address { mask |masklen } { interface-type interfacce-name | nexthop-address } [preference value] [reject | blackhole]

命令中各参数解释如下。

(1) **目的地址(IP_address)**:用来标识数据包的目标地址或目标网络。

(2) **网络掩码(mask| masklen)**:和目标地址一起来标识目标网络。把目标地址和网络掩码进行逻辑与即可得到目标网络,也可以用掩码长度 mask-length 来代替。

(3) **下一跳地址(nexthop-address)**:说明数据包所经由的下一跳地址。在一般情况下都会用 nexthop-address 配置路由,interface-name 会自动生成。

(4) **preference** 关键字用于指定本条静态路由加入路由表的优先级(preference-value)。范围为 0~255。

(5) **reject 和 blackhole** 表示目的地不可达的路由和目的地为黑洞的路由。

在 H3C 路由器中,静态路由的默认优先级是 60,RIP 的优先级是 100,OSPF 的优先级是 10,接口上直接相连网络的路由优先级最高,总是 0。如果得到了多条到同一目的地的路由,路由器将按照优先级的顺序从中选取唯一的一条加入到路由表中供转发数据决策用。

2.3.2 默认路由

默认路由是一种特殊的路由。默认路由在没有找到匹配的路由表项时才使用。在路由表中,默认路由以到网络 0.0.0.0/0 的路由表项形式出现,用 0.0.0.0 作为目标网络号,用 0.0.0.0 作为子网掩码。每个 IP 地址与 0.0.0.0 进行二进制“与”操作后的结果都得 0,与目标网络号

0.0.0.0 相等。也就是说，用 0.0.0.0/0 作为目标网络的路由表项符合所有的网络，称这种路由表项为默认路由。默认路由可以减少路由器中的路由表项的数目，降低路由器配置的复杂程度，放宽对路由器性能的要求。默认路由可以通过静态路由手工配置，某些动态路由协议也可以自动生成默认路由，如 OSPF 和 IS-IS。

默认路由配置命令格式如下：

```
[h3c]ip route-static  0.0.0.0  0.0.0.0  next-hop-address
```

2.4　实验环境与分组

(1) H3C 路由器 1 台，H3C 交换机 1 台，计算机 4 台，标准网线 5 根，Console 线 4 条。

(2) 每 4 名学生分为一组，2 人配置交换机，2 人配置路由器。

2.5　实验组网

2.6　实验步骤

步骤 1　按图 6-2 所示的组网图连接好设备，配置各路由器的各接口的 IP 地址，及各台 PC 的 IP 地址、子网掩码和默认网关等。其参考配置如下：

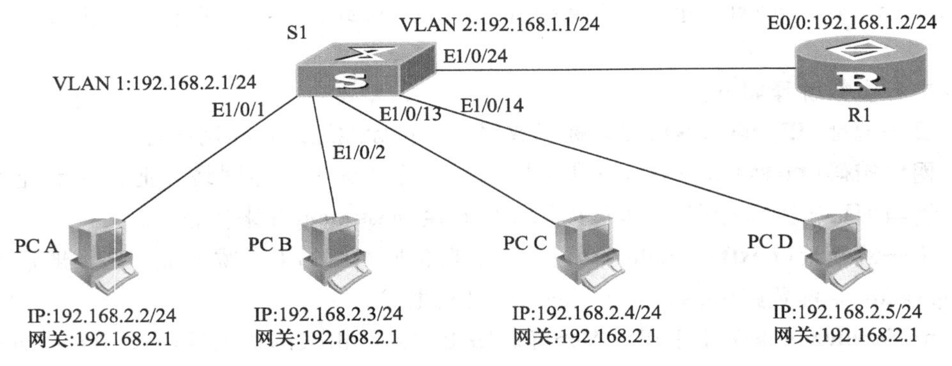

图 6-2　静态路由及缺省路由配置实验组网图

注：VLAN 1 包括端口 E1/0/1 到 E1/0/16，VLAN 2 包括端口 E1/0/17 到 E1/0/24。

交换机 S1：

```
<h3c>system-view
[h3c]sysname S1
[S1]vlan 2
[S1-vlan2]port e 1/0/17 to e 1/0/24
[S1-vlan2]quit
[S1]interface vlan 1
[S1-Vlan-interface1]ip addr 192.168.2.1 255.255.255.0
```

```
[S1-Vlan-interface1]interface vlan 2
[S1-Vlan-interface2]ip addr 192.168.1.1 255.255.255.0
```

路由器 R1：

```
<Router>system
[Router]sysname R1
[R1]interface e 0/0
[R1-Ethernet0/0]ip addr 192.168.1.2 255.255.255.0
```

此时，4 台计算机和 S1 之间，R1 和 S1 之间都可以互相通信。

观察 R1 的路由表：

```
[R1]display ip routing-table
Routing Tables:
Destination/Mask    Proto     Pref    cost    Nexthop        Interface
127.0.0.0/8         Direct    0       0       127.0.0.1      Loopback0
127.0.0.1/32        Direct    0       0       127.0.0.1      Loopback0
192.168.1.0/24      Direct    0       0       192.168.1.2    Ethernet0/0
192.168.1.2/32      Direct    0       0       127.0.0.1      Loopback0
```

路由表中包括以下几项：Destination/Mask 表示目的地址及网络掩码，Protocol 和 Pref 分别表示生成该条路由的协议和优先级，其中，Direct 表示是直连的网段，RIP、OSPF 和 BGP 分别表示由 RIP、OSPF 和 BGP 等动态协议生成的路由。优先级 Pref 专门用来处理针对相同目标网络的不同路由协议间的路由选择，如果目的地址相同，路由器会选择 Pref 值小的路由，直连的网段的路由优先级默认是 0，RIP 协议的路由优先级默认是 100，当然也可以通过配置改变其优先级。Cost 在不同协议中有不同的含义，在 RIP 中用跳数 Metric 表示。Nexthop 和 Interface 分别表示到目的网段的下一跳地址和出接口。

思考题

在 R1 上 ping 各台计算机，看是否能够 ping 通。通过在 R1 上查看路由表，分析其原因，写在实验报告上。

步骤 2　在 R1 上配置一条到 192.168.2.0/24 的静态路由。

```
[R1]ip route-static 192.168.2.0 255.255.255.0 192.168.1.1
```

观察 R1 路由表，会发现比以前多了一条路由表项：

```
[R1]display ip routing-table
Routing Tables:
Destination/Mask    Proto     Pref    cost    Nexthop        Interface
127.0.0.0/8         Direct    0       0       127.0.0.1      Loopback0
```

```
127.0.0.1/32      Direct  0    0    127.0.0.1    Loopback0
192.168.1.0/24    Direct  0    0    192.168.1.2  Ethernet0
192.168.1.2/32    Direct  0    0    127.0.0.1    Loopback0
192.168.2.0/24    Static  60   0    192.168.1.1  Ethernet0
```

思考题

此时,R1 是否能够 ping 通各台计算机?请说明这条路由表项的含义。

步骤 3　删除刚才配置的静态路由,在 R1 上配置一条默认路由。默认路由也是一种静态路由,其目的地址和掩码都是 0.0.0.0,该路由表项可与任何地址匹配。

```
[R1] undo ip route-static 192.168.2.0 255.255.255.0
[R1] ip route-static  0.0.0.0  0.0.0.0 192.168.1.1
```

思考题

观察 R1 的路由表,说明和步骤 1 的路由表有什么不同,测试 R1 是否能够 ping 通各台计算机,并说明原因。

2.7　实验总结

通过在路由器/三层交换机上依次配置静态路由、默认路由,然后分别用 ping 命令测试网络的连通性,深入理解了路由原理并掌握了静态路由的配置方法。

思考题

1. 写出实验中在路由器 R1 上配置静态路由和默认路由所用的基本命令。

静态路由	
默认路由	

2. 在路由器上,默认路由也是一种静态路由,请说明为什么 IP route-static 0.0.0.0 0.0.0.0 192.168.1.1 表示默认路由。

3 RIP 配置及 RIPv1 报文结构分析

RIP 配置及 RIPv1 报文结构分析

3.1 实验目的

掌握 RIP 的配置方法,分析 RIPv1 报文结构,了解其各字段的含义。

3.2 实验内容

在路由器/三层交换机上配置 RIP 协议,在计算机上用 Wireshark 截取 RIP 报文,分析 RIP 各字段的含义。

3.3 实验原理

3.3.1 RIP 路由协议

在动态路由中,管理员不再需要像静态路由配置那样,对路由器上的路由表进行手工维护,而是在每台路由器上运行一个路由表的管理程序。这个路由表的管理程序会根据路由器上的接口的配置(如 IP 地址的配置)及所连接的链路的状态,自动生成路由表。这个路由表的管理程序也就是动态路由协议。采用动态路由协议管理路由表在大规模的网络中是十分有效的。

RIP(Routing Information Protocol,路由信息协议)就是一种动态路由协议,它采用距离矢量算法。距离矢量算法是在相邻的路由器之间互相交换整个路由表,并进行矢量的叠加,最后达到每个路由器都知道整个网络的路由。RIP 路由器通过 UDP 报文交换路由信息,每隔 30 s 向外发送一次更新报文。如果路由器经过 180 s 没有收到来自对端的路由更新报文,则将所有来自此路由器的路由信息标记为不可达,若在其后 120 s 内仍未收到更新报文,就将这些路由从路由表中删除。

RIP 使用跳数(Hop Count)来衡量到达目的地的距离,路由器到达与它直接相连网络的跳数为 0,通过一个路由器可达的网络的跳数为 1,其余依此类推。为限制收敛时间,RIP 规定 Metric 取值为 0~15 之间的整数,大于或等于 16 的跳数被定义为无穷大,即目标网络或主机不可达。

每个运行 RIP 的路由器管理一个路由数据库,该路由数据库包含了到网络所有可达目的地的路由表项,这个路由表项包含下列信息。

目的地址/掩码:主机或网络的地址及其掩码,协议和优先级分别表示生成该条路由的协议和优先级。

下一跳地址:为到达目的地,本路由器要经过的下一个路由器地址。

接口:转发报文的接口。

Cost 值:本路由器到达目的地的开销(即跳数),可取 0~16 之间的整数。

定时器:该条路由表项最后一次被修改的时间。

路由标记:区分该路由为内部路由协议路由还是外部路由协议路由的标记。

RIP 启动和运行的整个过程可描述如下。

某路由器刚启动 RIP 时,以广播形式向其相邻路由器发送请求报文,相邻路由器收到请求报文后,响应该请求,并回送包含本地路由信息的响应报文。该路由器收到响应报文后,修改本地路由表,同时向相邻路由器发送路由更新报文,广播路由修改信息。相邻路由器收到路由更新报文后,又向其各自的相邻路由器发送路由更新报文。在多次的路由信息广播后,各路由器都能得到并保持最新的路由信息。

RIP 每隔 30 s 向其相邻路由器广播本地路由表,相邻路由器在收到报文后,对本地路由进行维护,选择一条最佳路由,再向其各自相邻网络广播修改信息,使更新的路由最终能达到全局有效。同时,RIP 采用超时机制对过时的路由进行超时处理,以保证路由的实时性和有效性。

距离矢量协议无论是实现还是管理都比较简单,但是它的收敛速度慢,支持站点的数量有限,路由表更新信息将占用较大的网络带宽,并且会产生路由环路。为避免路由环路,RIP 应用水平分割(Split Horizon)、毒性逆转(Poison Reverse)技术,并采用触发更新(Triggered Update)机制。RIP 有 RIPv1 和 RIPv2 两个版本,RIPv2 支持明文认证和 MD5 密文认证,并支持变长子网掩码等。

3.3.2　RIP 报文

RIP 报文大致可分为两类:请求信息的报文(request 报文)和应答信息报文(response 报文),它们都使用同样的格式,由固定的首部和后面可选的网络的 IP 地址和到该网络的跳数(阴影部分)组成,如图 6-3 所示。

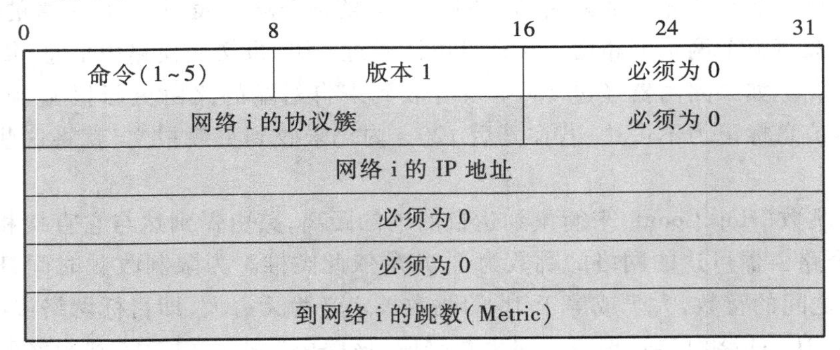

图 6-3　RIP 报文格式

命令字段占一个字节,用 1 表示请求信息(request 报文),2 表示应答信息(response 报文),随后的一个字节表示 RIP 的版本号为 1,接下来的两个字节必须为 0。

阴影部分是网络的 IP 地址和到达该网络的跳数列表,可以有多个,格式都是相同的。开始的两个字节表示网络的协议簇,IP 协议簇对应的值为 2,该字段使 RIP 可以用于多种不同的协议簇。RIP 各用 4 个字节表示 IP 地址和距离度量值。距离度量值用跳数(Metric)来衡量,取值范围是 1 到 16,其中 16 表示无限远(不可达路由)。其余字段必须为 0。

路由器每经过 30 s 发送一次 response 报文,这种报文用广播方式传播。

3.4　实验环境与分组

(1) H3C 路由器 1 台,H3C 交换机 1 台,计算机 4 台,标准网线 5 根,Console 线 4 条。

(2) 每 4 名学生一组,2 人配置交换机,2 人配置路由器。

3.5　实验组网

实验组网如图 6-4 所示。

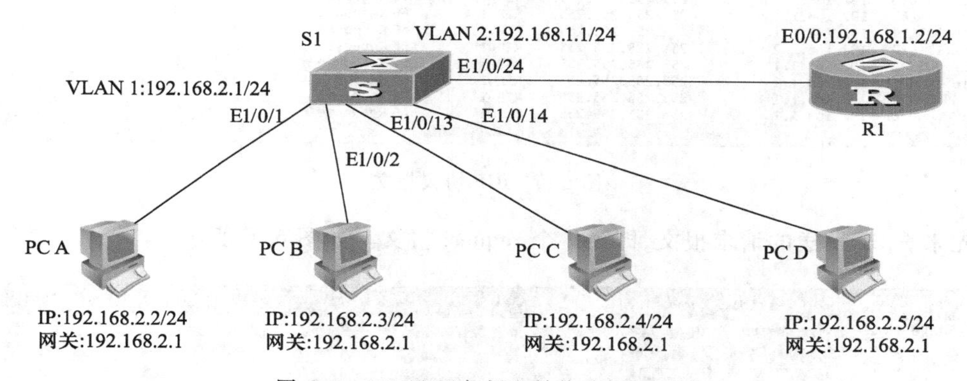

图 6-4　RIP 配置与报文结构分析组网图

注:VLAN 1 包括端口 E1/0/1 到 E1/0/16,VLAN 2 包括端口 E1/0/17 到 E1/0/24。

3.6　实验步骤

步骤 1　按照图 6-4 所示的组网图连接好设备并配置各设备接口的 IP 地址等。

步骤 2　在各台计算机上运行 Wireshark,然后在 S1 和 R1 上分别配置 RIP。

```
[R1]undo ip route-static 0.0.0.0  0.0.0.0    //取消默认路由
[R1]rip                                      //启动 RIP 路由进程
[R1-rip-1]network 192.168.1.0     //在网段 192.168.1.0 上启动 RIP

[S1]rip
[S1-rip-1]network 192.168.1.0  //在网段 192.168.1.0 上启动 RIP
[S1-rip-1]network 192.168.2.0
```

比较 R1 路由表与静态路由配置实验中的路由表的差异;测试 R1 和各台计算机之间是否能够 ping 通,并说明原因。

步骤 3　分析 RIP 报文。截取的报文示例如图 6-5 所示。

观察图 6-5 可知,运行的 RIP 版本号为 1。交换机 S1 在刚刚启动 RIP 时以广播方式发送

request 报文。此后没有 request 报文出现，只有 response 报文。RIP 一般依赖路由器产生一个周期性的更新报文，在没有请求的情况下，仍使用 response 报文进行应答，这称为“无偿响应”。观察各相邻 RIP 路由器发送的应答报文的时间间隔，可知路由器每经过 30 s 广播一次 response 报文，目的地址是 255.255.255.255。下面来分析 RIP 报文的结构。

```
rip3.pcap [Wireshark 1.12.8 (v1.12.8-0-g5b6e543 from master-1.12)]
File Edit View Go Capture Analyze Statistics Telephony Tools Internals Help
Filter: rip                Expression... Clear Apply Save
No.  Time        Source        Destination      Protocol  Length  Info
  2  17.346829   192.168.1.1   255.255.255.255  RIPv1     66      Request
  3  24.536185   192.168.1.1   255.255.255.255  RIPv1     66      Response
  5  40.007124   192.168.1.1   255.255.255.255  RIPv1     66      Response
  8  61.111629   192.168.1.2   255.255.255.255  RIPv1     66      Request
  9  71.005322   192.168.1.1   255.255.255.255  RIPv1     66      Response
 11  105.004078  192.168.1.1   255.255.255.255  RIPv1     66      Response
 14  139.002262  192.168.1.1   255.255.255.255  RIPv1     66      Response
 16  170.000367  192.168.1.1   255.255.255.255  RIPv1     66      Response
```

图 6-5　RIP 协议报文

首先来看 S1 发送的请求报文，即第 1 个 request 报文。如图 6-6 所示。

```
rip3.pcap [Wireshark 1.12.8 (v1.12.8-0-g5b6e543 from master-1.12)]
File Edit View Go Capture Analyze Statistics Telephony Tools Internals Help
Filter: rip                Expression... Clear Apply Save
No.  Time        Source        Destination      Protocol  Length  Info
  2  17.346829   192.168.1.1   255.255.255.255  RIPv1     66      Request
  3  24.536185   192.168.1.1   255.255.255.255  RIPv1     66      Response
  5  40.007124   192.168.1.1   255.255.255.255  RIPv1     66      Response
  8  61.111629   192.168.1.2   255.255.255.255  RIPv1     66      Request
  9  71.005322   192.168.1.1   255.255.255.255  RIPv1     66      Response
 11  105.004078  192.168.1.1   255.255.255.255  RIPv1     66      Response
 14  139.002262  192.168.1.1   255.255.255.255  RIPv1     66      Response
 16  170.000367  192.168.1.1   255.255.255.255  RIPv1     66      Response
⊞ Frame 2: 66 bytes on wire (528 bits), 66 bytes captured (528 bits)
⊞ Ethernet II, Src: Hangzhou_68:d4:73 (3c:8c:40:68:d4:73), Dst: Broadcast (ff:ff:ff:ff:ff:ff)
⊞ Internet Protocol Version 4, Src: 192.168.1.1 (192.168.1.1), Dst: 255.255.255.255 (255.255.255.255)
⊞ User Datagram Protocol, Src Port: 520 (520), Dst Port: 520 (520)
⊟ Routing Information Protocol
    Command: Request (1)
    Version: RIPv1 (1)
  ⊟ Address not specified, Metric: 16
      Address Family: Unspecified (0)
      Metric: 16
0000  ff ff ff ff ff ff 3c 8c  40 68 d4 73 08 00 45 c0   ......<. @h.s..E.
0010  00 34 01 2e 00 00 01 11  f6 22 c0 a8 01 01 ff ff   .4...... ."......
0020  ff ff 02 08 02 08 00 20  38 e4 01 01 00 00 00 00   .......  8.......
0030  00 00 00 00 00 00 00 00  00 00 00 00 00 00 00 00   ........ ........
0040  00 10                                              ..
Routing Information Protocol (rip),...  Packets: 20 · Displayed: 9 (45.0%) · Load time: 0:00.001  Profile: Default
```

图 6-6　request 报文

报文长度是 66 字节，目的地址为 255.255.255.255，可见是广播报文。RIP 用 UDP 进行传输，端口号是 520。再看 RIP 报文结构，命令字段为 1，表明是请求信息的报文。版本号为 1。由于是请求报文，网络所用的协议簇没有指定，附加了度量值 16(无路由)，其余的字段都为 0。

再来分析响应报文，截取到的报文如图 6-7 所示。

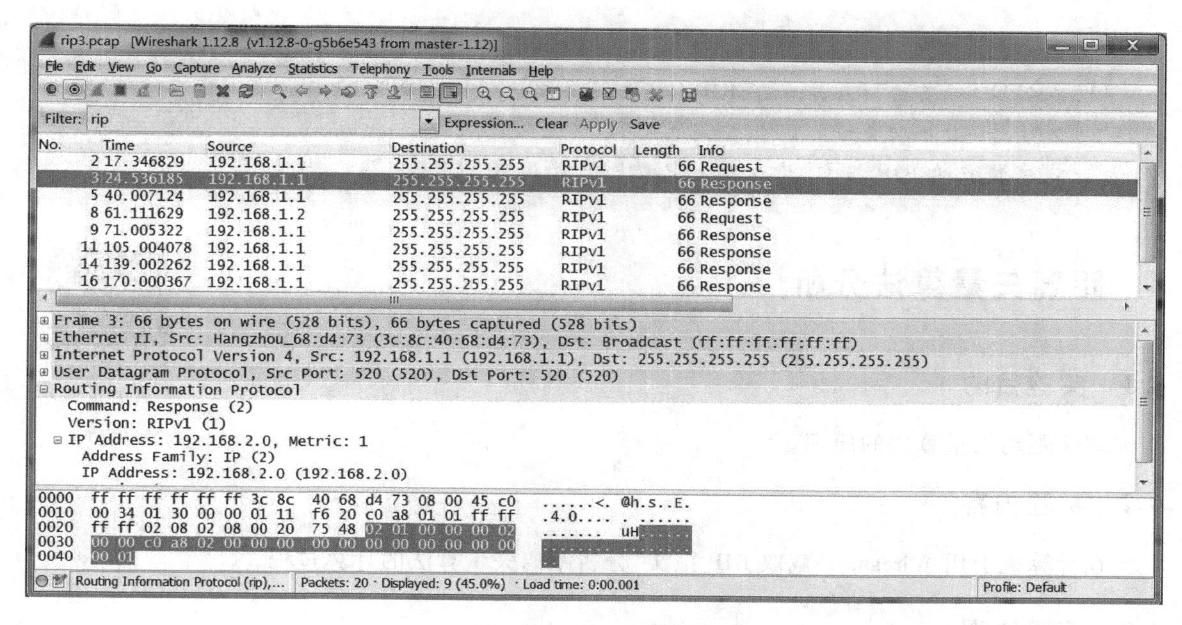

图 6-7 Response 报文

观察所截取到的响应报文,填写表 6-1。

表 6-1 响应报文

		字段	值	含义
IP		目的地址		
UDP		端口号		
RIP	头部	命令字段		
		版本号		
	路由信息	协议簇		
		网络地址		
		跳数		

3.7 实验总结

通过在路由器/三层交换机上配置 RIP,在计算机上用 Wireshark 截取 RIP 报文,分析了 RIP 各字段的含义,深入了解 RIP 的细节。

思考题

1. 在实验中,路由器在启动了 RIP 以后,下面命令有什么含义?

```
[R1-rip-1]network 192.168.1.0
```

2. 观察截取的 RIP 报文,请说明 RIP 是否只能用于 TCP/IP 网络,为什么?

4　距离矢量算法分析

距离矢量算法分析

4.1　实验目的

理解距离矢量算法的原理。

4.2　实验内容

在计算机上用 Wireshark 截取 RIP 报文,分析距离矢量算法的计算过程。

4.3　实验原理

距离矢量协议也称为 Bellman-Ford 协议。距离矢量协议启动时会首先初始化路由表,路由器在路由表中生成与其直接相连的网络的路由(即直连路由),并传播出去。然后,路由器会定期把路由表传送给相邻的路由器,让其他路由器知道自己的网络情况。

网络中路由器向相邻的路由器发送它们的全部 RIP 路由信息。路由器根据从相邻路由器接收到的信息来更新自己的路由表。然后,再将更新过的路由信息传递到它的相邻路由器。这样逐级传递下去以达到全网同步。

通常,路由表每行都有三个核心字段:(目的网络,跳数,下一跳路由器),它表示该路由器到达目的网络需要经过的路由器的个数(跳数),并且经过的第一个路由器是下一跳路由器。例如,路由表某行(D,2,R)表示,该路由器到目的网络 D 要经过 2 跳,并且第一跳需要经过路由器 R。

这里需要强调一下,在具体实现 RIP 协议的距离矢量算法时,不同公司的实现方式可以略有不同,H3C 公司的实现方式如下:

设路由器 R 收到相邻路由器 X 的路由信息,更新路由表的记录为(D,M,X),然后会将该路由更新通过 RIP 报文发送给其他的相邻路由器,发送报文的核心信息为(D,M+1,R)。它提前给跳数进行了加 1 操作,相邻路由器收到该信息后,应用距离矢量算法计算路由的跳数时就不能再加 1 了。

因此,当路由器 Y 收到了相邻路由器 R 发来的一个跳数为 M+1,目的网络为 D 的更新报文时,将其与现有的路由表比较。

(1) 如果本机中没有到 D 的路由存在,则生成路由表项(目的网络,跳数,下一跳路由器):(D,M+1,R)。

（2）否则，如果存在（D，*，R），则更新为（D，M+1，R）。

（3）否则，如果存在到 D 的路由跳数大于 M+1，则更新为（D，M+1，R）。

（4）否则，不更新。

在经过了若干个更新周期后，路由信息会被传递到每台路由器上，达到稳定。然后，路由器会定期地把路由表传送给相邻的路由器，让其他路由器知道自己的网络情况。也就是说采用距离矢量协议的路由表中的某些路由表项有可能建立在第二手信息的基础之上，每个路由器都不了解整个网络拓扑，它们只知道与自己直接相连的网络的情况，并根据从邻居得到的路由信息更新自己的路由表，进行矢量叠加后再转发给其他的邻居。

4.4　实验环境与分组

（1）H3C 路由器 1 台，H3C 交换机 2 台，计算机 4 台，标准网线 6 根，Console 线 4 条。

（2）每 4 名学生一组，其中 2 人分别配置 2 台交换机，另外 2 人共同配置 1 台路由器。

4.5　实验组网

实验组网如图 6-8 所示。

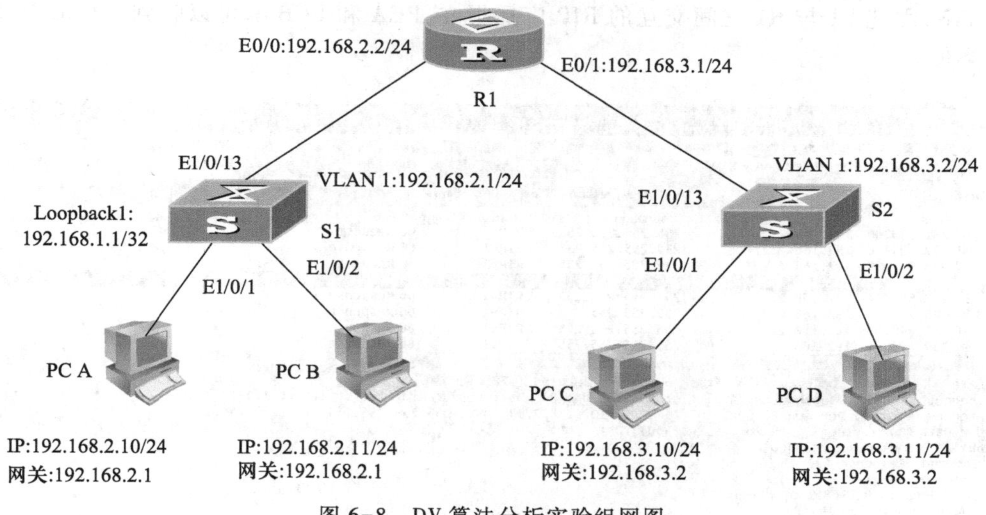

图 6-8　DV 算法分析实验组网图

注：交换机 S1 和 S2 各端口都在 VLAN 1 中。

4.6　实验步骤

步骤 1　按照图 6-8 所示的组网图连接好设备，配置各设备的 IP 地址。注意，在路由器和三层交换机上都可以配置 Loopback 接口，Loopback 是一种纯软件性质的虚拟接口，Loopback 接口一旦被创建，将一直保持 Up 状态，直到被删除。

在 S1 上 Loopback1 的配置命令如下：

```
[S1]interface loopback 1
[S1-LoopBack1]ip address 192.168.1.1 255.255.255.255
```

步骤 2 在 PC A 或 PC B 上运行 Wireshark,然后在各三层交换机和路由器上配置 RIP。配置完成后,各设备都可以正常通信。观察 S2 的路由表。

```
[S2]display ip routing-table
Destination/Mask  Protocol  Pre   Cost  Nexthop      Interface
127.0.0.0/8       DIRECT    0     0     127.0.0.1    InLoopback0
127.0.0.1/32      DIRECT    0     0     127.0.0.1    InLoopback0
192.168.1.0/24    RIP       100   2     192.168.3.1  Vlan-interface1
192.168.2.0/24    RIP       100   1     192.168.3.1  Vlan-interface1
192.168.3.0/24    DIRECT    0     0     192.168.3.2  Vlan-interface1
192.168.3.2/32    DIRECT    0     0     127.0.0.1    InLoopback0
```

可见路由表中有两条 RIP 路由表项,到 192.168.2.0 的跳数是 1,而到 192.168.1.0 网段的跳数是 2,这是如何得到的呢?

步骤 3 分析 PCA 上 Wireshark 截取的报文,如图 6-9 所示。由于交换机所有端口都属于一个 VLAN,因此 S1 与 R1 之间交互的 RIP 广播报文,PCA 和 PCB 都可以收到。PCC 和 PCD 的情况也类似。

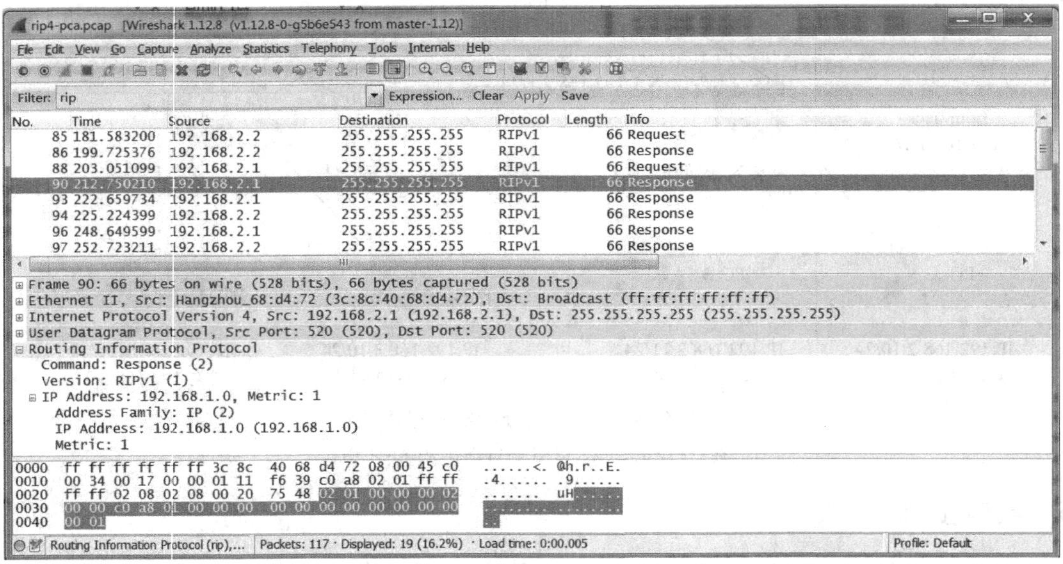

```
rip4-pca.pcap [Wireshark 1.12.8 (v1.12.8-0-g5b6e543 from master-1.12)]
Filter: rip
No.  Time        Source       Destination      Protocol Length Info
85   181.583200  192.168.2.2  255.255.255.255  RIPv1    66     Request
86   199.725376  192.168.2.2  255.255.255.255  RIPv1    66     Response
88   203.051099  192.168.2.1  255.255.255.255  RIPv1    66     Request
90   212.750210  192.168.2.1  255.255.255.255  RIPv1    66     Response
93   222.659734  192.168.2.1  255.255.255.255  RIPv1    66     Response
94   225.224399  192.168.2.2  255.255.255.255  RIPv1    66     Response
96   248.649599  192.168.2.1  255.255.255.255  RIPv1    66     Response
97   252.723211  192.168.2.2  255.255.255.255  RIPv1    66     Response

Frame 90: 66 bytes on wire (528 bits), 66 bytes captured (528 bits)
Ethernet II, Src: Hangzhou_68:d4:72 (3c:8c:40:68:d4:72), Dst: Broadcast (ff:ff:ff:ff:ff:ff)
Internet Protocol Version 4, Src: 192.168.2.1 (192.168.2.1), Dst: 255.255.255.255 (255.255.255.255)
User Datagram Protocol, Src Port: 520 (520), Dst Port: 520 (520)
Routing Information Protocol
  Command: Response (2)
  Version: RIPv1 (1)
  IP Address: 192.168.1.0, Metric: 1
    Address Family: IP (2)
    IP Address: 192.168.1.0 (192.168.1.0)
    Metric: 1

0000  ff ff ff ff ff ff 3c 8c  40 68 d4 72 08 00 45 c0   ......<. @h.r..E.
0010  00 34 00 17 00 00 01 11  f6 39 c0 a8 02 01 ff ff   .4...... .9......
0020  ff ff 02 08 02 08 00 20  75 48 02 01 00 00 00 02   ....... uH......
0030  00 00 c0 a8 01 00 00 00  00 00 00 00 00 00 00 00   ........ ........
0040  00 01                                              ..

Routing Information Protocol (rip),...  Packets: 117 · Displayed: 19 (16.2%) · Load time: 0:00.005  Profile: Default
```

图 6-9 S1 广播的 RIP 报文

由图 6-9 可见,该报文源地址 192.168.2.1,是 S1 从 VLAN1 接口发送的广播报文。RIP 报文段包括一条选路信息,目的地址是 192.168.1.0,跳数为 1,表示从 VLAN1 接口收到的报文经 1

跳可到达网络 192. 168. 1. 0。S1 将此消息广播出去，以让邻居路由器知道。

显示 R1 的路由表：

```
[R1]display ip routing-table
Routing Tables:
Destination/Mask  Proto   Pref  cost  Nexthop       Interface
127.0.0.0/8       Direct  0     0     127.0.0.1     Loopback0
127.0.0.1/32      Direct  0     0     127.0.0.1     Loopback0
192.168.1.0/24    RIP     100   1     192.168.2.1   Ethernet0/0
192.168.2.0/24    Direct  0     0     192.168.2.2   Ethernet0/0
192.168.2.2/32    Direct  0     0     127.0.0.1     Loopback0
192.168.3.0/24    Direct  0     0     192.168.3.1   Ethernet01
192.168.3.1/32    Direct  0     0     127.0.0.1     Loopback0
```

可见，该条路由已经加入 R1 的路由表，跳数为 1。

步骤 4 在 PC C 或 PC D 上运行 Wireshark 抓取报文，观察路由器 R1 广播的报文。

由图 6-10 可知，该报文是路由器 R1 广播的，RIP 报文段包括两条选路信息。第一条是到目的地址 192. 168. 1. 0 的，跳数为 2，表示从 R1 的 E0/1 接口收到的报文须经 2 跳可达该目的网络。第二条是到网络地址 192. 168. 2. 0 的，距离（Metric）是 1。

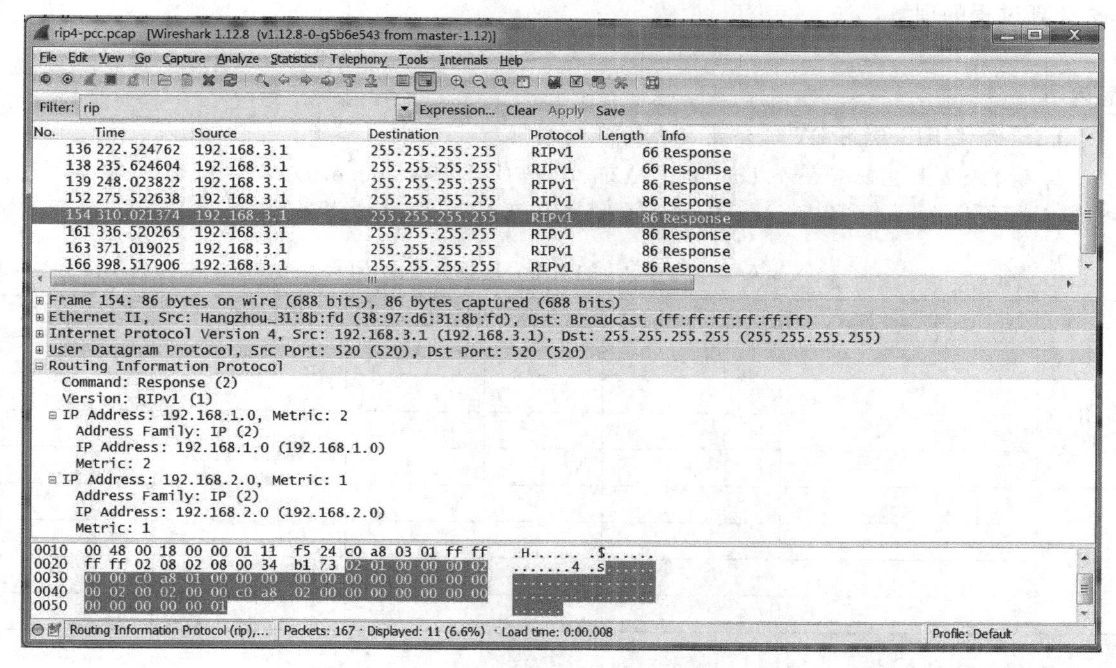

图 6-10 R1 广播的 RIP 报文

显示 S2 的路由表，可以发现 192. 168. 1. 0 路由已经加入 S2 的路由表。

```
[S2]dis ip routing-table
Routing Table: public net
Destination/Mask Protocol Pref Cost Metric Nexthop      Interface
127.0.0.0/8      DIRECT   0    0             127.0.0.1    InLoopback0
127.0.0.1/32     DIRECT   0    0             127.0.0.1    InLoopback0
192.168.1.0/24   RIP      100  2             192.168.3.1  Vlan-interface1
192.168.2.0/24   RIP      100  1             192.168.3.1  Vlan-interface1
192.168.3.0/24   DIRECT   0    0             192.168.3.2  Vlan-interface1
192.168.3.2/32   DIRECT   0    0             127.0.0.1    InLoopback0
```

从以上过程可见，S1 向网络上广播自己已有的路由信息 192. 168. 1. 0，从端口 E1/0/13 上发送，跳数为 1。R1 收到该信息，检查自己的路由表，没有发现到 192. 168. 1. 0 网段的路由，所以将其加入路由表，然后再把跳数加 1，改为 2，并进一步广播该路由信息。最后 S2 收到 R1 发送的报文，同样检查自己的路由表，也没有发现到该网段的路由，故将该条路由加入自己的路由表中。

4.7　实验总结

在计算机上用 Wireshark 软件截取 RIP 选路报文，分析了路由的传播过程，加深对距离矢量算法计算过程的理解。

思考题

1. 请简述 RIP 使用 DV 算法更新路由表的规则。

2. 请在 S2 上也配置一个 Loopback 地址，IP 地址为 192. 168. 4. 1/24，通过 RIP 进行广播，观察并记下在 R1 和 S1 的路由表中关于该网段的路由条目，填写表 6-2。

表 6-2　R1 和 S1 的路由表中相关路由条目

	Destination/Mask	Protocol	Pre	Cost	Nexthop	Interface
R1						
S1						

所用的配置命令是什么？

5 触发更新和水平分割

触发更新和
水平分割

5.1 实验目的

理解触发更新和水平分割对 RIP 收敛速度和避免环路的作用。

5.2 实验内容

在上一实验的基础上，取消三层交换机的 Loopback 地址，在计算机上用 Wireshark 截获 RIP 报文，观察触发更新的报文；在交换机上取消水平分割，比较取消水平分割前后截获的报文的差异。

5.3 实验原理

5.3.1 触发更新

触发更新的思想是当路由器检测到链路有问题时立即进行问题路由的更新，迅速传递路由故障和加速收敛，减少环路产生的机会。一般情况下，RIP 路由协议每隔 30 s 才会向相邻路由器更新路由信息。当链路出现故障时，路由器可能要花费更多的时间才能获得故障消息。如果路由器使用触发更新，它可以在几秒之内就在整个网络上传播路由故障消息，可以极大地缩短收敛时间。

5.3.2 水平分割

路由环路产生的一个可能的原因就是不正确的路由信息通过获得这条信息的接口再发送回去，替代了新的正确的路由，这也就导致了错误路由信息的循环往复。水平分割的规则是，当向某个网络接口发送 RIP 更新信息时，不包含从该接口得到的选路信息。例如，路由器 R1 从 S1 处得到了到网络 192.168.1.1 的选路信息，就不会再把这条信息发往 S1，避免了 S1 收到错误的路由信息。可见这样做的目的是避免路由环路。

5.4 实验环境与分组

（1）H3C 路由器 1 台，H3C 交换机 2 台，计算机 4 台，标准网线 6 根，Console 线 4 条。

（2）每 4 名学生一组，其中 2 人分别配置 1 台交换机，另外 2 人共同配置 1 台路由器。

5.5 实验组网

实验组网如图 6-11 所示。

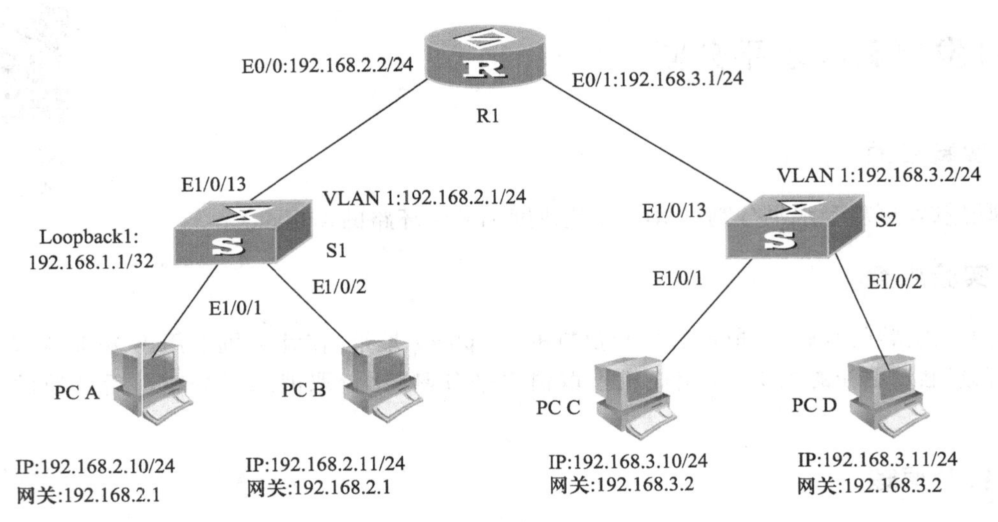

图 6-11　触发更新与水平分割实验组网图

注：交换机 S1 和 S2 各端口都在 VLAN 1 中。

5.6　实验步骤

步骤 1　继续上一小节的实验步骤。在 PC A 或 PC B 以及 PC C 或 PC D 上打开 Wireshark，截取报文（MOOC 远程实验平台上需要分别设置截取报文的主机和设备端口，重新提交组网）。然后，取消交换机 S1 的回环地址 192.168.1.1，相当于 S1 到 192.168.1.1 网段的连接中断，观察截取到的报文。

取消回环地址的命令：

```
[S1]undo interface loopback 1
```

RIP 一般都会采用触发更新机制，即一旦某个路由器改变了一条路由的度量，它会立即向所有相邻的路由器发送更新报文，而不需要等待通常的循环的更新周期。从图 6-12 中可以看到，当取消 S1 的 Loopback 接口时，S1 立即产生一个 RIP 广播报文，目的地址为 192.168.1.0，跳数为 16，表示到网络 192.168.1.0 不可达。RIP 报文只包含改变了的路由信息，所以只有一条路由信息。

步骤 2　观察在 PCC 或 PCD 上截取的报文。

由图 6-13 可见，紧接着 R1 收到该消息后也广播该信息，同样只包含一条改变了的路由信息，目的地址是 192.168.1.0，跳数为 16。这样，192.168.1.0 网段不可达的信息很快通知到自治系统内的所有路由器。

步骤 3　RIP 配置后默认启动水平分割。重新配置好 S1 的 Loopback 地址，使各路由器运行 RIP，正常工作。取消路由器各接口的水平分割功能，R1 的参考命令如下，其他的设备类似。

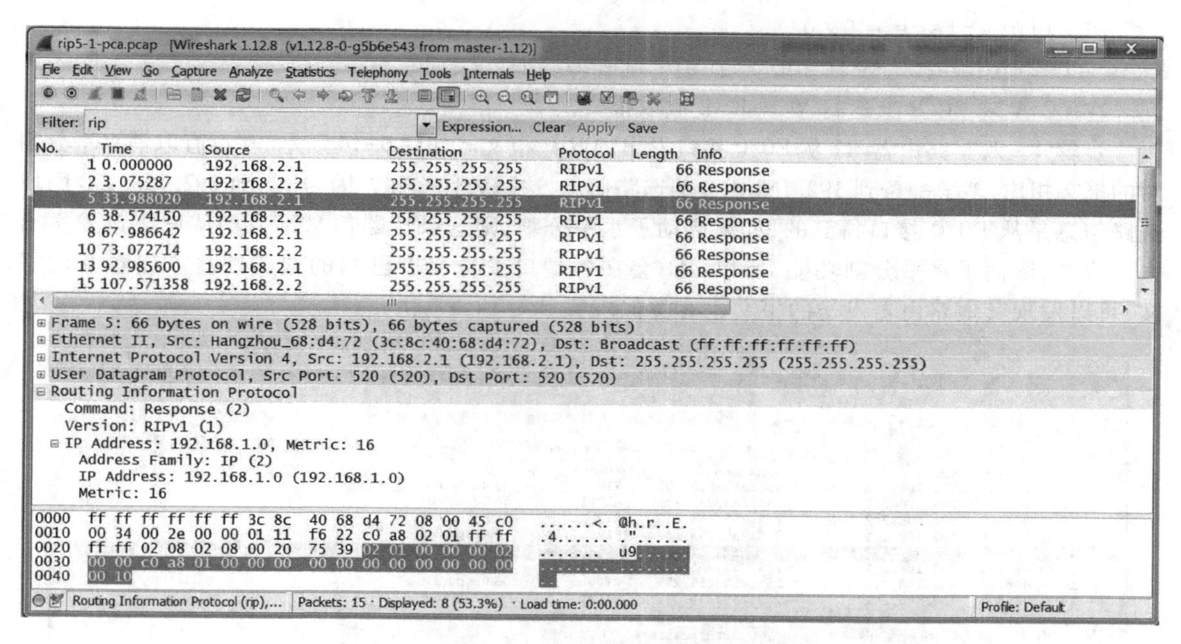

图 6-12　S1 产生的触发更新报文

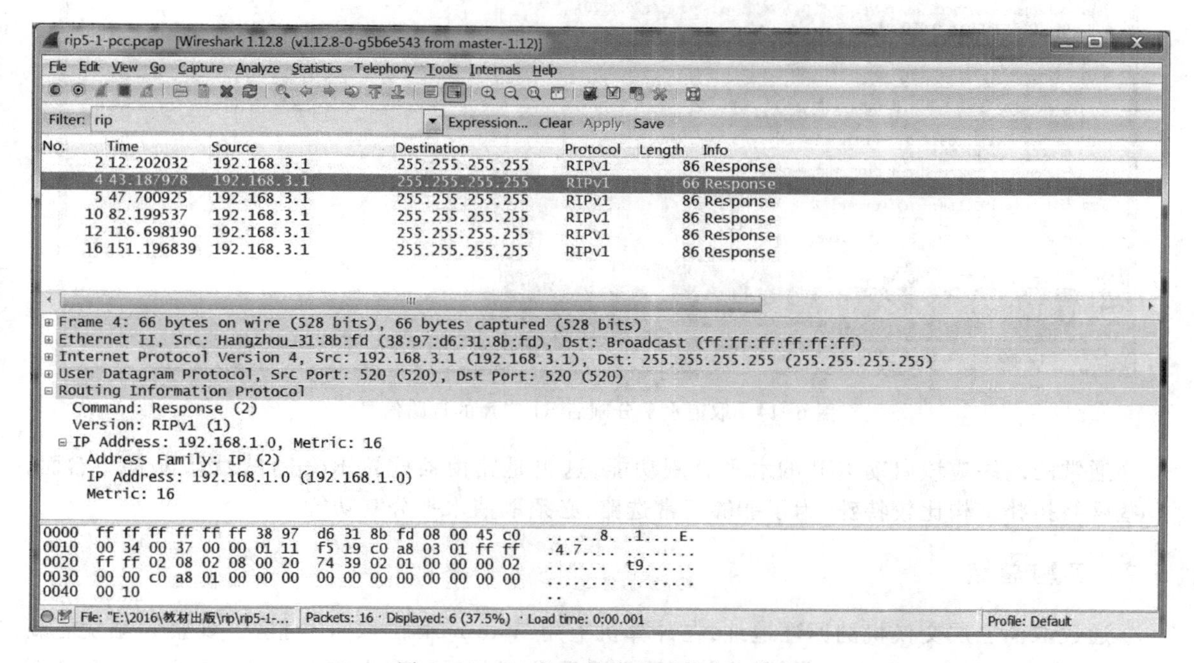

图 6-13　R1 发送的改变了的路由信息

```
[R1]interface e 0/0
[R1-Ethernet0/0]undo rip split-horizon
```

在 PC A 或 PC B 上运行 Wireshark 截取报文。

步骤 4　观察路由器 R1 从 E0/0 接口发出的 RIP 报文。如图 6-14 所示，和没有取消水平分割时的报文相比，多了一条到 192.168.1.0 的选路信息，这是为什么呢？因为 R1 到 192.168.1.0 网段选路信息是从 E0/0 接口得到的，如果启动了水平分割，则这条选路信息不会再从该接口发送出去。现在，取消了水平分割功能，所以，R1 会在各端口发送所有已知的选路信息。查看其他报文，可以发现其他路由器发送的报文也有类似现象。

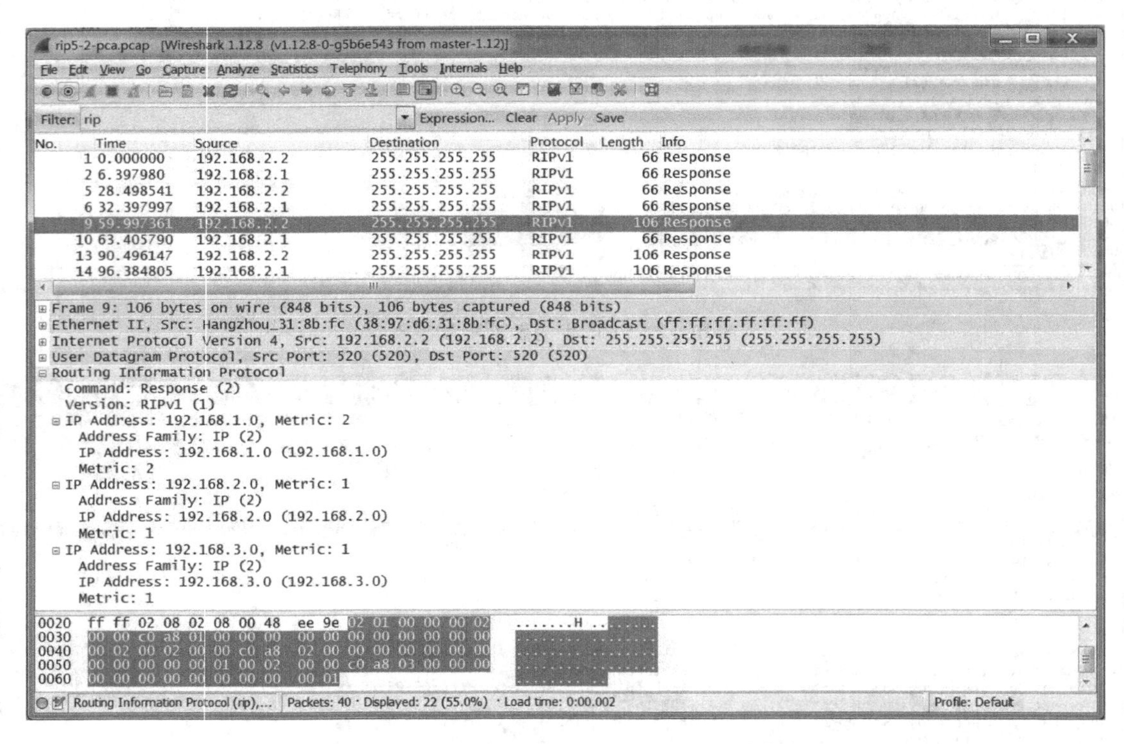

图 6-14　取消水平分割后 R1 广播的选路信息

通常的网络应该启动 RIP 的水平分割功能，这也是路由器配置 RIP 时的默认配置。然而，有些网络拓扑结构比较特殊，为了能够正常选路，必须取消水平分割功能。

5.7　实验总结

通过取消三层交换机的回环地址，在计算机上用 Wireshark 截取 RIP 报文，观察到触发更新的报文；在交换机上取消水平分割，比较了取消水平分割前后截取报文的差异，加深了对 RIP 触发更新和水平分割机制和作用的理解。

思考题

1. 什么是触发更新？有什么作用？

2. 比较水平分割前后 RIP 报文的选路信息的不同，把用户截取的一条报文写在表 6-3 中。

表 6-3 截取的报文

	IP Address	Metric
取消水平分割前		
取消水平分割后		

6 RIPv2 报文结构分析

RIPv2 报文结构分析

6.1 实验目的

分析 RIPv2 的报文结构，理解 RIPv2 对 RIPv1 的改进之处。

6.2 实验内容

在路由器/三层交换机上配置 RIPv2 协议，在计算机上用 Wireshark 截取报文，分析 RIPv2 协议各字段的含义。

6.3 实验原理

RIP 的第二个版本 RIPv2 和 RIPv1 相比，功能上明显增强，并且提高了对错误的抵抗能力。

RIPv2 使用的报文格式与 RIPv1 类似，也分为首部和路由部分，只是在路由部分利用 RIPv1 中的未用字段，增加了下一跳和子网掩码字段。路由部分最多只能包括 25 条路由信息，超过则需要再发送另外一个 RIP 报文。如图 6-15 所示，RIPv2 报文中命令字段、地址簇标识符字段、IP 地址字段和度量值字段都和 RIPv1 相同。版本字段被指定为 2，RIPv2 报文支持使用验证机制和携带一些新定义的字段信息。

0　　　　8	16　　24　　31	
命令(1~5)	版本 2	必须为 0
网络 i 的地址簇标识符		网络 i 的路由标记
网络 i 的 IP 地址		
网络 i 的子网掩码		
网络 i 的下一跳		
到网络 i 的距离(度量值)		

图 6-15　RIPv2 报文格式

验证机制是 RIPv2 的新增功能,验证算法将使用报文路由部分的第一条路由信息来进行身份验证,将地址簇标识符设为 0XFFFF,并且在其下面的字段中包含了验证所需的信息。具有验证功能的 RIP 数据包格式定义如图 6-16 所示。

0　　　　8	16　　24　　31	
命令(1~5)	版本 2	必须为 0
0xFFFF		验证类型
验证信息(16 byte)		
(其他信息)…		

图 6-16　具有验证功能的 RIP 数据包格式

RIPv2 支持两种认证方式:明文认证和 MD5 密文认证。明文认证由于未经加密的认证字随报文一同传送,所以明文认证不能用于安全性要求较高的情况。MD5 密文认证的报文格式有两种:一种遵循 RFC 1723(RIPv2 Carrying Additional Information)规定,另一种遵循 RFC 2082(RIPv2 MD5 Authentication)规定。默认情况下,采用 MD5 认证;若未指定 MD5 认证类型,将默认采用 RFC 2082 规定的报文格式类型。

如果路由器没有配置为对 RIPv2 数据包信息作验证,那么路由器将接收 RIPv1 和没有验证信息的 RIPv2 数据包,对带有验证信息的 RIPv2 数据包作丢弃处理;如果路由器配置为对 RIPv2 数据包信息作验证,那么路由器将接收 RIPv1 和通过验证的 RIPv2 数据包,对不带有验证信息和没有通过验证的 RIPv2 数据包作丢弃处理。

路由标记字段的存在是为了支持外部网关协议(EGP)。这个字段被期望用于传递自治系统的标号。如果路由器除 RIP 外还支持其他路由协议(如 BGP),可以配置 RIP 的路由标记字段使之能区分不同来源的路由。例如,从 BGP 输入 RIP 的路由可将路由标记字段设置成生成该路由的自治系统号。

子网掩码字段包含的子网掩码对应于 IP 地址的网络号部分。如果其值为 0,表示这个实体中不包含子网掩码。

下一跳字段指定数据报到一个特定地址的直接下一跳地址。如果这个字段的值为 0.0.0.0,说明这个路由应该通过其通告路由器。每一个被指定的下一跳地址都必须是可以通过发送 RIP 广播的逻辑子网而直接到达的。增加下一跳地址字段的目的是消除数据报在发送的过程中增加的不必要跳数。

RIPv2 支持组播。为了减轻那些不接收 RIPv2 数据包的主机的不必要的负载,RIPv2 用组播地址 224.0.0.9 进行周期性地广播。为了维持向下兼容性,组播的使用是可选择的。

6.4　实验环境与分组

(1) H3C 路由器 1 台,H3C 交换机 2 台,计算机 4 台,标准网线 6 根,Console 线 4 条。

(2) 每 4 名学生一组,其中 2 人分别配置 1 台交换机,另外 2 人共同配置 1 台路由器。

6.5　实验组网

实验组网如图 6-17 所示。

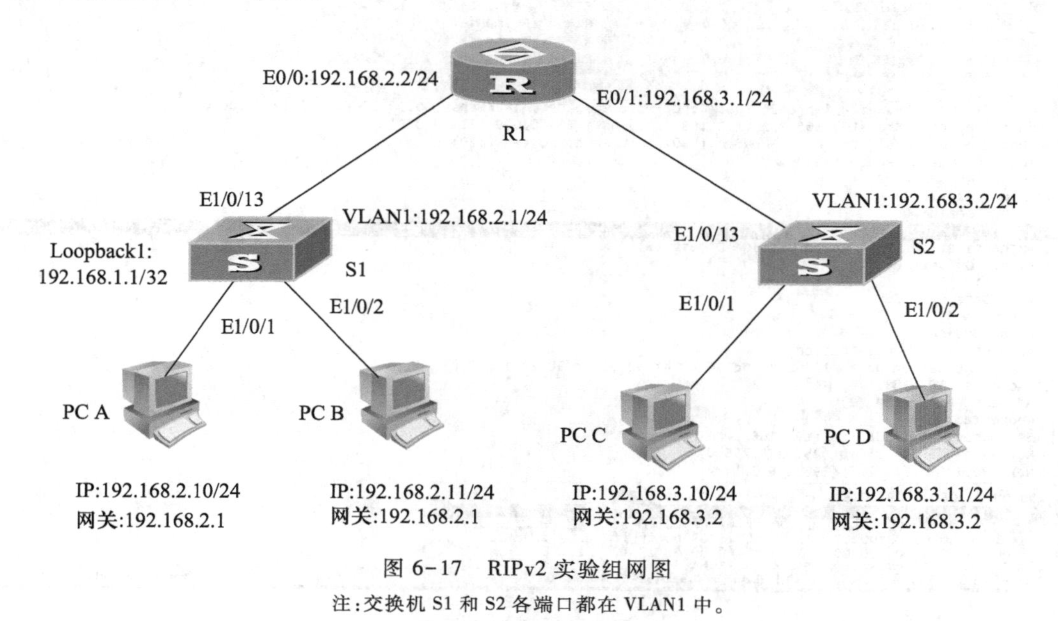

图 6-17　RIPv2 实验组网图

注:交换机 S1 和 S2 各端口都在 VLAN1 中。

6.6　实验步骤

步骤 1　按照如图 6-17 所示的组网图连接并配置设备的 IP 地址等。在各设备上启动 rip 命令，然后在各接口上配置 RIPv2，并配置报文认证模式是 MD5 认证。R1 的参考配置命令如下：

```
[R1-Ethernet0/0]rip version 2
[R1-Ethernet0/0]rip authentication-mode md5 rfc2082 plain buaa 1
```

S1 上参考配置命令如下：

```
[S1]inter vlan 1
[S1-Vlan-interface1]rip version 2
[S1-Vlan-interface1]rip authentication-mode md5 rfc2082 buaa 1
```

步骤 2　观察截取的报文。截到的报文示例如图 6-18 所示。

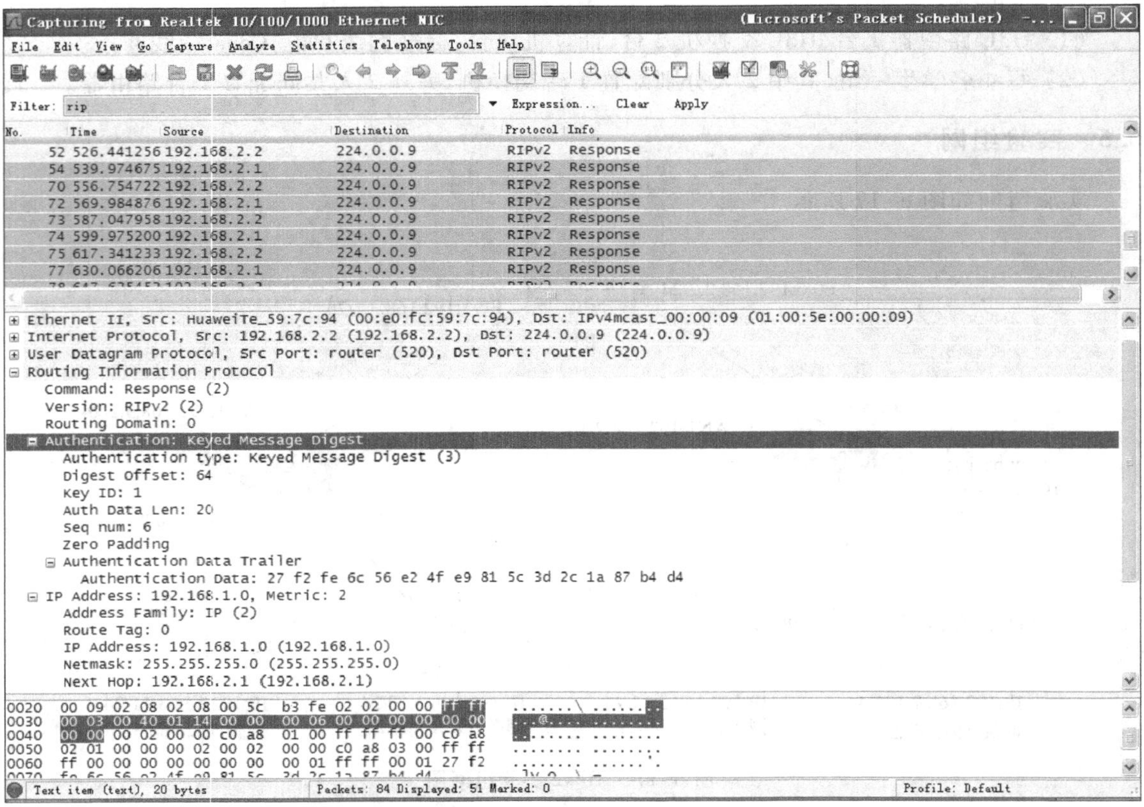

```
Capturing from Realtek 10/100/1000 Ethernet NIC    (Microsoft's Packet Scheduler) -...
File Edit View Go Capture Analyze Statistics Telephony Tools Help
Filter: rip    Expression... Clear Apply
No.  Time        Source       Destination  Protocol Info
52 526.441256 192.168.2.2   224.0.0.9    RIPv2   Response
54 539.974675 192.168.2.1   224.0.0.9    RIPv2   Response
70 556.754722 192.168.2.2   224.0.0.9    RIPv2   Response
72 569.984876 192.168.2.1   224.0.0.9    RIPv2   Response
73 587.047958 192.168.2.2   224.0.0.9    RIPv2   Response
74 599.975200 192.168.2.1   224.0.0.9    RIPv2   Response
75 617.341233 192.168.2.2   224.0.0.9    RIPv2   Response
77 630.066206 192.168.2.1   224.0.0.9    RIPv2   Response

⊞ Ethernet II, Src: HuaweiTe_59:7c:94 (00:e0:fc:59:7c:94), Dst: IPv4mcast_00:00:09 (01:00:5e:00:00:09)
⊞ Internet Protocol, Src: 192.168.2.2 (192.168.2.2), Dst: 224.0.0.9 (224.0.0.9)
⊞ User Datagram Protocol, Src Port: router (520), Dst Port: router (520)
⊟ Routing Information Protocol
    Command: Response (2)
    Version: RIPv2 (2)
    Routing Domain: 0
  ⊟ Authentication: Keyed Message Digest
      Authentication type: Keyed Message Digest (3)
      Digest Offset: 64
      Key ID: 1
      Auth Data Len: 20
      Seq num: 6
      Zero Padding
    ⊟ Authentication Data Trailer
        Authentication Data: 27 f2 fe 6c 56 e2 4f e9 81 5c 3d 2c 1a 87 b4 d4
  ⊟ IP Address: 192.168.1.0, Metric: 2
      Address Family: IP (2)
      Route Tag: 0
      IP Address: 192.168.1.0 (192.168.1.0)
      Netmask: 255.255.255.0 (255.255.255.0)
      Next Hop: 192.168.2.1 (192.168.2.1)

0020  00 09 02 08 02 08 00 5c  b3 fe 02 02 00 00 ff ff
0030  00 03 00 40 01 14 00 00  00 06 00 00 00 00 00 00
0040  00 00 00 02 00 00 c0 a8  01 00 ff ff ff 00 c0 a8
0050  02 01 00 00 00 02 00 02  00 00 c0 a8 03 00 ff ff
0060  ff 00 00 00 00 00 00 00  00 01 ff ff 00 01 27 f2
Text item (text), 20 bytes   Packets: 84 Displayed: 51 Marked: 0   Profile: Default
```

图 6-18　RIPv2 报文

请根据所截取的报文，填写表 6-4。

表 6-4 报 文 信 息

		字段	值	含义
IP		目的地址		
UDP		端口号		
RIP	头部	命令字段		
		版本号		
	项	认证类型		
	项	协议簇		
		tag		
		网络地址		
		网络掩码		
		下一跳		
		跳数		
	项			

6.7 实验总结

通过在路由器/三层交换机上配置 RIPv2 协议,在计算机上用 Wireshark 截获 RIPv2 报文,分析 RIPv2 协议各字段的含义,并与 RIPv1 的报文结构比较,进一步理解 RIPv2 相比 RIPv1 的改进之处。

7 设计型实验

设计型实验

设计实验 1:按照如图 6-19 所示的组网图进行组网,并按照如下要求进行配置。

(1) 正确组网。

(2) 在 S1 和 S2 上划分 VLAN。在 S1 和 S2 上,都是 E1/0/20 到 E1/0/24 属于 VLAN 2,其余端口属于 VLAN 1。

(3) 配置 S1、S2、R1、PC B、PC C 5 台设备各接口的 IP 地址。

(4) 在 S1、S2、R1 上启动 RIP,验证 PC B 与 PC C 互通。

(5) 请截获 R1 发出的 RIP 报文(可以使用 PC A 或 PC D),并解释为什么能够截获 R1 发出的 RIP 报文。

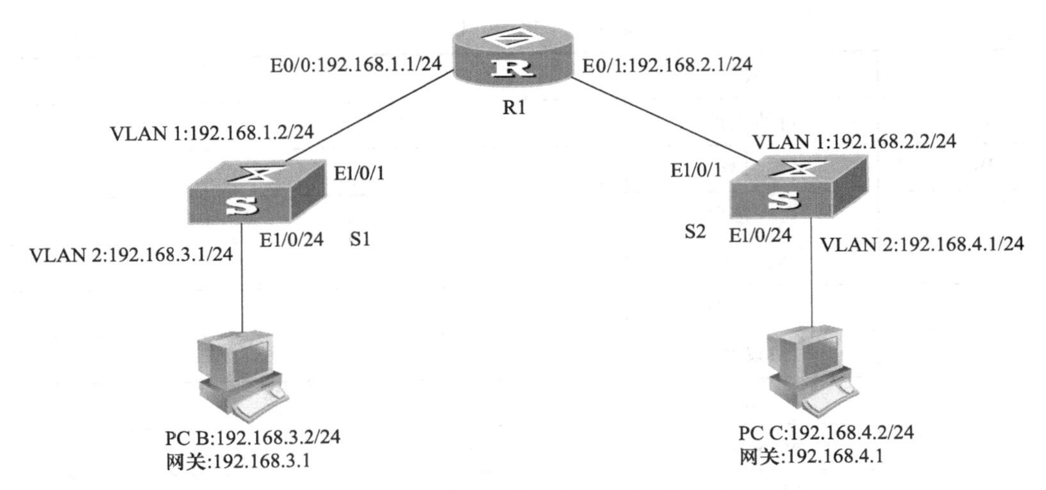

图 6-19　设计实验 1 组网图

设计实验 2:按照图 6-20 所示的组网图进行组网,并按照如下要求进行配置。

(1) 正确组网。

(2) 在 S1 和 S2 上划分 VLAN。在 S1 和 S2 端口上,都是 E1/0/20 到 E1/0/24 属于 VLAN 2,其余端口属于 VLAN 1。

(3) 配置 S1、S2、R1、R2、PC B、PC C 6 台设备各接口的 IP 地址。

(4) 在 S1、S2、R1、R2 上启动 RIP,启动 RIP 的接口分别为:S1 的 VLAN 1、VLAN 2,R1 的 E0/0,R2 的 E0/1,S2 的 VLAN 1、VLAN 2。

(5) 在相应的设备上配置对应的静态路由(并解释所用的每一条命令的功能,为什么要这样做),使全网互通。

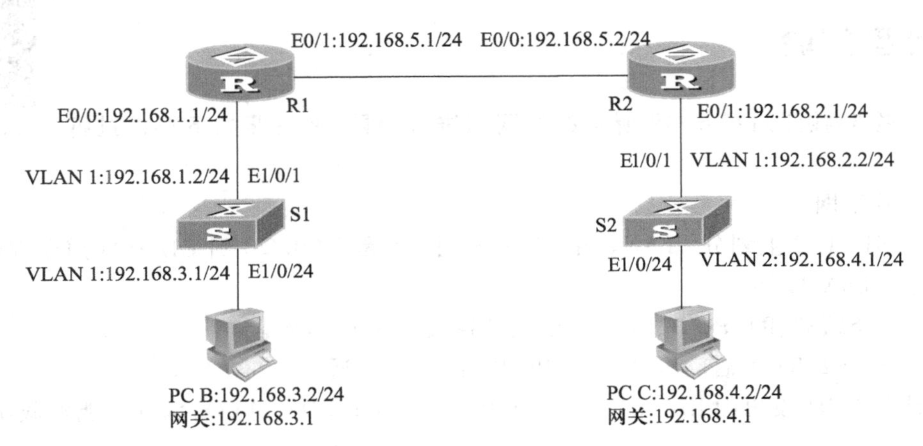

图 6-20　设计实验 2 组网图

预习报告

1. 请查阅相关资料,写出 RIP 的报文结构(包括 RIPv1 和 RIPv2)。
2. RIP 怎样表示网段间的距离? 如何表示网络不可达?
3. 要使 R1 和 S1 达到相互 ping 通 R1 配置路由的方式有哪几种?
4. 请简要写出矢量距离算法的原理。
5. 什么是水平分割? 它有什么作用?
6. 请说明触发更新的原理和作用。
7. 请写出 2 个设计型实验的主要配置命令。

实验七 OSPF 协议实验

1 实验内容

实验七
内容简介

OSPF 协议作为路由协议中最重要和最复杂的协议之一，其设计非常巧妙，协议中采用的一些算法和机制也十分典型。本实验采取由易到难、循序渐进的方式，由原理验证、协议机制分析、路由算法分析、路由组网设计直至创新实验，组成一个多层次的比较完整的 OSPF 路由协议实验。希望通过这个实验的学习，能够帮助大家深入理解和掌握一个具有一定难度的网络协议。深入领会 OSPF 协议设计与实现的内在规律，对于以后其他协议的学习，能够达到触类旁通的效果。具体实验内容如下。

(1) OSPF 协议概述及基本配置。

(2) OSPF 协议报文交互过程。

(3) OSPF 协议链路状态描述。

(4) 区域划分及 LSA 种类。

(5) OSPF 协议路由的计算。

(6) OSPF 协议组网设计。

2 OSPF 协议概述及基本配置

OSPF 协议概述
及基本配置

2.1 实验目的

了解 OSPF 协议的基本概念，掌握 OSPF 协议的基本配置。

2.2 实验内容

在基本了解 OSPF 协议的基础上，在路由器上配置 OSPF 协议，观察路由表和网络连通性的变化，体会 OSPF 路由协议的作用。

2.3　实验原理

2.3.1　OSPF 协议概述

OSPF 协议是 IETF 组织开发的一个基于链路状态(Link State)算法的内部网关协议,OSPF 是开放最短路由优先(Open Shortest Path First)的缩写。其核心思想是,每一台路由器将其周边的链路状态(包括接口的直连网段、相连的路由器等信息)描述出来,发送给网络中相邻的路由器。经过一段时间的链路状态信息交互,每台路由器都保存了一个链路状态数据库,该数据库是整个网络完整的链路状态描述,在此基础上,应用 Shortest Path First 算法就可以计算路由。目前针对 IPv4 协议使用的是 OSPF Version 2(RFC 2328)。

OSPF 协议具有适应范围广、快速收敛、无自环等特点,支持验证、组播发送、路由分级、等值路由等功能,已成为目前 Internet 广域网和 Intranet 企业网采用最多、应用最广泛的路由协议之一。

1. 自治系统和区域

自治系统(Autonomy System)是指由同一机构管理,使用同一组选路策略的路由器的集合,其缩写为 AS。它最主要的特点是有权自主地决定在本系统内采用何种路由选择协议。OSPF 协议是一种内部网关协议,其应用范围为一个自治系统内部。

区域(Area)是指一个路由器的集合,相同的区域有着相同的拓扑结构数据库。OSPF 用区域把一个 AS 分成多个链路状态域。

区域 ID(Area ID)号用一个 32 bit 的整数来标识,可以定义为 IP 地址格式,也可以用一个十进制整数表示,如 Area 0.0.0.0 或 Area 0。

如图 7-1 所示,网络中有 AS 500 和 AS 1000 两个自治系统,它们之间应用的是 BGP。自治系统 AS 1000 中应用了 3 种内部网关协议,分别是 OSPF、RIP、IS-IS。OSPF 协议又分为多个进程,如 OSPF 100 和 OSPF 200,每个 OSPF 进程中又划分了多个区域。

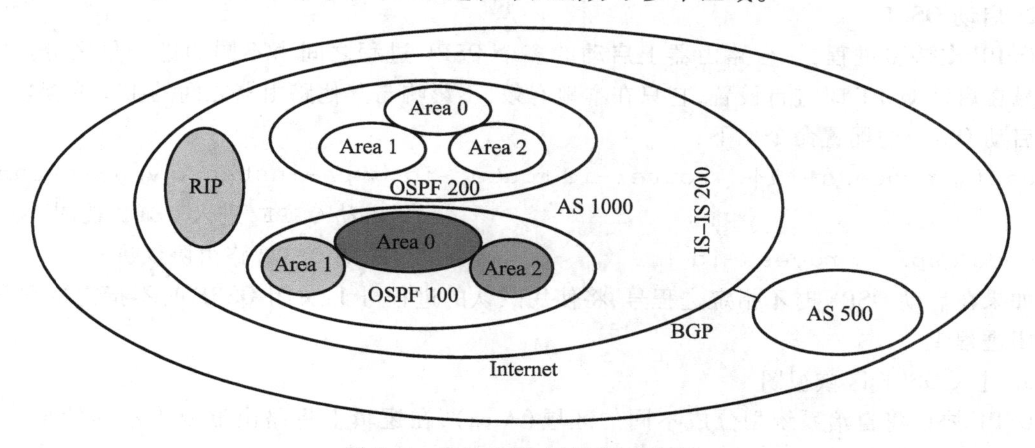

图 7-1　自治系统、区域和区域 ID

2. OSPF 的邻居和邻接概念

在 OSPF 中，邻居（Neighbors）和邻接（Adjacencies）是两个不同的概念。

OSPF 路由器启动后，便会通过 OSPF 接口向外发送 Hello 报文。收到 Hello 报文的 OSPF 路由器会检查报文中所定义的一些参数，如果双方一致就会形成邻居关系。

形成邻居关系的双方不一定都能形成邻接关系，这要根据网络类型而定。只有当双方成功交换链路状态通告信息，才形成真正意义上的邻接关系。

2.3.2 OSPF 的基本配置

基本的 OSPF 配置主要包括配置 Router ID，启动 OSPF，进入 OSPF 区域视图，在指定网段使能 OSPF 四部分。

1. 配置 Router ID

OSPF 协议使用一个被称为 Router ID 的 32 位无符号整数来唯一标识一台路由器，它采用 IP 地址形式。通常，Router ID 会被配置为该路由器的某个接口的 IP 地址。由于 IP 地址是唯一的，所以 Router ID 的唯一性也就很容易保证。

Router ID 通常要求人为指定，如果没有人为指定，路由器会自动选择一个接口的 IP 地址为 Router ID。一般优先选择路由器回环接口（Loopback）中最大 IP 地址为路由器的 Router ID，如果没有配置 Loopback 接口，就选取物理接口中最大的 IP 地址。也可以通过命令强制改变 Router ID，但如果一台路由器的 Router ID 在运行中被改变，则必须重启 OSPF 协议或重启路由器才能使新的 Router ID 生效。

Router ID 的配置命令如下：

```
system-view                               //进入系统视图
router id router-id                       //配置路由器的 ID 号
undo router id                            //取消路由器的 ID 号
```

2. 启动 OSPF

OSPF 支持多进程，一台路由器上启动的多个 OSPF 进程之间由不同的进程号区分。OSPF 进程号在启动 OSPF 时进行设置，它只在本地有效，不影响与其他路由器之间的报文交换。

启动 OSPF 的配置命令如下：

```
ospf [ process-id [ [ router-id router-id ] vpn-instance vpn-instance-
name ] ]                                  //启动 OSPF,进入 OSPF 视图
undo ospf [ process-id ]                  //关闭 OSPF 路由协议进程
```

如果在启动 OSPF 时不指定进程号，将使用默认的进程号 1；关闭 OSPF 时不指定进程号，默认关闭进程 1。

3. 进入 OSPF 区域视图

OSPF 协议将自治系统划分成不同的区域（Area），在逻辑上将路由器分为不同的组。在区域视图下可以进行区域相关配置，命令如下：

```
area area-id                                 //在 OSPF 视图下,进入 OSPF 区域视图
undo area area-id                            //删除指定的 OSPF 区域
```

4. 在指定网段使能 OSPF

在系统视图下使用 ospf 命令启动 OSPF 后,还必须指定在某个网段上应用 OSPF,命令如下:

```
network ip-address wildcard-mask             //指定网段运行 OSPF 协议
undo network ip-address wildcard-mask        //取消网段运行 OSPF 协议
```

2.3.3 OSPF 的相关命令

作为一个复杂的动态路由协议,OSPF 的应用也是很复杂的,这里列举几个实际应用中经常使用的显示和调试命令,如表 7-1 所示。

表 7-1 OSPF 的相关命令

序号	命令	说明
1	reset ospf all process (用户视图)	重新启动 OSPF 进程
2	display ospf peer	显示 OSPF 邻居信息
3	display ospf brief	显示 OSPF 的概要信息
4	display ospf error	显示 OSPF 错误信息
5	display ospf routing	显示 OSPF 路由表的信息
6	debugging ospf event(用户视图)	显示协议运行过程中发生的各种事件
7	debugging ospf lsa(用户视图)	显示在协议运行过程中有关 LSA 的信息
8	debugging ospf packet(用户视图)	显示在协议运行的过程中收发报文的情况
9	debugging ospf spf(用户视图)	显示在协议运行的过程中用 SPF 算法计算路由的情况

2.4 实验环境与分组

(1) H3C 系列路由器 2 台,交换机 1 台,PC 4 台。

(2) 每组学生共同配置路由器。

2.5 实验组网

实验组网如图 7-2 所示。

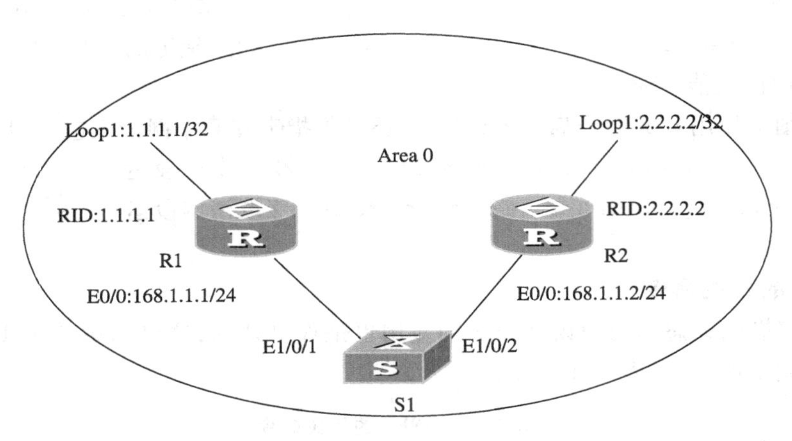

图 7-2　邻居建立及报文交换过程组网图

2.6　实验步骤

步骤 1　按照图 7-2 连接各实验设备,并正确配置两台路由器的 IP 地址;交换机和各台计算机的 IP 地址不需要配置。

步骤 2　在两台路由器上配置 OSPF 协议,R1 和 R2 的配置如下:

```
[R1]router id 1.1.1.1
[R1]ospf                          //启动 OSPF 路由进程
[R1-ospf-1]area 0                 //创建区域 0
[R1-ospf-1-area-0.0.0.0]network  1.1.1.0  0.0.0.255
                                  //在接口 Loop1 上启动 OSPF 并指定所属区域
[R1-ospf-1-area-0.0.0.0]network  168.1.1.0  0.0.0.255
                                  //在接口 E0 上启动 OSPF 并指定所属区域
[R2]router id 2.2.2.2
[R2]ospf                          //启动 OSPF 路由进程
[R2-ospf-1]area 0                 //创建区域 0
[R2-ospf-1-area-0.0.0.0]network  2.2.2.0  0.0.0.255
                                  //在接口 Loop1 上启动 OSPF 并指定所属区域
[R2-ospf-1-area-0.0.0.0]network  168.1.1.0  0.0.0.255
                                  //在接口 E0 上启动 OSPF 并指定所属区域
```

步骤 3　在完成上述的配置后,观察两个路由器的 IP 路由表,如果都出现了对方的 OSPF 路由,则表明 OSPF 路由信息交互过程已经结束。查看 R2 的 OSPF 的邻接信息,写出其命令和显示的结果。

步骤 4 将 R1 的 router id 更改为 3.3.3.3,写出其命令。显示 OSPF 的概要信息,查看此更改是否生效。如果没有生效,如何使其生效?

2.7 实验总结

通过本实验,初步了解和掌握了 OSPF 协议的基本概念、基本配置和相关命令。

3 OSPF 协议报文交互过程

OSPF 协议报文交互过程

3.1 实验目的

掌握 OSPF 的 5 种报文结构,OSPF 邻接关系建立,链路状态信息交换,邻居状态机等基本原理。

3.2 实验内容

在路由器上启动 OSPF 协议,同时在计算机上运行 Wireshark 软件截取报文,分析 OSPF 协议的报文结构、邻居状态机和报文交互过程。

3.3 实验原理

3.3.1 OSPF 协议报文结构

OSPF 协议直接用 IP 报文封装,在 IP 首部中,其协议号是 89,通常 TTL=1,如图 7-3 所示。

IP Header	OSPF Packet Header	Number of LSAs	LSA Header	LSA Data

图 7-3 OSPF 协议报文总体结构

1. OSPF 报文头

OSPF 有 5 种报文类型,它们有相同的报文头,如图 7-4 所示。

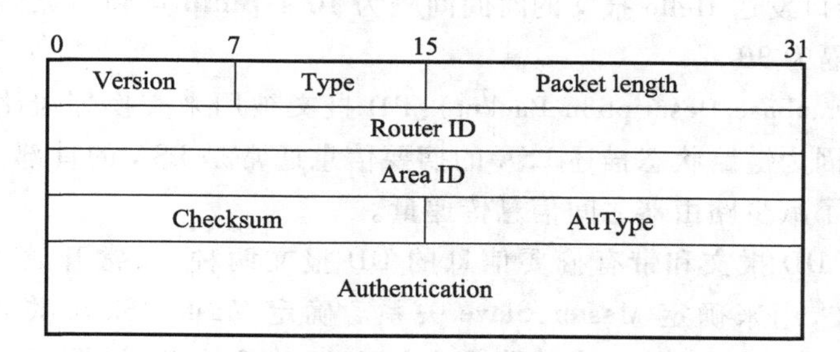

图 7-4 OSPF 报文头格式

主要字段的解释如下。

(1) Version:OSPF 的版本号。对于 IPv4 网络对应的是 OSPFv2,其值为 2。IPv6 网络对应的是 OSPFv3,其值为 3。

(2) Type:OSPF 报文的类型。数值从 1 到 5,分别对应 Hello 报文、DD 报文、LSR 报文、LSU 报文和 LSAck 报文。

(3) Packet length:OSPF 报文的总长度,包括报文头在内,单位为字节。

(4) Router ID:报文通告路由器的 Router ID。

(5) Area ID:一个 32 位正整数,标识报文属于某个区域,所有 OSPF 报文只属于单个区域,且只有一跳(TTL=1)。当报文在虚链接链路上转发时,会标记为骨干区域 0.0.0.0 标签。

(6) Checksum:报文内容的校验,从 OSPF 报文首部开始,但不包括 64 位的认证字段。

(7) AuType:认证类型包括 4 种:0(无须认证),1(明文认证),2(密文认证)和其他类型(IANA 保留)。当不需要认证时,只是通过 Checksum 检验数据的完整性;当使用明文认证时,64 位的认证字段被设置成 64 位的明文密码;当使用密文认证时,对于每一个 OSPF 报文,共享密钥都会产生一个"消息位"加在 OSPF 报文的后面,这样就可以提高网络的安全性。

(8) Authentication:其数值根据验证类型而定。当验证类型为 0 时未作定义,为 1 时此字段为密码信息,类型为 2 时此字段包括 Key ID、MD5 验证数据长度和序列号的信息。

2. OSPF 协议的可靠传输机制

由于 OSPF 协议直接用 IP 报文来封装自己的协议报文,使得 OSPF 协议直接基于 IP,而 IP 无法提供可靠传输服务,但是 OSPF 协议又要求路由信息可靠地传输,因此 OSPF 协议采用了确认和重传的机制,以确保 OSPF 路由信息的可靠传输。例如,基于 DD 报文主从关系协商的隐含确认机制,以及 DD 报文、LSR 报文、LSU 报文发出后,若在规定时间内没有收到对方相应的确认报文,会自动重传。

3. OSPF 的 5 种报文类型

(1) Hello 报文(Hello Packet):Hello 报文是最常用的一种报文,周期性地发送给本路由器的邻居,使用的组播地址是 224.0.0.5。DR 和 BDR 发送和接收报文使用的组播地址是 224.0.0.6。

Hello 报文内容包括一些定时器的数值、DR、BDR,以及已知的邻居。默认情况下,**ptp** 点到点、**broadcast** 类型接口发送 Hello 报文的时间间隔为 10 s;**ptmp** 点到多点、**nbma** 类型接口发送 Hello 报文的时间间隔为 30 s。

(2) DD 报文(Database Description Packet):DD 报文被用来交换邻居路由器之间链路状态数据库的摘要信息,因为链路状态描述 LSA 的摘要信息通常是 LSA 的首部,只占整个 LSA 的一小部分,这样做是为了减少路由器之间信息传递量。

DD 报文分为空 DD 报文和带有摘要信息的 DD 报文两种,通常开始时,两个邻居路由器相互发送空 DD 报文,用来确定 Master/Slave 关系。确定 Master/Slave 关系后,才发送带有摘要信息的 DD 报文,通过 OSPF 建立主从隐含确认和超时重传机制,保证 DD 报文的有序可靠交互。

(3) LSR 报文(Link State Request Packet):两台路由器互相交换了 DD 报文之后,通过比较,就能够确定本地的 LSDB 所缺少的 LSA 和需要更新的 LSA,这时就需要发送 LSR 报文向对方请求所需的 LSA。报文的内容包括所需要的 LSA 的摘要。

(4) LSU 报文(Link State Update Packet):用来向发送 LSR 报文的路由器发送其所需要的 LSA,报文的内容是多条 LSA(全部内容)的集合。

(5) LSAck 报文(Link State Acknowledgment Packet)与 DD 报文的情况类似,OSPF 协议通过发送与确认和超时重传机制来实现链路状态描述信息 LSA 的可靠传输,LS Ack 报文就是用来对接收到的 LSU 报文进行确认。报文的内容是需要确认的 LSA 的首部(一个报文可对多个 LSA 进行确认)。

3.3.2 邻居状态机

OSPF 协议的邻居状态机如图 7-5 所示,其状态描述如下。

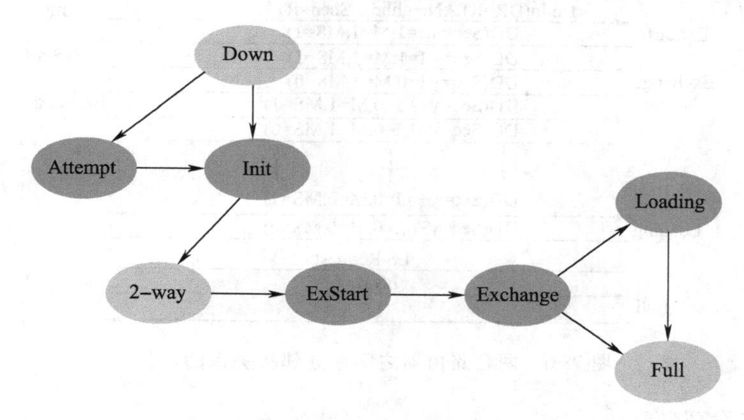

图 7-5 OSPF 协议的状态机

Down 状态:邻居状态机的初始状态,是指在过去的 Dead-Interval 时间内没有收到对方的 Hello 报文。

Attempt 状态:只适用于 NBMA 类型的接口,处于本状态时,定期向那些手工配置的邻居发送 Hello 报文。

Init 状态:表示已经收到了邻居的 Hello 报文,但是该报文中列出的邻居中没有包含本路由器的 Router ID(对方并没有收到本路由器发出的 Hello 报文)。

2-way 状态:表示双方互相收到了对方发送的 Hello 报文,建立了邻居关系。在广播和 NBMA 类型的网络中,两个接口状态是 DRother 的路由器之间将停留在此状态。其他情况状态机将继续转入高级状态。

ExStart 状态:在此状态下,路由器和它的邻居之间通过互相交换 DD 报文(该报文并不包含实际的内容，只包含一些标志位）来决定发送时的主/从关系。建立主/从关系主要是为了保证 DD 报文在后续的交互过程中能够有序地发送。

Exchange 状态：在此状态下，路由器将本地的 LSDB 用 DD 报文来描述，并发给邻居。

Loading 状态：在此状态下，路由器发送 LSR 报文向邻居请求对方的 LSU 报文。

Full 状态：在此状态下，邻居路由器的 LSDB 中所有的 LSA 本路由器全都有了，即本路由器和邻居建立了邻接（Adjacency）关系。

3.3.3　OSPF 报文交互过程

两台邻接的 OSPF 路由器的链路状态数据库的交互同步过程主要分为以下几步，如图 7-6 所示，它显示了两台路由器之间如何通过发送 5 种协议报文来建立邻接关系，以及邻居状态机的迁移。

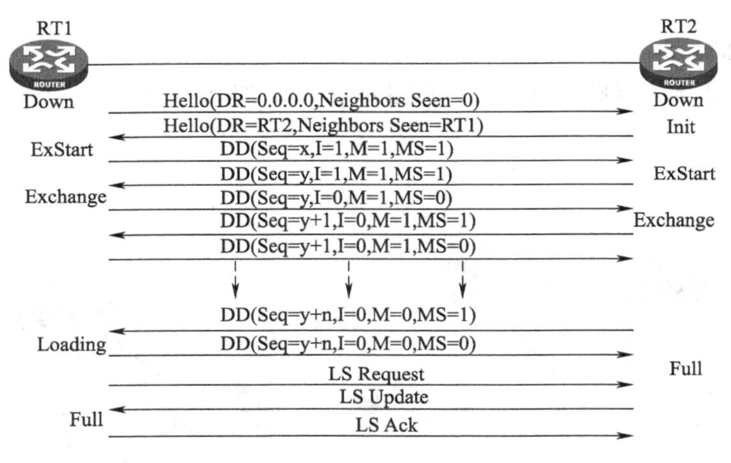

图 7-6　两台路由器之间建立邻接关系的过程

1. Hello 报文发现邻居

（1）RT1 在一个连接到广播类型网络的接口上激活了 OSPF 协议，并发送了一个 Hello 报文（使用组播地址 224.0.0.5）。由于此时 RT1 在该网段中还未发现任何邻居，所以 Hello 报文中的 Neighbor 字段为空。

（2）RT2 收到 RT1 发送的 Hello 报文后，为 RT1 创建一个邻居的数据结构。RT2 发送一个 Hello 报文回应 RT1，并且在报文中的 Neighbor 字段中填入 RT1 的 Router ID，表示已收到 RT1 的 Hello 报文，并且将 RT1 的邻居状态机置为 Init。

（3）RT1 收到 RT2 回应的 Hello 报文后，为 RT2 创建一个邻居的数据结构，并将邻居状态机设置为 ExStart 状态。下一步双方开始交换各自的链路状态数据库信息。

为了提高路由协议的效率，已建立邻居关系的路由器需要先相互了解一下对方的链路状态数据库中有哪些 LSA 是自己所需要的，哪些是自己已有的。然后再各取所需，互通有无。这样，就避免了向对方简单盲目地发送所有的 LSA，这样既可以节省带宽，又提高了效率。

同时,由于 OSPF 直接用 IP 报文来封装自己的协议报文,所以在传输的过程中必须要考虑报文传输的可靠性。OSPF 协议采用了基于 DD 报文主从关系协商的隐含确认机制。

首先,在 DD 报文的发送过程的初始阶段需要确定双方的主从关系。然后,作为 Master 的一方定义一个序列号 Seq,每发送一个新的 DD 报文将 Seq 加一。作为 Slave 的一方,每次发送 DD 报文时,将携带接收到的最近一个 Master 发送的 DD 报文中的 Seq。这种序列号方法就是一种隐含的确认机制。再加上每个报文都有超时重传,就能够保证这种传输是可靠的。

2. DD 报文的主从关系协商

(1) RT1 首先发送一个只有报文首部的空 DD 报文,宣称自己是 Master(MS=1),并规定初始序列号为 x。I=1 表示这是第一个 DD 报文,报文中并不包含 LSA 的摘要,只是为了协商主从关系。M=1 说明这不是 RT1 的最后一个 DD 报文。

(2) RT2 在收到 RT1 的 DD 报文后,将 RT1 的邻居状态机改为 ExStart,并且回应了一个空 DD 报文(该报文中同样不包含 LSA 的摘要信息)。由于 RT2 的 Router ID 较大,所以在报文中 RT2 将自身设置为 Master,并且重新规定了初始序列号为 y。

(3) RT1 收到 RT2 的 DD 报文后,比较 Router ID,同意 RT2 为 Master,并将 RT2 的邻居状态机改为 Exchange。

3. DD 报文交换

(1) 然后,RT1 使用 RT2 的序列号 y 来发送新的 DD 报文,在报文中 RT1 设置 MS=0,说明自己是 Slave。并且该报文开始携带 RT1 的 LSDB 中的 LSA 的摘要。

(2) RT2 收到报文后,将 RT1 的邻居状态机改为 Exchange,在发送新的 DD 报文时也携带 RT2 的 LSDB 中的 LSA 的摘要,并且,RT2 已将新报文的序列号改为 y+1。

(3) 上述过程持续进行,RT1 通过重复 RT2 的序列号来确认已收到 RT2 的报文。RT2 通过将序列号加 1 来确认已收到 RT1 的报文。当 RT2 发送最后一个 DD 报文时,将报文中的 M 设为 M=0,表示这是最后一个 DD 报文了。

(4) RT1 收到最后一个 DD 报文后,发现 RT2 的数据库中有许多 LSA 是自己没有的,将邻居状态机改为 Loading 状态。此时 RT2 也收到了 RT1 的最后一个 DD 报文,但 RT1 的 LSA,RT2 都已经有了,不需要再请求,所以直接将 RT1 的邻居状态机改为 Full 状态。

4. LSA 请求

RT1 发送 LS Request 报文向 RT2 请求所需要的 LSA。

5. LSA 更新

RT2 用 LS Update 报文来回应 RT1 的请求。

6. LSA 应答

RT1 收到之后,需要发送 LS Ack 报文来确认。

上述过程持续到 RT1 中的 LSA 与 RT2 的 LSA 完全同步为止。此时 RT1 将 RT2 的邻居状态机改为 Full 状态。

3.4　实验环境与分组

(1) H3C 系列路由器 2 台，交换机 1 台，PC 4 台。

(2) 每组学生共同配置路由器。

3.5　实验组网

同图 7-2。

3.6　实验步骤

3.6.1　OSPF 协议报文格式

步骤 1　继续上一节的实验，在每台计算机上运行 Wireshark 软件，开始捕获报文。用 PCC 监听路由器 R1 E0/0 接口的报文。

步骤 2　将交换机与路由器的两根连线断开，然后再快速地将两根连线重新连接。使两台路由器同时重新启动 OSPF 协议，保存截获报文，并上传服务器。

步骤 3　分析截获的报文，可以看到 OSPF 的 5 种协议报文，请写出这 5 种协议报文的名称，并选择一条 Hello 报文，写出整个报文的结构（OSPF 首部及 Hello 报文体）。

首先，分析一个 Hello 报文，从报文的 IP 报头摘要可以看出，这是一个向组播地址 224.0.0.5 发送的 Hello 报文。下面详细查看其 OSPF Header 信息，如图 7-7 所示。

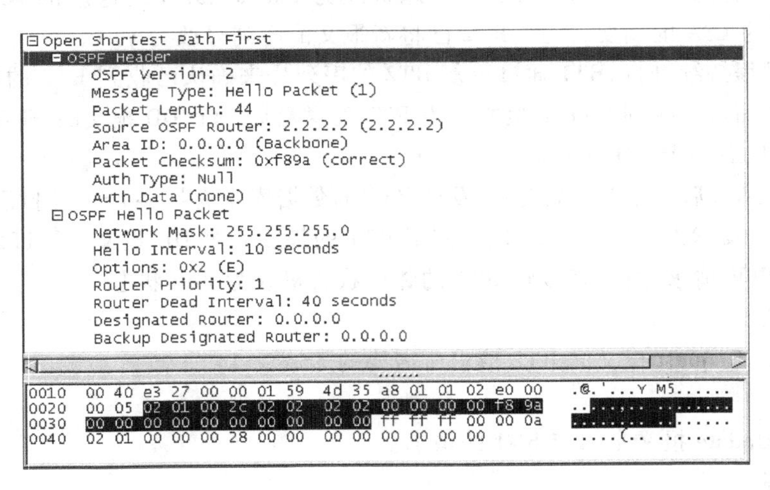

图 7-7　Hello 报文信息

整个 OSPF 报文头共有 24 个字节，第一个字节为 OSPF 的版本号，目前通用的版本为 2。第二个字节为 OSPF 报文的类型，这里是 01，即 Hello 报文。接下来的两个字节是整个 OSPF 报文的长度，从上面的信息可以看出，整个 Hello 报文的长度为 44 字节（00 2c）。跟着的 4 个字节是发出此报文的路由器 Router ID:2. 2. 2. 2(02 02 02 02)。

接下来的 4 个字节是此报文所在的 OSPF 区域信息,这里是骨干区域 0. 0. 0. 0(00 00 00 00)。接下来的两个字节是 OSPF 报文的校验和,接收路由器可以据此判断在传输中报文是否被损坏了,如果损坏了就丢弃此报文。接下来的两个字节是 OSPF 报文的验证类型,最后 8 个字节则是报文的验证数据。为了安全起见,这些字段允许路由器验证报文是否确实由报头中 Router ID 所示的 OSPF 路由器所发,以及报文内容是否被修改过。

从前面对 OSPF 报文头的分析中,可以了解到整个 Hello 报文的长度是 44 字节,除去报文头的 24 字节后还有 20 字节,这部分是 Hello 报文的主体。

前 4 个字节是发送接口的子网掩码 255. 255. 255. 0(ff ff ff 00)。接下来的两个字节是发送 Hello 报文的周期,这里是 10 s(00 0a)。OSPF 协议周期性地发送 Hello 报文,以发现新的邻居和维持已有的邻居关系。接下来的两个字节是 Hello 报文的选项。再接下来的一个字节是 OSPF 路由器(接口)的优先级,在全连接网段中被用来选举 DR(Designated Router)和 BDR(Backup Designated Router)。

接下来的 4 个字节是路由器的 DeadInterval,默认值是 40 s,如果一台路由器在 DeadInterval 的时间内没有收到从邻居发来的任何 Hello 报文,则认为到此邻居的连接发生了故障。接下来的 4 个字节是网段中 DR 的对应接口地址,最后 4 个字节是 BDR 的对应接口地址,如图 7-8 所示。由于此时在网段中并没有最终选举出 DR 和 BDR,所以有一项值还是 0。由此可见,Hello 报文常用于在广播和 NBMA 网络中选举 DR 和 BDR。

后续的 DD、LSR、LSU、LS Ack 报文结构请自行分析。

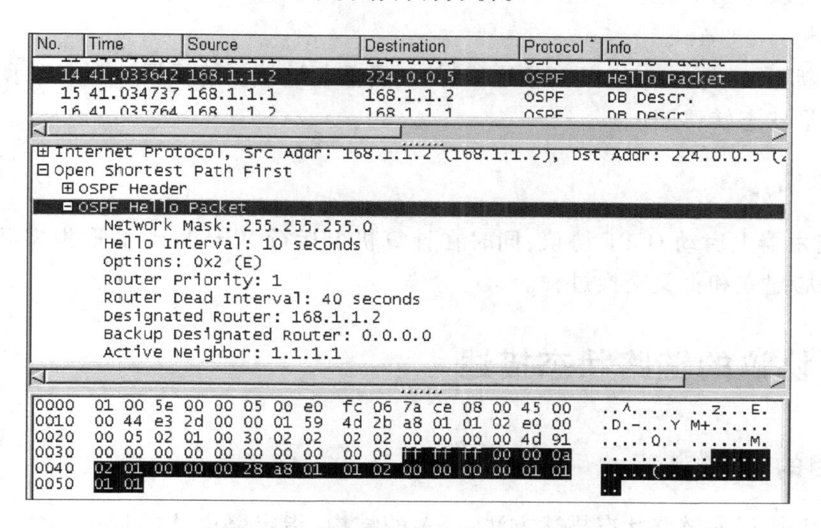

图 7-8　包含邻居信息的 Hello 报文

步骤 4　分析 OSPF 协议的头部,OSPF 协议中 Router ID 的作用是什么?它是如何产生的?

步骤 5　分析截获的一条 LS Update 报文,写出该报文的首部,并写出该报文中有几条 LSA,

以及相应 LSA 的种类。

3.6.2　OSPF 报文交互过程

当一台 OSPF 路由器收到从另外一台 OSPF 路由器发来的 Hello 报文后，它会把对方加到邻居列表中，同时也会发送一个 Hello 报文回复对方，如果对方也成功地收到回复的 Hello 报文，并把发送方加到邻居列表中，这样两台路由器之间的邻居关系就建立起来了。在邻居关系成功建立之后，发送的 Hello 报文之中就会包含相应的邻居信息了。

在邻居关系建立之后，路由器会立即进入下一个报文交换的阶段，即 DD(Database Description)报文的交换阶段。

步骤 1　结合截获的报文和 DD 报文中的字段(MS，I，M)，写出 DD 主从关系的协商过程和协商结果。

步骤 2　结合截获的报文和 DD 报文中的字段(MS，I，M，Seq)，写出 LSA 摘要信息交互的过程，并描述其隐含确认与可靠传输机制是如何起作用的。

步骤 3　结合截获的一组相关的 LSR、LSU 和 LS Ack 报文，具体描述 OSPF 协议报文交互过程中确保可靠传输的机制。

3.6.3　邻居状态机

步骤 1　在 R1 上执行下列命令，显示 OSPF 的调试信息。

```
<R1>debugging ospf event
<R1>terminal debugging
```

步骤 2　断开 S1 与 R1、R2 的两根连线，然后再重新连接。请根据 debug 显示信息，画出 R1 上的 OSPF 邻居状态转移图。

3.7　实验总结

通过在路由器上启动 OSPF 协议，同时在计算机上运行 Wireshark 截取报文并分析，深入理解了 OSPF 邻居建立和报文交换过程。

4　OSPF 协议的链路状态描述

OSPF 协议的
链路状态描述

4.1　实验目的

掌握 OSPF 协议的链路状态描述方法、LSA 的结构、指定路由器的选举算法，以及第一类和第二类 LSA 的描述。

4.2　实验内容

了解 OSPF 协议的 4 种网络类型，应用链路状态描述方法对 4 种网络进行描述，学习指定路由器的选举算法，分析常见的第一类和第二类 LSA 的结构。

4.3　实验原理

4.3.1　OSPF 协议的 4 种网络类型

OSPF 协议计算路由是以路由器周边网络的拓扑结构为基础的。每台 OSPF 路由器根据自己周围的网络拓扑结构生成链路状态通告 LSA（Link State Advertisement），并通过更新报文将 LSA 发送给网络中的其他 OSPF 路由器。

OSPF 协议根据路由器所连接网络的链路层协议，将网络分为以下 4 种类型，如图 7-9 所示。

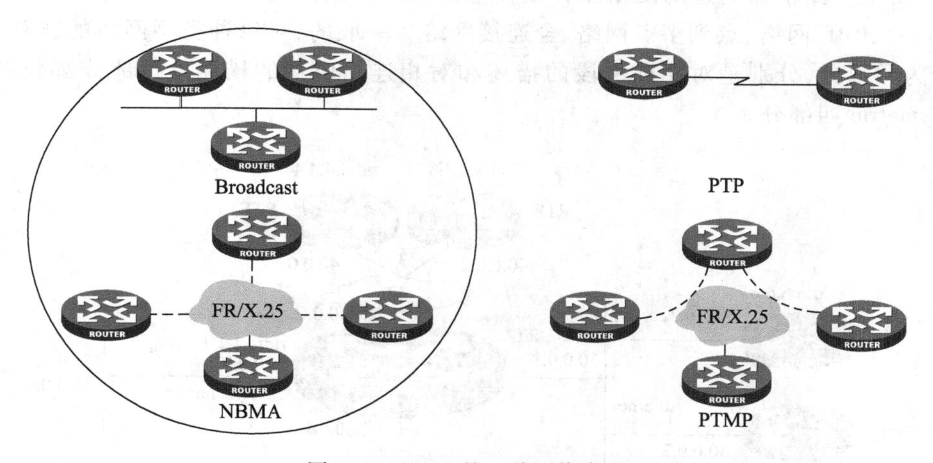

图 7-9　OSPF 的 4 种网络类型

1. 广播类型

当网络的链路层协议是 Ethernet、FDDI 时，OSPF 默认网络类型是 Broadcast。在该类型的网络中，通常以组播形式（224.0.0.5 和 224.0.0.6）发送协议报文，选举指定路由器 DR 和备份指定路由器 BDR。

2. NBMA 类型

当网络的链路层使用帧中继、ATM 或 X.25 协议时，OSPF 默认网络类型是全连接的非广播多点可达网络 NBMA（Non-Broadcast Multi-Access）。在该类型的网络中，以单播形式发送协议报文。手工指定邻居，选举 DR 和 BDR，DR 和 BDR 要求与 DRother 完全直连。

3. 点到多点 PTMP 类型

当网络的链路层使用帧中继、ATM 或 X.25 协议，但它又不是非广播多点可达网络 NBMA，这种网络被称为点到多点 PTMP(Point-to-Multipoint)类型网络。点到多点网络一般是由其他的网络类型强制更改的,常用做法是将非全连接的网络改为点到多点的网络。在该类型的网络中,以组播形式(224.0.0.5)发送协议报文。组播 Hello 报文自动发现邻居,不要求 DR/BDR 的选举。

4. 点到点 PTP 类型

当网络的链路层协议是 PPP、HDLC 和 LAPB 时,OSPF 默认网络类型是 PTP(Point-to-point)。在该类型的网络中,以组播形式(224.0.0.5)发送协议报文,无须选举 DR 和 BDR。

4.3.2 链路状态描述

OSPF 是基于链路状态算法的路由协议,所有对路由器链路状态信息的描述都是封装在链路状态通告 LSA 报文中发送出去的。当路由器初始化或当网络结构发生变化(如增减路由器,链路状态发生变化等)时,路由器会产生链路状态数据报文 LSA,该报文中包含路由器上所有相连的链路的状态信息。

OSPF 协议将路由器周边的网络拓扑结构抽象为 4 种典型的网络模型,如图 7-10 所示。分别为 Stub net、PPP 网络、点到多点网络、全连接网络。一般的,对每种类型网络的链路状态描述都可以分为两部分,分别是对相连网段的描述和对相连路由器的描述。每部分都包括 link id、data、type、metric 四部分。

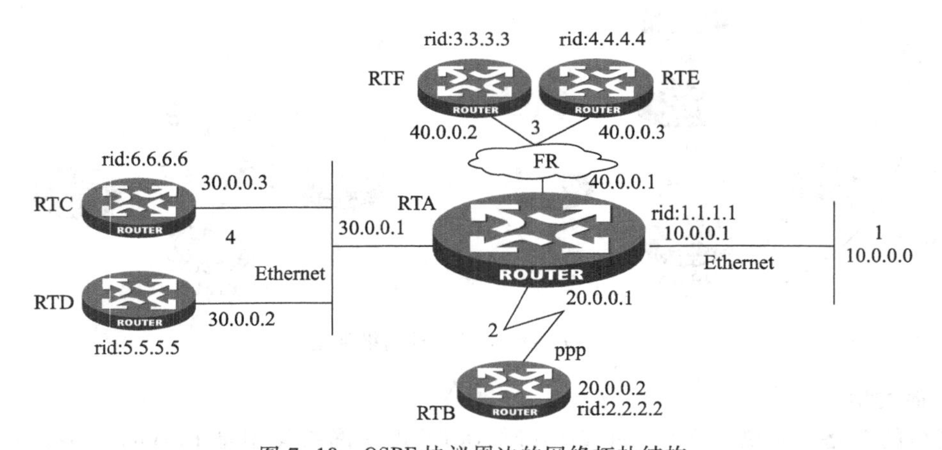

图 7-10 OSPF 协议周边的网络拓扑结构

链路状态描述信息组成链路状态通告(LSA)信息,不同类型的网络用不同类型的 LSA 来描述。其中,前 3 种类型的网络用第一类 LSA 描述,而全连接网络用第二类 LSA 描述。

1. Stub net 网络描述

Stub net 是指所连接的一个末端网络(Stub Net),该网段中没有其他运行 OSPF 协议的网络设备,只有如计算机这样的设备。

描述相连网段的路由信息如下。

```
link id: 10.0.0.0                /* 网段 */
```

```
data: 255.0.0.0                /* 掩码 */
type: StubNet (3)              /* 类型 */
metric: 50                     /* 花费 */
```

2. PPP 网络描述

PPP 网络是指通过一条点到点的链路连接另外一台运行 OSPF 的路由器。

(1) 描述相连网段的路由信息如下。

```
link id: 20.0.0.0              /* 网段 */
data: 255.0.0.0                /* 掩码 */
type: StubNet (3)              /* 类型 */
metric: 5                      /* 花费 */
```

(2) 描述相连的路由器 RTB 的信息如下。

```
link id: 2.2.2.2               /* RTB 的 router id */
data: 20.0.0.2                 /* RTB 的接口地址 */
type: router (1)               /* 类型 */
metric: 5                      /* 花费 */
```

3. 点到多点网络描述

点到多点网络是指通过一个点对多点的网络连接另外多台运行 OSPF 的路由器,但这些路由器彼此之间并不是全连通的。

(1) 描述相连网段的路由信息如下。

```
link id: 40.0.0.1              /* 网段 */
data: 255.0.0.0                /* 掩码 */
type: StubNet ( 3)             /* 类型 */
metric: 5                      /* 花费 */
```

(2) 描述相连的路由器 RTF 的信息如下。

```
link id: 3.3.3.3               /* RTF 的 router id */
data: 40.0.0.1                 /* 与 RTF 相连的接口地址 */
type: router ( 1)              /* 类型 */
metric : 5                     /* 花费 */
```

(3) 描述相连的路由器 RTE 的信息如下。

```
link id: 4.4.4.4               /* RTE 的 router id */
data: 40.0.0.1                 /* 与 RTE 相连的接口地址 */
type: router ( 1)              /* 类型 */
metric : 5                     /* 花费 */
```

4. 全连接网络链路状态描述中的信息冗余和 N^2 连接问题

对于有 N 个路由器的全连接的广播或 NBMA 网络,如果仍然采用点到多点网络的描述方法,会存在两个方面的问题,首先,每个路由器对这个全连接网络的链路状态描述信息存在很多重复和冗余,例如,对相连网段的描述是完全一样,任意两个路由器所描述的 $N-1$ 个相连路由器,有 $N-2$ 个是完全相同的。而且,其中的 data、type、metric 3 个字段完全相同。其次,更严重的是,对于全连接网络,其上任意两台路由器之间都需要互相传递路由信息(泛洪,Flooding),就需要建立 $N\times(N-1)/2$ 个邻接关系。任何一台路由器的路由变化,都需要在网段中进行 $N\times(N-1)/2$ 次的信息传递,如图 7-11 所示。这些邻居关系要定期更新链路状态数据库 LSDB,不仅浪费了宝贵的带宽,也会消耗大量的系统资源。

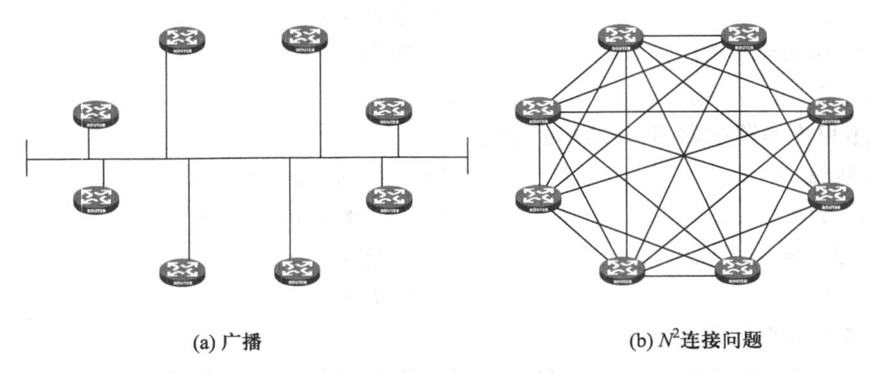

(a) 广播　　(b) N^2连接问题

图 7-11　广播及 NBMA 网段中的 N^2连接问题

4.3.3　指定路由器 DR 的选举与第二类 LSA

1. 指定路由器 **DR** 和备份指定路由器 **BDR**

为了解决全连接网络中的 N^2连接问题,OSPF 协议从该网络中自动选举一台路由器为指定路由器 DR,DR 路由器来负责传递信息。所有的路由器都只将路由信息发送给 DR,再由 DR 将路由信息发送给本网段内的其他路由器。

同时,考虑到如果 DR 由于某种故障而失效,这时必须重新选举 DR,并进行新一轮的链路状态信息同步。这需要较长的时间,在这段时间内,路由计算是不正确的。为了能够缩短这个过程,进行快速响应,OSPF 提出了备份指定路由器 BDR 的方式。它与 DR 同时被选举出来。BDR 也与该网段内的所有路由器建立邻接关系并交换路由信息。DR 失效后,BDR 能立即成为 DR。然后,其他路由器再重新选举 BDR,虽然这个过程也比较长,但它并不影响路由的计算和数据的转发。

这样,任意两台不是 DR 和 BDR 的路由器(DRother)之间不再建立邻接关系,也不再交换任何路由信息。它们只相互周期性地交换 Hello 报文,它们之间的邻居状态机停留在 2-way 状态。但其所占用的带宽很少,可以接受。

这样在广播和 NBMA 类型网络上的路由器之间只需建立 $(n-2)\times2+1$ 个邻接关系,每次路由变化只需进行 $O(n)$ 次的信息传递,而不是 $O(n^2)$次传递,如图 7-12 所示。

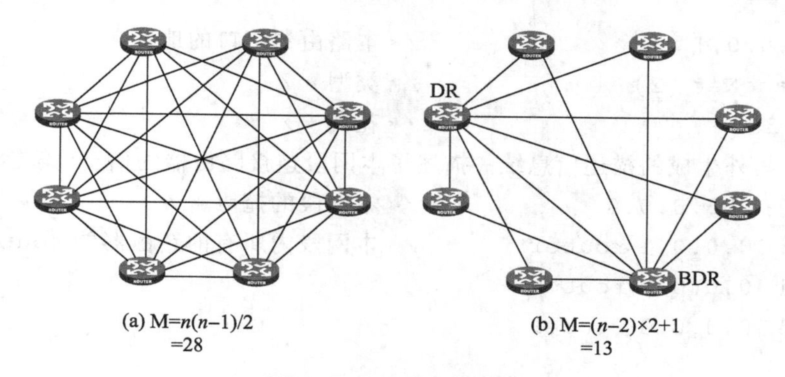

图 7-12 DR 概念的提出

2. **DR** 和 **BDR** 的选举过程

在广播和 NBMA 类型网络上的所有路由器,根据发送的 Hello 报文中携带的优先级(Priority)位、DR、BDR 信息,按照一定的规则,选出一个最优的路由器作为 DR,次优的路由器作为 BDR,这个网段中其他的路由器只与 DR 和 BDR 建立邻接关系。选举过程如下。

首先,初始阶段,如果没有收到其他路由器的相关信息,Priority>0(Priority 是接口上的参数,可以配置,默认值是 1) 的 OSPF 路由器,在以组播方式发送的 Hello 报文中,将自身的 Router ID 赋值给 DR 字段,声称自己是 DR。

然后,经过一段时间,所有路由器 DR 选举的信息都交换完成,每台路由器都有该网络上其他路由器的优先级和 Router ID。先比较优先级 Priority,选择 Priority 高的。如果 Priority 相等,选择 Router ID 大的。由于 Router ID 是全局唯一的,所以一定能够选出 DR 和 BDR。

DR 和 BDR 一旦选举完成,除它们发生故障,否则不会更换,即使后来的路由器 Priority 更高。这样,可以避免 DR 频繁的更迭,以及由此所带来的路由器之间邻接关系重新建立和链路状态信息重新同步等问题。有利于网络的稳定和尽量减少对网络带宽的占用。

当然,指定路由器的提出也增加了 OSPF 协议的复杂度。例如,在广播和 NBMA 网段中,路由器的角色划分为 DR、BDR、DRother。路由器之间的关系分为 Unknown、Neighbor、Adjacency。两台 DRother 路由器之间只建立 Neighbor 关系,邻居状态机停留在 2-way 状态。DR 及 BDR 与本网段内的所有路由器建立 Adjacency 关系,邻居状态机在 Full 状态,并增加了一种新的 LSA 类型:Network-LSA,由 DR 生成,描述了本网段的链路状态信息。

另外,需要注意的是,DR 是指在某个网段中的概念,是针对路由器的接口而言的。某台路由器在一个接口上可能是 DR,在另一个接口上可能是 BDR,或者是 DROther。

3. 全连接网络描述

全连接网络是指一个广播或者 NBMA 网段,该网段中所有运行 OSPF 协议的网络设备之间都直接相连。

(1) 引入指定路由器 DR 概念后,路由器采用下面方式描述相连网段(第一类 LSA)。

```
link id: 30.0.0.3                    /* 网段中 DR 的接口地址 */
```

```
data: 30.0.0.1                    /* 本路由器接口的地址 * /
type: TransNet (2)                /* 类型 * /
metric : 50                       /* 花费 * /
```

(2) 由 DR 另外生成的描述信息统一描述了本网段连接路由器的信息(第二类 LSA)。

```
Net mask : 255.0.0.0              /* 本网段的掩码 * /
Attached 30.0.0.1 router          /* 本网段内所有的路由器的 router id * /
Attached 30.0.0.2 router
Attached 30.0.0.3 router
```

4.3.4 链路状态通告 LSA 的结构

1. LSA 的首部

所有的 LSA 都有相同的报文首部,其格式如图 7-13 所示。

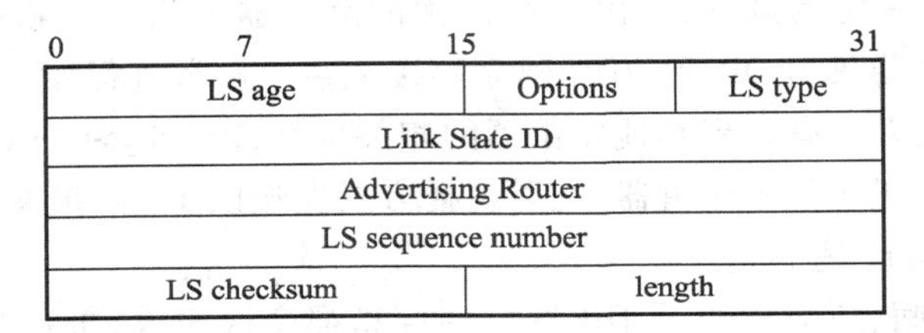

图 7-13　LSA 的头格式

LSA 的首部长度都是 20 个字节,其主要字段的解释如下。

(1) LS age,用来标识 LS 产生的时间。

(2) Options,用来描述支持的路由域,主要包括 DC、EA、N/P、MC、E、T 等选项。

(3) LS type,链路状态通告类型。每种类型的 LSA 都有一定的格式。

(4) Advertising Router,指始发此 LSA 的路由器的 Router ID。

(5) Link State ID,这个字段标识被描述的网络环境的一部分,Link State ID 的内容和意义与 LSA 的类型密切相关,即不同类型的 LSA,其 Link State ID 也是不同的。例如,当 LSA 的类型是 Type 1 时, Link State ID 是始发路由器的 Router ID;当 LSA 的类型是 Type 2 时, Link State ID 是 DR 在该网段上接口的 IP 地址;当 LSA 的类型是 Type 3 时, Link State ID 是被通告的网络/子网的 IP 地址;当 LSA 的类型是 Type 4 时, Link State ID 是被通告 ASBR 的 Router ID;当 LSA 的类型是 Type 5 时, Link State ID 是目的地的 IP 地址。具体总结整理如表 7-2 所示。

表 7-2　LSA 的类型与 Link State ID 之间的关系

LS Type 值	LSA 类型	类型名称	Link State ID
1	Type 1	Router	始发路由器的 Router ID
2	Type 2	Network(Net)	DR 在该网段上接口的 IP 地址

续表

LS Type 值	LSA 类型	类型名称	Link State ID
3	Type 3	Summary Network(SumNet)	被通告的网络/子网的 IP 地址
4	Type 4	Asbr-Summary(SumASB)	被通告 ASBR 的 Router ID
5	Type 5	AS-External(ASE)	目的网段的 IP 地址

(6) LS sequence number,用于识别 LSA 包是否是一个最新包。路由器每生成一个新的 LSA 时,将该序列号加 1。

(7) LS checksum 用来检查 LSA 的完整性,包括除了 LS age 之外的 LSA 头部的内容。

(8) length,LSA 的长度,用 bytes 表示。包括 LSA 首部的 20 字节。

LSA 首部中的链路类型、链路状态 ID 和通告路由器的 Router ID 是一个 LSA 的唯一标识。一个 LSA 将有多个实例,不同的实例通过 LS 的序列号、LS 的校验和及 LS age 字段来描述。因此,需要通过检查 LS 的序列号、LS 的校验和及 LS age 字段的内容,来确定此实例是否是最新的。

2. LSA 的主体部分

LSA 主体部分首先是 Link count 字段,它表示链路状态描述的数量,然后,就是多条链路状态描述信息,不同类型 LSA 的描述各不相同。其中第一类 LSA(Router LSA)每条都有 Type、Link ID、Link Data 、Metric 4 项信息,下面分别进行介绍。

(1) Type:即对路由器链路类型的描述。在 RFC 2328 中,基于 OSPF 协议定义了 4 种网络类型,又进一步将这几种网络中的链路类型分为如下 4 类:到另一台路由器的点对点的连接(Router);连接到 TransNet 网络(如以太网);连接到 Stub 网络(StubNet);虚连接(Virtual Link)。

(2) Link ID:用于标识路由器的链路。其取值与链路的类型有关:如果是到另一台路由器的点对点的连接(Router),其取值为邻居路由器的 Router ID;如果连接到 Transit 网络(TransNet),其取值则为 DR 的 IP 地址;如果连接到 Stub 网络(StubNet),取值为相应子网的网络地址;如果是虚连接(Virtual Link),其取值也是邻居路由器的 Router ID。

(3) Link Data:链路数据的取值实际上取决于链路的类型。如果是到另一台路由器的点对点的连接(Router)或连接到 Transit 网络(TransNet),取值为与对端直接相连的接口 IP 地址;如果是连接到 Stub 网络(StubNet),取值是相应子网的子网掩码(子网网络地址已经在 Link ID 部分表示出来了)。

(4) Metric:该链路的花费值。

链路状态描述中的链路类型及相关参数之间的关系如表 7-3 所示。

表 7-3　LSA 的链路类型及相关参数

类型值	链路类型	Link ID	Link Data
1	Point-to-Point 链路	邻居路由器的 Router ID	始发路由器在该网段时的接口 IP 地址
2	连接 Transit 网络链路	DR 接口的 IP 地址	始发路由器在该网段时的接口 IP 地址

续表

类型值	链路类型	Link ID	Link Data
3	连接 Stub 网络链路	Stub 网络的 IP 地址	Stub 网络的子网掩码
4	Virtual Link	邻居路由器的 Router ID	始发路由器接口的 MIB-II ifIndex 值

4.4　实验环境与分组

(1) H3C 系列路由器 2 台，三层以太网交换机 2 台，PC 1 台，Console 线 4 条，标准网线若干。

(2) 每组学生合作共同配置路由器和交换机。

4.5　实验组网

实验组网如图 7-14 所示。

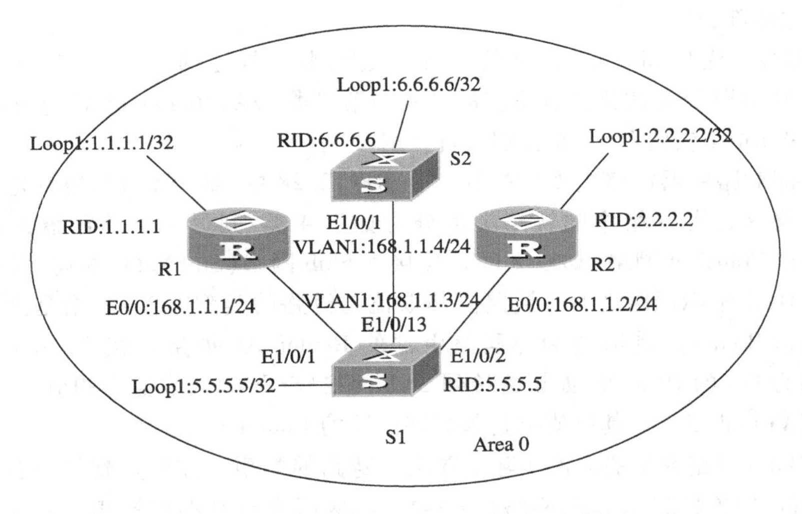

图 7-14　邻居建立及报文交换过程组网图

4.6　实验步骤

4.6.1　第一类 LSA(Router LSA)的分析

步骤 1　继续分析上一节截获的报文，找到 R2 发出的 Update 报文(可能有多条)，进行分析。

请写出图中的网络有几种网络类型。R2 发出的所有 Update 报文中共包含几种类型的 LSA？具体类型是什么？

步骤 2　第一类 LSA(Router LSA)的分析。

找到 R2 发出的包含第一类 LSA 的 Update 报文，首先分析这一条 LSA 的报文头信息。

（1）**Type**：这部分标识的是 LSA 的类型，在捕获到的报文中可以看到这部分只有 1 个字节。其中类型 1 为 Router LSA，在 R1 的 LSDB 中第一条就是 Router LSA。运行 OSPF 协议的每台路由器都会产生此类 LSA，用于描述路由器周围的链路状态，在区域内传播。

（2）**LS ID（Link State ID）**：这部分用于标识 LSA 所描述的网络环境，其取值与 LSA 的类型有关。例如，在 Router LSA 中，其取值为通告此 LSA 的路由器的 Router ID。

（3）**Adv rtr（Advertising Router）**：这部分是始发此 LSA 的路由器的 Router ID。

（4）**LS age、Len、Seq 等字段**：不一一介绍，请结合实验原理分析。

以上是对第一类 LSA 的报文头的分析，下面再来看看这条 LSA 的主体部分。由于第一类 LSA（Router LSA）是对路由器周围链路状态的描述，所以这条 LSA 是对 R2 周围链路状态的描述。从上面的信息中的 Link count 部分可以看出有两条链路状态信息，每条都有 Link ID、Link Data、Type、Metric 4 项信息，请按照第一条链路状态信息，填写表 7-4。

表 7-4 链路状态信息

名称	数值	意 义
Type		
Link ID		
Link Data		
Metric		

4.6.2 第二类 LSA（Network LSA）分析

步骤 1 第二类 LSA（Network LSA）分析。

因为 R1 和 R2 之间通过以太网相连，以太网属于广播网络，R1 和 R2 需要选举 DR 和 BDR，并由 DR 生成第二类 LSA。找到 R2 发出的包含第二类 LSA 的 Update 报文，首先分析其报文头部分，主要查看 Type 和 LS ID 两部分，其他部分与第一类 LSA 类似。

（1）**Type**：这部分标识的是 LSA 的类型，在捕获到的报文中可以看到这部分只有 1 个字节。其中类型 2 为 Network LSA，由 DR 生成，用于描述网段内的链路状态，并在区域内传播。

（2）**LS ID（Link State ID）**：这部分用于标识 LSA 所描述的网络环境，其取值和 LSA 的类型有关。在 Network LSA 中，其取值为 DR 的 IP 地址。

在第二类（Network）LSA 的主体部分有如下两项。

（1）**Network mask**：这部分标识的是该网络的子网掩码。

（2）**Attached router**：这部分列出了所有连接到该网段的路由器的 Router ID。除了 DR 本身之外，实际上只有那些在网络中与 DR 建立了直接邻居关系的路由器才会被列出。

步骤 2 在 R2 上运行“display ospf lsdb network”命令，显示第二类 LSA 信息：

```
[R2] display ospf lsdb network
```

请写出所显示的一个完整的第二类 LSA 的信息。

4.6.3　指定路由器 DR 选举

步骤 1　如图 7-14 所示，在图 7-2 基础上，将三层交换机 S2 接入网络，并进行相关配置，S1、S2 的所有端口都属于 VLAN1。

步骤 2　配置完成后，请确认所有路由都在 IP 路由表中，请写出此时这个广播网络的 DR 和 BDR，以及各台设备的 Router ID 和优先级，写出查看这些信息的命令，并解释为什么。

步骤 3　重新启动指定路由器 DR 的 OSPF 进程，参考命令如下：

```
reset ospf process
```

然后，写出此后的 DR、BDR、DRother 路由器的名称，并解释为什么。

4.6.4　邻居状态机

步骤 1　在 R1 上执行下列命令，显示 OSPF 的调试信息。

```
<R1>debugging ospf event
<R1>terminal debugging
```

步骤 2　断开 S1 与 S2、R1、R2 的连线，然后再重新连接。请根据 debug 显示信息，画出 R1 上所有 OSPF 邻居路由器的邻居状态转移图。

4.7　实验总结

通过实验从细节上分析 OSPF 的网络类型和相关的链路状态描述方法，比较深入地理解第一类和第二类 LSA 的结构，以及指定路由器的选举算法，体会 OSPF 协议的设计思想。

5　区域划分及 LSA 的种类

区域划分及 LSA 的种类

5.1　实验目的

理解 OSPF 协议区域划分的设计思想，掌握 OSPF 中常见的 3~5 类 LSA 的结构，及其在相关区域间的传递，了解路由器上 LSDB 的结构。

5.2　实验内容

通过配置多区域的 OSPF 网络，在路由器上查看所生成的 LSDB，分析常见的 3~5 类 LSA 的结构。理解 OSPF 路由在区域间的传播方式，以及区域外路由在 OSPF 协议中的引入与传播方法。

5.3　实验原理

5.3.1　OSPF 协议的区域划分

随着网络规模日益扩大,网络中的路由器数量不断增加。当网络中的路由器都运行 OSPF 路由协议时,每台路由器都保留着整个网络中所有路由器生成的 LSA,这些 LSA 的集合组成链路状态数据库(LSDB),路由器数量的增多会导致 LSDB 非常庞大,会占用大量的存储空间,并增加运行 SPF 算法的复杂度,加重 CPU 的负担。

同时,LSDB 规模越大,两台路由器之间进行 LSDB 同步的时间越长。而随着网络规模的增大,拓扑结构发生变化的概率也变大,网络会经常处于"动荡"之中,为了同步这种变化,网络中会有大量的 OSPF 协议报文在传递,降低了网络的带宽利用率。更糟糕的是,每一次变化都会导致网络中所有的路由器重新进行路由计算。

解决上述问题的关键主要有两点:减少 LSA 的数量,缩小网络变化波及的范围。

OSPF 协议通过将自治系统划分成不同的区域(Area)来解决上述问题,如图 7-15 所示。区域是在逻辑上将路由器划分为不同的组。区域的边界是路由器,这样会有一些路由器同时属于不同的区域,这样的路由器称为区域边界路由器(ABR),但一个网段只能属于一个区域,每个运行 OSPF 协议的接口必须明确属于某一个特定的区域,区域用区域号(Area ID)来标识。区域号是一个从 0 开始的 32 位整数。不同的区域之间通过 ABR 来传递路由信息。

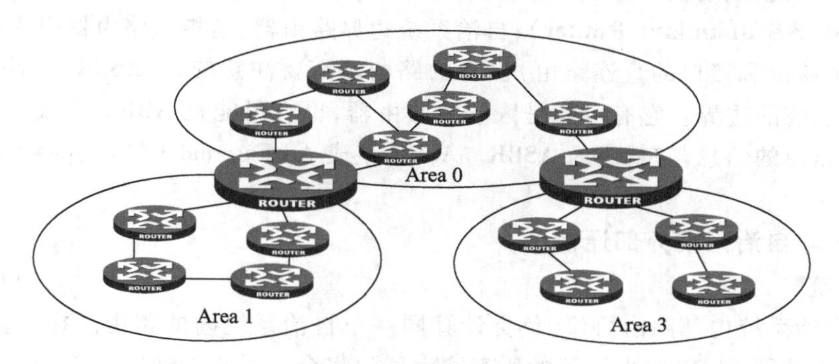

图 7-15　多区域的 OSPF 网络

划分区域后,在区域内部仍然使用第一类和第二类 LSA 来描述区域内的网络,并仅限于在区域内部传播。当区域边界路由器 ABR 收到这些信息后,会据此对该区域内的路由生成一种新的第三类 LSA,并将其传播到相邻的区域。这种第三类 LSA 主要对区域内的路由(网段)信息进行描述,描述内容主要有网段、子网掩码、度量值等,与 RIP 协议的路由信息描述方法类似,属于距离矢量方法。与第一类和第二类 LSA 相比,大大减少了路由信息描述的数据量。

另外,OSPF 协议还支持路由聚合,如果 ABR 上使能了路由聚合功能,其可以根据 IP 地址的规律先将区域内的路由进行聚合后再生成第三类 LSA,这样可以大大减少自治系统中 LSA 的数量。同时,划分区域之后,网络拓扑的变化首先在区域内进行同步,如果该变化影响到聚合之后的路由,则才会由 ABR 将该变化通知到其他区域。大部分的拓扑结构变化就会被屏蔽在区域之内。

当然,划分区域之后,也给 OSPF 协议带来了很大的变化。例如,它引起了路由器类型的划分、LSA 类型的增加、区域间路由的计算等问题。

5.3.2　路由器的类型

OSPF 路由器根据在 AS 中的不同位置,可以分为以下 4 类。

(1) **IAR(Internal Area Router)**:区域内路由器,是指该路由器的所有接口都属于同一个 OSPF 区域。这种路由器只可能生成第一类和第二类 LSA,只保存一个 LSDB。

(2) **ABR(Area Border Router)**:区域边界路由器,该路由器同时属于至少两个区域(其中必须有一个是骨干区域,也就是区域 0)。

该类路由器可以同时属于两个以上的区域,但其中一个必须是骨干区域。ABR 用来连接骨干区域和非骨干区域,它与骨干区域之间既可以是物理连接,也可以是逻辑上的连接(虚连接)。

该路由器为每一个所属的区域都生成第一类和第二类 LSA,为每一个所属的区域保存一个 LSDB,并根据需要生成 Network Summary LSA(Type=3)和 ASBR Summary LSA(Type=4)。

(3) **BBR (BackBone Router)**:骨干路由器,该类路由器至少有一个接口属于骨干区域(也就是 0 区域)。因此,所有的 ABR 和位于 Area 0 的内部路由器都是骨干路由器。

(4) **ASBR(AS Boundary Router)**:自治系统边界路由器,是指该路由器引入了其他路由协议(也包括静态路由和接口的直连路由)发现的路由。需要注意的是,ASBR 并不一定在拓扑结构中位于自治系统的边界。它有可能是区域内路由器,也有可能是 ABR。只要一台 OSPF 路由器引入了外部路由的信息,它就成为 ASBR。ASBR 生成 AS External LSA(Type=5)。

5.3.3　OSPF 与自治系统外部通信

1. 自治系统

OSPF 是自治系统内部路由协议,负责计算同一个自治系统内的路由。在这里"自治系统"是指彼此相连的运行 OSPF 路由协议的所有路由器的集合。对于 OSPF 来说,整个网络只有"自治系统内"和"自治系统外"之分。"自治系统外"并不一定在物理上或拓扑结构中真正位于自治系统的外部,而是指那些没有运行 OSPF 的路由器或者是某台运行 OSPF 协议的路由器中没有运行 OSPF 的接口。

2. ASBR

作为一个内部网关协议,OSPF 同样需要了解自治系统外部的路由信息,这些信息是通过 ASBR(自治系统边界路由器)获得的,ASBR 是那些将其他路由协议(也包括静态路由和接口的直连路由)发现的路由引入(import)到 OSPF 中的路由器。同样需要注意的是,ASBR 并不一定真的位于 AS 的边界,而是可以在自治系统中的任何位置。

3. 计算自治系统外部路由

ASBR 为每一条引入的路由生成一条 Type 5 类型的 LSA,主要内容包括该条路由的目的地址、掩码和花费等信息。这些路由信息将在整个自治系统中传播(Stub Area 除外)。计算路由时先在最短路径树中找到 ASBR 的位置,然后将所有由该 ASBR 生成的 Type 5 类型的 LSA 都当作叶子结点挂在 ASBR 的下面。

以上的方法在区域内部是可行的,但是由于划分区域的原因,与该 ASBR 不在同一个区域的路由器计算路由时无法知道 ASBR 的确切位置(该信息被 ABR 过滤掉了,因为 ABR 是根据区域内的已生成的路由再生成 Type3 类型的 LSA)。

为了解决这个问题,协议规定如下:如果某个区域内有 ASBR,则这个区域的 ABR 在向其他区域生成路由信息时必须单独为这个 ASBR 生成一条 Type 4 类型的 LSA,内容主要包括这个 ASBR 的 Router ID 和到它所需的花费值,如图 7-16 所示。

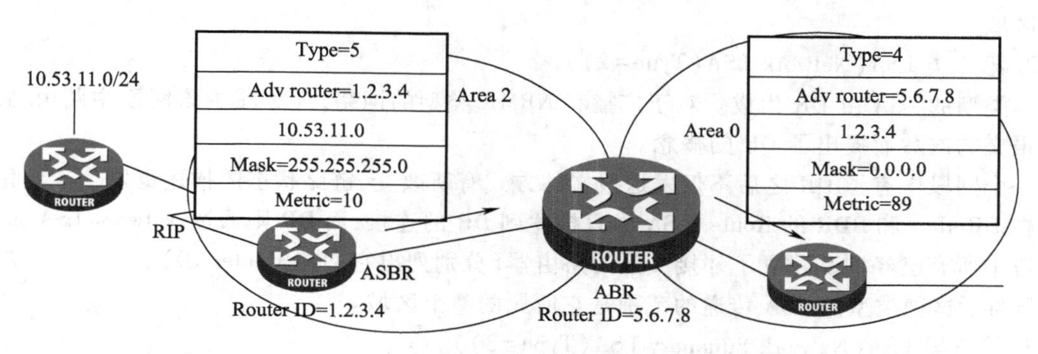

图 7-16 自治系统外部路由计算

5.3.4 LSA 种类

如表 7-5 所示,OSPF 协议定义了多种链路状态通告 LSA 类型,这里主要介绍前 5 种类型的 LSA。

表 7-5 LSA 分类

Type	LSA
1	Router
2	Network
3	Summary Network
4	Summary ASBR
5	External
6	Group Membership

续表

Type	LSA
7	NSSA
8	External Attributes
9-11	Opaque

1. 第一类 LSA(Router LSA(Type=1))

这是最基本的 LSA 类型,所有运行 OSPF 的路由器都会生成这种 LSA。主要描述本路由器运行 OSPF 的接口的连接状况、花费等信息。

对于 ABR,它会为每个区域生成一条 Router LSA。这种类型的 LSA 传递的范围是它所属的整个区域。

2. 第二类 LSA(Network LSA(Type=2))

本类型的 LSA 由 DR 生成。对于广播和 NBMA 类型的网络,为了减少该网段中路由器之间交换报文的次数而提出了 DR 的概念。

一个网段中有了 DR 之后不仅发送报文的方式有所改变,链路状态的描述也发生了变化。

在 DRother 和 BDR 的 Router LSA 中只描述到 DR 的连接,而 DR 则通过 Network LSA 来描述本网段中所有已经同其建立了邻接关系的路由器(分别列出它们的 Router ID)。

同样, 这种类型的 LSA 传递的范围是它所属的整个区域。

3. 第三类 LSA(Network Summary LSA(Type=3))

本类型的 LSA 由 ABR 生成。当 ABR 完成它所属一个区域中的区域内路由计算之后,查询路由表,将本区域内的每一条 OSPF 路由封装成 Network Summary LSA 发送到相邻区域。该 LSA 中描述了某条路由的目的地址、掩码、花费值等信息。

这种类型的 LSA 传递的范围是除了该 LSA 生成区域之外的其他区域,并且将 Advertising Router 字段设置为该 ABR 的 Router ID。

4. 第四类 LSA(ASBR Summary LSA(Type=4))

本类型的 LSA 同样是由 ABR 生成。内容主要是描述本区域内部到达 ASBR 的路由。

这种 LSA 与 Type 3 类型的 LSA 内容基本一样,只是 Type 4 的 LSA 描述的目的地址是 ASBR,是主机路由,所以掩码为 0.0.0.0。

这种类型 LSA 的传递方式和传递范围与 Type 3 的 LSA 相同。

5. 第五类 LSA(AS External LSA(Type=5))

本类型的 LSA 由 ASBR 生成。主要描述了到自治系统外部路由的信息,LSA 中包含某条路由的目的地址、掩码、花费值等信息。

本类型的 LSA 是唯一一种与区域无关的 LSA 类型,它并不与某一个特定的区域相关。这种类型的 LSA 传递的范围整个自治系统(Stub 区域除外)。

5.3.5　骨干区域与虚连接

1. 骨干区域

OSPF 划分区域之后,并非所有的区域都是平等的关系。其中有一个区域是与众不同的,它的区域号(Area ID)是 0,通常被称为骨干区域(Backbone Area)。

由于划分区域之后,区域之间的路由信息是通过区域边界路由器 ABR 进行交互的,ABR 将一个区域内的已计算出的路由封装成第三类 LSA(Network Summary LSA(Type=3))发送到另一个区域。如图 7-17 所示。但此时的 LSA 中包含的已不再是链路状态信息,而是纯粹的路由信息。这样,此时区域间的 OSPF 路由是基于 DV 算法,而不是基于链路状态算法的了。因为 DV 算法无法保证消除路由自环,OSPF 协议必须解决由此带来的路由自环的问题。

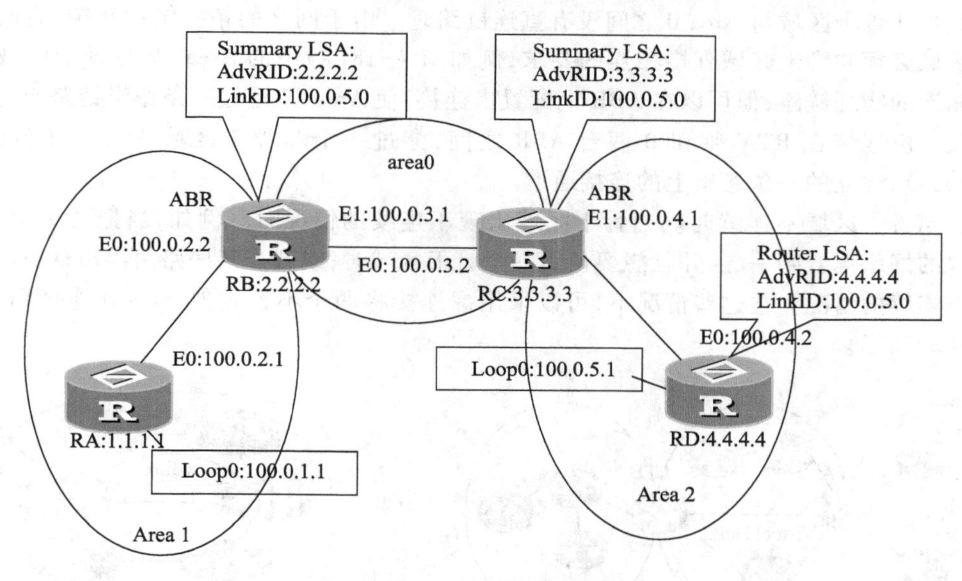

图 7-17　第三类 LSA 在区域间的传递

在 DV 算法中,路由自环产生的主要原因是生成该条路由信息的路由器没有加入通告路由器的信息。OSPF 协议在区域划分后也存在类似的问题,区域边界路由器 ABR 在生成第三类 LSA 时,会将自己的 Router ID 写入到 LSA 首部的通告路由器字段,当这条 LSA 发送到相邻的区域后,相邻区域中的路由器会认为这个区域边界路由器是该路由的初始通告路由器,这与实际情况可能不相符。如果该路由信息照此方式传递超过两个区域后,就会完全失去最初通告路由器的信息,有可能会引起路由自环。

OSPF 协议解决这个问题的方法是,设置一个名称为骨干区域的“特定区域”,要求其他所有的区域必须和骨干区域直接相连,并且骨干区域自身也必须是连通的。这样,每一个区域边界路由器 ABR 连接的区域中至少有一个是骨干区域。所有 ABR 将非骨干区域内的路由信息封装成第三类 LSA 后，统一发送给骨干区域，再通过骨干区域将这些信息转发给其他非骨干区域。

因此，在保证所有非骨干区域必须与骨干区域保持连通，以及骨干区域自身也必须是连通的前提下，由骨干区域负责区域之间的路由，非骨干区域之间的路由信息必须通过骨干区域来转发。在骨干区域内，每一条第三类 LSA 都确切地知道其初始的通告路由器，并且这些第三类 LSA 路由信息的传递不会超过两个区域，就可以有效避免产生区域间的路由自环。

2. 虚连接

但在实际应用中，因为各方面条件的限制，无法满足 OSPF 规定的这两个要求。OSPF 协议提出了“虚连接”的概念，对这个问题予以解决。虚连接是指在两台 ABR 之间通过一个非骨干区域而建立的一条逻辑上的连接通道。它的两端必须是 ABR，而且必须在两端同时配置方可生效。为虚连接两端提供一条非骨干区域内部路由的区域称为运输区域（Transit Area）。

（1）当非骨干区域与 Area 0 之间没有直连链路时。由于网络的拓扑结构复杂，有时无法满足每个区域必须和骨干区域直接相连的要求，例如图 7-18（a）中的 Area 19 与骨干区域之间没有直接相连的物理链路，但可以在 ABR 上配置虚连接，使 Area 12 通过一条逻辑链路与骨干区域保持连通。虚连接在 RTA 和 RTB 两台 ABR 之间，穿过一个非骨干区域 Area 12（转换区域，Transit Area），建立的一条逻辑上的连接通道。

（2）当骨干区域不连续时。当骨干区域出现不连续的情况时。例如，当把两个运行 OSPF 路由协议的网络混合到一起，并且想要使用一个骨干区域时；或者当某些路由器出现故障引起骨干区域不连续的情况。在这些情况下，可以采用虚连接将两个不连续的 Area 0 连接到一起，如图 7-18（b）所示。

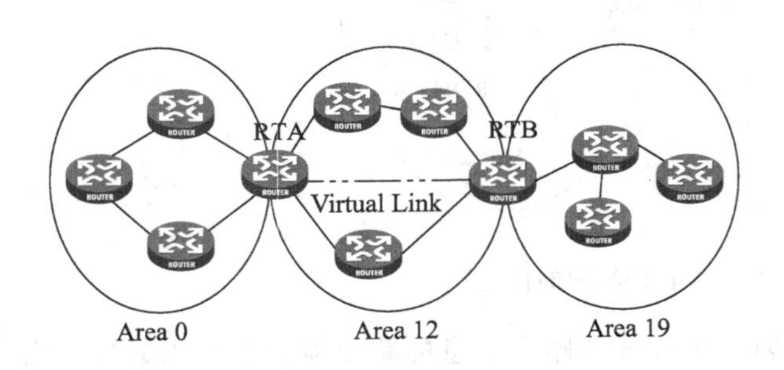

(a) 非骨干区域与Area 0之间没有直连链路

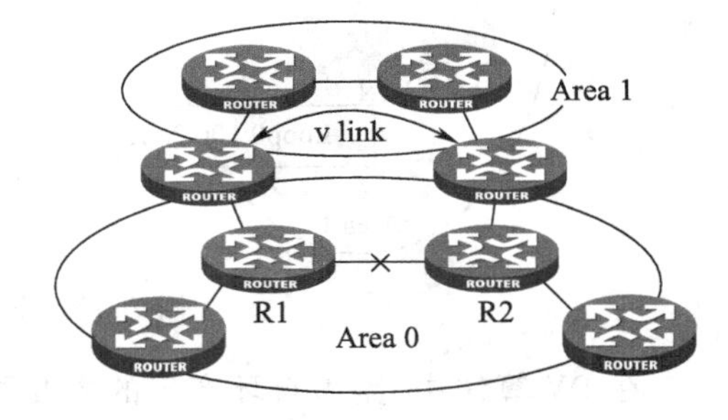

(b) 骨干区域不连续

图 7-18　虚连接示意图

5.4　实验环境与分组

H3C 系列路由器 2 台，三层以太网交换机 2 台，PC 4 台，Console 线 4 条，标准网线 2 根，V35 或 V24 DTE/DCE 线缆 1 对。

5.5 实验组网

实验组网如图 7-19 所示。

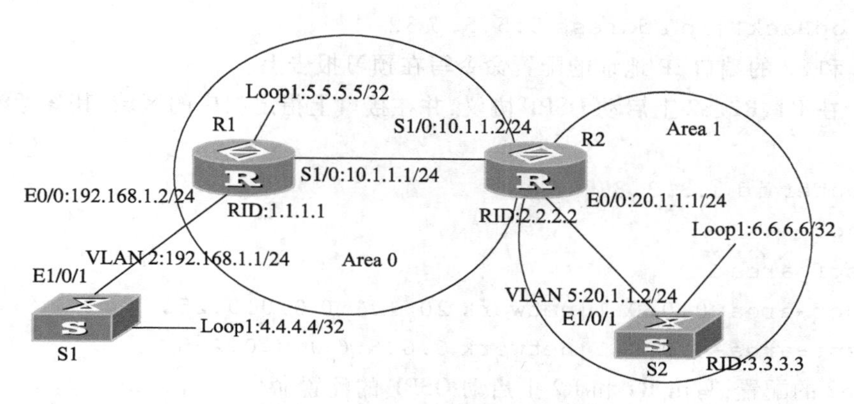

图 7-19 LSA 及 LSDB 结构分析

5.6 实验步骤

步骤 1 每 4 人一组,每人负责配置一个设备。按照图 7-19 连接各实验设备,并正确配置 IP 地址和 Router ID。

S1:

```
<h3c>system-view
[h3c]sysname S1
[S1]vlan 2
[S1-vlan2]port e 1/0/1
[S1-vlan2]quit
[S1]inter vlan 2
[S1-Vlan-interface2]
[S1-Vlan-interface2]ip address 192.168.1.1 255.255.255.0
[S1]interface loop 1
[S1-LoopBack1]ip addr 4.4.4.4 255.255.255.255
```

R1:

```
[h3c]sysname R1
[R1]interface  e 0/0
[R1-Ethernet0/0]ip address 192.168.1.2 24
[R1]interface s 1/0
[R1-Serial1/0]ip address 10.1.1.1 24
```

```
[R1-Serial1/0]shutdown
[R1-Serial1/0]undo shutdown
[R1-Serial1/0]interface loop 1
[R1-LoopBack1]ip address 5.5.5.5 32
```

请将 R2 和 S2 的端口 IP 地址的配置命令写在预习报告上。

步骤 2　在 R1、R2、S2 上启动 OSPF 协议，并在接口上指定相应的区域，其参考配置如下：

S2：

```
[S2]router id 3.3.3.3
[S2]ospf
[S2-ospf]area 1
[S2-ospf-area-0.0.0.1]network 20.1.1.0 0.0.0.255
[S2-ospf-area-0.0.0.1]network 6.6.6.6 0.0.0.255
```

请参考 S2 的配置，写出 R1 和 R2 上启动 OSPF 的配置命令。

步骤 3　在 R1 上察看 LSA：在完成上述的配置后，当各路由器之间成功建立邻居关系并交换路由信息之后（可以观察路由表，如果出现了 OSPF 路由，则表明上述过程已经结束），就可以在路由器上用"display ospf lsdb"等命令查看相关的 LSA 信息了。

在本实验中，主要讨论比较常见的 1~5 类 LSA。首先来看一看 1~3 类的 LSA。

在 R1 上执行"display ospf lsdb"命令，可以看到 R1 上的所有 LSA 的摘要信息。然后，再根据其中 LSA 的类型，分别执行"display ospf lsdb router"、"display ospf lsdb summary"等命令，显示所有 LSA 的详细信息，参考如下：

```
LS DataBase:
Area: 0.0.0.0
Type            : Router                //第一条 LSA
Ls id           : 2.2.2.2
Adv rtr         : 2.2.2.2
Ls age          : 756
Len             : 48
Seq#            : 80000004
Cksum           : 0x6450
Options         :(DC)
Area Border Router
Link count      : 2
link id         : 1.1.1.1
data            : 10.1.1.2
type            : P-2-P
```

```
metric        : 1562
link id       : 10.1.1.0
data          : 255.255.255.0
type          : StubNet
metric        : 1562

Type          : Router              //第二条 LSA
Ls id         : 1.1.1.1
Adv rtr       : 1.1.1.1
Ls age        : 760
Len           : 60
Seq#          : 80000007
Cksum         : 0x7008
Options       : (DC)
Link count    : 3
link id       : 2.2.2.2
data          : 10.1.1.1
type          : P-2-P
metric        : 1562
link id       : 10.1.1.0
data          : 255.255.255.0
type          : StubNet
metric        : 1562
link id       : 5.5.5.5
data          : 255.255.255.255
type          : StubNet
metric        : 0
Linkid        : 192.168.1.0
Data          : 255.255.255.0
Link Type     : StubNet
metric        : 1

Type          : SumNet              //第三条 LSA
Ls id         : 20.1.1.0
Adv rtr       : 2.2.2.2
```

```
Ls age          : 87
Len             : 28
Seq#            : 80000003
Cksum           : 0xaf65
Options         :(DC)
Net mask        : 255.255.255.0
Tos0metric      : 1

Type            : SumNet              //第四条 LSA
Ls id           : 6.6.6.6
Adv rtr         : 2.2.2.2
Ls age          : 87
Len             : 28
Seq#            : 80000001
Cksum           : 0x32c8
Options         :(DC)
Net mask        : 255.255.255.255
Tos0metric      : 1
```

步骤 4　三类 LSA(Summary Network LSA)的分析。

在 R1 上,除了两条一类 LSA 之外,还存在两条三类 LSA(第三和第四条 LSA)。三类 LSA 是区域间传递的 LSA 信息,由 ABR 生成,与前面介绍的一类 LSA 相比较,其最大的区别是三类 LSA 描述的不是链路状态信息,而是到其他区域内某一网段的路由信息。R1 上的两条三类 LSA 都是来自 R2 的,下面来具体分析一下这两条三类 LSA。

在报文头部分,主要来看一看 Type 和 Ls id 两部分,其他都和一类 LSA 类似。

(1) **Type**:这部分标识的是 LSA 的类型,在捕获到的报文中可以看到这部分只有 1 个字节。其中类型 3 为 Summary Network LSA,由 ABR 生成,与前面介绍的一类 LSA 相比较,其最大的区别是三类 LSA 描述的不是链路状态信息,而是到其他区域内某一网段的路由。

(2) **Ls id(Link State ID)**:这部分用于标识 LSA 所描述的网络环境,其取值和 LSA 的类型有关。在 Summary Network LSA 中,其取值为此 LSA 中的路由所指向目的网络的网络地址。

Summary Network LSA 的主体部分也比较简单,只有目的网络的子网掩码 Net mask(目的网络的网络地址在 LSA 报文头部分已经指定了)和指定了 TOS 的花费值 Tos0metric。从上面的信息中可以看出,R1 中的两条三类 LSA 实际上就是指向区域 1 中 20.1.1.0/24 和 6.6.6.0/24 网段的两条路由信息,与一类和二类 LSA 有明显的不同。路由的下一跳都自然指向 ABR,即 R2。

请写出这两条 3 类 LSA 对应的路由信息(网段、子网掩码、下一跳)的内容。

步骤 5　四类和五类 LSA 分析。

前面分析了 1~3 类 LSA 的基本结构和作用，下面再来看一看四类和五类 LSA。这里把四类和五类 LSA 放在一起介绍，主要是因为四类 LSA 总是伴随着五类 LSA 一起产生的。

五类 LSA(AS-External-LSA)是由 ASBR 生成的 LSA 信息，用于描述到 AS 外部的路由，其传播范围是整个 AS。这里的 AS 并不是严格意义上的自治系统，而是运行 OSPF 的路由器集合。当把非 OSPF 协议(如直连路由、静态路由或者其他动态路由协议等)所发现的路由引入到 OSPF 时，就会出现五类 LSA。

四类 LSA(ASBR-Summary-LSA)是由 ABR 生成的 LSA 信息，用于描述到 ASBR 的路由，传递范围是除了 ASBR 所在区域之外的相关区域。当五类 LSA 通过 ABR 向其他区域传递时，就一定会产生四类 LSA。

在本实验中，如果要产生四类和五类 LSA，首先必须要引入外部路由。可以在 R1 上配置一条指向 S1 上 Loopback1 接口网段的静态路由：

```
[R1]ip route-static 4.4.4.0 255.255.255.0 192.168.1.1
```

然后将此静态路由引入到 OSPF 中：

```
[R1-ospf]import-route static
```

为了让其他路由器都能访问 4.4.4.0/24 网段，还需要在 S1 上配置一条返回路由。由于在本实验中，S1 只有一个唯一的出口，故可以配置一条默认路由如下：

```
[S1]ip route 0.0.0.0 0.0.0.0 192.168.1.2
```

在完成上述配置之后，首先在 R2 或 S2 上观察路由表，会发现多了一条到 4.4.4.0/24 的 OSPF_ASE 路由，请写出这条路由的信息：

```
[R2]display ip routing
Routing Tables:
Destination/Mask  Proto  Pref    Metric     Nexthop    Interface
```

在 R1(ASBR)上察看 LSDB，则会发现已经生成了一条五类 LSA；而在 R2 上的 LSDB 中，除了有从 R1 来的五类 LSA 之外，还另外生成了一条指向 ASBR 的四类 LSA：

```
[R2]display ospf lsdb asbr
…
Area: 0.0.0.1
…
Type          : SumASB
Ls id         : 1.1.1.1
Adv rtr       : 2.2.2.2
Ls age        : 711
Len           : 28
Seq#          : 80000001
Cksum         : 0x6aa7
```

```
Options          :(DC)
Tos0metric: 1562

[R2]display ospf lsdb ase
Type             : ASE
Ls id            : 4.4.4.0
Adv rtr          : 1.1.1.1
Ls age           : 714
Len              : 36
Seq#             : 80000001
Cksum            : 0x8c16
Options          :(DC)
Net mask         : 255.255.255.0
Tos0metric       : 1
E type           : 2
Forwarding Address 0.0.0.0
Tag 1
```

在上面的信息中,第一条 LSA 是四类 LSA,第二条是五类 LSA。四类 LSA 的结构比较简单,在报文头部分,Ls id 为相应 ASBR 的 Router ID(1.1.1.1),Adv rtr(发布 LSA 的路由器)为 ABR 的 Router ID(2.2.2.2)。在四类 LSA 的主体部分,只有 Tos0metric 一项。

在五类 LSA 的报文头部分,Ls id 为引入外部路由的目的地址网段,Adv rtr 为引入此路由的 ASBR 的 Router ID。

在五类 LSA 的主体部分,有如下几项。

(1) **Net mask**:引入外部路由的目的地址网段的子网掩码。

(2) **Tos0metric**:引入外部路由的花费值。

(3) **E type**:这里的取值为 1 或 2,表示引入的是一类外部路由(Type 1 External Route)还是二类外部路由(Type 2 External Route)。实际上在路由器上显示的 E type 值 1 或 2 是解析之后的值,在真实的报文中 E 位为 0 时表示是一类外部路由,E 位为 1 时表示是二类外部路由。

(4) **Forwarding Address 0.0.0.0**:Forwarding Address 表示的是去往引入路由的目的地址的数据应该往哪个地址进行转发,有点类似外部路由的下一跳地址。如果此项为 0.0.0.0,则表示向该五类路由的通告路由器(ASBR)进行转发。

(5) **Tag 1**:Tag 字段是五类 LSA 上的一个附加信息,用于标识一条外部路由,但并不直接被 OSPF 协议所引用。通常在路由策略中会用到 Tag 值来区分路由。

思考题

1. 请写出显示区域 0 和区域 1 中四类和五类 LSA 的命令，并比较在区域 0 和区域 1 中四类和五类 LSA 的异同点，并解释为什么。

2. 如何由上面的四类和五类 LSA 得到 OSPF_ASE 路由 4.4.4.0/24?

3. 请总结如表 7-6 所示的 5 类 LSA 的通告路由器、所描述的路由和传递范围。

表 7-6 5 类 LSA

LSA 类型	通告路由器	所描述的路由	传递范围
Router LSA			
Network LSA			
Net-summary LSA			
ASBR-Summary-LSA			
AS-Extermal-LSA			

5.7 实验总结

通过实验，加深对 OSPF 协议区域划分的设计思想的理解，掌握 OSPF 中常见的 3~5 类 LSA 的结构及其在相关区域间传递的方式，并了解路由器上 LSDB 的结构。

6 OSPF 协议路由的计算

OSPF 协议路由的计算

6.1 实验目的

掌握 OSPF 协议在区域内部 SPF(最短路径树)路由的具体计算过程，了解区域间和区域外路由的计算方法。

6.2 实验内容

设置接口的 Cost 值，观察路由器/交换机的 LSDB，分析最短路径树的计算过程。

6.3 实验原理

6.3.1 SPF 算法和 Cost 值

1. SPF 算法

SPF 算法是 OSPF 路由协议的基础，有时也被称为 Dijkstra 算法。在 SPF 算法中，每一个路由器根据其上某区域的链路状态数据库,计算出该区域的拓扑结构图,也就是一个加权有向图。SPF 算法基于此加权有向图,以该路由器为根(ROOT),计算得到一个最小生成树,进而获得到每一个目的网段的路由。

2. Cost 值

在 OSPF 路由协议中,每一个启动了 OSPF 的链路都定义了一个 Cost 值,也称为链路花费。Cost 值是一个 16 bit 的正数,范围是 1~65 535。Cost 值越小,说明链路带宽越高。最短路径树的树干长度,即 OSPF 路由器至每一个目的网段的距离称为 OSPF 的 Cost。

OSPF 协议中,Cost 值 = 10^8/链路带宽。其中,链路带宽以 bps 来表示。也就是说,OSPF 的 Cost 与链路的带宽成反比,带宽越高,Cost 越小,表示到目的网段的花费越小。例如,56 Kbps 的链路 Cost 值是 1 785,10 Mbps 以太网链路花费是 10,64 Kbps 的链路花费是 1 562,T1 的链路花费是 64。默认情况下,接口按照当前的波特率自动计算接口运行 OSPF 协议所需的开销。

6.3.2　区域内 OSPF 路由的计算过程

OSPF 是基于链路状态算法的路由协议,所有对路由信息的描述都是封装在 LSA 中发送出去。LSA 用来描述路由器的本地状态,LSA 包括的信息是关于路由器接口的状态和路由器之间的邻接状态。

每台 OSPF 路由器都会收集其他路由器发来的 LSA,所有的 LSA 放在一起便组成了链路状态数据库 LSDB(Link State Database)。LSDB 是对整个自治系统的网络拓扑结构的描述。到达某个目的网段的最短路径可通过这些信息计算出来。

在图 7-20 中,描述了通过区域内 OSPF 协议计算路由的过程。一个典型的网络由 4 台运行 OSPF 的路由器组成,连线旁边的数字表示从一台路由器到另一台路由器所需要的花费。为简化问题,假定两台路由器相互之间发送报文所需花费是相同的。

(1) 每台路由器都根据自己周围的网络拓扑结构生成一条 LSA,并通过相互之间发送协议报文将这条 LSA 发送给网络中其他的所有路由器。这样每台路由器都收到了其他路由器的 LSA,所有的 LSA 放在一起称为 LSDB(链路状态数据库)。显然,4 台路由器的 LSDB 都是相同的。

(2) 由于一条 LSA 是对一台路由器周围网络拓扑结构的描述,那么 LSDB 则是对整个网络的拓扑结构的描述。路由器很容易将 LSDB 转换成一张带权的有向图,这张图便是对整个网络拓扑结构的真实反映。显然,4 台路由器得到的是一张完全相同的拓扑图。

(3) 接下来每台路由器在图中以自己为根节点,使用 SPF 算法计算出一棵最短路径树,由这棵树便得到了到网络中各个节点的路由。

6.3.3　区域间 OSPF 路由的计算

OSPF 将自治系统划分为不同的区域后,路由计算方法也发生了很大变化。

(1) 只有同一个区域内的路由器之间会保持 LSDB 的同步,网络拓扑结构的变化首先在区域内更新。

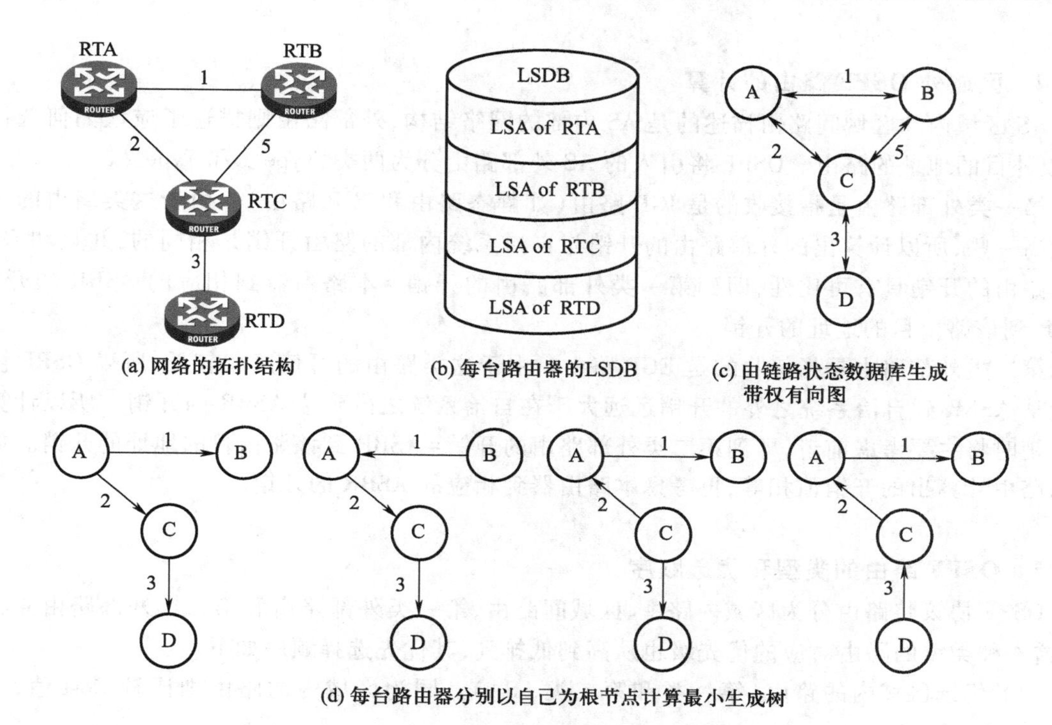

图 7-20 OSPF 协议计算路由的过程

(2) 区域之间的路由计算是通过 ABR 来完成的。ABR 首先完成一个区域内的路由计算,然后查询路由表,为每一条 OSPF 路由生成一条 Type 3 类型的 LSA,内容主要包括该条路由的目的地址、掩码、花费等信息。然后将这些 LSA 发送到另一个区域中。

(3) 在另一个区域中的路由器根据每一条 Type 3 的 LSA 生成一条路由,由于这些路由信息都是由 ABR 发布的,所以这些路由的下一跳都指向该 ABR,如图 7-21 所示。

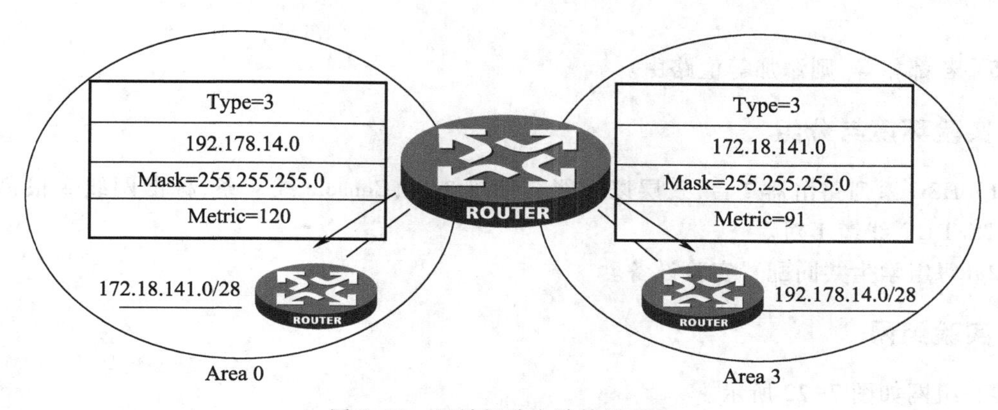

图 7-21 区域间路由计算的变化

6.3.4　区域外 OSPF 路由的计算

AS 区域内和区域间路由描述的是 AS 内部的网络结构，外部路由则描述了应该如何选择到 AS 以外目的地址的路由。OSPF 将引入的 AS 外部路由分为两类：Type 1 和 Type 2。

第一类外部路由是指接收的是 IGP 路由(如静态路由和 RIP 路由)。由于这类路由的可信程度高一些，所以计算出的外部路由的开销与自治系统内部的路由开销是相同的，并且和 OSPF 自身路由的开销具有可比性，即到第一类外部路由的开销=本路由器到相应的 ASBR 的开销+ASBR 到该路由目的地址的开销。

第二类外部路由是指接收的是 EGP 路由。由于这类路由的可信度比较低，所以 OSPF 协议认为从 ASBR 到自治系统之外的开销远远大于在自治系统之内到达 ASBR 的开销。所以计算路由开销时将主要考虑前者，即到第二类外部路由的开销=ASBR 到该路由目的地址的开销。如果两条路由计算出的开销值相等，再考虑本路由器到相应的 ASBR 的开销。

6.3.5　OSPF 路由的类型和优选顺序

OSPF 协议将路由分为区域内路由、区域间路由、第一类外部路由和第二类外部路由 4 种类型，这 4 种类型的路由对应的优先级也从高到低排列，其优先选择顺序如下。

(1) 优选区域内的路由(第一类和第二类 LSA)。同为区域内的路由则比较 Cost 值，小的优先。

(2) 优选区域间的路由(第三类 LSA)。同为区域间的路由则优选通过骨干区域的，然后比较 Cost 值，小的优先。

(3) 优选自治系统 Type 1 类外部路由。同为 Type 1 类的路由，则比较(Type 1 类路由的 Cost+到发布该路由的 ASBR 的自治系统内部的 Cost)之和，小的优先。

(4) 优选自治系统 Type 2 类外部路由。同为 Type 2 类的路由，则比较 Type 2 类路由的 Cost，小的优先，如果相等，则比较到发布该路由的 ASBR 的自治系统内部路由的 Cost，小的优先。

(5) 若都相等，则添加等值路由。

6.4　实验环境与分组

(1) H3C 系列路由器 2 台，三层以太网交换机 2 台，Console 线 4 条，标准网线 3 根，V35 或 V24 DTE/DCE 线缆 1 对。

(2) 每组学生共同配置实验设备。

6.5　实验组网

实验组网如图 7-22 所示。

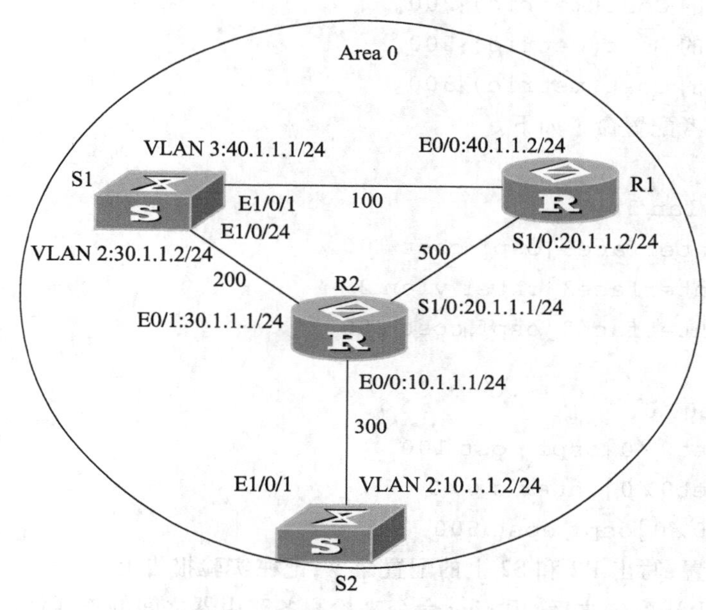

图 7-22 区域内 SPF 计算过程

6.6 实验步骤

步骤 1 按照图 7-22 正确配置 IP 地址以及路由器的 Router ID 如下。

S1 的 Router ID:1.1.1.1。

R1 的 Router ID:2.2.2.2。

R2 的 Router ID:3.3.3.3。

S2 的 Router ID:4.4.4.4。

步骤 2 在两台路由器和两台三层交换上都启动 OSPF 协议并且在各接口上指定 OSPF 区域 0,S1 和 R1 参考配置如下。

S1:

```
[S1]router id 1.1.1.1
[S1]ospf
[S1-ospf]area 0
[S1-ospf-area-0.0.0.0]network 30.1.1.0 0.0.0.255
[S1-ospf-area-0.0.0.0]network 40.1.1.0 0.0.0.255
```

R1、R2 和 S2 上的配置与此类似,不再赘述。

同时在接口上用"ospf cost"命令来配置相应的 Cost 如下。

S1 和 R1 之间的 Cost(metric):100。

S1 和 R2 之间的 Cost(metric):200。

R2 和 R1 之间的 Cost(metric):500。

R2 和 S2 之间的 Cost(metric):300。

S1 和 R1 上参考配置命令如下。

S1:

```
[S1]inter vlan 3
[S1-Vlan-interface3]ospf cost 100
[S1-Vlan-interface3]inter vlan 2
[S1-Vlan-interface2]ospf cost 200
```

R1:

```
[R1]inter e0/0
[R1-Ethernet0/0]ospf cost 100
[R1-Ethernet0/0]inter s 0/0
[R1-Serial0/0]ospf cost 500
```

请参照以上配置,写出 R2 和 S2 上的配置命令,记在实验报告上。

步骤 3 完成上述配置之后,用 ping 命令来检测各路由器之间的连通性。

如果能够达到全网互通,说明 OSPF 已经完成了 SPF 最短路径树的计算。简单来说,对于同一 OSPF 区域中的路由器,它们首先会交换 LSA 信息来得到一个统一的 LSDB,然后每台路由器会根据 LSDB 中的 LSA 信息来计算出一棵以自己为根的最短路径树。这时可以通过在路由器上观察 LSDB 来分析 SPF 的计算过程。

步骤 4 SPF 的计算过程分析(带权有向图)。

以路由器 R1 为例,分析有关 SPF 的计算过程,首先在 R1 上察看 LSDB 如下:

```
[R1]display ospf lsdb router
LS DataBase:
Area: 0.0.0.0
Type          : Router                    //第一条 LSA
Ls id         : 2.2.2.2
Adv rtr       : 2.2.2.2
Ls age        : 1092
Len           : 60
Seq#          : 80000010
Cksum         : 0x45d1
Options       : (DC)
Link count    : 3
link id       : 40.1.1.1
```

```
data          : 40.1.1.2
type          : TransNet
metric        : 100
link id       : 3.3.3.3
data          : 20.1.1.2
type          : P-2-P
metric        : 500
link id       : 20.1.1.0
data          : 255.255.255.0
type          : StubNet
metric        : 500

Type          : Router                        //第二条 LSA
Ls id         : 4.4.4.4
Adv rtr       : 4.4.4.4
Ls age        : 913
Len           : 36
Seq#          : 8000000a
Cksum         : 0xe5de
Options       : (DC)
Link count    : 1
link id       : 10.1.1.1
data          : 10.1.1.2
type          : TransNet
metric        : 300

Type          : Router                        //第三条 LSA
Ls id         : 1.1.1.1
Adv rtr       : 1.1.1.1
Ls age        : 1184
Len           : 48
Seq#          : 80000016
Cksum         : 0x2d15
Options       : (DC)
Link count    : 2
```

```
link id        : 40.1.1.1
data           : 40.1.1.1
type           : TransNet
metric         : 100
link id        : 30.1.1.2
data           : 30.1.1.2
type           : TransNet
metric         : 200

Type           : Router                    //第四条 LSA
Ls id          : 3.3.3.3
Adv rtr        : 3.3.3.3
Ls age         : 978
Len            : 72
Seq#           : 8000001b
Cksum          : 0x92cf
Options        : (DC)
Link count     : 4
link id        : 10.1.1.1
data           : 10.1.1.1
type           : TransNet
metric         : 300
link id        : 30.1.1.2
data           : 30.1.1.1
type           : TransNet
metric         : 200
link id        : 2.2.2.2
data           : 20.1.1.1
type           : P-2-P
metric         : 500
link id        : 20.1.1.0
data           : 255.255.255.0
type           : StubNet
metric         : 500
```

```
[R1]display ospf lsdb network                    //第五条 LSA
 Type          : Net
 Ls id         : 40.1.1.1
 Adv rtr       : 1.1.1.1
 Ls age        : 1184
 Len           : 32
 Seq#          : 80000004
 Cksum         : 0xf409
 Options       : (DC)
 Net mask      : 255.255.255.0
 Attached        1.1.1.1   router
 Attached        2.2.2.2   router

 Type          : Net                             //第六条 LSA
 Ls id         : 30.1.1.2
 Adv rtr       : 1.1.1.1
 Ls age        : 1184
 Len           : 32
 Seq#          : 80000004
 Cksum         : 0x9f63
 Options       : (DC)
 Net mask      : 255.255.255.0
 Attached        1.1.1.1   router
 Attached        3.3.3.3   router

 Type          : Net                             //第七条 LSA
 Ls id         : 10.1.1.1
 Adv rtr       : 3.3.3.3
 Ls age        : 978
 Len           : 32
 Seq#          : 80000004
 Cksum         : 0xe81b
 Options       : (DC)
 Net mask      : 255.255.255.0
 Attached        3.3.3.3   router
```

```
Attached        4.4.4.4  router
```

在同一个 OSPF 区域之内，每一台路由器上 LSDB 中的 LSA 信息是一致的。实际上，OSPF 协议在区域之内就是利用 LSDB 首先生成一张带权的有向图，这张图实际上是对整网拓扑结构的一个描述。然后再根据这张带权的有向图，每台路由器会以自己为根节点来生成一棵最短路径树，从这棵最短路径树，就可以得出网络中从一点到另外一点的路由。

下面以路由器 R1 为例来分析一下在区域内 OSPF 是如何利用 LSA 来生成一张带权有向图的。

如上所示，在路由器 R1 上第一条 LSA 是由它自己生成的 Router LSA，包含有 3 条链路状态信息(1 条 Router，1 条 StubNet，1 条 TransNet)，分别描述了到 S1 和 R2 的链路以及与之直接相连的子网网段。具体如下。

(1) 第一条 Link 为 TransNet 类型，其 link id 为 40.1.1.1，表示是 DR 的 IP 地址，data 部分为路由器 R1 与对端设备相连的接口的 IP 地址 40.1.1.2，metric 值为 100。

(2) 第二条 Link 为 Router link，其 link id 为 3.3.3.3，表示是到路由器 R2 的链路，data 部分为路由器 R1 与路由器 R2 相连的接口的 IP 地址 20.1.1.2，metric 值为 500。

(3) 第三条 Link 为 StubNet link，其 link id 为 20.1.1.0，表示 R1 和 R2 之间的子网网段，data 部分为该网段的子网掩码 255.255.255.0，metric 值也是 500。

再看第五条 LSA，是由交换机 S1 生成的一条二类 Net LSA。由于 S1 和 R1 之间采取的是以太网连接，所以会由此以太网中的 DR(也就是交换机 S1)产生一条 Net LSA，描述了以太网网段 40.1.1.0 和连接到此网段上的路由器(交换机)，具体如下。

二类 LSA 的表示方法与一类 LSA 有所不同，对于其报文头部分，在这里不作分析，主要看一下其报文主体部分。Net mask 部分(255.255.255.0)为该以太网网段的子网掩码，Attached 部分显示了连在此网段的 OSPF 路由器信息，用 Router ID 表示有哪些路由器连接到该网段。从 LSA 中可以看出交换机 S1(1.1.1.1)和路由器 R1(2.2.2.2)都连接到该网段。

这样 OSPF 实际上已经知道了 R1 周围的链路状态情况，据此 OSPF 可以计算出如图 7-23 所示的带权有向图。

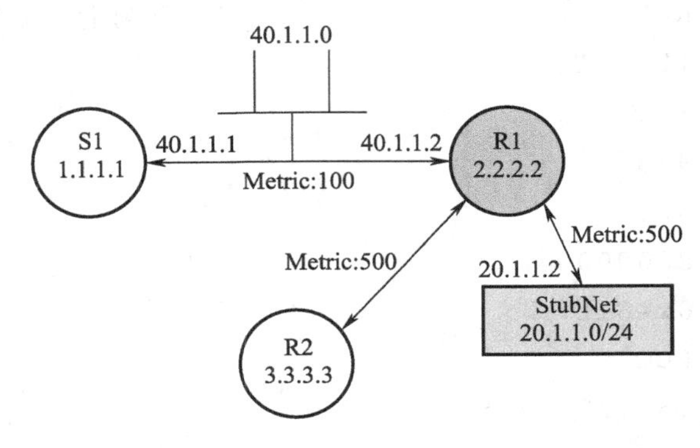

图 7-23　带权有向图 1

下面再看看 R1 上的第二条 LSA，第二条 LSA 是一条由 S2 生成的 Router LSA，描述了 S2 周围的链路状态信息（只有一条 TransNet，因为是以太网连接），即 S2 和 R2 之间的链路，具体如下。

在这条 LSA 中只有一条 Link，即 TransNet link，其 link id 为 10.1.1.1，表示是 DR 的 IP 地址，data 部分为交换机 S2 与对端设备相连的接口的 IP 地址 10.1.1.2，metric 值为 300。

再查看第七条 LSA，这是由路由器 R2 生成的一条二类 LSA（Net LSA）。描述了该以太网网段和连接到此网段上的路由器，具体如下。

Net mask 部分（255.255.255.0）为该以太网网段的子网掩码，Attached 部分显示了连在此网段的 OSPF 路由器信息，用 Router ID 表示有哪些路由器连接到该网段。从 LSA 中可以看出路由器 S2（4.4.4.4）和 R2（3.3.3.3）都连接到该网段。

通过这两条 LSA，可以得出和交换机 S2 相关的带权有向图信息，如图 7-24 所示。

将上面与交换机 S2 相关的带权有向图与路由器 R1 周围的带权有向图进行组合，可以进一步完善上面的带权有向图，如图 7-25 所示。

在路由器 R1 上第三条 LSA 是由交换机 S1 生成的 Router LSA，包含两条链路状态信息（都是 TransNet 类型），分别描述了到 R1 和 R2 的链路以及与之直接相连的子网网段。具体如下。

（1）第一条 TransNet Link，其 link id 为 40.1.1.1，表示是 DR 的 IP 地址，data 部分为交换机 S1 与对端设备相连的接口的 IP 地址 40.1.1.1，metric 值为 100。

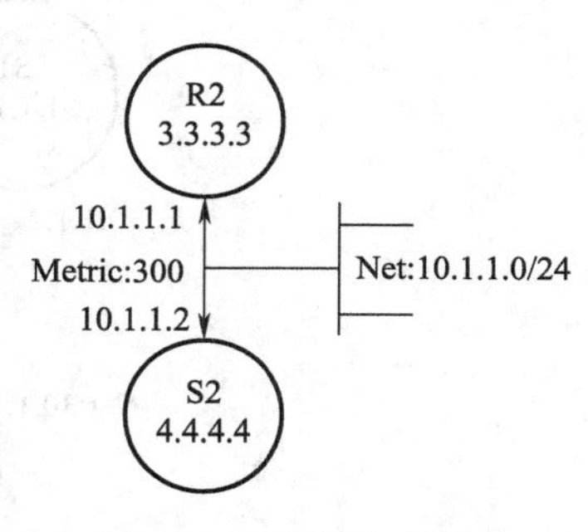

图 7-24　带权有向图 2

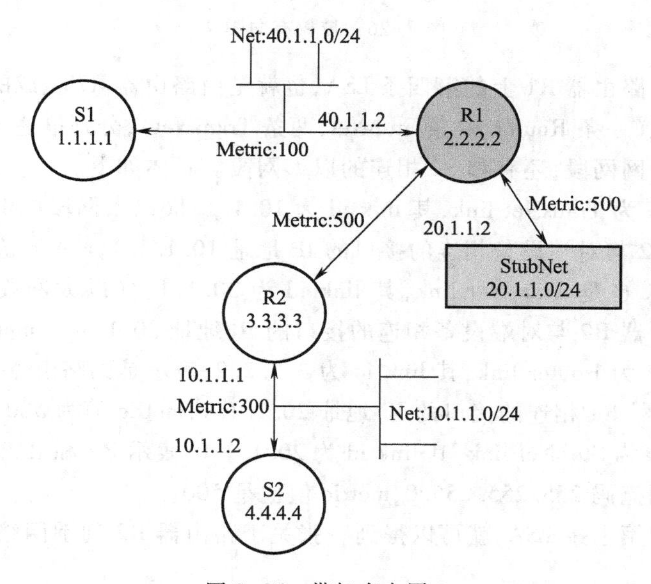

图 7-25　带权有向图 3

(2) 第二条 TransNet Link，其 link id 为 30. 1. 1. 2，表示是 DR 的 IP 地址，data 部分为交换机 S1 与对端设备相连的接口的 IP 地址 30. 1. 1. 2，metric 值为 200。

(3) 再看第六条 LSA，是 S1 生成的 Net　LSA，描述了以太网网段 30. 1. 1. 0 和连接到此网段上的路由器，Net mask 部分(255. 255. 255. 0)为该以太网网段的子网掩码，Attached 部分显示了连在此网段的 OSPF 路由器信息，用 Router ID 表示有哪些路由器连接到该网段。从 LSA 中可以看出路由器 S1(1. 1. 1. 1)和 R2(3. 3. 3. 3)都连接到该网段。同样，根据第五条 LSA，将 S1 和 R1 连接到 40. 1. 1. 0 网段。

这样 OSPF 实际上已经知道了 S1 周围的链路状态情况，据此 OSPF 可以计算出如图 7-26 所示的带权有向图。

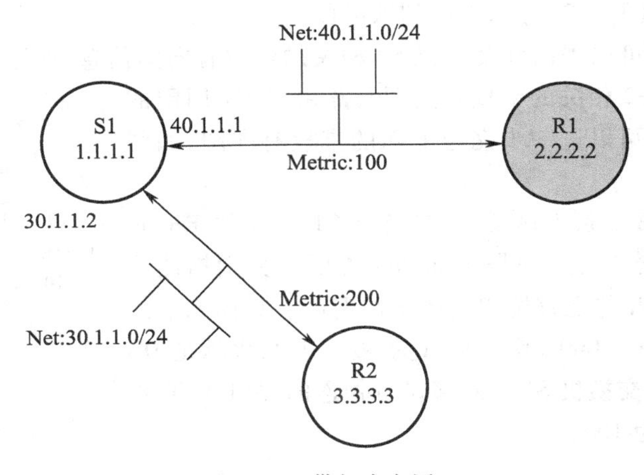

图 7-26　带权有向图 4

下面再来看一看路由器 R1 上的第四条 LSA，也就是由路由器 R2 生成的 Router LSA，其中包含 4 条链路状态信息(一条 Router，一条 StubNet，两条 TransNet)，分别描述了到 R1 和 S1 的链路及与之直接相连的子网网段，还有和 S2 相连的以太网段。具体如下。

(1) 第一条 Link 为 TransNet link，其 link id 为 10. 1. 1. 1(以太网段中 DR 的接口 IP 地址)，data 部分为路由器 R2 与对端设备相连的接口的 IP 地址 10. 1. 1. 1，metric 值为 300。

(2) 第二条 Link 也是 TransNet link，其 link id 为 30. 1. 1. 2(以太网段中 DR 的接口 IP 地址)，data 部分为路由器 R2 与对端设备相连的接口的 IP 地址 30. 1. 1. 1，metric 值为 200。

(3) 第三条 Link 为 Router link，其 link id 为 2. 2. 2. 2，表示是到路由器 R1 的链路，data 部分为路由器 R2 与路由器 R1 相连的接口的 IP 地址 20. 1. 1. 1，metric 值为 500。

(4) 第四条 Link 为 StubNet link，其 link id 为 20. 1. 1. 0，表示 R2 和 R1 之间的子网网段，data 部分为该网段的子网掩码 255. 255. 255. 0，metric 值也是 500。

再根据第六条和第七条 LSA，就可以得到一张关于路由器 R2 周围网络的带权有向图，如图 7-27 所示。

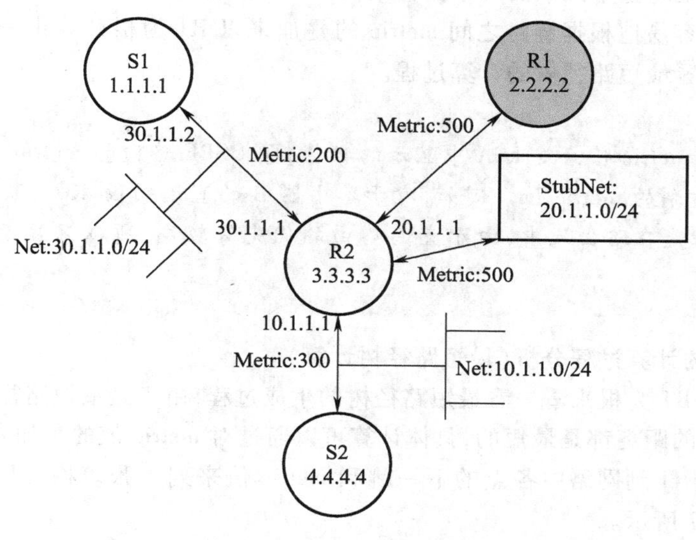

图 7-27　带权有向图 5

在上面的过程中,通过对路由器 R1 上的 LDSB 中所有 LSA 信息的分析,得到了网络中各路由器周边网络状况的带权有向图。综合上面的信息(将图 7-25 和图 7-26 合并到图 7-27 中去,这幅拼图实际上就已经完成了),可以得到如图 7-28 所示的完整的网络带权有向图。

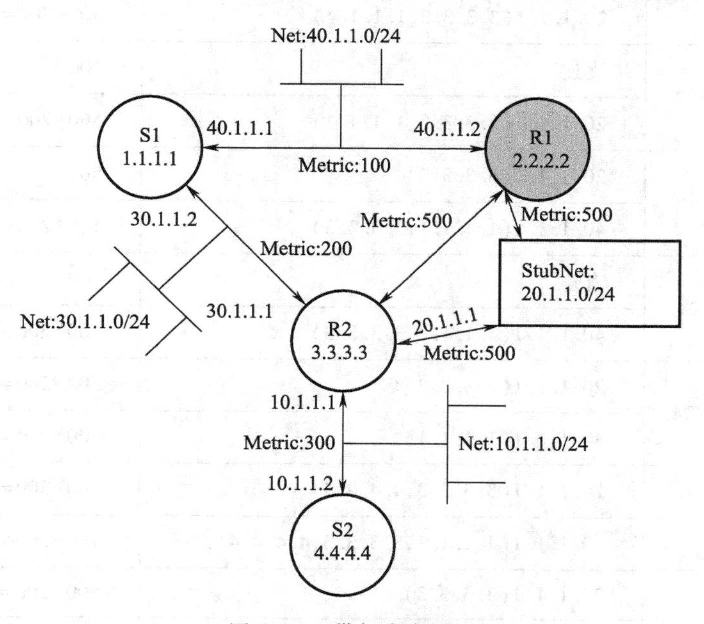

图 7-28　带权有向图 6

这张图可以说是对整个区域内网络拓扑结构的一个完整和详尽的描述。根据这张带权有向图，OSPF 就可以很容易地根据链路之间 metric 的叠加来以 R1 为根计算出一棵最短路径树来。下面就来具体看一看最短路径树的计算过程。

注意：上文提到的 metric 值只是 LSA 中显示的数值，即 OSPF 路由的 metric 值，并不一定就是在路由表中具体看到的 metric 值。例如，对于路由器 B 的直连网段 40.1.1.0/24，其 OSPF 的 metric 值为 100，但是在路由表中，由于直连路由的优先级较高，所以只显示直连路由，metric 值为 0。

步骤 5　SPF 的计算过程分析（最短路径树计算）。

首先以路由器 R1 为根来看一看最短路径树的生成过程，由于是最短路径树，所以要求从 R1 到网络中任意一点的距离都是最短的，具体计算可以通过对 metric 值的累加来完成。

下面可以对从 R1 到网络中各点的下一跳和 metric 值来列一张表格，以方便进行最短路径树的计算，如表 7-7 所示。

表 7-7　SPF 计算表

目的	下一跳（路径）	OSPF metric
交换机 S1	40.1.1.1(1.1.1.1)	100
	20.1.1.1(3.3.3.3,1.1.1.1)	500+200=700
TransNet 40.1.1.0/24	直连	100
	20.1.1.1(3.3.3.3,1.1.1.1)	500+200+100=800
路由器 R2	20.1.1.1(3.3.3.3)	500
	40.1.1.1(1.1.1.1,3.3.3.3)	100+200=300
StubNet 20.1.1.0/24	直连	500
	40.1.1.1(1.1.1.1,3.3.3.3)	100+200+500=800
TransNet 30.1.1.0/24	20.1.1.1(3.3.3.3)	500+200=700
	40.1.1.1(1.1.1.1)	100+200=300
交换机 S2	20.1.1.1(3.3.3.3,4.4.4.4)	500+300=800
	40.1.1.1(1.1.1.1,3.3.3.3,4.4.4.4)	100+200+300=600
TransNet 10.1.1.0/24	20.1.1.1(3.3.3.3)	500+300=800
	40.1.1.1(1.1.1.1,3.3.3.3)	100+200+300=600

参照表 7-7,通过对到同一目的地的不同下一跳和 OSPF metric 值,可以得出从路由器 R1 到网络中各点(包括路由器节点和子网)的最短路径,并最终得到如下的以 R1 为根的最短路径树。

在路由器 R1 上,可以用"tracert"命令来验证最短路径树的形状:

```
[R1]tracert 10.1.1.2
traceroute to 10.1.1.2(10.1.1.2) 30 hops max,40 bytes packet
1 40.1.1.1 60 ms  60 ms  60 ms
2 30.1.1.1 60 ms  60 ms  60 ms
3 10.1.1.2 60 ms  60 ms  60 ms
```

可以看出,从 R1 到 S2 的路径是先到 S1,再从 S1 到 R2,最后从 R2 到 S2,如图 7-29 所示。

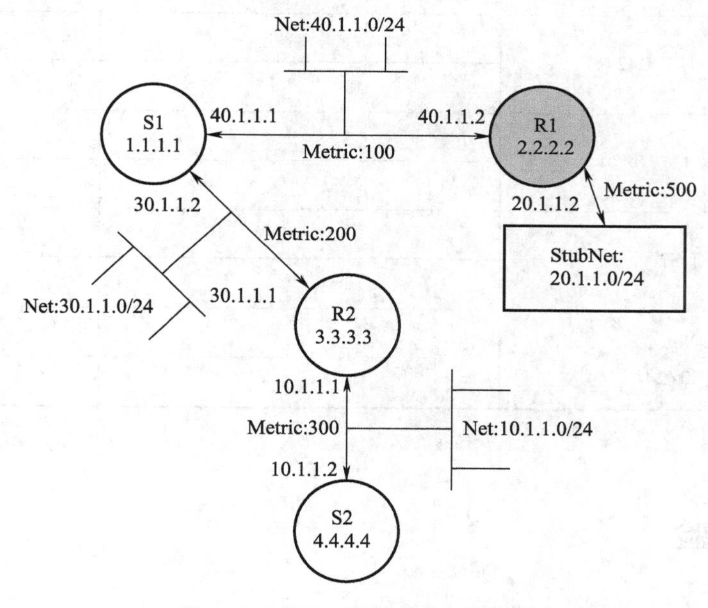

图 7-29 以 R1 为根的最短路径树

6.7 实验总结

通过改变接口的 Cost 值,再次观察路由器/交换机的 LSDB,分析了最短路径树的计算过程,加深了对 SPF 算法的理解。

思考题

请参照上面的分析过程,以路由器 R2 为根,先列出到网络中各点的下一跳以及 OSPF metric 值,填入表 7-8,然后再画出相应的最短路径树。

表 7-8 网络中各点的下一跳以及 OSPF metric 值

目的	下一跳(路径)	OSPF metric
交换机 S1		
TransNet 40. 1. 1. 0/24		
路由器 R1		
StubNet 20. 1. 1. 0/24		
TransNet 30. 1. 1. 0/24		
交换机 S2		
TransNet 10. 1. 1. 0/24		

7 设计型实验

设计型实验

1. 设计型实验 1

设计由两台路由器、两台交换机组成的网络。要求如下。

(1) 按照图 7-30 正确组网。

(2) 在 S1 和 S2 上合理划分 VLAN。

(3) 配置 S1、S2、R1、R2、PC1、PC2 共 6 台设备的各接口的 IP 地址。

(4) 在 S1、S2、R1、R2 上启动 OSPF 协议,正确规划 Area。

(5) 考虑采用多种方法,确保全网互通。例如,将 PC 所在网段的路由引入 OSPF 网络或配置静态路由等。

2. 设计型实验 2(路由备份的设计)

网络可靠性的设计包括链路备份和设备备份两大类。路由备份是链路备份的一种方式。

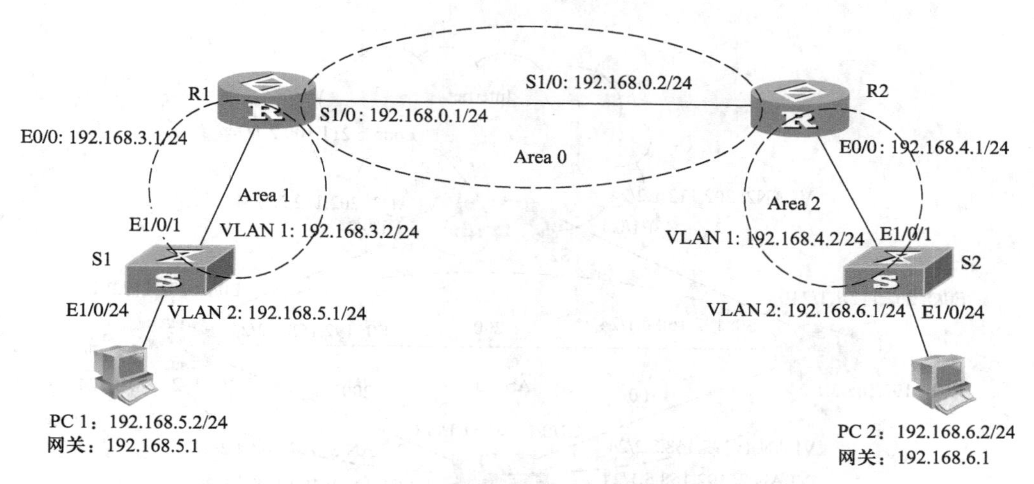

图 7-30 设计型实验 1 组网图

动态路由协议能够自动发现路由，生成路由表。动态路由协议的特性决定了它也可以用于链路备份。在一个到达目的地具有冗余路径的网络中，根据动态路由协议的原理，动态路由协议会把发现的最佳到达目的地的路由添加到路由表中，如果由于某种原因，这条最佳路由出现问题而被删除，那么动态路由协议会重新计算到达目的地的路由，这时就会使用动态路由协议重新计算得到的次优路由到达目的地，从而保证网络不会出现长时间中断，达到备份的目的。

图 7-31 所示的拓扑结构提供了简单的路由备份。R1、R2 和 S1 所组成的网络运行 OSPF 协议实现互联，对用户 PC 1 和 PC 2 提供访问互联网的服务。通过为各条连线设置不同的花费值，可以使所有的 PC 通过指定路径访问互联网。图中各线条上所标的粗体字为花费值，优选路径为 S1-R1-Internet。若 S1-R1 链路出现故障，路由协议会自动选取 S1-R2-Internet 作为新的路径，保持网络畅通。若 R2-Internet 链路也发生故障，则将 S1-R2-R1-Internet 作为新的路径。

3. 设计型提高层次实验(基本 OSPF 协议实现实验)

在 OSPF 协议实验的基础上，进一步深入学习 OSPF 协议的原理和网络协议实现方法，尝试基于 Linux 实现一个基本型的 OSPF 协议，并搭建实验验证环境，对所实现的 OSPF 协议进行实验验证。要求：

(1) 单人独立完成，实验时间为一个学期，学期末进行实验验收考核。

(2) 认真学习 OSPF 协议，仔细阅读 RFC 2328 - OSPF Version 2 和 TCP/IP 详解，深入理解 OSPF 协议的基本原理和网络协议的实现方法。

(3) 基于 Linux 实现基本的 OSPF 协议，需要针对 OSPF 协议的 Hello、DD、LSR、LSU 和 LSAck 五种报文类型和第 1、2、3、4、5 类 LSA 进行编程实现，满足 OSPF 协议规定格式的数据报文的封装和发送，正确接收和处理符合 OSPF 协议规定格式的数据报文。根据 SPF 路由算法生成单播路由表，并使单播数据报文能根据路由表进行转发。

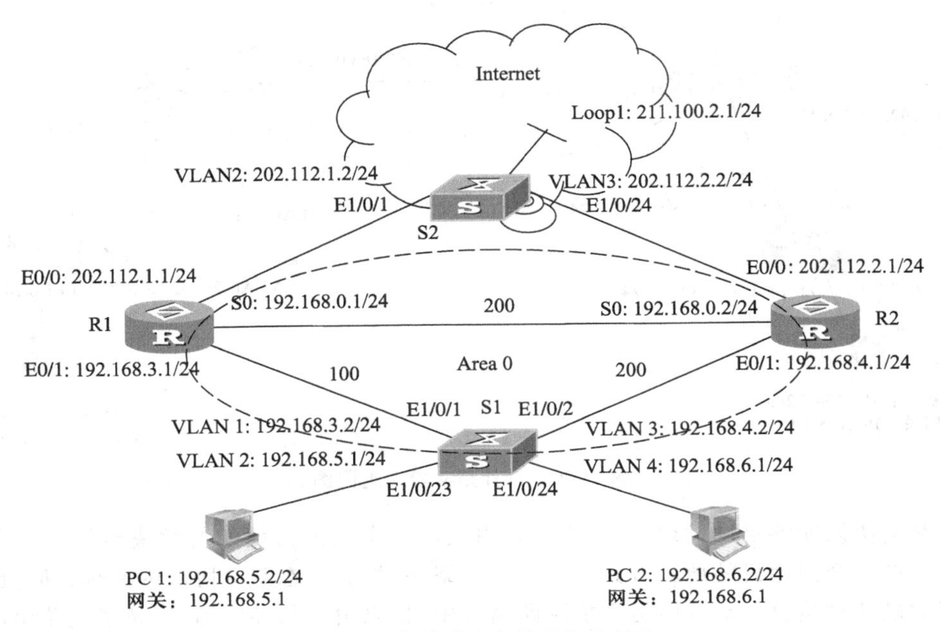

图 7-31　简单路由备份的拓扑结构

（4）搭建实验验证环境，要求将所实现的 OSPF 协议程序安装在一台或多台双网卡主机上，该主机与 H3C 公司的商用级路由器一起组网，通过设计测试用例，在路由协议交互、路由学习与计算、数据报文的转发等方面进行验证。

（5）期末提交实验总结报告和程序开发文档，组织实验项目结题答辩和现场演示。

预习报告

1. 请参考 5.6 节步骤 1 中 S2 的 OSPF 配置命令，写出步骤 2 中 R1 和 R2 的 ospf 的配置命令。

2. 请简要说明 OSPF 5 种报文的作用，填入表 7-9。

表 7-9　OSPF 5 种报文的作用

序号	类型	作　　用
1	Hello 报文	
2	DD 报文	
3	LSR 报文	
4	LSU 报文	
5	LS Ack 报文	

3. 请总结 OSPF 路由器之间建立邻居关系和协议报文交互的详细过程。
4. 参照 3. 3. 3 节，将图 7-32 补充完整（假设 RT2 被选举为 DR）。

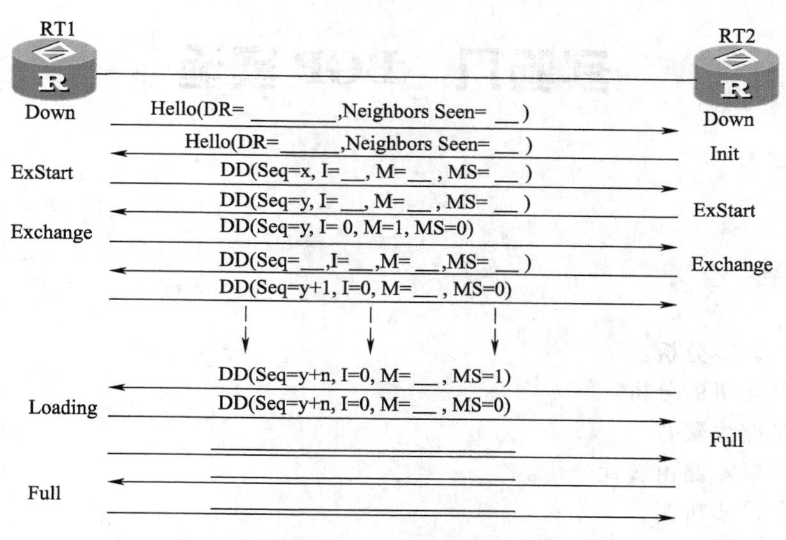

图 7-32 两台路由器之间建立邻接关系的过程

5. 简述 OSPF 划分区域的作用。
6. 什么是骨干区域？有什么作用？
7. 写出设计型实验的配置命令。

实验八　BGP 实验

1　实验内容

实验八
内容简介

（1）BGP 的基本分析。
（2）BGP 状态机的分析。
（3）BGP 的路由聚合。
（4）BGP 的基本路由属性分析。
（5）BGP 的同步机制。
（6）BGP 的路由策略及应用。
（7）BGP 设计型实验。

2　BGP 的基本分析

BGP 的
基本分析

2.1　实验目的

掌握 BGP 的基本原理和基本配置方法[1]，熟悉 BGP 的报文结构。

2.2　实验内容

在路由器/三层交换机上配置 BGP，观察路由表的变化，然后用 ping 命令测试网络的连通性。分析 BGP 报文结构。

2.3　实验原理

2.3.1　自治系统

国际互联网 Internet 由大大小小的网络组成，这些网络可能位于不同的国家或地区，属于不

1　本实验的 BGP 配置命令是按照 H3C 公司 V5 版本的设备和命令编写的，对于 V7 版本的设备，请访问北航学堂 MOOC 平台，下载相关的参考命令。

同的组织。出于安全或商业等因素的考虑，所有参与 Internet 的组织不得不采用不同的管理策略。将 Internet 划分成多个相对独立的系统，在这些相对独立的系统中各组织就可以采用自己的规则和管理策略。每个相对独立的系统就称为 AS（Autonomous System，自治系统），每个 AS 都由 Internet 注册机构分配一个唯一的数字编号来标识。

自治系统是由同一个技术管理机构管理、使用统一选路策略的一些路由器的集合。AS 内部运行内部网关协议（Interior Gateway Protocol，IGP），AS 之间运行外部网关协议（Exterior Gateway Protocol，EGP）。

引入自治系统的基本思想就是通过不同的编号来区分不同的自治系统。通过采用外部路由协议和自治系统编号，路由器就可以确定彼此间的路径和路由信息的交换方法。这样，依据自治系统的编号，可以使通信数据有选择地通过某些自治系统。

自治系统的编号范围是 1 到 65 535，其中 1 到 65 411 是注册的因特网编号，65 412 到 65 535 是专用网络编号。

2.3.2 BGP

BGP（Border Gateway Protocol）是一种自治系统间的动态路由协议，它的基本功能是在自治系统间自动交换无环路的路由信息，通过交换带有 AS 号序列属性的路径可达信息，来构造自治区域的拓扑图，从而消除路由环路并实施用户配置的路由策略。与 OSPF 和 RIP 等在自治区域内部运行的协议对应，BGP 是一类 EGP，而 OSPF 和 RIP 等为 IGP。

BGP 从 1989 年以来就已经开始使用。它最早发布的 3 个版本分别是 RFC 1105（BGP-1）、RFC 1163（BGP-2）和 RFC 1267（BGP-3），当前使用的是 RFC 1771（BGP-4）。随着 Internet 的飞速发展，路由表的规模也迅速增加，自治系统间路由信息的交换量越来越大，影响了网络的性能。BGP 支持无类别域间选路 CIDR（Classless Interdomain Routing），可以有效地减少日益增大的路由表。BGP-4 已成为事实上的 Internet 边界路由协议标准。BGP 的特性描述如下。

（1）BGP 是一种外部路由协议，与 OSPF、RIP 等的内部路由协议不同，其着眼点不在于发现和计算路由，而在于控制路由的传播和选择最好的路由。

（2）通过携带 AS 路径信息，可以彻底解决路由循环问题。

（3）为控制路由的传播和路由选择，它为路由附带属性信息。

（4）使用 TCP 作为其传输层协议，提高了协议的可靠性。

（5）BGP-4 支持无类别域间选路 CIDR，有时也称为 Supernetting，这是对 BGP-3 的一个重要改进。CIDR 以一种全新的方法看待 IP 地址，不再区分 A 类、B 类及 C 类地址。CIDR 的引入简化了路由聚合（Routes Aggregation），路由聚合实际上是合并几个不同路由的过程，这样从通告几条路由变为通告一条路由，简化了路由表。

（6）路由更新时，BGP 只发送增量路由，大大减少了 BGP 传播路由所占用的带宽，适用于在 Internet 上传播大量的路由信息。

（7）由于政治的、经济的原因，自治系统希望对路由进行过滤、选择和控制。因此，BGP-4

提供了丰富的路由策略,使得 BGP 便于扩展以支持因特网新的发展。

(8) 与 OSPF、RIP 等 IGP 相比,BGP 的拓扑图更抽象和概括。因为 IGP 构造的是 AS 内部的路由器的拓扑结构图。而在 BGP 中,拓扑图的端点是一个 AS 区域,边是 AS 之间的链路。此时,数据包经过一个端点(AS 自治区域)时的代价要由 IGP 来负责计算。这体现了 EGP 和 IGP 是分层的关系。

(9) BGP 作为 EGP 的一种,选择路由时考虑的是 AS 间的链路花费、AS 区域内的花费(由 BGP 路由器配置)等因素。

2.3.3　BGP 的工作机制

BGP 运行在一个特定的路由器上。系统初启时通过发送整个 BGP 路由表交换路由信息,之后为了更新路由表只交换更新报文(Update Message)。系统在运行过程中,是通过接收和发送 KEEP ALIVE 报文来检测相互之间的连接是否正常。

通过 BGP 交换路由信息的两个路由器互为邻居。发送 BGP 报文的路由器称为 BGP 发言人(Speaker),与它交换路由信息的其他 BGP 发言人称为对等体(Peer),若干相关的对等体可以构成对等体组(Group)。BGP 发言人不断地接收或产生新路由信息,并将它通告(Advertise)给其他的 BGP 发言人。当 BGP 发言人收到来自其他自治系统的新路由通告时,如果该路由比当前已知路由好,或者是一条新路由,它就把这个路由通告给自治系统内所有其他的 BGP 发言人。

对一个具体的自治系统边界路由器 ASBR 来说,其路由的来源有两种:从对等体接收或者从 IGP 引入。对于接收的路由,根据其属性(如 AS 路径、团体属性等)进行过滤,并设置某些属性(如本地优先、MED 值等),并根据具体情况将具体的路由聚合为超网路由。BGP 可能从多个对等体收到目的地相同的路由,根据规则选择最好的路由并加入 IP 路由表。对于 IGP 路由,则要经过引入策略的过滤和设置。BGP 发送优选的 BGP 路由和引入的 IGP 路由给对等体。

BGP 在路由器上以 EBGP 和 IBGP 两种方式运行。EBGP 对等体是指属于不同自治系统的交换 BGP 报文的对等体;IBGP 对等体是指属于同一个自治系统的交换 BGP 报文的对等体。虽然 BGP 是运行于自治系统之间的路由协议,但要实现路由信息的全网传递就需要在同一个 AS 的边界路由器之间建立 IBGP 连接。BGP 协议通过 TCP 传递路由信息,IBGP 对等体之间不一定是物理直连的,但要保证能够建立 TCP 连接。

2.3.4　BGP 路由通告原则

BGP 的路由通告原则如下。

(1) 到达同一目的网络存在多条路径时,BGP Speaker 只选用最优的。

(2) BGP Speaker 只把自己使用的路由通告给对等体。

(3) BGP Speaker 从 EBGP 获得的路由会向它所有 BGP 对等体通告(包括 EBGP 和 IBGP)。

(4) BGP Speaker 从 IBGP 获得的路由不向它的 IBGP 对等体通告。

(5) BGP Speaker 从 IBGP 获得的路由是否通告给它的 EBGP 对等体要根据 IGP 和 BGP 同

步的情况来决定。

（6）连接一建立，BGP Speaker 将把自己所有 BGP 路由通告给新对等体。

这些通告原则都是 BGP 的设计者在设计 BGP 路由协议时硬性规定的，这里不深究其原因。

2.3.5　如何成为 BGP 路由

BGP 路由协议是运行在自治系统之间的路由协议，它的主要工作是在自治系统之间传递路由信息，而不是去发现和计算路由信息。发现和计算路由信息的任务由 IGP（如 RIP、OSPF）路由协议来完成。BGP 的路由信息需要通过配置命令的方式注入到 BGP 中。

BGP 路由注入方式可分为三类：纯动态注入、半动态注入、静态注入。

纯动态注入：是指路由器将通过 IGP 路由协议动态获得的路由信息直接注入到 BGP 中去。纯动态注入方式没有对路由信息做任何过滤和选择，它会把路由器获得的所有 IGP 路由信息都引入到 BGP 系统中。从另一角度来说，这样一种路由注入方式配置简单，一次性引入了所有的路由信息。当然，在实际工程中可以根据需要选择。

半动态注入：是指路由器有选择性地将 IGP 发现的动态路由信息注入到 BGP 系统中去。它和纯动态注入的区别在于不是将 IGP 发现的所有路由信息都注入到 BGP 中去。

静态注入：是指路由器将静态配置的某条路由注入到 BGP 中。

2.3.6　BGP 的报文结构

BGP 有 4 种类型的报文，分别为 OPEN、UPDATE、NOTIFICATION 和 KEEPALIVE。

BGP 报文都是“报文头+报文体”的格式，报文头的格式如图 8-1 所示。

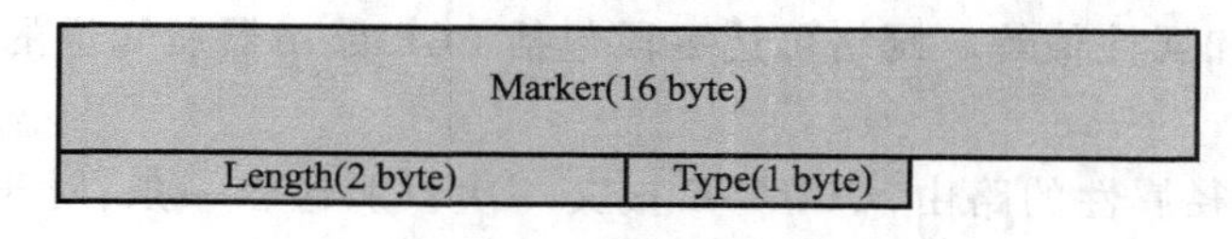

图 8-1　BGP 报文头格式

Marker：鉴权信息（16 字节，全 1）。这个字段的作用主要是用来检测 BGP 对等体之间的同步是否丢失，并对收到的 BGP 报文进行验证。

Length：报文的长度（2 字节），表示整个报文的长度，包括头标长度，最小的 BGP 报文长度是 19 字节（KEEPALIVE 报文），最大的长度是 4 096 字节。

Type：报文的类型（1 字节），表示报文类型，类型值 1 至 4 分别对应 OPEN、UPDATE、NOTIFICATION、KEEPALIVE 4 种类型报文。

1. OPEN 报文

BGP 对等体间通过发送 OPEN 报文来交换各自的版本、自治系统号、保持时间、BGP 标识符等信息，进行协商。

OPEN 报文的格式如图 8-2 所示。

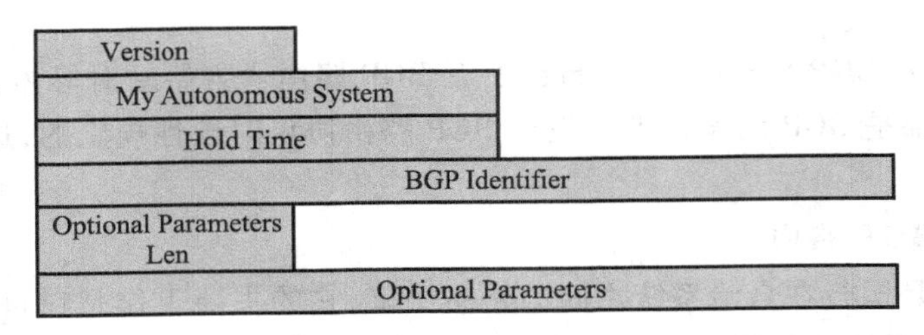

图 8-2　OPEN 的报文结构

Version：发送端 BGP 版本号（1 字节）。

My Autonomous System：本地 AS 号（2 字节无符号整数）。

Hold Time：发送端建议的保持时间（2 字节无符号整数）。

BGP Identifier：发送端的路由器标识符（4 字节）。

Optional Parameters Len：可选的参数的长度（1 字节）。

Optional Parameters：可选的参数（变长）。

2. UPDATE 报文

UPDATE 报文携带的是路由更新信息，包括撤销路由信息和可达路由信息及其路径属性。

UPDATE 报文是 BGP 中最重要的部分，用于在对等体之间交换路由信息，它最多由三部分构成：不可达路由（Unreachable）、路径属性（Path Attributes）、网络可达性信息（Network Layer Reachability Information，NLRI）。

UPDATE 报文可以向 BGP 对等体通告一条路由，也可以撤销多条“行不通”的路由。不可达路由字段包括一个所撤销路由的 IP 地址前缀列表。路径属性字段是一个路径属性的列表，包括属性类型、属性长度和属性值等。网络可达字段包括 BGP 路由器所知道的且可到达的 IP 地址前缀列表。

对于携带多个路径属性的路由，UPDATE 报文一次只能通告一条；对于路径属性相同的路由，UPDATE 报文一次可以通告多条；对于被撤销的路由，UPDATE 报文一次可以同时列出多条。

UPDATE 报文格式如图 8-3 所示。

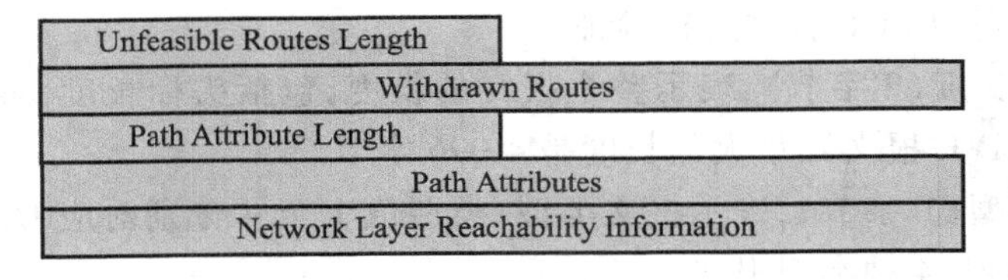

图 8-3　UPDATE 报文结构

Unfeasible Routes Length：不可达路由长度（2 字节无符号整数）。

Withdrawn Routes：撤销路由（变长）。

Path Attribute Length：路径属性长度（2 字节无符号整数）。

Path Attributes:路径属性(变长)。

Network Layer Reachability Information:网络可达信息(变长)。

3. NOTIFICATION 报文

当 BGP 检测到差错(连接中断、协商出错、报文差错等)时,发送 NOTIFICATION 报文,关闭同对等体的连接。

NOTIFICATION 报文主要在发生错误或对等体连接被关闭的情况下使用,该报文携带各种错误代码(如定时器超时等),包括错误代码、辅助错误代码及错误信息。

NOTIFICATION 报文格式如图 8-4 所示。

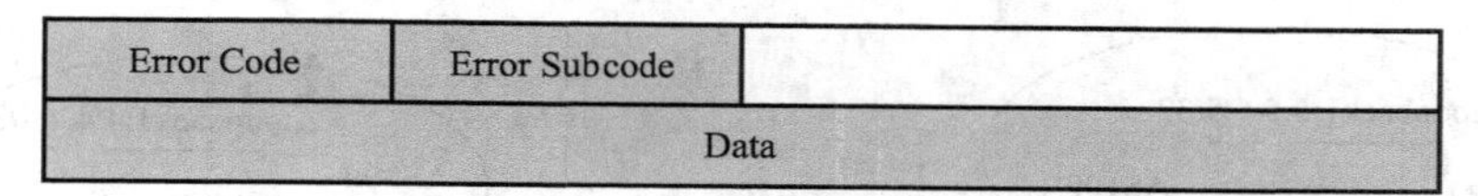

图 8-4 BGP 协议 NOTIFICATION 报文结构

Error Code:(1 字节)错误代码,如表 8-1 所示。

表 8-1 错误类型

错误代码	错误类型
1	报文头错
2	OPEN 报文错
3	UPDATE 报文错
4	保持时间超时
5	状态机错
6	退出

Error Subcode:(1 字节)辅助错误代码。

Data:(变长)依赖于不同的错误代码和辅助错误代码。用于诊断错误原因。

4. KEEPALIVE 报文

KEEPALIVE 报文在 BGP 对等体间周期性地发送,以确保连接保持有效。当一台路由器与其邻居建立 BGP 连接之后,将以 Keepalive-interval 设定的时间间隔周期性地向对等体发送 KEEPALIVE 报文,表明该连接是否还可保持。默认情况下,发送 KEEPALIVE 报文的时间间隔为 60 秒。

KEEPALIVE 报文只包括一个 BGP 数据报头。

OPEN 报文主要用于建立邻居(BGP 对等体)关系,它是 BGP 路由器之间的初始握手报文,应该发生在任何通告报文之前。其他对等体在收到 OPEN 报文之后,即以 KEEPALIVE 报文作为响应。一旦握手成功,则这些 BGP 邻居就可以进行 UPDATE(更新)、KEEPALIVE(保持激活)

以及 NOTIFICATION(通知)等报文的交互操作。

2.4　实验环境与分组

(1) 路由器 2 台,交换机 2 台,计算机 4 台,标准网线 5 根,Console 线 4 条。

(2) 每 4 名学生一组,2 人配置交换机,2 人配置路由器。

2.5　实验组网

实验组网如图 8-5 所示。

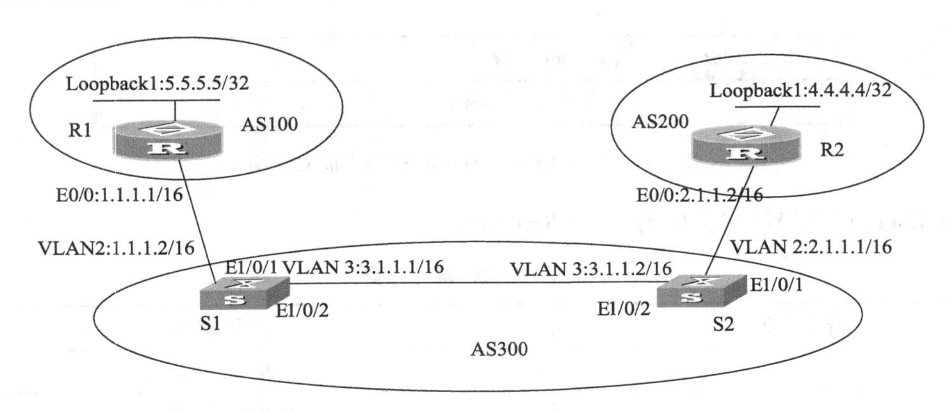

图 8-5　BGP 协议分析实验组网图

2.6　实验步骤

步骤 1　按图 8-5 连接好设备,配置各路由器接口的 IP 地址和各交换机 VLAN 的 IP 地址等。

步骤 2　先在 PC A 上打开 Wireshark 软件,截获报文。然后在 R1、S1、S2、R2 上配置 BGP 协议。

由于 AS300 中的 IBGP 之间是直接相连的,所以可以取消同步(默认为取消同步)。

```
[R1]bgp 100                              //启动 BGP,自治系统号为 100
[R1-bgp] peer 1.1.1.2 as-number 300
[S1]bgp 300
[S1-bgp]peer 1.1.1.1 as-number 100
[S1-bgp]peer 3.1.1.2 as-number 300
[S1-bgp]peer 3.1.1.2 next-hop-local      //强制下一跳为本身接口
S2,R2 配置参照 S1,R1。
```

查看 R1 和 R2 的路由表,是否有对方 Loopback 的路由信息？为什么？

步骤 3　通过以下命令注入路由信息:

[R1-bgp]**network** 5.5.5.5 255.255.255.255 //注入 5.5.5.5/32 网段的路由信息

[R2-bgp]**network** 4.4.4.4 255.255.255.255 //注入 4.4.4.4/32 网段的路由信息

再查看 R1、R2 的路由表。是否有对方 Loopback 的路由信息？为什么？

在 R1 和 R2 上以本身的 Loopback 为源地址 ping 对方的 Loopback 地址。

[R1]**ping-a** 5.5.5.5 4.4.4.4 // 以 5.5.5.5 作为源地址 ping 4.4.4.4

[R2]**ping-a** 4.4.4.4 5.5.5.5 // 以 4.4.4.4 作为源地址 ping 5.5.5.5

能否 ping 通？

如果不用 ping 命令的-a 参数是否能 ping 通？为什么？

步骤 4 停止 PC A 上 Wireshark 报文的截获，保存所截报文，并上传到服务器。根据截获的 BGP 报文的顺序和结构，填写表 8-2。

表 8-2 BGP 报文的顺序和结构

报文序号	报文种类	源地址及端口	目的地址及端口	报文的作用

思考题

1. 在实验截获的报文中是否有 NOTIFICATION 报文？为什么？
2. 写出一个 UPDATE 报文的完整结构，并指出报文中路由信息所携带的路由属性。

步骤 5 在 PC A 上打开 Wireshark 软件，开始截获报文。取消 R1 的 BGP 协议的配置：

[R1]**undo bgp**

分析所截的报文，观察截获的 BGP 的 NOTIFICATION 报文，将字段值填入实验报告中。

思考题

当 BGP 检测到差错(连接中断、协商出错、报文差错等)时，发送 NOTIFICATION 报文，关闭同对等体的连接。观察到 R1 发来 NOTIFICATION 报文，检测到的是什么错误？

2.7　实验总结

通过在路由器/三层交换机上用取消同步的方法配置 BGP，然后在 R1 和 R2 上引入 Loopback 的路由信息，观察 BGP 路由的产生和传播过程，深入理解了 BGP 的原理并掌握了 BGP 的基本配置。

3　BGP 状态转换分析

BGP 状态转换分析

3.1　实验目的

掌握 BGP 的各个状态及状态转换机制。

3.2　实验内容

观察网络状态发生变化时 BGP 状态的变化。

3.3　实验原理

如图 8-6 所示，BGP 有限状态机有 6 个状态，它们之间的转换过程示意了 BGP 邻居关系建立的过程。

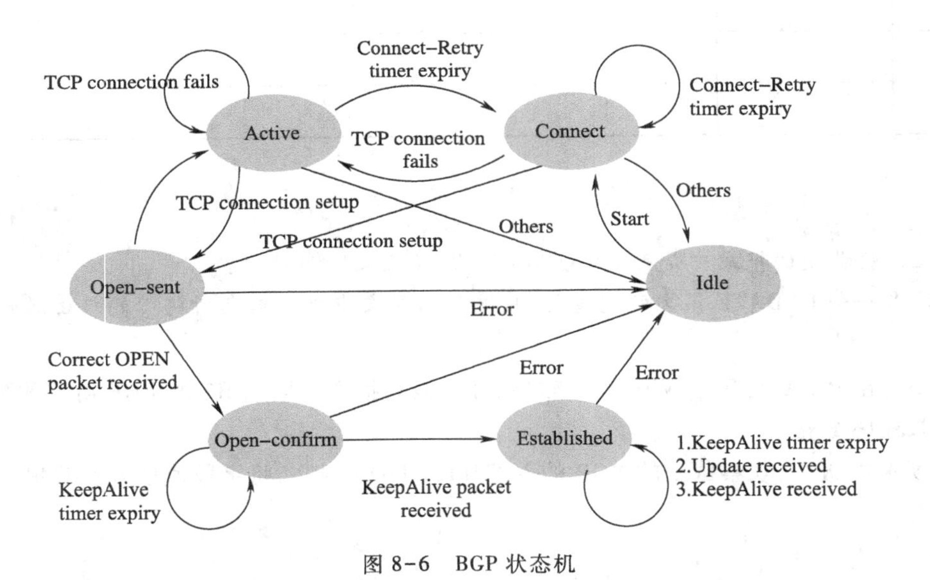

图 8-6　BGP 状态机

Idle(空闲)：Idle 是 BGP 连接的第一个状态，在空闲状态，BGP 在等待一个启动事件，启动事件出现以后，BGP 初始化资源，复位连接重试计时器(Connect-Retry)，发起一条 TCP 连接，同时转入 Connect(连接)状态。

Connect(连接):在 Connect 状态,BGP 发起第一个 TCP 连接,如果连接重试计时器超时,就重新发起 TCP 连接,并继续保持在 Connect 状态,如果 TCP 连接成功,就转入 Open-sent 状态,如果 TCP 连接失败,就转入 Active 状态。

Active(活跃):在 Active 状态,BGP 总是在试图建立 TCP 连接,如果连接重试计时器超时,就退回到 Connect 状态,如果 TCP 连接成功,就转入 Open-sent 状态,如果 TCP 连接失败,就继续保持在 Active 状态,并继续发起 TCP 连接。

Open-sent(打开报文已发送):在 Open-sent 状态,TCP 连接已经建立,BGP 发送了第一个 Open 报文,并等待其对等体发送 Open 报文,对收到的 Open 报文进行正确性检查。如果有错误,系统就会发送一条出错通知报文并退回到 Idle 状态,如果没有错误,BGP 就开始发送 KEEP-ALIVE 报文,并复位 Keepalive 计时器,开始计时。同时转入 Open-confirm 状态。

Open-confirm(打开报文确认)状态:在 Open-confirm 状态,BGP 等待一个 KEEPALIVE 报文,同时复位保持计时器,如果收到了一个 KEEPALIVE 报文,就转入 Established 阶段,BGP 邻居关系就建立起来了。如果 TCP 连接中断,就退回到 Idle 状态。

Established(连接已建立):在 Established 状态,BGP 邻居关系已经建立,这时,BGP 将和它的邻居们交换 UPDATE 报文,同时复位保持计时器。

3.4 实验步骤

步骤 1 继续上一节的实验,重新配置 R1 的 BGP,执行下面的命令,从 debug 信息中分析 BGP 的状态机,画出具体的状态转换图。

```
<R1>Debug bgp event (或 all)
<R1>Terminal  debugging
<R1>Reset bgp all
```

步骤 2 将 R1 与 S1 之间的连接断开,在 S1 上观察邻居 R1 的状态是________________。

```
[S1]display bgp peer
```

步骤 3 将 R1 的 E1 接口与 S1 的 E1/0/1 相连,不需要给 R1 的 E1 接口配置 IP 地址,在 S1 上观察邻居 R1 的状态是________________。

步骤 4 将 R1 与 S1 之间的连接复原,在 S1 上观察邻居 R1 的状态变为了______________。

3.5 实验总结

通过改变网络的连接状态,在 S1 上观察邻居 R1 的 BGP 状态的变化,分析了 BGP 协议各状态的含义及相互关系。

4　BGP 的路由聚合

BGP 的路由聚合

4.1　实验目的

通过配置 BGP 的路由聚合，理解其原理和作用。

4.2　实验内容

在 R1 上增加两个 Loopback 回环地址，通过路由聚合的配置将它们的路由信息聚合，比较配置路由聚合前后 R2 路由表的变化。

4.3　实验原理

在大型网络中，存在成百上千的网络地址，使得路由表过于庞大，路由器负担过重。路由聚合（Route Aggregation）使得路由表中一个项目能够表示多个传统分类地址的路由。大大减少了路由器必须维护的路由项数，提高了网络的性能。同时，路由聚合还可以隔离部分网络的拓扑变化，有利于保持网络的稳定性。

BGP 路由聚合可以实现以下功能。

（1）只通告聚合路由。

（2）聚合但抑制特定的具体路由。

（3）改变聚合路由的 AS 路径属性。

（4）聚合时生成 AS-SET 集合。

4.4　实验组网

实验组网如图 8-7 所示。

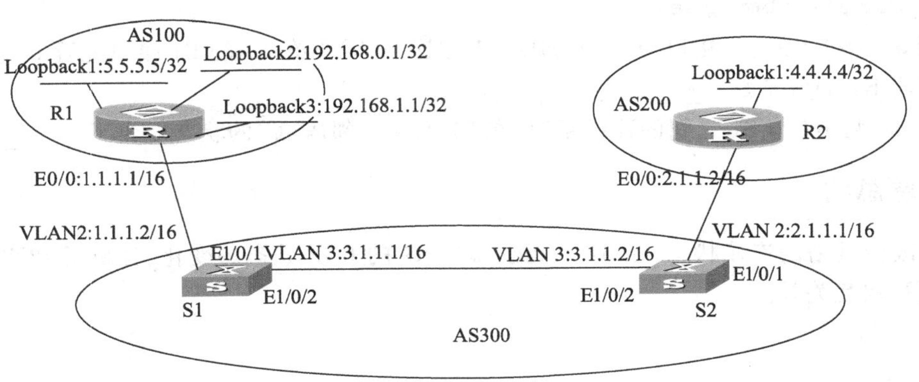

图 8-7　BGP 协议分析实验组网图

4.5 实验步骤

步骤 1 在上一节实验的基础上，在 R1 上添加两个 Loopback 地址（192.168.0.1/24 和 192.168.1.1/24）分别将它们引入 BGP 路由，如图 8-7 所示。观察 R2 的路由表。

R2 获得两条新路由为____

____

步骤 2 在 R1 上配置路由聚合，然后再观察路由表与配置路由聚合之前的路由表有何不同之处。

(1) 同时通告聚合路由和具体路由。R1 配置聚合的命令如下：

```
[r1]bgp 100
[r1-bgp]aggregate 192.168.0.0 255.255.240.0
```

请描述 R2 上路由表的变化。

____

(2) 只通告聚合路由。取消 R1 上的路由聚合的配置：

```
[r1-bgp]undo aggregate 192.168.0.0 255.255.240.0
```

R1 配置聚合的命令如下：

```
[r1]bgp 100
[r1-bgp]aggregate 192.168.0.0 255.255.240.0 detail-suppressed
```

请描述 R2 上路由表的变化。用 R2 ping 192.168.0.1 或 192.168.1.1，是否能 ping 通？

____

步骤 3 在路由聚合完成后取消参与聚合的某个 Loopback 地址，看看各路由表分别有什么变化。体会路由聚合都有什么作用。

4.6 实验总结

通过添加两个可聚合的 Loopback 接口地址，在 R1 上配置路由聚合，比较配置路由聚合前后 R2 路由表的变化，理解路由聚合的作用。

5 BGP 的基本路由属性分析

BGP 的基本
路由属性分析

5.1 实验目的

分析 BGP 的主要基本路由属性。

5.2 实验内容

在 S2 上配置一个 Loopback 地址，观察路由表项中 BGP 的常用路由属性并分析其功能。

5.3　实验原理

5.3.1　BGP 路由属性概述

BGP 路由属性是一套参数,它对特定的路由进行了进一步的描述,使得 BGP 能够对路由进行过滤和选择。在配置路由策略时将被广泛地应用。路由属性通常被分为以下几类。

(1) 必遵属性:路由更新报文中必须存在的路由属性。这种属性域在 BGP 路由信息中有着不可替代的作用,如果缺少必遵属性,路由信息就会出错。如 AS-Path 就是必遵属性,BGP 用它来避免路由环路。

(2) 可选属性:可以选择的属性。不一定必须存在于路由更新报文中,其设置完全是根据需要而定。如 MED 属性,被用来控制选路。

(3) 过渡属性:在 AS 间具有可传递性的属性。其域值可以被传递到其他 AS 中去并继续起作用。如 Origin 属性,路由信息的来源一旦确定,域值会一直存在并保持不变,无论此路由信息被传到哪个 AS 中去。

(4) 非过渡属性:只在本地起作用的属性。出了自治系统,域值就恢复成默认值,如 Local-preference。

表 8-3 列出了几种常用属性。

表 8-3　常 用 属 性

类型代码	属性名	必遵/可选	过渡/非过渡
1	Origin	必遵	过渡
2	AS-Path	必遵	过渡
3	Next-hop	必遵	过渡
4	MED	可选	非过渡
5	Local-preference	可选	非过渡
6	Community	可选	过渡

BGP 属性可以扩展到 256 种,每个属性都有特定的含义并可以灵活地运用,使得 BGP 的功能十分强大。

5.3.2　常见的 BGP 路由属性

(1) Origin(起点)属性:定义路径信息的来源,标记一条路由是怎样成为 BGP 路由的,如 IGP、EGP、Incomplete 等。

起点属性是一个必遵过渡属性,它指示路由更新的来源。BGP 允许 3 种类型的来源,如表 8-4 所示。

表 8-4 Origin 属性值的意义

值	意 义
0	IGP——路由信息为起始 AS 内部产生
1	EGP——路由信息为起始 AS 通过 EGP 得来
2	Incomplete——路由信息通过其他方法得来

BGP 在其路由判断过程中会考虑起点属性来判断多条路由之间的优先级。具体来说,BGP 优先选用具有最小起点属性值的路由,即 IGP 优先于 EGP,EGP 优先于 Incomplete。可以手工配置某条路由的起点属性。

一般情况下:

① BGP 把聚合的路由和用 network 命令直接注入到 BGP 路由表的具体路由看成是 AS 内部的,起点类型设置为 IGP。

② BGP 把通过其他 IGP 协议引入的路由起点类型设置为 Incomplete。

③ BGP 把通过 EGP 得到的路由的起点类型设置为 EGP。

在其他因素相同的情况下,按 IGP、EGP、Incomplete 的顺序选择路由。

(2) AS-Path(AS 路径)属性:标识路由经过的 AS 序列,即列出在到达所通告的网络之前所经过的 AS 的清单。BGP 发言人将自己的 AS 前置到接收到的 AS 路径的头部。AS-Path 属性也是一个必遵属性,它是路由到达某个目的地所经过的所有 AS 号码的序列。BGP 使用 AS 路径属性作为路由更新(更新数据包)的一部分来确保在 Internet 上的一个无环路拓扑结构。BGP 在向 EBGP 对等体通告一条路由时,要把自己的 AS 号加入到 AS 路径属性中,以记录此路由通过的 AS 区域信息。BGP 不会接受 AS 路径属性中包含本 AS 号的路由,因为此路由已经被本自治系统处理过了,从而避免了生成路由环路的可能。

同时,AS 路径属性也影响路由选择,在其他因素相同的情况下,BGP 选择 AS 路径较短的路由。但是,有时也可以通过加入伪 AS 号码的方法来增加路径长度,从而影响路径选择。

(3) Next-hop(下一跳)属性:到达更新报文所列网络的下一跳边界路由器的 IP 地址,如图 8-8 所示。

下一跳属性也是一个公认必遵属性,BGP 中的下一跳不同于 IGP 中的下一跳,BGP 中的下一跳概念稍微复杂,它可以是以下 3 种形式之一。

① BGP 在向 IBGP 通告从其他 EBGP 得到的路由时,不改变路由的下一跳属性。也就是说,本地 BGP 将从 EBGP 得到的路由的下一跳属性直接传递给 IBGP。如图 8-8 所示,RT A 通过 IBGP 向 RT B 通告路由 18.0.0.0 时,下一跳属性为 10.0.0.2。

② BGP 在向 EBGP 对等体通告路由时,下一跳属性是本地 BGP 与对端连接的端口地址。如图 8-8 所示,RT C 在向 RT A 通告路由 18.0.0.0/8 时,下一跳属性为 10.0.0.2;RT A 在向 RT C 通告路由 19.0.0.0/8 时,下一跳属性为 10.0.0.1。

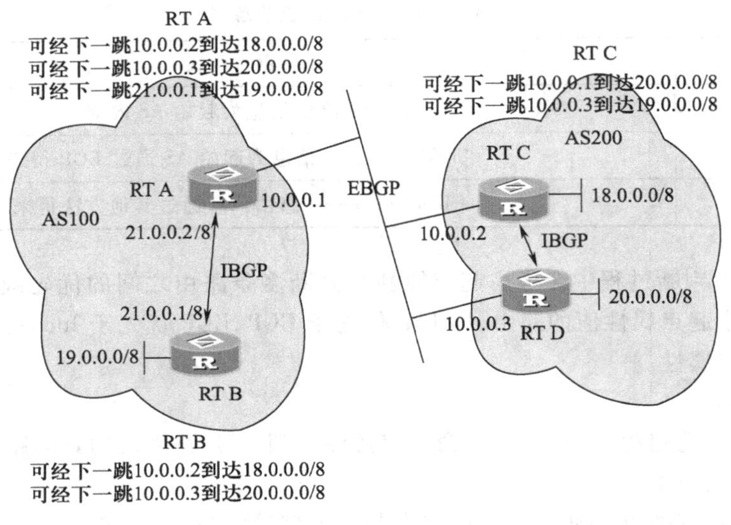

图 8-8 BGP 协议下一跳属性分析

③ 对于可以多路访问的网络(如以太网或帧中继),下一跳情况有所不同。如图 8-8 所示,RT C 在向 EBGP 路由器 RT A 通告路由 20.0.0.0/8 时,发现本地端口 10.0.0.2 同 RT C 路由表中此路由的下一跳 10.0.0.3 为同一共享子网,因此使用 10.0.0.3 作为向 EBGP 通告路由的下一跳,而不是 10.0.0.2。

(4) MED(Multi Exit Discriminators)属性:MED 属性是可选属性,它用于向外部邻居路由器指示进入某个具有多个入口的 AS 的优先路径。当某个 AS 有多个入口时,可以用 MED 属性来帮助其外部的邻居路由器选择一个较好的入口路径,即优先选择 MED 较小的入口路径。

一般情况下,路由器只比较来自同一 AS 中各 EBGP 邻居路径的 MED 值,不比较来自不同 AS 的 MED 值。MED 属性的默认值为 0。

(5) Local-preference(本地优先级)属性: Local-preference 属性是可选属性,用来帮助 AS 区域内部的路由器选择到 AS 区域外部的较好出口,即到达 AS 外部某目的地有多个出口时,AS 内部路由器优选 Local-preference 属性值大的路由。Local-preference 属性值越大,路由的优选程度就越高。

Local-preference 属性只用于 AS 内部,只在 IBGP 对等体之间被交换,而不被通告给 EBGP 对等体。也就是说,配置 Local-preference 属性值仅仅会影响离开该 AS 的业务量,不会影响进入该 AS 的业务量。默认情况下,Local-preference 属性值为 100。

(6) Community(团体)属性:团体属性标识了一组具有相同特征的路由信息,与它所在的 IP 子网和自治系统无关。在 BGP 的范围内,一个团体是一组有公共性质的目的地。一个团体不限于一个网络或一个自治系统,它没有物理边界。

团体属性是一个可选过渡属性,某些团体是公认的,以及具有全球意义。公认的团体有以下几个。

① NO_EXPORT:带有这一团体值的路由在收到后,不应被通告给一个联盟之外的对等体。

② NO_ADVERTISE:带有这一团体值的路由在收到后,不应被通告给任何的 BGP 对等体。

③ LOCAL-AS:带有这一团体值的路由在收到后,应该被通告给本地 AS 内的对等体,不应被通告给任何的 EBGP 对等体(包括联盟内的 EBGP 对等体)。

④ INTERNET:带有这一团体值的路由在收到后,应该被通告给所有的其他路由器。

除了这些公认的团体属性值之外,私有的团体属性值也可以被定义来用于特殊用途。

一条路由可以具有一个以上的团体属性值,就像一条路由可以在其 AS 路径属性中含有一个以上 AS 编号一样。在一条路由中看到多个团体属性值的 BGP 路由器可以根据部分或全部属性值来采取行动。路由器在将路由传递给其他对等体之前可以增加或修改团体属性值。

5.4　实验组网

实验组网如图 8-9 所示。

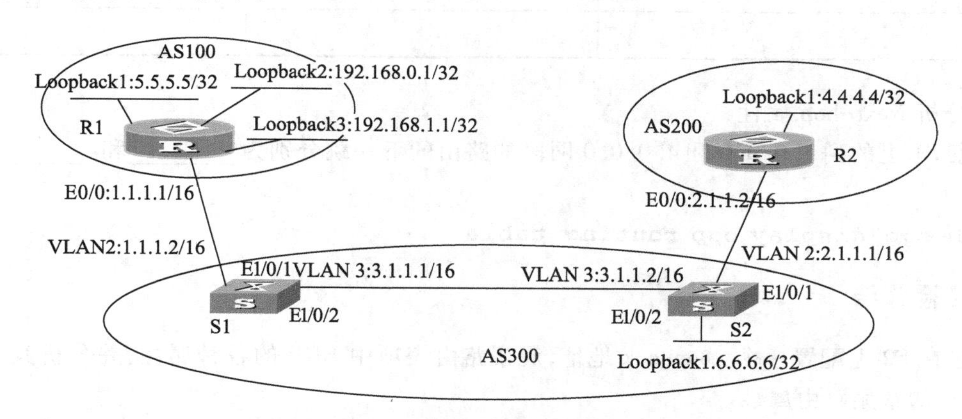

图 8-9　BGP 协议分析实验组网图

5.5　实验步骤

1. 分析 Origin 和 AS-Path 属性

步骤 1　接上一节实验,如图 8-9 所示,在 S2 上配置一个 Loopback 地址 6.6.6.6/8,然后将 S1 和 S2 上的直连路由引入 BGP 中。

引入直连路由的命令如下:

```
[S1-bgp]import-route direct
[S2-bgp]import-route direct
```

步骤 2　在 R2 上观察 BGP 路由表。

```
[R2-bgp]display bgp routing-table
```

步骤 3　分析 Origin 属性和 AS-Path 属性，将各路由的 Origin 和 AS-Path 属性值填入表 8-5。

表 8-5　Origin 和 AS-Path 属性值

Destination/Mask	Origin	AS-Path

2. 分析 Next-hop 属性

观察 S1 上的到 5.0.0.0 和 4.0.0.0 网段的路由的下一跳分别为________和________，并分析原因。

```
[S1-bgp]display bgp routing-table
```

5.6　实验总结

通过在 S2 上配置一个 Loopback 地址，观察路由表项中 BGP 的各种属性，并分析其功能，了解了 BGP 的常用路由属性。

6　BGP 的路由策略

BGP 的路由策略

6.1　实验目的

掌握配置 BGP 路由策略的基本方法。

6.2　实验内容

在 S1 上配置 3 种不同的路由过滤，观察路由表项中的过滤结果，体会路由策略的使用方法。

6.3　实验原理

BGP 是在自治系统之间交换路由信息的，由于各种原因，BGP 需要对发送和接收的路由信息进行过滤,也就是实施路由策略。

路由策略是提供给路由协议实现路由信息过滤的手段。路由协议在与对端路由器进行路由信息交换时,可能需要只接收或发布一部分满足给定条件的路由信息。路由协议(如 OSPF)在引入其他路由协议(如 BGP)的路由信息时,可能需要只引入一部分满足条件的路由信息,并对所引入的路由信息的某些属性进行设置以满足本协议的要求。路由策略用以提供路由协议实现这些功能的手段。

路由策略一般由一系列的规则组成,这些规则大体上分为 3 类,它们分别作用于路由发布、路由接收和路由引入过程。因为定义一条策略相当于定义一组过滤器,并在接收、发布一条路由信息或在不同协议间进行路由信息交换前应用这些过滤器,所以路由策略也常被称为路由过滤。

与路由策略相关的过滤器通常有如下 5 种。

(1) 路由策略(Routing Policy)。设定匹配条件,属性匹配后进行属性设置等操作,由 if-match 和 apply 字句组成。

(2) 访问控制列表(Access Control List)。用于匹配路由信息的目的网段地址或下一跳地址,过滤不符合条件的路由信息。

(3) 前缀列表(IP-prefix)。匹配对象为路由信息的目的地址或直接作用于路由器对象(Gateway)。

(4) 自治系统路径信息访问列表(AS-Path List)。仅用于 BGP,匹配 BGP 路由信息的自治系统路径域。

(5) 团体属性列表(Community-list)。仅用于 BGP,匹配 BGP 路由信息的自治系统团体域。

以下着重介绍 3 种路由过滤器。

(1) 访问控制列表(ACL):ACL 定义路由器过滤数据包的规则,以决定什么样的数据包可以通过。在对路由信息进行过滤时,一般使用基本访问控制列表和高级访问控制列表。定义基本访问控制列表时指定一个源 IP 地址和子网范围,用于匹配源地址,使用高级访问控制列表可以使用协议类型、源/目的地址或端口号等多种参数匹配路由信息。

ACL 是由 permit|deny 语句组成的一系列有顺序的规则组成的,包括源地址、目的地址、端口号等。路由器根据这些规则决定哪些数据包可以通过。多条过滤规则可以按照用户的配置顺序或"深度优先"原则来匹配。使用 display acl 命令可以查看哪条规则首先生效。

可以使用如下命令建立 ACL 访问控制列表:

acl number acl-number [**match-order** { **config** | **auto** }]

rule rule-number { **permit** | **deny** } [**source** source-addr source-wildcard | **any**]

参数 acl-number 为访问控制列表序号,其中 2 000~2 999 是基本访问控制列表,3 000~3 999 是高级访问控制列表。rule-number 是控制规则序号,source-addr 和 source-wildcard 表示一个网络地址。

(2) 自治系统路径信息访问列表(AS-Path List):自治系统路径信息访问列表指定 BGP 从

对等体输入或向对等体输出路由信息时过滤含有指定 AS 路径属性的路由。

配置对等体的 AS 路径过滤器命令如下：

[Quidway-bgp]**peer** peer-address **as-path-acl** as-path-acl-number { **import** | **export** }

其中参数 peer-address 是对等体地址，as-path-acl-number 是 AS 路径访问列表号，import 或 export 指明是输入还是输出路径信息时使用该策略。

定义 AS 路径列表命令如下：

[Quidway]**ip as-path-acl** as-path-acl-number { **permit** | **deny** } as-regular-expression

其中参数 as-path-acl-number 为路径列表号，as-regular-expression 为路径的正则表达式。正则表达式常用符号如表 8-6 所示。

表 8-6　正则表达式常用符号

符号	说　明
^	匹配一个字符串的开始。如"^200"表示只匹配 AS-Path 的第一个值为 200
$	匹配一个字符串的结束。如"200 $ "表示只匹配 AS-Path 的最后一个值为 200
.	匹配任何单个字符，包括空格
+	匹配前面的一个字符或一个序列，一次或多次出现
—	匹配一个符号，如逗号、括号、空格符号等
*	匹配前面的一个字符或一个序列，可以 0 次或多次出现
?	匹配前面的一个字符，可以 0 次或多次出现
-	连接符
|	逻辑或

(3) 路由策略(Route-policy)：路由策略是实施路由过滤的重要部分，它根据路由属性的匹配结果，决定对路由属性的操作。每个路由策略可以有若干规则，用节点号标识。在进行路由策略匹配时，按节点号从小到大的顺序进行匹配，遇到第一个匹配的规则，就完成此次的路由策略过程。如未匹配任何一条规则，则此路由的发送和接收等操作被取消。

配置对等体的路由策略命令如下：

[Quidway]**peer** peer-address **route-policy** policy-name { **import** | **export** }

该命令可以指定 BGP 从对等体输入或向对等体输出路由信息时使用的路由策略。参数 peer-address 是对等体地址，policy-name 表示 route-policy 的名字，import 或 export 表明是输入还是输出时使用该策略。

定义路由策略命令如下：

route-policy policy-name { **permit** | **deny** } **node** { node-number }

其中参数 policy-name 为 route-policy 的名字,一个路由策略可以有多个节点(node),node-number 为节点号。

if-match 命令用来定义匹配规则,如表 8-7 所示。

表 8-7 匹配规则与 if-match 命令

操作	命令
匹配 AS 路径正则表达式	**if-match as-path** as-path-list-number
取消 AS 路径表达式匹配	**undo if-match as-path**
匹配 BGP 团体列表	**if-match community** { **standard-community-list-number** [**exact-match**] | **extended-community-list-number** }
取消 BGP 团体列表匹配	**undo if-match community**
匹配端口	**if-match interface** [type number]
取消端口匹配	**undo if-match interface**
匹配地址	**if-match ip address** { acl-number | **ip-prefix** prefix-list-name }
取消地址匹配	**undo if-match ip address** [**ip-prefix**]
匹配 cost	**if-match cost** cost
取消 cost 匹配	**undo if-match cost**

apply 命令用来定义赋值规则,如表 8-8 所示。

表 8-8 赋值规则与 apply 命令

操作	命令
设置 AS 号	**apply as-path as-number**
取消 AS 号的设置	**undo apply as-path**
设置 BGP 团体属性	**apply community** { { [aa:nn] [**no-export-subconfed**] [**no-advertise**] [**no-export**] } [**additive**] | **none** | **additive** }
取消 BGP 团体属性的设置	**undo apply community**
设置下一跳	**apply ip next-hop ip-address**
取消下一跳的设置	**undo apply ip next-hop**

续表

操作	命令
设置本地优先级	**apply local-preference value**
取消本地优先级的设置	**undo apply local-preference**
设置 cost	**apply cost cost**
取消 cost 的设置	**undo apply cost**
设置路由源	**apply origin { igp | egp as-number | incomplete }**
取消路由源的设置	**undo apply origin**

复位 BGP 命令如下：

```
[h3c] reset bgp { all | peer-id }
```

此命令可以在 BGP 的策略或协议配置改变后，复位 BGP 的连接，以使新配置或策略生效。参数 all 表示复位所有对等体的连接；peer-id 是一个对等体的地址，只复位该对等体的连接。

6.4 实验步骤

步骤 1 配置基于 **ACL** 的路由过滤。接上一节实验，在 S2 上配置路由过滤，阻止 AS100 的 5.0.0.0/8 网段的路由传给 AS200。

```
[S2]acl number 2001
[S2-acl-basic-2001]rule 0 deny source 5.0.0.0 0.255.255.255
[S2-acl-basic-2001]rule 1 permit source 0.0.0.0 255.255.255.255
[S2-acl-basic-2001]quit
[S2]bgp 300
[S2-bgp]peer 2.1.1.2 filter-policy 2001 export    //配置基于 ACL 的路由过滤
```

观察 R2 的路由表，是否有 5.0.0.0 网段的路由？

```
[R2]display ip routing-table
```

步骤 2 配置基于 **AS-Path** 的路由过滤。在 S1 上配置路由过滤，使得 S1 不通告来自 AS200 的路由，而只通告 AS300 内部产生的路由。

```
[S1]ip as-path 1 deny \b200$          //设置拒绝来自 AS200 的路由
[S1]ip as-path 1 permit ^$            //设置允许本 AS 的路由
[S1]bgp 300
[S1-bgp] peer 1.1.1.1 as-path-acl 1 export //配置基于 AS-Path 的路由过滤
```

注：\b 是 AS 号码之间的分割符。^$ 匹配本地路由；\b200$ 匹配从 AS200 始发的路由。

观察 R1 路由表的变化，是否还有 4.4.4.4 网段的路由？

步骤 3 配置基于 **Route Policy** 的路由过滤。配置路由策略，使 S1 不向外通告 6.0.0.0/8

的路由信息,并且向外通告的其他路由信息的 cost 值都为 888。

```
[s1]acl number 2001
[s1-acl-basic-2001]rule 1 deny source 6.0.0.0 0.255.255.255
[s1-acl-basic-2001]rule 2 permit source any
[s1-acl-basic-2001]quit
[s1]route-policy deny6 permit node 10   //配置 route-policy 的内容
[s1-route-policy]if-match acl 2001
[s1-route-policy]apply cost 888
[s1-route-policy]quit
[s1]bgp 300
[s1-bgp] peer 1.1.1.1 route-policy deny6 export   //配置基于 Route Policy
                                                    的路由过滤
```

观察 R1 的 BGP 路由表,是否还有 6.6.6.6/32 网段的路由:______________。

S1 通告给 R1 的路由的 MED 值为______________。

7 BGP 的同步机制

BGP 的
同步机制

7.1 实验目的

理解 BGP 采用同步机制的原因,掌握同步机制的原理和作用。

7.2 实验内容

通过只在 AS 的边界路由器运行 BGP,分析在 BGP 不同步的情况下出现的问题,并补充路由使得网络连通。体会同步机制的作用。

7.3 实验原理

BGP 规定:一个 BGP 路由器不将从内部 BGP 对等体得知的路由信息通告给外部对等体,除非该路由信息也能通过 IGP 得知,这就是 BGP 的同步机制。

AS 边界路由器既是连接到另一个 AS 的 EBGP 对等体,也是本 AS 内部的 IBGP 对等体。由于 IBGP 对等体之间不一定是直连的,一个 BGP 路由器在向它的对等体发布一条路由信息时,首先要能够确定这条路由在 AS 内部可达。同步是指 BGP 在向它的 EBGP 邻居发布过渡的选路信息前,必须等待 IGP 在其所在自治系统中也成功传播该选路信息。一条 BGP 选路信息只有在 AS 内部可达,BGP 才向其他 AS 通告该过渡信息。若一个路由器能通过 IGP 得知该路由信息,则可认为路由能在 AS 中传播,内部通达就有了保证。如图 8-10 所示,路由器 RT E 从对等体 RT B 获得 AS100 内的网络 10.1.1.1/24 的路由。如果 RTE 直接将此路由信息通告给 AS300 的

RTF,则 RTF 中会记录一条去往 10.1.1.1/24 的路由,下一跳指向 RT E。如果 RT F 有一个去往 10.1.1.1/24 的数据包,则将其转发给 RT E,而 RT E 去往 10.1.1.1/24 的下一跳是指向 RT A 的 S0 接口。在没有同步的情况下,RT E 无法直接去往此路由的下一跳(中途的 RT C、RT D 没有去往 10.1.1.1/24 的路由),这样一旦数据包抵达 RT C、RT D 时就会被丢弃,造成数据的损失。

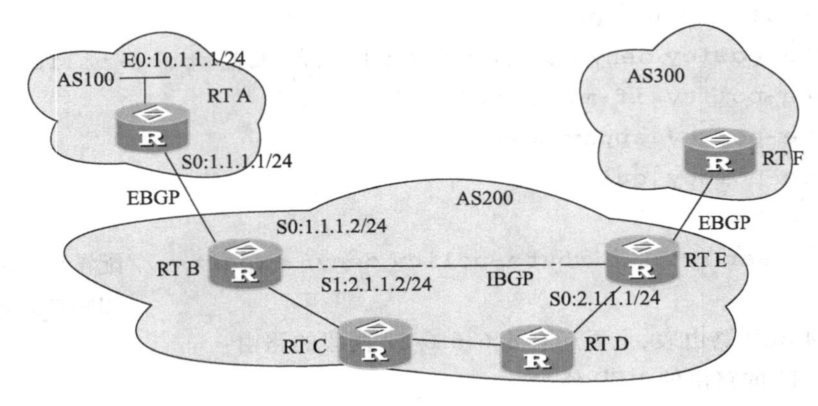

图 8-10　BGP 的同步机制

解决不同步问题的方法很多,最简单的方法是 RT B 把从外部得到的 BGP 路由引入到 IGP 中,也可以在 RT B、RT C、RT D 上配置到 10.1.1.1/24 的静态路由。

BGP 的主要任务之一就是向其他自治系统发布该自治系统的网络可达信息。因此,BGP 必须与 IGP(如 RIP、OSPF 等)同步。也就是说,当一个路由器从 IBGP 对等体收到一个目的地的更新信息,在把它通告给其他 EBGP 对等体之前,要试图验证该目的地通过自治系统内部能否到达(即验证该目的地路由是否存在于 IGP,非 BGP 路由器是否可传递业务量到该目的地)。若 IGP 认识这个目的地,才接受这样一条路由信息并通告给 EBGP 对等体,否则将把这个路由当作与 IGP 不同步,不进行通告。

实际应用中,同步和不同步是可以配置的。Quidway 系列交换机和路由器在默认情况下 BGP 一开启就是取消同步的。虽然同步是可以取消的,但取消同步是有条件的。当 AS 中所有的 BGP 路由器能组成 IBGP 全连接网时,可以取消同步。在同步被取消以后,有一个新的问题需要考虑:同一自治系统的 IBGP 之间传递路由信息时,路由的下一跳要保持不变。怎样才能让下一跳可达呢?方法同样很多,通常可以通过配置强制改变下一跳来解决问题。因为 AS 中所有的 BGP 路由器是 IBGP 全连接的,路由器在向 IBGP 邻居通告路由时强制下一跳为自己本身的接口,这样对于 IBGP 邻居来说,下一跳就是直连网段地址,可达性也就解决了。如果建立 IBGP 邻居关系的两台路由器之间不是直接相连的,一般不能取消同步,因为在这种情况下下一跳可达很难满足。

7.4　实验组网

实验组网如图 8-11 所示。

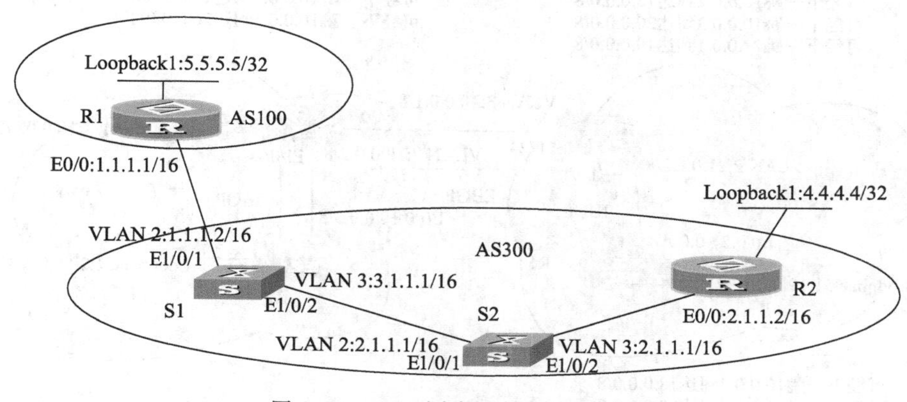

图 8-11 BGP 同步机制实验组网图

7.5 实验步骤

步骤 1 按照图 8-11 进行组网,配置各设备接口的 IP 地址等。

步骤 2 在 R1、S1、R2 上配置 BGP 协议,注意 S1 的 BGP 邻居为 1.1.1.1 和 2.1.1.2,R2 的 BGP 邻居为 3.1.1.1,S2 不配置 BGP 协议。在 R1 和 R2 的 BGP 中分别注入 5.5.5.5/32 网段和 4.4.4.4/32 网段的路由信息。

查看 R1 和 R2 的路由表,是否有对方 Loopback 的路由信息?为什么?在 R1 和 R2 上以本身的 Loopback 为源地址 ping 对方的 Loopback 地址,能否 ping 通?

步骤 3 在 AS300 内配置 OSPF 协议,注意不要将 R2 的 Loopback1 配置在 OSPF 范围内。观察 R1、S1、S2、R2 的 IP 路由表,找出与在 R1 上以 5.5.5.5 为源地址 ping 4.4.4.4 相关的路由信息,分析在哪台设备上缺少相关路由信息,试在该设备上进行适当的静态路由配置,使得在 R1 上以 5.5.5.5 为源地址能 ping 通 4.4.4.4。

步骤 4 分析 BGP 不同步引起的问题。

7.6 实验总结

通过实验,理解了 BGP 同步机制的原理和作用。

8 设计型实验

设计型实验

1. Next-hop 属性实验

要求:按照图 8-12 的路由要求进行配置,并分析 BGP 的 Next-hop 属性。

2. 路由策略实验

要求:按照图 8-13 组网,设计并配置 BGP,使得 S1 不向 R1 通告 AS300 内的任何路由。

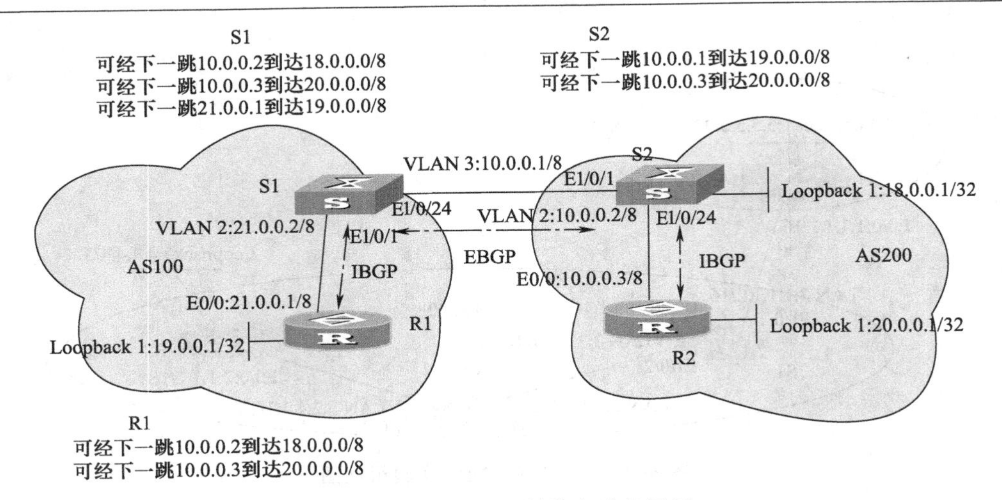

图 8-12　Next-hop 属性实验组网图

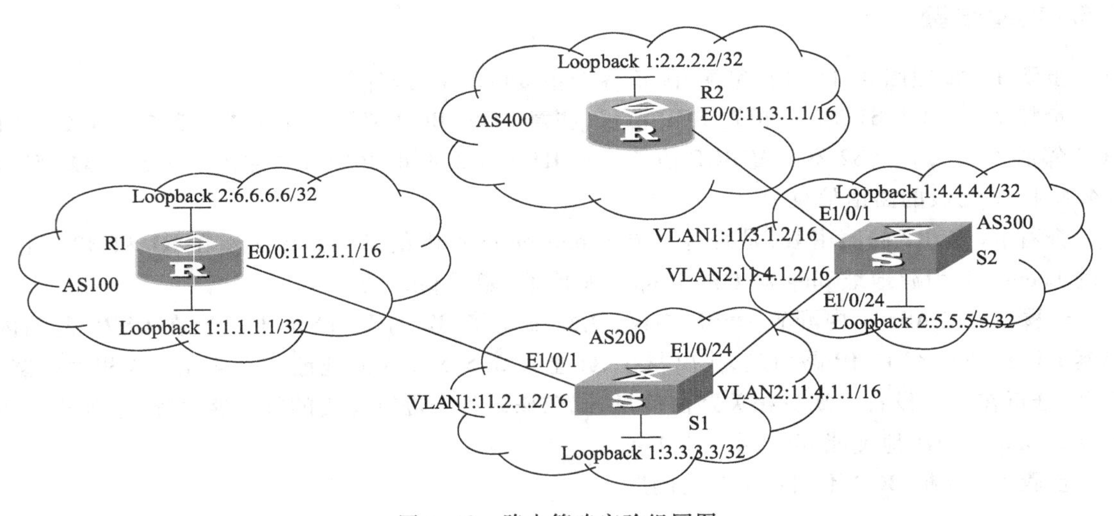

图 8-13　路由策略实验组网图

3. Local-preference 和 Med 属性实验

要求：

(1) 按照图 8-14 组网，配置 Local-preference 属性，实现 S2 到 18.0.0.0/8 的路由，优先选择 S2→R2→R1。

(2) 配置 Med 属性，实现 R1 到 19.0.0.0/8 的路由优先选择 R1→S1 →S2。

提示：med 默认值为 0，local-preference 默认值为 100。

配置命令如下：

```
[S1-bgp]default med 10
[R1-bgp]default local-preference 10
```

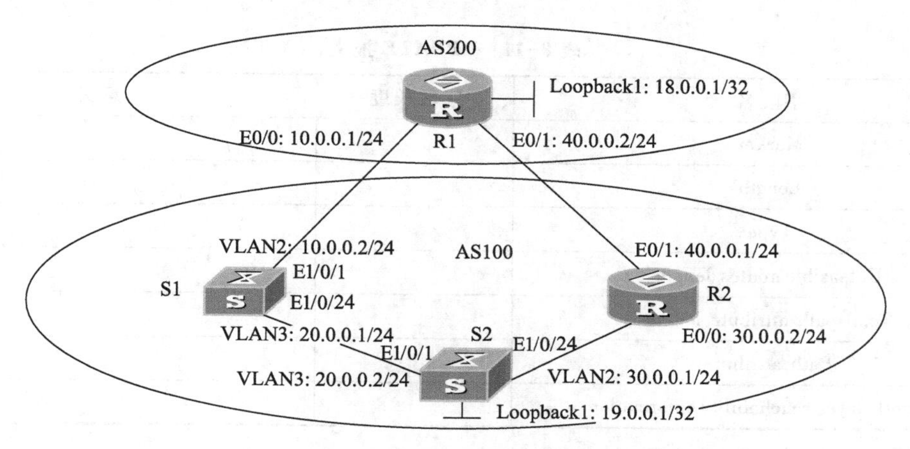

图 8-14 Local-preference 和 Med 属性实验组网图

预习报告

1. 写出 BGP 的状态转换过程。
2. 写出 2.6 节步骤 2 的 R2、S2 的配置命令。
3. 写出路由聚合的原理及其作用。
4. 预习 BGP 报文格式,结合给出的报文填写表 8-9~表 8-12。

表 8-9 KEEPALIVE 报文

字段名	字段长度	意义
Marker		
Length		
Type		

表 8-10 OPEN 报文

字段名	字段长度	意义
Marker		—
Length		—
Type		—
Version		
My AS		
Hold time		
BGP ID		

表 8-11　UPDATE 报文

字段名	字段长度	意义
Marker		—
Length		—
Type		—
Unfeasible routes length		
Total path attribute length		
Path attribute		
Network layer reachability information		

表 8-12　NOTIFICATION 报文

字段名	字段长度	意义
Marker		—
Length		—
Type		—
Error code		
Error subcode		
Data		

5. 简述 BGP 的基本属性及其作用。
6. 与路由策略相关的过滤器有哪几种？写出 ACL 和 Route Policy 的配置命令。
7. 写出设计型实验 1 的 BGP 相关配置命令。
8. 写出设计型实验 2 的 BGP 及路由相关配置命令。
9. 写出设计型实验 3 的 BGP 相关配置命令。

实验九　网络管理实验[1]

1　实验内容

实验九
内容简介

(1) 网管软件基本功能实验。
(2) SNMP 基本原理的验证与分析实验。
(3) 网络拓扑发现实验。

2　网管软件基本功能实验

网管软件
基本功能实验

2.1　实验目的

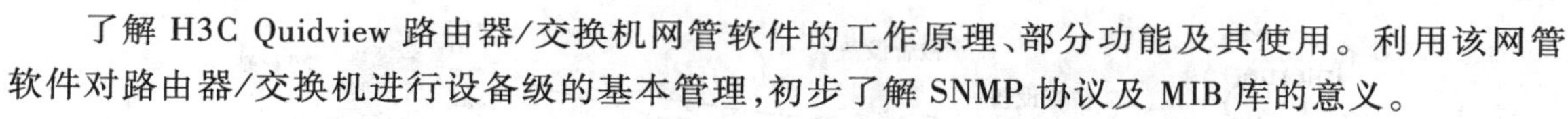

了解 H3C Quidview 路由器/交换机网管软件的工作原理、部分功能及其使用。利用该网管软件对路由器/交换机进行设备级的基本管理,初步了解 SNMP 协议及 MIB 库的意义。

2.2　实验内容

以路由器为例,学习用 Quidview 路由器网管系统对路由器进行参数设置、基本信息浏览及性能监视;以交换机为例,学习用 Quidview 交换机网管系统对交换机进行 RMON 管理。

2.3　实验原理

2.3.1　网管软件 Quidview 概述

Quidview 网络管理软件是 H3C 公司针对数据通信设备如路由器、交换机、接入服务器、视频设备等进行统一管理和维护的网管产品,位于网络解决方案的管理层次,能够实现网元管理和网络管理的功能。它和 H3C 公司的数据通信设备一起提供全网解决方案,对数据通信设备的维护和网络管理提供支持,并能够提供对电信网 OSS 运营系统的支撑和接口。

1　在线实验平台暂不支持本实验。

作为网管整体解决方案之一，Quidview 提供了灵活的组件化结构，实验中将主要介绍路由器网管系统（Quidview Router Manager）和以太网交换机网管系统（Quidview Ethernet Switch Manager）。路由器/交换机网管系统是 H3C 公司自行设计开发的，能够应用在各种操作系统包括 Windows 平台（NT/2000）和 UNIX 平台（SUN Solaris/HP UX）的设备级网络管理软件，旨在为 H3C 公司生产的系列路由器/交换机提供网元级的管理。它们分别能管理 Quidway、NE 系列路由器和 Quidway 系列交换机。它们不但能充分利用设备自己的管理信息库（MIB）完成浏览设备配置信息、监视设备运行状态等基本网管功能，还能集成到 SNMPc、HP OpenView NNM、WhatsUp Gold、IBM Tivoli NetView 及华为的 N2000 EMF 等一些通用的网管平台上，实现从设备级到网络级全方位的网络管理。

Quidview 网管系统采用通用的标准网管协议——简单网络管理协议（SNMP），同时支持 SNMPv1 和 SNMPv3，兼容 SNMPv2。

2.3.2　网络管理的基本概念

网络管理虽然还没有精确的定义，但可将其内容归纳如下。

网络管理包括对硬件、软件和人力的使用、综合与协调，以便对网络资源进行监视、测试、配置、分析、评价和控制，这样就能以合理的价格满足网络的使用需求，如实时运行性能、服务质量等。网络管理简称网管。

网络管理模型中的主要构件如图 9-1 所示。

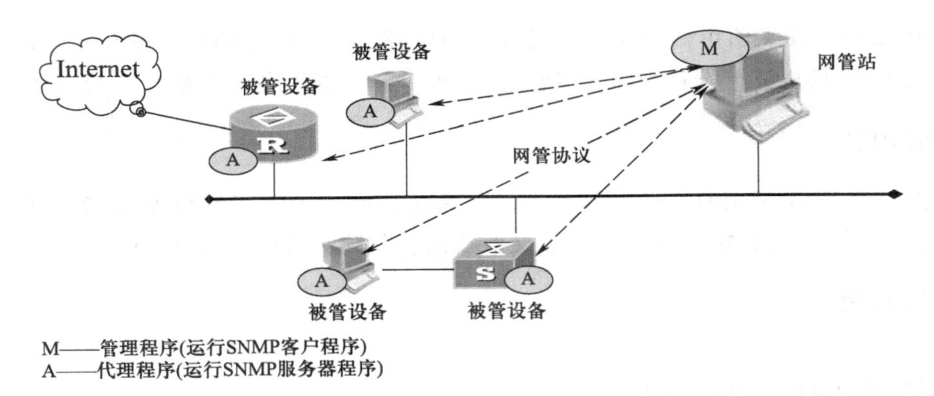

图 9-1　网络管理一般模型

网管站是整个网络管理系统的核心，它通常是一个有良好图形界面的高性能的工作站，并由网络管理员直接操作和控制。所有向被管设备发送的命令都是从管理站发出的。管理站也常被称为网络运行中心 NOC（Network Operations Center）。网管站中的关键构件是管理程序，管理程序在运行时就成为管理进程。管理站（硬件）或管理程序（软件）都可称为管理者（Manager），这里的 Manager 不是指人而是指机器或软件。网络管理员（Administrator）才是指人。

在网络中有很多被管设备，它们可以是主机、路由器、打印机、集线器、网桥或调制解调器等。

在每一个被管设备中可能有许多被管对象(Managed Object)。被管设备有时可称为网络元素或网元。被管对象必须维持可供管理程序读写的若干控制和状态信息。这些信息总称为管理信息库 MIB(Management Information Base),而管理程序就使用 MIB 中这些信息的值对网络进行管理(如读取或重新设置这些值)。有关 MIB 的详细信息将在下面讨论。

每一个被管设备中都要运行一个程序以便和管理站的管理程序进行通信。这些运行着的程序叫做网络管理代理程序,简称代理(Agent)。

网管中还有一个重要的构件就是网络管理协议,简称网管协议。需要注意,并不是网管协议本身来管理网络,网管协议就是管理程序和代理程序之间进行通信的规则。管理程序和代理程序按客户/服务器方式工作。管理程序运行 SNMP 客户程序,向某个代理程序发出请求(或命令),代理程序运行 SNMP 服务器程序,返回响应(或执行某个动作)。

OSI 很早就在其总体标准中提出了网络管理标准的框架,即 ISO 7498-4。在 OSI 网络管理标准中,将网络管理分为系统管理、层管理和层操作。在系统管理中,提出了管理的 5 个功能域:故障管理、配置管理、计费管理、性能管理、安全管理。这 5 个管理功能域简称为 FCAPS,基本上覆盖了整个网络管理的范围。

2.3.3 RMON 管理

RMON(Remote Monitoring,远程网络监视)是对 SNMP 最重要的增强,它是互联网管理上的一个巨大进步。利用 RMON,可以更有效地降低对网络带宽的要求,实现网络数据的增值分析,减轻网管站和网络的负担。

在 RMON 出现以前,网络管理中的性能告警是这样产生的:设备侧提供一定周期的统计数据,网管侧定时取得这些数据。数据在网管侧经过计算或直接与其门限进行比较,当超过门限时则由网管侧产生告警。这种方法有很大的缺陷,尤其是当网络设备、统计项很多时,网管采集的数据会产生很大的网络流量,影响网络的正常运行。即使流量不是很大,在网络正常的情况下,网管采集的大部分数据是属于正常数据,用户可能并不关心这部分数据,这样也造成了网络流量的浪费。RMON 正是在这样的背景下提出的,它的原理是把一部分原来在网管侧实现的功能放到设备上去进行,例如,由网管侧配置设备 Agent 统计和计算某一个或几个监视对象的值,然后将这些值与设定的门限进行比较。只有当统计值超过门限时,设备侧才会向网管侧发出告警。显然,这种方法避免了网络上许多不必要的流量,在减轻网络负担的同时也有效降低了对网络带宽的要求。

RMON 管理的主要功能是根据 RFC 1757 的 RMON-MIB 中定义的统计、历史、告警和事件组的监视和配置功能以及 H3C 自定义告警扩展 MIB 对主机设备进行远程监视管理。

2.4 实验环境与分组

(1) 路由器 1 台,三层以太网交换机 2 台,PC 4 台,标准网线 6 根。

(2) 每组 4 名学生,各操作 1 台 PC 协同进行实验。

2.5　实验组网

实验组网如图 9-2 所示。

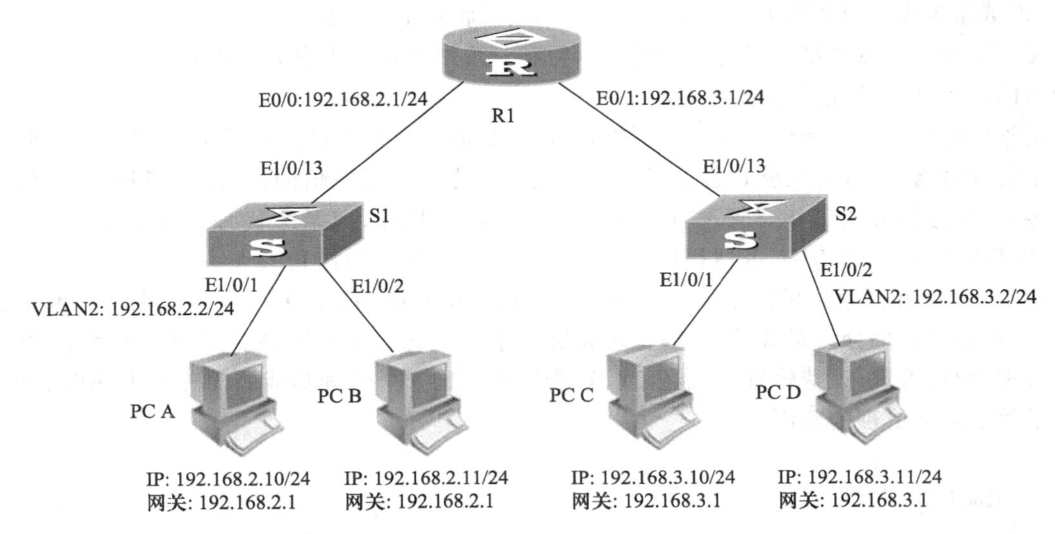

图 9-2　实验组网图

2.6　实验步骤

2.6.1　参数设置

步骤 1　按照图 9-2 连接好各设备,正确配置各 IP 地址和网关,配置适当的静态路由或者动态路由协议,使全网互通。

步骤 2　先启动 Windows 桌面上的 Startup Quidview Server 软件,然后再启动 Quidview Client 软件,弹出用户登录窗口,输入“用户名”和“密码”,完成启动 Quidview Client 软件。其中“用户名”和“密码”的默认值为“admin”和“quidview”。

步骤 3　在 Quidview 主界面中,选择“资源管理”→“设置 SNMP 参数”命令,弹出“SNMP 参数设置”窗口,SNMP 参数包括“SNMPv1”、“SNMPv2”、“SNMPv3”3 个版本。

SNMPv1 和 SNMPv2 采用共同体名认证,与设备认可的共同体名不符的 SNMP 报文将被丢弃。具有只读权限的共同体名只能对设备信息进行查询,而只有具有读写权限的共同体名才可以对设备进行配置。默认的只读共同体名是 public,默认的读写共同体名是 private。

除设置共同体名外,还需设置“超时”和“重试”,“超时”时间表示网管站与被管设备通信时,等待其响应的最长时间,其值至少应设为从网管站到被管设备通信平均时延的两倍,若两者通过低速网络连接,应将“超时”值设得大一些。“重试”表示在网管站与被管设备通信发生故障时的最大重试次数。网络繁忙时 SNMP 数据包可能被丢弃,为防止这一情况,Quidview 在设备响应超时后将重新发送 SNMP 请求,直至得到设备的 SNMP 报文或超过重试次数。

假如选择 SNMPv3,由于 SNMPv3 协议在安全性方面有所加强,它采用用户名和密码认证方式,根据不同的安全级别,需要分别设置鉴权密码和加密密码,在此不着重讨论,读者可以自行选择 SNMPv3 选项浏览一下它的认证界面。

步骤 4 在交换机或路由器上配置 SNMP 代理程序,并打开设备。参考配置命令如下:

```
[Router]snmp-agent
[Router]snmp sys ver v1
[Router]snmp com write private
[Router]snmp com read public
```

步骤 5 在 Quidview 主界面上,选择"资源管理"→"添加设备"命令,打开"添加设备"窗口,输入待发现的网络设备的 IP 地址和子网掩码。单击"确定"按钮后即可在资源面板的"root/IP 视图"选项卡中发现刚添加的网络设备。

步骤 6 右击被发现的设备,在弹出的下拉菜单中选择"打开设备"命令。

步骤 7 打开设备后,在 Quidview 设备管理界面中,选择"系统"→"系统参数"命令,弹出"系统参数"窗口,各参数含义如下。

(1) 面板刷新间隔:设备信息、接口信息等界面的刷新间隔。轮询间隔对网络效率有一定影响,如降低轮询频率可以减少网络上 SNMP 报文的流量和被管设备处理 SNMP 请求的工作量。设置范围是 2~65 535 秒,默认是 300 秒。

(2) 实时监视刷新间隔:预设接口监视、设备监视界面的刷新间隔。设置范围是 2~65 535 秒,默认是 60 秒。

修改完参数后单击"确定"按钮关闭该界面,参数立即生效。

2.6.2 基本信息浏览

步骤 1 在功能窗口中双击功能树上的"基本信息浏览"组中的"设备浏览"功能节点,右侧信息显示区中将显示设备整体配置信息,如图 9-3 所示。

步骤 2 请参照下面介绍的浏览表中各参数含义仔细查看、弄清所管路由器的设备信息。

(1) 系统表:系统信息是所有设备都具备的,描述了设备端最基本、最重要的信息。

① 系统描述:描述设备名称和软硬件版本等信息的 ASCII 码文本。

② 系统标识:在网上标识厂商和设备的一组标识符。

③ 运行时间:从设备启动到目前的持续运行时间。

④ 设备位置:设备所在的地理位置。

⑤ 设备名称:由设备侧定义的一个设备助记符号。

⑥ 系统管理员联络方式:记录负责管理该设备的组织或个人的联系方式。

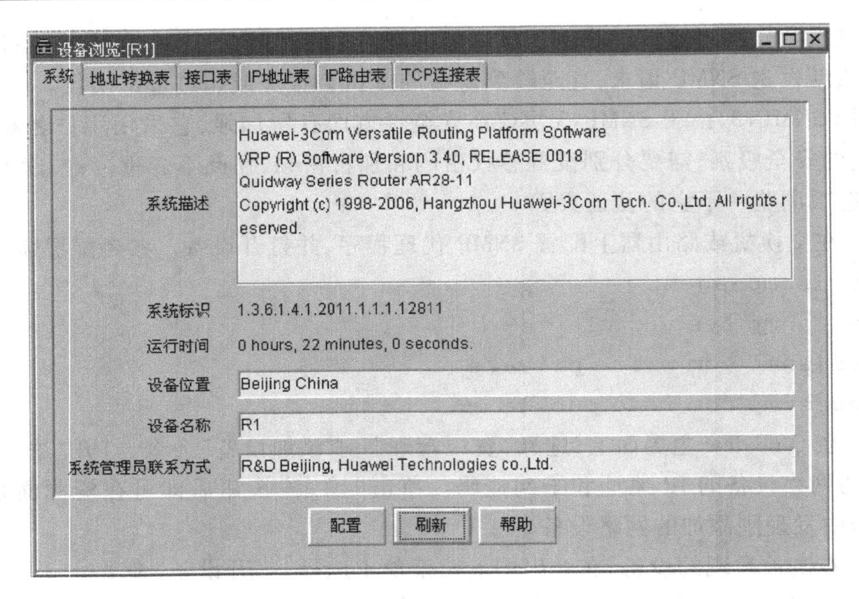

图 9-3　设备整体配置信息

(2) 地址转换表:反映了接口 IP 地址到 MAC 地址的映射关系,一些接口没有从 IP 地址到物理地址的映射关系(如串口),则该接口的物理地址字段应该为全 0。

① 接口描述:接口名称。

② 网络地址:该接口所在的网络接口的 IP 地址。

③ 物理地址:接口映射在链路层的 MAC 地址。

(3) 接口表:记录接口当前运行状况的一些重要数据,它能帮助管理员在接口出现异常时快速定位故障、分析查找原因。

(4) IP 地址表:描述了与设备接口相关的 IP 地址等信息,可帮助管理员了解设备接口地址的情况。

(5) IP 路由表:描述了设备所有接口当前的路由信息,是设备在转发包时的主要依据。

(6) TCP 连接表:显示设备当前有哪些 TCP 连接,显示了这些连接发起者的 IP 地址、端口号及连接状态。

详细内容请参见用户手册。

2.6.3　性能监视

步骤 1　在功能窗口中双击功能树上的"性能监视"组中的"设备监视"功能节点,右侧信息显示区中将弹出"设备监视"窗口,如图 9-4 所示。

步骤 2　单击图 9-4 中左侧最下面的"属性"按钮,在弹出的对话框中填入合适的轮询间隔(单位为秒),观察各项性能指标。

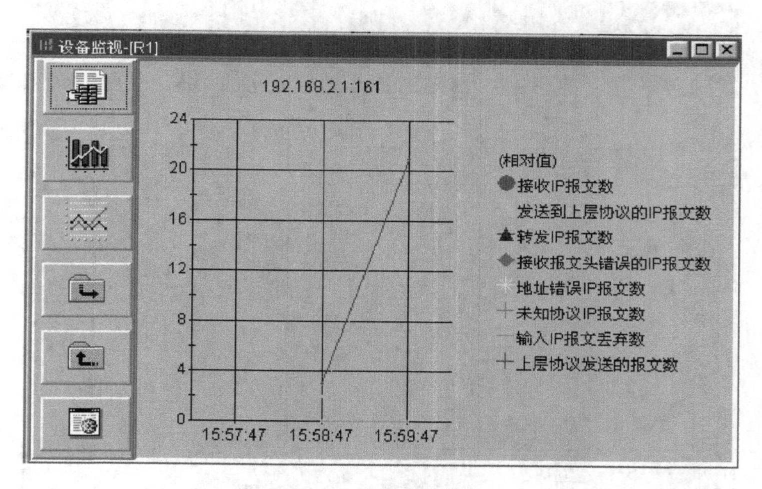

图 9-4　性能监视

2.6.4　RMON 管理

在两台交换机上分别配置 RMON 服务器程序，参考命令如下：

```
[S1]snmp-agent
[S1]snmp sys ver v1
[S1]snmp com write private
[S1]snmp com read public
```

以下将分别对 RMON 管理中各组管理进行详细阐述。

1. 统计组配置与实时监视

统计组提供了有关子网负载和子网总体健康情况的信息，管理站可以通过配置使主机监视不同的接口，并通过定期轮询统计信息来获得各子网的负载及健康状况。

统计组数据实时监视功能对设备指定接口的统计变量进行实时监视，用户可选择接口和具体的统计变量，以实时曲线的形式监视统计数据。

步骤 1　启动以太网交换机网管系统后，在资源面板中选择 root→“IP 视图”命令，打开设备 S1，在功能窗口中打开“性能监视”功能盒，双击功能树上的 RMON 节点，系统将弹出 RMON 管理窗口，如图 9-5 所示。

步骤 2　单击图 9-5 中的“增加”按钮，弹出“增加统计项”对话框，如图 9-6 所示。请参照以下对于各参数的说明完成配置。

（1）端口描述：统计组配置项必须指明其数据的来源为哪个接口。

（2）所有者：统计组配置项的建立者。

步骤 3　回到图 9-5 窗口，选择其中的一行或者多行，然后单击“实时监视”按钮，弹出“统计组实时监视”窗口，如图 9-7 所示。

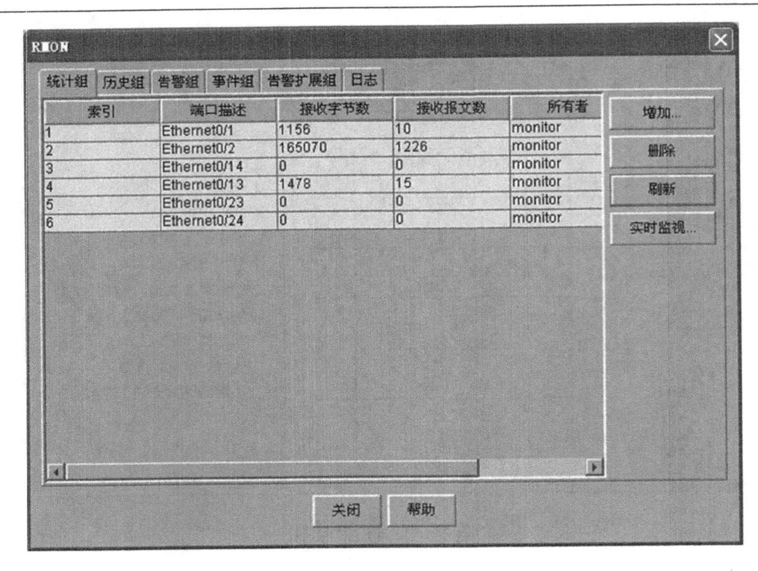

图 9-5　RMON 管理窗口

图 9-6　增加统计项

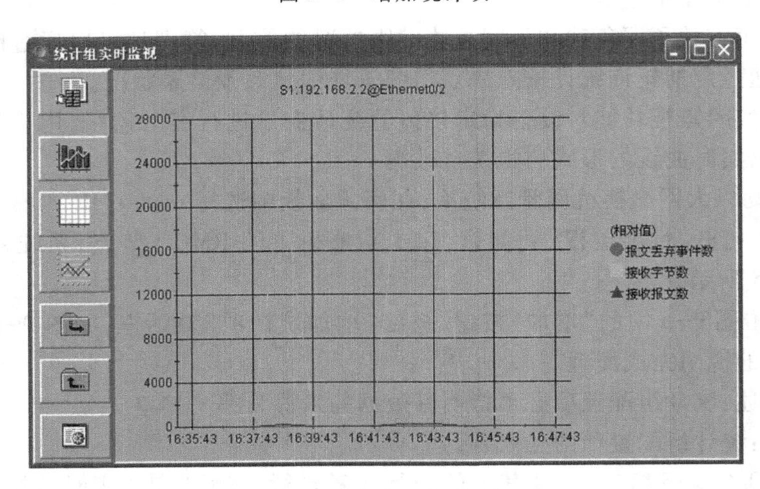

图 9-7　统计组实时监视

位于该窗口左侧的功能按钮从上至下依次为“选择新的监视项”、“直方图”、“实时表格”、“折线图”、“导出数据”、“导入数据”及“属性”。对话框中央显示不同方式表示的监视结果。

步骤 4　单击图 9-7 中的“选择新的监视项”按钮，弹出“选择监视项”对话框，如图 9-8 所示。该对话框由“同一端口”和“同一变量”两个选项卡组成，分别表示监视同一个接口的若干统计变量的值和监视同一统计变量在不同接口下的统计值。

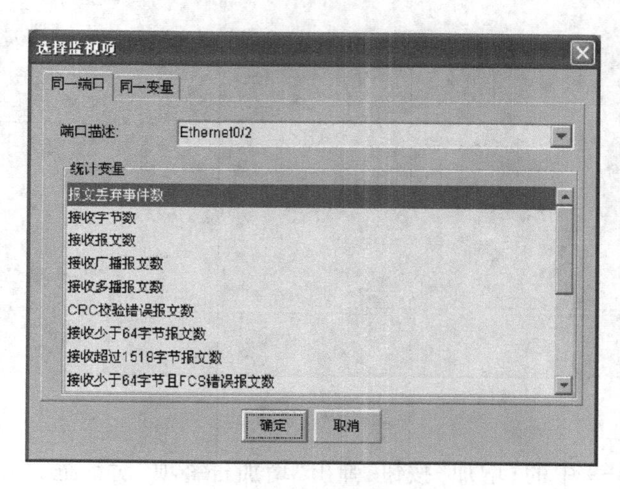

图 9-8　选择监视项

在当前的“同一端口”选项卡上，请先选定步骤 2 中增加的一个接口，分别用直方图、实时表格和折线图的形式表示各统计变量在当前接口下的统计值，并将监视结果导出。

步骤 5　仍然在“同一端口”选项卡上，通过“端口描述”下拉列表框改变接口，如步骤 3 所述，再次分别用直方图、实时表格和折线图的形式表示各统计变量在该接口下的统计值并导出。

步骤 6　切换到“同一变量”选项卡，分别用直方图、实时表格和折线图的形式表示列表中各统计变量在步骤 4 和步骤 5 中的两个接口下的统计值并导出，与步骤 4 及步骤 5 所得结果进行比较。

步骤 7　单击图 9-7 中所示窗口中的“属性”按钮，将轮询间隔改为一个很小的值，依次重复步骤 4、5、6，得到各统计变量在新的条件下的监视结果并导出记录，与先前的监视结果进行比较。

2. 告警组配置与浏览

告警组可对指定接口的统计数据进行监视，当监视值在相应的方向上越过定义的阈值时会产生告警事件，事件通常记录在设备的日志表中，并向网管站发送报警（Trap）。告警组由单个告警配置项组成，每个告警配置项指定一个被监视的特定变量、一个采样间隔及相应的阈值参数。

步骤 1　在 RMON 管理窗口中切换到“告警组”选项卡，打开告警组数据浏览与配置界面，如图 9-9 所示。

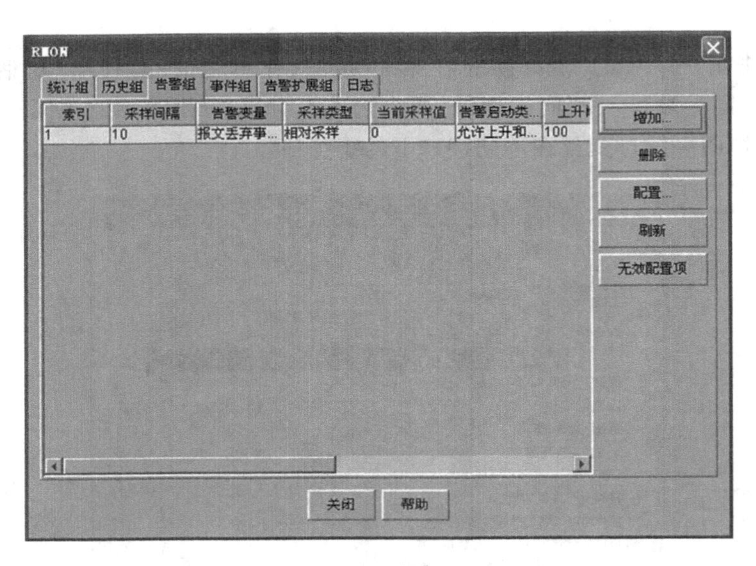

图 9-9　告警组

步骤 2　单击图 9-9 中的“增加”按钮，弹出“增加告警项”对话框，如图 9-10 所示。

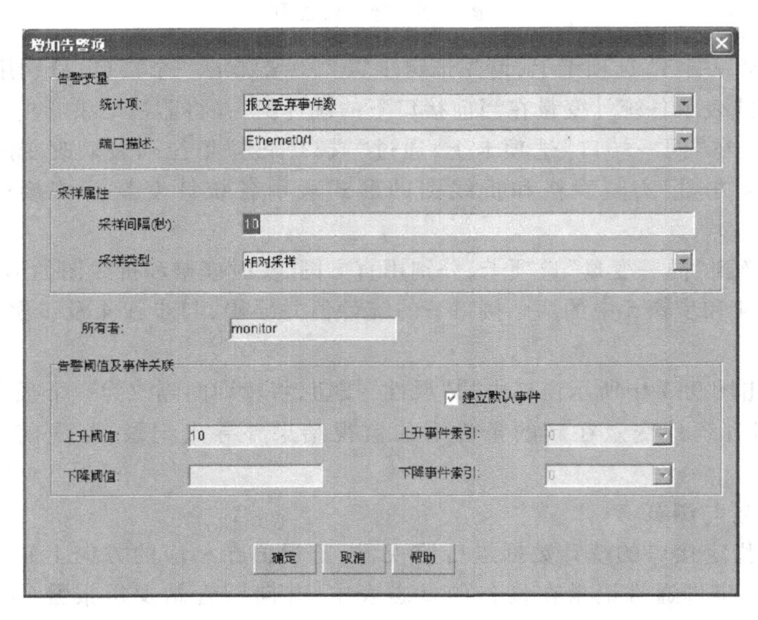

图 9-10　增加告警项

请参照以下对增加告警项需要输入的各参数说明完成配置。

(1) 统计项:选择一个需要监视的变量。

(2) 端口描述:对应统计组配置项中所统计的接口的描述。

(3) 采样间隔:取值范围 5~3 600 秒。

(4) 采样类型:分绝对采样和相对采样。绝对采样是从系统启动后到当前时间的累计值,相对采样是当前绝对采样值减去上一次的绝对采样值所得,大小与采样间隔有关,通常选择相对采样。

(5) 所有者:本告警的建立者。

(6) 建立默认事件:勾选此复选框,系统将自动根据选择的变量生成一个事件定义。

(7) 上升/下降阈值:当监视的告警项向上/向下越过该值时,产生报警。

(8) 上升/下降事件索引:产生上升/下降事件时的事件索引。

步骤 3　完成告警组的配置后,单击图 9-9 窗口中的"刷新"按钮,即可浏览当前告警信息。

RMON 管理中其他各组管理请参考手册自行完成。

2.7　实验总结

通过实验,初步了解和使用网络管理软件的基本功能,体会 SNMP 协议及 MIB 库的意义。

3　SNMP 基本原理验证与分析实验

SNMP 基本原理验证与分析实验

3.1　实验目的

深入了解 SNMP 协议的工作过程,SNMP 报文格式以及管理信息库 MIB 的结构,理解管理信息结构 SMI 及抽象语法记法 1(ASN.1)。

3.2　实验内容

通过对报文的截获及故障的发现,详细分析网络管理协议 SNMP 的工作过程和原理并对 SNMP 的报文结构进行分析,了解管理信息库 MIB 的结构,理解管理信息结构 SMI 及其规定的 ASN.1,理解 SNMP 报文的编码规则和过程。

3.3　实验原理

3.3.1　SNMP 概述

关于网络管理有一个基本原则:若要管理某个对象,就必然会给该对象添加一些软件或硬件,但这种添加必须对原有对象的影响尽量小些。简单网络管理协议 SNMP(Simple Network

Management Protocol)正是按照这样的基本原则来设计的。

利用 SNMP 可以从设备上远程收集管理数据和远程配置设备,自从 1990 年推出之后,其使用率迅猛增长,主要原因在于其简单性,它只有 4 个操作:两个用于获取数据,一个用于设置数据,一个用于对设备发出异步通知。其复杂性是 SNMP 访问的管理数据,网络设备可能包含大量的管理数据,这些数据涉及网络各方面的信息,但也不是全部有用,于是要查看哪些管理数据及如何进行分析则成为理解 SNMP 的难点。实际上,对 SNMP 的理解可分为以下三部分。

(1) SNMP 协议:包括理解 SNMP 操作、SNMP 消息的格式及如何在应用程序和设备之间交换消息。

(2) 管理信息结构(Structure of Management Information,SMI):它是用于指定一个设备维护的管理信息的规则集。管理信息实际上是一个被管理对象的集合,这些规则用于命名和定义这些被管对象。

(3) 管理信息库(MIB):设备所维护的全部被管理对象的结构集合,被管理对象按照层次式树形结构组织。

由于后来又有新的版本 SNMPv2 和 SNMPv3,因此原来的 SNMP 又称为 SNMPv1。

3.3.2　SNMP 工作方式

SNMP 代理是一个软件进程,它将侦听 UDP 端口 161 上的 SNMP 消息,发送到代理上的每个 SNMP 报文都含有想要读取或修改的管理对象的列表,它还包含一个密码(叫做共同体名 community)。如果共同体名与 SNMP 代理所期望的不匹配,该消息将被丢弃,并给网管站发送一条通知,指示有人试图非法访问该代理;如果共同体名与 SNMP 代理的共同体名一致,它将试图处理该请求。

如果所监视的被管设备支持 MIB-Ⅱ,则该设备将维护关于其每个接口的管理信息。这些信息可能包含如下一些内容:接口类型、传输速率、在该接口上接收了多少字节的运行计数、从该接口上发送了多少字节的运行计数、该接口是否可选以及它在当前状态已经持续了多长时间。这些特定的信息将存储在一个表中,表的每一行按照接口号排序。网管应用程序可以访问这个表中特定接口的信息,或遍历该表,收集关于所有接口的信息。

网管程序所要做的就是定期请求被管设备的信息,这个功能通过探询操作来实现,它通过周期性地用一个 UDP 数据报给被管设备的 IP 地址发送一个 SNMP 请求报文(Request)来完成。UDP 数据报使用熟知端口 161,SNMP 请求报文含有它想要获取被管理对象的参数值的列表,并将其值都设为 Null。然后被管设备在响应报文中将相应的被管对象的值填入,并发给网管站。由于 UDP 是不可靠的,所以发送的 SNMP 请求不一定能到达被管设备(类似的,它的响应也不一定能回到网管站)。需要通过定义 SNMP 超时和重试来解决。一般情况下,超时值在 2~5 秒之间,并且两次重试就认为被管设备无法连接。如果网管程序发送一个请求而没有收到响应,则可能由于这样几种原因:UDP 包丢失,请求发送到其上的设备无法到达,停机或太忙以至于无法处理 SNMP 请求或请求中使用的共同体名不正确。

图 9-11 是 SNMP 的典型配置。整个系统必须有一个管理站。管理进程和代理进程利用 SNMP 报文进行通信，而 SNMP 报文又使用 UDP 来传送。图中有两个主机和一个路由器。这些协议栈中带有阴影的部分是原来这些主机和路由器所具有的，而没有阴影的部分则是为实现网络管理而增加的。

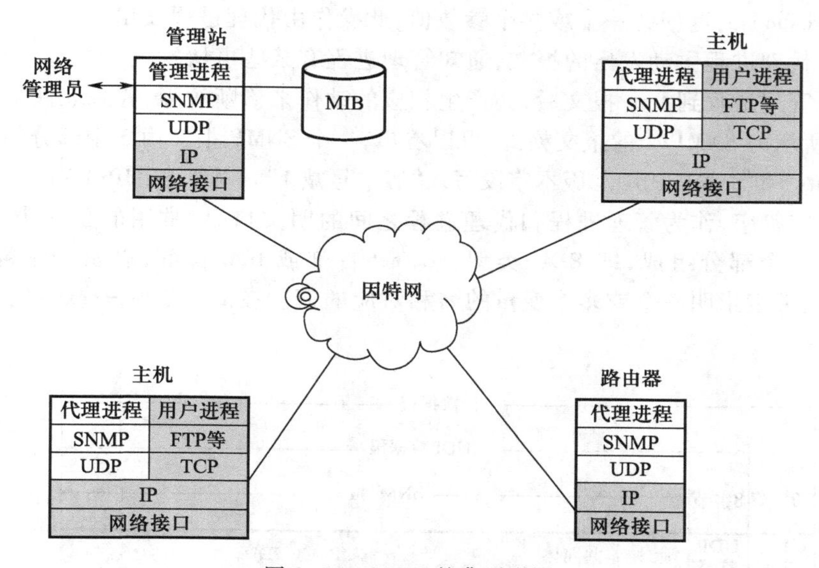

图 9-11 SNMP 的典型配置

若网络元素使用的不是 SNMP 而是另一种网络管理协议，SNMP 协议就无法控制该网元。这时可使用委托代理(Proxy Agent)。委托代理能提供如协议转换和过滤操作等功能对被管对象进行管理。

3.3.3 SNMP 的协议数据单元

SNMPv1 规定了 5 种协议数据单元 PDU，用来在管理进程和代理进程之间交换信息。实际上，SNMP 的操作只有以下两种基本的管理功能。

(1)“读”操作，用 get 报文来检测各被管对象的状况。

(2)“写”操作，用 set 报文来改变各被管对象的状况。

SNMP 的这些功能是通过探询操作来实现的，即 SNMP 管理进程定时向被管设备周期性地发送探询信息。探询的好处是：第一，可使系统相对简单；第二，能限制通过网络所产生的管理信息的通信量。但 SNMP 不是完全的探询协议，它允许不经过询问就能发送某些信息。这种信息称为陷阱(trap)，表示它能够捕捉事件。这种方法的好处是：第一，仅在严重事件发生时才发送陷阱；第二，陷阱信息很简单且所需的字节数较少。

总之，使用探询以维持对网络资源的实时监视，同时也采用陷阱机制报告特殊事件，使得

SNMP 成为一种有效的网络管理协议。

SNMPv1 定义的 5 种类型的协议数据单元如下。

(1) get-request:从代理进程处提取一个或多个参数值。

(2) get-next-request:从代理进程处提取一个或多个参数值的下一个参数值。

(3) set-request:设置代理进程的一个或多个参数值。

(4) get-response:返回的一个或多个参数值,此操作由代理进程发出;

(5) trap:代理进程主动发出的报文,通知管理进程有某些事情发生。

当 SNMP 管理站收到 trap 报文后,会产生相应的动作来诊断故障,并采取恢复措施。

图 9-12 所示为 SNMPv1 的报文格式,可以看出,一个 SNMP 报文由 3 个部分组成,即版本、共同体(community)和 SNMP PDU。版本字段写入“版本号减 1”。对于 SNMPv1 则应写入 0。共同体字段就是一个字符串,作为管理进程和代理进程之间的明文口令,常用的是 6 个字符“public”。SNMP PDU 由 3 个部分组成,即 PDU 类型、get/set 首部或 trap 首部,以及变量绑定(variable-bindings)(变量绑定指明一个或多个变量的名和对应的值。在 get 或 get-next 报文中,变量的值设为 Null)。

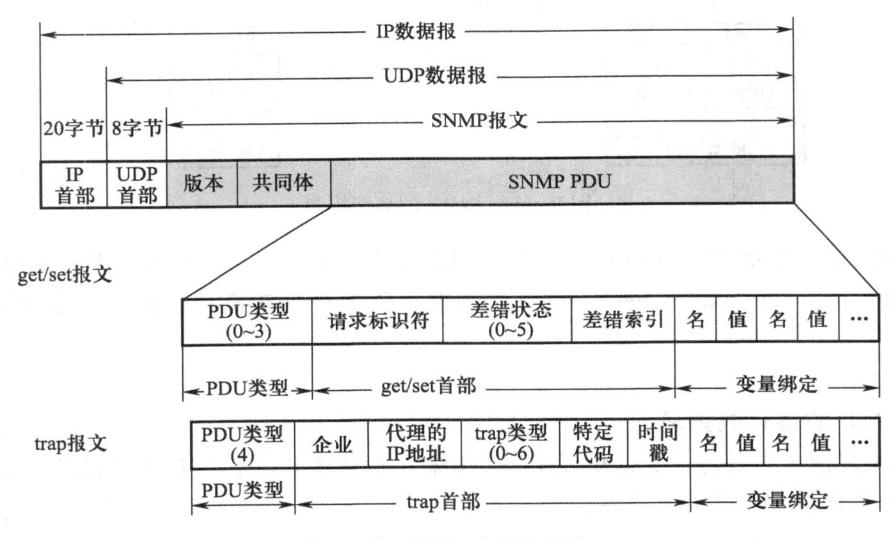

图 9-12　SNMP 的报文格式

get/set 首部有如下字段。

(1) 请求标识符(request ID):由管理进程设置的一个整数值。管理进程可同时向许多代理发出 get 报文,这些报文使用 UDP 传送,先发送的有可能后到达。设置了请求标识符可使管理进程能够识别返回的响应报文对应于哪一个请求报文。

(2) 差错状态(error status):由代理进程回答时填入 0~5 中的一个数字。具体含义如表 9-1 所示。

表 9-1 差 错 状 态

差错状态	名字	说　　明
0	noError	一切正常
1	tooBig	代理无法将回答装入到一个 SNMP 报文中
2	noSuchName	操作指明了一个不存在的变量
3	badValue	一个 set 操作指明了一个无效值或无效语法
4	readOnly	管理进程试图修改一个只读变量
5	genErr	某些其他的差错

（3）差错索引(error index)：当出现 noSuchName、badValue 或 readOnly 的差错时，由代理进程在回答时设置一个整数，它指明有差错的变量在变量列表中的偏移。

trap 报文的首部字段如下。

（1）企业(enterprise)：填入产生陷阱报文的网络设备的对象标识符。此对象标识符肯定在对象命名树上的 enterprises 结点{1. 3. 6. 1. 4. 1}下面的一棵子树上。

（2）陷阱类型：此字段正式名称为 generic-trap，可分为 7 种，如表 9-2 所示。

表 9-2 陷 阱 类 型

陷阱类型	名字	说　　明
0	ColdStart	代理进行了初始化
1	warmStart	代理进行了重新初始化
2	linkDown	一个接口的工作状态变为故障状态
3	linkUp	一个接口从故障状态变为工作状态
4	authenticationFailure	从 SNMP 管理进程接收到具有一个无效共同体的报文
5	egpNeighborLoss	一个 EGP 相邻路由器变为故障状态
6	enterpriseSpecific	代理自定义的事件，需要用后面的“特征代码”来指明

当使用上述类型 2、3、5 时，在报文后面变量部分的第一个变量应标识相应的接口。

（3）特定代码(specific-code)：指明代理自定义的事件(若陷阱类型为 6)，否则为 0。

（4）时间戳(timestamp)：指明自代理进程初始化到陷阱报告的事件所经历的时间，单位为 ms。

3.3.4 管理信息库 MIB

管理信息库 MIB 是一个网络中所有可能的被管对象的集合的数据结构。只有在 MIB 中的对象才是 SNMP 所能管理的。例如，路由器应当维持各网络接口状态、入分组和出分组的流量、丢弃的分组和有差错的报文的统计信息，那么在 MIB 中就必须有上面这样一些信息。最初在 RFC 1156 中定义了 SNMP 管理信息库的第一个版本 MIB－Ⅰ，目前已经被在 RFC 1213 中定义的 MIB－Ⅱ所取代。MIB－Ⅱ是 MIB－Ⅰ的补充，它增加了一些对象和组。

SNMP 的管理信息库采用和域名系统 DNS 相似的树形结构，它的根在最上面，根没有名字。图 9-13 所示为管理信息库的一部分，它又称为对象命名树（Object Naming Tree）。

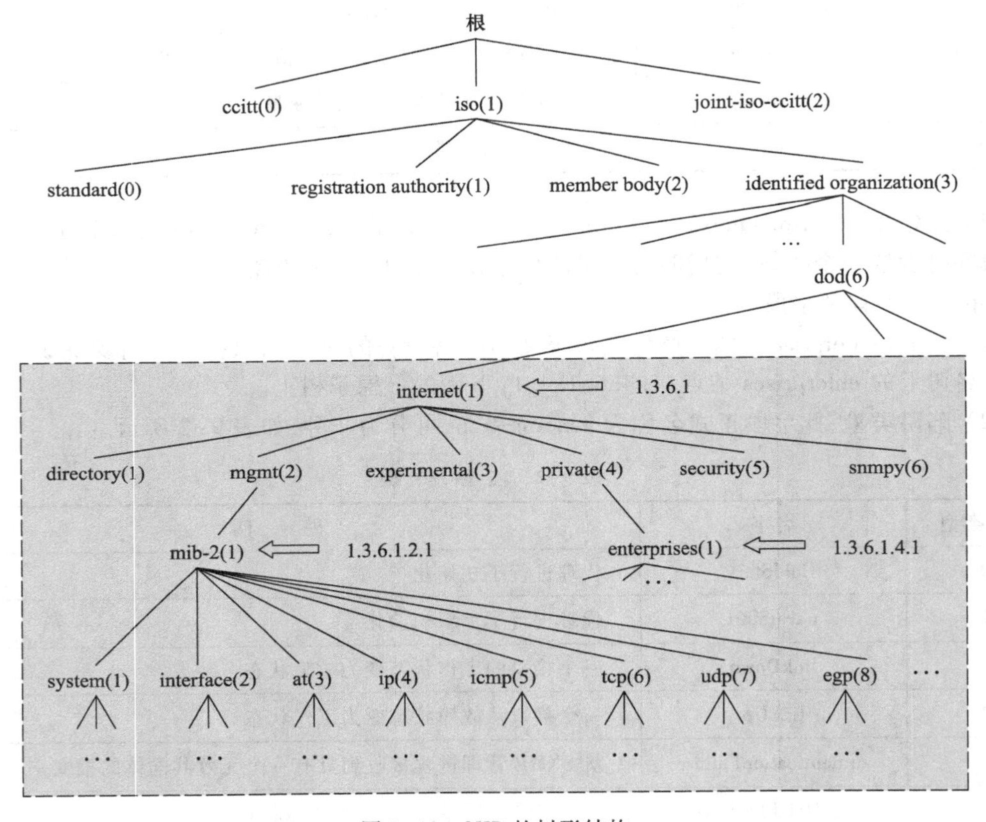

图 9-13　MIB 的树形结构

对象命名树的顶级对象有 3 个，都是世界上著名的标准制定单位，即 ISO、CCITT（现在已是 ITU-T）和这两个组织的联合体。在 ISO 下面有 4 个结点，其中的一个（标号为 3）是被标志的组织。在其下面有一个美国国防部 dod（Department of Defense）的子树（标号为 6），再下面就是 internet（标号为 1）。在只讨论 internet 中的对象时，可只画出 internet 以下的子树，并在 internet 旁边结点上标注上{1.3.6.1}即可。

在 internet 结点下面的第二个结点是 mgmt（管理），标号为 2。再下面是管理信息库 mib-2，其对象标识符（Object Identifier）为{1.3.6.1.2.1}，或{internet(1).2.1}。

表 9-3 给出了结点 mib-2 所包含的信息类别举例。

表 9-3 mib-2 所包含的信息类型

类别	标号	所包含的信息
system	(1)	主机或路由器的操作系统
interfaces	(2)	各网络接口
address translation	(3)	地址转换(如 ARP 映射)
ip	(4)	IP 软件
icmp	(5)	ICMP 软件
tcp	(6)	TCP 软件
udp	(7)	UDP 软件
egp	(8)	EGP 软件

MIB 的定义与具体的网络管理协议无关。

图 9-13 所示的对象命名树的大小并没有限制。下面给出若干 MIB 变量的例子,以便更好地理解 MIB 的意义。这里的“变量”是指一个特定对象的一个实例,如表 9-4 所示。

表 9-4 MIB 变量举例

MIB 变量	所属类型	意义
sysUpTime	system	距上次重启动的时间
ifNumber	interfaces	网络接口数
ifMtu	interfaces	特定接口的最大传输单元 MTU
ipDefaultTTL	ip	IP 在生存时间字段中使用的值
ipFormDatagrams	ip	转发的数据报数目
ipRoutingTable	ip	IP 路由表
icmpInEchos	icmp	收到 ICMP 回送请求数目
tcpRtoMin	tcp	TCP 允许的最小重传时间
tcpInSegs	tcp	已收到的 TCP 报文段数目
udpInDatagrams	udp	已收到的 UDP 数据报数目

上面举例中大多数项目的值可用一个整数来表示。但 MIB 定义了更复杂的数据结构。例如,MIB 变量 ipRoutingTable 则定义了一个完整的路由表。MIB 变量只给出了每个数据项的逻辑定义,而一个路由器使用的内部数据结构可能与 MIB 的定义不同。当一个查询到达路由器时,路由器上的代理软件负责 MIB 变量和路由器用于存储信息的数据结构之间的映射。

值得注意的是,MIB 中的对象{1.3.6.1.4.1},即 enterprises(企业),其所属结点数已超过 3 000。例如,IBM 为{1.3.6.1.4.1.2},Cisco 为{1.3.6.1.4.1.9},Novell 为{1.3.6.1.4.1.23}

等。世界上任何一个公司、学校只要用电子邮件发往 iana-mib@ isi.edu 进行申请即可获得一个结点名。这样,各厂家就可以定义自己的产品的被管对象名,使它能用 SNMP 进行管理。因此,从理论上讲,全世界所有的连接到因特网的设备都可以纳入到 MIB 的数据结构中。

在实际的网络管理中,驻留在被管设备上的 Agent 从 UDP 端口 161 接收来自网络管理站的串行化报文,经解码、共同体名验证、分析得到管理变量在 MIB 树中对应的结点,从相应的模块中得到管理变量的值,再形成响应报文,编码发送回管理站;管理站得到响应报文后,再经同样的处理,最终显示结果。

3.3.5　管理信息结构 SMI

管理信息结构 SMI(Structure of Management Information)是 SNMP 的另一个重要组成部分,SMI 标准指明了所有的 MIB 变量必须使用抽象语法记法 1(ASN.1)来定义。ASN.1 有两个主要特点:一个是人们阅读的文档使用的记法,另一个是同一信息在通信协议中使用的紧凑编码表示。这种记法使得数据的含义不存在任何可能的二义性。当网络中的计算机对数据都不使用相同的表示时,采用这种精确的记法就尤其重要。下面结合 SNMP 对 ASN.1 进行简单的介绍。

1. 抽象语法记法 ASN.1 的要点

ASN.1 的词法有如下约定。

(1) 标识符(即值的名或字段名)、数据类型名和模块名由大写或小写字母、数字以及连字符组成。

(2) ASN.1 固有的数据类型全部由大写字母组成。

(3) 用户自定义的数据类型名和模块名的第一个字母用大写,后面至少要有一个非大写字母。

(4) 标识符(Identifier)的第一个字母用小写,后面可用数字、连字符以及一些大写字母以增加可读性。

(5) 多个空格或空行都被认为是一个空格。

(6) 注释由两个连字符(--)表示开始,由另外两个连字符或行结束符表示结束。

ASN.1 把数据类型分为简单类型和构造类型两种,表 9-5 为 SNMP 所用到的 ASN.1 的部分类型名称及其主要特点。

表 9-5　SNMP 所用到的 ASN.1 的部分类型名称及其主要特点

分类	标记	类型名称	主要特点
简单类型	UNIVERSAL 2	INTEGER	取整数值数据类型
	UNIVERSAL 4	OCTET STRING	取八位位组序列值的数据类型
	UNIVERSAL 5	NULL	只取空值的数据类型(用于尚未获得数据的情况下)
	UNIVERSAL 6	OBJECT IDENTIFIER	与信息对象相关联的值的集合

续表

分类	标记	类型名称	主要特点
构造类型	UNIVERSAL 16	SEQUENCE	取值为多个数据类型的按序组成的值
	UNIVERSAL 16	SEQUENCE-OF	取值为同一数据类型的按序组成的值
	无标记	CHOICE	可选择多个数据类型中的某一个数据类型
	无标记	ANY	可描述事先还不知道的任何类型的任何值

表 9-5 中的第二列是标记(tab)。ASN.1 规定每一个数据类型应当有一个能够唯一被识别的标记,以便能无二义性地标识各种数据类型。标记有两个分量,一个分量是标记的类(class),另一个分量是非负整数。标记共划分为以下 4 类(class)。

(1) 通用类(Universal):由 ASN.1 分配给所定义的最常用的一些数据类型,它与具体的应用无关。表 9-5 中给出的类型都是通用类。

(2) 应用类(Application-wide):与某个特定应用相关联的类型(被其他标准所定义)。

(3) 上下文类(Context-specific):上下文所定义的类型,它属于一个应用的子集。

(4) 专用类(Private):保留为一些厂家所定义的类型,在 ASN.1 标准中未定义。

2. ASN.1 的基本编码规则

ASN.1 规定了对各种数据值都采用所谓的 TLV 方法进行编码。这种方法把各种数据元素表示为以下 3 个字段组成的八位位组序列,如图 9-14 所示。

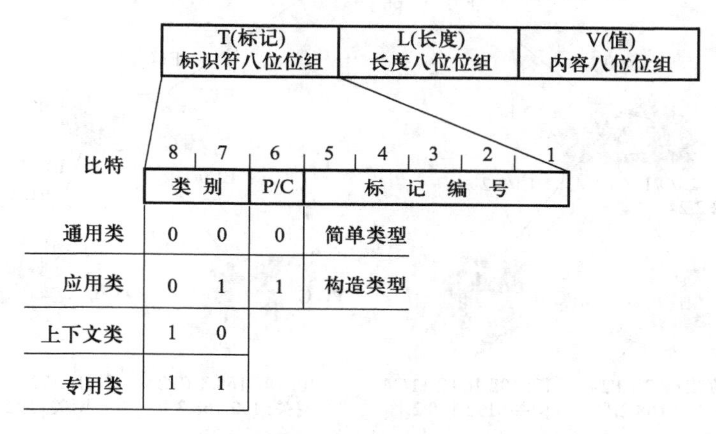

图 9-14 用 TLV 方法进行编码

(1) T 字段,即标识符八位位组(identifier octet),用于标识标记。

(2) L 字段,即长度八位位组(length octet),用于标识后面 V 字段的长度。

(3) V 字段,即内容八位位组(content octet),用于标识数据元素的值。

T 字段的比特 8~7 代表类别,即用 00、01、10 和 11 分别代表通用类、应用类、上下文类和专用类。比特 6 是 P/C 比特。P/C=0 为简单类型，而 P/C=1 为构造类型。比特 1~5 为标记的编号，编号的范围是 0~30。当编号大于 30 时，T 字段就扩展为多个字节。

表示数据元素长度的 L 字段由一个或多个字节组成。当 L 字段仅为一字节时，其比特 8 为 0，因而长度指示最多为 126(字节)(127 暂不用，为保留值)。当长度超过 126 时，L 扩展为多个字节。此时第 1 个 L 字节的比特 8 置为 1，而比特 7~1 表示后续字节的字节数(用二进制整数表示)，比特 7 为最高位。这时所有的后续字节并置起来的二进制整数，即为所指示的数据元素的长度。例如，当长度为 133 字节时，L 字段由两个字节组成，其值为 L=1000000110000101。若用十六进制写出，L=81 85。当写出一串十六进制数字时，常常在每两个数字之间加一个空格，以改进可读性。TLV 方法中的 V 字段可嵌套其他数据元素的(T,L,V)字段，并可多重嵌套。

3.4　实验环境与分组

(1) 路由器 1 台，三层以太网交换机 2 台，PC 4 台，标准网线 6 根。

(2) 每组 4 名学生，各操作 1 台 PC 协同进行实验。

3.5　实验组网

实验组网如图 9-15 所示。

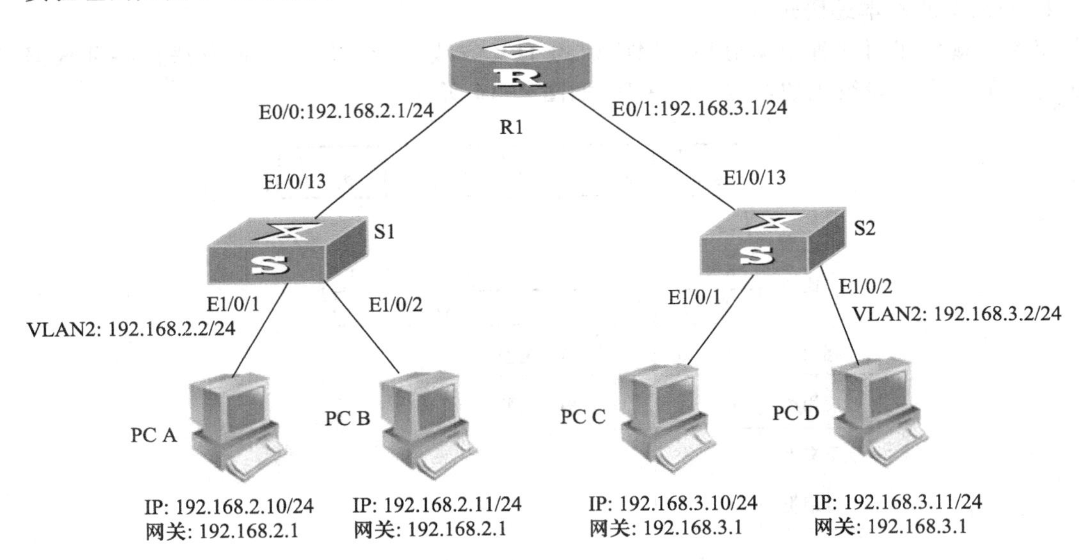

注：交换机 S1 和 S2 的 E1/0/1 到 E1/0/20 都划分到 VLAN2。

图 9-15　实验组网图

3.6　实验步骤

步骤 1　按照图 9-15 把设备连接好，正确配置各 IP 地址，配置适当的静态路由或者动态路由协议，使全网互通。

步骤 2　配置两台交换机的 SNMP 服务器程序，参考命令如下：

```
[Switch]snmp-agent
[Switch]snmp sys ver v1
[Switch]snmp com write private
[Switch]snmp com read public
[Switch]snmp trap enable
[Switch] snmp target-host trap address udp-domain 192.168.2.10 params
securityname public
//配置 trap 报文的目的主机 PC A
```

步骤 3　启动 Windows 桌面上的 Quidview Server 和 Quidview Client 软件。在 Quidview 主界面选择"资源管理"→"添加设备"命令，打开"添加设备"窗口，在弹出的对话框中输入交换机 S1 的 IP 地址 192.168.2.2，添加交换机 S1。

步骤 4　启动 Wireshark 软件开始捕获报文。

步骤 5　打开交换机 S1，可看到 S1 的网管界面，如图 9-16 所示。

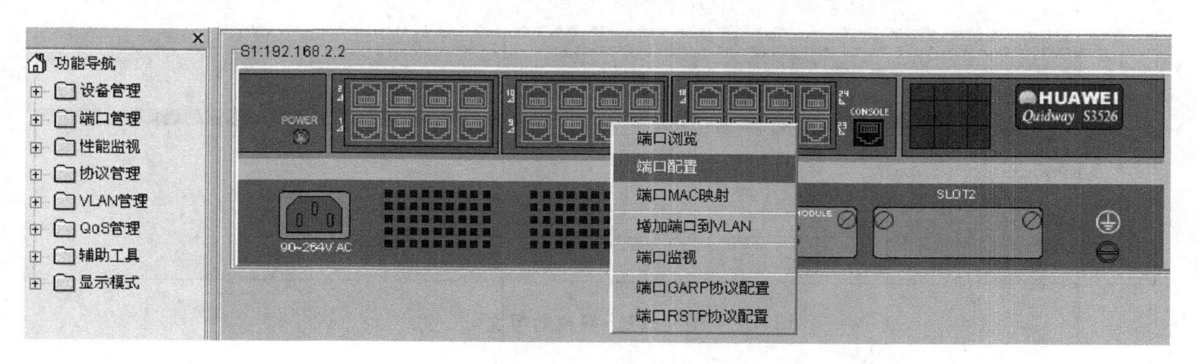

图 9-16　交换机 S1 的网管界面

右击所要控制的端口，选择"端口配置"命令。在弹出的对话框中设置端口 E1/0/13 的管理状态为 down。PC A、PC B 配置交换机 S1 的 E1/0/13 为 down，PC C、PC D 配置交换机 S2 的 E1/0/13 为 down，分别进行实验。

步骤 6　观察超级终端上的显示，并恢复被 shutdown 的端口，配置如下：

```
[Switch]inter e1/0/13
[Switch-Ethernet1/0/13]undo shutdown
```

或者直接右击所要控制的端口，选择"端口配置"命令，将端口 E1/0/13 的管理状态恢复为 up。

步骤 7　停止截获报文，把所截获的报文命名为"snmp-学号"，并上传到 FTP 服务器的"计算机网络实验\网络管理实验"目录下。

步骤 8　SNMP 协议分析。

(1) 打开上面截获的报文,选中一条 get 报文,回答下面的问题。

此报文的类型字段值是____,它表示此报文属于 SNMP 定义的____协议数据单元。

此报文的请求标识符字段的值为_____,它的作用是______________________。与其对应的相应报文的编号为____。

(2) 分析网管程序读取被管设备信息的过程。

所截获的报文如图 9-17 所示。

```
No.  Time      Source        Destination   Protocol Info
 5 7.436563  192.168.2.10  192.168.2.2   SNMP  get-request SNMPv2-MIB::sysObjectID.0
 6 7.439834  192.168.2.2   192.168.2.10  SNMP  get-response SNMPv2-MIB::sysObjectID.0
 7 7.447145  192.168.2.10  192.168.2.2   SNMP  get-request SNMPv2-SMI::enterprises.2011.6.7.2.7.0
 8 7.450790  192.168.2.2   192.168.2.10  SNMP  get-response SNMPv2-SMI::enterprises.2011.6.7.2.7.0
 9 7.451418  192.168.2.10  192.168.2.2   SNMP  get-request SNMPv2-SMI::enterprises.2011.6.7.1.16.0
10 7.454983  192.168.2.2   192.168.2.10  SNMP  get-response SNMPv2-SMI::enterprises.2011.6.7.1.16.0
11 7.455627  192.168.2.10  192.168.2.2   SNMP  get-request SNMPv2-SMI::enterprises.2011.2.23.1.13.1.1.0
12 7.463765  192.168.2.2   192.168.2.10  SNMP  get-response SNMPv2-SMI::enterprises.2011.2.23.1.13.1.1.0
13 7.464446  192.168.2.10  192.168.2.2   SNMP  get-request SNMPv2-MIB::sysName.0
14 7.467838  192.168.2.2   192.168.2.10  SNMP  get-response SNMPv2-MIB::sysName.0
15 7.469424  192.168.2.10  192.168.2.2   SNMP  get-request SNMPv2-MIB::sysObjectID.0
16 7.473449  192.168.2.2   192.168.2.10  SNMP  get-response SNMPv2-MIB::sysObjectID.0
17 7.564412  192.168.2.10  192.168.2.2   SNMP  get-request SNMPv2-SMI::enterprises.2011.2.23.1.18.1.4.0
18 7.568218  192.168.2.2   192.168.2.10  SNMP  get-response SNMPv2-SMI::enterprises.2011.2.23.1.18.1.4.0
19 7.575949  192.168.2.10  192.168.2.2   SNMP  get-next-request IF-MIB::ifIndex IF-MIB::ifType IF-MIB::ifDesc

⊞ Internet Protocol, Src: 192.168.2.10 (192.168.2.10), Dst: 192.168.2.2 (192.168.2.2)
⊞ User Datagram Protocol, Src Port: icp (1112), Dst Port: snmp (161)
⊟ Simple Network Management Protocol
    version: version-1 (0)
    community: public
  ⊟ data: get-request (0)
    ⊟ get-request
        request-id: 1
        error-status: noError (0)
        error-index: 0
      ⊟ variable-bindings: 1 item
        ⊟ SNMPv2-MIB::sysObjectID.0 (1.3.6.1.2.1.1.2.0): unSpecified
          ⊟ Object Name: 1.3.6.1.2.1.1.2.0 (SNMPv2-MIB::sysObjectID.0)
              Scalar Instance Index: 0
            unSpecified
```

图 9-17　截到的报文

网管站通过向被管设备发送 SNMP 报文请求信息,被管设备通过共同体名的验证后做出响应。SNMP 协议通过一对一对的请求和响应报文,在网管站和被管设备之间传递信息。观察截获的报文,请分析,网管程序向被管设备所请求的第一个参数是什么? 它在 MIB 中的标识符是什么?

找到第二个 get 报文和与其对应的 response 报文,并根据其内容填写表 9-6。

表 9-6　get 报文和 response 报文

报文类型	类型代码	Request ID	Object identifier 1		Object identifier 2		Object identifier 3	
			标识符	值	标识符	值	标识符	值
get								
response								

在所截的报文中，找到对象 ifindex，它在 MIB 中的对象标识符为＿＿＿＿＿＿＿＿。

（3）分别找到 SNMP 定义的各 PDU 类型，进行详细的分析，并补全表 9-7。

表 9-7　PDU 的类型及其作用

PDU 类型编号	PDU 类型名称	作用
0		
1		
2		
3		
4		

（4）找到 trap 报文，并对其首部进行分析，填写表 9-8。

表 9-8　trap 报文

字段名	字段长度	字段表达信息

请写出 trap 报文中企业字段的值是＿＿＿＿＿＿。它的作用是什么？

请写出 H3C 公司在 MIB 中的结点为＿＿＿＿＿＿＿＿＿＿＿＿＿＿。

（5）找到“打开设备”时，RouterManager（网管程序）向路由器（被管设备）请求信息的报文，这些报文是在 MIB 树上检索信息的过程，仔细分析其检索过程。

＿＿＿＿＿＿＿＿＿＿＿＿＿＿＿＿＿＿＿＿＿＿＿＿＿＿＿＿＿＿＿＿＿＿＿＿＿＿

思考：此过程使用最多的 PDU 类型是什么？在检索过程中起了什么作用？

＿＿＿＿＿＿＿＿＿＿＿＿＿＿＿＿＿＿＿＿＿＿＿＿＿＿＿＿＿＿＿＿＿＿＿＿＿＿

（6）ASN.1 基本编码规则的分析，以第一条 get 报文为例，选中此报文用 TLV 方法进行编码，并填写表 9-9～表 9-11。

表 9-9　SNMP 报文的 TLV 编码

字段	字段表达信息	编　　码
Message-T		
Message-L		
Message-V		

表 9-10　Message-V 字段

	字段	字段表达信息	编　　码
Version	T		
	L		
	V		
Community	T		
	L		
	V		
Get PDU	T		
	L		
	Get-PDU-V		

表 9-11　Get-PDU-V 字段

	字段		字段表达信息	编　　码
Request-id	T			
	L			
	V			
Error-status	T			
	L			
	V			
Error-index	T			
	L			
	V			
Variable-bindings	T			
	L			
	VarBind	T		
		L		
		V		

表 9-9~表 9-11 中各数据元素的 V 字段是可多重嵌套的,由以上 ASN. 1 的编码过程,理解 SNMP 的报文结构。

3.7 实验总结

通过实验,比较深入地理解了 SNMP 的报文结构、管理信息库 MIB 的结构、管理信息结构 SMI 及其规定的 ASN. 1 以及 SNMP 报文的编码规则和过程。从而对网络管理协议 SNMP 的工作过程和原理有较深入的了解。

4 网络拓扑发现实验

网络拓扑
发现实验

4.1 实验目的

了解网络拓扑发现的原理和过程。

4.2 实验内容

在 H3C Quidview 路由器/交换机网管平台上自动和手动发现网络拓扑。

4.3 实验原理

4.3.1 网络拓扑概述

网络拓扑管理用于构造并管理整个数据通信网络的拓扑构造。网管系统通过对网络设备进行定时轮询监视和对设备上报的 trap 进行处理,来保证所显示的网络视图与实际网络拓扑相一致,可以通过浏览网络视图了解整个网络的运行情况。

Quidview 与网络拓扑平台结合,可以实现以下功能。

(1) 自动发现网络拓扑。

(2) IP 网络层的网络拓扑显示。

(3) 拓扑图的自动排列和按比例缩放。

(4) 对选中视图区域局部缩放。

(5) 不同设备采用不同位图图标,图标颜色标识相应设备状态。

(6) 手工增加/删除子网、设备节点和链路。

(7) 定期轮询,随时更新子网、设备节点和链路状态。

(8) 网络对象的属性浏览。

(9) ping 设备,通过 Telnet 登录设备。

(10) 浏览设备 MIB 信息。

4.3.2 拓扑发现的原理

(1) 拓扑管理平台选择种子节点(Seed)。

(2) NMS 首先读取种子节点(Seed)的路由表,通过分析路由表确定网络上有哪些已存在的子网。

(3) NMS 学习到网络的子网情况后,通过发 ping 或 broadcast 报文来确定子网中的设备。

① 以 ping 的方式发现设备和主机,有 ICMP Reply 响应的 IP 地址被设备或主机占用,这种方式发现设备或主机的速度较慢。

② 通过 broadcast 方式发现设备和主机,这样发现子网中的设备或主机速度快。

(4) 根据学习到的网络信息及设备和主机的信息,按一定的算法形成拓扑结构。

(5) 种子节点设置的基本经验如下。

① Seed 节点位置比较居中、路由信息较为丰富的设备。

② 一般平台支持多种子节点。

4.4 实验环境与分组

(1) 路由器 1 台,三层以太网交换机 2 台,PC 4 台,标准网线 6 根。

(2) 每组 4 名学生,各操作 1 台 PC 协作进行实验。

4.5 实验组网

实验组网如图 9-18 所示。

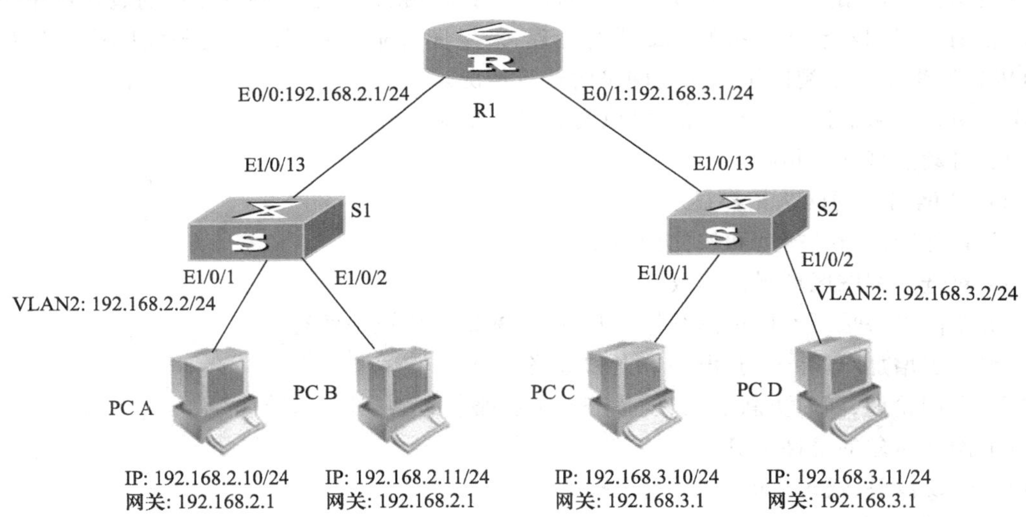

注:交换机 S1 和 S2 的 E1/0/1 到 E1/0/20 都划分到 VLAN2。

图 9-18　实验组网图

4.6　实验步骤

步骤 1　按照图 9-18 连接好设备,正确配置各 IP 和网关。按组网图要求划分 VLAN 和端口,配置 VLAN 2 的 IP 地址分别为 192.168.2.2 和 192.168.3.2。在交换机 S1 和 S2 上配置静态路由,使全网互通。

步骤 2　配置每台路由器和交换机的 SNMP 服务器程序,参考命令如下:

```
[Router]snmp-agent
[Router]snmp sys ver v1
[Router]snmp com write private
[Router]snmp com read public
```

步骤 3　启动 Windows 桌面上的 Quidview Server 和 Quidview Client 软件。在 Quidview 主界面选择“资源管理”→“自动发现”命令,弹出如图 9-19 所示的“自动发现”对话框。

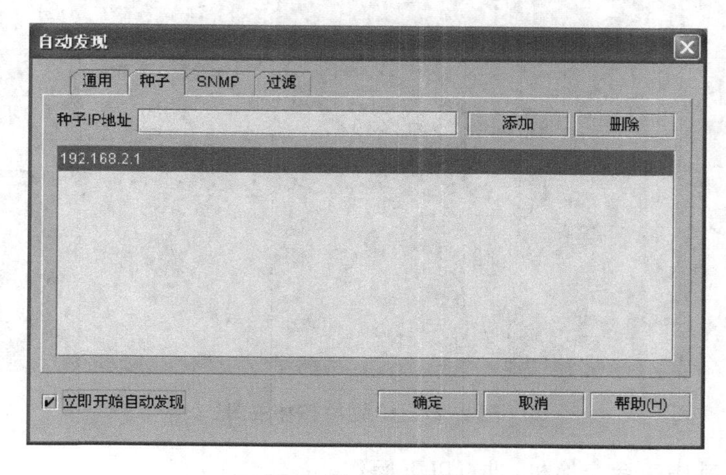

图 9-19　自动发现

步骤 4　如图 9-19 所示,在“种子”选项卡下添加种子 R1 的 IP 地址,勾选“立即开始自动发现”复选框,单击“确定”按钮,开始自动发现网络拓扑,如图 9-20 所示。

步骤 5　当自动发现结果中显示“自动发现结束”后,选择“窗口”→“IP 拓扑-IP 视图”命令(如果没有,鼠标左键双击资源中的 IP 视图分支),打开自动发现的 IP 网络拓扑视图,如图 9-21 所示。

若已知设备 IP 地址和类型,或网管平台没有自动发现设备,请选择“资源管理”→“添加设备”命令,手动将设备增加到拓扑图中。

步骤 6　在拓扑图中双击路由器设备图标将启动路由器的 Quidview Device Manager 界面,并显示设备面板,请参照前述实验内容对设备信息进行浏览。

步骤 7　在拓扑图中双击交换机设备图标将启动交换机的 Quidview Device Manager 界面,并显示设备面板,请参照前述实验内容对设备信息进行浏览。

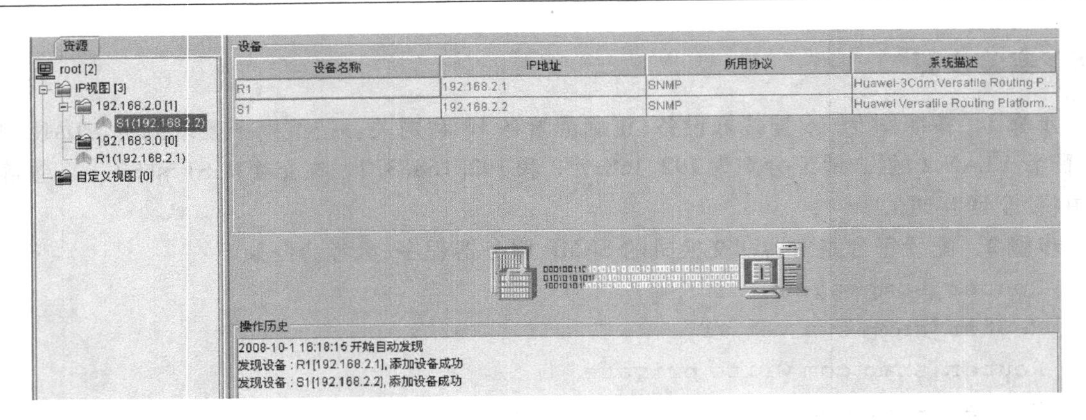

图 9-20　自动发现拓扑的窗口

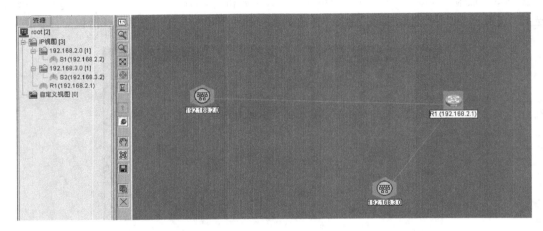

图 9-21　IP 网络拓扑视图

步骤 8　断开其中一台交换机，进行以下操作。

(1) 观察网络拓扑有什么变化。

(2) 选择 Quidview 主界面的“告警管理”→“浏览告警”命令，查看设备向网管平台上报的故障信息。

(3) 双击拓扑中的此交换机，看有什么变化。

思考题

请自行制造 1~3 个故障，观察网管平台对故障的监控。

4.7　实验总结

通过实验，可以初步了解网络拓扑发现的原理和过程。

预习报告

1. 写出 SNMP 五种协议数据单元类型及其含义。

2. 根据网站提供报文,选择一条填写下表,并写出报文的类型。

字段名	字段长度	字段值	字段表达信息

3. 写出 MIB、SMI 的结构。

4. SNMP 所使用的传输层协议是什么? SNMP 为什么使用这种协议作为其传输层协议?

5. 复习抽象语言标记法 ASN. 1 及其基本编码规则,写出用 TLV 对 SNMP 报文进行编码的基本方法。并对下面的具体报文数据写出详细的 TLV 编码。

30 82 00 31 02 01 00 04 06 70 75 62 6c 69 63 a0 82 00 22 02 04 00 00 00 01 02 01 00 02 01 00
30 82 00 12 30 82 00 0e 06 82 00 08 2b 06 01 02 01 01 02 00 05 00

6. 写出设备 snmp 代理配置的命令。

7. 写出设备 trap 配置的命令。

实验十　组播实验

1　实验内容

实验十
内容简介

（1）IP 组播基础实验。
（2）IGMP 实验。
（3）PIM-DM 协议实验。
（4）PIM-SM 协议实验。

2　IP 组播基础实验

IP 组播基础
实验

2.1　实验目的

（1）了解 IP 组播基本概念。
（2）分析组播报文结构，了解组播 MAC 地址与组播 IP 地址的映射。
（3）了解组播报文转发过程。

2.2　实验内容

（1）使用组播软件，在两台 PC 间发送组播信息，通过协议分析软件截获报文进行分析，了解组播报文的结构。
（2）了解组播 MAC 地址、IP 地址及其之间的映射关系。
（3）了解 PC、交换机和路由器对组播报文的处理过程。

2.3　实验原理

2.3.1　IP 组播基本知识

随着数据通信技术的不断发展，各种数据通信业务层出不穷，传统的单播和广播通信方式无法有效解决其面临的单点发送多点接收的问题，IP 组播技术的出现及时解决了这个问题。

如图 10-1 所示，组播技术是实现单点对多点通信的技术，其介于单播和广播两者之间，源主机向某一组主机发送数据，属于该组的所有主机都可以收到数据，而不属于该组的主机则收不到数据。这组主机的集合就称为一个组播组，IP 组播是指在 IP 网络中将数据以尽力传送的方式发送到某个确定的组播组。本实验主要针对 IP 组播技术。

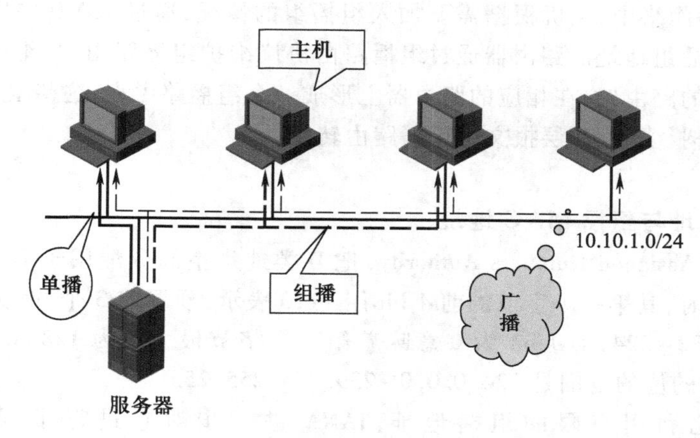

图 10-1 IP 单播、组播与广播示意图

如图 10-2 所示，在一对多通信的前提下，IP 组播技术能够有效降低网络流量，提高网络通信效率。但是，由于 IP 组播是基于 UDP 的，其存在数据报文传输不可靠、报文重复、不按序到达、缺少拥塞控制和流量控制机制等缺点。

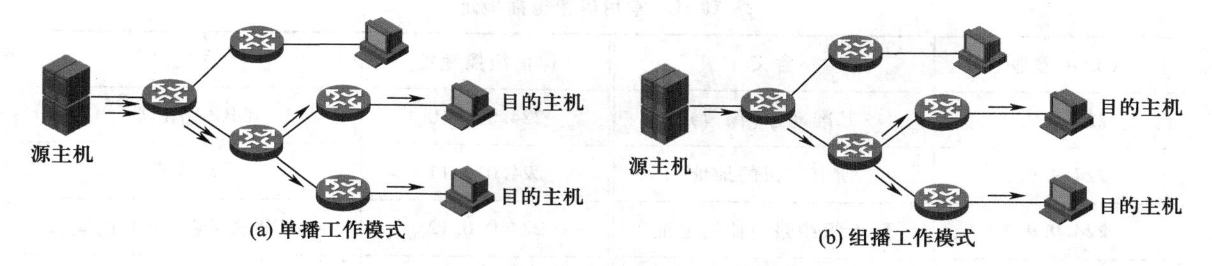

图 10-2 单播与组播在实现点对多点数据传输的比较

与单播网络一样，组播网络也是由主机、交换机和路由器等组成的，只不过不同的设备需要实现不同的组播功能。其中，主机作为组播应用的使用者，需要支持 IGMP，运行组播应用程序；二层交换机提供端主机系统的接入，实现二层组播转发；路由器（包括三层交换机）是组播网络的核心部分，负责组播数据的路由转发，需实现 IGMP、组播路由等功能。

要实现上述组播网络的功能，组播协议必不可少，组播协议分为主机与路由器之间的组成员关系协议和路由器与路由器之间的组播路由协议。目前主要使用的组成员关系协议是组播组管理协议（Internet Group Management Protocol，IGMP），组播路由协议则有很多种，最常用的有 PIM（Protocol Independent Multicast）协议。

IP 组播模型是对 Internet 基本的“单播、尽力发送”模型的一个重要扩充，组播协议的基本出发点是，在存在多个接收者时，通过合并重复信息的传输来达到减少带宽浪费和降低服务器处理负担的目的。在最理想的情况下，发送方只发送每个分组一次，而每条链路上也最多只有一个分组通过。在 IP 组播网络中，主机根据需要加入组播组的情况，通过 IGMP 向所属子网的路由器报告需要加入的组播组地址。路由器通过组播路由协议维护组播路由，将组播组信息传递给每一个支持组播协议的路由器，在相应的路由器上形成一个组播路由表，这些组播路由表联合起来组成一棵组播转发树，实现 IP 层报文的组播路由转发。

2.3.2 组播 IP 地址与组播 MAC 地址

IANA(Internet Assigned Numbers Authority)把 D 类地址空间分配用于 IP 组播地址，该地址空间用二进制表示时，其第一个字节的前 4 bit 用 1110 表示，预置前 3 个 bit 为 1 意味着 D 类地址开始为 128+64+32=224，第 4 bit 为 0 意味着第一个字节最大值为 128+64+32+8+4+2+1=239。所以，IP 组播的值的范围是 224.0.0.0~239.255.255.255。

为了更合理地利用有限的组播地址，IANA 进一步对它进行了划分。224.0.0.0~224.0.0.255 的地址范围为使用的网络协议预留，以该范围内地址为目的地址的报文不会被 IP 组播路由器转发到本地网络以外，如表 10-1 所示。224.0.1.0~238.255.255.255 范围的地址作为用户组播地址，239.0.0.0~239.255.255.255 作为本地管理组播地址，如图 10-3 所示。具体分配细节可以查阅 RFC 2365。

表 10-1　常用保留组播地址

保留组播地址	含义	保留组播地址	含义
224.0.0.0	基准地址(保留)	224.0.0.10	IGRP 路由器
224.0.0.1	所有主机的地址	224.0.0.11	活动代理
224.0.0.2	所有组播路由器的地址	224.0.0.12	DHCP 服务器/中继代理
224.0.0.3	不分配	**224.0.0.13**	所有 PIM 路由器
224.0.0.4	DVMRP 路由器	224.0.0.14	RSVP 封装
224.0.0.5	OSPF 路由器	224.0.0.15	所有 CBT 路由器
224.0.0.6	OSPF DR	224.0.0.16	指定 SBM
224.0.0.7	ST 路由器	224.0.0.17	所有 SBMS
224.0.0.8	ST 主机	224.0.0.18	VRRP
224.0.0.9	RIP-2 路由器	…	…

与单播情况类似,组播的 MAC 地址也是与组播 IP 地址相对应的。IANA 规定组播 MAC 地址的高 24 bit 为 0x01005e,第 25 位为 0,低 23 位为 IPv4 组播地址的低 23 位。IPv4 组播地址与 MAC 地址的映射关系如图 10-4 所示。

IP 组播地址有 28 位地址空间,但只有 23 位被映射到组播 MAC 地址,有 5 位丢失,这样会有 $2^5=32$ 个 IP 组播地址映射到同一 MAC 地址上。由于地址映射是不唯一的,网卡有可能收到本组播组以外的组播数据,那么设备驱动程序或者 IP 层就必须对数据报进行过滤。

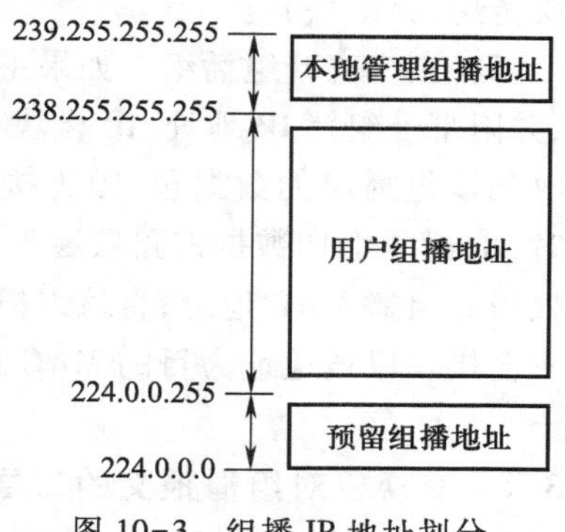

图 10-3 组播 IP 地址划分

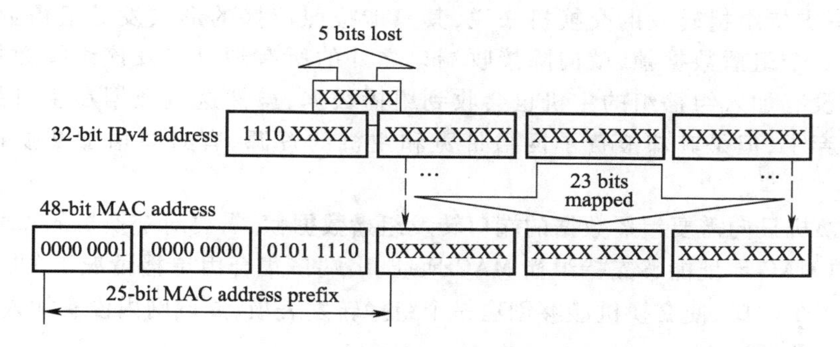

图 10-4 组播 IP 地址与 MAC 地址映射

2.3.3 端主机系统对组播报文的处理

在网络上,没有一个计算机的 IP 地址是一个组播 IP 地址,组播 IP 地址仅仅代表一个逻辑的组,组播源可以使用组播地址为目的 IP 地址来发送数据。此时发送的数据是针对一组机器,想接收该组播组数据的主机,需要检查接收到的每个数据包的目的 IP 地址是否为该组播组的 IP 地址。主机的数据链路层和网络层分别维护着一个接收列表,用于对接收的组播数据的处理。主机对组播报文的处理过程如下。

(1) 主机加入组播组。如果主机要加入一个组播组,通常需要启动一个应用程序,并输入相应的组播 IP 地址,该应用程序就会向 IP 模块注册,请求加入组播组。IP 模块会在其维护的接收列表中添加一项,即该组播 IP 地址。同时,会向数据链路层通告,并附带上组播组 IP 地址。数据链路层根据组播 IP 地址与组播 MAC 地址之间的映射关系,转换得到该组播的 MAC 地址,并将其添加到数据链路层接收列表中。

(2) 主机接收组播数据。主机的数据链路层接收数据帧后,将数据帧的目的 MAC 地址与接收列表中的每项内容进行比较,遇到任何匹配的一项就接收下来,并向网络层传送。同样,网络层将其目的 IP 地址与网络层接收列表的每项记录相比较,如果有一项匹配,就接收该数据,并向上层传送,否则丢弃。

(3) 主机离开组播组。如果主机要退出一个组播组,通常该应用程序在退出时会通告 IP 模块,并附带上组播 IP 地址,IP 模块将该组播 IP 地址从网络层接收列表中删除。这样以后如果再接收到该组播组的数据包,因为接收列表中没有匹配的项目,所以 IP 模块就会丢弃该数据包。同时,IP 模块会向数据链路层通告离开组播组的消息,并附带上组播 IP 地址,数据链路层通过变换得到组播 MAC 地址,将该组播 MAC 地址从数据链路层接收列表中删除。这样,数据链路层也不会接收以该地址为目的 MAC 地址的数据帧。

2.3.4 交换机对组播报文的二层转发

在目前的大多数网络中,以太网交换机作为主要的接入设备连接了很多的主机,在数据链路层,对于不支持组播转发的交换机来说,其只能按照广播的形式发送组播数据,即以太网交换机每收到一个组播数据帧,就向除接收端口之外的所有端口转发该组播数据帧。这样会导致局域网内没有加入组播组的主机也会收到组播数据,虽然这些数据在主机的数据链路层的处理中被丢弃了,但是其却浪费了网络带宽和主机的资源,有必要增加交换机的组播二层转发功能。

为了使交换机只向需要组播数据的端口转发组播数据帧,需要对交换机的 MAC 地址表进行扩展,要求目的 MAC 地址能够支持组播 MAC 地址,出端口集合由单播情况下的只有一个端口,扩展到允许有多个端口,使交换机能够创建一个组播转发表项,局域网内没有加入组播组的主机就不会收到组播数据。

虽然组播数据基于 MAC 地址转发表项进行转发与单播情况十分相似,但是组播转发表项的学习却与单播情况完全不同。在单播情况下,是根据在端口上收到的数据帧的源 MAC 地址来添加 MAC 地址转发表项的,而组播 MAC 地址是不允许出现在源地址上的。必须想其他方法来解决这个问题,这些方法就是二层组播协议。这方面的协议目前主要有 IGMP 监听(IGMP Snooping)协议和 IGMP 欺骗(IGMP Spoofing)协议,这两个协议都是基于 IGMP 的,将在下一节进行介绍。

2.3.5 路由器对组播报文的三层转发

在三层网络中,单播数据报文转发的依据是数据包的目的地址,该目的地址明确表示了一个主机位置,路由器通过查找单播路由表获得到目的地址的路径和本地出接口进行转发。但对于组播数据转发,这种方式显然不行。因为组播数据包中的目的地址是组地址,并不是一个明确的主机地址,并且与路由器相连的每条路径或网段都有可能有组播组成员。因此,组播数据转发必须依赖于相应的组播转发表,组播转发表的生成与维护主要由组播路由协议完成,组播数据的具体转发是基于组播转发表,同时还需要结合逆向路径转发(Reverse Path Forwarding,RPF)检查来完成。这部分内容将在“PIM- DM 协议实验”一节中介绍。

2.4 实验环境与分组

(1) 2 台 PC 和 1 台以太网交换机,网线若干。
(2) 本实验使用 Windows 7 操作系统。
(3) 两人一组合作进行实验。

2.5 实验组网

实验组网如图 10-5 所示。

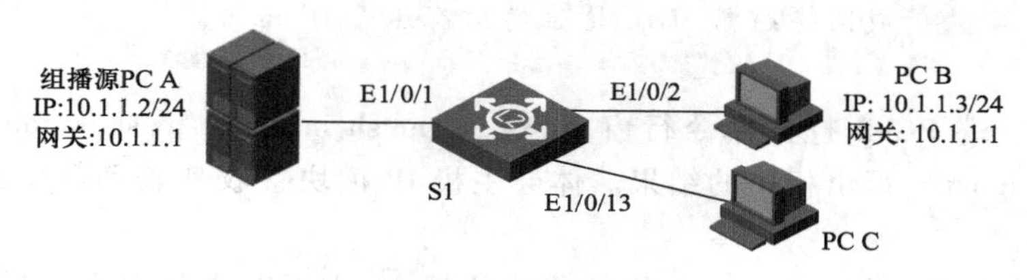

图 10-5 组网图

2.6 实验步骤

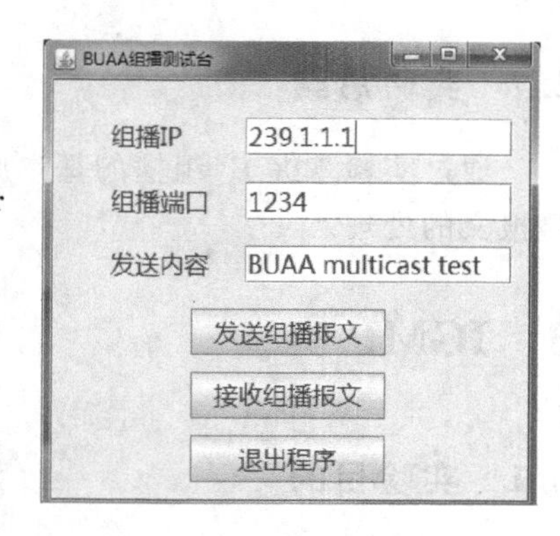

图 10-6 组播测试软件

步骤 1 所有主机进入 Windows 7 操作系统。

步骤 2 使用组播测试软件,双击运行桌面的 multicast.jar 文件,界面如图 10-6~图 10-8 所示。

首先设定组播发送方或接收方的参数。

组播 IP:要发送的组播组 IP 地址。

组播端口:要发送的端口号。

发送内容:为字符串,默认为"BUAA multicast test"。如果是组播接收端,该参数将不会使用。

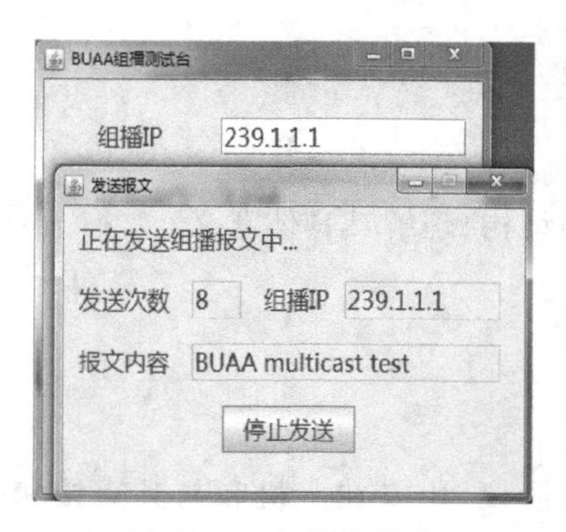

图 10-7 组播发送方

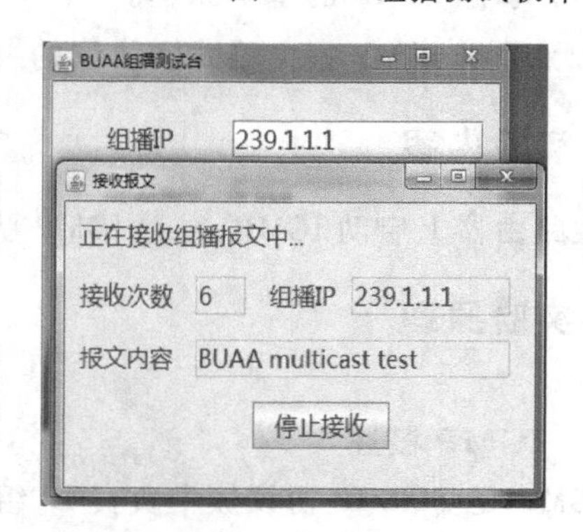

图 10-8 组播接收方

在参数设置完成后，单击“发送组播报文”或“接收组播报文”按钮即开始发送或接收组播报文。在发送窗口或接收窗口上单击“停止发送”或“停止接收”按钮可退出软件。

步骤 3　3 台主机均打开 Wireshark 软件并截获报文，PC A 和 PC B 运行桌面的 multicast.jar 组播测试软件，PC A 作为发送端，单击“发送组播报文”按钮，PC B 作为接收端，单击“接收组播报文”按钮。查看组播数据是否收发成功，并分析截获的组播报文的结构。

思考题

请写出组播 IP 地址 239.1.1.1 对应的组播 MAC 地址，并根据组播 MAC 地址映射原理，写出与 239.1.1.1 映射成同样组播 MAC 地址的所有组播 IP 地址。

步骤 4　接收端 PC B 打开命令行窗口，输入“netsh interface ip show joins”，以及“netsh interface ip show ipnet”，写出相关的结果。体会主机 IP 模块接收列表和数据链路层的接收列表的作用。

步骤 5　分析 PC C 的 Wireshark 软件截获的报文，查看其中是否有组播报文，并解释为什么。

2.7　实验总结

通过实验掌握 IP 组播的基本原理和组播地址到 MAC 地址的映射方式，以及相关设备对组播报文的处理。

3　IGMP 实验

IGMP 实验

3.1　实验目的

(1) 掌握 IGMP 的基本原理。

(2) 分析 IGMP 报文格式和协议的工作过程。

3.2　实验内容

在路由器上启动 IGMP，察看 IGMP 状态和报文类型结构，理解其具体意义。

3.3　实验原理

3.3.1　IGMP 概述

IGMP 是 TCP/IP 协议簇中负责 IP 组播成员管理的协议，用来在主机和与其直接相邻的组播路由器之间建立、维护组播组成员关系。它位于 IP 层，所有的 IGMP 消息都封装在 IP 报文中传送,IP 协议号为 2,在传送 IGMP 信息时其 TTL 字段值为 1,以保证 IGMP 信息只在本地范围内传送。

IGMP 在功能上可分为主机和路由器两部分,组播接收者主机会向所在的共享网络报告组成员关系。同时,处于同一网段的所有使能了 IGMP 功能的路由器会选举出查询器,查询器周期性地向该共享网段发送组成员查询消息(Query Message),主机接收到该查询消息后进行响应以报告组成员关系(Report Message),查询器依据接收的响应来刷新组成员的存在信息。

组播接收者主机可以在任意时间、任意位置、不受成员总数限制地加入或退出组播组,它只需要保存自己加入了哪些组播组。而组播路由器不可能且不需要保存所有主机的组成员关系,它只是通过 IGMP 了解每个接口连接的网段上是否存在某个组播组的接收者(或组成员)。

到目前为止,IGMP 已有 3 个版本,分别是 IGMPv1(由 RFC 1112 定义)、IGMPv2(由 RFC 2236 定义)和 IGMPv3(由 RFC 3376 定义)。IGMPv1 定义了基本的组成员查询和报告过程,IGMPv2 在 IGMPv1 版本基础上添加了组成员快速离开机制,IGMPv3 增加了对多源组播更好的支持。

3.3.2 IGMP 报文的格式及分类

IGMPv1 报文的格式如图 10-9 所示。

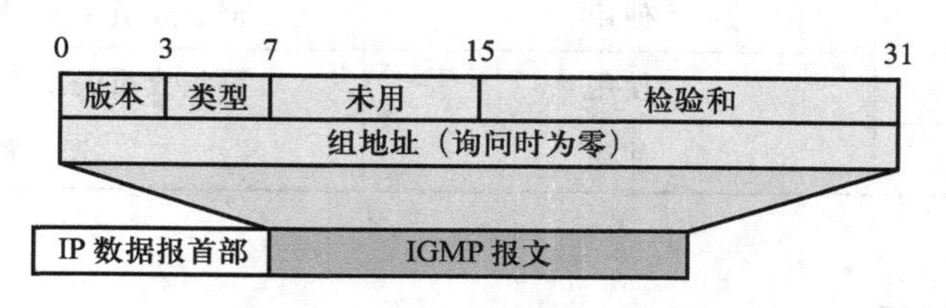

图 10-9 IGMPv1 报文格式

报文共 8 个字节,分为 5 个字段。各字段意义如下。

(1) 版本字段:IGMP 版本标识,在 IGMPv1 中应设为 1。本字段在版本 2 中已不存在。

(2) 类型字段:主要使用以下两种信息类型。

① 成员关系查询(TYPE=1)。

② 成员关系报告(TYPE=2)。

(3) 检验和字段:共 16 位,是 IGMP 信息的补码之和的补码。在进行校验计算时,该字段为“0”。

(4) 组地址字段:当用于成员关系报告时,组地址字段包含组播组地址。当用于成员关系查询时,本字段为 0,并被主机忽略。

IGMPv2 报文的格式如图 10-10 所示。

图 10-10　IGMPv2 报文格式

报文共有 8 个字节，分为 4 个字段。以下是各字段的意义。

(1) 类型：目前共有 3 种 IGMPv2 类型和一种 IGMPv1 类型。

(2) 响应时间：以 1/10 秒为单位，默认值是 10 秒。

(3) 检验和：对整个 IGMP 报文进行检验，其算法和 IP 数据报的相同。

(4) 组地址：当对所有的组发出询问时，组地址字段就填入 0；询问特定组时，就填入该组的组地址；主机发送成员关系的报告时，填入其组地址。

在 IGMPv2 中，共支持 3 种类型的 IGMPv2 版本报文和 1 种类型的 IGMPv1 版本报文。这几种类型的报文字段如表 10-2 所示。

表 10-2　IGMPv2 报文字段

类型字段	群组地址字段	含义
0x11	不使用(0)/使用	一般/特定组成员关系查询
0x12	使用	群组成员关系报告(IGMPv1 版本)
0x16	使用	群组成员关系报告(IGMPv2 版本)
0x17	使用	退出群组报告

3.3.3　IGMP 工作原理

1. 查询器选举机制

IGMP 最初是基于共享网络(如 Ethernet)而设计的，当一个共享网段内有多台组播路由器时，这些组播路由器都基于查询和响应机制来完成对组播组成员的管理，这会产生很多不必要的重复和冗余报文。为了尽量减少 IGMP 的周期性查询对网络带宽和系统资源消耗，只需要有一台路由器承担发送查询的任务，其余路由器只需接收组成员关系报告报文即可，这台承担发送查询任务的路由器被称为 IGMP 查询器。同时，也需要有一个查询器(Querier)的选举机制来确定由哪台路由器作为 IGMP 查询器。

对于 IGMPv1 来说，由组播路由协议(如 PIM)选举出唯一的组播信息转发者 DR(Designated Router，指定路由器)作为 IGMP 查询器。在 IGMPv2 中，增加了独立的查询器选举机制，其选举过程如下。

(1) 所有 IGMPv2 路由器在初始时都认为自己是查询器，并向本地网段内的所有主机和路由器发送 IGMP 普遍组查询(General Query)报文(目的地址为 224.0.0.1)。

(2) 本地网段中的其他 IGMPv2 路由器在收到该报文后,将报文的源 IP 地址与自己的接口地址作比较。通过比较,IP 地址最小的路由器将成为查询器,其他路由器成为非查询器(Non-Querier)。

(3) 所有非查询器上都会启动一个定时器(即其他查询器存在时间定时器,Other Querier Present Timer)。在该定时器超时前,如果收到了来自查询器的 IGMP 查询报文,则重置该定时器;否则,就认为原查询器失效,并发起新的查询器选举过程。

2. IGMP 的基本工作过程

每个具有组播能力的主机都保留有一个具有组播组成员身份的进程表,当一个进程想加入一个新的组播组时,它就向主机发送请求信息。主机就把进程的名字和接收请求的组播组的地址加入这个进程表。需要注意的是,主机只有在确认这是要求获得该组播组成员身份的第一个请求时才向组播路由器发送一条 IGMP Report 信息。换句话说,一个主机对于一个特定组播组身份的请求信息只发送一次。这是一种由接收方来初始化的加入方法,在组播组的数据越来越多时,这种方法可以使新加入的组播组成员尽快找到离它很近的组播组的分支,从而加入组播组。在初始化过程之外,主机只有在收到了组查询报文的情况下,才再次报告加入组播组的情况。

IGMP 的基本工作过程如图 10-11 所示。

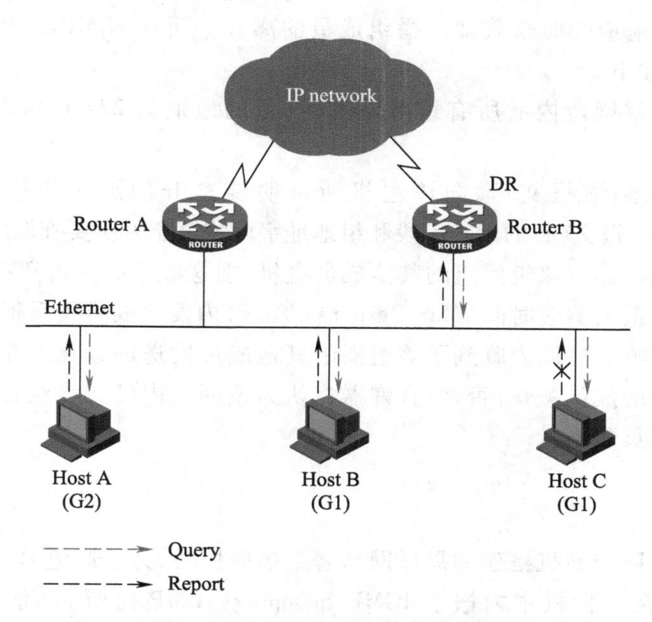

图 10-11 IGMP 查询响应示意图

(1) 主机会主动向其要加入的组播组发送 IGMP 成员关系报告报文以声明加入,而不必等待 IGMP 查询器发来的 IGMP 查询报文。

（2）IGMP 查询器周期性地以组播方式向本地网段内的所有主机与路由器发送 IGMP 查询报文（目的地址为 224.0.0.1）。

（3）在收到该查询报文后，关注 G1 的 Host B 与 Host C 其中之一（这取决于谁的延迟定时器先超时）——例如，Host B 会首先以组播方式向 G1 发送 IGMP 成员关系报告报文，以宣告其属于 G1。由于本地网段中的所有主机和路由器都能收到 Host B 发往 G1 的报告报文，因此当 Host C 收到该报告报文后，将不再发送同样针对 G1 的报告报文，因为 IGMP 路由器（Router A 和 Router B）已知道本地网段中有对 G1 感兴趣的主机了。这个机制称为主机上的 IGMP 成员关系报告抑制机制，该机制有助于减少本地网段的信息流量。

（4）与此同时，由于 Host A 关注的是 G2，所以它仍将以组播方式向 G2 发送报告报文，以宣告其属于 G2。

经过以上的查询和响应过程，IGMP 路由器了解到本地网段中有 G1 和 G2 的成员，于是由组播路由协议（如 PIM）生成（＊，G1）和（＊，G2）组播转发项作为组播数据的转发依据，其中的"＊"代表任意组播源。当由组播源发往 G1 或 G2 的组播数据经过组播路由到达 IGMP 路由器时，由于 IGMP 路由器上存在（＊，G1）和（＊，G2）组播转发项，于是将该组播数据转发到本地网段，接收者主机便能收到该组播数据了。

3. 离开组机制

在 IGMPv1 中，主机离开组播组时不会向组播路由器发出任何通知，导致组播路由器只能依靠组播组成员查询的响应超时来获知组播组成员的离开。而在 IGMPv2 中，当一个主机离开某组播组时，操作流程如下。

（1）该主机向本地网段内的所有组播路由器（目的地址为 224.0.0.2）发送离开组（Leave Group）报文。

（2）当查询器收到该报文后，向该主机所声明要离开的那个组播组发送特定组查询（Group-Specific Query）报文（目的地址字段和组地址字段均填充为所要查询的组播组地址）。

（3）如果该网段内还有该组播组的其他成员主机，则这些成员在收到特定组查询报文后，会在该报文中所设定的最大响应时间（Max Response Time）内发送成员关系报告报文。

（4）如果在最大响应时间内收到了该组播组其他成员发送的成员关系报告报文，查询器就会继续维护该组播组的成员关系；否则，查询器将认为该网段内已无该组播组的成员，于是不再维护这个组播组的成员关系。

3.3.4　IGMP 监听

当在用二层以太网交换机搭建的局域网部署组播应用时，为了避免 IP 组播报文向所有端口泛滥，网络设备厂商在交换机中内嵌了 IGMP Snooping（IGMP 监听）功能模块，通过对收到的 IGMP 报文进行分析，为端口和 MAC 组播地址建立起映射关系，并根据这样的映射关系转发组播数据。如图 10-12 所示，交换机的相关端口可以被分为路由器端口（Router Port）和组播组成员端口（Member Port），并定义了相应的端口列表。

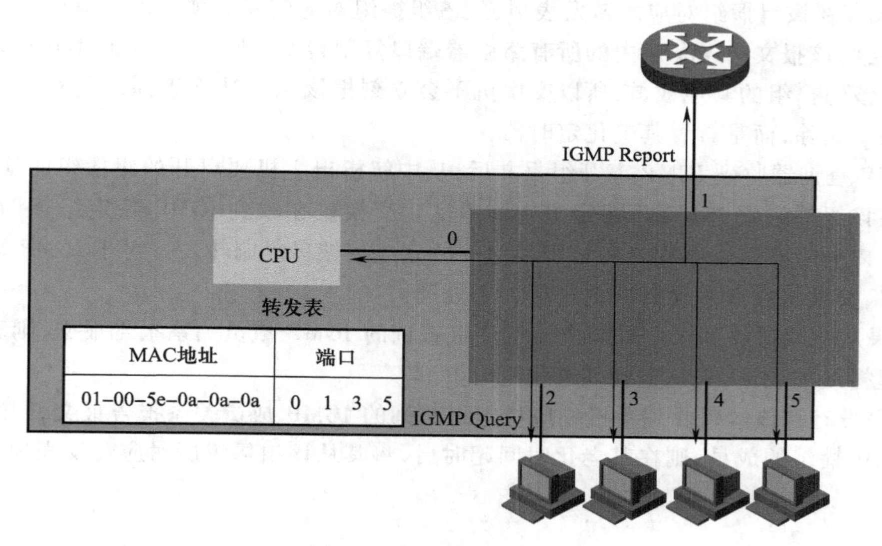

图 10-12　IGMP Snooping

IGMP Snooping 的基本工作过程如下。

（1）对普遍组查询报文的处理。在收到 IGMP 普遍组查询报文时，交换机将其向 VLAN 内除接收端口以外的所有端口复制转发，并查看该端口是否包含在路由器端口列表中，如果存在，则重置其老化定时器；如果不存在，则将其添加到路由器端口列表中，并启动其老化定时器。

（2）对组播组成员关系报告报文的处理。在收到 IGMP 成员关系报告报文时，交换机将其向 VLAN 内的所有路由器端口复制转发，并从该报文中解析出主机要加入的组播组 MAC 地址，并查看交换机的 MAC 地址转发表中是否有该地址的转发表项。如果不存在该组播组所对应的转发表项，则创建转发表项，将该端口作为动态成员端口添加到出端口列表中，并启动其老化定时器；如果已存在该组播组所对应的转发表项，但其出端口列表中不包含该端口，则将该端口作为动态成员端口添加到出端口列表中，并启动其老化定时器；如果已存在该组播组所对应的转发表项，且其出端口列表中也已包含该动态成员端口，则重置其老化定时器。

（3）对离开组播组报文的处理。由于运行 IGMPv1 的主机离开组播组时不会发送 IGMP 离开组报文，因此交换机无法立即获知主机离开的信息。但是，由于主机离开组播组后不会再发送 IGMP 成员关系报告报文，因此当其对应的动态成员端口的老化定时器超时后，交换机就会将该端口对应的转发表项从转发表中删除。

运行 IGMPv2 或 IGMPv3 的主机离开组播组时，会通过发送 IGMP 离开组报文，以通知组播路由器。当交换机从某动态成员端口上收到 IGMP 离开组报文时，首先判断要离开的组播组所对应的转发表项是否存在，以及该组播组所对应转发表项的出端口列表中是否包含该接收端口。

① 如果不存在该组播组对应的转发表项，或者该组播组对应转发表项的出端口列表中不包含该端口，交换机不会向任何端口转发该报文，而将其直接丢弃。

② 如果存在该组播组对应的转发表项,且该组播组对应转发表项的出端口列表中包含该端口,交换机会将该报文向 VLAN 内的所有路由器端口复制转发。同时,由于并不知道该接收端口下是否还有该组播组的其他成员,所以交换机不会立刻把该端口从该组播组所对应转发表项的出端口列表中删除,而是重置其老化定时器。

当 IGMP 查询器收到 IGMP 离开组报文后,从中解析出主机要离开的组播组的地址,并通过接收端口向该组播组发送 IGMP 特定组查询报文。交换机在收到 IGMP 特定组查询报文后,将其向 VLAN 内的所有路由器端口和该组播组的所有成员端口复制转发。对于 IGMP 离开组报文的接收端口,交换机在其老化时间内进行如下处理。

① 如果从该端口收到了主机响应该特定组查询的 IGMP 成员关系报告报文,则表示该端口下还有该组播组的成员,于是重置其老化定时器。

② 如果没有从该端口收到主机响应特定组查询的 IGMP 成员关系报告报文,则表示该端口下已没有该组播组的成员,则在其老化时间超时后,将其从该组播组所对应转发表项的出端口列表中删除。

3.3.5　IGMP 欺骗

由于 IGMP Snooping 是通过监听主机与路由器之间的 IGMP 交互报文生成组播 MAC 地址转发表项,在没有路由器的局域网中,IGMP Snooping 无法生成端口成员列表,也就无法交换组播数据包。为了解决这个问题,交换机需要冒充路由器发 IGMP 查询报文,主机回应后,便可以生成端口成员列表和组播地址转发表项。如图 10-13 所示,这就是 IGMP 欺骗(IGMP Spoofing)。

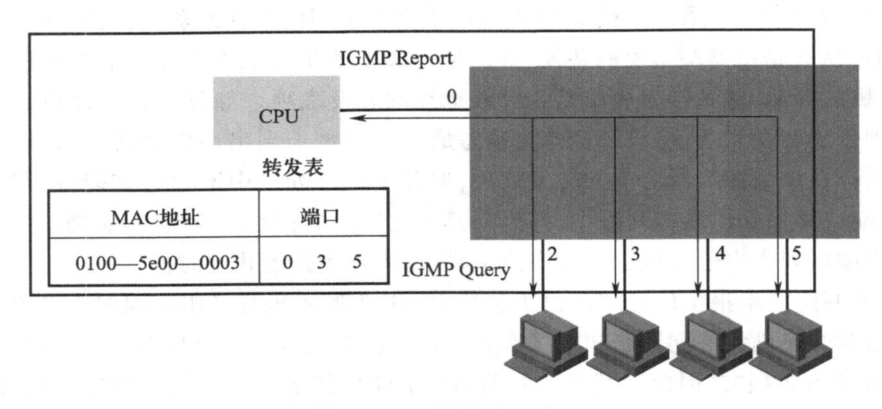

图 10-13　IGMP Spoofing

3.4　实验环境与分组

3 台 PC 和 2 台路由器,1 台交换机,网线若干。

3.5 实验组网

实验组网如图 10-14 所示。

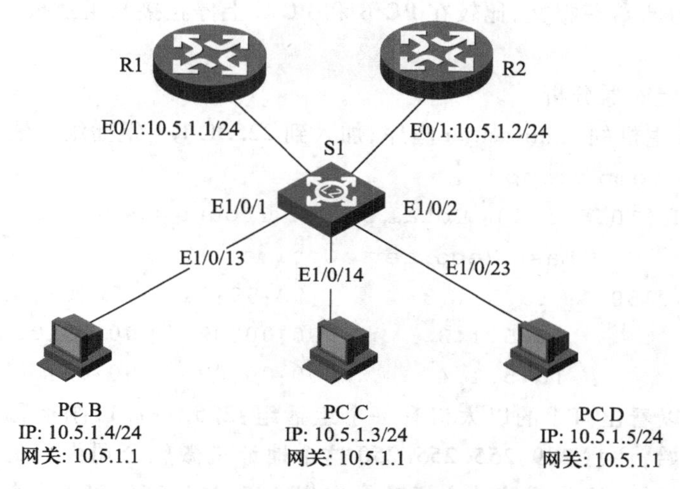

图 10-14 IGMP 分析组网图

3.6 实验步骤

步骤 1 配置相关设备。

按照图 10-14 进行组网,PC A 在 R1 的 E0/1 接口截获报文,配置各设备 IP 地址。在所有 PC 上运行 Wireshark 软件,开始抓取报文,在路由器 R1 和 R2 上输入 multicast routing-enable 全局配置命令以激活路由器的组播支持,随后分别进入两台路由器的 E0/1 接口,输入 igmp enable 手动启动 IGMPv2 协议。

```
[R1] multicast routing-enable
[R2] multicast routing-enable
[R1-e0/1] igmp enable
[R2-e0/1] igmp enable
```

步骤 2 查看 PC A 上截获的 IGMP 报文,写出查询器选举的结果。

步骤 3 IGMP 信息查看。

在 3 台主机上都启动组播测试软件 multicast.jar,PC B 加入组播组 225.1.1.1,PC C 和 PC D 加入组播组 239.1.1.1。操作完成后,用下面的命令来查看 IGMP 在接口上的相关信息:

```
[r1]display igmp interface
```

请写出 IGMP 的版本号、查询时间、最大响应时间和加入的组播组数量。

步骤 4 IGMP 报文格式分析。

在 PC B 和 PC C 上停止接收组播报文,分析截获的 IGMP 报文,写出截获的 IGMP 报文的类型和相应的一个具体报文,以及组查询报文中 Multicast Address 字段的不同值所代表的意义。

步骤 5　IGMP 工作过程分析。

结合实验原理分析截获报文,比较在 PC B 和 PC C 上停止接收组播报文后,IGMP 的工作有何不同。

步骤 6　IGMP 定时器分析。

重新启动 PC B 主机的 multicast.jar 程序,加入到 225.1.1.1 组播组。输入下面的命令:

```
[r1]display igmp group
Ethernet0/1 (10.5.1.1): Total 3 IGMP Groups reported:
Group              Last Reporter  Uptime      Expires
239.255.255.250     10.5.1.3       02:59:14    00:02:47
239.1.1.1          10.5.1.3       00:00:02    00:03:00
225.1.1.1          10.5.1.4       00:00:02    00:03:00
```

从输出信息可以看出,R1 的以太口有一个组播组:225.1.1.1,刚运行 2 秒钟,IGMP 超时计时器从 3 分钟开始,注意 239.255.255.250 这个地址是微软公司设置的一个私有组播目的地址,任何采用 Windows 操作系统的主机都会向以 235.255.255.250 这个地址为目的地址的组发送组播组报告报文,用以通告其组成员身份。如果路由器每 60 秒发送一次普遍查询报文,那么计时器倒计时到 2 分钟时,被刷新一次,重新从 3 分钟开始倒计时。请读者仔细对照查看。

3.7　实验总结

通过实验,掌握 IGMP 报文的结构和协议的工作过程。

4　PIM-DM 协议实验

PIM-DM 协议实验

4.1　实验目的

掌握 PIM-DM 协议的实现原理和基本配置。

4.2　实验内容

在路由器上启动 PIM-DM 协议,查看 PIM 路由表的变化规律,分析 PIM-DM 协议的实现机制。

4.3　实验原理

组播协议主要包括组管理协议(IGMP)和组播路由协议,要想在一个实际网络中实现组播数据包的转发,必须在各个互连设备上运行组播路由协议。组播路由协议可分为域内和域间两大类,域内组播路由协议已比较成熟,其又可以分为密集模式协议(如 DVMRP、PIM-DM)、稀疏模式协议(如 PIM-SM、CBT)和链路状态协议(MOSPF)。本实验中主要介绍 PIM-DM 和 PIM-SM 协议。

协议无关组播(Protocol Independent Multicast,PIM)协议由 IDMR(域间组播路由)工作组设计,顾名思义,PIM 不依赖于某一特定单播路由协议,它只利用各种单播路由协议建立的单播路由表完成 RPF 检查功能,而不是维护一个分离的组播路由表单独实现组播转发。由于 PIM 无须收发组播路由更新报文,所以与其他组播协议相比,PIM 开销降低了许多。PIM 定义了两种模式:密集模式(Dense-Mode)和稀疏模式(Sparse-Mode)。

PIM-DM 属于密集模式的组播路由协议,使用"推(Push)模式"传送组播数据,通常适用于组播组成员相对比较密集的小型网络。PIM-DM 假设网络中的每个子网都存在至少一个组播组成员,因此组播数据将被扩散(Flooding)到网络中的所有节点。然后,PIM-DM 对没有组播数据转发的分支进行剪枝(Prune),只保留包含接收者的分支。这种"扩散—剪枝"现象周期性地发生,被剪枝的分支也可以周期性地恢复成转发状态。当被剪枝分支的节点上出现了组播组的成员时,为了减少该节点恢复成转发状态所需的等待时间,PIM-DM 使用嫁接(Graft)机制主动恢复其对组播数据的转发。

通常,密集模式下数据包的转发路径是有源树(Source Tree,即以组播源为"根"、组播组成员为"枝叶"的一棵转发树)。由于有源树使用的是从组播源到接收者的最短路径,因此也称为最短路径树(Shortest Path Tree,SPT)。

4.3.1 邻居发现与维护

PIM 协议报文被封装在 IP 报文中,协议号为 103。其报文格式如图 10-15 所示,PIM 报文类型主要有 Hello、Register、Register-Stop、Join/Prune、Bootstrap、Assert、Graft、Graft-ack、Candidate-RP-Adervertisement 类型。PIM 协议报文有单播发送和组播发送两种方式,Register、Register-Stop、Graft、Graft-ack 报文为单播发送,其余类型报文为组播发送,目的地址是 224.0.0.13。

0 1 2 3
0 1 2 3 4 5 6 7 8 9 0 1 2 3 4 5 6 7 8 9 0 1 2 3 4 5 6 7 8 9 0 1

PIM Ver	Type	Reserved	Checksum
PIM报文体			

图 10-15 PIM 报文格式

在 PIM 域中,路由器通过周期性地向所有 PIM 路由器(224.0.0.13)以组播方式发送 PIM Hello 报文(图 10-16),以发现 PIM 邻居,维护各路由器之间的 PIM 邻居关系,从而构建和维护 SPT。

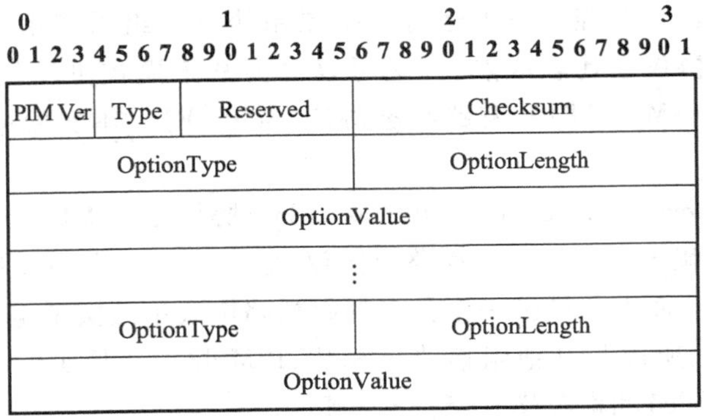

PIM Ver	Type	Reserved	Checksum
OptionType		OptionLength	
OptionValue			
⋮			
OptionType		OptionLength	
OptionValue			

（位编号：0～31，即 0 1 2 3 4 5 6 7 8 9 0 1 2 3 4 5 6 7 8 9 0 1 2 3 4 5 6 7 8 9 0 1）

图 10-16　PIM Hello 报文格式

4.3.2　逆向路径转发

组播报文中的目的地址是组地址，并不是一个明确的主机地址，组播报文转发必须依赖于相应的组播转发表。与此同时，还要密切关注组播报文的入接口，如果不加以限制，就可能造成报文的重复转发，增加网络负担。逆向路径转发（Reverse Path Forwarding，RPF）检查就是为了避免这种情况。RPF 检查的工作机制如下。

（1）路由器检查到达的组播报文的源地址，以确定此报文是否在从指向组播源的接口到达的，指向组播源的接口可以根据单播路由表获得。也就是检查这个接口与路由表中到组播源所在网段的转发接口是否一致。

（2）如果组播报文在可返回源站点的接口上到达，则 RPF 检查通过，报文被转发。

（3）如果 RPF 检查失败，则丢弃该报文。

组播路由器如何确定收到的组播报文的接口是在可返回到源站点的逆向路径上取决于所使用的路由协议。

4.3.3　扩散-剪枝与有源树

PIM-DM 协议假设路由器的每个接口下都有组播接收客户端，PIM-DM 组播路由器收到组播报文后，就会主动建立组播转发表项（S，G，Upstream interface list，Downstream interface list），简称（S，G）表项。这 4 个元素分别是组播源的地址 S、组播组的地址 G、上游入接口列表和下游出接口列表。其中，上游入接口列表是指通过逆向路径转发（RPF）检查的组播报文的入接口，下游出接口列表就是其他所有的接口。

在 PIM-DM 域中，组播源 S 向组播组 G 发送组播报文时，首先对组播报文进行扩散：路由器对该报文的 RPF 检查通过后，便创建一个（S，G）表项，并结合 Hello 报文的邻居发现结果，将该报文向网络中的所有下游邻居节点转发。以此类推，经过逐步的扩散，PIM-DM 域内的每个路由器上都会创建（S，G）表项，这些（S，G）表项结合起来将形成一棵组播有源树。

然后，当组播数据扩散到了 PIM-DM 邻居列表为空的边缘路由器（Leaf Router）时，边缘路由器接收到组播报文后会立即查看其 IGMP 表项中是否有该组播组用户,如果有,则转发组播报文;如果没有,则要向上游路由器发送剪枝报文(Prune Message),上游路由器在收到来自下游的剪枝报文后,将接收该报文的接口标记为 pruning 状态,同时启动一个计时器,在计时器超时前不会向 pruning 状态的出接口转发组播报文。当计时器超时后,路由器会再次向该接口发送组播报文,如果下游路由器仍然没有接收者,它再次向上游发送剪枝报文,上游路由器再将该出接口设置为 pruning 状态,"扩散—剪枝"的过程是周期性发生的,各个被剪枝的节点提供超时机制,当剪枝超时后便重新开始这一过程。这个过程被称为"扩散—剪枝—扩散—剪枝"。

剪枝过程最先由边缘路由器发起,没有接收者(Receiver)的边缘路由器主动发起剪枝,并一直持续到 PIM-DM 域中只剩下必要的分支,这些分支共同构成了一棵以组播源为根的源组播树,又称为有源树。有源树是组播转发树最简单和最常见的形式,它的根就是发送组播信息流的源主机。因为有源树以最短路径贯穿网络,所以也经常被称为最短路径树(SPT)。

4.3.4 嫁接与嫁接应答

当被剪枝的节点上出现了组播组的成员时,为了减少该节点恢复成转发状态所需的时间,PIM-DM 使用嫁接机制主动恢复其对组播数据的转发,过程如下。

(1) 需要恢复接收组播数据的节点向其上游节点发送嫁接报文(Graft Message)以申请重新加入到 SPT 中。

(2) 当上游节点收到该报文后恢复该下游节点的转发状态,并向其回应一个嫁接应答报文(Graft Ack Message)以进行确认。

(3) 如果发送嫁接报文的下游节点没有收到来自其上游节点的嫁接应答报文,将重新发送嫁接报文直到被确认为止。

Join、Prune、Graft、Graft Ack 报文格式如图 10-17 所示。

4.3.5 剪枝否决

如图 10-18 所示,路由器 Router A 在以太网共享网段上有两个 PIM-DM 邻居,转发组播数据时,Router B 和 Router C 都是下游路由器,此时如果 Router B 下面没有接收者,那么它会发送剪枝消息给自己的上游设备 Router A,因为剪枝消息发送的目的地址是 224.0.0.13,与该网段相连的所有的 PIM 路由器都可以接收到,所以 Router C 也可以收到一份。

又因为 Router A 通过 Hello 消息知道自己的以太网接口下面有两个邻居,当 Router A 收到剪枝消息后,它不知道是否该把该以太网接口从组播转发树中剪掉,此时它会启动一个计时器(一般是 3 秒),计时器超时前它不会剪枝该接口。

此时,因为 Router C 也收到了 Router B 的剪枝消息,Router C 发现对方要剪枝的(S,G)组播组恰恰是自己下游有接收者要接收的组,此时 Router C 会向自己的上游 Router A 发送加入(Join)报文(一般在 PIM-DM 中很少用到加入消息),当 Router A 收到该加入消息后,继续向该端口发送组播报文而忽略 Router B 的剪枝消息,这就是剪枝否决(Pruning Override)。

0　　　　　　　　　　1　　　　　　　　　　2　　　　　　　　　　3
0 1 2 3 4 5 6 7 8 9 0 1 2 3 4 5 6 7 8 9 0 1 2 3 4 5 6 7 8 9 0 1

PIM Ver	Type	Reserved	Checksum
Encoded–Unicast–Upstream Neighbor Address			
Reserved		Num groups	Holdtime
Encoded–Multicast Group Address–[n]			
Number of Joined Sources			Number of Pruned Sources
Encoded–Joined Source Address–1			
⋮			
Encoded–Pruned Source Address–1			
⋮			

图 10-17　Join/Prune/Graft/Graft Ack 报文格式

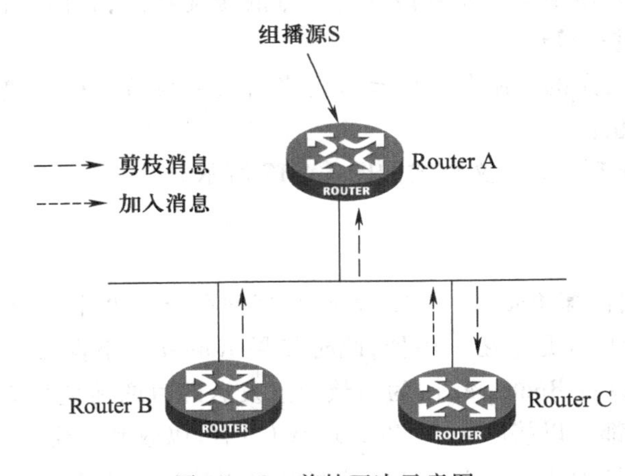

图 10-18　剪枝否决示意图

4.3.6　断言机制

在一个共享网段内如果存在多台组播路由器，则相同的组播报文可能会被重复发送到该网段。为了避免出现这种情况，就需要通过断言（Assert）机制来选定唯一的组播数据转发者。

如图 10-19 所示，当 Router A 和 Router B 从上游节点收到（S，G）组播报文后，都会向本地网段转发该报文,于是处于下游的节点 Router C 就会收到两份相同的组播报文,Router A 和 Router B 也会从各自的本地接口收到对方转发来的该组播报文。此时,Router A 和 Router B 会通过本地接口向所有 PIM 路由器(224.0.0.13)以组播方式发送断言报文(Assert Message),该报文中携带有以下信息:组播源地址 S、组播组地址 G、到组播源的单播路由的优先级和度量值。通过一定的规则对这些参数进行比较后,Router A 和 Router B 中的获胜者将成为(S,G)组播报文在本网段的转发者,比较规则如下。

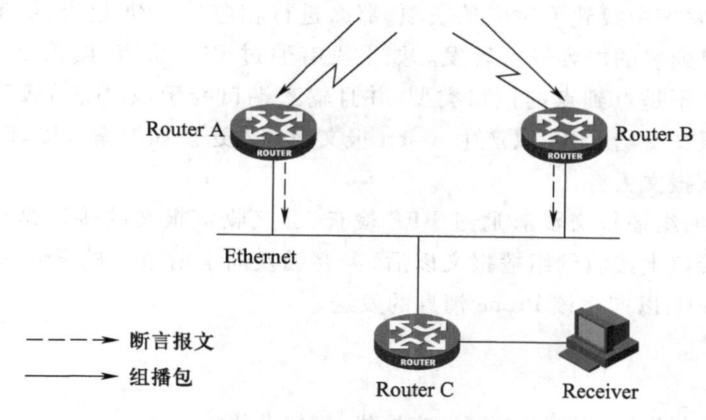

图 10-19 断言机制示意图

(1) 选择到组播源的单播路由的优先级较高的路由器为组播数据转发者。

(2) 如果到组播源的单播路由的优先级相等,那么到组播源的度量值较小的路由器为组播数据转发者。

(3) 如果到组播源的度量值也相等,则本地接口 IP 地址较大的路由器为组播数据转发者。

PIM Assert 报文格式如图 10-20 所示。

0 1 2 3
0 1 2 3 4 5 6 7 8 9 0 1 2 3 4 5 6 7 8 9 0 1 2 3 4 5 6 7 8 9 0 1

PIM Ver	Type	Reserved	Checksum
Encoded-Group Address			
Encoded-Unicast-Source Address			
R	Metric Preference		
Metric			

图 10-20 PIM Assert 报文格式

4.3.7　PIM-DM 的转发流程

（1）如果一个组播路由器接收到一个组播源 S 发出的、目的为 G 的组播报文，那么首先提取 S 和 G，查找组播转发表。查表过程中，对 S 进行最长匹配查找，对 G 进行精确匹配查找。如果没有找到相应的表项，那么说明这是该类(S,G)的第一个报文，这时候就需要交给 CPU 进行表项的创建和随后的转发。

（2）如果在转发表中找到了对应的表项，那么进行相应的 RPF 检查，如果该报文通过了检查，则按照输出端口列表的内容进行转发。如果没有通过 RPF 检查，则需要进行 ASSERT 条件的判断，如果该接口不是点到点的接口类型，并且输入端口处于该(S,G)表项的输出端口列表中，那么需要将该报文交给 CPU，以产生 Assert 报文向外发送。如果输入接口不包含在输出接口的列表中，那么将该报文丢弃。

（3）如果收到的组播报文没有通过 RPF 检查，且接收该报文的接口是点到点的链路。那么，从错误的输入接口上接收到组播报文以后，需要触发向上游节点的 Prune 消息，这时候也需要将该报文交给 CPU，以产生该 Prune 消息的发送。

4.4　实验环境

4 台 PC，2 台中低端路由器，2 台三层交换机，网线若干。

4.5　实验组网

实验组网如图 10-21 和图 10-22 所示。

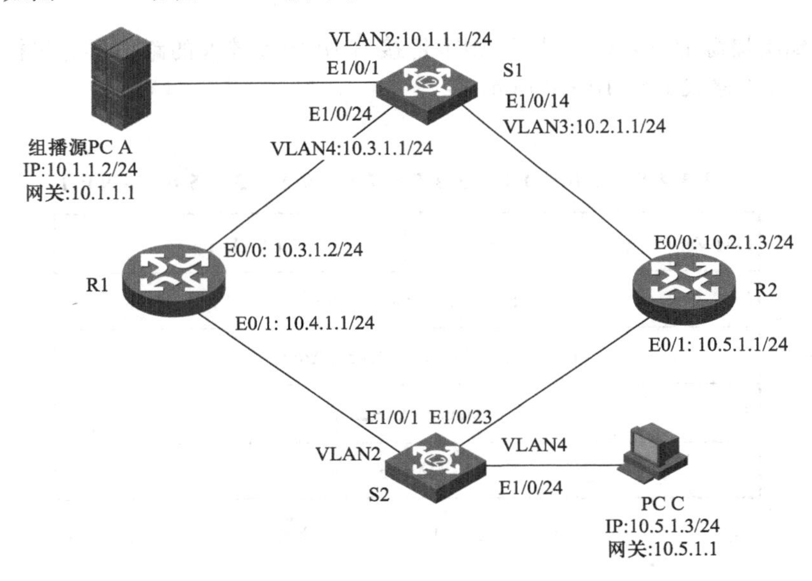

图 10-21　PIM-DM 协议组网图 1

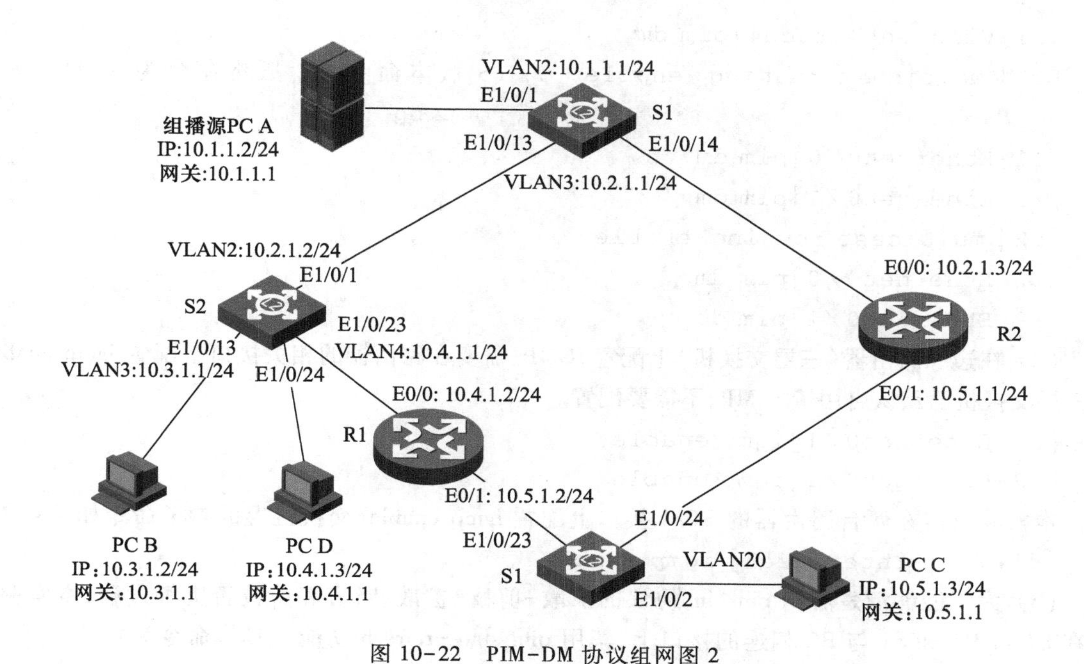

图 10-22 PIM-DM 协议组网图 2

4.6 实验步骤

4.6.1 PIM-DM 组网与配置

步骤 1 按照图 10-21 进行网络设备的连接与组网。PC D 在 R2 的 E0/0 接口上监听截获报文。

步骤 2 在交换机上划分 VLAN,具体为:S1 的 E1/0/1 和 E1/0/2 端口属于 VLAN2,E1/0/14 端口属于 VLAN3,E1/0/24 端口属于 VLAN4。S2 的 E1/0/1 和 E1/0/2 端口属于 VLAN2,E1/0/23 和 E1/0/24 端口属于 VLAN4。

步骤 3 配置所有设备的 IP 地址,S2 只作为一个二层交换机,只配置 VLAN,不配置 IP 地址、OSPF 协议和组播协议。

步骤 4 所有主机运行 Wireshark 软件,进行报文截获。

步骤 5 在整个网络配置 OSPF 协议,使得全网互通。

步骤 6 配置 PIM-DM 组播路由协议。

(1) 在每台路由器(三层交换机)上配置组播路由协议:

```
[s1] multicast routing-enable
[s1-Vlan-interface2]pim dm
[s1-Vlan-interface3]pim dm
```

```
[s1-Vlan-interface4]pim dm
[r1] multicast routing-enable   //V5 版本命令,V7 版本命令为 multicast
                                  routing
[r1-Ethernet0/0]pim dm
[r1-Ethernet0/1]pim dm
[r2] multicast routing-enable
[r2-Ethernet0/0]pim dm
[r2-Ethernet0/1]pim dm
```

(2) 在边缘路由器(三层交换机)上配置 IGMP,需要在路由器的相关接口上配置 igmp enable,而三层交换机已默认启用了 IGMP,不需要配置。

```
[r1-Ethernet0/1]igmp enable
[r2-Ethernet0/1]igmp enable
```

本实验只需在两台路由器的 E0/1 接口上配置 igmp enable,交换机上的参考命令如下:

```
[s1-Vlan-interface3] igmp enable
```

(3) 为了能够清楚看到 pim dm 协议的扩散-剪枝-扩散、断言和剪枝否决等过程,本实验需要在 S1 与 R1 和 S1 与 R2 相连的接口上,禁用 pim state-refresh 功能。具体命令为:

```
[s1-Vlan-interface3] undo pim state-refresh-capable
[s1-Vlan-interface4] undo pim state-refresh-capable
[r1-Ethernet0/0] undo pim state-refresh-capable
[r2-Ethernet0/0] undo pim state-refresh-capable
```

配置完成后,在设备上用 display pim routing-table 命令可以查看组播路由表,在 S1 和 R2 中输入命令:

```
[s1]display pim routing-table
[r2] display pim routing-table
```

可以看到,由于没有 239.1.1.1 组播数据流,相应的 PIM-DM 路由表也为空。

4.6.2 PIM-DM 的邻居发现与维护

分析主机上截获的 PIM Hello 报文,查看报文的格式和发送时间间隔。在 S1 上输入“display pim neighbor”命令:

```
[s1]display pim neighbor
Neighbor's Address     Interface Name        Uptime    Expires
10.2.1.3               Vlan-interface3       00:02:55  00:01:22
10.3.1.2               Vlan-interface4       00:03:00  00:01:44
```

该信息表中的最后一列 Expires 意思为超时时间。

思考题

根据上面报文中的 Holdtime 字段值和邻居信息表中的 Expires 列，试说明 Hello 报文中 Holdtime 字段的作用。

4.6.3　扩散-剪枝过程分析

1. PIM-DM 剪枝机制

在组播源 PC A 上运行组播测试软件，单击“发送组播报文”按钮（注意不要打开接收端 PC C 的程序），查看 PC D 截获的报文，可以看到组播数据流向相邻路由器的所有接口扩散，这是因为 PIM-DM 默认路由器的所有接口都有接收者，组播数据流向所有接口转发。

但是由于路由器 R1 和 R2 的下游没有组播组成员，所以路由器 R1 和 R2 向 S1 发送 Prune（剪枝）报文，要求组播数据流不再向其转发，并启动定时器，定时器最大值为 210 秒。R2 发送的 Prune 报文如图 10-23 所示。

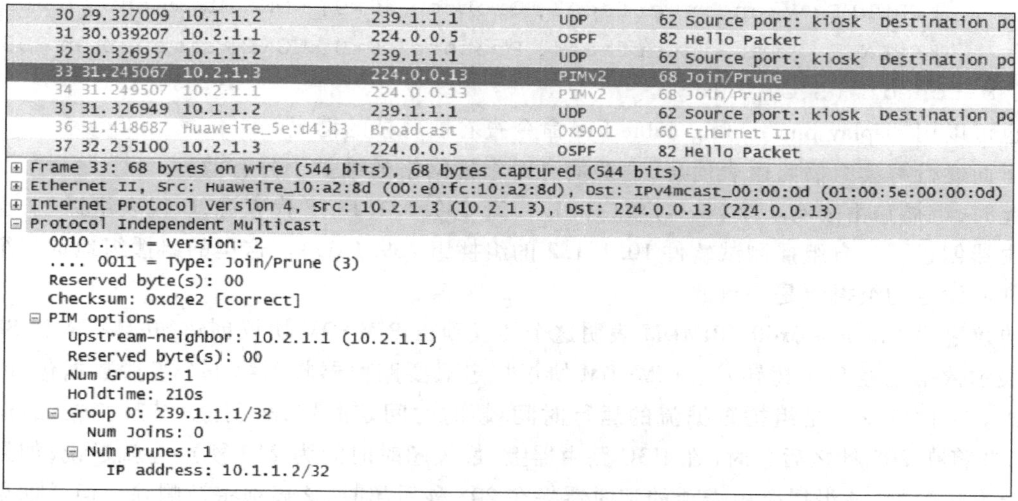

```
30 29.327009 10.1.1.2          239.1.1.1    UDP    62 Source port: kiosk  Destination po
31 30.039207 10.2.1.1          224.0.0.5    OSPF   82 Hello Packet
32 30.326957 10.1.1.2          239.1.1.1    UDP    62 Source port: kiosk  Destination po
33 31.245067 10.2.1.3          224.0.0.13   PIMv2  68 Join/Prune
34 31.249507 10.2.1.1          224.0.0.13   PIMv2  68 Join/Prune
35 31.326949 10.1.1.2          239.1.1.1    UDP    62 Source port: kiosk  Destination po
36 31.418687 HuaweiTe_5e:d4:b3 Broadcast    0x9001 60 Ethernet II
37 32.255100 10.2.1.3          224.0.0.5    OSPF   82 Hello Packet
⊞ Frame 33: 68 bytes on wire (544 bits), 68 bytes captured (544 bits)
⊞ Ethernet II, Src: HuaweiTe_10:a2:8d (00:e0:fc:10:a2:8d), Dst: IPv4mcast_00:00:0d (01:00:5e:00:00:0d)
⊞ Internet Protocol Version 4, Src: 10.2.1.3 (10.2.1.3), Dst: 224.0.0.13 (224.0.0.13)
⊟ Protocol Independent Multicast
    0010 .... = Version: 2
    .... 0011 = Type: Join/Prune (3)
    Reserved byte(s): 00
    Checksum: 0xd2e2 [correct]
  ⊟ PIM options
      Upstream-neighbor: 10.2.1.1 (10.2.1.1)
      Reserved byte(s): 00
      Num Groups: 1
      Holdtime: 210s
    ⊟ Group 0: 239.1.1.1/32
        Num Joins: 0
      ⊟ Num Prunes: 1
          IP address: 10.1.1.2/32
```

图 10-23　R2 发送的 Prune 报文

这条报文来自于 R2，PIM 协议字段部分显示的意义分别如下。

Upstream-neighbor：该组播组的上游接口。

Groups：所携带的组播组信息数目。

Holdtime：保持剪枝的时间。

Group 0：第一个组播组信息。

Join：该组播组信息所携带的 Join 类型数目，此处是 Prune 报文，所以 Join 数目为 0。

Prune:该组播组信息所携带的 Prune 类型数目,此处为 1,表示 1 条。

IP address:剪枝的目的地址,表明是该地址所属的端口不再转发组播报文。

R2 的上游 S1 收到 Prune 报文后,并不是马上停止转发。因为如果下游是共享网络,可能存在其他的接收者,所以 S1 将收到的 Prune 报文内容不变地转发一遍。本实验的组网中,S1 接口 Vlan-interface3 下游只有 R2 一个路由器,故不存在其他接收者的情况,故这时,此接口被剪枝,共 210 秒。在 S1 上输入下列命令行可见,组播转发项下游接口被剪枝。

```
[S1] display pim routing-table
PIM-DM Routing Table
Total 1 (S,G) entry
(10.1.1.2, 239.1.1.1)
    Protocol 0x40: PIMDM, Flag 0xC: SPT NEG_CACHE
    Uptime: 00:00:19, Timeout in 205 sec
    Upstream interface: Vlan-interface2, RPF neighbor: NULL
    Downstream interface list: NULL
      [PRUNED] Vlan-interface3, Protocol 0x0: NONE, timeout in 201 sec
      [PRUNED] Vlan-interface4, Protocol 0x0: NONE, timeout in 205 sec
  Matched 1 (S,G) entry
```

也可以用 display pim routing-table fsm 命令查看被剪枝的情况。

下面逐行解读组播路由表信息,这些信息对组播网络的维护十分有益。

此时,组播路由表有 1 个(S,G)项(10.1.1.2, 239.1.1.1),S 代表源,G 代表组播组,也就是说路由器创建了来自组播测试软件 10.1.1.2 的组播组 239.1.1.1。这里的组播组地址与组播测试软件所设定的组播组是一致的。

协议字段 Protocol 0x40: PIMDM 表明这个转发项由 PIM-DM 协议创建,并且标志为 SPT,也就是表示数据流经 SPT 树转发。PIM-DM 协议规定只要路由器收到第 1 个组播数据包,就设置该标志。下面的一行是组播数据流的运行时间/超时时间定时器,表明这个转发项已经运行了 19 秒,并将在 205 秒之后超时(在 H3C 路由器上,最大超时时间为 210 秒),也就是说,如果组播源停止发送数据,该组播路由表项的定时器将在 205 秒后超时,该表项将被删除。但是如果持续有组播数据流存在,定时器大约 25 秒左右刷新一次,不会超时。

接下来的一行表明这个 RPF 转发项的上游接口是 Vlan-interface2,也就是说如果组播数据流从三层交换机的 Vlan-interface2 接口进入,就进行转发,否则丢弃。由于 S1 直接连接组播测试软件,所以没有上游 RPF 邻居。

最后几行列出了转发项的下游接口列表,从输出信息看到,由于下游没有接收者,下游接口均处于剪枝状态。

2. PIM-DM 扩散机制

一直等到 S1 的组播路由表定时器超时(也就是从 210 秒递减到 0 时)前后,迅速查看组播路由表在超时时刻前后的变化,并进行记录。结合主机上截获的 PIM 协议的报文,简述 PIM-DM 的扩散—剪枝的过程。

当定时器超时,被剪枝的接口重新被加到转发项出接口中,组播数据流再次得到发送。这时,组播数据流处于扩散时期,依据网络情况扩散期时长不定。以后如果没有主机明确加入组播组,组播数据流周而复始地扩散-剪枝-扩散。

但是,如果在剪枝期间,组播数据流不流向这个接口,而网络中有 PC 加入某个组播组,希望接收组播数据流,那么下游路由器(由主机的 IGMP 加入消息触发)将向上游路由器发送嫁接消息,让转发项立即处于转发状态,从而主机可以立即接收到组播数据流,而不需要等待漫长的扩散—剪枝周期。

4.6.4 嫁接与嫁接应答

在接收端 PC C 上运行组播测试软件,单击"接收组播报文"按钮。PC C 立刻就能够收到组播数据,请结合 PC C 和 PC D 截获的报文,写出一个截获的嫁接和嫁接应答报文,体会协议交互的过程。

查看 S1 的组播路由表,组播数据流的下游接口为 Vlan-interface3,由于有组播数据流经过,所以这个出接口不会超时,因为 PIM-DM 组播路由表是由组播数据流的通过来维护的。

思考题

如果 PIM-DM 协议没有嫁接和嫁接应答机制,PC C 能收到组播报文吗?为什么?

4.6.5 RPF 转发与有源树

步骤 1 按照图 10-22 进行组网,在交换机上划分 VLAN,具体为:S1 的 E1/0/1 端口属于 VLAN2, E1/0/13 和 E1/0/14 端口属于 VLAN3,E1/0/2、E1/0/23 和 E1/0/24 端口属于 VLAN20(为 R1、R2 和 PCC 提供二层连接)。S2 的 E1/0/1 端口属于 VLAN2,E1/0/13 端口属于 VLAN3,E1/0/23 和 E1/0/24 端口属于 VLAN4。PCD 在 R2 的 E0/0 接口上监听截获报文。

重新配置 IP 地址、OSPF 协议和 PIM-DM 协议,其中,S2 和 R1 之间的链路的 OSPF cost 值设置为 100。为了能够清楚看到 pim dm 协议的扩散-剪枝-扩散、断言和剪枝否决等过程,本实验需要在 S1、S2、R1、R2 之间相连的接口上,禁用 pim state-refresh 功能。所有主机运行 Wireshark 软件截获报文。

步骤 2 配置完成后,所有主机运行组播测试软件,组播源 PC A 单击"发送组播数据"按钮,PC B、PC C 和 PC D 单击"接收组播数据"按钮。通过查看组播路由表,写出组播有源树。

撤销 S2 和 R1 之间链路的 OSPF cost 值,将 S1 和 S2 之间链路的 OSPF cost 值设置为 100。查看各设备的组播路由表,写出此时的组播有源树,比较两个有源树的不同之处,体会单播路由在 RPF 转发和有源树生成中的作用。

4.6.6 断言和剪枝否决机制

步骤 1　分析 PC C 截获的报文,写出 Assert 报文的结构,简述断言机制的工作过程。

步骤 2　当 PC C 停止接收组播数据报文,PC B 接收组播数据会受到影响吗? 请分析 PC D 截获的 R2 的 E0/0 接口上的报文,结合具体报文,简述剪枝否决机制的工作过程。

4.7 实验总结

掌握 PIM-DM 协议基本原理和有源树 SPT 的生成机制。

5 PIM-SM 协议实验

PIM-SM 协议实验

5.1 实验目的

(1) 掌握 PIM-SM 协议的基本配置。

(2) 深入掌握 PIM-SM 协议原理。

(3) 掌握共享点 RP 和 BSR 的配置。

5.2 实验内容

在路由器上启动 PIM-SM 协议,察看 PIM 路由表的变化规律,分析 PIM-SM 协议的实现和共享树机制。

5.3 实验原理

PIM-DM 使用以"扩散-剪枝"方式构建的最短路径树 SPT 来传送组播数据。尽管 SPT 的路径最短,但是其建立的过程效率较低,并不适合大中型网络。PIM-SM 属于稀疏模式的组播路由协议,使用"拉(Pull)模式"传送组播数据,通常适用于组播组成员分布相对分散、范围较广的大中型网络。PIM-SM 的基本原理如下。

(1) PIM-SM 假设不是所有主机都需要接收组播数据,只向明确提出需要组播数据的主机转发。PIM-SM 实现组播转发的核心任务就是构造并维护 RPT(Rendezvous Point Tree,共享树或汇集树),RPT 选择 PIM 域中某台路由器作为公用的根结点 RP(Rendezvous Point,汇集点),组播数据通过 RP 沿着 RPT 转发给接收者。

(2) 连接接收者的路由器向某组播组对应的 RP 发送加入报文(Join Message),该报文被逐跳送达 RP,所经过的路径就形成了 RPT 的分支。

(3) 组播源如果要向某组播组发送组播数据,首先由组播源侧 DR(Designated Router,指定路由器)负责向 RP 进行注册,把注册报文(Register Message)通过单播方式发送给 RP,该报文到达 RP 后触发建立最短路径树 SPT。之后组播源把组播数据沿着 SPT 发向 RP,当组播数据到达 RP 后,被复制并沿着共享树 RPT 发送给接收者。

5.3.1 邻居发现与 DR 选举

PIM-SM 使用与 PIM-DM 类似的邻居发现机制,具体请参见 4.3.1 节。

借助 Hello 报文还可以为共享网络(如 Ethernet)选举 DR,DR 将作为该共享网络中组播数据的唯一转发者。无论是与组播源相连的共享网络,还是与接收者相连的共享网络,都需要选举 DR。接收者侧的 DR 负责向 RP 发送加入报文;组播源侧的 DR 负责向 RP 发送注册报文,如图 10-24 所示。

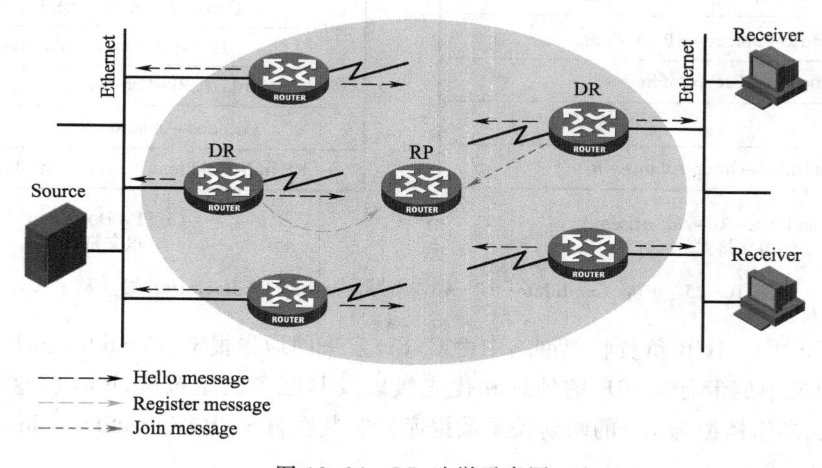

图 10-24 DR 选举示意图

DR 的选举过程如下。

(1) 共享网络上的各路由器相互之间发送 Hello 报文(携带有竞选 DR 优先级的参数),拥有最高优先级的路由器将成为 DR。

(2) 如果优先级相同,或者网络中至少有一台路由器不支持在 Hello 报文中携带竞选 DR 优先级的参数,则根据各路由器的 IP 地址大小来竞选 DR,IP 地址最大的路由器将成为 DR。

当 DR 出现故障时,其余路由器会在超时后仍没有收到来自 DR 的 Hello 报文,则会触发新的 DR 选举过程。

5.3.2 汇聚点 RP 的指定

汇聚点 RP 是 PIM-SM 域中的核心设备。在结构简单的小型网络中,组播信息量少,整个网络仅依靠一个 RP 就可以进行组播信息的转发,此时可以在 PIM-SM 域中的各路由器上静态指定 RP 的位置。但是在更多的情况下,PIM-SM 域的规模都较大,通过 RP 转发的组播信息量将很大。为了缓解 RP 的负担并优化共享树 RPT 的拓扑结构,可以在 PIM-SM 域中配置多个

C-RP(Candidate-RP,候选 RP),通过自举机制来动态选举 RP,使不同的 RP 服务于不同的组播组,此时需要配置 BSR(BootStrap Router,自举路由器)。BSR 是 PIM-SM 域的管理核心,一个 PIM-SM 域内只能有一个 BSR,但可以配置多个 C-BSR(Candidate-BSR,候选 BSR)。这样,一旦 BSR 发生故障,其余 C-BSR 能够通过自动选举产生新的 BSR,从而确保业务免受中断。PIM Candidate-RP-Advertisement 和 PIM BootStrap 报文格式如图 10-25 所示。

0 1 2 3
0 1 2 3 4 5 6 7 8 9 0 1 2 3 4 5 6 7 8 9 0 1 2 3 4 5 6 7 8 9 0 1

PIM Ver	Type	Reserved	Checksum
Prefix-Cnt		Priority	Holdtime
Encoded-Unicast-RP-Address			
Encoded-Group Address-1			
⋮			
Encoded-Group Address-n			

(a) PIM Candidate-RP-Advertisement 报文格式

0 1 2 3
0 1 2 3 4 5 6 7 8 9 0 1 2 3 4 5 6 7 8 9 0 1 2 3 4 5 6 7 8 9 0 1

PIM Ver	Type	Reserved	Checksum	
Fragment Tag			Hash Mask len	BSR-priority
Encoded-Unicast-BSR-Address				
Encoded-Group Address-[n]				
RP-Count-[n]		Frag RP-Cnt-[n]	Reserved	
Encoded-Unicast-RP-Address-[m]				
RP [m]-Holdtime			RP [m]-Priority	Reserved

(b) PIM BootStrap 报文格式

图 10-25　PIM Candidate-RP-Advertisement 和 PIM BootStrap 报文格式

如图 10-26 所示,BSR 负责收集网络中由 C-RP 发来的通告报文(Candidate-RP-Advertisement Message),该报文中携带有 C-RP 的地址和优先级以及其服务的组范围,BSR 将这些信息汇总为 RP-Set(RP 集,即组播组与 RP 的映射关系数据库),封装在自举报文(BootStrap Message)中并发布到整个 PIM-SM 域。

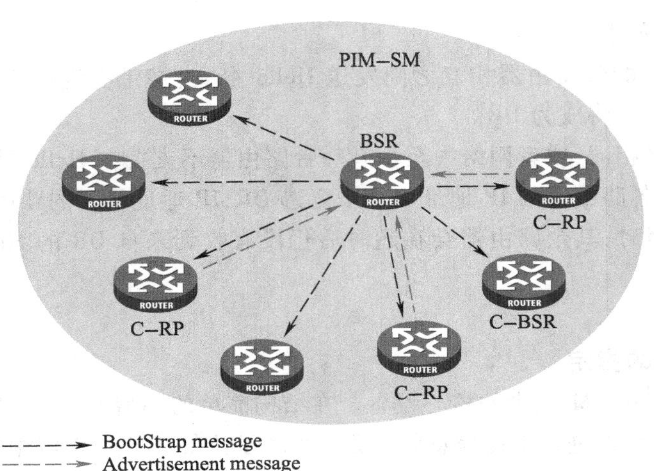

图 10-26　RP 与 BSR 信息交互示意图

网络中的各路由器将依据 RP-Set 提供的信息，使用相同的规则从众多 C-RP 中为特定组播组选择其对应的 RP，具体规则如下。

（1）首先比较 C-RP 的优先级，优先级较高者当选。

（2）若优先级相同，则针对 IP 组播组的地址、C-RP 的 IP 地址、哈希掩码长度，应用哈希（Hash）函数计算哈希值，该值较大者当选。

（3）若优先级和哈希值都相同，则 C-RP 地址较大者当选。

5.3.3　构建共享树 RPT

如图 10-27 所示，RPT 的构建过程如下。

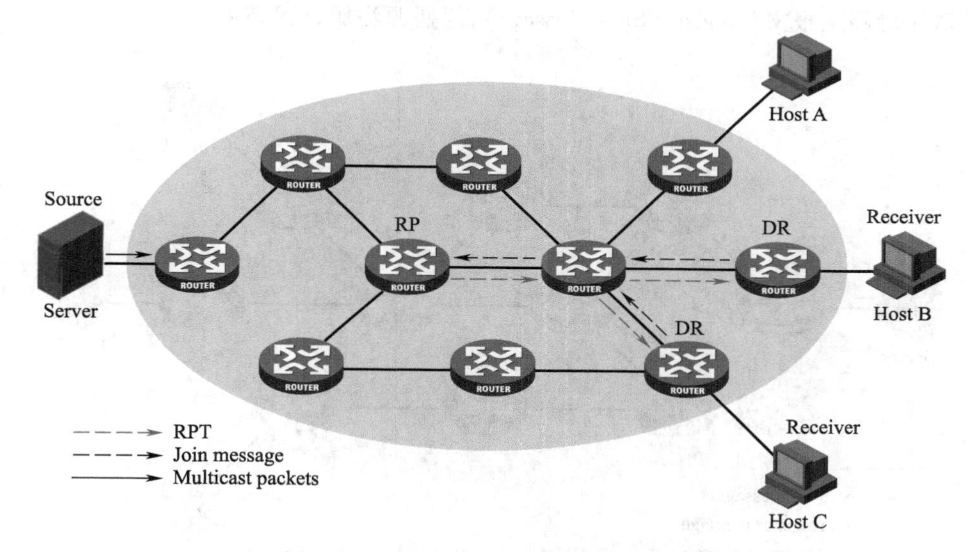

图 10-27　PIM-SM 中构建 RPT 示意图

（1）当接收者加入一个组播组 G 时，先通过 IGMP 报文通知与其直连的 DR。

（2）DR 掌握了组播组 G 的接收者的信息后，向该组所对应的 RP 方向逐跳发送加入报文。

（3）从 DR 到 RP 所经过的路由器就形成了 RPT 的分支，这些路由器都在其转发表中生成了（＊，G）表项，这里的"＊"表示来自任意组播源。RPT 以 RP 为根节点，以 DR 为叶子节点。当发往组播组 G 的组播数据流经 RP 时，数据就会沿着已建立好的 RPT 到达 DR，进而到达接收者。

当某接收者对组播组 G 的信息不再感兴趣时，与其直连的 DR 会逆着 RPT 向该组的 RP 方向逐跳发送剪枝报文；上游节点收到该报文后在其出接口列表中删除与下游节点相连的接口，并检查自己是否还拥有该组播组的接收者，如果没有则继续向其上游转发该剪枝报文。

5.3.4　组播源注册与注册停止

组播源注册的目的是向 RP 通知组播源的存在。如图 10-28 所示，组播源向 RP 注册的过程如下。

（1）当组播源 S 向组播组 G 发送了一个组播报文时，与组播源直连的 DR 在收到该报文后，就将其封装成注册报文，并通过单播方式发送给相应的 RP。

（2）当 RP 收到该报文后，一方面解封装注册报文并将封装在其中的组播报文沿着 RPT 转发给接收者，另一方面向组播源逐跳发送（S，G）加入报文。这样，从 RP 到组播源所经过的路由器就形成了 SPT 的分支，这些路由器都在其转发表中生成了（S，G）表项。SPT 以组播源为根节点，以 RP 为叶子节点。

（3）组播源发出的组播数据沿着已建立好的 SPT 到达 RP，然后由 RP 把组播数据沿着 RPT 向接收者进行转发。当 RP 收到沿着 SPT 转发来的组播数据后，通过单播方式向与组播源直连的 DR 发送注册停止报文（Register Stop Message），组播源注册过程结束。

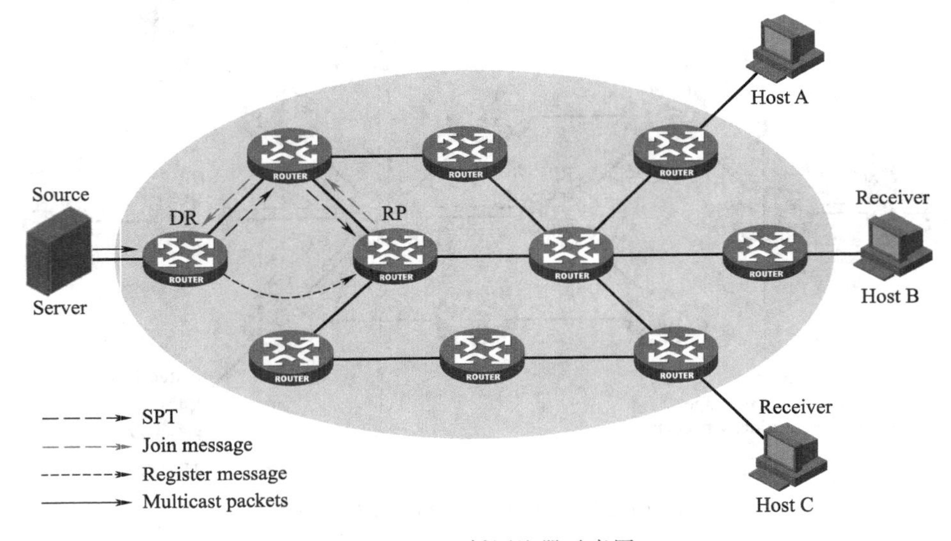

图 10-28　组播源注册示意图

PIM Register 和 Register Stop 报文格式如图 10-29 所示。

0 1 2 3 4 5 6 7 8 9 0 1 2 3 4 5 6 7 8 9 0 1 2 3 4 5 6 7 8 9 0 1

PIM Ver	Type	Reserved	Checksum
B N	Reserved		
Multicast data packet			

(a) PIM Register报文格式

PIM Ver	Type	Reserved	Checksum
Encoded–Group Address			
Encoded–Unicast–Source Address			

(b) Register Stop报文格式

图 10-29　PIM Register 和 Register Stop 报文格式

5.3.5　RPT 向 SPT 切换

当接收者侧的 DR 发现从 RP 发往组播组 G 的组播数据速率超过了一定的阈值时，将由其发起从 RPT 向 SPT 的切换，过程如下。

(1) 首先，接收者侧 DR 向组播源 S 逐跳发送(S,G)加入报文，并最终送达组播源侧 DR，沿途经过的所有路由器在其转发表中都生成了(S,G)表项，从而建立了 SPT 分支。

(2) 随后，接收者侧 DR 向 RP 逐跳发送包含 RP 的剪枝报文，RP 收到该报文后，会向组播源方向继续发送剪枝报文(假设此时只有这一个接收者)，从而最终实现从 RPT 向 SPT 的切换。

从 RPT 切换到 SPT 后，组播数据将直接从组播源发送到接收者。通过由 RPT 向 SPT 的切换，PIM-SM 能够以比 PIM-DM 更经济的方式建立 SPT。

5.3.6　断言机制

PIM-SM 使用与 PIM-DM 类似的断言机制，具体请参见 4.3.6 节。

5.4　实验环境

(1) 3 台 PC 和 1 台组播测试软件服务器，中低端路由器和以太网交换机各 2 台。

(2) 网线若干，配置电缆一根。

5.5　实验组网

实验组网如图 10-30 所示。

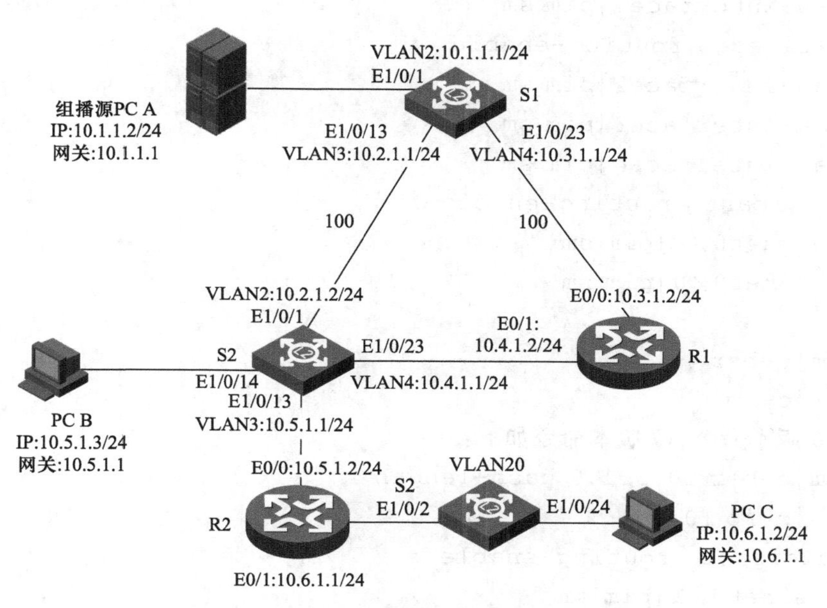

图 10-30　PIM-SM 协议分析组网图

5.6　实验步骤

5.6.1 节和 5.6.2 节将通过查看组播路由表来初步了解 PIM-SM 协议。5.6.3 节将通过设置 SPT 带宽的切换阈值禁止 RPT 向 SPT 的切换，从而便于在路由表中分别观察 SPT 与 RPT。5.6.4 节将通过恢复 SPT 带宽的切换阈值来理解 PIM SM 协议的最短路径树机制。

5.6.1　PIM-SM 组网与配置

步骤 1　按照图 10-30 进行网络设备的连接与组网。其中，用 PC D 监听截获 R1 E0/0 接口上的报文。

步骤 2　在交换机上划分 VLAN，S1 和 S2 的 VLAN 划分相同，均为：E1/0/1 端口属于 VLAN 2，E1/0/13、E1/0/14 端口属于 VLAN 3，E1/0/23 端口属于 VLAN 4。此外，S2 的 E1/0/2 和 E1/0/24 端口属于 VLAN 20，为 R2 和 PC C 提供二层连接。

步骤 3　配置所有设备的 IP 地址。所有主机运行 Wireshark 软件，进行报文截获。

步骤 4　在整个网络配置 OSPF 协议，使得全网互通。并在 S1 和 R1，S1 和 S2 相连的接口上均配置 OSPF cost 100。

步骤 5　配置 PIM-SM 组播路由协议。

(1) 在每台路由器（三层交换机）上配置组播路由协议：

```
[s1]multicast  routing-enable
[s1-Vlan-interface2]pim sm
[s1-Vlan-interface3]pim sm
[s1-Vlan-interface4]pim sm
[s2]multicast  routing-enable
[s2-Vlan-interface2]pim sm
[s2-Vlan-interface3]pim sm
[s2-Vlan-interface4]pim sm
[r1] multicast  routing-enable
[r1-Ethernet0/1]pim sm
[r1-Ethernet0/0]pim sm
[r1]pim
[r1-pim]c-bsr 4
[r1-pim]c-rp
```

以上是 v5 版本命令，v7 版本命令如下：

```
[r1-pim]c-bsr 10.3.1.2 hash-length 4
[r1-pim]c-rp 10.3.1.2
[r2] multicast  routing-enable
[r2-Ethernet0/1]pim sm
```

[r2-Ethernet0/0]pim sm

(2) 在边缘路由器(三层交换机)的相关接口上配置 igmp enable。

[r2-Ethernet0/1]igmp enable

[s2-VLAN-interface3]igmp enable

5.6.2　PIM-SM 协议基本原理

1. 汇聚点 RP 的指定

上面配置中,需要配置至少一台路由器为 BSR 候选者和 RP 候选者,用以从中选举 BSR 和 RP。由于仅配置 R1 为 BSR 和 RP 候选者,因此 R1 肯定被选举为 BSR 和 RP。

思考题

请写出在 R2 查看 RP 的命令和显示的结果,并与各台 PC 截获的 PIM BootStrap 报文进行比较。写出一个具体的 PIM BootStrap 报文,体会 RP 信息的发布过程。

2. 组播路由表

配置完成后,启动 PC A 上的组播发送端发送组播数据,启动 PC C 上的组播接收端接收组播数据流,PC B 和 PC D 均不接收组播数据,只用作报文截获。观察组播路由表:

```
[r1]display pim routing-table
PIM-SM Routing Table
Total 1 (S,G) entry, 2 (*,G) entries, 0 (*,*,RP) entry
(*, 239.1.1.1), RP 10.3.1.2
    Protocol 0x20: PIMSM, Flag 0x2003: RPT WC NULL_IIF
    Uptime: 00:05:54, Timeout in 164 sec
    Upstream interface: Null, RPF neighbor: 0.0.0.0
    Downstream interface list:
      Ethernet0/1, Protocol 0x100: RPT, timeout in 164 sec
(*, 239.255.255.250), RP 10.3.1.2
    Protocol 0x20: PIMSM, Flag 0x2003: RPT WC NULL_IIF
    Uptime: 00:25:56, Timeout in 164 sec
    Upstream interface: Null, RPF neighbor: 0.0.0.0
    Downstream interface list:
      Ethernet0/0, Protocol 0x100: RPT, timeout in 162 sec
      Ethernet0/1, Protocol 0x100: RPT, timeout in 164 sec
(10.1.1.2, 239.1.1.1)
    Protocol 0x20: PIMSM, Flag 0x80004: SPT
```

```
    Uptime: 00:25:55, Timeout in 209 sec
    Upstream interface: Ethernet0/0, RPF neighbor: 10.3.1.1
    Downstream interface list: NULL
Matched 1 (S,G) entry, 2 ( * ,G) entries, 0 ( * , * ,RP) entry
```

可以看到,R1 组播路由表共有 2 个(* ,G)转发项,1 个(S,G)转发项。在 PIM-SM 中,首先创建共享树 RPT,生成(* ,G)转发项,然后基于(* ,G)转发项,创建最短路径树 SPT,生成(S,G)转发项。

首先分析一下(* ,G)转发项。(* ,G)转发项基于共享点 RP(本例中就是 R1 的 Ethernet0/0 地址 10.3.1.2/24),由共享树 RPT 生成。这个转发项已经运行 5 分 54 秒,如果在一定时期没有收到下游交换机发送的(* ,239.1.1.1)加入消息,164 秒后会超时(默认最大超时时间为 210 秒),但是由于与 PC C 直连的 R2 默认情况下每 60 秒发送一次 IGMP 普遍查询消息,如果 PC C 希望继续接收该组播数据流,它会通过组成员关系报告响应查询报文,R2 收到 PC C 的报告后,向上游路由器 S2 发送(* ,G)加入消息,相应地,这个周期也为 60 秒,因此该(* ,G)转发项不会超时,60 秒刷新一次。

(* , 239.1.1.1)转发项上游接口为 null,因为 R1 本身就是 RP,相应地 RPF 邻居为空(0.0.0.0),转发项的下游接口为连接 S2 的 Vlan-interface4,基于 RPT 树,并且该接口如果没有数据流经过,将于 164 秒之后超时。

需要注意的是,每一台路由器都知道到每一个组播组的 RP 的位置,以及到 RP 的路径,确保(* ,G)加入消息发送到 RP。

按照 PIM-SM 的设计思想,组播报文先从组播源发送到 RP,RP 至组播源之间的路由器会建立(S,G)表项,该(S,G)表项建立的 SPT 树是从组播源到 RP 的。RP 收到组播报文后,再根据(* ,G)表项发送给组播接收方。按照本实验组网图,组播报文即从组播源经 S1 发送到 R1,再由 R1 根据(* ,G)表项经 S2 和 R2 发送给组播接收方。

但这时如果在 S1 上观察组播路由表,观察它的(S,G)转发项:

```
[s1]display pim routing-table
PIM-SM Routing Table
Total 1 (S,G) entry, 1 ( * ,G) entry, 0 ( * , * ,RP) entry
( * , 239.255.255.250), RP 10.3.1.2
    Protocol 0x20: PIMSM, Flag 0x3: RPT WC
    Uptime: 01:04:12, never timeout
    Upstream interface: Vlan-interface3, RPF neighbor: 10.3.1.2
    Downstream interface list:
      Vlan-interface2, Protocol 0x1: IGMP, never timeout
(10.1.1.2, 239.1.1.1)
    Protocol 0x20: PIMSM, Flag 0x4: SPT
    Uptime: 00:11:50, Timeout in 207 sec
```

```
    Upstream interface: Vlan-interface1, RPF neighbor: NULL
    Downstream interface list:
      Vlan-interface3, Protocol 0x200: SPT, timeout in 163 sec
Matched 1 (S,G) entry, 1 ( * ,G) entry, 0 ( * , * ,RP) entry
```

在该组播路由表中,其下游接口并不是通往 RP 的接口,这是因为从 RP 发往组播接收方的 RPT 树自动切换为 SPT 树,这部分将在 5.6.3 节中进行分析。

5.6.3 RPT 树与 SPT 树

1. 共享树 RPT

步骤 1 为了观察 PIM-SM 共享树创建过程,首先设法在边缘的叶节点路由器上禁止 SPT 树的创建。在 H3C 系列网络产品的组播实现中,一旦在创建的 RPT 树上流经第一个组播数据包,马上就会触发下游路由器创建 SPT 树的过程,因为从 RPT 树切换到 SPT 树的带宽的默认阈值为 0。所以,为了避免发生 RPT 到 SPT 的切换,可以设置发生切换的带宽阈值为无穷大。这条命令需要在组播域与客户端直接相连的路由器 R2 上配置。

```
[R2]pim
[R2-pim] spt-switch-threshold infinity
```

步骤 2 停止所有组播发送和接收,直至 S1 的组播路由表表项清空。所有主机运行 Wireshark 软件,进行报文截获。然后打开 R1 debug 开关,输入命令(注意,一定要退回到用户视图<r1>):

```
<r1>debugging pim join-prune
<r1>terminal debugging
```

这条命令是调试(* ,G)加入/剪枝消息(加入/剪枝消息在同一个 PIM 消息报文中)。

步骤 3 PC B 和 PC D 均不接收组播数据,PC B 连接 S2 的 E1/0/14 端口,在 R2 和 S2 之间截获 PIM 组播路由协议报文,PC D 监听 R1 的 E0/0 接口,截获 R1 和 S1 之间的 PIM 组播路由协议报文,在组播源 PC A 上运行组播测试软件发送组播数据,在接收端 PC C 上运行组播测试软件接收组播数据。

步骤 4 分析各主机截获的报文,可以看到 PC C 发送 IGMP 加入消息给 R2,R2 发现这是一个新组播组 239.1.1.1,创建组播组,并向 RP 方向的上游交换机 S2 发送(* ,G)加入消息,S2 也创建组播组,并向上游 RP 方向的上游路由器 R1(RP)发送(* ,G)加入消息,这时可以看到 R1 输出以下调试信息:

```
    PIMSM RCV_JP: Received join/prune pkt at  Ethernet0/1, dest to10.4.1.2
groups, sent by 10.4.1.1
```

由于 PC C 持续接收数据流,路由器每隔 60 秒发送一次加入消息,沿着 RP 方向交换机逐级传递给 R1。PIM-SM 依靠 IGMP 加入消息来维护(* ,G)转发项。

当关闭 PC C 组播数据接收时,PC C 发送 IGMP 离开组消息给 R2,R2 发起特定组查询,如果确认网段中没有任何主机属于这个组播组，同时 R2 其他网段也没有这个组播组的成员，就删除组播组信息，并沿着 RP 方向向上游交换机发起(* ,G)剪枝消息，这样 R1 在 E0/1 就收到剪枝消息：

```
    PIMSM RCV_JP: Received join/prune pkt at Ethernet0/1, dest to10.4.1.2
groups, sent by 10.4.1.1
```

由于整个网络只有 PC C 一个成员，所以 R1 上关于组播组 239.1.1.1 的(* ,G)项就被删除了。

思考题

根据 PC D 截获的报文，分别写出一个具体的 PIM Join 报文和 Prune 报文，并画出此时的组播共享树。

但是，还有一个(S,G)转发项，这是组播源注册的问题，将在下面进行讨论。

查看 S1 上的组播路由表，与组播组 239.1.1.1 相关的信息如下：

```
(10.1.1.2, 239.1.1.1)
    Protocol 0x20: PIMSM, Flag 0x4: SPT
    Uptime: 00:01:56, Timeout in 94 sec
    Upstream interface: Vlan-interface2, RPF neighbor: NULL
    Downstream interface list:
      Vlan-interface4, Protocol 0x200: SPT, timeout in 163 sec
Matched 1 (S,G) entry, 1 ( * ,G) entry, 0 ( * , * ,RP) entry
```

此时，由于禁止了向 SPT 树的切换，(S,G)表项中的下游接口就是与 RP(R1)相连的接口了。

2. 有源树 SPT

PIM-SM 协议中，组播源使用注册报文将组播信息送达 RP，若无组播接收方，则 RP 向组播源发送 Register-stop 报文，组播源停止发送组播报文(但组播源会定期向 RP 发送注册消息)。若有组播接收方，则 RP 创建相应的(S,G)路由表项，向组播源发送(S,G)加入消息，创建有源树 SPT，同时基于 RPT 向组播接收方发送组播报文。在本例中，与组播测试软件相连的交换机 S1 通过把组播数据包封装在注册消息中，依据单播路由表，把组播数据单播到 RP。

步骤 1　无接收方的注册报文分析。

停止所有组播发送和接收，直至 S1 的组播路由表表项清空。PC D 在 S1 和 R1 之间截获报文。PC A 重新开始发送组播数据(此时其他的 PC 均不接收组播数据)，在 PC D 的报文截获软件的过滤框中输入 pim，以便只显示 PIM 类型的报文，报文交互情况如图 10-31 所示。

每隔一段时间，会出现一组 Register 和 Register-stop 报文对。

这是由于没有 PC 接收组播数据流，RP 的(* ,G)转发项为空，所以 RP 暂时不需要接收来自组播源的报文。故 RP 在收到 S1 发送的注册报文后，发送注册停止消息，通知不需要接收组播报文，组播数据流停止发往 RP。

No.	Time	Source	Destination	Protocol	Length	Info
280	446.001762	10.3.1.2	224.0.0.13	PIMv2	60	Hello
283	463.270879	10.3.1.1	224.0.0.13	PIMv2	60	Hello
286	466.107220	10.3.1.1	224.0.0.13	PIMv2	68	Join/Prune
287	469.279735	10.1.1.2	239.1.1.1	PIMv2	90	Register
288	469.281106	10.3.1.2	10.3.1.1	PIMv2	60	Register-stop
292	476.001854	10.3.1.2	224.0.0.13	PIMv2	60	Hello
294	480.001534	10.3.1.2	224.0.0.13	PIMv2	70	Bootstrap
299	493.270902	10.3.1.1	224.0.0.13	PIMv2	60	Hello
305	506.001939	10.3.1.2	224.0.0.13	PIMv2	60	Hello
308	523.283235	10.3.1.1	224.0.0.13	PIMv2	60	Hello
310	524.293201	10.1.1.2	239.1.1.1	PIMv2	62	Register
311	524.294349	10.3.1.2	10.3.1.1	PIMv2	60	Register-stop
313	526.109759	10.3.1.1	224.0.0.13	PIMv2	68	Join/Prune
317	536.002015	10.3.1.2	224.0.0.13	PIMv2	60	Hello

图 10-31 报文交互情况

在组播数据流停止发向 RP 后，每隔一段时间（如 60 秒），S1 再次发送注册消息给 R1，从而维护源端到 RP 的组播注册信息流。

注册消息的单播地址是由组播测试台的 DR——工作在第三层的交换机 S1 的端口 10.3.1.1 发送给 RP 的。DR 的英文全称为 Designated Router，是指在共享媒介网络中负责组播事宜的路由器（共享媒介网络中，连接主机的可能不止一台路由器），本实验中，组播发送方只连接着 S1，故 S1 是 DR。

思考题

试结合截获的报文，写出 Register 和 Register-stop 报文的结构，并分析 PIM-SM 协议中 Register 和 Register-stop 报文对的作用。

步骤 2 有接收方的注册报文分析。

这时打开 PC C 接收组播数据，分析 PC D 截获的报文。

思考题

试分析 PC C 开始接收组播数据后，整个组播协议工作的过程，并与 PIM-DM 协议比较，有哪些不同？

5.6.4 RPT 树向 SPT 树的切换

本小节通过在 R2 上配置 SPT 带宽的切换阈值来实现 RPT 到 SPT 的切换，切换后 R2 向 RP（R1）发送剪枝消息，RPT 不复存在。在 5.6.3 的步骤 2 中，是通过关闭组播接收方导致 SPT 失效。

在 RPT 树中，每一个接收者必须从 RP 接收数据，组播源需把数据先发送到 RP，造成 RP 数据流量较大，同时这个路径可能也不是最优路径。在本例中，路径“组播源→S1→S2→R2→PC C”应该是最优路径，可是使用 RPT 树转发需要把数据先从 S1 发给 RP（R1），然后到 S2，再到 R2，最后交给 PC C，浪费了网络带宽。

为了解决这个问题,PIM-SM 协议提出了 RPT 树向 SPT 树进行切换的概念。

步骤 1 SPT 建立与 RPT 失效分析。

当满足一定的阈值时,PIM-SM 会从 RPT 树切换到 SPT 树。在 R2 和 S1 之间截取报文,为了完成切换,配置切换的阈值为 0,即取消切换阈值命令。当建立 RPT 后立即切换到 SPT。

```
[R2-pim]undo spt-switch-threshold
```

配置完成后,很快就进行了 RPT 到 SPT 的切换。这个切换的过程是这样进行的:首先根据 RPT 树,边缘路由器 R2 收到最初的组播数据包,得到组播源为 10.1.1.2/24,发现阈值为 0,立即根据 OSPF 协议生成的单播路由表,向组播源逐级发送 (10.1.1.2, 239.1.1.1)转发项加入消息。

S1 收到加入消息,更新转发项,把收到加入消息的接口加到 S1 的出接口列表中,这样就建立了 SPT 树。这时网络中有 2 棵树,SPT 树和 RPT 树。

由于已利用 SPT 树转发组播数据包,所以需要剪枝 RPT 树。

第一步,剪枝共享树,R2 向 RP(R1)发送(*,239.1.1.1)RP 剪枝消息。组播路由开始从 S1 的 VLAN3 直接流向 S2 的 E1/0/1,并再从 R2 的 E0/1 转发给 PC C,不再经过 RP 了。

第二步,RP 收到剪枝消息,清除出接口列表,出接口列表为空。

第三步,从源到 RP 也建立了 SPT 树,这时由于 RP 不需要接收数据,RP 就向源方向路由器 S1 发送(10.1.1.2, 239.1.1.1) 剪枝消息,S1 从 VLAN 4 收到 RP 剪枝消息,并从出接口列表中删除 VLAN 4,只有 VLAN 3 了。这样 RPT 树就不复存在了,依靠 SPT 树转发组播数据流。

和 PIM-SM RPT 一样,PIM-SM SPT 也是依靠下游主机发送的显式 IGMP 加入消息来维护组播转发项的。

思考题

试通过分析 PC B 和 PC D 截获的报文,结合查看 S1 的组播路由表,体会 RPT 到 SPT 切换的整个过程(包括创建 SPT 树和剪枝 RPT 树)。画出切换前后的 SPT 树和 RPT 树。

步骤 2 SPT 失效分析。

这时网络中只有 SPT 树了,如果接收者不希望继续接收组播数据,在本例中,只有 PC C 一个接收者,此时关闭组播接收方,它就向直连路由器 R2 发送 IGMP 离开组报告,然后 R2 沿着 SPT 树向上游交换机 S2 发送(10.1.1.2, 239.1.1.1)剪枝消息,剪枝消息逐级上传至 S1,S1 收到剪枝消息,清除出接口列表。

如果关闭组播源,一段时间后转发项就会完全清除。

5.6.5 BSR 和 RP 的选举过程

在 H3C 系列路由器组播 PIM-SM 实现中,候选 BSR 和候选 RP 的配置是必需的。因为每一个组播组必须有一个 RP,用于共享树的创建,这些 RP 是从候选 RP 中执行 Hash 算法计算得来的。那么如何指导候选 RP 选举 RP 呢？这是通过 BSR 完成的，而 BSR 又是从候选 BSR 中选举得来的，因此候选 BSR 和候选 RP 必须配置，并且首先要进行 BSR 选举。作以下配置：

```
[R2-pim]c-bsr e0/1 4 1
[R1-pim]c-bsr e0/0 4 0
```

以上是 v5 版本命令，v7 版本命令如下：

```
[r2-pim]c-bsr 10.6.1.1 hash-length 4 priority 1
[r1-pim]c-bsr 10.3.1.2 hash-length 4 priority 0
```

通过以上两条命令，配置 R1 的 E0/0 和 R2 的 E0/1 作为候选 BSR，并且指定 Hash 算法掩码长度为 4，这个长度用于指导候选 RP 的选举，“4”表明掩码为组播组 224.0.0.0/4，也就是选择的 RP 用于指定组列表的所有组播组，最后的“1”是指明候选 BSR 的优先级，默认优先级为 0。在选举过程中，首先比较候选 BSR 的优先级，优先级大的获胜为 BSR，如果优先级相同，IP 地址大者获胜。本例中，R2 被选举为 BSR，因为它的优先级较大。

```
[r2-pim]display pim bsr
  Current BSR Address: 10.6.1.1
               Priority: 1
           Mask Length: 4
               Expires: 1:23
  Local host is BSR
```

可以在网络中配置多个候选 RP，BSR 用以负责 RP 的选举。BSR 收集所有候选 RP 和组播组的信息，并发送给组播网络的每一台路由器，这样，每一台路由器都有了所有候选 RP 和组播组的信息，并且运行相同的 Hash 算法，得出 RP，从而可以创建共享树。下面是候选 RP 的配置示例：

```
[r2]acl number 2000
[r2-acl-basic-2000]rule permit source 224.2.155.0 0.0.0.255
[r2-pim]c-rp e0/1 group-policy 2000
[r1]acl number 2000
[r1- acl-basic-2000]rule permit source 224.2.155.0 0.0.0.255
[r1-pim]c-rp e0/1 group-policy 2000
```

以上是 v5 版本命令，v7 版本命令如下：

```
[r2-pim]c-rp 10.6.1.1 group-policy 2000
[r1-pim]c-rp 10.3.1.2 group-policy 2000
```

可以看到，两个候选 RP 均被选择为 RP，但是每一个组播组仅需要并且必须只有一个 RP，因此利用 Hash 算法，从这两个 RP 中选取一个作为组播组范围 224.2.155.0/24 中某一组播组的 RP，这两个 RP 分别作为 224.2.155.0/24 组播组范围内部分组播组的 RP。从而实现 RP 的负载分担。需要注意，一个组播组仅有一个 RP，每个组播组必须要有 RP。

5.7　实验总结

通过这个实验掌握 PIM-SM 协议的原理以及共享树的生成和剪枝的过程，以及 RPT 树向 SPT 树的切换。

预习报告

1. 复习 IGMP 报文结构，写出 IGMP 报文首部中各字段名称、字段的作用。写出 IGMP 的配置命令。

2. 写出组播地址 MAC 地址的映射方式。

3. 简述协议无关组播（PIM）的基本思想及其特点。

4. 写出 PIM-DM 协议的工作过程。

5. 写出 PIM-SM 协议的工作过程。

6. 写出 PIM-DM 和 PIM-SM 实验中 OSPF 配置的命令。

7. 写出 PIM-DM 配置命令、PIM-SM 配置命令。

实验十一　IPv6 技术实验

1　实验内容

实验十一
内容简介

（1）IPv6 基础实验。
（2）ICMPv6 分析。
（3）IPv6 组网实验。
（4）IPv6 地址解析协议。
（5）OSPFv3 协议分析实验。

2　IPv6 基础实验

IPv6 基础
实验

2.1　实验目的

（1）熟悉 IPv6 的基本配置。
（2）初步了解 IPv6 地址的种类和用途。
（3）了解 IPv6 报头结构。
（4）理解 IPv6 地址和 IPv6 报头结构所蕴含的核心思想。

2.2　实验原理

2.2.1　IPv6 基本术语

为了更好地理解本章的内容，在此先了解一下 IPv6 网络的相关基本概念。有些概念和 IPv4 中的概念容易混淆，请注意辨别。

（1）节点。任何运行 IPv6 的设备，包括路由器和主机（甚至还将包括 PDA、冰箱、电视等）。

（2）路由器。一个可以转发不是以它为目标节点的数据报的节点。在 IPv6 网络中，路由器是一个非常重要的角色，它通常会通告自己的信息（如前缀等）。

（3）主机。只能发送或接收以本机地址为目的或源地址的数据信息的节点（非路由器），它不能转发数据信息。为了理解的方便,可以借用 IPv4 的主机概念,当然,IPv6 中的主机不仅包括计算机等,甚至还包括冰箱、电视机、汽车,只要它运行 IPv6 协议栈。主机通常是 IPv6 数据流的源和目标。

(4) 上层协议。IPv6 网络层之上的上层协议,它将 IPv6 用作运输工具。主要包括 Internet 层协议(如 ICMPv6)和传输层协议(如 TCP 和 UDP),但不包括应用层协议,如把 TCP 和 UDP 用作其运输工具的 FTP、DNS 等。

(5) 局域网段。IPv6 链路的一部分,由单一介质组成,以二层交换设备为边界。

(6) 链路。以路由器为边界的一个或多个局域网段。

(7) 子网。使用相同的 64 位 IPv6 地址前缀的一个或多个链路。一个子网可以被内部子网路由器分为几个部分。

(8) 网络。由路由器连接起来的两个或多个子网。

(9) 邻接点。连接到同一链路上的物理或逻辑节点。这是一个非常重要的概念,因为 IPv6 的邻接点具有发现和解析邻接点链路层地址的功能,并可以检测和监视邻接点是否可以到达。

(10) 链路 MTU。可以在一个链路上发送的最大传输单元(MTU)。对于一个采用多种链路层技术的链路来说,链路 MTU 是这个链路上存在的所有链路层技术中最小的链路 MTU。

(11) Path MTU (PMTU)。在 IPv6 网络中,从源节点到目标节点的一条路径上,在不执行报文分片的情况下可以发送的最大长度的 IPv6 数据报。PMTU 是这条路径上所有链路的最小链路 MTU。

2.2.2 IPv6 地址

IPv6 地址由 128 个比特组成。与 32 个比特的 IPv4 地址分成 4 个 8 位组的表示方法相比,IPv6 地址则是以 16 位为一分组,分成 8 组,每个 16 位分组写成 4 个十六进制数,中间用冒号分隔。

1. IPv6 的地址格式

IPv6 的地址格式常见的有以下 3 种。

(1) 首选格式。每个 16 位分组都给出,并且各分组之间用":"隔开,也称为冒号十六进制格式,例如,2001:0410:0000:0001:0000:0000:0000:45EF 是一个完整的 IPv6 地址的首选格式。

(2) 压缩格式。当一个或多个连续的分组内各位全为 0 时,将连续的 0 位合并,并用双冒号"::"表示,请注意,"::"符号在一个地址中只能出现一次,如上面的 IPv6 地址用压缩格式可表示为 2001:0410:0000:0001::45EF。

(3) 内嵌 IPv4 地址的 IPv6 地址表示。一个 IPv6 地址的一些分组用 IPv4 地址表示出来,如 0:0:0:0:0:0:192.168.1.2 就是一个典型的内嵌 IPv4 地址的 IPv6 地址。

2. IPv6 地址前缀

类似于 IPv4 地址中的网络 ID,IPv6 地址前缀一般用来作为路由或者子网的标识,用于表示 IPv6 地址中有多少位表示子网。它的表示方法为:IPv6 地址/前缀长度,其中,"IPv6 地址"是用上面任意一种表示法表示的 IPv6 地址,"前缀长度"是一个十进制值,表示前缀由多少个最左侧相邻位构成。如 12AB:0:0:CD30::/64 地址的前 64 位"12AB:0:0:CD30"构成了地址的前缀。

3. IPv6 地址的类型

IPv6 地址有以下 3 种类型。

(1) 单播地址(Unicast)。单一接口的标识符。发往单播地址的包被送给该地址标识的接口。对于有多个接口的节点,它的任何一个单播地址都可以用作该节点的标识符。IPv6 单播地址是用连续的位掩码聚集的地址,类似于 CIDR 的 IPv4 地址。IPv6 中的单播地址分配有多种形式,包括全部可聚集全球单播地址、站点本地地址、链路本地地址。此外,还有两个特殊单播地址:未指定地址和环回地址。

可聚集全球单播地址:是在全局范围内唯一的 IPv6 地址。

站点本地地址:应在同一站点内使用,路由器不会转发任何源地址是站点本地地址或目标地址是站点外部地址的数据报。

链路本地地址:用于在单个链路上对节点进行寻址,来自或发往链路本地地址的数据报不会被路由器转发。

未指定地址:如果一个单播地址的所有位均为 0,那么该地址称为未指定地址,表示为"::"或者"0:0:0:0:0:0:0:0",相当于 IPv4 中的"0.0.0.0"。

环回地址:节点向自己发送数据报时采用环回地址,单播地址"::1"或"0:0:0:0:0:0:0:1"称为环回地址,相当于 IPv4 中的"127.0.0.1"。

(2) 任意点播地址(Anycast)。一般分配给属于不同节点的多个接口。发送给一个任意点播地址的包传送到该地址标识的、根据选路协议距离度量最近的一个接口上。

(3) 组播地址(Multicast)。一般用来标识不同节点的一组接口,发送给一个组播地址的包传送到该地址所标识的所有接口。IPv6 中没有广播地址,它的功能正在被组播地址所代替。

被请求节点组播地址(Solicited-Node):由前缀 FF02::1:FF00::/104 和单播地址的最后 24 位组成。

其他常见的组播地址有以下几种。

FF01::1:表示本地接口范围的所有节点。

FF01::2:表示本地接口范围的所有路由器。

FF02::1:表示本地链路范围的所有节点。

FF02::2:表示本地链路范围的所有路由器。

所有类型的 IPv6 地址都被分配到接口,而不是节点。一个 IPv6 单播地址属于单个接口,即属于单个节点。而具有多个接口的节点,则可以有多个单播地址,其中任何一个都可以用作该节点的标识符。每个接口都有一个链路本地地址。

4. 一台 IPv6 主机的 IPv6 地址

通常一台 IPv6 主机有多个 IPv6 地址,即使该主机只有一个单接口。一台 IPv6 主机可同时拥有以下几种单点传送地址。

(1) 每个接口的链路本地地址。

(2) 每个接口的全球地址。

(3) 回环(Loopback)接口的回环地址(::1),相当于 IPv4 中的“127.0.0.1”。

此外,每台主机还需要时刻保持监听以下多点传送地址上的信息。

(1) 节点本地范围内所有节点组播地址(FF01::1)。

(2) 链路本地范围内所有节点组播地址(FF02::1)。

(3) 被请求节点(solicited-node)组播地址。

(4) 组播组组播地址(如果主机的某个接口加入任何组播组)。

5. 一台 IPv6 路由器的 IPv6 地址

一台 IPv6 路由器可被分配以下几种单点传送地址。

(1) 每个接口的链路本地地址。

(2) 每个接口的全球地址。

(3) 子网—路由器任意播地址。

(4) 其他任意播地址(可选)。

(5) 回环接口的回环地址(::1)。

同样,除以上这些地址外,路由器需要时刻保持监听以下多点传送地址上的信息流。

(1) 节点本地范围内的所有节点组播地址(FF01::1)。

(2) 节点本地范围内的所有路由器组播地址(FF01::2)。

(3) 链路本地范围内的所有节点组播地址(FF02::1)。

(4) 链路本地范围内的所有路由器组播地址(FF02::2)。

(5) 站点本地范围内的所有路由器组播地址(FF05::2)。

(6) 被请求节点(solicited-node)组播地址。

(7) 组播组组播地址(如果路由器的某个接口加入任何组播组)。

2.2.3　IPv6 报文结构

IPv6 数据报由一个 IPv6 报头、多个扩展报头和一个上层协议数据单元组成。

(1) IPv6 报头 (IPv6 Header)。每一个 IPv6 数据报都必须包含报头,其长度固定为 40 字节。IPv6 报头的具体内容将在下一节详细介绍。

(2) 扩展报头 (Extension Header)。IPv6 扩展报头是跟在基本 IPv6 报头后面的可选报头。IPv6 数据报中可以包含一个或多个扩展报头,当然也可以没有扩展报头,这些扩展报头可以具有不同的长度。IPv6 报头和扩展报头代替了 IPv4 报头及其选项。新的扩展报头格式增强了 IPv6 的功能,使其具有极大的扩展性。与 IPv4 报头中的选项不同,IPv6 扩展报头没有最大长度的限制,因此可以容纳 IPv6 通信所需要的所有扩展数据。扩展报头的详细内容将在下一节详细讲解。

(3) 上层协议数据单元 (Upper Layer Protocol Data Unit)。上层协议数据单元一般由上层协议报头和其有效载荷构成,有效载荷可以是一个 ICMPv6 报文、一个 TCP 报文或一个 UDP 报文。

2.2.4 IPv6 基本报头

IPv6 基本报头也称为固定报头。固定报头包含 8 个字段,总长度为 40 个字节。这 8 个字段分别为版本、流量类型、流标签、有效载荷长度、下一个报头、跳限制、源 IPv6 地址、目的 IPv6 地址。为了更好地理解这 8 个字段的具体含义,先回顾一下 IPv4 报头的格式。下面给出一个 IPv4 报头,如图 11-1 所示。

```
 0                   1                   2                   3
 0 1 2 3 4 5 6 7 8 9 0 1 2 3 4 5 6 7 8 9 0 1 2 3 4 5 6 7 8 9 0 1
+-+-+-+-+-+-+-+-+-+-+-+-+-+-+-+-+-+-+-+-+-+-+-+-+-+-+-+-+-+-+-+-+
|Version|  IHL  |Type of Service|          Total Length         |
+-+-+-+-+-+-+-+-+-+-+-+-+-+-+-+-+-+-+-+-+-+-+-+-+-+-+-+-+-+-+-+-+
|         Identification        |Flags|      Fragment Offset    |
+-+-+-+-+-+-+-+-+-+-+-+-+-+-+-+-+-+-+-+-+-+-+-+-+-+-+-+-+-+-+-+-+
|  Time to Live |    Protocol   |         Header Checksum       |
+-+-+-+-+-+-+-+-+-+-+-+-+-+-+-+-+-+-+-+-+-+-+-+-+-+-+-+-+-+-+-+-+
|                       Source Address                          |
+-+-+-+-+-+-+-+-+-+-+-+-+-+-+-+-+-+-+-+-+-+-+-+-+-+-+-+-+-+-+-+-+
|                    Destination Address                        |
+-+-+-+-+-+-+-+-+-+-+-+-+-+-+-+-+-+-+-+-+-+-+-+-+-+-+-+-+-+-+-+-+
|                    Options                    |    Padding    |
+-+-+-+-+-+-+-+-+-+-+-+-+-+-+-+-+-+-+-+-+-+-+-+-+-+-+-+-+-+-+-+-+
```

图 11-1 IPv4 报文头

从图 11-1 中可以发现,IPv4 报头中的内容如下。

(1) 版本(Version)。该字段规定了 IP 的版本,其值为 4。长度为 4 位。

(2) Internet 报头长度(IHL)。该字段表示有效载荷之前的 4 字节块的数量。该字段长度为 4 位。因为 IPv4 报头的最小长度为 20 字节,所以其值最小为 5。

(3) 服务类型(Type of Service)。该字段指定通过路由器传送过程中如何处理数据报。也可以这么说:表示这个数据报在由 IPv4 网络中的路由器转发时所期待的服务。这个字段长度为 8 位。这个字段也可以解释为区分业务编码点(DSCP)。RFC 2747 提供了关于 DSCP 的详细定义。

(4) 总长度(Total Length)。该字段表示 IP 数据报的总长度(单位为字节),包括报头和有效载荷。这个字段的长度为 16 位。

(5) 标识(Identification)。该字段和后面提到的标志以及分段偏移量字段都是和分段有关的字段。标识字段由 IPv4 数据报的源点来选择,如果 IPv4 数据报被拆分了,则所有的片断都保留标识字段的值,以使目标节点可以对片断进行重组。该字段长度为 16。

(6) 标志位(Flags)。该字段长度为 3 位,当前只定义了 2 位,一个用来表示是否可以对 IPv4 数据报进行拆分,另一个表示在当前的片断之后是否还有片断。

(7) 片段偏移量(Fragment Offset)。该字段表示相对于原始 IPv4 有效载荷起始位置的相对位置。这个字段的长度为 13 位。

(8) 生存时间(Time to Live)。该字段指出了一个 IPv4 数据报在被丢弃前,可以经过链路的最大数量。每经过一个路由器该字段减去 1,当该字段值为 0 时,数据报将被丢弃。长度为 8 位。

(9) 协议(Protocol)。该字段用于标识有效载荷中的上层协议。长度为 8 位。

(10) 报头校验和(Header Checksum)。表示 IP 报头的校验和,用于错误检查。请注意:该字段仅用于 IP 报头的校验和,有效载荷不包括在校验和计算中。数据报沿途的每个中间路由器都重新计算和验证该字段(因为路由器转发数据报时,TTL 值都变化)。该字段长度为 16。

(11) 源地址(Source Address)。发送方的 IP 地址,长度为 32 位。

(12) 目的地址(Destination Address)。接收方的 IP 地址,长度为 32 位。

(13) 选项(Options)。该字段是一个可选项。

下面再来分析一下 IPv6 报头,如图 11-2 所示。

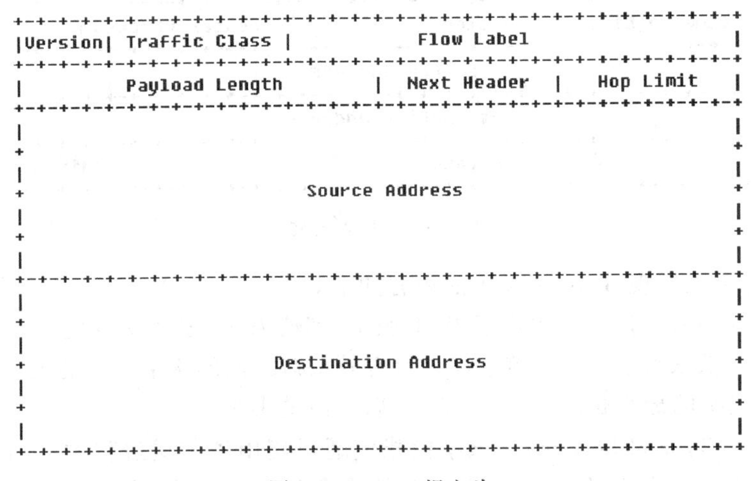

图 11-2　IPv6 报文头

可以发现,IPv6 的报文头简单了许多,所包含的字段少了不少。下面是各字段的具体描述。

(1) 版本(Version)。该字段规定了 IP 的版本,其值为 6。长度为 4 位。

(2) 通信流类别(Traffic Class)。该字段功能和 IPv4 中的服务类型功能类似,表示 IPv6 数据报的类或优先级。长度为 8 位。RFC 2460 中没有定义通信流类别字段的值。RFC 2474 以区分服务(DS)字段的形式,为通信流类别提供了一个可替换的定义。

(3) 流标签(Flow Label)。与 IPv4 相比,该字段是新增的。它用来表示这个数据报属于源节点和目标节点之间的一个特定数据报序列,它需要由中间 IPv6 路由器进行特殊处理。该字段长度为 20 位。关于流标签字段的使用的详细细节还没有定义。

(4) 有效载荷长度(Payload Length)。该字段表示 IPv6 数据报有效载荷的长度。有效载荷是指紧跟 IPv6 报头的数据报的其他部分(即扩展报头和上层协议数据单元)。该字段长度为 16 位。那么该字段只能表示最大长度为 65 535 字节的有效载荷。如果有效载荷的长度超过这个值,该字段会置 0,而有效载荷的长度用逐跳选项扩展报头中的超大有效载荷选项来表示。关于逐跳选项扩展报头在后面将会提及。

(5) 下一个报头(Next Header)。该字段定义第一个扩展报头(如果存在)的类型,或者上层协议数据单元中的协议类型。该字段长度为 8 位。关于扩展报头的详细信息后面会提及。

(6) 跳限制(Hop Limit)。该字段类似于 IPv4 中的 Time to Live 字段。它定义了 IP 数据报所能经过的最大跳数。每经过一个路由器,该数值减去 1,当该字段的值为 0 时,数据报将被丢弃。该字段长度为 8 位。

(7) 源地址(Source Address)。表示发送方的地址,长度为 128 位。

(8) 目的地址(Destination Address)。表示接收方的地址,长度为 128 位。

通过将 IPv6 报文头和 IPv4 报文头进行比较,可以发现,IPv6 中去掉了几个在 IPv4 中存在的字段:报头长度、标识、标志位、片段偏移量、报头校验和、选项和填充。为什么要去掉这几项呢?其实 IPv6 设计者是很有深意的。

首先分析一下报头长度字段。众所周知,在 IPv4 报头中,报头长度指有效载荷之前的 4 字节块的数量,也就是数据报头的总长度,包括选项字段部分。如果有选项字段,IPv4 数据报头长度就要增加,所以 IPv4 报头长度的值不是固定的。而 IPv6 不使用选项字段,而是用扩展字段,基本 IPv6 报头长度是固定的 40 字节,扩展字段的处理不同于 IPv4 对选项字段的处理。

由于 IPv6 处理分段有所不同,所以标识、标志位和片段偏移量这 3 个和分段有关系的字段也被去掉。在 IPv6 网络中,中间路由器不再处理分段,而只在产生数据报的源点处理分段。去掉分段字段也就省却了中间路由器为处理分段而耗费的大量 CPU 资源。

那么报头检验和字段为什么要去掉呢?IPv6 设计者们认为第 2 层、第 4 层都有校验和(UDP 校验和在 IPv4 中是可选的,在 IPv6 中则是必需的),因此第 3 层校验和是冗余的,不是必需的,而且浪费中间路由器的资源。

由于 IPv6 从根本上改变了选项字段,在 IPv6 中选项由扩展报头处理,因此也去掉了选项字段,简化了报头,减少了发送路径上中间路由器的处理消耗。

下面请看一个真实的 IPv6 报文,如图 11-3 所示。

```
⊟ Ethernet II, Src: 00:0d:56:6d:6f:fc, Dst: 00:e0:fc:06:7a:d8
      Destination: 00:e0:fc:06:7a:d8 (HuaweiTe_06:7a:d8)
      Source: 00:0d:56:6d:6f:fc (DellPcba_6d:6f:fc)
      Type: IPv6 (0x86dd)
⊟ Internet Protocol Version 6
      Version: 6
      Traffic class: 0x00
      Flowlabel: 0x00000
      Payload length: 40
      Next header: ICMPv6 (0x3a)
      Hop limit: 128
      Source address: 1::7146:ab89:3e23:e38c
      Destination address: 1::1
⊟ Internet Control Message Protocol v6
      Type: 128 (Echo request)
      Code: 0
      Checksum: 0x9675 (correct)
      ID: 0x0000
      Sequence: 0x0001
      Data (32 bytes)
```

图 11-3 真实 IPv6 数据报

在这个报文中，版本值为 6，表示这是 IPv6 数据报，通信流类别值为 0x00，流标签值为 0x00000，有效载荷长度为 40 字节，下一个报头值为 0x3a（表示上层协议为 ICMPv6），跳限制值为 128 跳，源地址为 1::7146:AB89:3E23:E38C，目的地址为 1::1。

2.2.5 IPv6 扩展报头

IPv6 扩展报头是跟在基本 IPv6 报头后面的可选报头。为什么在 IPv6 中要设计扩展报头这种字段呢？众所周知，在 IPv4 的报头中包含了所有的选项，因此每个中间路由器都必须检查这些选项是否存在，如果存在，就必须处理它们。这种设计方法会降低路由器转发 IPv4 数据报的效率。为了解决这种矛盾，在 IPv6 中，相关选项被移到了扩展报头中。中间路由器就不需要处理每一个可能出现的选项（在 IPv6 中，每一个中间路由器必须处理唯一的扩展报头是逐跳选项扩展报头），这种处理方式提高了路由器处理数据报的速度，也提高了其转发性能。

下面是一些扩展报头。

(1) 逐跳选项报头（Hop-by-Hop Options header）。

(2) 目标选项报头（Destination Options header）。

(3) 路由报头（Routing header）。

(4) 分段报头（Fragment header）。

(5) 认证报头（Authentication header）。

(6) 封装安全有效载荷报头（Encapsulating Security Payload header）。

在典型的数据报中，并不是每一个数据报都包括所有的扩展报头。在中间路由器或目标需要一些特殊处理时，发送主机才会添加相应扩展报头（具体扩展报头内容下面会详细讲解）。如果数据报中没有扩展报头，也就是说数据报只包括基本的报头和上层协议单元，基本报头的下一个报头（Next Header）字段值指明上层协议类型。

扩展报头按照其出现的顺序被处理。其实在数据报中如果出现多个扩展报头，扩展报头的排列顺序是有一定原则的，RFC 2460 建议 IPv6 报头之后的扩展报头按照如下顺序排列。

(1) 逐跳选项报头。

(2) 目标选项报头（当存在路由报头时，用于中间目标）。

(3) 路由报头。

(4) 分段报头。

(5) 认证报头。

(6) 封装安全有效载荷报头。

(7) 目标选项报头（用于最终目标）。

下面分析一下扩展报头的具体内容。

1. 逐跳选项报头

该字段主要用于为在传送路径上的每次跳转指定发送参数，传送路径上每个中间节点都要读取并处理该字段。它以 IPv6 报头中的下一个报头字段值 0 来标识。图 11-4 给出了该扩展报头的结构。

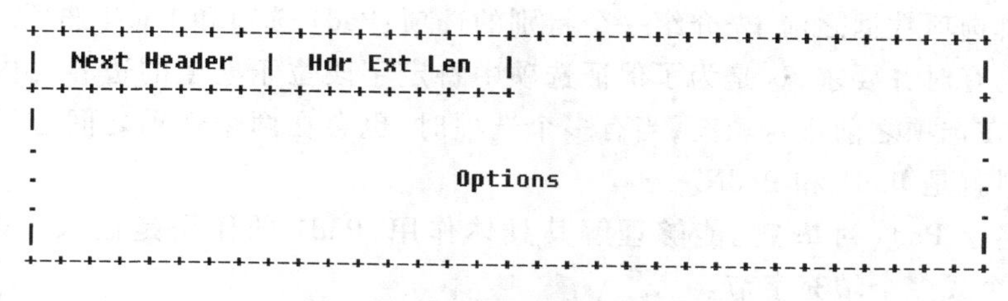

图 11-4 逐跳选项扩展报头结构

所有扩展报头的下一个报头字段的含义和固定报头中该字段的含义一样，在此不再解释。

报头扩展长度(Hdr Ext Len)指的是逐跳选项扩展报头中的 8 字节块的数量(也就是逐跳扩展报头长度)，其中不包括第一个 8 字节。

选项(Options)是一系列字段的组合，它或者描述了数据报转发的一个方面的特性，或者用作填充。一个逐跳选项报头可以包含一个或多个选项字段。

从上面可以看出，逐跳选项报头中最实质性的内容是选项字段中的内容，是选项字段描述的数据报转发的特性。下面重点讲解一下选项字段的结构和类型。

选项字段不仅在逐跳选项报头中使用，而且在目标选项报头中也有该字段。每个选项以类型-长度-值(TLV)的格式编码。选项结构如图 11-5 所示。

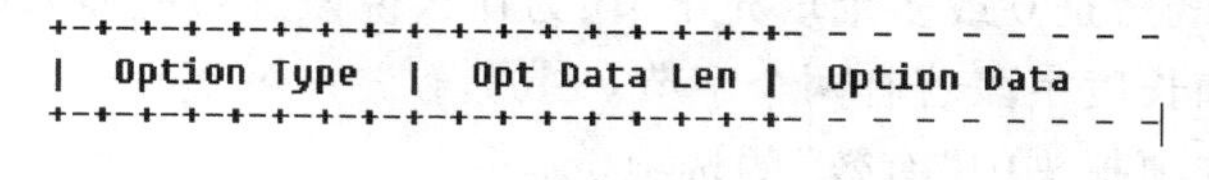

图 11-5 选项结构

选项类型(Option Type)表示了这个选项的类型，其实它也确定了相关节点对该选项的处理方法。

选项长度(Opt Data Len)表示选项中数据的字节数，选项长度不包括选项类型和选项长度字段。

选项数据(Option Data)指与该选项相关的特定数据。

那么选项类型是如何确定相关字节对该选项的处理方法的呢？RFC 2640 有如下规定：在选项类型字段中，最高的两位表示当处理选项的节点不能识别选项的类型时，应该如何处理这个选项。

00：跳过这个选项。

01：无声地丢弃数据报。

10：丢弃数据报，且如果 IPv6 报头中的目标地址是一个单播或多播地址，就向发送方发出一个 ICMPv6 参数问题报文。

11：丢弃数据报，并且如果 IPv6 报头中的目标地址不是一个多播地址，就向发送方发出一个 ICMPv6 参数问题报文。

选项类型字段中的第 3 高位表示在通向目标的路径中，选项数据是否可以改变。

1:选项数据可以改变。

0:选项数据不可以改变。

在具体地讲选项数据之前,先介绍一个特别的选项:Pad1 选项和 PadN 选项。

其实选项也有对齐要求,这是为了保证选项中特定字段位于期望的边界之内。为了符合对齐要求,通常会在选项之前进行填充,当有多个选项时,也会在两个选项之间进行填充。用什么填充呢？填充料就是 Pad1 和 PadN。

根据这个名字 Pad(衬垫)就能够理解其具体作用,Pad1 的作用是插入一个填充字节,而 PadN 是插入两个或多个填充字节。

Pad1 和 PadN 选项的结构如图 11-6 和图 11-7 所示。

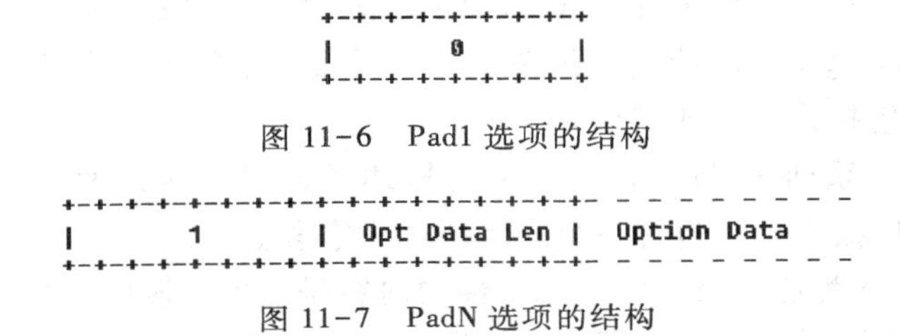

图 11-6　Pad1 选项的结构

图 11-7　PadN 选项的结构

Pad1 选项只有一个字节,选项类型值为 0,它非常特殊,没有长度和值字段。

PadN 选项包括选项类型字段(类型值为 1)、长度字段(值为当前所有的填充字节数)和 0 或多个填充字节。那么,既然是 0 或多个填充字节,为什么说该选项能插入两个或多个字节呢？因为其自身的类型字段和长度字段若有两个字节。

现在来看看逐跳选项报头中“有效”的选项。

在 IPv6 中,将超过 65 535 字节的数据报称为巨包(Jumbo)。逐跳选项报头的一个重要应用就是巨包的转发,这需要用到一个特别的选项,就是超大有效载荷选项。

在 IPv6 的基本报头中,有效载荷长度字段占有 16 个比特,也就是说最多能表示 65 535 字节。其实 IPv6 是能够发送载荷大于 65 535 个字节的数据报的,特别是在有非常大 MTU 值的网络上。IPv6 是如何解决这个问题的呢？这就必须靠超大有效载荷选项的帮助了。

超大有效载荷选项的结构如图 11-8 所示。

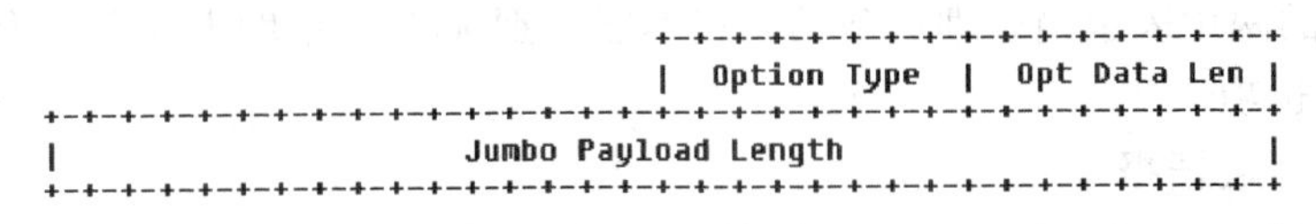

图 11-8　超大有效载荷选项结构

它由选项类型(值为 194)、选项长度(Opt Data Len)和超大有效载荷长度(Jumbo Payload Length)3 个字段组成。

如果有效载荷长度超过 65 535 字节,则 IPv6 基本报头中的有效载荷长度中的值被置 0,数据报的真正有效长度用超大有效载荷长度选项中的超大有效载荷长度字段来表示。该字段占有32比特,能够表示4 294 967 295字节。

逐跳选项报头中的选项除了超大有效载荷选项外,还有路由器警告选项等。

2. 路由报头

路由报头使得数据报经过指定的中间节点到达目的地。通过运用该报头,在数据发往目的地的途中,数据报能被源节点强制指定要经过的中间路由器。

路由报头的结构如图11-9和图11-10所示。

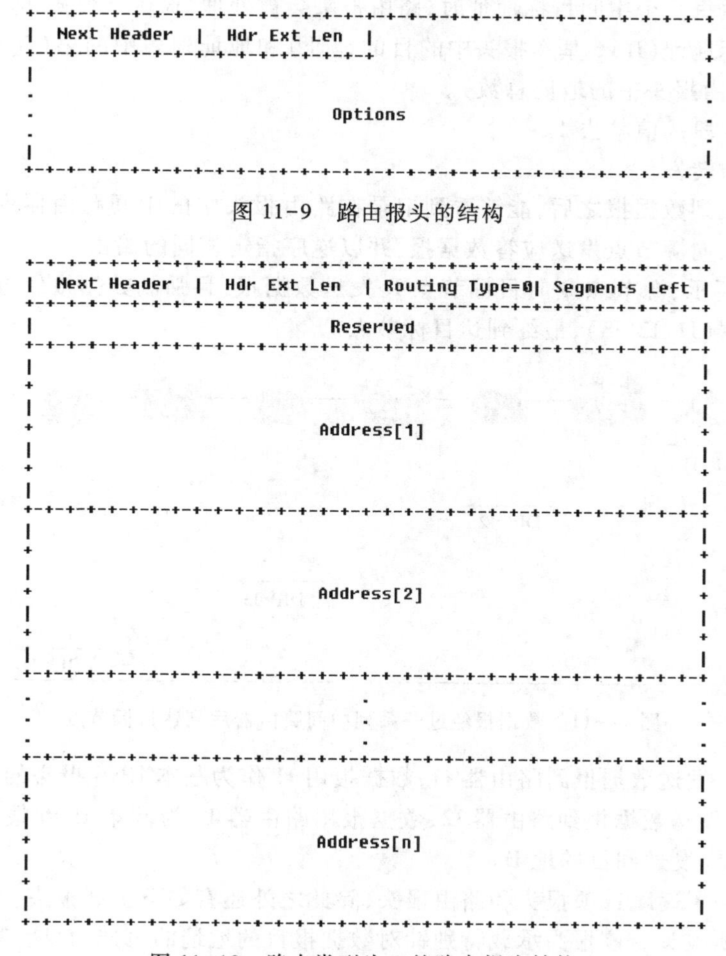

图 11-9 路由报头的结构

图 11-10 路由类型为0的路由报头结构

从图上可以看出,路由报头由下一个报头、报头扩展长度、路由类型、段剩余以及路由特定类型数据等字段构成。下一个报头和报头扩展长度的定义和逐跳选项扩展报头中的定义一样;路由类型是指特定的路由头变量;段剩余指的是在到达最终目标前还需要经过的中间目标数(指定需经过的路由器)。

目前正式定义的路由类型只有 0(在 RFC 2460 中定义),路由类型为 0 的路由报头结构如图 11-10 所示。

对于路由类型为 0 的报头来说,路由特定类型数据由一个 32 位保留字段和一个中间目标地址的列表组成,列表包括最终目标地址。

数据报最初发送时,目标地址为第一个中间目标地址(而不是最终的目标地址),段剩余字段的值为包含在路由特定类型数据中的地址总数。

当数据报到达每一个中间目标地址时,路由报头会被处理,执行下列操作。

(1) 当前目标地址(IPv6 基本报头中的目的地址)和地址列表中的第(N -段剩余+1)个地址相交换(N 是路由报头中的地址总数)。

(2) 段剩余字段的值减去 1。

(3) 数据报被转发。

目的节点在收到数据报之后,能够看到记录在路由报头中的中间路由器列表。目的节点还能够使用路由报头向源节点发送应答数据报,并以逆序指定相同的路由。

如图 11-11 所示,源节点 S 向目标节点 D 发送数据报,且强制数据报经过路由报头指定的一系列中间路由器(I1、I2、I3),最终到达目标节点。

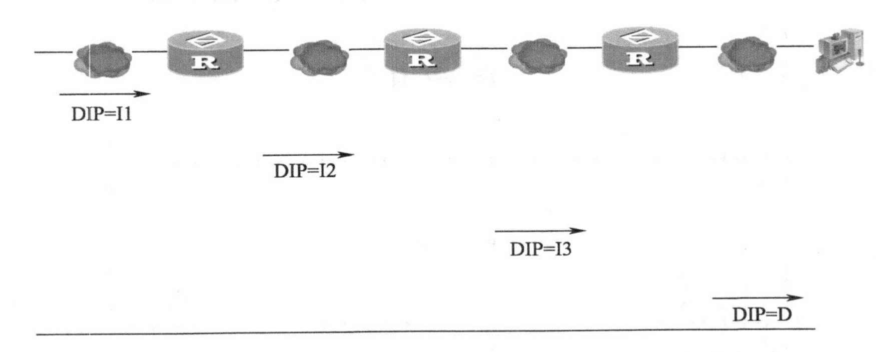

图 11-11　数据报经过一系列中间路由器后到达目标节点

源节点 S 首先发送数据报到路由器 I1,数据报用 I1 作为基本 IPv6 报头的目的地址,路由器 I1 收到数据报后,发送数据报到路由器 I2,数据报用路由器 I2 为基本 IPv6 报头的目的地址,以此类推,数据报最终发送到目的地 D。

上面详细讲解了逐跳选项报头和路由报头,除此之外还有如下扩展报头。

(1) 目的选项报头。该报头承载特别针对数据报目的地址的可选信息。其中存放数据报目的地才需要处理的选项。

(2) 分段报头。分段报头用于 IPv6 的拆分和重组。在 IPv6 中只有源节点才可以对有效载荷进行拆分。如果上层协议提交的有效载荷大于链路或路径 MTU,源节点会对有效载荷进行拆分,并使用分段报头来提供重组信息。

(3) 认证报头。认证报头为 IPv6 数据报和 IPv6 报头中那些经过 IPv6 网络传输后值不会改变的字段提供了数据验证(对发送数据报的节点进行校验)、数据完整性(确认数据在传输中没有改变)和反重放保护(确保所捕获的数据报不会被重发,也不会被当作有效载荷接收)。

(4) 封装安全有效载荷(ESP)报头。提供数据机密性、有效性和完整性验证,对已封装的有效载荷有重放保护功能,类似于认证报头。该报头在 IPv4 和 IPv6 中是相同的。

关于上面的几个扩展报头的具体格式和内容,由于篇幅限制没有详细介绍,请参考相关 RFC。

2.3 实验环境

支持 IPv6 的三层交换机 1 台,2 台 PC,网线 2 根。

2.4 实验组网

实验组网如图 11-12 所示。

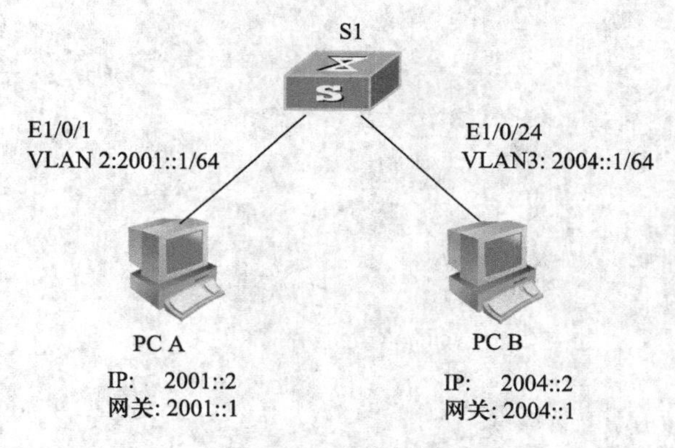

图 11-12 实验组网图

2.5 实验步骤

步骤 1 如图 11-12 所示进行组网,在交换机 S1 上划 VLAN,然后进行 IPv6 的配置。部分配置参考如下:

```
[S1]ipv6
[S1]interface vlan2
[S1-vlan-interface2]ipv6 address 2001::1/64
[S1-vlan-interface2]undo ipv6 nd ra halt//打开 nd 协议中的 ra 公告
```

步骤 2 配置 PC,为启动 XP 上的 IPv6 特性,分为以下 2 步。

(1) 安装 IPv6:在命令提示符中输入命令 ipv6 install,以使能 IPv6。

(2) 配置主机的 IPv6 地址和网关,命令格式如下:

```
ipv6 adu ifindex/ipv6 address
ipv6 rtu prefix ifindex/gateway
```

ifindex 是要配置地址的连接号,通过 ipv6 if 可以看到(第一个连接即是),ipv6 address 是要配置的 IPv6 地址,prefix 是网络前缀,gateway 是网关。

对于本实验 PC A 来说,具体的配置命令如下:

```
ipv6 adu 5/2001::2
ipv6 rtu ::/0 5/2001::1
```

配置完成以后,可以在命令提示符中输入命令 ipconfig 查看是否已经配置上 IPv6 地址。

PC B 的配置与以上过程相同。具体的配置命令如下:

```
ipv6 adu 5/2004::2
ipv6 rtu ::/0 5/2004::1
```

在 PC A 上用 ipconfig 命令来查看,其输出如图 11-13 所示。

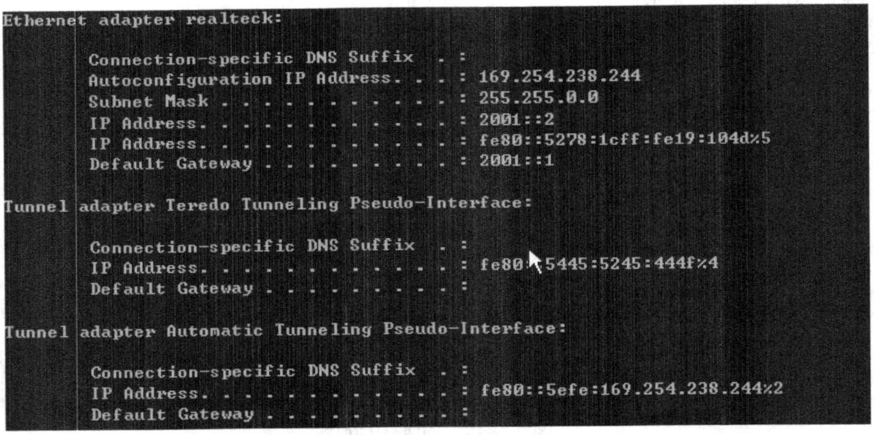

```
Ethernet adapter realteck:

        Connection-specific DNS Suffix  . :
        Autoconfiguration IP Address. . . : 169.254.238.244
        Subnet Mask . . . . . . . . . . . : 255.255.0.0
        IP Address. . . . . . . . . . . . : 2001::2
        IP Address. . . . . . . . . . . . : fe80::5278:1cff:fe19:104d%5
        Default Gateway . . . . . . . . . : 2001::1

Tunnel adapter Teredo Tunneling Pseudo-Interface:

        Connection-specific DNS Suffix  . :
        IP Address. . . . . . . . . . . . : fe80::5445:5245:444f%4
        Default Gateway . . . . . . . . . :

Tunnel adapter Automatic Tunneling Pseudo-Interface:

        Connection-specific DNS Suffix  . :
        IP Address. . . . . . . . . . . . : fe80::5efe:169.254.238.244%2
        Default Gateway . . . . . . . . . :
```

图 11-13　PC 上的配置信息

在图 11-13 中,2001::2 表示 PC A 的 IPv6 地址,如同 IPv4 中的主机地址。Fe80::5278:1cff:fe19:104d 表示本机的链路本地地址,正如同上面的 169.254.238.244,仅用于本地链路。2001::1 表示网关的 IPv6 地址。图 11-13 中的 Tunnel adapter Teredo Tunneling Pseudo-Interface 中的 IP Address 表示通过 NAT 发送 IPv4 封装的 IPv6 数据报的 IPv6 地址。Tunnel adapter Automatic Tunneling Pseudo-Interface 中的 IP Address 表示通过隧道发送 IPv4 封装的 IPv6 数据报的 IPv6 地址。

步骤 3　此时断开 PC 与交换机的连接,在 PC 上打开 Wireshark 软件并开始截取报文,重新连接 PC 与交换机,观看截获的 ICMPv6 报文,如图 11-14 所示。

```
54 295.460361 fe80::5278:1cff:fe1c:f55b ff02::1:ff1c:f55b ICMPv6  Multicast listener report
55 295.460393 fe80::5278:1cff:fe1c:f55b ff02::1:fff8:3224 ICMPv6  Multicast listener report
56 295.460423 fe80::5278:1cff:fe1c:f55b ff02::2           ICMPv6  Router solicitation
57 295.460441 ::                        ff02::1:fff8:3224 ICMPv6  Neighbor solicitation
58 295.460455 ::                        ff02::1:ff1c:f55b ICMPv6  Neighbor solicitation
59 295.460465 ::                        ff02::1:ff1c:f55b ICMPv6  Neighbor solicitation
60 295.501580 fe80::2e0:fcff:fe30:33fb  ff02::1           ICMPv6  Router advertisement
61 298.664069 192.192.169.23            Broadcast         ARP     Who has 192.192.169.23?  Gratuitous ARP
62 298.960249 fe80::5278:1cff:fe1c:f55b ff02::1:ff1c:f55b ICMPv6  Multicast listener report
63 299.460251 fe80::5278:1cff:fe1c:f55b ff02::1:fff8:3224 ICMPv6  Multicast listener report
```

图 11-14 PC 与路由器的交互信息

在图 11-14 中,截取的报文主要分为 3 个部分:Multicast listener report 报文,Router solicitation/advertisement 报文以及 Neighbor solicitation 报文。其中的 Multicast listener report 报文是由 PC 发出的组播监听报文。Router solicitation 报文是由初始化的主机发送给路由器的报文,目的是马上得到链路上路由器的配置参数;Router advertisement 报文是路由器对 Router solicitation 做出的响应报文,包含连接确定、地址配置前缀等信息。Neighbor solicitation 报文是 PC 发送的请求邻居的地址,用于验证自己的地址在本地链路上是否唯一。

为了观察扩展报头,在 PC A 中输入命令 ping -l 10000 2004::2,观察截获的报文,如图 11-15 所示。

```
No. Time        Source              Destination         Protocol Length Info
  1 0.000000    fe80::2e0:fcff:fe48 ff02::1             ICMPv6   118 Router Advertisement from 00:e0:fc:48:f5:25
  2 11.244598   0.0.0.0             255.255.255.255     DHCP     342 DHCP Discover - Transaction ID 0x2fbd9ef7
  3 12.868768   0.0.0.0             255.255.255.255     DHCP     347 DHCP Discover - Transaction ID 0x5138b387
  4 16.717987   2001::2db3:f11f:f06 ff02::1:ff00:1      ICMPv6    86 Neighbor Solicitation for 2001::1 from ec:a8:6b:a0:56:2c
  5 16.718608   2001::1             2001::2db3:f11f:f06 ICMPv6    86 Neighbor Advertisement 2001::1 (rtr, sol, ovr) is at 00:
  6 16.718621   2001::2db3:f11f:f06 2004::2             IPv6    1382 IPv6 fragment (nxt=ICMPv6 (58) off=1086 id=0x1)
  7 21.325055   2001::2db3:f11f:f06 2004::2             IPv6    1510 IPv6 fragment (nxt=ICMPv6 (58) off=0 id=0x2)
  8 21.325069   2001::2db3:f11f:f06 2004::2             IPv6    1510 IPv6 fragment (nxt=ICMPv6 (58) off=181 id=0x2)

⊟ Fragmentation Header
    Next header: ICMPv6 (58)
    Reserved octet: 0x0000
    0000 0000 0000 0... = Offset: 0 (0x0000)
    .... .... .... .00. = Reserved bits: 0 (0x0000)
    .... .... .... ...1 = More Fragment: Yes
    Identification: 0x00000002
  Reassembled IPv6 in frame: 13
⊞ Data (1448 bytes)
```

图 11-15 扩展报头相关信息

链路 MTU 的协商已在第一条报文 Router advertisement 中协商完成,在 IPv6 数据报中,Fragmentation Header(分段报头)即为扩展报头的一种。

思考题

主机 IPv6 初启时,发出了哪些种类的 IPv6 报文?这些报文都用到了什么种类的 IPv6 地址?

3　ICMPv6 分析实验

ICMPv6 分析实验

3.1　实验目的

（1）了解链路本地地址、被请求节点组播地址的组成和作用。

（2）了解 IPv6 版本中 ICMP 协议的新功能，初步认识组播侦听者发现协议（MLD）和邻居发现协议（ND）。

（3）了解 IPv6 的自动配置和即插即用的原理。

3.2　实验原理

在 IPv4 中，Internet 控制报文协议（ICMP）向源节点报告关于向目的地传输 IP 数据报的错误和信息。它为诊断、信息和管理目的定义了一些消息，如目的不可达、数据报超长、超时、回应请求和回应应答等。在 IPv6 中，ICMPv6 除了提供 ICMPv4 原有的功能之外，还增加了一些新的功能，例如邻接点发现、无状态地址配置（包括重复地址检测）、路径 MTU 发现、组播侦听者发现等。

所以 ICMPv6 是一个非常重要的协议。它是理解 IPv6 中的很多机制的基础。本节首先讲述 ICMPv6 消息的分类和 ICMPv6 报头的通用格式，在此基础上分析常用的差错报文和信息报文，最后介绍 ping、tracert 的基本原理以及路径 MTU 发现。

邻接点发现、无状态地址配置等机制将在后续章节详细介绍。

3.2.1　ICMPv6 基本概念

ICMPv6 报文分为两类：一类为差错报文，另一类为信息报文。

差错报文用于报告在转发 ICMPv6 数据报过程中出现的错误。常见的 ICMPv6 的差错消息包括以下几种类型：目标不可达（Destination Unreachable）、数据报超长（Packet Too Big）、超时（Time Exceeded）和参数问题（Parameter Problem）。

信息报文主要提供诊断功能和附加功能，如多播侦听发现（MLD）和邻接点发现（ND）（将在后续章节中介绍）。常见的 ICMPv6 信息报文主要包括回送请求报文（Echo Request）和回送应答报文（Echo Reply）。

图 11-16 所示为 ICMPv6 报文结构。

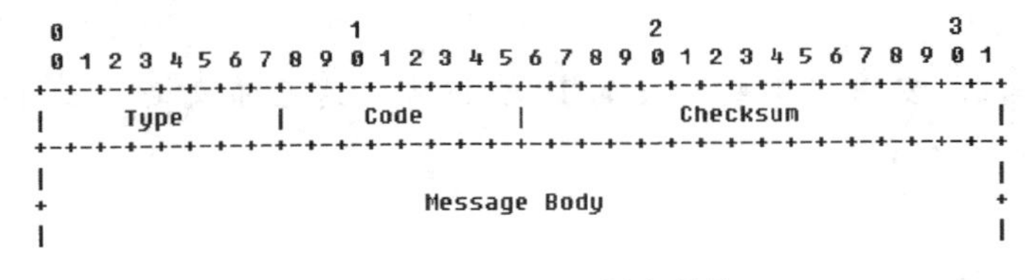

图 11-16　ICMPv6 报文结构

在 ICMPv6 差错报文中,8 位类型字段中的最高位都为 0,ICMPv6 信息报文的 8 位类型字段中的最高位都为 1。因此对于 ICMPv6 差错报文的类型字段,其有效值范围为 0~127,而信息报文的类型字段有效值范围为 128~255。

3.2.2　ICMPv6 差错报文

1. 目标不可达

当数据报无法被转发到目标节点或上层协议时,路由器或目标节点发送 ICMPv6 目标不可达差错报文。报文结构如图 11-17 所示。

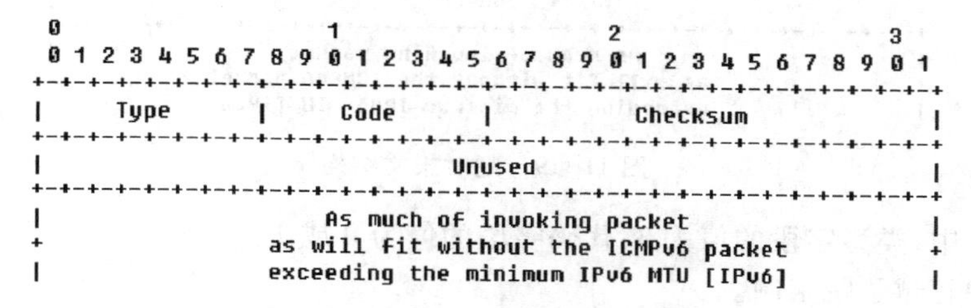

图 11-17　目标不可达报文结构

在目标不可达报文中,类型(Type)字段值为 1,代码(Code)字段值为 0~4,每一个代码值都定义了具体含义(RFC 2463)。

0:没有到达目标的路由。

1:与目标的通信被管理策略禁止。

2:未指定。

3:地址不可达。

4:端口不可达。

2. 数据报超长

如果由于出口链路的 MTU 小于 IPv6 数据报的长度而导致数据报无法转发,路由器就会发送数据报超长报文。该报文被用于 IPv6 路径 MTU 发现的处理(本章将讨论这个问题),数据报超长报文的结构如图 11-18 所示。

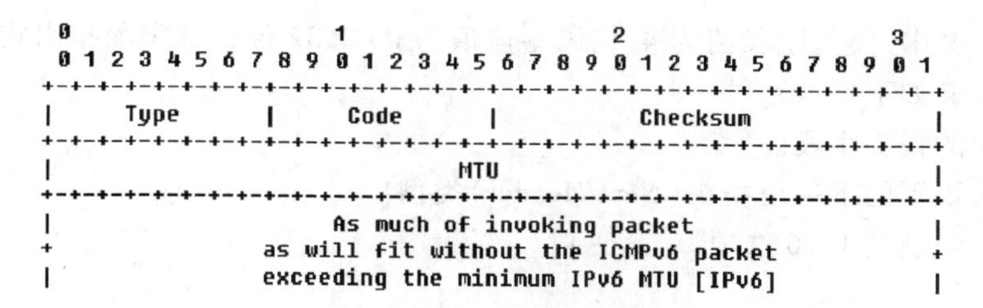

图 11-18　数据报超长报文结构

数据报超长报文的类型字段值为 2,代码字段值为 0。

3. 超时

当路由器收到一个 IPv6 报头中的跳限制(Hop Limit)字段值为 1 的数据报时,会丢弃该数据报并向源发送 ICMPv6 超时报文。

超时报文的结构如图 11-19 所示。

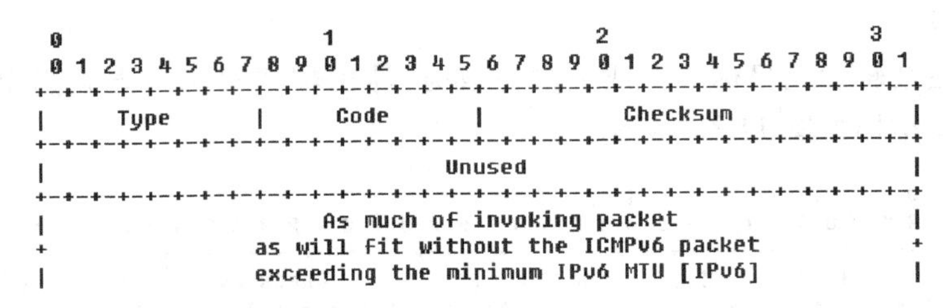

图 11-19　超时报文结构

在超时报文中,类型字段的值为 3,代码字段的值为 0 或 1。

0:在传输中超越了跳限制。

1:分片重组超时。

4. 参数问题

当 IPv6 报头或者扩展报头出现错误,导致数据报不能被进一步处理时,IPv6 节点会丢弃该数据报并向源发送此报文,指明问题的位置和类型。

参数问题报文的结构如图 11-20 所示。

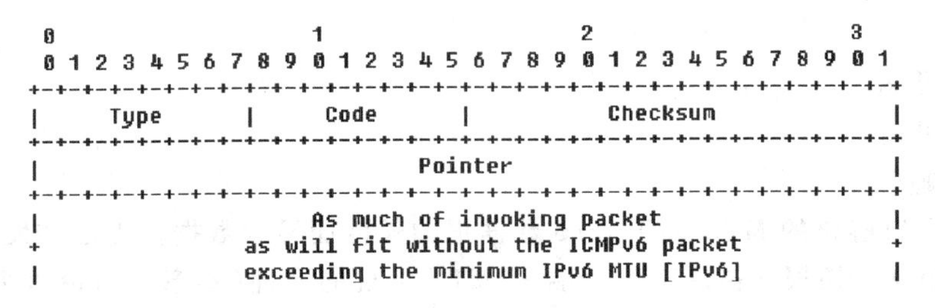

图 11-20　参数问题报文结构

参数问题报文中,类型字段值为 4,代码字段值为 0~2,32 位指针字段指出错误发生的位置。其中代码字段定义如下。

0:遇到错误的报头字段。

1:遇到无法识别的下一个报头(Next Header)类型。

2:遇到无法识别的 IPv6 选项。

3.2.3　ICMPv6 信息报文

ICMPv6 信息报文有很多,这里只介绍常用的两种:回送请求报文(Echo Request)和回送应答报文(Echo Reply)。回送请求/回送应答报文机制提供了一个简单的诊断工具来协助发现和处理各种可达性问题。其他一些类型的信息报文会在相应章节中进行介绍。

(1) 回送请求报文。回送请求报文用于发送到目标节点,以使目标节点立即发回一个回送应答报文。

回送请求报文的结构如图 11-21 所示。

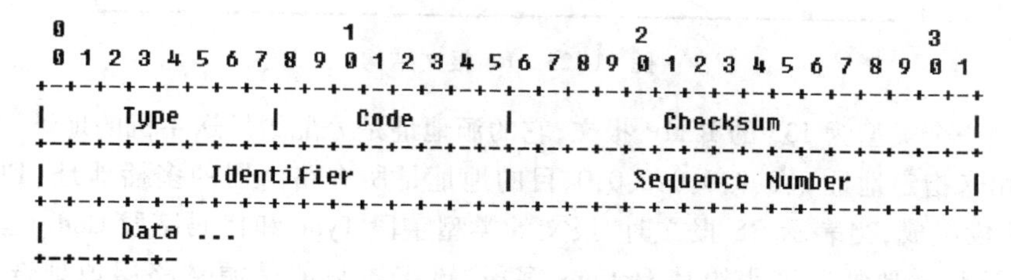

图 11-21　回送请求报文结构

回送请求报文的类型字段值为 128,代码字段的值为 0。标志符和序列号字段由发送方主机设置,用于将即将收到的回送应答报文与发送的回送请求的报文进行匹配。

(2) 回送应答报文。当收到一个回送请求报文时,ICMPv6 会用回送应答报文响应。回送应答报文的结构如图 11-22 所示。

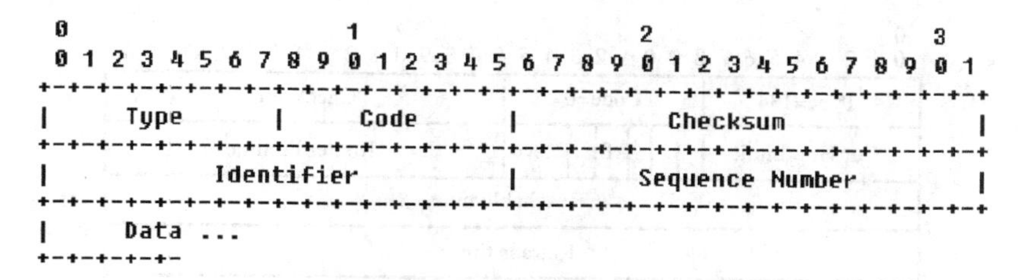

图 11-22　回送应答报文结构

回送应答报文的类型字段的值为 129,代码字段的值为 0。标志符和序列号字段的值被置为与回送请求报文中的相应字段一样的值。

3.2.4　IPv6 的邻居发现协议

IPv6 的邻居发现协议(Neighbor Discovery,ND)解决了同一链路上多个节点相关问题,它提供了无服务器自动配置、路由器发现、前缀发现、地址解析、邻居不可达检测和重复地址检测等功能。ND 定义了以下 5 种 ICMPv6 报文。

(1) 路由器请求报文(Router Solicitation)。当节点不愿等待下一次周期性路由器宣告,希望路由器立刻发送路由器宣告时发送的多播包。一个正在初始化的节点可以发送路由器请求,这样它可以马上得到链路上路由器的配置参数。

RS 报文的结构如图 11-23 所示。

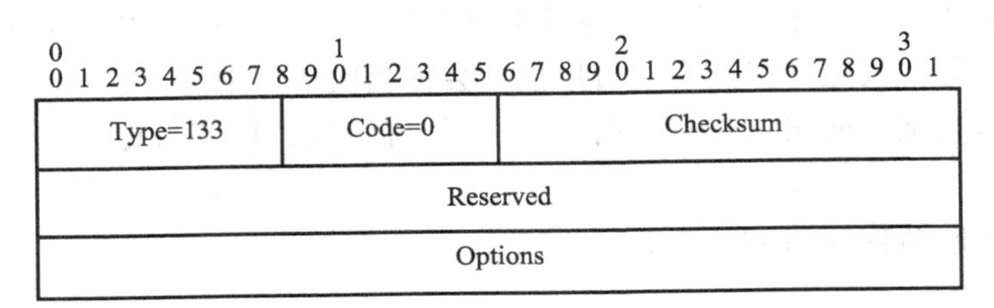

图 11-23　RS 报文结构

RS 报文是一个类型为 133 的 ICMP 报文,它的源地址是分配给发送主机的地址,如果还没有分配地址,则使用未指定地址 0:0:0:0:0:0:0:0,目的地址是所有路由器的多播地址(FF02::2)。RS 报文由 5 个字段组成,当表示 RS 报文时,报文的类型字段 Type 和代码字段 Code 是确定的,分别为 133 和 0。这里需要特别说明的是 Options 字段,该字段只能是源链路层地址选项,用以表明该报文发送者的链路层地址。

(2) 路由器通告报文(Router Advertisement)。RA 报文是路由器周期性地通告它的存在以及配置的链路和网络参数,或者对路由器请求消息作出响应的报文。路由器通告消息包含在连接(on-link)确定、地址配置的前缀和跳数限制值等。

RA 报文的结构如图 11-24 所示。

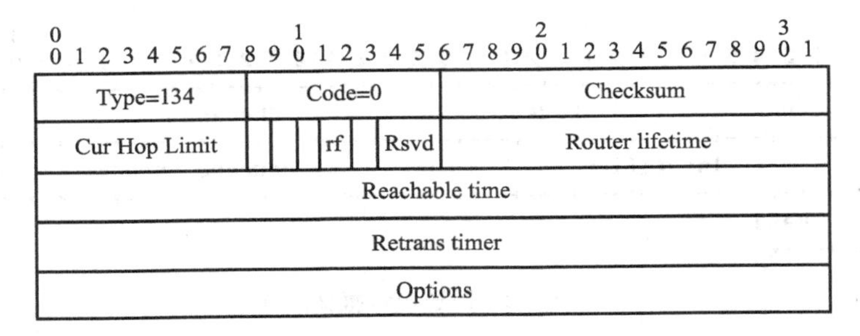

图 11-24　RA 报文结构

RA 报文是一个类型为 134 的 ICMP 报文,它的源地址是发送路由器的本链路地址,目的地址是发送路由器请求节点的地址或链路范围所有节点多播地址(FF02::1)。

下面对 RA 报文中一些字段进行解释。

Cur Hop Limit:主机发送普通报文时使用的默认跳数限制。封装 ICMP RA 报文的 IPv6 报文头部中的 Hop Limit 必须设置成 255,确保非本链路的设备不能通过发送路由器宣告来试图干扰通信流。如果非本链路设备向本链路发送 RA,经过路由器以后跳数限制减 1,使该报文成为非法。接收节点只认为跳数限制是 255 的 RA 是有效的。

Router lifetime:发送该 RA 报文的路由器作为默认路由器的生命周期,默认为 30 分钟。

Reachable Time:路由器在接口上通过发送 RA 报文,让同一链路上的所有节点都使用相同的“可达”状态保持时间。

Retrans Timer:重传 NS 报文的时间间隔,用于邻居不可达检测和地址解析。

Options:含有源链路层地址选项、MTU、前缀信息选项、通告间隔选项等。源链路层地址选项表示路由器发送 RA 报文的接口的链路层地址;MTU 选项表示在链路上运行的链路层协议所能支持的 MTU 最大值;前缀信息选项用于地址自动配置和判断目标地址是否为本地。

(3) 邻居请求报文(Neighbor Solicitation)。节点发送邻居请求报文来请求邻居的链路层地址,验证其先前所获得并保存在缓存中的邻居链路层地址的可达性,或者验证其地址在本地链路上是否是唯一的。

NS 报文的结构如图 11-25 所示。

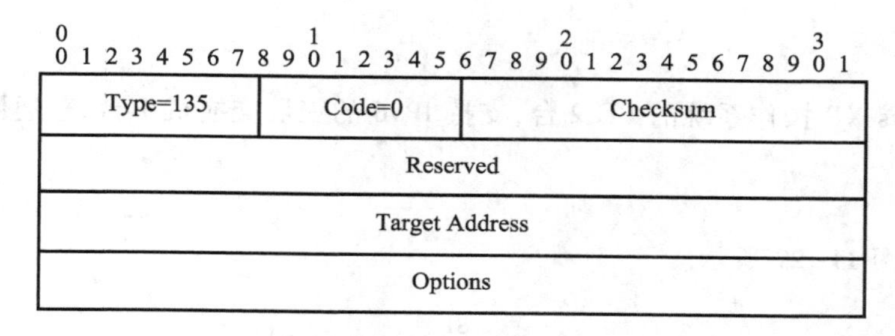

图 11-25 NS 报文结构

NS 报文是一个类型为 135 的 ICMP 报文,它的源地址是发请求的节点的单播地址。用作获得链路层地址时,目的地址是关联在目标 IP 地址的被请求节点多播地址;用作可达性确认时,目的地址是单播地址。

(4) 邻居通告报文(Neighbor Advertisement)。NA 报文是邻居请求报文的响应。节点也可以发送非请求邻居通告来指示链路层地址的变化。NA 报文结构如图 11-26 所示。

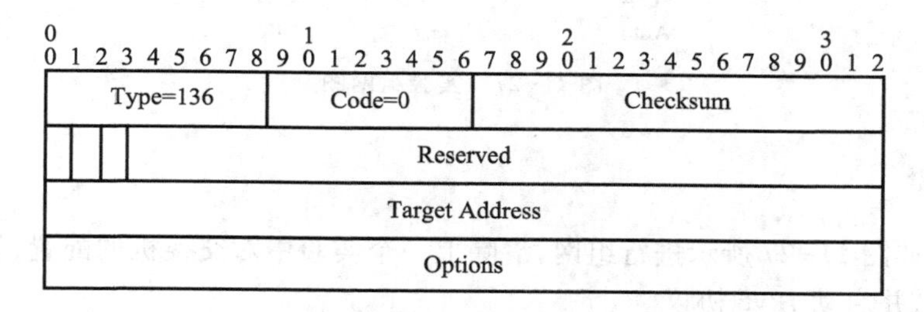

图 11-26 NA 报文结构

NA 是一个类型为 136 的 ICMP 报文,它的源地址是分配给发送接口的任意有效单播地址。当应答 NS 时,目的地址是请求报文的源地址,或者当请求源地址是未指定地址时,目的地址是所有节点地址(FF02::1);非应答 NS 的邻居通告报文的目的地址也是所有节点地址。

下面对 NA 报文中的 3 个 Flag 解释如下。

R:路由器标记(Router Flag),表示报文发送者的角色。值为 1 表示发送者是路由器,值为 0

表示主机。

S:请求标记(Solicited Flag)。值为 1 表示该报文是对 NS 报文的响应。

O:覆盖标记(Override Flag)。值为 1 表示节点可用 NA 中的目标链路层地址来覆盖原有的邻居缓存表;值为 0 表示只有在链路层地址未知时,才能更新邻居缓存表项。

(5) 重定向报文(Redirect)。路由器通过重定向消息通知主机。对于特定的目的地址,如果不是最佳的路由,则通知主机到达目的地的最佳下一跳。

以上 5 种 ND 协议报文中,RS 报文和 RA 报文用于路由器发现和前缀发现,而 NS 报文和 NA 报文用于地址解析。

3.3　实验环境

安装 Windows XP 操作系统的 PC 2 台,支持 IPv6 的三层交换机 1 台,普通网线 2 根。

3.4　实验组网

实验组网如图 11-27 所示。

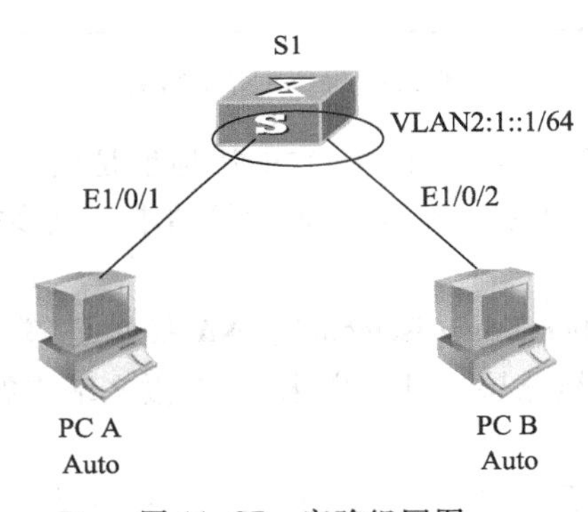

图 11-27　实验组网图

3.5　实验步骤

步骤 1　按如图 11-27 所示进行组网,清除上一个实验中对交换机的配置,然后重新配置。重启 PC 机,并启动 IPv6 协议。

步骤 2　加入指定的组播组。

观察启动 IPv6 的 PC 需要加入什么样的组播组。在启用 IPv6 功能的 PC 上,执行以下命令:

```
C:\WINDOWS\system32>netsh
netsh>interface
netsh interface>ipv6
netsh interface ipv6>show join
接口 5: realteck
```

作用域	参照	报告时间	最近	地址
接口	1	永不过期	否	ff01::1
链接	1	永不过期	否	ff02::1
链接	2	0s	是	ff02::1:ff1c:f55b
链接	1	0s	是	ff02::1:fff8:3224

以上输出表示了主机想要加入的组播组的信息。

在 IPv6 的组播组中,地址“ff01::1”表示“Node-Local”范围内的所有节点地址,组“ff02::1”表示了“Link-Local”范围内的全部节点地址。而为了进行地址冲突检测,IPv6 定义了组播组“ff02::1:ffxx:xxxx”,“xx:xxxx”是从 IPv6 地址后 24 位复制而来的。“ff02::1:ffxx:xxxx”组代表了“Solicited-Node”地址,表示所有 IPv6 地址后 24 位为“xx:xxxx”的节点都是这个组的成员。所以,上述中组“ff02::1:ff1c:f55b”和组“ff02::1:fff8:3224”这两个组播组的成员就分别是 IPv6 地址后 24 位是“1c:f55b”和“f8:3224”的节点。

思考题

主机为什么要加入 ff02::1:ffxx:xxxx 组播组?数据项“参照”中的数值“1”,“2”是什么含义?

步骤 3 完成配置后,启动 PC 上的抓包软件进行报文分析。

为了能够捕获到报文,可以把 PC 与 S1 之间网线断开再连接(否则无法捕获 Multicast listener report 报文),以观察 PC 与 S1 之间交互的报文。如图 11-28 所示是捕获下来的报文,供读者参考。

```
54 295.460361 fe80::5278:1cff:fe1c:f55b ff02::1:ff1c:f55b ICMPv6 Multicast listener report
55 295.460393 fe80::5278:1cff:fe1c:f55b ff02::1:fff8:3224 ICMPv6 Multicast listener report
56 295.460423 fe80::5278:1cff:fe1c:f55b ff02::2           ICMPv6 Router solicitation
57 295.460441 ::                        ff02::1:fff8:3224 ICMPv6 Neighbor solicitation
58 295.460455 ::                        ff02::1:ff1c:f55b ICMPv6 Neighbor solicitation
59 295.460465 ::                        ff02::1:ff1c:f55b ICMPv6 Neighbor solicitation
60 295.501580 fe80::2e0:fcff:fe30:33fb  ff02::1           ICMPv6 Router advertisement
61 298.664069 192.192.169.23            Broadcast         ARP    Who has 192.192.169.23?  Gratuitous ARP
62 298.960249 fe80::5278:1cff:fe1c:f55b ff02::1:ff1c:f55b ICMPv6 Multicast listener report
63 299.460251 fe80::5278:1cff:fe1c:f55b ff02::1:fff8:3224 ICMPv6 Multicast listener report
```

图 11-28 PC 与 R1 之间的交互报文

上面捕获的报文中,序列号为 54、55、62、63 的报文是 Multicast listener report 报文,是主机发给组播组“ff02::1:ff1c:f55b”和“ff02::1:fff8:3224”的。发给组播组“ff02::1:ff1c:f55b”的报文的详细内容如图 11-29 所示。

在观察报文后,请回答以下问题。

(1) 主机加入到组播组中的过程是什么?

```
▷ Frame 54 (86 bytes on wire, 86 bytes captured)
▽ Ethernet II, Src: 50:78:1c:1c:f5:5b, Dst: 33:33:ff:1c:f5:5b
    Destination: 33:33:ff:1c:f5:5b (IPv6-Neighbor-Discovery_ff:1c:f5:5b)
    Source: 50:78:1c:1c:f5:5b (192.192.169.23)
    Type: IPv6 (0x86dd)
▽ Internet Protocol Version 6
    Version: 6
    Traffic class: 0x00
    Flowlabel: 0x00000
    Payload length: 32
    Next header: IPv6 hop-by-hop option (0x00)
    Hop limit: 1
    Source address: fe80::5278:1cff:fe1c:f55b
    Destination address: ff02::1:ff1c:f55b
▽ Hop-by-hop Option Header
    Next header: ICMPv6 (0x3a)
    Length: 0 (8 bytes)
    Router alert: MLD (4 bytes)
    PadN: 2 bytes
▽ Internet Control Message Protocol v6
    Type: 131 (Multicast listener report)
    Code: 0
    Checksum: 0x3442 (correct)
    Maximum response delay: 0
    Multicast Address: ff02::1:ff1c:f55b
```

图 11-29　序列号为 54 的报文详细内容

（2）为什么报文中的“next header”采用 hop-by-hop 的选项？

（3）为什么跳数被限制为 1？

（4）在“hop-by-hop”选项中，有一个“PadN”，它的作用是什么？

步骤 4　Prefix Discovery。

根据获取的报文，进一步分析：为什么需要 Prefix Discovery 呢？因为 IPv6 地址是由 Prefix+interface ID 构成的。下面来看一下主机获得了什么 Prefix。

在 PC 的命令行下执行下面的命令来查看：

```
Netsh interface ipv6>show address
```

仔细观察显示结果会发现主机获得了 Prefix“1 ::”。下面来探究一下主机获得 Prefix 的过程。这个过程是由两步组成的：PC 发给 S1 的 Router Solicitation 和 S1 回应 PC 的 Router Advertisement。

图 11-30 中的序列号为 56 和 60 的报文就是 Router Solicitation 和 Router Advertisement 的报文。

```
54 295.460361 fe80::5278:1cff:fe1c:f55b ff02::1:ff1c:f55b ICMPv6 Multicast listener report
55 295.460393 fe80::5278:1cff:fe1c:f55b ff02::1:fff8:3224 ICMPv6 Multicast listener report
56 295.460423 fe80::5278:1cff:fe1c:f55b ff02::2            ICMPv6 Router solicitation
57 295.460441 ::                        ff02::1:fff8:3224 ICMPv6 Neighbor solicitation
58 295.460455 ::                        ff02::1:ff1c:f55b ICMPv6 Neighbor solicitation
59 295.460465 ::                        ff02::1:ff1c:f55b ICMPv6 Neighbor solicitation
60 295.501580 fe80::2e0:fcff:fe30:33fb  ff02::1           ICMPv6 Router advertisement
61 298.664069 192.192.169.23            Broadcast         ARP    Who has 192.192.169.23?  Gratuitous ARP
62 298.960249 fe80::5278:1cff:fe1c:f55b ff02::1:ff1c:f55b ICMPv6 Multicast listener report
63 299.460251 fe80::5278:1cff:fe1c:f55b ff02::1:fff8:3224 ICMPv6 Multicast listener report
```

图 11-30　PC 与 S1 之间的交互报文（Prefix Discovery）

首先对 Router Solicitation 的报文进行分析，如图 11-31 所示。

```
▷ Frame 56 (70 bytes on wire, 70 bytes captured)
▽ Ethernet II, Src: 50:78:1c:1c:f5:5b, Dst: 33:33:00:00:00:02
    Destination: 33:33:00:00:00:02 (IPv6-Neighbor-Discovery_00:00:00:02)
    Source: 50:78:1c:1c:f5:5b (192.192.169.23)
    Type: IPv6 (0x86dd)
▽ Internet Protocol Version 6
    Version: 6
    Traffic class: 0x00
    Flowlabel: 0x00000
    Payload length: 16
    Next header: ICMPv6 (0x3a)
    Hop limit: 255
    Source address: fe80::5278:1cff:fe1c:f55b
    Destination address: ff02::2
▽ Internet Control Message Protocol v6
    Type: 133 (Router solicitation)
    Code: 0
    Checksum: 0xb74d (correct)
  ▽ ICMPv6 options
      Type: 1 (Source link-layer address)
      Length: 8 bytes (1)
      Link-layer address: 50:78:1c:1c:f5:5b
```

图 11-31 Router Solicitation 报文详细信息

请读者试着解释图 11-31 所示报文中所列出的各项的含义。

另外，请思考以下两个问题。

（1）在前面的 Multicast listener report 报文中，报文的跳数限制为 1，而在这里，同样是主机发给路由器的报文，为什么跳数却采用 255？

（2）报文中的 ICMP 选项中的“source link-layer address”的作用是什么？

接着来看 Router Advertisement 的报文，如图 11-32 所示。

```
▷ Frame 60 (118 bytes on wire, 118 bytes captured)
▽ Ethernet II, Src: 00:e0:fc:30:33:fb, Dst: 33:33:00:00:00:01
    Destination: 33:33:00:00:00:01 (IPv6-Neighbor-Discovery_00:00:00:01)
    Source: 00:e0:fc:30:33:fb (HuaweiTe_30:33:fb)
    Type: IPv6 (0x86dd)
▽ Internet Protocol Version 6
    Version: 6
    Traffic class: 0x00
    Flowlabel: 0x00000
    Payload length: 64
    Next header: ICMPv6 (0x3a)
    Hop limit: 255
    Source address: fe80::2e0:fcff:fe30:33fb
    Destination address: ff02::1
▽ Internet Control Message Protocol v6
    Type: 134 (Router advertisement)
    Code: 0
    Checksum: 0xba8b (correct)
    Cur hop limit: 64
  ▷ Flags: 0x00
    Router lifetime: 1800
    Reachable time: 0
    Retrans time: 0
  ▽ ICMPv6 options
      Type: 1 (Source link-layer address)
      Length: 8 bytes (1)
      Link-layer address: 00:e0:fc:30:33:fb
  ▽ ICMPv6 options
      Type: 5 (MTU)
      Length: 8 bytes (1)
      MTU: 1500
  ▽ ICMPv6 options
      Type: 3 (Prefix information)
      Length: 32 bytes (4)
      Prefix length: 64
    ▷ Flags: 0xc0
      Valid lifetime: 0x00278d00
      Preferred lifetime: 0x00093a80
      Prefix: 1::
```

图 11-32 Router Advertisement 报文的详细信息

请结合图 11-32 所示的报文中所列出的各项的含义,思考以下问题:

(1) “Cur hop limit”的含义是什么?

(2) 报文中“lifetime”的含义是什么?

(3) “reachable time”的含义是什么?

(4) “retrans time”的含义是什么?

(5) 这里为什么会有“source link-layer”地址呢?

(6) Type 为 3 的 ICMPv6 options 选项中,Flags 值 OXCO 表达了什么含义?

步骤 5　Router Discovery。

查看主机上的信息:运行以下命令

Netsh interface ipv6>show route

仔细分析得出的结果,分析主机信息的变化。

步骤 6　重复地址检测(DAD)。

重复地址检测的目的是使网络中的 IPv6 地址唯一。在主机协议栈启动时,马上进行重复地址检测。在 IPv6 中,使用 Neighbor Solicitation 报文来进行 DAD。重复地址检测报文如图 11-33 所示。

```
54 295.460361 fe80::5278:1cff:fe1c:f55b ff02::1:ff1c:f55b ICMPv6 Multicast listener report
55 295.460393 fe80::5278:1cff:fe1c:f55b ff02::1:fff8:3224 ICMPv6 Multicast listener report
56 295.460423 fe80::5278:1cff:fe1c:f55b ff02::2           ICMPv6 Router solicitation
57 295.460441 ::                        ff02::1:fff8:3224 ICMPv6 Neighbor solicitation
58 295.460455 ::                        ff02::1:ff1c:f55b ICMPv6 Neighbor solicitation
59 295.460465 ::                        ff02::1:ff1c:f55b ICMPv6 Neighbor solicitation
60 295.501580 fe80::2e0:fcff:fe30:33fb  ff02::1           ICMPv6 Router advertisement
61 298.664069 192.192.169.23            Broadcast         ARP    Who has 192.192.169.23? Gratuitous ARP
62 298.960249 fe80::5278:1cff:fe1c:f55b ff02::1:ff1c:f55b ICMPv6 Multicast listener report
63 299.460251 fe80::5278:1cff:fe1c:f55b ff02::1:fff8:3224 ICMPv6 Multicast listener report
```

图 11-33　重复地址检测报文

图 11-33 中序号为 57、58、59 的报文是进行地址重复检测时所发出的 Neighbor Solicitation 报文。仔细分析其中一个 Neighbor Solicitation 报文,如图 11-34 所示。

```
▷ Frame 57 (78 bytes on wire, 78 bytes captured)
▽ Ethernet II, Src: 50:78:1c:1c:f5:5b, Dst: 33:33:ff:f8:32:24
    Destination: 33:33:ff:f8:32:24 (IPv6-Neighbor-Discovery_ff:f8:32:24)
    Source: 50:78:1c:1c:f5:5b (192.192.169.23)
    Type: IPv6 (0x86dd)
▽ Internet Protocol Version 6
    Version: 6
    Traffic class: 0x00
    Flowlabel: 0x00000
    Payload length: 24
    Next header: ICMPv6 (0x3a)
    Hop limit: 255
    Source address: ::
    Destination address: ff02::1:fff8:3224
▽ Internet Control Message Protocol v6
    Type: 135 (Neighbor solicitation)
    Code: 0
    Checksum: 0x83e4 (correct)
    Target: 1::7dd7:fbb2:17f8:3224
```

图 11-34　Neighbor Solicitation 报文的详细信息

分析报文中的信息，然后回答如下问题。

(1) 在进行 DAD 的 Neighbor Solicitation 报文中，目的地址是"node-solicitation"组播组地址，而不是单播或"all-nodes"地址，为什么？

(2) 图 11-33 中 58、59 两个报文的源地址和目的地址相同，他们是重复的报文吗？为什么？

4 IPv6 组网实验

IPv6 组网实验

4.1 实验目的

(1) 理解 IPv6 地址结构。

(2) 掌握路由器 IPv6 地址和静态路由配置方法。

4.2 实验环境

支持 IPv6 的路由器 1 台，支持 IPv6 的交换机 2 台，PC 2 台，网线若干。

4.3 实验组网

图 11-35 所示的组网图只是一个逻辑组网图，由于采用 Ethernet 组网，所以所有设备都是用以太网交换机连接起来，并用 VLAN 隔离不同逻辑链路。PC B 在 R1 的 E0/1 接口截获报文。

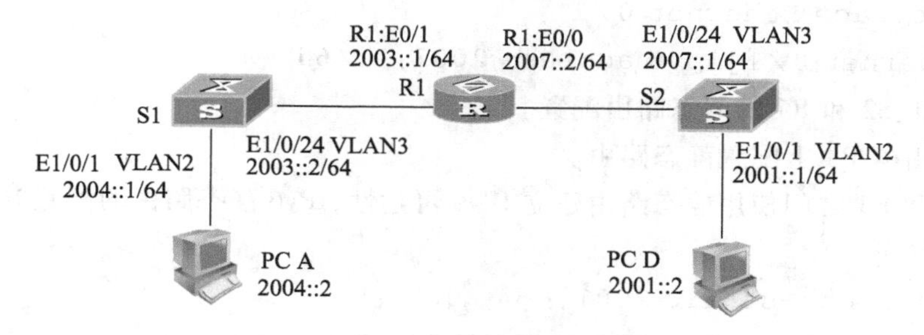

注：交换机 S1 和 S2 的端口 E1/0/1 和 E1/0/2 划分到 VLAN 2，端口 E1/0/23 和 E1/0/24 划分到 VLAN 3。

图 11-35 实验组网图

4.4 实验步骤

这个实验的目标是帮助大家熟悉 IPv6 的基本组网技术。为了达到这个目的，将整个实验分成如下两部分：建立 PC 和路由器的连接，配置 S1、S2 和 R1 的静态路由。

步骤 1 建立 PC-路由器 IPv6 连接。

这里有两个工作要做，其一是配置 PC，其二是配置路由器或交换机。

(1) PC 的配置,其中删除主机 IPv6 地址和网关的命令格式如下:

```
ipv6 adu ifindex/ipv6 address life 0
ipv6 rtu prefix ifindex/gateway life 0
```

(2) 路由器或交换机的配置。

部分参考配置如下。

① 在三层交换机 S1 上做如下配置:

```
[S1]ipv6                                              //全局使能 ipv6
[S1]interface vlan 3
[S1-vlan-interface3] ipv6 address 2003::2/64 //配置接口 IPv6 地址
[S1-vlan-interface3]quit
[S1]interface vlan 2
[S1-vlan-interface2]ipv6 address 2004::1/64
```

为了检测 PC 和交换机之间是否已经建立了 IPv6 可达性,可以在 PC 或者交换机上用 Ping 命令检测。

第二个三层交换机 S2 的配置与以上过程类似,请自行完成。

② 路由器 R1 上需要做如下配置:

```
[R1]ipv6   /全局使能 IPv6  有的路由器可省略此条命令。
[R1]interface Ethernet 0/0
[R1- Ethernet 0/0]ipv6 address 2007::2/64   /配置接口 IPv6 地址
[R1]interface Ethernet 0/1
[R1- Ethernet 0/1]ipv6 address 2003::1/64
```

步骤 2　S1、S2 和 R1 的静态路由配置。

(1) 在路由器 R1 上配置静态路由。

在 S1、S2 和 R1 之间使用静态路由建立 IPv6 可达性,IPv6 静态路由的配置方法和 IPv4 是类似的。其配置如下:

```
[R1]ipv6 route-static 2001:: 64 2007::1
[R1]ipv6 route-static 2004:: 64 2003::2
```

配置完成以后,在 R1 上的路由表如下:

```
[R1]display ipv6 routing-table
Routing Table :
        Destinations : 8        Routes : 8

Destination  : ::1                 PrefixLength : 128
NextHop      : ::1                 Preference   : 0
Interface    : InLoopBack0         Protocol     : Direct
```

```
State          : Active NoAdv        Cost          : 0
Tunnel ID      : 0x0                 Label         : NULL
Destination    : 2001::              PrefixLength  : 64
NextHop        : 2007::1             Preference    : 60
Interface      : Ethernet0/0         Protocol      : Static
State          : Active Adv GotQ     Cost          : 0
Tunnel ID      : 0x0                 Label         : NULL

Destination    : 2007::              PrefixLength  : 64
NextHop        :2007::2              Preference    : 0
Interface      : Ethernet0/0         Protocol      : Direct
State          : Active Adv          Cost          : 0
Tunnel ID      : 0x0                 Label         : NULL

Destination    : 2007::2             PrefixLength  : 128
NextHop        : ::1                 Preference    : 0
Interface      : InLoopBack0         Protocol      : Direct
State          : Active NoAdv        Cost          : 0
Tunnel ID      : 0x0                 Label         : NULL

Destination    : 2003::              PrefixLength  : 64
NextHop        : 2003::1             Preference    : 0
Interface      : Ethernet0/1         Protocol      : Direct
State          : Active Adv          Cost          : 0
Tunnel ID      : 0x0                 Label         : NULL

Destination    : 2003::1             PrefixLength  : 128
NextHop        : ::1                 Preference    : 0
Interface      : InLoopBack0         Protocol      : Direct
State          : Active NoAdv        Cost          : 0
Tunnel ID      : 0x0                 Label         : NULL

Destination    : 2004::              PrefixLength  : 64
NextHop        : 2003::2             Preference    : 60
Interface      : Ethernet0/1         Protocol      : Static
```

```
State         : Active Adv GotQ      Cost           : 0
Tunnel ID     : 0x0                  Label          : NULL

Destination   : FE80::               PrefixLength   : 10
NextHop       : ::                   Preference     : 0
Interface     : NULL0                Protocol       : Direct
State         : Active NoAdv         Cost           : 0
Tunnel ID     : 0x0                  Label          : NULL
```

请在思考的基础上回答如下问题。

① ::1 和 2001::各代表什么意思?

② 为什么会有 2007::2 这条主机路由?

(2) 配置 S1 和 S2,这里和路由器 R1 上的配置类似。

① 在 S1 上配置 IPv6 静态路由:

```
[S1]ipv6 route-static 2001:: 64 2003::1
[S1]ipv6 route-static 2007:: 64 2003::1
```

② 在 S2 上配置 IPv6 静态路由:

```
[S2]ipv6 route-static 2003:: 64 2007::2
[S2]ipv6 route-static 2004:: 64 2007::2
```

步骤 3　检验网络的连接性。

在以上所有步骤完成后,网络应该已经连通,可以在任意位置使用 ping 命令进行检验。

5　IPv6 地址解析实验

IPv6 地址解析实验

5.1　实验目的

了解前缀列表、路由器列表、目的缓存表、邻居缓存表、邻居可达状态等有关概念,以及与这些概念相关联的协议和过程。

5.2　实验环境

支持 IPv6 的路由器 1 台,支持 IPv6 的交换机 2 台,网线若干。

5.3　实验组网

实验组网如图 11-35 所示。

5.4 实验步骤

在 4.4 节实验的基础上，进行 IPv6 地址解析实验。IPv6 的地址解析分两种情况，一是源和目的在同一链路上（on-link），二是源和目的在不同链路上（off-link）。下面分别讨论。

步骤 1 on-link 实验。

（1）首先在 Address Resolution 前，在 PC D 上查看邻居的地址。

```
netsh interface ipv6>show neighbors interface=5
```

显示如下：

接口 5：realteck

Internet 地址	物理地址	类型
2001::1		不完整
fe80::5278:1cff:fe19:1097	50-78-1c-19-10-97	永久
2001::2	50-78-1c-19-10-97	永久

上面所示的地址中，fe80::5278:1cff:fe19:1097 是 PC D 的 IPv6 Link-local 地址。若看到 2001::1 的类型是“停滞”，可以断开连接再重新连接，再次查看即为以上情况。

（2）在 PC D 上启动 Wireshark 软件，并在命令行下执行 ping 命令：

C:\>ping 2001::1

此时，主机执行了 Address Resolution。再一次查看邻居的地址：

```
netsh interface ipv6>show neighbors interface=5
```

显示如下：

接口 5：realteck

Internet 地址	物理地址	类型
2001::1	50-78-1c-19-11-6a	可到达的(34 秒)
fe80::5278:1cff:fe19:1097	50-78-1c-19-10-97	永久
2001::2	50-78-1c-19-10-97	永久
fe80::5278:1cff:fe19:116a	50-78-1c-19-11-6a	停滞

这时，主机的表项中多了一项“2001::1”的记录。

（3）再来分析 Neighbor Unreachability Discovery 的处理过程。

在主机的 Neighbor Cache Entries 中，包含了多种状态，如不完整、可到达的、停滞等。在前面的实验中显示了 Neighbor Cache Entries 的 2 种状态，分别对应重新连接网线时和刚刚执行完 ping 命令之后。等待一段时间以后，执行下面的命令多次：

```
netsh interface ipv6>show neighbors interface=5
```

记录邻居状态的变化过程。

(4) 结合截获报文和邻居状态变化，简述 on-link 地址解析的全过程。

(5) 写出截获的 neighbor solicitation 和 neighbor advertisement 报文中 ICMPv6 部分的结构和相应的字段值。

思考题

邻居缓存表中每一个表项都有一个"状态"字段（Windows 称之为"类型"），其中"延迟"（Delay）和"探测"（Probe）状态是不容易看到的，请设计一个小实验，能够通过实验看到这两种状态。

步骤 2　off-link 实验。

在分析了 Address Resolution 的 on-link 之后，再分析 off-link。

(1) 首先在 PC D 上进行查看：

```
netsh interface ipv6>show destinationcache
```

接口　5：realteck

PMTU	目标地址	下一跃点地址
1500	2001::1	2001::1
1500	fe80::5278:1cff:fe19:1097	fe80::5278:1cff:fe19:1097

(2) 在 PC D 上启动 Wireshark 捕获报文，并执行 ping 命令：ping6 2007::1，以使主机执行 Address Resolution。命令完成后，再一次查看：

```
netsh interface ipv6>show destinationcache
```

接口　5：realteck

PMTU	目标地址	下一跃点地址
1500	2007::1	2001::1
1500	2001::1	2001::1
1500	fe80::5278:1cff:fe19:1097	fe80::5278:1cff:fe19:1097

再一次查看 PCD 的邻居表。可以看到主机有了目的地址为 2007::1 的记录。

```
netsh interface ipv6>show neighbors interface=5
```

接口 5：realteck

Internet 地址	物理地址	类型
2001::1	50-78-1c-19-11-6a	停滞

fe80::5278:1cff:fe19:1097	50-78-1c-19-10-97	永久
2001::2	50-78-1c-19-10-97	永久
fe80::5278:1cff:fe19:116a	50-78-1c-19-11-6a	停滞

通过实验可以发现,IPv6 的报文处理过程与 IPv4 是相同的:由默认路由到下一跳再到下一跳的物理地址。

(3) 分析截获的报文,对比 on-link 实验,比较 on-link 和 off-link 的不同。

(4) 查看截获的 neighbor advertisement 报文,请解释其中 flags 域中的 router、solicited、overfide 字段的作用是什么。

5.5 总结

在 IPv6 中,Router Discovery、Prefix Discovery 和地址解析是最基本也是最重要的协议。这些协议都是通过以下 4 种报文:Router Solicitation、Router Advertisement、Neighbor Solicitation、Neighbor Advertisement 来实现的。本实验详细分析这些协议报文的格式,以及它们之间的交互过程,帮助读者理解其工作原理。

6 OSPFv3 协议分析实验

OSPFv3 协议分析实验

6.1 实验内容

OSPFv3 协议分析实验。

6.2 实验目的

了解 OSPFv3 协议与 OSPFv2 协议的不同,理解为什么会产生这样的变化。

6.3 实验原理

6.3.1 OSPFv3 概述

OSPFv3 是 OSPF(Open Shortest Path First,开放式最短路径优先)版本 3 的简称,主要提供对 IPv6 的支持,遵循的标准为 RFC 2740(OSPF for IPv6)。

OSPFv3 和 OSPFv2 在很多方面是相同的。

(1) 同样有主干区域和非主干区域之分,有相同的区域 ID 和路由器 ID。

(2) 有相同的报文类型:都有 Hello、数据库描述(DD)、链路状态请求(LSR)、链路状态更新(LSU)和链路状态确认(LSAck)这 5 种报文。

(3) 有相同的邻居发现和邻接关系建立机制。

(4) 有基本相同的 LSA 扩散和老化机制。

(5) 有相同的域内、域间和自治系统外的路由算法。

OSPFv3 和 OSPFv2 的不同主要有以下方面。

一个比较重大的变化就是 OSPFv3 是一个独立的路由协议,不在与具体网络协议相关联,也就是说,OSPFv3 并不依赖于 IPv6,可以运行于其他类型的网络上。而 OSPFv2 是 IPv4 紧密相连的。这个变化导致了一系列的细节变化。

(1) 路由器不再使用 IP 地址作为路由器 ID,而是使用专门配置的路由器 ID。

(2) 在所有的协议报文的字段中不再包含网络地址相关内容,网络地址相关内容包含在链路状态通告报文(LSA)的载荷中。

(3) 下一跳地址不使用全局 IP 地址,而使用链路本地地址。

这些变化不可避免地要引入两种新的 LSA:链路 LSA 和域内前缀 LSA。

这样的设计使网络拓扑和网络前缀是分开传播的,路由协议具有了独立于网络协议的特性。

在功能方面,OSPFv3 希望支持组播路由,因此增加了一种新的 LSA,叫做组播成员 LSA。还有一类用于扩展的未定义的 LSA,叫做第七类 LSA。这样 OSPFv3 就比 v2 多出了 4 种 LSA,一共有 9 种 LSA。和 OSPFv2 相比,第一类和第二类基本上是相同的;第三类和第四类基本相同,只是在名称上做了重新定义;第五类是基本相同的。第六到第九类 LSA 是新增加的,第六类是组播成员 LSA,希望支持组播路由,第七类还未定义。第八和第九类 LSA 是前面所提到的链路 LSA 和域内前缀 LSA。

在扩展性方面,OSPFv3 同时运行多个实例,这为将来的扩展留下了余地。

6.3.2　OSPFv3 的协议报文

和 OSPFv2 一样,OSPFv3 也有 5 种报文类型,分别是 Hello 报文、DD 报文、LSR 报文、LSU 报文和 LSAck 报文。这 5 种报文有相同的报文头,但是它和 OSPFv2 的报文头有一些区别,其长度只有 16 字节,且没有认证字段。另外就是多了一个 Instance ID 字段,用来支持在同一条链路上运行多个实例。

OSPFv3 的报文头如图 11-36 所示。

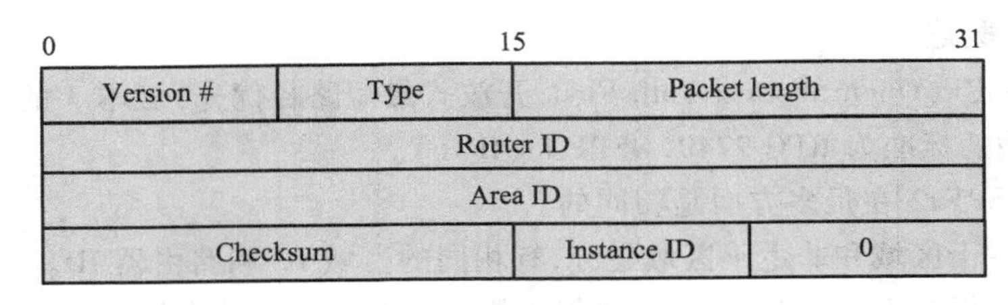

图 11-36　OSPFv3 的报文头

主要字段的解释如下。

(1) Version #:OSPF 的版本号。对于 OSPFv3 来说,其值为 3。

(2) Type:OSPF 报文的类型。数值从 1 到 5,分别对应 Hello 报文、DD 报文、LSR 报文、LSU 报文和 LSAck 报文。

(3) Packet length:OSPF 报文的总长度,包括报文头在内,单位为字节。

(4) Instance ID:同一条链路上的实例标识。

(5) 0:保留位,必须为 0。

6.3.3 OSPFv3 的 LSA 类型

LSA(Link State Advertisement,链路状态通告)是 OSPFv3 协议计算和维护路由信息的主要来源。在 RFC 2740 中定义了 7 类 LSA,描述如下。

(1) Router-LSAs:由每个路由器生成,描述本路由器的链路状态和开销,只在路由器所处区域内传播。

(2) Network-LSAs:由广播网络和 NBMA(Non-Broadcast Multi-Access)网络的 DR(Designated Router,指定路由器)生成,描述本网段接口的链路状态,只在 DR 所处区域内传播。

(3) Inter-Area-Prefix-LSAs:和 OSPFv2 中的 Type-3 LSA 类似,该 LSA 由 ABR(Area Border Router,区域边界路由器)生成,在与该 LSA 相关的区域内传播。每一条 Inter-Area-Prefix-LSA 描述了一条到达本自治系统内其他区域的 IPv6 地址前缀(IPv6 Address Prefix)的路由。

(4) Inter-Area-Router-LSAs:和 OSPFv2 中的 Type-4 LSA 类似,该 LSA 由 ABR 生成,在与该 LSA 相关的区域内传播。每一条 Inter-Area-Router-LSA 描述了一条到达本自治系统内的 ASBR(Autonomous System Border Router,自治系统边界路由器)的路由。

(5) AS-external-LSAs:由 ASBR 生成,描述到达其他 AS(Autonomous System,自治系统)的路由,传播到整个 AS(Stub 区域除外)。默认路由也可以用 AS-external-LSAs 来描述。

(6) Link-LSAs:路由器为每一条链路生成一个 Link-LSA,在本地链路范围内传播。每一个 Link-LSA 描述了该链路上所连接的 IPv6 地址前缀及路由器的 Link-local 地址。

(7) Intra-Area-Prefix-LSAs:每个 Intra-Area-Prefix-LSA 包含路由器上的 IPv6 前缀信息, Stub 区域信息或穿越区域(Transit Area)的网段信息,该 LSA 在区域内传播。由于 Router-LSA 和 Network-LSA 不再包含地址信息,导致了 Intra-Area-Prefix-LSAs 的引入。

6.3.4 LSA 的泛洪范围

LSA 的泛洪范围已经被明确地定义在 LSA 的 LS Type 字段,目前,有 3 种 LSA 泛洪范围。

(1) 链路本地范围:LSA 只在本地链路上泛洪,不会超出这个范围,该范围适用于新定义的 Link LSA。

(2) 区域范围:LSA 的泛洪范围仅仅覆盖一个单独的 OSPFv3 区域。Router LSA、Network LSA、Inter Area Prefix LSA、Inter Area Router LSA 和 Intra Area Prefix LSA 都是区域范围泛洪的 LSA。

(3) 自治系统范围:LSA 将被泛洪到整个路由域,AS External LSA 就是自治系统范围泛洪的 LSA。

6.4　实验环境

支持 IPv6 的路由器 1 台,交换机 2 台,网线若干。

6.5　实验组网

实验组网如图 11-37 所示。

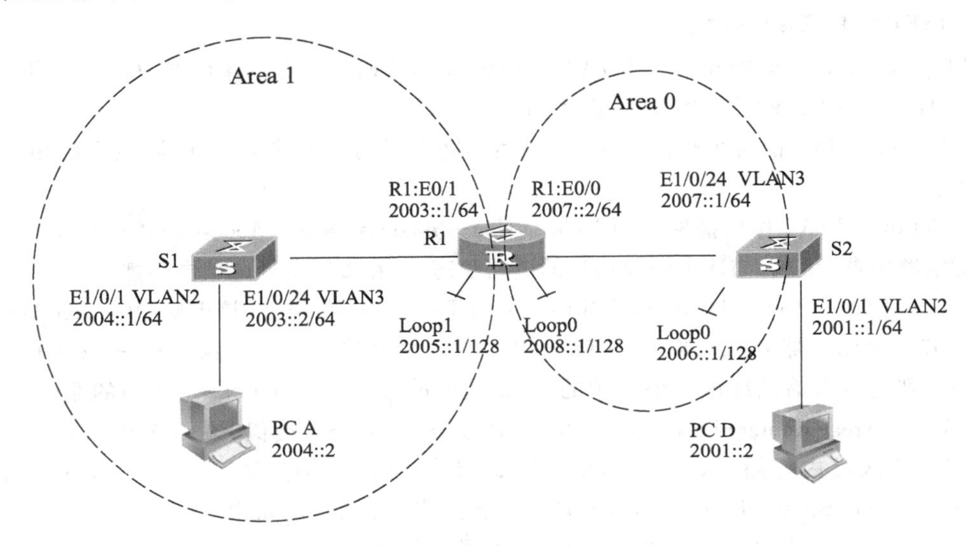

图 11-37　实验组网图

6.6　实验步骤

步骤 1　在 5.4 节实验的基础上进行 OSPFv3 实验,实验前首先删除路由器上的静态路由。

在 S1 上使用命令:

```
[S1]undo ipv6 route-static 2001:: 64
[S1]undo ipv6 route-static 2007:: 64
```

在 S2 上使用命令:

```
[S2]undo ipv6 route-static 2003:: 64
[S2]undo ipv6 route-static 2004:: 64
```

在 R1 上使用命令:

```
[R1]undo ipv6 route-static 2001:: 64
[R1]undo ipv6 route-static 2004:: 64
```

步骤 2　按照图 11-37 配置路由器各端口的 IP 地址。

在 R1 上配置 LoopBack 0 和 LoopBack 1:

```
[R1]interface LoopBack 0
[R1-LoopBack 0]ipv6 address 2008::1/128
[R1]interface LoopBack 1
[R1-LoopBack 1]ipv6 address 2005::1/128
```

在 S2 上配置 LoopBack 0：

```
[S2]interface LoopBack 0
[S2-LoopBack 0]ipv6 address 2006::1/128
```

步骤 3 在路由器 R1 上启动 OSPFv3 协议,并在接口上指定相应的 OSPF 区域。

```
[R1]ospfv3 1
[R1-ospfv3-1]router-id 2.2.2.2
[R1]interface Ethernet 0/0
[R1-Ethernet0/0]ospfv3 1 area 0
[R1]interface Ethernet 0/1
[R1-Ethernet0/1]ospfv3 1 area 1
[R1]interface LoopBack 0
[R1-LoopBack0]ospfv3 1 area 0
[R1]interface LoopBack 1
[R1-LoopBack1]ospfv3 1 area 1
```

注意:router-id 和 router id 都是合法的命令,但二者的含义不同。此处容易出错。

步骤 4 在交换机 S1 和 S2 上启动并配置 OSPFv3 协议。

S2 的配置如下：

```
[S2]ospfv3 1
[S2-ospfv3-1]router-id 3.3.3.3
[S2-ospfv3-1]import-route direct     //引入直连路由
[S2-ospfv3-1]quit
[S2] interface vlan 3
[S2-vlan-interface 3]ospfv3 1 area 0
[S2]interface LoopBack 0
[S2-LoopBack0]ospfv3 1 area 0
```

在 PC B 上运行 Wireshark 软件,在 S1 和 R1 之间截获报文,然后在 S1 上进行如下配置：

```
[S1]ospfv3 1
[S1-ospfv3-1]router-id 1.1.1.1
[S1-ospfv3-1]quit
[S1]interface vlan 2
[S1- vlan-interface 2]ospfv3 1 area 1
```

```
[S1]interface vlan 3
[S1-vlan-interface 3]ospfv3 1 area 1
```

步骤 5　报文捕获分析。

完成上述的配置，当路由器成功建立邻居关系并交换路由信息之后，在 PC B 上停止报文捕获，可以得到如图 11-38 所示的结果。

No.	Time	Source	Destination	Protocol	Length	Info
53	68.214397	fe80::2e0:fcff:fe48	ff02::5	OSPF	94	Hello Packet
100	78.315449	fe80::2e0:fcff:fe48	ff02::5	OSPF	90	Hello Packet
126	81.547299	fe80::2e0:1ff:fe00:	ff02::5	OSPF	94	Hello Packet
132	82.032798	fe80::2e0:fcff:fe48	fe80::2e0:1ff:fe00:	OSPF	82	DB Description
133	82.033547	fe80::2e0:1ff:fe00:	fe80::2e0:fcff:fe48	OSPF	82	DB Description
134	82.036924	fe80::2e0:fcff:fe48	fe80::2e0:1ff:fe00:	OSPF	342	DB Description
135	82.038851	fe80::2e0:1ff:fe00:	fe80::2e0:fcff:fe48	OSPF	118	LS Request
136	82.040346	fe80::2e0:1ff:fe00:	fe80::2e0:fcff:fe48	OSPF	322	DB Description
137	82.042097	fe80::2e0:fcff:fe48	fe80::2e0:1ff:fe00:	OSPF	82	DB Description
138	82.044291	fe80::2e0:fcff:fe48	ff02::5	OSPF	238	LS Update
139	82.071560	fe80::2e0:1ff:fe00:	ff02::5	OSPF	194	LS Update
143	82.354217	fe80::2e0:fcff:fe48	ff02::5	OSPF	130	LS Acknowledge
144	82.354221	fe80::2e0:fcff:fe48	fe80::2e0:1ff:fe00:	OSPF	118	LS Request
145	82.381921	fe80::2e0:1ff:fe00:	fe80::2e0:fcff:fe48	OSPF	274	LS Update
148	83.051417	fe80::2e0:1ff:fe00:	ff02::5	OSPF	150	LS Acknowledge
155	84.051501	fe80::2e0:fcff:fe48	ff02::5	OSPF	150	LS Acknowledge
156	84.052783	fe80::2e0:fcff:fe48	ff02::5	OSPF	114	LS Update
161	85.060957	fe80::2e0:1ff:fe00:	ff02::5	OSPF	90	LS Acknowledge
162	85.062823	fe80::2e0:fcff:fe48	ff02::5	OSPF	126	LS Update
164	86.070895	fe80::2e0:1ff:fe00:	ff02::5	OSPF	90	LS Acknowledge
168	87.071886	fe80::2e0:1ff:fe00:	ff02::5	OSPF	210	LS Update
172	88.092130	fe80::2e0:fcff:fe48	ff02::5	OSPF	130	LS Acknowledge
173	88.094499	fe80::2e0:fcff:fe48	ff02::5	OSPF	130	LS Update
174	88.416721	fe80::2e0:fcff:fe48	ff02::5	OSPF	94	Hello Packet
175	89.100523	fe80::2e0:1ff:fe00:	ff02::5	OSPF	90	LS Acknowledge
176	91.549963	fe80::2e0:1ff:fe00:	ff02::5	OSPF	94	Hello Packet
178	98.517782	fe80::2e0:fcff:fe48	ff02::5	OSPF	94	Hello Packet
180	101.550555	fe80::2e0:1ff:fe00:	ff02::5	OSPF	94	Hello Packet
184	108.618913	fe80::2e0:fcff:fe48	ff02::5	OSPF	94	Hello Packet
185	111.558948	fe80::2e0:1ff:fe00:	ff02::5	OSPF	94	Hello Packet

```
⊞ Frame 126: 94 bytes on wire (752 bits), 94 bytes captured (752 bits)
⊞ Ethernet II, Src: StrandLi_00:00:07 (00:e0:01:00:00:07), Dst: IPv6mcast_00:00:00:05 (33:33:00:00:00:05)
⊞ Internet Protocol Version 6, Src: fe80::2e0:1ff:fe00:7 (fe80::2e0:1ff:fe00:7), Dst: ff02::5 (ff02::5)
⊟ Open Shortest Path First
  ⊟ OSPF Header
      OSPF Version: 3
      Message Type: Hello Packet (1)
      Packet Length: 40
      Source OSPF Router: 3.3.3.3 (3.3.3.3)
```

图 11-38　PC B 上截获的报文

思考题

1. 请根据捕获报文，简述路由器在启动 OSPFv3 后建立邻接关系及同步 LSDB 的过程。
2. 查看 OSPFv3 的 Hello 报文内容，报文的源地址类型为________，目的地址类型为________，报文中是否携带有 IPv6 地址信息？

步骤 6　LSDB 分析。

(1) 查看 R1 中的 OSPFv3 路由表：

```
<R1>display ipv6 routing-table
Routing Table :
        Destinations : 11      Routes : 11
```

```
Destination  : ::1                  PrefixLength : 128
NextHop      : ::1                  Preference   : 0
Interface    : InLoopBack0          Protocol     : Direct
State        : Active NoAdv         Cost         : 0
Tunnel ID    : 0x0                  Label        : NULL

Destination  : 2001::               PrefixLength : 64
NextHop      : FE80::2E0:1FF:FE00:7 Preference   : 10
Interface    : Ethernet0/0          Protocol     : OSPFv3
State        : Active Adv           Cost         : 1
Tunnel ID    : 0x0                  Label        : NULL

Destination  : 2003::               PrefixLength : 64
NextHop      : 2003::1              Preference   : 0
Interface    : Ethernet0/1          Protocol     : Direct
State        : Active Adv           Cost         : 0
Tunnel ID    : 0x0                  Label        : NULL
…
```

(2) 查看 LSDB 信息：

```
<R1>display ospfv3  lsdb
    OSPFv 3 Router with ID (2.2.2.2) (Process 1)
            Link-LSA (Interface Ethernet0/0)
Link State ID  Origin Router    Age   Seq#        CkSum   Prefix
0.0.2.130      2.2.2.2          0236  0x80000004  0x5b57    1
0.0.0.3        3.3.3.3          1472  0x80000001  0xdf69    1

             Link-LSA (Interface Ethernet0/1)
Link State ID  Origin Router    Age   Seq#        CkSum   Prefix
0.0.0.129      1.1.1.1          0406  0x80000003  0x22b8    1
0.0.3.2        2.2.2.2          0078  0x80000003  0xec49    1

             Router-LSA (Area 0.0.0.0)
Link State ID  Origin Router    Age   Seq#        CkSum   Link
0.0.0.0        2.2.2.2          0240  0x8000000e  0x7df7    1
0.0.0.0        3.3.3.3          0238  0x80000007  0x5d9b    1
```

```
              Network-LSA (Area 0.0.0.0)
Link State ID  Origin Router    Age    Seq#         CkSum
0.0.0.3        3.3.3.3          0243   0x80000002 0x8084
...
```

以上输出显示了 R1 的链路状态数据库摘要信息,如果想查看更详细的 LSDB 信息,可以使用如下命令:

```
<R1>display ospfv3  lsdb ?
  external          External link states
  inter-prefix      Inter-area Prefix link states
  inter-router      Inter-area Router link states
  intra-prefix      Intra-area Prefix link states
  link              link states
  network           Network link states
  router            Router link states
  <cr>
```

思考题

查看 R1 的 LSDB,其中的 Router-LSA 和 Network-LSA 中是否包含地址前缀信息? OSPFv3 为什么要增加 Link-LSA 和 Intra-Area-Prefix-LSA 这两类 LSA? 分别解释它们的作用。

6.7 总结

本实验通过配置和抓包分析 OSPFv3,理解 OSPFv3 协议的原理。

预习报告

1. 复习 IPv6 报文结构,写出 IPv6 报文首部中各字段名称、字段作用。
2. 简述主机配置 IPv6 地址的方式。
3. 简述 IPv6 路由和前缀发现的过程。
4. 简述地址解析的过程。
5. 简述实验中静态路由的配置方法。
6. 简述 OSPFv3 路由协议的配置方法。

实验十二　MPLS 技术实验[1]

1　实验内容

实验十二
内容简介

（1）MPLS 的原理、配置及转发过程的分析。

（2）配置 MPLS VPN（MPLS L3VPN），分析其原理及实现。

2　MPLS 技术实验

MPLS 技术
实验

2.1　实验目的

（1）熟悉实现 MPLS 转发的基本配置。

（2）掌握 MPLS 转发数据的原理。

（3）掌握 LDP 和标记的转发流程。

2.2　实验原理

MPLS（Multiprotocol Label Switching）是多协议标签交换的简称，它用短而定长的标签来封装分组。MPLS 从各种链路层（如 PPP、ATM、帧中继、以太网等）得到链路层服务，又为网络层提供面向连接的服务。MPLS 能从 IP 路由协议和控制协议中得到支持，同时还支持基于策略的约束路由，路由功能强大、灵活，可以满足各种新应用对网络的要求。这种技术早期起源于 IPv4，但其核心技术可扩展到多种网络协议（IPv6、IPX、Appletalk、DECnet、CLNP 等）。MPLS 最初是用来提高路由器的转发速度而提出的一个协议，但是由于其固有的优点，它的用途已不仅仅局限于此，还在流量工程（Traffic Engineering）、VPN、QoS 等方面得到广泛的应用，从而日益成为大规模 IP 网络的重要标准。

2.2.1　MPLS 基本概念

1. 标签

标签为一个长度固定、具有本地意义的短标识符，用于标识一个 FEC（Forwarding Equiva-

---

[1] 因设备数量关系，在线实验平台暂不支持本实验。

lence Class，转发等价类）。特定分组上的标签代表分配给该分组的 FEC。

2. 标签分配和分发

在 MPLS 体系中，将特定标签分配给特定 FEC 的决定由下游 LSR 作出，下游 LSR 随后通知上游 LSR。即标签由下游指定，分配的标签按照从下游到上游的方向分发。

3. 标签分发方式

MPLS 中使用的标签分发方式有两种：下游自主标签分发和下游按需标签分发。

对于一个特定的 FEC，LSR 无须从上游获得标签请求消息即进行标签分配与分发的方式，称为下游自主标签分配。对于一个特定的 FEC，LSR 获得标签请求消息之后才进行标签分配与分发的方式，称为下游按需标签分配。具有标签分发邻接关系的上游 LSR 和下游 LSR 之间必须对使用哪种标签分发方式达成一致。

4. 标签保持方式

标签保持方式分为两种：自由标签保持方式和保守标签保持方式。例如，路由器 Ru、Rd，对于特定的一个 FEC，如果 LSR Ru 收到了来自 LSR Rd 的标签绑定：当 Rd 不是 Ru 的下一跳时，如果 Ru 保存该绑定，则称 Ru 使用的是自由标签保持方式；如果 Ru 丢弃该绑定，则称 Ru 使用的是保守标签保持方式。当要求 LSR 能够迅速适应路由变化时可使用自由标签保持方式；当要求 LSR 中保存较少的标签数量时可使用保守标签保持方式。

5. 标签的结构

标签的封装结构如图 12-1 所示。

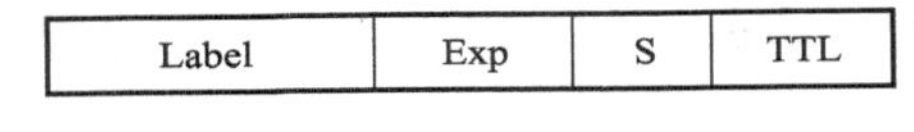

图 12-1　标签的封装结构

标签位于链路层包头和网络层分组之间，长度为 4 个字节。标签共有以下 4 个域。

（1）**Label**：标签值，长度为 20 bits，用于转发的指针。

（2）**Exp**：3 bits，保留，用于试验。

（3）**S**：1 bits，MPLS 支持标签的分层结构，即多重标签。值为 1 时表明为最底层标签。

（4）**TTL**：8 bits，和 IP 分组中的 TTL 意义相同。

6. 标签在分组中的位置

标签在分组中的封装位置如图 12-2 所示。

以太网/SONET/SDH分组	以太网报头/PPP报头	Label	三层数据
帧模式ATM分组	ATM报头	Label	三层数据
信元模式的ATM分组	VPI/VCI		三层数据

图 12-2　标签在分组中的封装位置

2.2.2 MPLS 体系结构

1. MPLS 网络结构

如图 12-3 所示，MPLS 网络的基本构成单元是标签交换路由器 LSR（Label Switching Router），由 LSR 构成的网络叫做 MPLS 域，位于区域边缘和其他用户网络相连的 LSR 称为边缘 LSR（Labeled Edge Router），位于区域内部的 LSR 则称为核心 LSR。核心 LSR 可以是支持 MPLS 的路由器，也可以是由 ATM 交换机等升级而成的 ATM-LSR。分组被打上标签后，沿着由一系列 LSR 构成的标签交换路径 LSP（Label Switched Path）传送，其中入口 LER 叫 Ingress，出口 LER 叫 Egress。

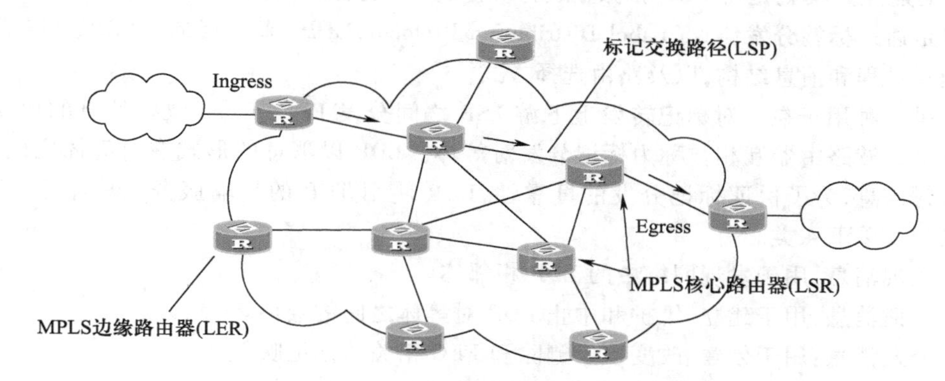

图 12-3 MPLS 基本原理

2. 标签报文的转发

在 Ingress 节点，将进入网络的分组根据其特征划分成转发等价类 FEC（Forwarding Equivalence Class）。一般根据 IP 地址前缀或者主机地址来划分 FEC。这些具有相同 FEC 的分组在 MPLS 区域中将经过相同的路径（即 LSP）。LSR 对到来的 FEC 分组分配一个短而定长的标签，然后从相应的接口转发出去。

在 LSP 沿途的 LSR 上都已建立了输入/输出标签的映射表（该表的元素叫下一跳标签转发表项，简称 NHLFE，Next Hop Label Forwarding Entry）。对于接收到的标签分组，LSR 只需根据标签从表中找到相应的 NHLFE，并用新的标签来替换原来的标签，然后对标签分组进行转发，这个过程叫输入标签映射 ILM（Incoming Label Map）。

MPLS 在网络入口处指定特定分组的 FEC，后续路由器只需查找标签映射表转发即可，比常规的网络层转发要简单得多，转发速度得以提高。

说明

TTL 处理：标签化分组时必须将原 IP 分组中的 TTL 值复制到标签中的 TTL 域。LSR 在转发标签化分组时，要对栈顶标签的 TTL 域作减一操作。标签出栈时，再将栈顶的 TTL 值复制回 IP 分组或下层标签。

但是，当 LSP 穿越由 ATM-LSR 或 FR-LSR 构成的非 TTL LSP 段时，域内的 LSR 无法处理 TTL 域。这时，需要在进入非 TTL LSP 段时对 TTL 进行统一处理，即一次性减去反映该非 TTL LSP 段长度的值。

2.2.3　LSP 的建立

LSP 的建立其实就是将 FEC 和标签进行绑定，并将这种绑定通告 LSP 上相邻 LSR 的过程。这个过程是通过**标签分发协议**(Label Distribution Protocol，**LDP**)来实现的。LDP 规定了 LSR 间的消息交互过程和消息结构，以及路由选择方式。

LDP 是一种用于在一对标记转发上下游 LSR 之间分发 FEC-Label 映射信息的协议。这对标记转发上下游路由器互相被称为标记分发对等体。LDP 以消息的形式在对等体之间分发、维护标记映射信息，为了保证标记分发的可靠性，LDP 使用 TCP 的传输服务。总体上，所有 LDP 消息可以分为以下 4 类。

(1) 发现消息：用于发现网络中的 LDP 相邻体。

(2) 会话消息：用于建立、维护和中止 LDP 对等体之间的会话。

(3) 分发消息：用于创建、改变以及删除和 FEC 相关的标记映射。

(4) 通知消息：用于提供建议或错误通知信息。

利用这些消息，LDP 大致工作过程如图 12-4 所示。

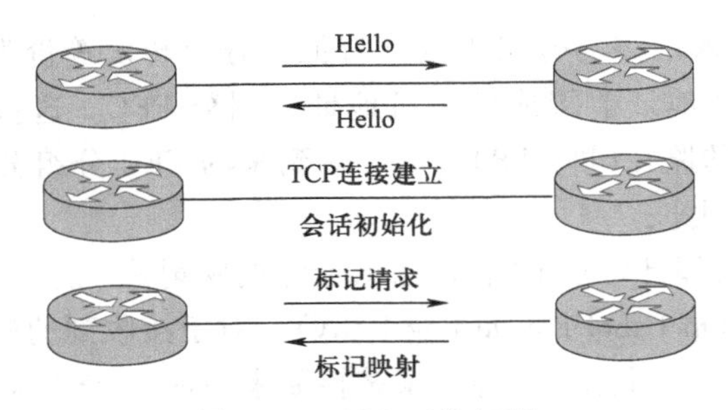

图 12-4　LDP 工作过程

从图 12-4 可以看到，两个 LDP 对等体首先发现对方，然后和对方建立 TCP 连接，在连接上，建立会话，最终在会话上传输标记请求和标记映射消息。

1. LDP 发现

从邻居发现的角度看，必须有一个标识不同 LSR 的 ID，否则无法区分不同的邻居。LDP 使用一个叫做 LSR ID 的 4 字节数标识不同的 LSR。由于同一个 LSR 上可能存在完全不同的标记空间(例如，ATM 交换机每个接口的 VCI 是处于不同空间中的)，所以从标记分发的角度应该区分同一 LSR 上不同标记空间，LDP 使用一个 2 字节的无符号整数来标识标记空间。LDP 使用由

LSR ID 和标记空间标识组成的被称为 LDP 标识符的 6 字节无符号整数标识，作为一个独立的标记分发对等体。

LDP 有两种发现邻居机制：一是基本发现机制，二是扩展发现机制。

基本发现机制用于发现通过物理链路直接相连的 LSR，LSR 利用承载在目的地址为组播地址 224.0.0.2（网段上所有路由器）UDP 报文上的 Hello 消息向网段内所有路由器声明自己的存在，当然这个 UDP 报文的目的端口号是用于指示其中包含 LDP 的 646。

而扩展发现机制用于发现非直接相连（手工配置的）LDP 邻居，LSR 利用承载在目的地址为手工配置的特定 LSR 地址的 UDP 报文上的 Hello 消息，向这个配置的邻居声明自己的存在，这个 UDP 报文的目的端口号也是 646。

Hello 消息并不是直接承载在 UDP 报文上，而是封装在图 12-5 所示的 LDP PDU 头部之后，一个 LDP PDU 可以包含多个不同 LDP 消息。

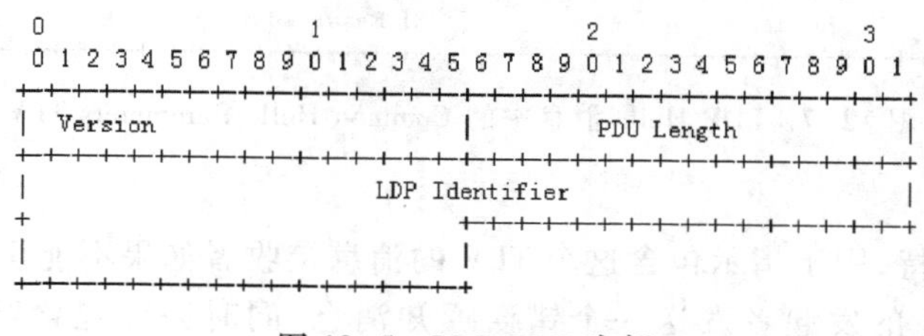

图 12-5　LDP PDU 头部

其中：

Version 字段表示 LDP 版本号，目前为 1。

PDU Length 表示整个 PDU 的长度，不包括 PDU Length 和 Version 域的长度。

LDP Identifier 是指 6 个字节的 LDP 标识符。

尽管这两种机制处理方式并不一样，但是都利用基本一样的 Hello 消息，图 12-6 所示为 Hello 消息的格式。

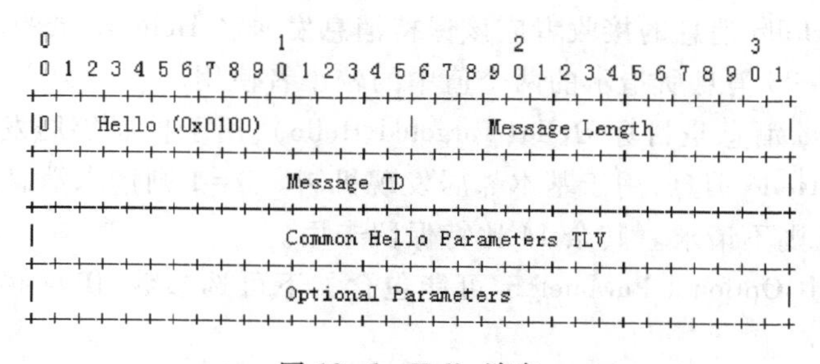

图 12-6　Hello 消息

Hello 消息的第一个比特通常叫做 U 比特，用于指示在消息接收者不能识别这个消息的类型（随后的 15 比特域）情形下的处理方法：为 0 则向发送者发送一个错误通知消息，为 1 则安静地忽略这个消息。

随后的 15 位域用于指示消息的类型,这里的 0x0100 就是指 Hello 消息。Message Length 用于指示从 Message ID 域开始(包括 Message ID 域)的 Hello 消息的长度。

Message ID 域用于给 Hello 消息编号,以便于在其他消息(如错误通知消息)中指示和这个消息相关的信息。

Common Hello Parameters TLV 中包含所有 Hello 消息中必须包含的 TLV,这里的 TLV 是指形如<Type, Length, Value>的对象数据结构,事实上 Hello 消息本身就是一个 TLV,只不过它的 Value 中又是一些 TLV 罢了。Optional Parameters 域中则包含一些可选的 TLV。

LDP Hello 消息中 Common Hello Parameters TLV 结构如图 12-7 所示。

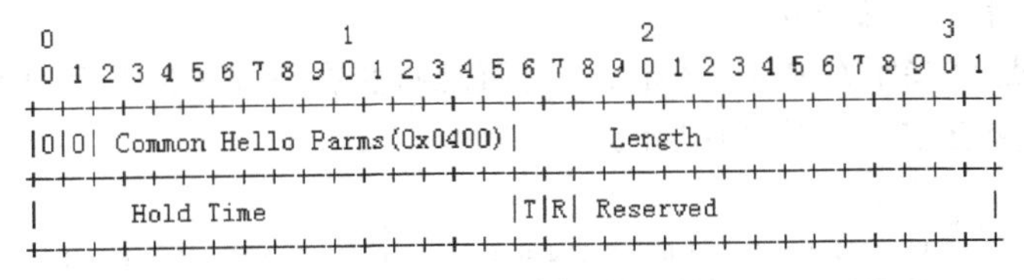

图 12-7 LDP Hello 消息中的 Common Hello Paremeters TLV

其中:

第 1 位叫做 U 比特,用于指示包含这个 TLV 的消息接收者如果不能识别这个 TLV 时的处理方式:U=0 则要向消息的发起者发送一个错误通知消息,同时丢弃包含这个 TLV 的整个消息;U=1 则安静地忽略这个 TLV,继续其他 TLV 的处理。

第 2 位叫做 F 比特,这个比特只在 U=1 时才有用。如果 F=0,未知的 TLV 不会随包含它的消息被转发;如果 F=1,未知的 TLV 则会随着包含它的消息一起被转发。

随后 14 位域是用于指示这个 TLV 的类型的,这里的 0x0400 表示 Common Hello Parameters TLV。

Length 域用于指示从 Hold Time 开始(包括 Hold Time 域)的 TLV 其余部分的长度,实际上就是指这个 TLV Value 部分的长度。

Hold Time 指示 Hello 消息的接收者应该保持消息发送者 Hello 纪录的时长,交互 Hello 消息的双方会选取双方 Hello 消息所指示的两个值中的较小者使用。

T=1 指示该 Hello 消息是目标 Hello(Targeted Hello),用于扩展邻居发现机制;T=0 则表明该 Hello 消息是链路 Hello 消息,用于基本邻居发现机制。R=1 则请求消息接收者向消息发送者回应目标 Hello,R=0 则不请求。其余 14 比特保留未用。

LDP Hello 消息中 Optional Parameters 可能包含如下可选参数:IPv4 传输地址、IPv6 传输地址和配置序列号。

作为一个总结,这里给出利用 Hello 消息来进行邻居发现的大致处理过程。

对于基本发现机制:LSR 构造一个 Hello 消息,在其中填上相应的参数,需要注意的是 Hold Time,T、R 比特都置为 0,然后将这个 Hello 消息放在一个 LDP PDU 中,LDP PDU 中填入 LSR ID 和标记空间标识组成的 LDP 标识符,然后将这个 PDU 封装在目的地址为 224.0.0.2、目的端口为 646 的 UDP 数据包中发送出去。这个 Hello 消息被它的直接链路邻居收到后，这个 LSR 就被它的邻居发现了。

对于扩展发现机制：假定 LSRA 和 LSRB 并非直接相连，它们互相配置为对方的 LDP 邻居。LSRA 的动作为：构造一个 Hello 消息，在其中填上相应的消息，如 Hold Time 等，特别的，这里的 T=1、R=1，然后将这个 Hello 消息放在一个 LDP PDU 中，LDP PDU 中填入 LSR ID 和标记空间标识组成的 LDP 标识符，然后将这个 PDU 封装在目的地址为 LSRB 的地址、目的端口为 646 的 UDP 数据包中发送出去。LSRB 收到这个数据包以后就发现了 LSRA，同时 LSRB 也会给 LSRA 回应 Hello 报文。

Hello 报文不仅仅用于建立 Hello 邻接体，而且还用于维护 Hello 邻接体。Hello 邻接体中的任何一方都用周期性的 Hello 报文证明自己的存在。显然，Hello 报文的发送间隔应该小于 Hold Time，一般为 Hold Time 的 1/3。

当一对 LDP LSR 互相发现了对方的存在以后，就可以建立两者之间用于标记分发的会话了。

2. LDP 会话建立和维护

为了保证 LDP 会话的可靠性，LDP 会话使用 TCP 的传输服务，所以建立 LDP 会话的第一个步骤就是在一对 Hello 对等体之间建立 TCP 连接。

当一个 LSR LSRA 发现了一个新的邻接关系<LSRA:a,LSRB:b,L>之后，它就会检查是否已经有一个 TCP 连接在为标记空间对<LSRA:a,LSRB:b>服务，如果没有就准备建立一个，并在此基础上建立会话，并标识此会话为 Hello 邻接体<LSRA:a,LSRB:b,L>。如果已经存在一个 TCP 连接为此标记空间对服务，就标识基于此 TCP 连接的会话为邻接关系<LSRA:a,LSRB:b,L>服务（当然，当一个会话所服务的邻接关系数目为 0 时，此会话必须被终止）。显然，会话并没有考虑前面那个三元组的最后一元即链路的，这样可以节省资源。

建立一个 TCP 连接的第一个步骤是确定传输连接双方所使用的 IP 地址。本端 IP 地址决定于是否在 Hello 消息选项中向对端通报传输地址选项（IPv4 或 IPv6），如果曾经通报过，那么就使用通报的那个地址作为传输地址，否则，就使用发送 Hello 消息的源 IP 地址作为本端传输地址。相应的，对端传输地址的确定也是类似的：如果对端曾经在 Hello 消息选项中包含了一个传输地址，那么就使用这个地址作为对端传输地址，否则就使用对端发过来的 Hello 消息的源地址作为对端传输地址。

确定了双方传输地址以后，协议规定传输地址大的那一方在随后的会话建立过程中为主动方，另一方为被动方。主动方会主动发起 TCP 连接建立过程（即先发出 SYN 标记置位的 TCP 报文），被动方则被动等待连接请求的到来，三次握手以后，TCP 连接就建立起来了。

TCP 连接建立以后，双方就开始会话初始化过程。会话初始化过程的主要目的是协商 LDP 版本号、标记分发方式、定时器参数、标记范围等参数。具体的会话初始化过程是由主动方首先向被动方发初始化消息开始的。初始化消息（Initialization Message）格式如图 12-8 所示。

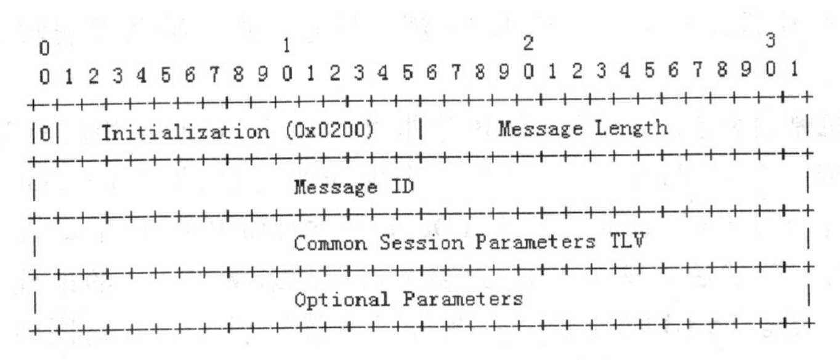

图 12-8　LDP Initialization 消息

其中,U 比特、Type、Message Length 以及 Message ID 有和 Hello 消息一样的含义。Initialization 消息中的 Common Session Parameters TLV 格式如图 12-9 所示。

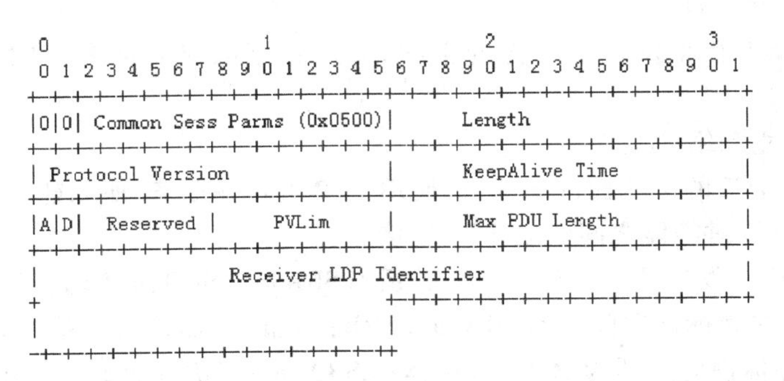

图 12-9　LDP Initialization 消息中的 Common Session Parameters TLV

Common Session Parameters TLV 中的 U 比特、F 比特、Type 以及 Length 字段具有和 Hello 消息中的 Common Hello Parameters TLV 中相同的含义。

Protocol Version 用于指示本端 LDP 版本号,这里描述的 LDP 版本为 1。

KeepAlive Time 字段则用于指示消息发送方建议的 KeepAlive Time,KeepAlive Time 是 TCP 连接上从成功接收到一个 PDU 到接收到下一个 PDU 的最长秒数。当然,每收到一个 PDU Keep-Alive 定时器就会被重置。KeepAlive 定时器超时以后,会话必须被终止。

A 比特用于指示发送方的标记分发方式:A=0 表示 DU(下游自主)方式,A=1 表示 DOD(下游按需)方式,双方必须就标记分发方式达成一致。

D 比特用于指示是否使能基于路径向量(Path Vector)的环路检测功能。环路检测将在后续章节讨论。如果使能基于路径向量的环路检测,PVLim(Path Vector Limit)域用于指示路径向量的最大长度。

Max PDU Length 用于指示消息发送方建议的最大 PDU 长度,双方最后使用的最大 PDU 长度必须是双方所建议之较小者。

Receiver LDP Identifier 用于指示发送方计划与之建立 LDP 会话的接收方标记空间。接收方可以利用发送方的 LDP Identifier 和这个接收方 LDP Identifier 和它的一个 Hello 邻接关系相匹配。如果找不到任何的匹配,则接收方会发出错误通知消息,并终止会话。

LDP Initialization 消息中的可选参数目前包括 ATM Session Parameters 和 Frame Relay Session Parameters,这些选项用于在 ATM 或帧中继接口上和这两个协议相关的一些参数,如接口标记范围、接口的 MPLS 能力等。

总体上,LDP 会话初始化过程如下。

当被动方收到主动方发出的会话初始化消息以后,如果对方建议的参数可以接受,就用一个 Initialization 消息向对方表达自己关于这些参数的建议,否则就发出错误通知并终止连接。

主动方收到一个 Initialization 消息以后,检查对方参数是否可以接受,如果可以,那么就给被动方回应一个 KeepAlive 消息(KeepAlive 消息格式如图 12-10 所示),否则就发错误通知消息给对方并终止连接。

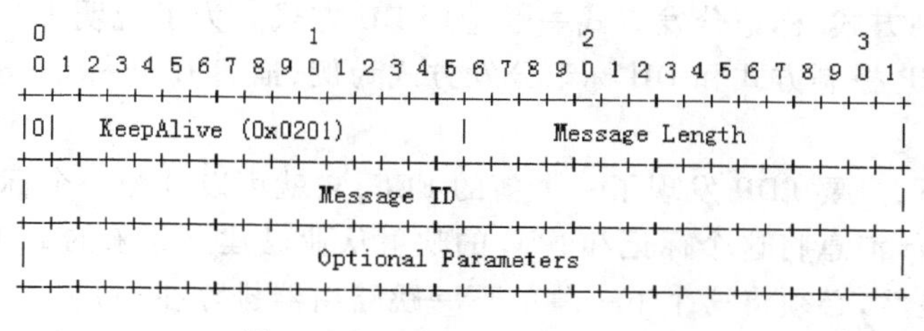

图 12-10　LDP KeepAlive 消息

任何一方收到来自对方的 KeepAlive 消息后,就会认为 LDP 会话已经处于操作(Operational)状态了。KeepAlive 消息非常简单,只有一个通用的消息头,目前未定义任何选项。当会话上没有其他消息要传输时,就传输 KeepAlive 消息以向对方证实自己的存在。

作为一个总结,图 12-11 所示为一个 LDP 会话初始化过程的示意图。

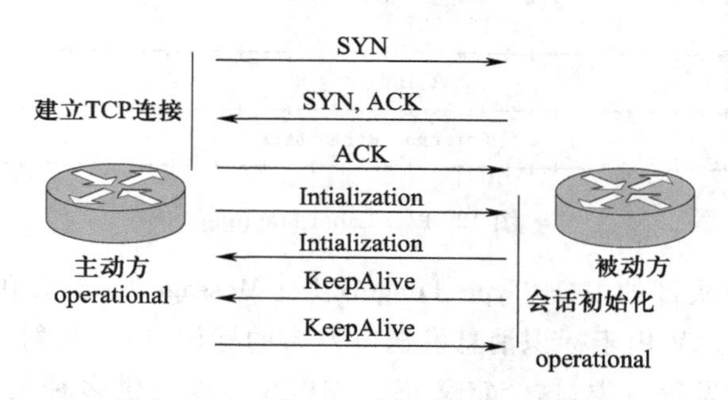

图 12-11　LDP 会话初始化过程示意图

由以上过程可以知道,无论是 TCP 连接建立的发起还是会话初始化的发起,都是由主动方负责的,而被动方只是消极等待。所以如果由于双方参数不兼容而终止连接,主动方必须不断重复尝试建立连接。为了避免网络带宽的无谓浪费,主动方两次尝试之间的时间间隔是按指数规律增长的。这样有可能出现这样的问题:一段时间以后,被动方已经更改了配置,但是被动方不得不等待主动方下一次连接建立的尝试,这可能会等很长时间。为了解决这个问题,被动方就可以在 Hello 消息选项中声明新的配置序列号(见上一节)。这样主动方就可以知道被动方已经改变了配置,它就可以无须等待而立即发起连接建立过程。

会话初始化过程以后,就可以在会话上利用 LDP PDU 进行标记分发的操作了。

3. 标记分发和管理

LDP 的核心任务就是标记分发。标记分发就是指一个 LSR 告知它的标记分发对等体关于特定 FEC 和标记的映射关系,这样当它的对等体向它转发属于这个 FEC 的数据包时,只需打上相应的标记就可以了。

正如前面章节中所描述的那样,标记分发有 DU(下游自主)和 DOD(下游按需)两种不同的方式,从全局上看,LSP 有两种不同的控制方式:有序的和独立的。对于逐跳路由应用而言,一般采用独立的 LSP 控制方式,标记分发方式一般选用 DU 方式。为了说明 LDP 标记分发的基本思想,这里以独立的 LSP 控制方式和 DU 标记分发方式为例,描述 LDP 标记分发的操作过程,其他组合与此类似。

在这样的前提下,只要 LDP 发现了一个新的 FEC,它就可以分配一个标记给这个 FEC,并且用 LDP Label Mapping 消息将这个标记和 FEC 的映射从业已建立起来的 LDP 会话上分发给它的所有 LDP 对等体(显然,必须将这个下一跳的下一跳路由器排除在外)。

这里讨论的 Label Mapping 消息格式如图 12-12 所示。

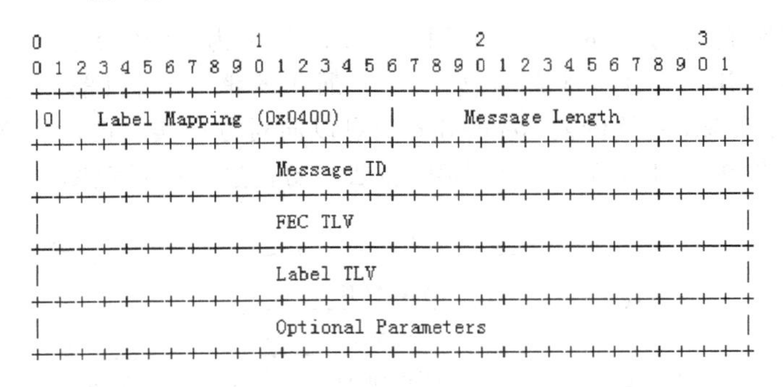

图 12-12　Label Mapping

Label Mapping 消息头部的 U、F、Type、Length 以及 Message ID 含义和以前讨论的消息类似。

Label TLV 和 FEC TLV 用于标识消息发送方发布的标记、FEC 映射。

FEC 的定义就是转发等价类,这个定义正是 MPLS 可以提供多种灵活服务的原因之一。但是,为了便于理解,这里只考虑传统意义上的 FEC:网络层目的地址(事实上,在绝大多数的应用中,FEC 至少部分包含网络层目的地址)。

图 12-13 所示是 LDP 定义的用于表示 FEC 的 TLV,FEC TLV 用于标记分发所使用的相关消息中。

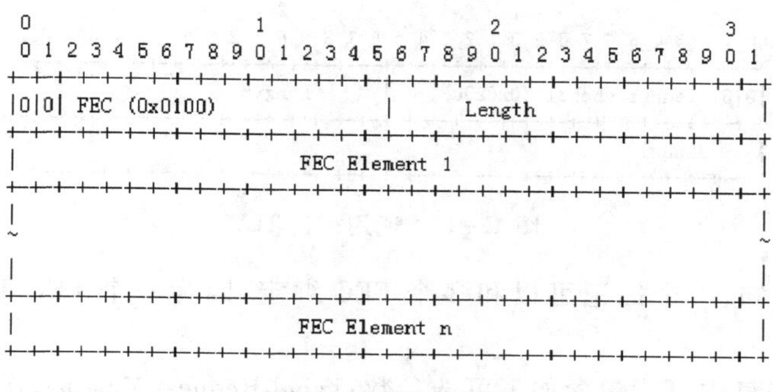

图 12-13 FEC TLV

其中的 U、F、Type、Length 字段如以前所述。有 3 种不同的 FEC Element：Wildcard(通配)、前缀和主机地址。三者都是 TLV 形式，编码如图 12-14～图 12-16 所示。

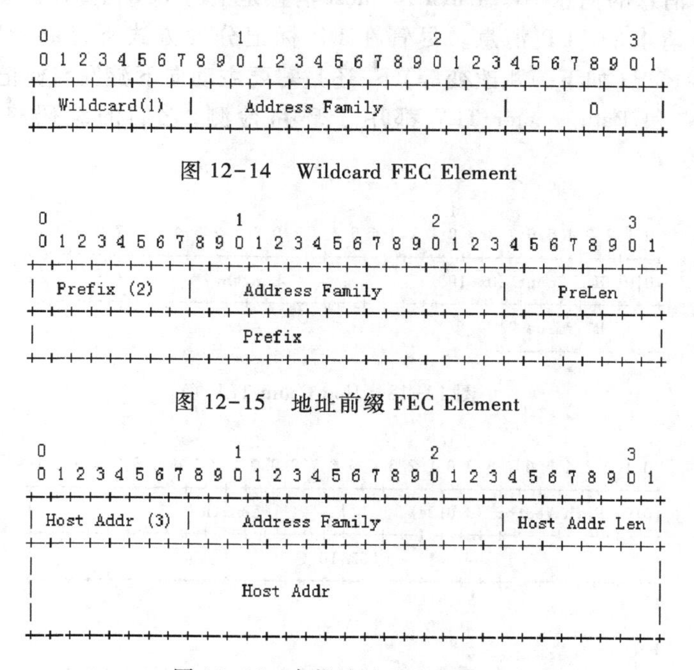

图 12-14 Wildcard FEC Element

图 12-15 地址前缀 FEC Element

图 12-16 主机地址 FEC Element

Wildcard 类型的 FEC Element 标识所有的地址。地址前缀 FEC Element 用于标识特定长度的地址前缀，而主机地址 FEC Element 则用于标识主机地址。

LDP 定义了 3 种用于表示标记的 TLV，分别是通用标记、ATM 标记以及 Frame Relay 标记。显然，在使用 ATM 或 Frame Relay 交换机提供 MPLS 业务时，标记就是 ATM VCI/VPI 或 Frame Relay DLCI，所以 ATM 或 Frame Relay 标记就是指 ATM VPI/VCI 或 Frame Relay DLCI。通用 20 位标记 TLV 格式如图 12-17 所示。

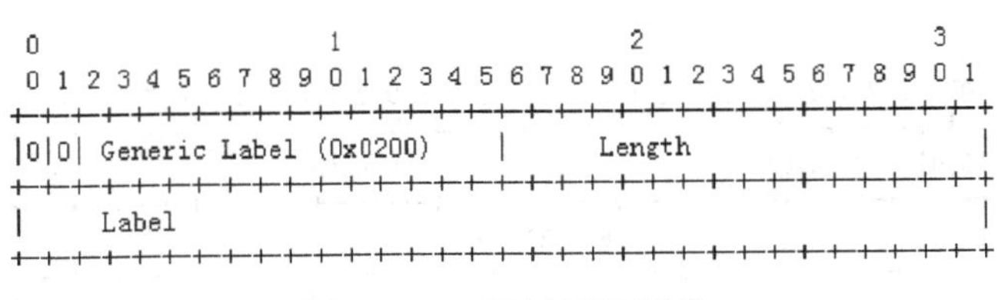

图 12-17　通用标记 TLV

由上面的编码可知，一个标记可以和多个 FEC 绑定，因为一个 FEC TLV 中可以包含多个 FEC Element。

Label Mapping 消息中可能包含如下可选参数：Label Request Message ID TLV、Hop Count TLV 和 Path Vector TLV。

如果这个 Label Mapping 是用于响应某个 Label Request 消息的，那么它就应该包含它相应的那个 Label Request 消息的消息 ID。Label Request 消息是上游 LSR 主动向下游 LSR 提出针对特定 FEC 的标记映射请求的 LDP 消息。尽管在 DU 标记分发方式下，Label Mapping 无须 Label Request 触发。某些情况（如下一跳改变等）下，还是需要主动向下游发出标记申请的。

Hop Count TLV 和 Path Vector TLV 都用于环路检测，它们的编码格式如图 12-18 和图 12-19 所示。

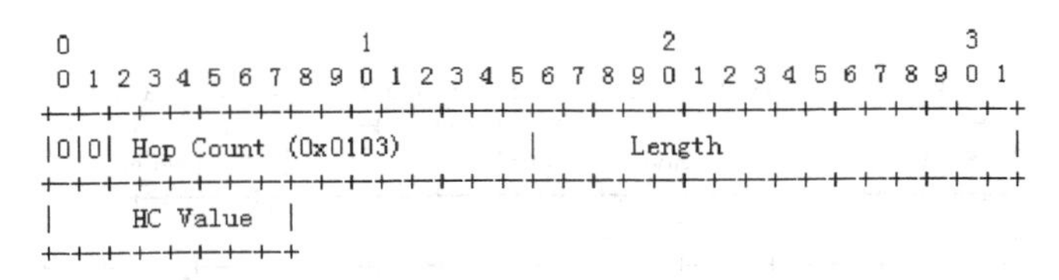

图 12-18　Hop Count TLV

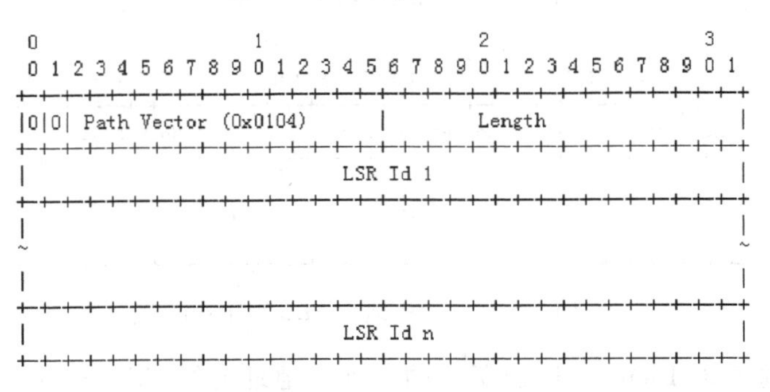

图 12-19　Path Vector TLV

在一个网络中，由于当一个 LSR 从它的下游（上游）收到一个 Label Mapping（Label Request）消息有可能触发它向它的上游（下游）LSR 发送 Label Mapping（Label Request）消息，所以必须有某种机制防止这个过程由于某种原因（如路由环路）无穷继续下去。这就是环路检测机制。LDP 提供了以下两种方法。

（1）Hop Count：在 Label Request 消息或 Label Mapping 消息中使用上面的 Hop Count TLV，消息每经过一个 LSR，这个 TLV 的 HC 字段就会加 1。当一个 LSR 收到一个 HC 大于配置最大值的消息时，它就可以认为出现了环路，从而丢弃该消息。

（2）Path Vector：在 Label Mapping 消息或 Label Request 消息中的 Path Vector TLV 上加上沿途每一个 LSR 的 LSR ID，这样当一个接收消息的 LSR 发现自己的 LSR ID 已经在 Path Vector 之中，它就知道环路发生了，从而丢弃该消息。

当一个 LSR 收到一个 Label Mapping 消息之后，它会做如下事情。

（1）如果 Label Mapping 中包含 Hop Count TLV（Path Vector TLV），就对其进行检查，如果存在环路就向消息发送者发送环路存在通知消息，并且向消息发送者发送一个 Label Release 消息声明不使用对端发送过来的标记映射。当然，Label Release 消息也用于其他向下游声明不使用对端发送过来的标记映射的场合，其格式如图 12-20 所示。

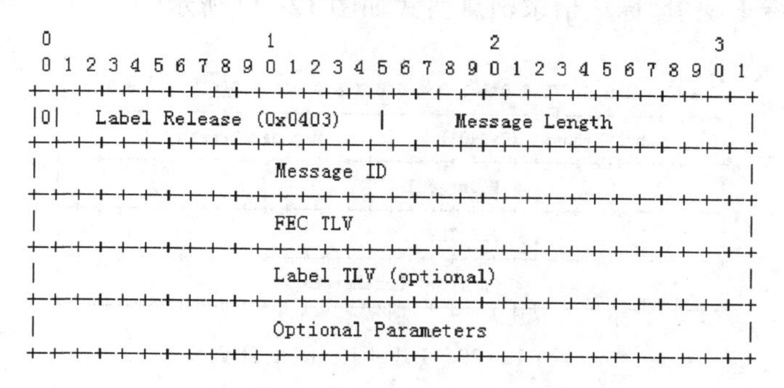

图 12-20 Label Release Message

Label Release 指示释放 FEC TLV 和 Label TLV 之间的映射关系。如果 FEC TLV 是 Wildcard 类型则指所有的对端通报过的 FEC，如果可选项目 Label TLV 不存在，则是指所有 Label。

（2）根据路由表检查这个消息中的 FEC 的下一跳，如果下一跳不是消息发送者的某个地址（随后将讨论 LSR 怎么才能知道这一点），此时有以下两种可能的处理方式。

（1）向消息发送者发送 Label Release 消息声明不使用对端发送过来的标记映射。

（2）将这个标记映射保存起来，但不用于转发。

采取哪种行为决定于此 LSR 的标记保持方式（Label Retention Mode）。标记保持方式决定了对于目前不被使用的标记映射的处理方式，目前有两种：开放的（Liberal）和保守的（Conservative）。保守方式的标记保持方式只保留和使用 FEC 下一跳发送过来的标记映射。开放的标记保持方式则保留所有 LSR 发送过来的标记映射，这样在发生下一跳切换时，就可以快速地利用原来不是下一跳而现在已经是下一跳的 LSR 发布的标记映射进行标记转发。

当然，LSR 必须能够知道某个 FEC 的下一跳是否是一个用 LSR ID 标识的 LSR 的某个地址。所以必须建立特定 LSR ID 的 LSR 的接口地址列表。LDP 使用 Address 消息通报它所有的地址，这个工作在会话建立以后就会进行。Address 消息格式如图 12-21 所示。

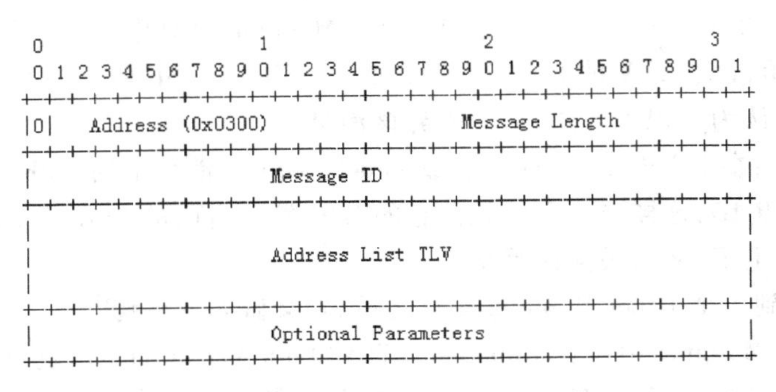

图 12-21　Address Message

当然，如果工作在保守方式下，当下一跳改变时，LSR 必须通过发送 Label Request 消息向 FEC 的下一跳请求标记映射，标记请求消息格式如图 12-22 所示。

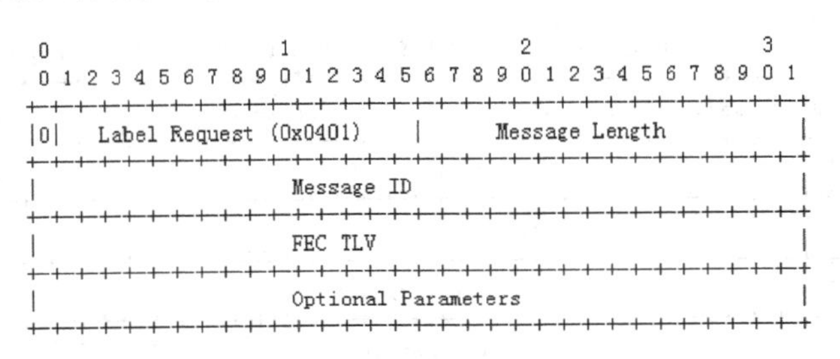

图 12-22　Label Request TLV

这里的参数和 Label Mapping 消息是一致的。

(3) 如果一切正常，那么 LSR 就会利用这个标记映射消息所通报的标记建立标记转发表。如果这个 LSR 是 LSP 入口，那么就会建立 FTN 表；否则，就会建立 ILM 表（这肯定依赖于它向上游发布的标记映射），当然还有可能触发向上游的 Label Mapping 消息，原因可能是更新跳数或以前没有发布过标记映射。

以上简单地描述了独立的 LSP 控制方式、DU 的标记分发方式下，两个 LSR 是如何利用 LDP 消息来传输标记映射的。请注意，这里并未讲述所有的 LDP 消息，作为一个补充，所有 LDP 消息及其基本作用如表 12-1 所示。

表 12-1　LDP 消息总结

方向	消息	作用描述
双向	Notification	通知标记分发对等体某种错误或建议性信息
双向	Hello	建立和维护 Hello 邻接体
双向	Initialization	初始化会话
双向	KeepAlive	维护会话

续表

方向	消息	作用描述
下游→上游	Address	向标记分发对等体通报自己所有的接口地址
下游→上游	Address Withdraw	向标记分发对等体废除先前 Address 消息通报的接口地址
下游→上游	Label Mapping	发布标记映射
上游→下游	Label Request	请求标记映射
上游→下游	Label Abort Request	废除先前的标记请求
下游→上游	Label Withdraw	废除先前发布的标记映射,接收者须以 Release 消息响应
上游→下游	Label Release	表示不再使用对端分发的某个标记映射

2.3　实验环境与分组

本实验采用 3 台 Quidway R 系列路由器组成 MPLS 域(支持 MPLS 转发的 VRP3.30 主机软件),采用 2 台 Quidway S3526 系列三层交换机作为终端设备 RT1 和 RT2。MPLS 域内的 3 台路由器通过串口线实现互连,其他 2 台交换机通过双绞线连接。

(1) Quidway R2600 系列路由器 3 台,Quidway S3526 交换机 2 台,PC 4 台,Console 线 4 条,路由器串口线 2 根,标准网线 2 根。

(2) 5 名学生一组,共同配置路由器和交换机。

2.4　实验组网

实验组网如图 12-23 所示。

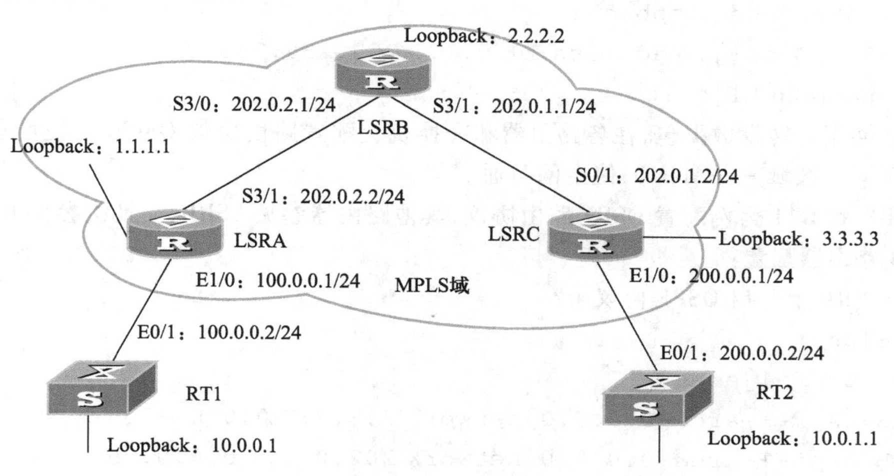

图 12-23　MPLS 基本配置实验组网图

2.5　实验步骤

为了实现让 MPLS 网络为 RT1 和 RT2 提供转发服务，按照如下几个步骤操作并观察这个组网。

（1）配置路由协议使得全网可达。简单起见，全网运行 OSPF 协议，并使它们在同一区域内。

（2）在 LSRA、LSRB 以及 LSRC 上配置使能 MPLS，并且在相应的接口启用 LDP。

（3）观察 MPLS 转发。

（4）观察 LDP 标记分发流程。

步骤 1　设备连接。

按照实验组网图进行网络设备的连接。为了方便连接，使用串口线直接连接 3 台路由器，剩余 2 台交换机通过以太口与路由器互连。

步骤 2　配置路由协议。

按照组网图正确配置各台路由器的 IP 地址，由于配置简单，且各路由器和交换机的配置基本类似，这里不做过多说明，以 RT2 为例简单说明。

```
<Quidway>system
Enter system view,return user view with Ctrl+Z.
[Quidway]sysname RT2
[RT2]vlan 3
[RT2-vlan3]port e0/1
[RT2-vlan3]interface vlan 3
[RT2-Vlan-interface3]ip address 200.0.0.2 255.255.255.0
[RT2-Vlan-interface3]quit
[RT2]interface loopback1
[RT2-LoopBack1]ip address 10.0.1.1 255.255.255.0
[RT2-LoopBack1]quit
```

为了能够正常转发数据包，在各路由器和交换机上配置路由协议 OSPF，并使所有路由器和交换机处于同一区域——Area 0，使全网互通。

以 LSRB 和 RT1 为例配置 OSPF 路由协议，其他路由器参见 LSRB，交换机参见 RT1。

LSRB 路由器配置：

```
/* 在 LSRB 上开启 OSPF 协议 */
[LSRB]ospf
[LSRB-ospf-1]area 0
[LSRB-ospf-1-area-0.0.0.0]network 2.2.2.2 0.0.0.255
[LSRB-ospf-1-area-0.0.0.0]network 202.0.1.1 0.0.0.255
[LSRB-ospf-1-area-0.0.0.0]network 202.0.2.1 0.0.0.255
```

```
[LSRB-ospf-1-area-0.0.0.0]quit
```

RT1 交换机配置：

```
/* 在 RT1 上开启 OSPF 协议 */
[RT1]ospf
[RT1-ospf]area 0
[RT1-ospf-area-0.0.0.0]network 100.0.0.2 0.0.0.255
[RT1-ospf-area-0.0.0.0]network 10.0.0.1 0.0.0.255
[RT1-ospf-area-0.0.0.0]quit
[RT1-ospf]quit
```

参照 LSRB 和 RT1 的配置，完成其他路由器和交换机的配置，同时写出 LSRA 和 RT2 的启动 OSPF 的配置命令。

____

____

____

配置完成以后，全网应该能够互相通信。如路由器 RT1 上应该存在如下路由信息。

```
<RT1>display ip routing-table
Routing Table:public net
Destination/Mask Protocol  Pre   Cost   Nexthop     Interface
1.1.1.0/24        OSPF     10    1572   100.0.0.1   Vlan-interface2
2.2.2.0/24        OSPF     10    3134   100.0.0.1   Vlan-interface2
3.3.3.0/24        OSPF     10    4696   100.0.0.1   Vlan-interface2
10.0.0.0/24       DIRECT   0     0      10.0.0.1    LoopBack1
10.0.0.1/32       DIRECT   0     0      127.0.0.1   InLoopBack0
10.0.1.0/24       OSPF     10    4697   100.0.0.1   Vlan-interface2
100.0.0.0/24      DIRECT   0     0      100.0.0.2   Vlan-interface2
100.0.0.2/32      DIRECT   0     0      127.0.0.1   InLoopBack0
127.0.0.0/8       DIRECT   0     0      127.0.0.1   InLoopBack0
127.0.0.1/32      DIRECT   0     0      127.0.0.1   InLoopBack0
200.0.0.0/24      OSPF     10    3135   100.0.0.1   Vlan-interface2
202.0.1.0/24      OSPF     10    3134   100.0.0.1   Vlan-interface2
202.0.2.0/24      OSPF     10    1572   100.0.0.1   Vlan-interface2
```

完成上述配置之后，用 ping 命令测试或者检查各路由器的路由信息，此时在 RT1 上 ping 10.0.1.1 是否能 ping 通？

确认网络正常后，进行下一步实验操作——MPLS 的配置。

步骤 3 MPLS 的基本配置。

为了简单，实验中允许 LSRA 和 LSRC 触发建立和所有 FEC 相关的 LSP，LSRB 通过下游触发建立 LSP。

各路由器的配置分别如下。

路由器 LSRA：

```
/* 配置 LSR ID 为 1.1.1.1 */
[LSRA]mpls lsr-id 1.1.1.1
/* 启动 MPLS 协议，并进入 MPLS 配置模式 */
[LSRA]mpls
/* 配置 LDP 标记映射策略 */
[LSRA-mpls]lsp-trigger any
[LSRA-mpls]quit
/* 全局使能 LDP */
[LSRA]mpls ldp
[LSRA]interface Serial3/1
/* 在接口 Serial3/1 上启用 MPLS */
[LSRA-Serial3/1]mpls
/* 在接口 Serial3/1 上启用 LDP */
[LSRA-Serial3/1]mpls ldp enable
```

路由器 LSRB：

```
[LSRB]acl number 101
[LSRB-acl-adv-101]rule deny ip source any destination any
[LSRB-acl-adv-101]quit
[LSRB]mpls lsr-id 2.2.2.2
[LSRB]mpls
[LSRB-mpls]lsp-trigger acl 101
[LSRB-mpls]quit
[LSRB]mpls ldp
[LSRB]interface Serial3/0
[LSRB-Serial3/0]mpls
[LSRB-Serial3/0]mpls ldp enable
[LSRB-Serial3/0]quit
[LSRB]interface Serial3/1
[LSRB-Serial3/1]mpls
[LSRB-Serial3/1]mpls ldp enable
```

请参照以上配置，写出在 LSRC 上启动 MPLS 和 LDP 的命令。

完成上述配置,MPLS 就应该能够进行正常地转发了。

步骤 4 标记转发观察。

标记转发最关键的就是标记转发表,也就是人们常说的 ILM 和 FTN 信息。现在来观察 LSRA、LSRB 以及 LSRC 上的标记转发控制信息。为了方便,只观察目的地址为 3.3.3.3 的信息。

LSRC 上,使用命令 display mpls lsp 可以看到如下标记转发表信息:

```
<LSRC>display mpls lsp
----------------------------------------------------------------------
              LSP Information:Ldp Lsp
----------------------------------------------------------------------
NO      FEC              NEXTHOP       I/O-LABEL   OUT-INTERFACE
1       200.0.0.0/24     200.0.0.1     3/-----     -------
2       3.3.3.3/32       127.0.0.1     3/-----     -------
3       3.3.3.0/24       3.3.3.3       3/-----     -------
4       1.1.1.0/24       202.0.1.1     -----/1026  S3/1
5       100.0.0.0/24     202.0.1.1     -----/1027  S3/1

TOTAL:  5 Record(s) Found.
```

如上述信息所示,LSRC 曾经为 FEC 3.3.3.0/24 分发了一个标记 3(后面会看到,LSRC 事实上是向 LSRB 分发了这个绑定),所以它必须准备好处理一个带标记 3(InLab 项为 3)的 MPLS 报文。它的处理方式是,从 S3/0 口向下一跳 3.3.3.3 发送出去。由于 3.3.3.3 未曾向它分发过标记(OLAB 项为空),所以在转发之前它会将标记栈删除。上述的描述假设了标记 3 是普通标记,但是由于标记 3 是表示隐性的空标记,在报文标记改封装时,不会被执行,所以 LSRC 实际上不需要处理这种 MPLS 报文。

LSRB 上的标记转发表如下:

```
<LSRB>display mpls lsp
----------------------------------------------------------------------
              LSP Information:Ldp Lsp
----------------------------------------------------------------------
NO    FEC                NEXTHOP       I/O-LABEL    OUT-INTERFACE
```

```
1       200.0.0.0/24        202.0.1.2       1024/3       S3/1
2       3.3.3.0/24          202.0.1.2       1025/3       S3/1
3       1.1.1.0/24          202.0.2.2       1026/3       S3/0
4       100.0.0.0/24        202.0.2.2       1027/3       S3/0

TOTAL:  4 Record(s) Found.
```

从该标记转发表可以看出，对于 FEC 3.3.3.0/24，LSRB 分配了标记 1025 给 LSRA，同时为其接收了 LSRC 分给它的标记 3。所以，它就必须准备好接收带标记 1025 的报文，并将其打上标记 3 转发给 LSRC。而标记 3 为特殊标签，不需要打上该标签，而直接转发给 LSRC。

LSRA 的标记转发表如下：

```
<LSRA>display mpls lsp
------------------------------------------------------------------
              LSP Information:Ldp Lsp
------------------------------------------------------------------
NO     FEC                 NEXTHOP        I/O-LABEL     OUT-INTERFACE
1      100.0.0.0/24        100.0.0.1      3/-----       -------
2      1.1.1.1/32          127.0.0.1      3/-----       -------
3      1.1.1.0/24          1.1.1.1        3/-----       -------
4      200.0.0.0/24        202.0.2.1      -----/1024    S3/1
5      3.3.3.0/24          202.0.2.1      -----/1025    S3/1

TOTAL:  5 Record(s) Found.
```

同样，从该表可以看出，对于 FEC 3.3.3.0/24，LSRA 接收了 LSRB 分发给它的标记 1025，所以它需要将到达目的地 3.3.3.0/24 的数据包封装上标记 1025 并转发给 LSRB。

现在，观察 MPLS 报文转发过程。先在 LSRA 上执行如下命令观察调试信息输出：

```
<LSR>terminal debugging
<LSR>debugging mpls lspm packet
```

在 LSRC 和 LSRB 上也做类似配置。然后，在 RT1 上发出一个到 3.3.3.3 的报文，清晰起见，使用带参数-c 的 ping 命令来指定报文的数量，这样可以只看到一个报文转发的流程。RT1 上的命令如下：

```
ping-c 1 3.3.3.3
```

在 LSRA 上会有如下调试信息输出：

```
<LSRA>
*0.2374063-MPLSFW-8-debug_case:
Sending the labeled packet at Serial3/1
```

Label Operate:PUSH

*0.2374180-MPLSFW-8-debug_case:

Push Out-Label:1025

*0.2374250-MPLSFW-8-debug_case:
PUSH TTL:254 HopCount:1

说明 LSRA 调试信息中黑体字的含义。

____

____

在 LSRB 上会有如下调试信息输出:

<LSRB>
*0.2373184-MPLSFW-8-debug_case:
StackBottom penultimate POP TTL:253 HopCount:1

*0.2373280-MPLSFW-8-debug_case:
Sending the labeled packet at Serial3/1
Label Operate:SWAP In_Label:1025 Out_Label:3
*0.2373440-MPLSFW-8-debug_case:
StackBottom penultimate POP TTL:254 HopCount:1

*0.2373540-MPLSFW-8-debug_case:
Sending the labeled packet at Serial3/0
Label Operate:SWAP In_Label:1027 Out_Label:3

说明 LSRB 调试信息中黑体字的含义。

____

____

在 LSRC 上可以看到如下调试信息输出:

<LSRC>
*0.2374597-MPLSFW-8-debug_case:
Sending the labeled packet at Serial3/1
Label Operate:PUSH

```
*0.2374710-MPLSFW-8-debug_case:
```

Push Out-Label:1027

```
*0.2374780-MPLSFW-8-debug_case:
  PUSH TTL:255 HopCount:1
```

说明 LSRC 调试信息中黑体字的含义。

____

____

____

思考题

1. 根据以上信息画出各 LSR 上的 FTN 和 ILM 映射表。
2. 根据以上信息描述出完整的报文转发过程。

步骤 5　LDP 观察。

(1) LDP 邻居发现过程。

观察 LSRA 和 LSRB 之间的 LDP 邻居发现过程。

① 在 LSRA 上用 shutdown 命令关闭接口 E1/1。

② 在 LSRA 上执行如下命令：

<LSRA>debugging mpls ldp pdu

<LSRA>terminal debugging

③ 在 LSRA 上再用 undo shutdown 命令打开端口 E1/1。这时可以看到一系列的输出，关闭调试。

一个可能的调试信息输出的开头两个报文交互如下（调试的交互信息很多，方便起见，这里省略了一些 Hello 消息，只列出了部分重要的交互信息）：

<LSRA>

*0.3663880-LDP-8-debug8:Serial3/1 PDU:**Created New Ssn**

*0.3663950-LDP-8-debug8:Serial3/1 PDU:**Sent Basic Hello Msg as replying the received HELLO msg**

*0.3664070-LDP-8-debug8:Serial3/1 PDU:**Received UDP Packet from:1.1.1.1**

00 01 00 26 01 01 01 01 00 00 01 00 00 1c 00 00 04 bf 04 00

```
00 04 00 0f 00 00 04 01 00 04 01 01 01 01 04 02 00 04 00 00
00 00
The message type:Hello Message.

*0.3664370 -LDP - 8 -debug8: Serial3/1 PDU: Received UDP Packet from:
2.2.2.2
00 01 00 26 02 02 02 02 00 00 01 00 00 1c 00 00 04 f0 04 00
00 04 00 0f 00 00 04 01 00 04 02 02 02 02 04 02 00 04 00 00
00 00
The message type: Hello Message.
...

*0.3668903-LDP-8-debug8:LDP:
task 13:child socket 3 created

*0.3668980 -LDP - 8 -debug8: Serial3/1 PDU: Received TCP Packet from:
2.2.2.2
00 01 00 20 02 02 02 02 00 00 02 00 00 16 00 00 04 f2 05 00
00 0e 00 01 00 3c 00 00 10 00 01 01 01 01 00 00
The message type:Initialize Message.
```

由这些信息可以清晰地看出 LSR 是如何发现邻居并且创建邻接关系的。LSRA 先接收来自 LSRB(2.2.2.2)的 1 个 LDP PDU,这个 PDU 包括两部分:PDU 头部以及其中承载的 Hello 消息。

PDU 头部是指 PDU 开始的如下 10 个字节:

00 01 00 26 02 02 02 02 00 00

各字段含义依次如下。

00 01 是指 LDP 版本号为 1。

00 26 是指 PDU 长度为 0x26,也就是 38 字节(不包括版本号和长度这 4 个字节)。

以后的 6 字节为 LDP 标识符,前 4 个字节(02 02 02 02)是本地(LSRB)的某个 IP 地址(2.2.2.2),而余下两个字节(1)为标记空间标识符。

PDU 中剩余部分即这个 PDU 所承载的 LDP Hello 消息。这里的 Hello 消息按次序可以分为 2 部分:Hello 消息头部、3 个 TLV。

Hello 消息头部即为如下 8 字节序列:

01 00 00 1c 00 00 04 f0

01 00 就是指 Hello 消息的标识,注意最高位即 U bit 为 0。

00 1C 指 Hello 消息的长度为 0x1c 即 28 字节,当然不包括长度和消息类别字段。

随后的 4 个字节 00 00 04 f0 是这个消息的消息 ID，用于唯一标识这个消息。

第一个 TLV 即为如下 8 个字节：

04 00 00 04 00 0f 00 00

04 00 表示这个 TLV 是 **Common Hello TLV**，它是 Hello 消息中必须包含的 TLV。

00 04 表示这个 TLV 长度为 4 个字节（和以前一样，长度的计算从长度字段以后的字节算起）。

00 0f 是本端建议的 Hold Time 值，默认是 15（0x0f）秒，可以配置。

随后的 2 个字节只用了最高两位了，分别是 T 和 R 比特，用于扩展邻居发现中，将在以后的章节讨论。

第二个 TLV 即为如下 8 个字节：

04 01 00 04 02 02 02 02

04 01 表示这个 TLV 是**传输地址 TLV**，用于指示随后建立的 TCP 连接的本端地址。

00 04 表示这个 TLV 的长度是 4 个字节。

随后的 4 个字节指定本端传输地址：2. 2. 2. 2。

第三个 TLV 是如下的 8 个字节：

04 02 00 04 00 00 00 00

04 02 表示这是**配置序列号 TLV**，用于帮助对端发现本端的配置变化。

00 04 表示这个 TLV 的长度是 4 个字节。

00 00 00 00 就是指本端的配置序列号。

这个 PDU 是承载在一个目的地址为 224. 0. 0. 2（网段上所有路由器）、目的端口为 646 的 UDP 数据报之上的（可以用命令 debug ip pac 和 debug udp pac 了解这些信息）。该报文实际上是 LSRB 发送出来的。当然 LSRA 同样也会周期性地发送 Hello 消息给 LSRB，连接在同一网段上的 LSRB 就会收到这个数据包。由上面的信息可以知道，当双方都收到了来自对端的报文以后就可以成功创建一个 LDP 邻接了。从后面的几个消息可以看出，LDP 已经开始会话的初始化消息的交互了，说明 LDP 邻接已经成功建立。

请根据上面的调试分析，在 LSRB 上用以下命令观察 LSRB 与 LSRA 的交互信息：

```
<LSRB>debugging mpls ldp pdu
<LSRB>terminal debugging
```

找出相应 LSRB 与 LSRA 的 Hello Messager 进行分析，并填写表 12-2。

表 12-2　Hello 消息

PDU 头部	LDP 版本号	
	PDU 长度	
	LDP 标识符	
	标记空间标识符	

续表

LDP Hello 消息	Hello 消息头部	Hello 消息的标识	
		Hello 消息的长度	
		消息的消息 ID	
	第一个 TLV	Common Hello TLV	
		TLV 长度	
		Hold Time	
		T 和 R 比特	
	第二个 TLV	传输地址 TLV	
		TLV 的长度	
		本端传输地址	
	第三个 TLV	配置序列号 TLV	
		TLV 的长度	
		本端的配置序列号	

(2) LDP 会话的建立。

当创建了 LDP 邻接体以后,下面的工作就是建立用于传输标记映射的会话。这当然有两个步骤:建立 TCP 连接和建立 LDP 会话。由于 LSRA 的传输地址 1.1.1.1 要比 LSRB 的地址 2.2.2.2 小,所以 LSRA 是被动方而 LSRB 是主动方。所以,LSRA 被动等待 LSRB 发起 TCP 连接建立,以下是在 LSRA 上用 debug tcp packet 显示 TCP 连接建立过程:

```
*0.5167761-SOCKET-8-TCP PACKET:
1082757769:Retrans:task=LDP(13),socketid=0,state=FIN_WAIT1,
src=1.1.1.1:646,dst=2.2.2.2:1029,
seq=618188153,ack=617932396,datalen=60,flag=ACK PSH FIN,
window=65535

*0.5173980-SOCKET-8-TCP PACKET:
1082757776:Input:task=LDP(13),socketid=2,state=LISTEN,
src=2.2.2.2:1030,dst=1.1.1.1:646,
seq=658954379,ack=0,optlen=4,flag=SYN,
window=65535
```

```
*0.5174240-SOCKET-8-TCP PACKET:
1082757776:Output:task=LDP(13),socketid=0,state=SYN_RCVD,
src=1.1.1.1:646,dst=2.2.2.2:1030,
seq=658634380,ack=658954380,optlen=4,flag=ACK SYN,
window=65535

*0.5180030-SOCKET-8-TCP PACKET:
1082757782:Input:task=LDP(13),socketid=0,state= SYN_RCVD,
src=2.2.2.2:1030,dst=1.1.1.1:646,
seq=658954380,ack=658634381,flag=ACK,
window=65535

*0.5180280-SOCKET-8-TCP PACKET:
1082757782:Input:task=LDP(13),socketid=3,state= ESTAB,
src=2.2.2.2:1030,dst=1.1.1.1:646,
seq=658954380,ack=658634381,datalen=36,flag=ACK PSH,
window=65535

*0.5180550-SOCKET-8-TCP PACKET:
1082757782:Output:task=LDP(13),socketid=3,state=ESTAB,
src=1.1.1.1:646,dst=2.2.2.2:1030,
seq=658634381,ack=658954416,datalen=36,flag=ACK PSH,
window=65535
```

TCP 连接建立以后,下面的任务就是建立用于交换标记映射的 LDP 会话了。以下是在 LSRA 上抓到 LSRB 发给 LSRA 的包含 LDP 会话初始化消息的 PDU:

```
*0.3668980-LDP-8-debug8:Serial3/1 PDU:Received TCP Packet from:
2.2.2.2
00 01 00 20 02 02 02 02 00 00 02 00 00 16 00 00 04 f2 05 00
00 0e 00 01 00 3c 00 00 10 00 01 01 01 01 00 00
The message type:Initialize Message.
```

同样的,这个 PDU 也是由两部分组成:PDU 首部和其中包含的会话初始化消息。

PDU 首部包括前面 10 个字节,包括版本号 00 01、PDU 长度 0x00 20 和 PDU 发送者 LDP 标识符 2.2.2.2:1 三个字段。

这个 Initialization 消息由两部分构成:消息头部和 Common Session Parameters TLV。消息头部包括表示消息类型的 02 00,表示长度的 00 16 以及消息 ID:00 00 04 f2。

Common Session Parameters TLV 字节构成：

05 00 00 0e 00 01 00 3c 00 00 10 00 01 01 01 01 00 00

05 00 表示这个 TLV 是 Common Session Parameters TLV，00 0e 表示这个 TLV 长度是 0x0e 即 14 字节。随后的 00 01 表示本端 LDP 版本号是 1，00 3c 表示本端建议的 KeepAlive Time 是 0x3c 即 60 秒。

随后的一个字节的第一位是 A 位，用于指示标记分发方式，A = 0 表示消息发送者采用的标记分发方式是 DU，A = 1 则表示 DOD。第二位叫做 D 位，D = 1 表示采用路径向量的环路检测方法，这里的 D = 0 表示不采用。第一个字节的其余 6 位保留。随后的 1 字节仅仅在 D 位为 1 时用于表示路径向量的最大长度。

10 00 表示这个会话上最大允许 PDU 长度为 4 096。

剩余的 6 个字节用于表示这个初始化消息的产生者意图和对端哪个 LDP 实体建立会话，这里是指 1. 1. 1. 1：1 这个 LDP 实体。

当 LSRA 收到 LSRB 的 Initialization 消息后，它注意到已经有 1. 1. 1. 1：1 和 2. 2. 2. 2：1 这样一个 Hello 邻接体存在，就检查 Initialization 消息中的各项参数是否合适，如果合适，它就会向 LSRB 发出一个 Initialization 消息提出自己关于这些参数的建议。然后，它就会向 LSRB 周期性地发出 KeepAlive 报文以通知自己的存在。

分析 LSRA 发给 LSRB 的 Initialization 消息，填写表 12-3。

表 12-3　Initialization 消息

PDU 首部		版本号	
		PDU 长度	
		LDP 标识符	
		标记空间标识符	
Initialization 消息	消息头部	消息类型	
		消息的长度	
		消息的消息 ID	
	Common Session Parameters TLV	Common Session Parameters TLV	
		TLV 长度	
		本端 LDP 版本号	
		KeepAlive Time	
		A 位	
		D 位	
		最大允许 PDU 长度	
		建立连接的 LDP 实体地址	

同样的，当 LSRB 收到对方的 Session Initialization 消息以后，如果一切合适，它就会开始周期性地向 LSRA 发出 KeepAlive 消息。以下是 LSRB 发给 LSRA 的一个 KeepAlive 消息：

```
*0.3669490-LDP-8-debug8:Serial3/1 PDU:Received TCP Packet from:
2.2.2.2
00 01 00 0e 02 02 02 02 00 00 02 01 00 04 00 00 04 f3
The message type:Keepalive Message.
```

可以看出 KeepAlive 消息相当简单，仅仅有一个消息头部。

必须注意到 KeepAlive 和 Hello 消息有着完全不同的功能：前者用于维护 TCP 连接上的会话，后者用于维护 Hello 邻接体。当然，它们的载体也是不同的：KeepAlive 基于 TCP 而 Hello 基于 UDP。

(3) LDP 的标记分发过程。

当会话建立好以后，LSR 之间首先交互的信息是它们各自的接口地址。以下是 LSRB 发给 LSRA 的包含用以通告其地址的 Address 消息的 PDU：

```
*0.3669920-LDP-8-debug8:Serial3/1 PDU:Received TCP Packet from:
2.2.2.2
00 01 00 20 02 02 02 02 00 00 03 00 00 16 00 00 04 f4 01 01
00 0e 00 01 02 02 02 02 ca 00 01 01 ca 00 02 01
The message type:Address Message.
```

这个 PDU 同样包含两部分：PDU 首部和 Address 消息。前面 10 个字节是 PDU 首部。Address 消息包含两部分：8 个字节的消息头和 Address List TLV。消息头部包含表示消息类型的 03 00，表示消息长度的 00 16 和消息 ID：00 00 04 f4。Address List TLV 以表示 TLV 类型的 01 01 开头，TLV 长度为 00 0e 即 14 个字节。00 01 表示随后的地址列表为 IPv4 地址。以后的 3 个 4 字节组则表示 LSRB 的 3 个接口 IP 地址：2.2.2.2、202.0.1.1 和 202.0.2.1。

分析 LSRA 发给 LSRB 的 Address Message 的 PDU，填写表 12-4。

表 12-4　Address 消息

PDU 首部		版本号	
		PDU 长度	
		LDP 标识符	
		标记空间标识符	
Address 消息	消息头部	消息类型	
		消息的长度	
		消息的消息 ID	

续表

Address 消息	Address List TLV	TLV 类型	
		TLV 长度	
		随后的地址列表定义	
		LSRA 的接口 IP 地址	

交换地址以后,双方事实上建立起了下一跳和 LDP 标识符之间的双向映射关系,从而就可以实施标记转发了。于是,下一个任务就是利用标记映射消息来传递标记 FEC 映射消息了。以下是 LSRB 发给 LSRA 的包含 Label Mapping 消息的 PDU:

*0.3687913-LDP-8-debug8:Serial3/1 PDU:Received TCP Packet from:2.2.2.2

00 01 00 26 02 02 02 02 00 00 04 00 00 1c 00 00 04 fa 01 00

00 07 02 00 01 18 03 03 03 02 00 00 04 00 00 04 02 01 03 00

01 02

The message type:**Label Mapping Message**

…

*0.3688620-LDP-8-debug8:Serial3/1 PDU:Received TCP Packet from:2.2.2.2

00 01 00 26 02 02 02 02 00 00 04 00 00 1c 00 00 04 fb 01 00

00 07 02 00 01 18 c8 00 00 02 00 00 04 00 00 04 03 01 03 00

01 02

The message type:**Label Mapping Message.**

本实验有多个 Label Mapping 消息的 PDU,因为存在多个 FEC 的绑定,此处以 FEC 200.0.0.0/24 对应的 PDU 为例进行说明:

*0.3688620-LDP-8-debug8:Serial3/1 PDU:Received TCP Packet from:2.2.2.2

00 01 00 26 02 02 02 02 00 00 04 00 00 1c 00 00 04 fb 01 00

00 07 02 00 01 18 c8 00 00 02 00 00 04 00 00 04 03 01 03 00

01 02

The message type:**Label Mapping Message.**

同样的,这个 Label Mapping 消息也是以 10 个字节的 PDU 头部 00 01 00 26 02 02 02 02 00 00 开始,余下部分为 Label Mapping 消息。

Label Mapping 消息以 8 字节消息头:04 00 00 1c 00 00 04 fb 开始。其余部分是 3 个 TLV:FEC TLV、与之绑定的 Label TLV 以及一个 Hop Count TLV。

01 00 00 07 02 00 01 18 c8 00 00 就是 FEC TLV。01 00 是 TLV 类型,00 07 是 TLV 长度。02 00 01 18 c8 00 00 是一个 FEC Element TLV,02 表示这是一个地址前缀类型的 TLV,00 01 表示这是一个 IPv4 地址前缀 FEC,18 表示这个前缀的长度是 18 位。最后的 c8 00 00 就表示地址前缀 200.0.0.0/24。

02 00 00 04 00 00 04 03 是与前面的 FEC 绑定的标记 TLV,这里的 02 00 表示这是一个通用标记(不是 ATM 或帧中继标记),00 04 表示标记的长度。最后的 00 00 04 03 是标记 1027。

第三个 TLV:01 03 00 01 02 中的 01 03 表示它是一个 Hop Count TLV,00 01 表示其长度为 1 字节,随后的 02 则表示和这个 FEC 的 Label Mapping 消息是 2 跳以外的 LSR(LSRC)始发的。

当 LSRA 收到 LSRB 发给它的 Label Mapping 消息通报给它的标记绑定以后,它就可以将其用于转发了。

请试着分析 LSRA 发给 LSRB 的包含 Label Mapping 消息的 PDU。

____

____

____

____

3　MPLS VPN 技术实验

MPLS VPN 技术实验

3.1　实验目的

(1) 掌握 MPLS VPN 的基本配置。

(2) 掌握 MPLS 转发信息分析的方法。

3.2　实验原理

3.2.1　VPN 概述

VPN(Virtual Private Network,虚拟私有网)是在公共网络构建的私有网络。“虚拟”的概念是相对传统专有私有网络的构建而言的。在公网上建立的 VPN 与私有网络同样具有安全性、可靠性和可管理性等特点。可以构建 VPN 的公共网络包括 Internet、帧中继、ATM 等。

VPN 主要功能实现如下。

(1) **地址隔离**:一个 VPN 的地址空间应该与它依赖的公网和其他 VPN 的地址空间隔离,即 VPN 内部主机的地址对于公网和其他 VPN 来说是不可见的,而且相互之间是允许地址重叠的。

(2) **数据安全**:保证 VPN 之间或 VPN 和公网之间的数据流在 VPN 客户不允许的情况下不能相互流动。

(3) **VPN 内可达**:处于异地的两个 VPN 内的主机通信时,VPN 边缘设备应该能够在 VPN 所依赖的公网上选择适当的链路,使数据流可以顺利地从一个 VPN 边缘设备到达另外一个 VPN 边缘设备。

通过 VPN,企业可以以更低的成本连接远程办公室和出差工作人员,开展电子商务,为客户提供支持并与供应商和其他商业伙伴沟通。在公有网络上建立的 VPN 与私有网络一样具有安全性、可靠性和可管理性。

传统 VPN 使用第二层隧道协议(L2TP、L2F 和 PPTP 等)或者第三层隧道技术(IPSec、GRE 等),在解决网络安全以及灵活性等方面获得很大成功,被广泛应用。但是,随着 VPN 范围的扩大,传统 VPN 在可扩展性和可管理性等方面的缺陷越来越突出;另外,QoS(Quality of Service,服务质量)和安全问题也是传统 VPN 难以解决的问题。

MPLS 技术可被用来组建 VPN。MPLS 网络可以非常容易地实现基于 IP 技术的 VPN 业务,而且可以满足 VPN 可扩展性和管理的需求;可以在 MPLS VPN 上采取安全措施,保障了 VPN 的安全性。利用 MPLS 构造的 VPN,还提供了实现增值业务的可能;通过配置,可将单一接入点形成多种 VPN,每种 VPN 代表不同的业务,使网络能以灵活的方式传送不同类型的业务。

3.2.2 VPN 网络结构

VPN 是由若干 Site 组成的集合。Site 可以同时属于不同的 VPN,但是必须遵循如下规则:属于一个 VPN 定义的 Site 集合,才具有 IP 连通性。按照 VPN 的定义,一个 VPN 中的所有 Site 都属于一个企业,称为 Intranet;如果 VPN 中的 Site 分属不同的企业,则称为 Extranet。

如图 12-24 所示,site1 和 site2 构成了 VPN-A,site2、site3 和 site4 构成了 VPN-B,site4 和 site5 构成了 VPN-C。其中 site2 分别属于 VPN-A 和 VPN-B,site4 属于 VPN-B 和 VPN-C。

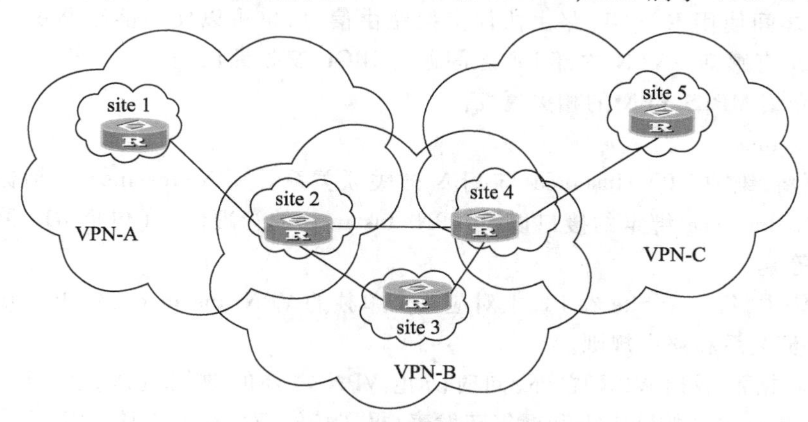

图 12-24 VPN 组成示意图

3.2.3　BGP/MPLS VPN 模型

如图 12-25 所示，MPLS VPN 模型中，包含 3 个组成部分：CE、PE 和 P。

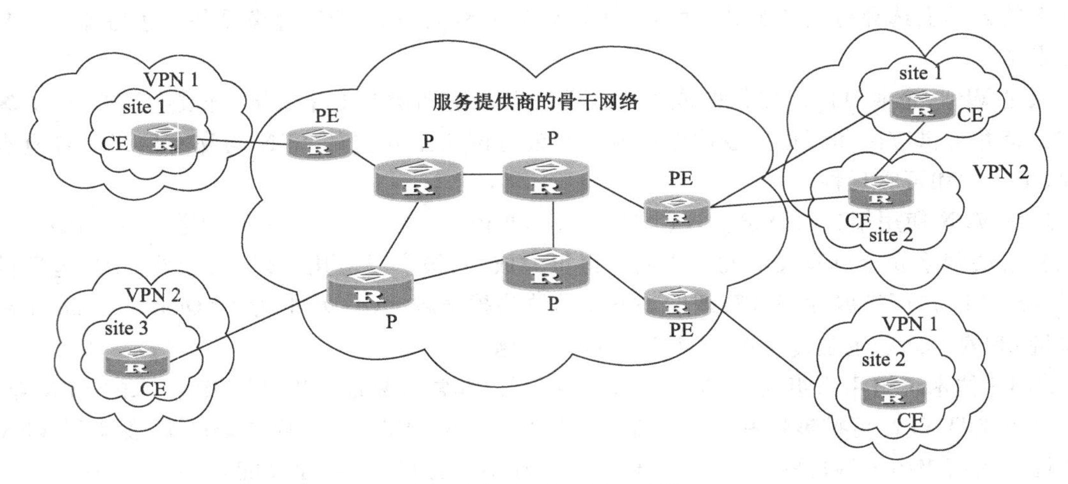

图 12-25　MPLS VPN 模型

（1）**CE（Custom Edge）设备**：是用户网络边缘设备，有接口直接与服务提供商相连，可以是路由器或交换机等。CE“感知”不到 VPN 的存在。

（2）**PE（Provider Edge）路由器**：即运营商边缘路由器，是运营商网络的边缘设备，与用户的 CE 直接相连。MPLS 网络中，对 VPN 的所有处理都发生在 PE 路由器上。

（3）**P（Provider）路由器**：运营商网络中的骨干路由器，不和 CE 直接相连。P 路由器需要支持 MPLS 能力。

CE 和 PE 主要是从运营商与用户的管理范围来划分的，CE 和 PE 是两者管理范围的边界。

CE 与 PE 之间使用 E-BGP 路由协议交换路由信息，也可以使用静态路由。CE 不必支持 MPLS 或对 VPN 有感知。VPN 内部 PE 之间通过 IBGP 交换路由信息。

下面详细介绍 MPLS VPN 的相关属性。

1. VPN-Instance

PE 负责更新、维护 VPN-Instance 与 VPN 的关联关系。VPN-Instance 包括标签转发表、IP 路由表、与 VPN-Instance 绑定的接口以及 VPN-Instance 的管理信息（包括 RD、路由过滤策略、成员接口列表等）。

在实际网络中，每一个 Site 在 PE 上对应一个单独的 VPN-Instance，该 VPN-Instance 包括该 Site 的 VPN 成员关系和路由规则。

为了避免数据泄漏出 VPN 之外，同时防止 VPN 之外的数据进入，在 PE 上每个 VPN-Instance 有一套相对独立的路由表和标签转发表，报文转发信息存储在该 VPN-Instance 的 IP 路由表和标签转发表中。

2. VPN-IPv4 地址簇

PE 路由器之间使用 BGP 来发布 VPN 路由,并使用了新的地址簇——VPN-IPv4 地址。一个 VPN-IPv4 地址有 12 个字节,开始是 8 字节的 RD(Route Distinguisher,路由分辨符),下面是 4 字节的 IPv4 地址。服务供应商可以独立地分配 RD,但是需要把他们专用的 AS(Autonomous System,自治系统)号作为 RD 的一部分来保证每个 RD 的全局唯一性。RD 为零的 VPN-IPv4 地址同全局唯一的 IPv4 地址是同义的。通过这样的处理以后,即使 VPN-IPv4 地址中包含的 4 字节 IPv4 地址重叠,VPN-IPv4 地址仍可以保持全局唯一。

PE 从 CE 接收的路由是 IPv4 路由,需要引入 VPN-Instance 路由表中,此时需要附加一个 RD。在本实验的实现中,为来自于同一个用户 Site 的所有路由设置相同的 RD。

3. VPN Target 属性

VPN Target 属性标识了可以使用某路由的站点的集合,即该路由可以被哪些 Site 所接收,PE 路由器可以接收哪些 Site 传送来的路由。与 VPN Target 中指明的 Site 相连的 PE 路由器都会接收到具有这种属性的路由。PE 路由器接收到包含此属性的路由后,将其加入到相应的路由表中。

PE 路由器存在两个 VPN Target 属性的集合:一个集合用于附加到从某个 Site 接收的路由上,称为 Export Targets;另一个集合用于决定哪些路由可以引入此 Site 的路由表中,称为 Import Targets。通过匹配路由所携带的 VPN Target 属性,可以获得 VPN 的成员关系。匹配 VPN Target 属性可以用来过滤 PE 路由器接收的路由信息。

3.2.4 BGP/MPLS VPN 的实现

BGP/MPLS VPN 的主要原理是,利用 BGP 在运营商骨干网上传播 VPN 的私网路由信息,用 MPLS 来转发 VPN 业务流。下面从 VPN 路由信息的发布和 VPN 报文转发两个方面介绍 BGP/MPLS VPN 的实现。

1. VPN 路由信息发布

(1) CE 到 PE 间的路由信息交换。PE 可以通过静态路由、RIP(应支持多实例)、OSPF(应支持多实例)或 EBGP 学习到与它相连的 CE 的路由信息,并将此路由安装到 VPN-Instance 中。

(2) 入口 PE 到出口 PE 的路由信息交换。入口 PE 路由器利用 MP-IBGP 穿越公网,把它从 CE 学习到的路由信息发布给出口 PE(带着 MPLS 标签),同时,获得出口 PE 学习到的 CE 路由信息。PE 之间通过 IGP(如 RIP、OSPF)来保证 VPN 内部节点之间的连通性,故应在所有互联接口及 Loopback 接口上运行 IGP。

(3) PE 之间的 LSP 建立。为了使用 MPLS LSP 转发 VPN 的数据流量,一定要在 PE 之间建立 LSP。从 CE 接收报文并建立标签栈的 PE 路由器是 ingress LSR,BGP 的下一跳(即出口 PE 路由器)是 engress LSR。可以使用 LDP 建立尽力转发的 LSP,也可以使用 RSVP 建立支持特定 QoS 的 LSP 或基于流量工程的 LSP。使用 LDP 建立 LSP 将在 PE 之间形成全连接的 LSP。

(4) PE 到 CE 间的路由信息交换。CE 可以通过静态路由、RIP、OSPF 或 EBGP,从相连的

PE 上学习远端的 VPN 路由。

经过以上的步骤,CE 之间将建立可达的路由,完成 VPN 私网路由信息在公网上的传播。

2. VPN 报文的转发

VPN 报文在入口 PE 路由器上形成两层标签栈:内层标签,也称为 MPLS 标签,是由出口 PE 向入口 PE 发布路由时分配的(安装在 VPN 转发表中),在标签栈中处于栈底位置。当从公网上发来的 VPN 报文从 PE 到达 CE 时,根据标签查找 MPLS 转发表就可以从指定的接口将报文发送到指定的 CE 或者 Site。外层标签,也称为 LSP 的初始化标签,指示了从入口 PE 到出口 PE 的一条 LSP,在标签栈中处于栈顶位置。VPN 报文利用这层标签的交换,就可以沿着 LSP 到达对端 PE。以图 12-26 为例。

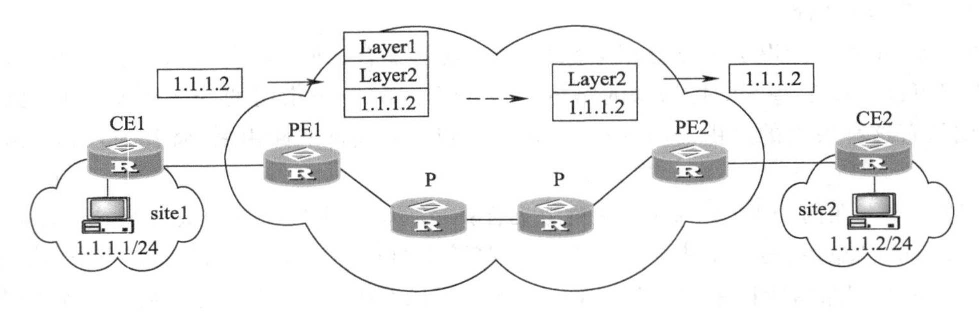

图 12-26　VPN 报文转发示意图

(1) Site1 发出一个目的地址为 1. 1. 1. 2 的 IPv4 报文到达 CE1,CE1 查找 IP 路由表,根据匹配的表项将 IPv4 报文发送至 PE1。

(2) PE1 根据报文到达的接口及目的地址查找 VPN-Instance 表项,获得内层标签、外层标签、BGP 下一跳(PE2)、输出接口等。建立完标签栈后,PE1 通过输出接口转发 MPLS 报文到 LSP 上的第一个 P 路由器。

(3) LSP 上的每一个 P 路由器利用交换报文的外层标签转发 MPLS 报文,直到报文传送到倒数第二跳路由器,即到 PE2 前的 P 路由器。倒数第二跳路由器将外层标签弹栈,并转发 MPLS 报文到 PE2。

(4) PE2 根据内层标签和目的地址查找 VPN 转发表,确定标签操作和报文的出接口,最终弹出内层标签并由出接口转发 IPv4 报文至 CE2。

(5) CE2 查找路由表,根据正常的 IPv4 报文转发过程将报文传送到 Site2。

3.2.5　BGP/MPLS VPN 原理

实现 BGP/MPLS VPN 最为重要的一环就是 VPN 路由信息的传播。由于 CE 和 PE 之间使用普通的路由协议,所以 BGP/MPLS VPN 的关键之处就是 PE 之间的路由传播了。为了解决多个 VPN 之间地址冲突的问题,IBGP 在这里所传输的可达性信息不再是普通的 IPv4 地址前缀,而是整个网络范围内唯一的 VPN-IPv4 地址。当然,BGP v4 并不支持非 IPv4,这里使用的是

BGP 的一个多协议扩展：MBGP（Multiprotocol BGP）。

3.2.6　多协议 BGP 扩展

BGP 具备灵活的属性机制，能够轻松地扩展：要扩展一个功能只要定义一个新的属性就可以了。为了可以传输 IPv4 以外地址空间的路由，MBGP 定义了两个扩展属性：多协议可达NLRI：MP_REACH_NLRI（Multiprotocol Reachable NLRI）和多协议不可达 NLRI：MP_UNREACH_NLRI（Multiprotocol Unreachable NLRI）。

在 BGP/MPLS VPN 框架中，一个 BGP 实体用携带 MP_REACH_NLRI 属性的 Update 消息向其对等体通告可达 VPN 路由以及与其绑定的标记，而用携带 MP_UNREACH_NLRI 属性的 Update 消息向其对等体通告某个不可用 VPN 路由信息。

MP_REACH_NLRI 的编码如图 12-27 所示。

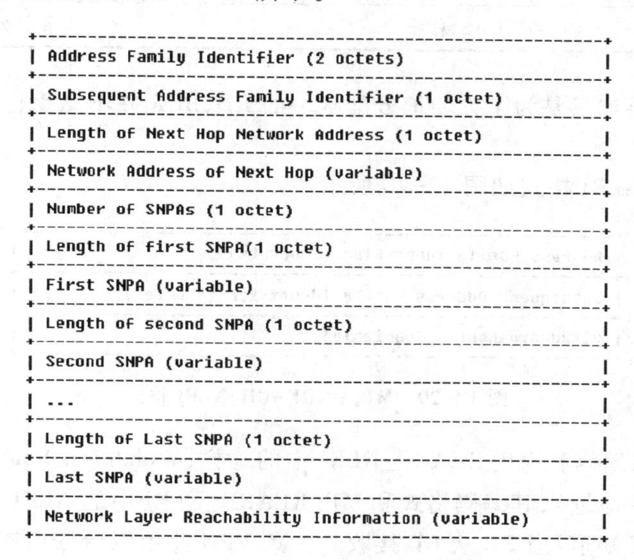

图 12-27　MP_REACH_NLRI 编码

BGP/MPLS VPN 实现使用 MP_REACH_NLRI 属性的如下几个域。

（1）Address Family Identifier（AFI，地址簇标识符）和 Subsequent Address Family Identifier（SAFI，子地址簇标识符）一起用于指示该属性通告的可达性信息所属的地址簇，AFI 为 1、SAFI 为 128 指示随后通告的是 VPN-IPv4 可达性信息及与其绑定的 MPLS 标记。

（2）Length of Nexthop Network Address（下一跳网络层地址长度）和 Network Address of Nexthop（下一跳网络层地址）：这就是这条路由信息的下一跳，下一跳确定规则服从通常的 BGP 关于下一跳的规则。

（3）Network Layer Reachability Information（NLRI，网络层可达性信息），NLRI 编码格式如图 12-28 所示。

必须注意的是，不论是 Nexthop 还是 NLRI 中的 Prefix，其中编码的都是 VPN-IPv4 地址，其结构为 8 字节的 RD 加上 4 字节的 IPv4 地址。RD 由 3 个域构成：2 字节的 Type 域、长度决定于 Type 域的管理者域（Administrator Field）和管理者分配的编号（Assigned Number Field），目前已有的搭配如表 12-5 所示。

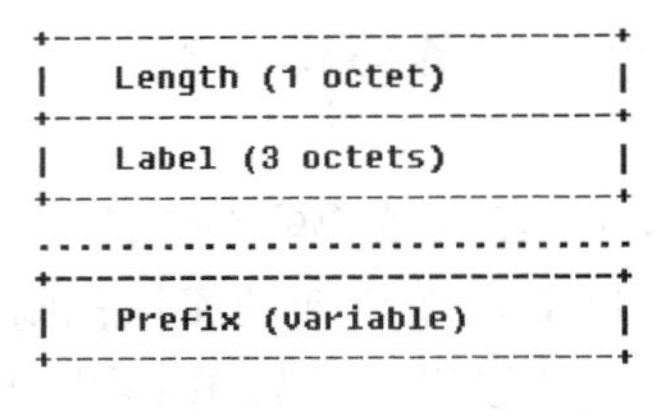

图 12-28　NLRI 编码格式

表 12-5　RD 组合

Type	Administraor	Assigned Number
0	2 字节 AS 号	4 字节分配编号
1	4 字节 IP 地址	2 字节分配编号
2	4 字节 AS 编号	2 字节分配编号

RD 这种结构化要求只是为了方便地分配唯一的 RD，BGP 并不意识也不会利用这些结构化信息。

MP_UNREACH_NLRI 格式如图 12-29 所示。

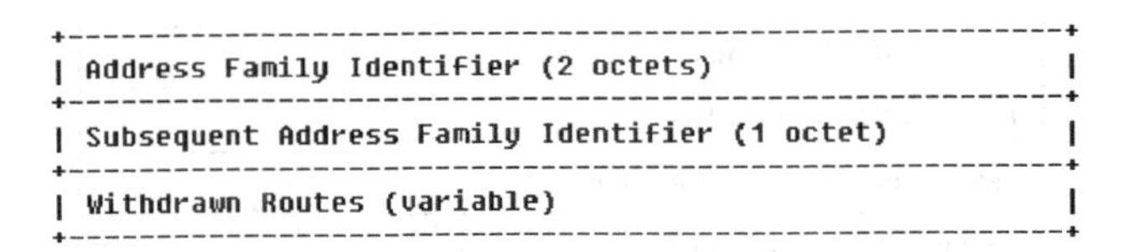

图 12-29　MP_UNREACH_NLRI 格式

AFI 和 SAFI 域的编码和 MP_REACH_NLRI 中的一样，Withdrawn Routes 中存放被废弃的路由（标记和 VPN-IPv4 地址），其编码格式和 MP_REACH_NLRI 中的 NLRI 一样。

粗略的，现在已经知道：当 PE 从 CE 接收到一条 VPN 路由以后，PE 就将分配给这条路由的标记和这个 VPN 相关的 RD 一起封装在 MP_REACH_NLRI 中，并使用自己的某个地址填充下一跳域，并将其发布给它所有的 MIBGP 对等体。这样，它的某个对等体就拥有了这样的信息：目的为这个私网目的地址的数据包应该通过自己的某个 IBGP 对等体转发。

3.2.7　BGP/MPLS VPN 控制信息建立过程

VPN 有两个基本需求：可达性和隔离性。清晰起见，首先用图 12-30 所示的一个简单例子讨论可达性的实现。尽管关于隔离性的讨论是融于其中的，这里仍然会简略地讨论一下隔离性。

图 12-30 所示网络中，CE1 和 CE2 属于同一个组织，它们接受由 PE1、P 和 PE2 所组成的运营商网络所提供的 VPN 服务。为了描述简便，这里用字母 a、b、c 等表示具体接口 IP 地址（后面也用 a、b、c 表示这些接口本身，请注意不要混淆）。PE1、P 以及 PE2 分别配置了一个回环地址

1、2 和 3,用于在各种协议(BGP、LDP)中作为各路由器的标识。检验这个 VPN 是否能够工作的手段很简单,就是从 CE2 发出的目的为 x 的数据包能够正确地被传输到目的网络。为了实现这个目标,必须在沿途所有路由器上建立相应的转发控制信息(这里关注的是路由信息和 MPLS 标记转发信息)。由于路由信息传播方向和数据传输方向相反,对于目的 x 从 CE1 开始分析。

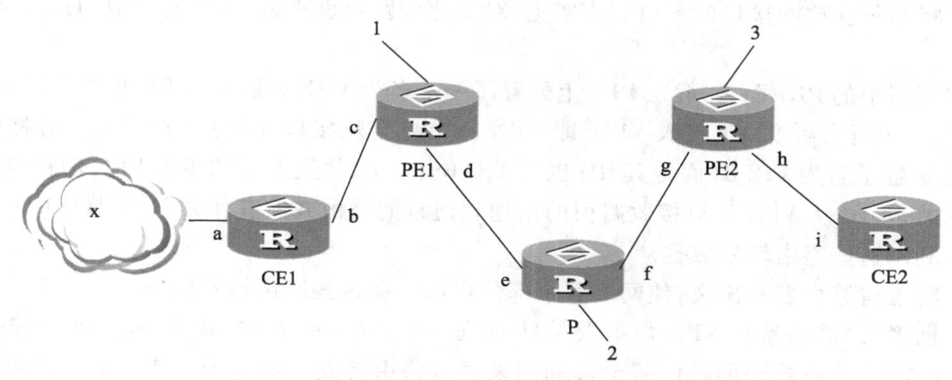

图 12-30 网络拓扑图

CE1 并不清楚自己享受了 VPN 服务,它被配置为它应该通过某个路由协议将自己路由表中存在的一条目的为 x 的路由发布给它的路由邻接对等体 PE1。请注意这里的前提是 CE1 拥有关于 x 的路由信息,在这个例子中假设 x 是 CE1 直连的一个网段。所以 CE1 上存在如表 12-6 所示的路由项。

表 12-6 CE1 上存在的路由项

Destination	Nexthop
x	a

CE1 和 PE1 之间运行的路由协议可以有多种选择。注意到这种情形属于跨管理域(运营商 VS 用户)的路由传播,所以需要对路由传播作较多的控制。所以,如果在用户网络路由数量较多的情况下,一般建议使用标准的跨域路由协议 BGP。这里假定 CE1 和 PE1 之间运行 EBGP。

对于 CE1 而言,它只是运行 BGP,并配置 PE1 作为其邻居。当然就会将目的为 x、下一跳为 b 的路由发送给 PE1。

PE1 对于这条路由的处理就没有这么简单了。为了保证属于不同 VPN 之间的隔离,PE 上利用不同的 VRF 保存应该被隔离的路由。

一个 PE 上可以定义多个 VRF,每个 VRF 都被定义了唯一一个 RD,当该 VRF 中的路由被 MBGP 发布给 IBGP 对等体 PE 时,这个 RD 就会被用于构造 VPN-IPv4 地址。

尽管 PE 上定义 VRF 的目的是为了隔离 VPN 数据,但是 VRF 并不是采取和 VPN 绑定的方法与 VPN 建立联系,而是采取 VRF 和 CE-PE 连接(常见的实现都是将某个 VRF“应用”在某个和 CE 相连的接口或子接口上）绑定的方法与 VPN 建立联系。一个 VRF 可以和多个接口绑定。

配置了多个 VRF 的 PE 有多个路由表：系统默认路由表和 VRF。默认情况下，这些路由表是严格隔离开的。一个 VRF 仅仅包含与它绑定的那些接口的直连路由，其他的 VRF 和系统默认路由表将不包含这些接口的路由。事实上，对于这些路由表来讲，不和它绑定的接口就好像不存在一样。

具体到图中的 PE1 而言，假定 PE1 上配置了一个名为 VRFA（假定其 RD 也为 VRFA）的 vrf，并且和接口 c（因为从接口 c 接入 VPN，即 VPN 路由将会从接口 c 收到）相绑定。对称的，假设在 PE2 上配置了名为 VRFB（假定其 RD 也为 VRFB）的 vrf，并且业已和接入 VPN 的接口 h 绑定。需要注意的是，vrf 从 VPN 站点接收路由的用途和通常的路由并没有什么不同，具体的：

（1）利用这些路由转发数据。

（2）将这些路由发布出去，使网络其余部分可以依据这些路由转发数据。

对于前者，当然是当有 VPN 数据要被转发到一个 VPN 中去时，某个 VRF 就会被查询，这样，原先从 VPN 站点收到的路由就会被利用来进行路由转发。第二个功能其实就是将 VPN 路由发布到该 VPN 的其他站点中去，具体而言，就是指 PE1 上 VRFA 的路由应该被发布到 PE2 上的 VRFB 中去，进而被发布到 CE2 中去。

现在回到关于路由 x 的传输过程的讨论上来。当 PE1 通过 BGP 从 CE1 上接收到 VPN 路由 x 以后，它就将其存储在 VRFA 之中，同时为其分配一个标记 1000（1000 这个数值是随意列举的）。VRFA 中就有如表 12-7 所示的表项。

表 12-7　VRFA 中的表项

Destination	Nexthop	Label
x	a	1000

当然，由于 PE1 为 FEC x 分配了标记 1000，而 PE1 显然是这个 FEC 的下一跳，所以在标记转发表中会生成如表 12-8 所示的标记转发项。

表 12-8　标记转发项

in label	out label	Action
1000		弹出标记栈并且根据查找 VRFA 的结果进行转发

表 12-8 就是前面提到“VRF 中从 VPN 站点接收的路由的两个用途”的第一个用途：当有目标为 x 的数据包到达时（此时期望它封装了 MPLS 标记 1000），PE1 将根据 VRFA 中的路由表项转发。

现在来讨论“第二个用途”，即怎样将这条路由传播到网络其他位置。VPN 的基本需求之一就是隔离性，所以这条路由只能被通告给 PE2 上的 VRFB。事实上这里有两个需求。

（1）这条路由只应该被通告给 PE2。

（2）在 PE2 上，这条路由只应该被存入 VRFB。

x 这条路由不被通告给 P 除了可以保证这条路由不会被 P 所学习从而使其避免被 VPN 之外的站点知晓外，还可以保证作为网络核心转发设备的 P 不至于被大量的 VPN 路由所淹没。显然，这是一个典型的在非直接相连邻居之间传输路由的需求，所以 IBGP 是最好的选择。这里的 IBGP 当然必须是 MBGP，即实际传送的路由必须是 VPN-V4 路由。

为了可以保证 PE2 将路由 x 置于正确的 VRF 中（如果 PE2 接入不止一个 VPN，PE2 当然不能将一个 VPN 的路由置于另外一个 VPN 的 VRF 中去），BGP/MPLS VPN 框架结构利用和 RD 类似的 BGP 扩展团体属性 Route Target（简称 RT）来区分属于不同 VRF 的路由。RT 的结构和前面介绍的 RD 结构完全一致。这样，每个 VRF 除了具备一个唯一的 RD 用于唯一标识它自己以外，还会具备两个 RT 列表属性：输出 RT 列表和输入 RT 列表。从某个 VRF 输出的所有路由都会携带输出 RT 列表中所有的 RT 扩展团体属性。对于一条从某个对等体接收到的 VPN 路由，一个 PE 只会将其置于输入 RT 属性列表和这条路由所携带的 RT 属性列表有共同 RT 属性值的 VRF 中去。

在案例中，假设 PE1 上 VRFA 配置的输入 RT 属性列表和输出属性列表都是 100:1（关于这种编码方式的意义请参考前面关于 RD 结构的描述），PE2 上 VRFB 配置的输入 RT 属性列表和输出属性列表都是 100:1。这样当携带 RT 为 100:1 的路由 x 被 PE2 接收到以后，PE2 就会将其置于输入 RT 属性列表为 100:1 的 VRFB 中。这样在 PE2 VRFB 中就会包含如表 12-9 所示的转发项。

表 12-9 PE2 VRFB 中的转发项

Destination	Nexthop	Label
x	1	1000

这里的下一跳 1 是 PE1 的 Loopback 地址，这里的 PE1 和 PE2 之间的 BGP 对等体之间的 TCP 连接的两端地址是各自的 Loopback 地址。

随后，PE2 自然会将此路由用 EBGP 传送给 CE2，当然这里的 BGP 就是普通的 BGP 了。这就意味着 CE2 掌握了来自 CE1 的 VPN 路由信息。

以上只是分析了 VPN 路由 x 的传递过程。VPN 站点之间的信息传递是依赖于骨干网（这里由 PE1、PE2 和 P 组成）的 IP 连通性的，最明显的是如果 PE1 和 PE2 之间不能建立 TCP 连接，那么 VPN 路由传递的基础 MBGP 就无法工作。为了保证骨干网的内部连通性，这里在 PE1、PE2 和 P 组成的网络上启用 OSPF 并在这些路由器上使能 MPLS，同时在它们之间运行 LDP 进行骨干网内部的标记分发工作。

作为一个例子，PE1 会向 P 分配关于它的直连路由 1 和某个标记的绑定，这里假定这个标记为 17。这样，PE1 上就会产生如表 12-10 所示的标记转发项。

表 12-10 PE1 上的标记转发项

in label	out label	Action
17		弹出标记栈并根据随后的报文封装决定下一步转发行为

同样的,P 也会给 PE2 分发关于 FEC 1 和标记 18(随意假定的一个数字)的绑定,这样在 P 上就会形成如表 12-11 所示的标记转发项。

表 12-11　P 上的标记转发项

in label	out label	Action
18	17	实施标记交换并且从接口 e 发送出去

PE2 接收到 P 发给它的标记绑定以后,它意识到自己是 MPLS 区域边界路由器,于是不再向外分发关于这个 FEC 的标记绑定,同时形成如表 12-12 所示的标记转发表。

表 12-12　PE2 上形成的标记转发表

FEC	out label	Action
1	18	封装标记栈并且从接口 g 发送出去

综合起来,各路由器所建立的各种转发信息如图 12-31 所示。

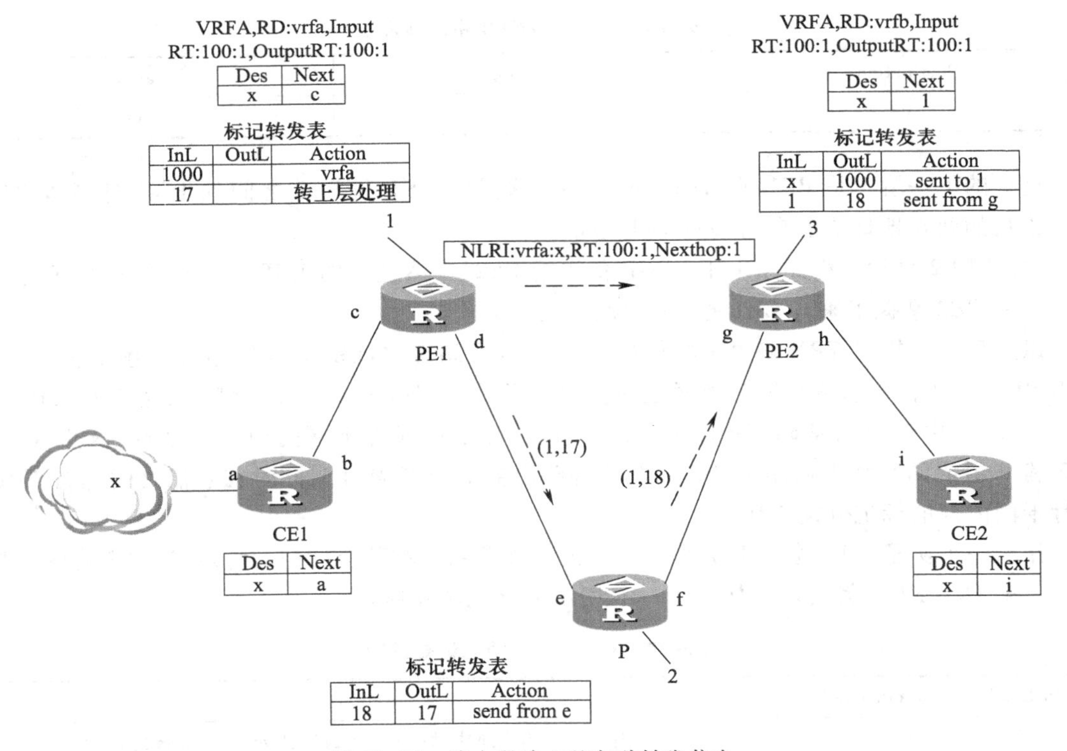

图 12-31　路由器建立的各种转发信息

现在来检验这些转发信息是否真正实现了 VPN 功能。这里只需要检验从 CE2 始发的一个目的为 x 的 IP 数据包是否能够被正确地路由到目的地。

根据它的路由表，该数据包被路由到 PE2。由于这个数据包从和 VRFB 绑定的接口收到，所以 PE2 将查找 VRFB 决定如何转发这个数据包，VRFB 查找结果显示此数据包应该被打上标记 1000 并被转发至 1。为了将这个数据包转发至 1，路由查找的结果是该数据包应该被打上标记 18 并从接口 g 发往 P。

当 P 收到这个报文以后，根据它的标记转发表，将顶层标记交换为 17，并从接口 e 将报文转发给 PE1。

PE1 收到这个报文以后根据它的标记转发表弹出标记 17，报文随后的标记 1000 指示它再次弹出标记 1000，并最终根据 VRF 中路由项将报文转发给 CE1。CE1 收到的报文是纯粹的 IP 报文，它根据它的路由表按照通常的方式将报文转发至最终的目的地 x。图 12-32 所示为报文转发过程中报文头部的变化示意图。

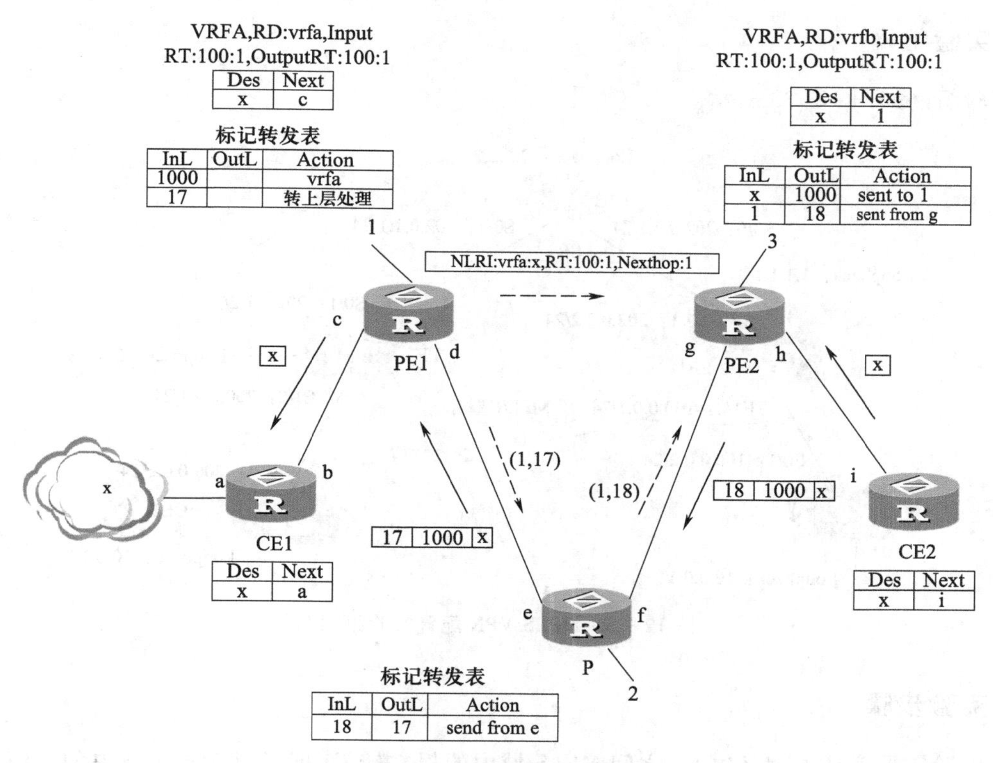

图 12-32　报文转发过程中报文头部的变化示意图

前面讨论了 BGP/MPLS VPN 如何在两个私有网络的站点之间建立 IP 可达性。那么 VPN 的隔离性实现表现在哪里呢？由于这里的可达性是建立在路由的基础之上的，所以要实现 VPN 的数据隔离只要实现各 VPN 之间路由的隔离即可。VPN 路由信息在 PE 上是通过完全隔离的一些 VRF 存储的，所以在始发 PE 上，不同 VRF 内的路由信息不可能互相混淆。在路由传递的过程中，包含多个 VPN 信息的 PE 之间是通过 IBGP 直接建立 TCP 连接并在其上传递路由信息的，所以沿途路由器信息不可能在传输过程中泄漏。在路由信息接收 PE 处，通过严格规定不同 VRF 的 RT 属性，就可以保证每一条路由信息只被相应的 VRF 所接收。

3.3　实验环境与分组

本实验采用 3 台 Quidway R 系列路由器组成 MPLS 域（运行支持 MPLS 转发的 VRP 3.30 主机软件），采用 2 台 Quidway S3526 三层交换机作为客户端设备 CE。MPLS 域内的 3 台路由器通过串口线相连网线实现互连，其他 2 台交换机通过网线连接。

（1）Quidway R2600 系列路由器 3 台，Quidway S3526 交换机 2 台，PC 5 台，Console 线 5 条，路由器串口线 2 根，标准网线 2 根。

（2）4 名学生一组，共同配置路由器和交换机。

3.4　实验组网

实验组网如图 12-33 所示。

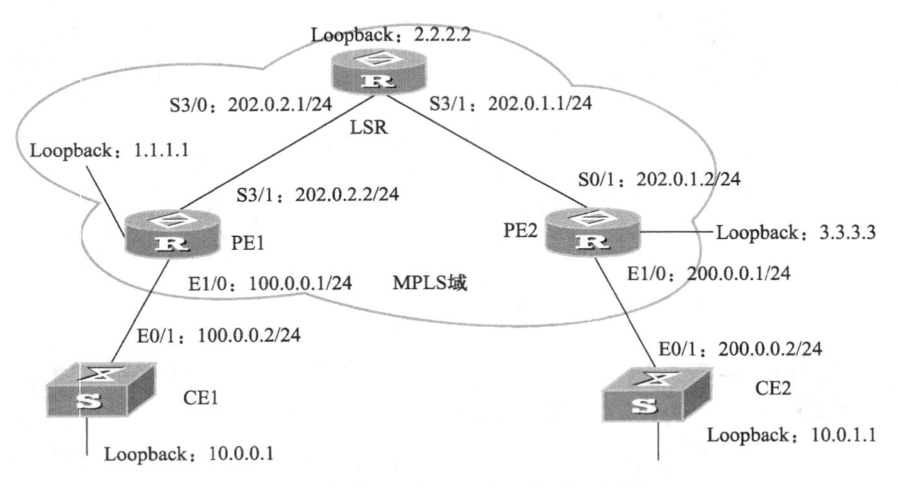

图 12-33　MPLS VPN 配置实验组网图

3.5　实验步骤

该实验需要完成 CE1 和 CE2 之间 MPLS 域内的报文转发，即通过 MPLS 域内的 MPLS 报文转发为 CE1 和 CE2 连接的网络提供 VPN 服务。

为了便于检查配置，排除故障，将配置分为如下几个步骤。

步骤 1　按照组网图连接所有设备，并且配置各设备的接口 IP 地址（请为 MPLS 域内的所有路由器都配置一个 Loopback 接口,并配置 IP 地址为 32 位掩码)。请完成上述配置后,使用 ping 命令检查各连接是否已经正常工作。

步骤 2 配置 PE1、PE2 和 LSR 之间的 OSPF 协议。确保它们之间的互通性。PE2 的配置如下,PE1 和 LSR 的配置与此类似:

路由器 PE2:

```
[PE2]display current-configuration
#
 sysname PE2
............
interface Ethernet1/0
 ip address 200.0.0.1 255.255.255.0
#
interface Ethernet1/1
#
interface Serial0/0
 link-protocol ppp
#
interface Serial0/1
 clock DTECLK1
 link-protocol ppp
 ip address 202.0.1.2 255.255.255.0
#
interface NULL0
#
interface LoopBack1
 ip address 3.3.3.3 255.255.255.255
#
ospf 1
 #
 area 0.0.0.0
  network 3.3.3.0 0.0.0.255
  network 200.0.0.0 0.0.0.255
  network 202.0.1.0 0.0.0.255
............
return
```

步骤 3　在 PE1、PE2 和 LSR 之间使能 MPLS,并配置 LDP 为它们之间分发标记,保证其连通性。PE1、PE2 和 LSR 上的配置分别如下。

路由器 PE1:

/* 配置 LSR ID 为 1.1.1.1 */

```
[PE1]mpls lsr-id 1.1.1.1
[PE1]mpls
[PE1-mpls]lsp-trigger any
[PE1-mpls]quit
```

/* 全局使能 LDP */

```
[PE1]mpls ldp
[PE1]interface Serial3/1
```

/* 在接口 S3/1 上启用 MPLS */

```
[PE1-Serial3/1]mpls
```

/* 在接口 S3/1 上启用 LDP */

```
[PE1-Serial3/1]mpls ldp enable
```

路由器 LSR:

```
[LSR]acl number 101
[LSR-acl-adv-101]rule deny ip source any destination any
[LSR-acl-adv-101]quit
[LSR]mpls lsr-id 2.2.2.2
[LSR]mpls
[LSR-mpls]lsp-trigger acl 101
[LSR-mpls]quit
[LSR]mpls ldp
[LSR]interface Serial3/0
[LSR-Serial3/0]mpls
[LSR-Serial3/0]mpls ldp enable
[LSR-Serial3/0]quit
[LSR]interface Serial3/1
[LSR-Serial3/1]mpls
[LSR-Serial3/1]mpls ldp enable
```

请写出在路由器 PE2 启动 MPLS 的命令:

____

____

____

步骤 4 配置 CE-PE 之间的连接。

本步骤主要是配置 PE 和 CE 之间的 IP 连接,在实际应用中,和同一个 PE 相连的可能有多个 CE 并处于相同的地址空间,这就意味着在 PE 上必须配置多个 VPN-Instance(一般一个 VPN-Instance 为一个 CE 服务)。但在实验中,为了简化配置,仅创建一个 VPN-Instance。对于 PE 和 CE 之间的路由协议而言,都使用 EBGP 在 PE-CE 之间交互 VPN 路由信息。

以 PE1 上的配置为例介绍如何使用 EBGP 在 PE 和 CE 之间交互 VPN 路由。对于 CE1 和 CE2,它们认为与自己交互路由信息的只是一个普通的 L3 设备而已,所以,它们的配置和普通 BGP 配置一样。以下是 CE1 上的配置:

```
[CE1]bgp 65534
[CE1-bgp]network 10.0.0.1 255.255.255.0
[CE1-bgp]peer 100.0.0.1 as-number 10
```

对于 PE1 和 PE2 来说,必须针对 VPN 进行相关的配置。为了接入 VPN 的站点,必须为其设置 VPN-Instance 用于存放 VPN 内的路由信息,以便区别于普通的路由信息和其他 VPN-Instance 的路由信息(注意,这并不意味着一个 VPN-Instance 只能为一个 VPN 服务),并且将它们和接入站点的接口关联起来。具体的在 PE1 上的配置如下:

```
/* 定义 VPN-Instance,名为 buaa */
  [PE1]ip vpn-instance buaa
/* 为 vpn-instance:buaa 创建路由和转发表 */
  [PE1-vpn-buaa]route-distinguisher 10:1
/* 为 vpn-instance:buaa 创建 route-target 扩展团体 */
  [PE1-vpn-buaa]vpn-target 10:1 both
  [PE1-vpn-buaa]quit
  [PE1]interface ethernet 1/0
/* 将 vpn-instance:buaa 绑定在指定接口上 */
  [PE1-Ethernet1/0]ip binding vpn-instance buaa
  [PE1-Ethernet1/0]ip add 100.0.0.1 255.255.255.0
  [PE1-Ethernet1/0]quit
/* 配置 BGP */
  [PE1]bgp 10
/* 配置 VPN-Instance 协议地址簇 */
  [PE1-bgp]ipv4-family vpn-instance buaa
/* 配置 VPN-Instance 的 BGP peer */
  [PE1-bgp-af-vpn-instance]peer 100.0.0.2 as-number 65534
```

PE2 的配置和 PE1 的配置基本一致,仅仅是 AS 系统号不同:此处提供 display current-configuration 信息供大家参考(**加粗**的配置信息为 CE-PE 间连接的配置,***斜体加粗***的配置信息为

PE-PE 间连接的配置)。

```
<PE2>display current-configuration
#
 sysname PE2
#
 tcp window 8
#
 undo multicast igmp-all-enable
#
 mpls lsr-id 3.3.3.3
 mpls
 lsp-trigger any
#
 mpls ldp
#
ip vpn-instance buaa
 route-distinguisher 10:1
 vpn-target 10:1 export-extcommunity
 vpn-target 10:1 import-extcommunity
  ............
interface Ethernet1/0
 ip binding vpn-instance buaa
 ip address 200.0.0.1 255.255.255.0
#
interface Ethernet1/1
#
interface Serial0/0
 link-protocol ppp
#
interface Serial0/1
 clock DTECLK1
 link-protocol ppp
 ip address 202.0.1.2 255.255.255.0
 mpls
 mpls ldp enable
```

```
#
interface NULL0
#
interface LoopBack1
 ip address 3.3.3.3 255.255.255.255
#
bgp 10
 undo synchronization
 peer 1.1.1.1 as-number 10
 peer 1.1.1.1 connect-interface LoopBack1
 #
 ipv4-family vpn-instance buaa
 undo synchronization
 peer 200.0.0.2 as-number 65533
 #
 ipv4-family vpnv4
 peer 1.1.1.1 enable
#
ospf 1
 #
 area 0.0.0.0
  network 3.3.3.0 0.0.0.255
  network 200.0.0.0 0.0.0.255
  network 202.0.1.0 0.0.0.255
   .............
return
```

请根据以上配置信息,写出 PE2 的配置命令(PE-CE 间的配置)。

____

____

____

____

步骤 5　配置 PE-PE 之间的连接。

本步骤将配置 PE1 和 PE2 之间的 IBGP 连接用于交换 VPN 路由信息,当然这个 BGP 连接是可以承载 VPNv4 私网路由信息的 MBGP,它不同于一般的 BGP,所以在配置时,请注意两者存在的区别。下面是各个 PE 上的配置。

路由器 PE1 上的配置：

```
/* 配置 BGP 对等体 */
[PE1]bgp 10
[PE1-bgp]peer 3.3.3.3 as-number 10
/* 指定建立 TCP 连接使用 Loopback 接口的地址 */
[PE1-bgp]peer 3.3.3.3 connect-interface LoopBack 1
/* 配置 IBGP 传送 VPNv4 路由信息 */
[PE1-bgp]ipv4-family vpnv4
[PE1-bgp-af-vpn]peer 3.3.3.3 enable
```

路由器 PE2 的配置和 PE1 上的配置基本一致，请参看(配置 CE-PE 间的连接中)PE1 的 display current-configuration 信息中加粗部分的配置信息。

请根据 PE1 的配置信息，写出 PE2 的配置命令(PE-PE 间的配置)。

____

____

____

____

到此为止，关于 VPN 的基本配置就完成了。为了检验所作配置是否正确，可以在各个 CE 上检查是否已经学习到应该学习的路由信息，并且在各个 CE 上都可以 ping 通本 VPN 中其他 CE 的 Loopback 接口(或 CE 所连接的网络上的主机)。下面是配置后 CE1 和 CE2 上的路由表：

```
<CE1>display ip routing-table
 Routing Table:public net
Destination/Mask Protocol Pre  Cost     Nexthop          Interface
10.0.0.0/24      DIRECT     0     0      10.0.0.1          LoopBack1
10.0.0.1/32      DIRECT     0     0      127.0.0.1        InLoopBack0
10.0.1.0/24       BGP      256    0      100.0.0.1        Vlan-interface2
100.0.0.0/24     DIRECT     0     0      100.0.0.2        Vlan-interface2
100.0.0.2/32     DIRECT     0     0      127.0.0.1        InLoopBack0
127.0.0.0/8       DIRECT    0     0      127.0.0.1        InLoopBack0
127.0.0.1/32   DIRECT      0     0      127.0.0.1        InLoopBack0
<CE2>display ip routing-table
Routing Table:public net
Destination/Mask Protocol  Pre  Cost      Nexthop         Interface
10.0.0.0/24          BGP    256   0       200.0.0.1      Vlan-interface3
10.0.1.0/24        DIRECT    0    0       10.0.1.1        LoopBack1
10.0.1.1/32        DIRECT    0    0       127.0.0.1      InLoopBack0
```

```
127.0.0.0/8      DIRECT   0    0    127.0.0.1    InLoopBack0
127.0.0.1/32     DIRECT   0    0    127.0.0.1    InLoopBack0
200.0.0.0/24     DIRECT   0    0    200.0.0.2    Vlan-interface3
200.0.0.2/32     DIRECT   0    0    127.0.0.1    InLoopBack0
```

由此可以看出,CE1 和 CE2 都已经学习到了对端的路由信息,它们之间可以进行通信了。大家可以使用 ping 命令进行检测。注意此处由于使用的是 Loopback 接口,只能在超级终端中使用带源 IP 地址参数的 ping 命令才能检测成功。如在 CE1 上 ping CE2 上的 Loopback 接口的地址应为 ping -a 10.0.0.1 10.0.1.1。

成功完成上面的配置之后,再来看看 VPN 究竟如何实现数据包的转发。

步骤 6 分析转发控制信息。

仔细分析这个网络是如何能够提供 VPN 服务的。主要解决如下两个问题。

(1) 在实施 VPN 数据报文转发时,网络中各台路由器依据哪些信息进行转发?

(2) 这些转发信息是如何建立起来的?

以 CE1 和 CE2 间的通信为例来说明第一个问题。这里用从 CE1 到 10.0.1.1 这个目的地址的一个 ICMP Echo 报文来说明,为了描述方便,以下就用报文 p 来代表这个报文。

查看 CE1 的路由信息:

```
<CE1>display ip routing-table
Routing Table:public net
Destination/Mask  Protocol  Pre  Cost  Nexthop      Interface
   10.0.0.0/24     DIRECT    0    0    10.0.0.1     LoopBack1
   10.0.0.1/32     DIRECT    0    0    127.0.0.1    InLoopBack0
   10.0.1.0/24     BGP       256  0    100.0.0.1    Vlan-interface2
   100.0.0.0/24    DIRECT    0    0    100.0.0.2    Vlan-interface2
   100.0.0.2/32    DIRECT    0    0    127.0.0.1    InLoopBack0
   127.0.0.0/8     DIRECT    0    0    127.0.0.1    InLoopBack0
   127.0.0.1/32    DIRECT    0    0    127.0.0.1    InLoopBack0
```

上述路由信息中,具有下划线的路由信息就是 CE1 转发 p 报文的转发信息。可见,对于 CE1 来说,它并不知道它是 VPN 的一员,它只知道到 10.0.1.0/24 这个目的地的所有报文应该从 E0/1 发送给 PE1 处理,这条路由信息是从普通的 EBGP 对等体得到的。

当这个报文被传到 PE1 时,PE1 根据它到达的端口(E1/0)判断应该查找路由表 VPN-instance buaa(这是用命令 [PE1-vpn-buaa] route-distinguisher 10:1 配置的)决定如何转发 p。用命令 display ip routing-table vpn-instance buaa 可以查看到如下路由信息:

```
<PE1>display ip routing-table vpn-instance buaa
  buaa  Route Information
 Routing Table:  buaa  Route-Distinguisher:  10:1
```

```
Destination/Mask   Protocol  Pre  Cost   Nexthop      Interface
10.0.0.0/24         BGP      256   0     100.0.0.2    Ethernet1/0
10.0.1.0/24         BGP      256   0     3.3.3.3      LoopBack1
100.0.0.0/24       DIRECT     0    0     100.0.0.1    Ethernet1/0
100.0.0.1/32       DIRECT     0    0     127.0.0.1    InLoopBack0
```

上面加下划线部分就是和 p 相匹配的路由，这条路由是由 BGP 学习而来的 VPN 路由信息，其下一跳路由器为 3.3.3.3，当然为了区分不同的地址空间中的路由，这里记录的是 VPNv4 路由。

当然，p 是不能被直接转发到 3.3.3.3 的，而需要 MPLS 域内的 P 设备（如 LSR）转发。正如 MPLS VPN 转发原理所述，为了让骨干网内部无须维护 VPN 路由，采用两层标记封装的办法来转发 VPN 的数据包。用命令 display mpls l3vpn-lsp verbose 可以看到详细的转发信息：

```
<PE1>display mpls l3vpn-lsp verbose
-------------------------------------------------------------------
----------
              LSP Information:L3vpn Ingress Lsp
-------------------------------------------------------------------
----------
 NO                     :  1
 VrfName                :  huwei
 Fec                    :  10.0.1.0/24
 Nexthop                :  3.3.3.3
 Outer-Label            :  1024
 Inner-LabelStack       :  1026
 Out-Interface          :  Serial3/1
 LspIndex               :  4098
 Token                  :  0
 LsrType                :  Ingress
TOTAL:  1 Record(s) Found.
-------------------------------------------------------------------
----------
              LSP Information:L3vpn Asbr Lsp
-------------------------------------------------------------------
----------
TOTAL:  0 Record(s) Found.
-------------------------------------------------------------------
```

```
----------
            LSP Information:L3vpn Egress Lsp
------------------------------------------------------------------------
----------
 NO                :  1
 Inner-Label       :  1024
 Nexthop           :  -------
 Out-Interface     :  InLoopBack0
 LsrType           :  Egress
 NO                :  2
 Inner-Label       :  1025
 Nexthop           :  100.0.0.1
 Out-Interface     :  Ethernet1/0
 LsrType           :  Egress

 NO                :  3
 Inner-Label       :  1026
 Nexthop           :  100.0.0.2
 Out-Interface     :  Ethernet1/0
 LsrType           :  Egress
TOTAL:  3 Record(s) Found.
```

由上述加粗的显示信息可以看出:对于报文 p,PE1 将为其打上两层标记,底层标记是 1026,顶层标记是 1024。

顶层标记 1024 实际上是由 LDP 分发的和 FEC 2.2.2.2/32 相关的标记,这一点可以在上述信息中看出。另外,也可以用命令 display mpls ldp lsp 查看。

```
<PE1>display mpls ldp lsp
 Up-stream Control Block Information:
No.FECType DestAddress InLab OLab UHC DHC Next-Hop   OutInterface
1   PREFIX  1.1.1.1     3----      0   1  127.0.0.1  InLoopBack0
2   PREFIX  3.3.3.3      ----  1024 1  2  202.0.2.1  Serial3/1
```

标记 1026 则是由 MBGP 从 PE2 和 FEC 10.0.1.0./24 一起传送过来的,这里所说的 FEC 10.0.1.0/24 是带 RD 的 VPNv4 路由。可以用命令 display bgp vpnv4 vpn-instance buaa routing-table 查看。

```
<PE1>display bgp vpnv4 vpn-instance buaa routing-table
BGP local router ID:202.0.2.2
```

```
Status codes: * -valid,>-best,d-damped,
          h-history,i-internal,s-suppressed
Origin codes:i-IGP,e-EGP,? -incomplete
   Network   Next Hop  Label(I/O)  Metric     LocPrf          Path

 Route Distinguisher:10:1,Local vpn-instance:buaa
* >  10.0.0.0/24       100.0.0.2       1026/0                  65534
                                                                 i
* >i 10.0.1.0/24       3.3.3.3         0/1026    100           65533
                                                                 i
```

到此为止,已经知道了 PE1 是依据什么样的信息如何转发 p 了。当 PE1 为 p 打上标记栈以后,就将其从 S3/1 接口处传给了 LSR。下面再来看看 LSR 如何转发 p,事实上 display mpls lsp verbose 显示的 MPLS 转发表完全决定了其转发行为:

```
<LSR>dis mpls lsp ver
------------------------------------------------------------------------------
          LSP Information:Ldp Lsp
------------------------------------------------------------------------------
 NO               :  1
 Fec              :  3.3.3.3/32
 Nexthop          :  202.0.1.2
 In-Label         :  1024
 Out-Label        :  3
 In-Interface     :  Serial3/0
 Out-Interface    :  Serial3/1
 LspIndex         :  1
 Token            :  0
 LsrType          :  Transit

 NO               :  2
 Fec              :  1.1.1.1/32
 Nexthop          :  202.0.2.2
 In-Label         :  1026
 Out-Label        :  3
```

```
  In-Interface          :  Serial3/1
  Out-Interface         :  Serial3/0
  LspIndex             :  3
  Token                :  0
  LsrType              :  Transit
TOTAL:  2 Record(s) Found.
```

由加粗信息可以看出,LSR 并没有意识到其中包含 VPN 数据包。实际上,PE1 封装在 p 的外层标记 1024 欺骗了 P,因为 1024 是 LSR 为 FEC 3.3.3.3 分发给 PE1 的标记。所以 LSR 对于 p 的处理行为很简单:弹出顶层标记并封装出接口的 MPLS 标记 3(此标记由 PE2 分发,且表示空标记),所以 LSR 并不实际封装标记 3,而直接将其从 S3/1 转发给 PE2(就像处理目的地是 3.3.3.3 的数据包一样处理)。

当 PE2 收到报文 p 时,p 就只带有标记 1026 了。如下信息决定了 PE2 的处理方式:

```
<PE2>display mpls l3vpn-lsp
-----------------------------------------------------------------
----------
              LSP Information:L3vpn Ingress Lsp
-----------------------------------------------------------------
----------
Vpn-instance Name:buaa     Route Distinguisher:10:1
NO     FEC              NEXTHOP       OUTER-LABEL OUT-INTERFACE
1      10.0.0.0/24       1.1.1.1       1026(vpn)    S0/1
TOTAL:  1 Record(s) Found.
-----------------------------------------------------------------
----------
              LSP Information:L3vpn Asbr Lsp
-----------------------------------------------------------------
----------
TOTAL:  0 Record(s) Found.
-----------------------------------------------------------------
              LSP Information:L3vpn Egress Lsp
-----------------------------------------------------------------
NO     INNER-LABEL   NEXTHOP          OUT-INTERFACE
1      1024          -------          InLoop0
2      1025          200.0.0.1        Eth1/0
3      1026          200.0.0.2        Eth1/0
```

```
TOTAL:  3 Record(s) Found.
```

当 PE2 收到 p 时，人标记 1026 指示 PE2 对其处理方式为弹出标记并根据 VPN-instance：buaa 的路由表进行转发（或者说直接根据上面加粗信息指示转发给下一条 200.0.0.2 即 CE2）。

```
<PE2>display ip routing-table vpn-instance buaa
 buaa  Route Information
Routing Table:  buaa  Route-Distinguisher:  10:1
Destination/Mask  Protocol  Pre  Cost    Nexthop       Interface
   10.0.0.0/24      BGP      256   0      1.1.1.1       LoopBack1
   10.0.1.0/24      BGP      256   0      200.0.0.2     Ethernet1/0
   200.0.0.0/24     DIRECT   0     0      200.0.0.1     Ethernet1/0
   200.0.0.1/32     DIRECT   0     0      127.0.0.1     InLoopBack0
```

查找 VPN-instance：buaa 的路由表的结果就是将这个报文从接口 E1/0 发送给 CE2。CE2 就是 p 的目的地。

由上面的分析，可以看出 BGP VPN 得以实现依赖于两个关键技术：其一是在骨干网上建立 PE 之间的 MPLS 传输隧道的技术，其二是在 PE 之间传播 VPN 路由信息的技术。前者事实上在 MPLS LDP 基本配置中已做详细论述，下面集中精力分析另外一个核心过程：BGP 如何在骨干网上传输 VPN 路由信息？

VPN 路由信息的传播是指一个 VPN 内的各个站点之间的路由信息传播。仍以 CE2 上的路由信息 10.0.1.0/24 被传输到 CE1 上的过程为例进行分析。

（1）CE2 通过 EBGP 将 10.0.1.0/24 送给 PE2，基于 PE2 上的配置，这条路由被送交 VPN-instance：buaa 的路由表。

（2）PE2 通过 MBGP 将 10.0.1.0/24 送交给 PE1，当然为了使得 PE1 可以知道这条路由应该被送入哪个路由表，这条路由会带上输出 **vpn-target 10：1**（即配置命令 vpn-target 10：1 export-extcommunity 规定）。PE1 收到这条路由以后，根据这个 10：1 决定将其置于 VPN-instance：buaa 的路由表中，因为 VPN-instance：buaa 的路由表的输入 **vpn-target 为 10：1**（即配置命令 vpn-target 10：1 import-extcommunity 规定）。

（3）当 VPN-instance：buaa 的路由表被更新后（发现一条新的路由 10.0.1.0/24），PE1 就会利用 PE1 和 CE1 之间的 EBGP 会话将这条路由发送给 CE1。

这 3 个过程完成以后，CE1 就得到了这条路由。过程 1 和 3 就不再观察，这里将集中精力于过程 2 的观察。

事实上，这个问题也就是 PE2 如何用 MBGP 将 10.0.1.0/24 送给 PE1 的。在 PE2 上执行如下命令序列可以观察到 PE2 发给 PE1 的 MBGP Update 报文：

```
<PE2>terminal debugging
```

```
% Current terminal debugging is on
<PE2>debugging bgp mp-update
<PE2>reset bgp 1.1.1.1
*0.5041317-RM-7-RTDBG:MBGP SEND 3.3.3.3+179->1.1.1.1
*0.5041380-RM-7-RTDBG:MBGP SEND message type 2(Update) length 95
*0.5041460-RM-7-RTDBG:MBGP SEND flags 0x40 code Origin(1):IGP
*0.5041540-RM-7-RTDBG:MBGP SEND flags 0x40 code ASPath(2):65533
*0.5041620-RM-7-RTDBG:MBGP SEND flags 0x40 code NextHop(3):3.3.3.3
*0.5041700-RM-7-RTDBG:MBGP SEND flags 0x40 code LocalPref(5):100
*0.5041780-RM-7-RTDBG:MBGP SEND flags 0x80 code MP_REACH_NLRI(14)
length 32:
*0.5041870-RM-7-RTDBG:MBGP SEND afi=1(ipv4) safi=128(vpn)
*0.5041950-RM-7-RTDBG:MBGP SEND NextHop in MP_REACH_NLRI:3.3.3.3
*0.5042030-RM-7-RTDBG:MBGP SEND SNPA number:0
*0.5042090-RM-7-RTDBG:MBGP SEND  route:1026/10:1/10.0.1.0/24
*0.5042170-RM-7-RTDBG:MBGP SEND flags 0xc0 code Extended Community
(16):10:1
*0.5042260-RM-7-RTDBG:Total MPLS VPN reach routes:    1
*0.5042330-RM-7-RTDBG:MBGP RECV 1.1.1.1+1050->3.3.3.3+179
*0.5042400-RM-7-RTDBG:MBGP RECV message type 2(Update) length 95
*0.5042480-RM-7-RTDBG:MBGP RECV flags 0x40 code Origin(1):IGP
*0.5042560-RM-7-RTDBG:MBGP RECV flags 0x40 code ASPath(2):65534
*0.5042640-RM-7-RTDBG:MBGP RECV flags 0x40 code NextHop(3):1.1.1.1
*0.5042720-RM-7-RTDBG:MBGP RECV flags 0x40 code LocalPref(5):100
*0.5042800-RM-7-RTDBG:MBGP RECV flags 0x80 code MP_REACH_NLRI(14)
length 32:
*0.5042900-RM-7-RTDBG:MBGP RECV afi=1(ipv4) safi=128(vpn)
*0.5042980-RM-7-RTDBG:MBGP RECV NextHop in MP_REACH_NLRI:1.1.1.1
*0.5043060-RM-7-RTDBG:MBGP RECV SNPA number:0
*0.5043120-RM-7-RTDBG:MBGP RECV  route:1026/10:1/10.0.0.0/24
*0.5043200-RM-7-RTDBG:MBGP RECV flags 0xc0 code Extended Community
```

```
(16):10:1
    *0.5043290-RM-7-RTDBG:Total MPLS VPN reach routes:    1
```

上述信息中加下划线部分是 PE2 发给 PE1 的 Update 消息，这个信息清晰地表示：PE1 向 PE2 通告一条 VPN-IPv4 路由信息：(**1026/10:1/10.0.1.0/24**)，而且声明与其绑定的标记为 1026，下一跳为 3.3.3.3，扩展属性(**vpn-target**)为 10:1。

当 PE1 收到这样的信息之后，它首先根据 10:1 这个 vpn-target 将这条路由加入到 buaa 路由表中，同时生成标记转发项：对于 FEC 10.0.1.0/24，应该打上双层标记，内层标记为 1026(MBGP 通告的，由 PE1 分配的)，外层标记为 1024(这是根据 MBGP 通告的下一跳 3.3.3.3 查找与其相关的标记转发项的结果，事实上是 P 分配的)。

以上分析了简单 VPN 的路由信息和转发处理流程。

预习报告

1. 请写出 MPLS 标签的封装结构及各位的含义。
2. 标签报文的转发过程是怎样的？
3. 请写出 MPLS 网络的一般结构。
4. LDP 消息可以分为哪几类？各有什么作用？LDP 的工作的过程大致是怎样的？
5. 请写出利用 Hello 消息进行邻居发现的大致处理过程。
6. 当一个 LSR 收到一个 Label Mapping 消息之后会如何处理？
7. 请简述 MPLS VPN 模型的组成部分及各自作用。
8. VPN Target 属性的作用是什么？
9. BGP/MPLS VPN 的数据转发和路由信息的传递是怎样实现的？

实验十三 无线网络实验[1]

无线网络
组网实验

1 无线网络组网实验

1.1 实验内容

(1) 无线网络组网。

(2) 无线网络抓包软件使用。

1.2 实验目的

了解简单无线网络组网的基本过程,掌握无线网络抓包软件的使用,初步了解 802.11 相关协议报文结构和交互过程。

1.3 实验原理

1.3.1 无线网络概述

无线网络是利用无线电波作为信息传输的媒介所构成的网络,它与有线网络的用途十分类似,最大的不同在于传输媒介的不同,利用无线电技术取代网线,也可以和有线网络互为补充。无线网络按照覆盖范围的大小,可以分为无线个人网络、无线局域网络和无线城域网络。本章主要针对目前应用非常广泛的无线局域网 WLAN(Wireless Local Area Network)技术进行实验。

1.3.2 无线网络组网

无线网络接入模式一般如图 13-1 所示;主要分为两部分:无线访问控制器(Access Controller, AC)和无线接入点(Access Point,AP),两者通过交换机相连,AP 负责发射无线信号,AC 则负责管理配置无线网络。

---

1 在线实验平台不支持本实验,建议结合 MOOC 课程上的示例报文进行协议分析。

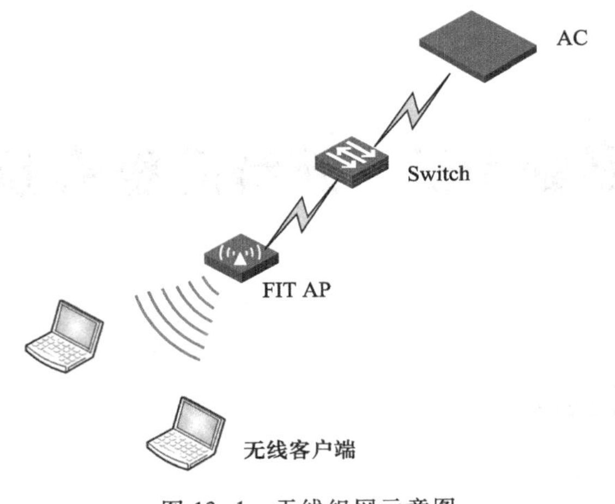

图 13-1　无线组网示意图

AC 对局域网中的 FIT AP 进行管理和控制，AC 还可以通过与认证服务器交互信息来为用户提供无线接入认证功能。

AP 提供无线客户端到局域网的桥接功能，在无线客户端与无线局域网之间进行无线与有线之间的帧转换，AP 分为 FAT AP 和 FIT AP 两种模式。

AC+FIT AP 是当前部署无线网络的主流模式，无线控制器集中处理所有的安全、管理和控制功能，FIT AP 只提供可靠的、高性能的射频服务。所有配置均是在无线控制器和网桥上，FIT AP 上没有配置信道，需要从无线控制器上注册并下载配置。其中有 3 种连接方式：直连方式、二层网络连接、跨越三层网络连接。

FIT AP 的注册流程（本实验中采用基于二层网络连接的方式进行注册）如下。

（1）AP 与无线控制器直连或通过二层网络连接时：AP 通过 DHCP Server 获取 IP 地址，然后通过发出二层广播的发现报文尝试联系一个无线控制器，收到请求的控制器会检查该 AP 是否有接入本机的权限，如果有权限，则响应请求，AP 从控制器上下载最新软件版本与配置，开始工作。

（2）AP 与无线控制器通过三层网络连接时，采用 option 43 方式进行注册：AP 通过DHCP Server 获取 IP 地址、option 43 属性（此属性携带无线控制器的 IP 地址），AP 从 option 43 中获取控制器的 IP，然后向无线控制器发送单播请求报文，收到请求的控制器会检查该 AP 是否有接入本机的权限，如果有权限，则响应请求，AP 从控制器上下载最新软件版本与配置，开始工作。

与有线网络不同，无线网络的接入过程相对较为复杂。无线网络的接入过程可以分为以下几个阶段：网络扫描、链路认证、建立关联、数据传输。在很多场景下，数据传输的最开始阶段还有用户的身份认证阶段，通过了验证的用户才能获得网络的全部访问权限。

（1）网络扫描：即无线网卡发现附近有可接入的所有无线网络。

（2）链路认证：802.11 标准要求无线终端访问网络前，必须进行 802.11“链路认证”。其一般分为两种：开放式和共享密钥式。开放式不需要做任何配置，只要无线终端符合 802.11 通信标准即可;共享密钥是采用 WEP 加密方式,比开放式安全,但需要在无线终端上配置一个较长的密钥字符串,密钥周期较长。

(3) 建立关联:若无线终端想要接入无线网络,还要与特定的 AP(接入点)建立关联。

(4) 数据传输:用户开始网络数据访问。

在数据传输的开始阶段一般还需要一个用户身份验证的过程。用户身份验证相对于链路验证有较大的进步,主要体现在:在进行链路认证时只允许有限的网络访问,只有确定用户身份后才允许有完整的网络访问权限;可以对用户进行区分并在用户访问网络之前限制其访问权限;对于网络协议而言,链路层认证可以配合任何网络层协议使用。

用户身份验证主要有以下几种方式:WPA/WPA2-PSK 认证、802.1X 认证、WAPI 认证、Portal 认证、MAC 认证。本实验采用 WPA/WPA2-PSK 认证方式。

1.3.3 抓包软件简介

OmniPeek 是一款专业、易用的抓包软件,软件能让用户通过统一界面同时分析多个网段的网络状况,进而分析底层网络状况。它基于 WildPackets 公司的 EtherPeek NX 技术,包含了 OmniPeek 控制台、分布式 Peek DNX 引擎,也可用来配置远程引擎,包括过滤、报告和专家系统等设置。与 Sniffer 等抓包软件不同的是,OmniPeek 可以针对无线网卡进行监控,捕获 802.11 无线数据包,通过对无线数据包的分析了解无线网络的运行状况,让用户可以清楚地知道无线网络使用的频段、信号强弱、SSID 信息等内容。另外,它支持自定义的各种过滤规则,也给用户在分析数据包时带来了很大的便利,这在无线网络环境中数据包量很大时是十分有用的。

该软件抓包界面简洁明了,功能较强,除了能看到具体抓取的数据包外,软件还能对数据包进行自动分析。主界面如图 13-2 所示。

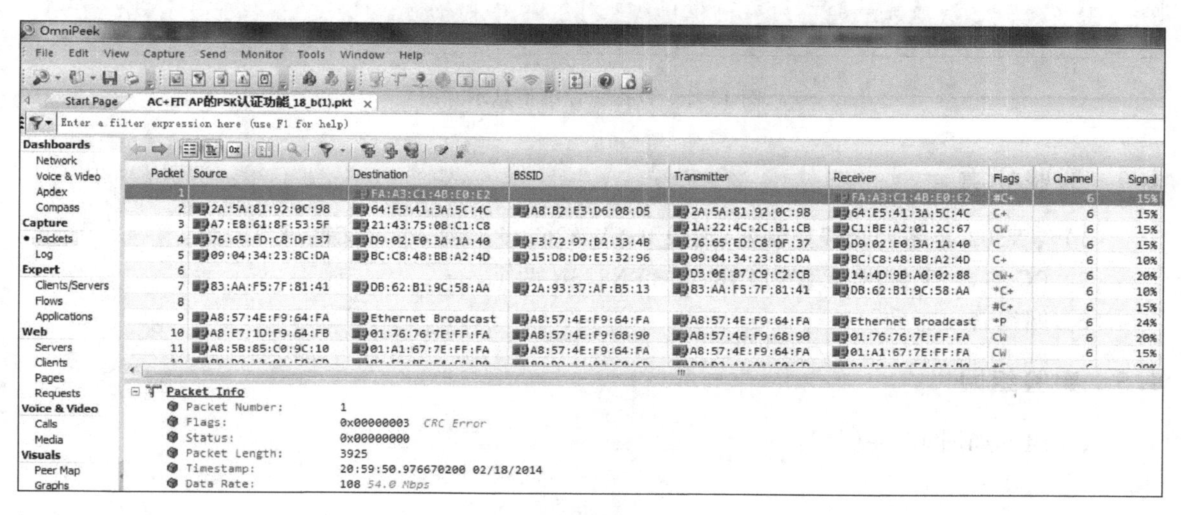

图 13-2 OmniPeek 抓包主界面

如图 13-2 所示，软件左边是 OmniPeek 所支持的功能的快捷区域，如数据包、客户端和服务器端通信数据的统计、过滤器设置等，其中选择 Capture 选项组中的 Packets 选项时，右边就显示截获的报文信息，其中上半区就是抓取到的数据包，而下半区就是上面选择的某数据包的具体信息，如果想详细地分析该数据包，在选定的数据包上双击即可，此时出现图 13-3 所示的分析界面。

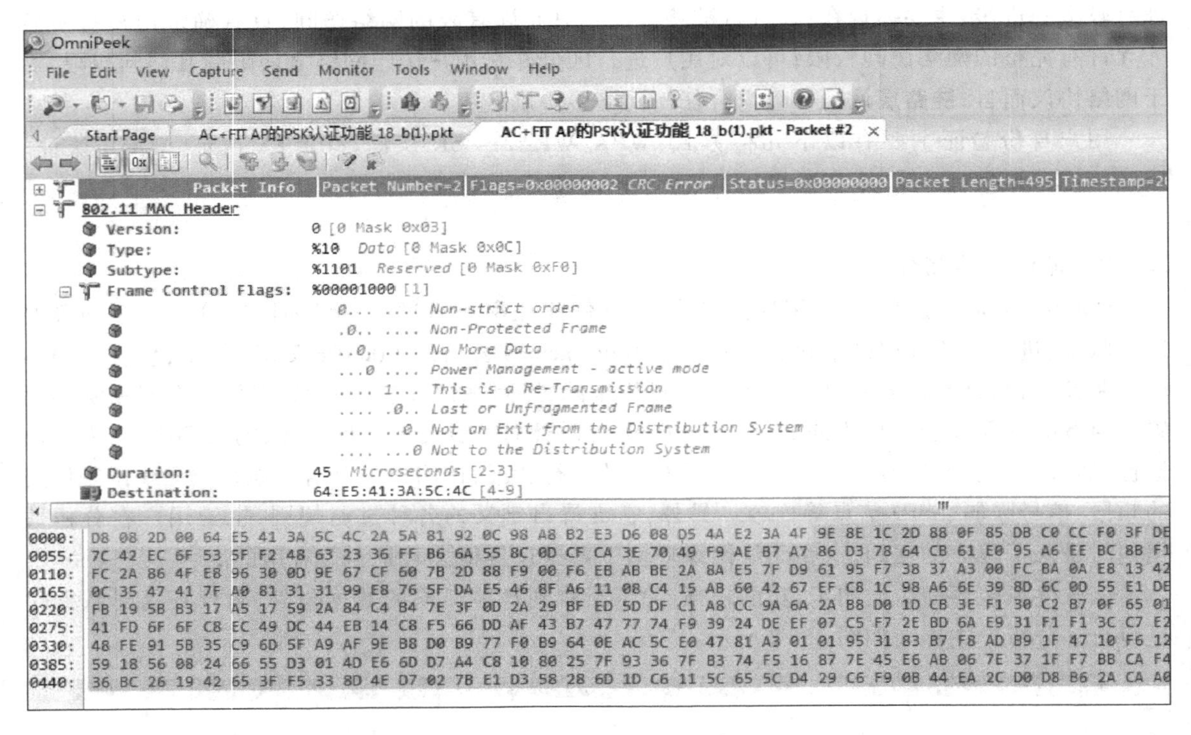

图 13-3　数据包详细信息示意图

1.4　实验环境

(1) WX3024E 系列无线控制器、无线 AP WA2620i-AGN、二层交换机各一个。

(2) PC 两台，无线网卡 TP-LINK TL-WN823N 两个。

(3) 网线若干。

1.5　实验组网

实验组网如图 13-4 所示。

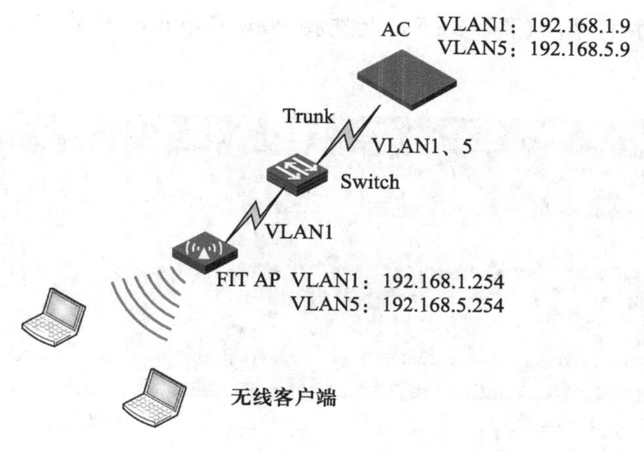

图 13-4 无线实验组网图

1.6 实验步骤

步骤 1 PSK 认证组网。

本实验组网为 AC+FIT AP 模式，全部的配置在 AC 上完成，AP 不需要任何配置，每次启动时，AP 自动到 AC 上下载配置即可。

AC 和 Switch 的配置主要分为两部分。其一是 AC 上为 AP 动态分配一个 192.168.1.0 网段的 IP 地址，AP 有了 IP 地址后，再从 AC 上下载其他配置。具体 AC 配置可以远程登录到 AC 上查看，或者下载配置查看。

步骤 2 无线网卡驱动安装。

由于操作系统和网卡驱动的关系，在大部分的网卡上是无法捕获到 802.11 无线协议数据的，所以本实验采用了支持 OmniPeek 抓包软件的 TP-LINK TL-WN823N 无线网卡和相应的驱动。另外，由于网卡在抓包时工作在监听模式，此时无法访问网络，因此每组需要两个网卡（这两个网卡是同样型号的，只不过是用了不同的驱动程序），一个用于联网，另一个用于抓取无线网络的数据包。

PC A 是用于联网的主机，开机进入 Windows XP 系统，接上无线网卡并安装驱动软件，该网卡的驱动软件在“D:\常用软件\TP-Link 无线网卡驱动”文件夹中，单击安装即可。

PC B 是用于监听抓包的主机，开机进入 Windows 7 系统，接上无线网卡并安装软件，此时网卡需要特定的驱动，该驱动软件在计算机“D:\v14114-OmniPeek-V6_CU_DU”文件夹中。该驱动安装时可以采用下面的方式：选择“开始”→“计算机”→“管理”→“设备管理器”→“网络适配器”命令。右击无线网卡并选择“更新驱动软件”命令，选择“浏览计算机”选项以查找驱动程序软件，按指示完成安装操作。

步骤 3 OmniPeek 软件的使用。

使用 OmniPeek 软件抓取无线数据包时需要注意一些细节，介绍如下。

打开软件,在软件主界面(图 13-5)上选择 New Capture 选项,弹出如图 13-6 所示的对话框。

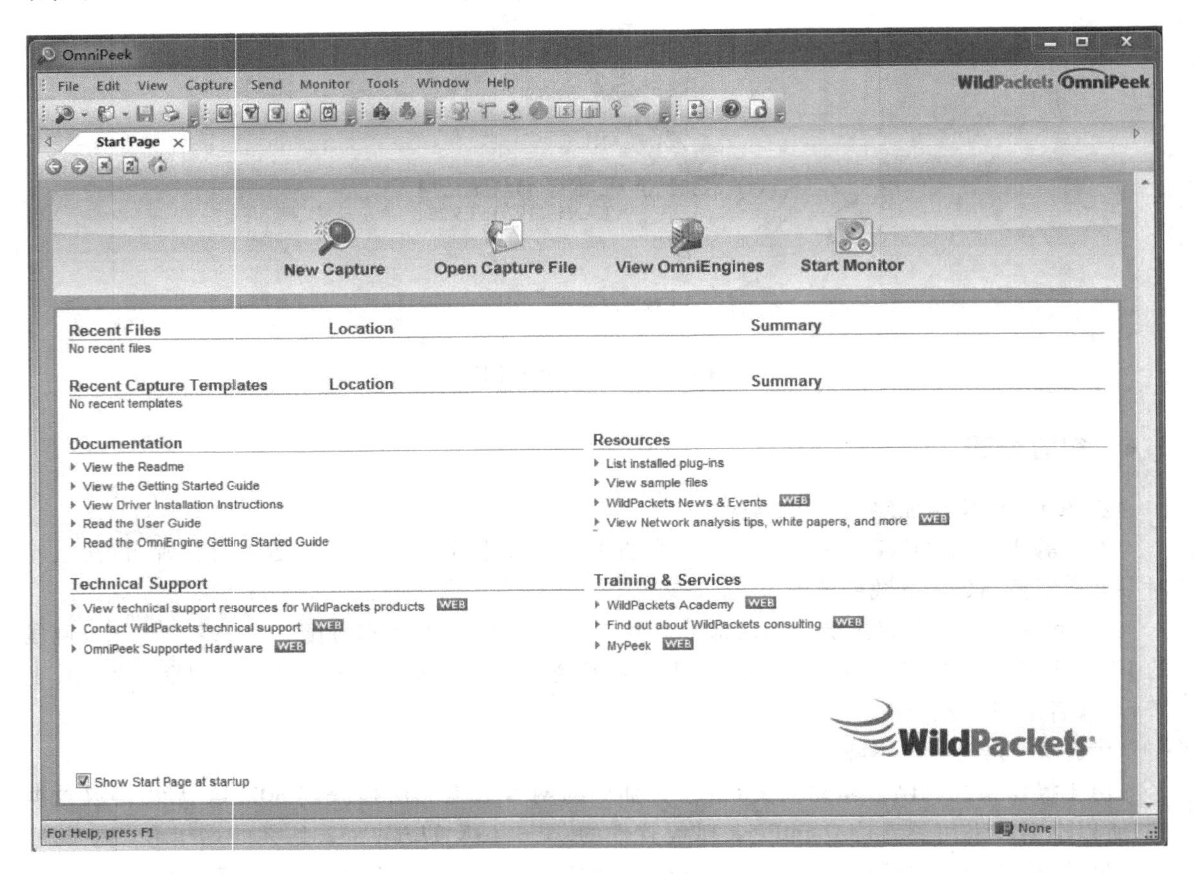

图 13-5　欢迎界面

图 13-6 所示为软件的 Capture Options 的各个功能,包括选项 Adapter、802. 11、Filters 等。其中 Adapter 选项要选择无线网卡,只有在 Adapter 选项中选择了无线网络连接以后,如图 13-7 所示,下面的 802. 11 选项才可以设置。如图 13-8 所示,在 802. 11 选项中,有两个子选项:Select channel 和 Encryption。其中 Select channel 中又有两个子选项:Number 和 Scan。Encryption 选项与加密数据有关。

由于本次实验环境中的 AP 设备的无线信号发射信道都已经固定,分别为 1、6、11。由于采用的是 802. 11g 协议,所以可以在 Number 下拉列表框中选择:1-2412 MHz(bgn)、6-2437 MHz(bgn)、11-2462 MHz(bg)选项。每一组根据实验安排选择相应的信道。

由于配置了密钥,所以捕获报文时需要设置密钥信息,否则捕获到的是加密数据,也看不到自己的具体数据报文。单击图 13-8 中的 Edit Key Sets 按钮,然后单击图 13-9 中的 Insert 按钮,

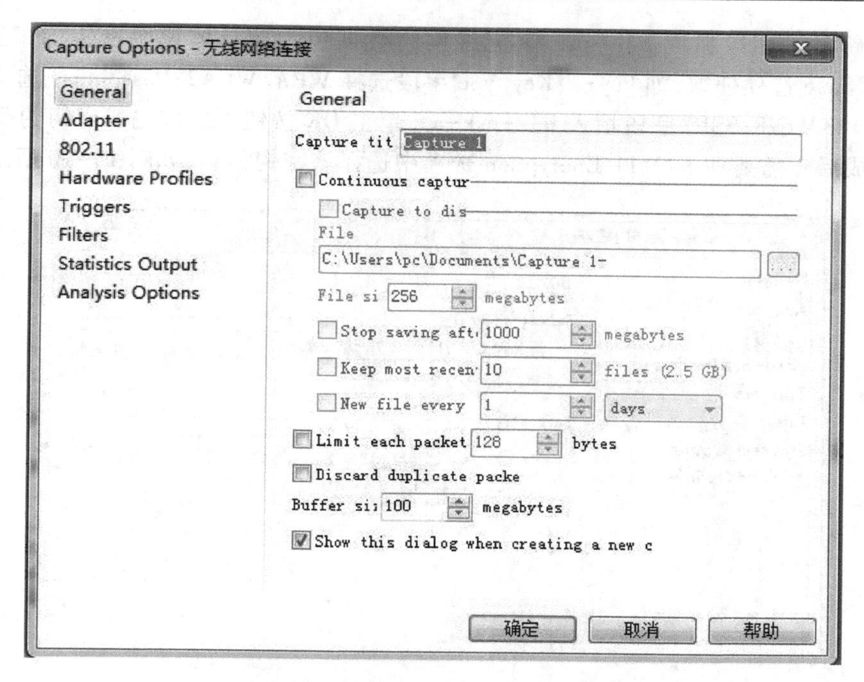

图 13-6　Capture Options 对话框

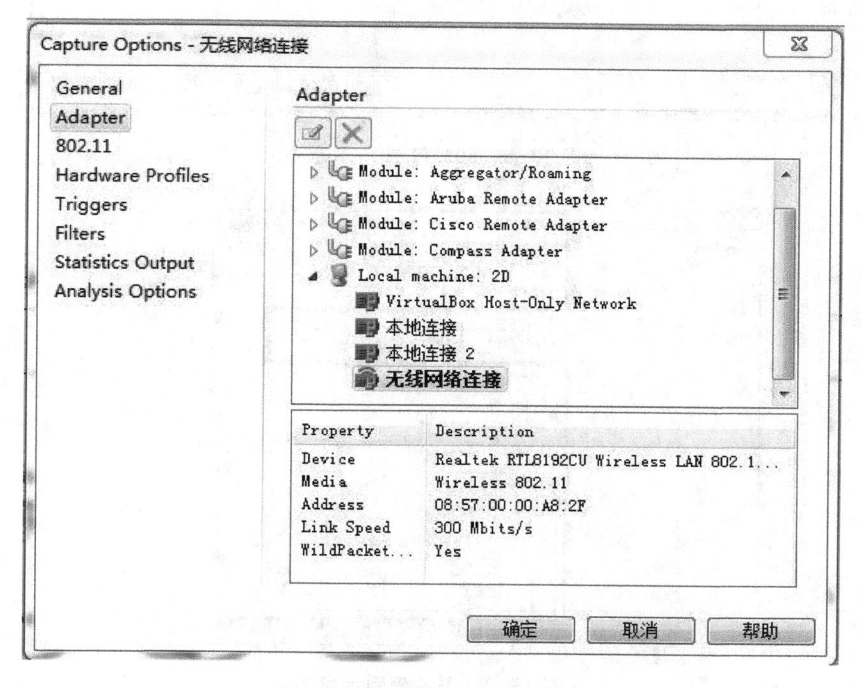

图 13-7　Adapter 选项示意图

添加一个密钥。下面以抓取 h3c-psk-a 无线网络数据包为例具体说明密钥的配置过程。在图 13-9 中，Name 选项任取，如 key-a；Key type 字段选择 WPA/WPA2；Passphrase 选项；Phrase 字段填入密钥 12345678；SSID 字段填入 h3c-psk-a。单击 OK 按钮以后即完成密钥的配置。注意：密钥添加完成后还需要在 802.11 Encryption 选项中选择该密钥信息，如图 13-10 所示。

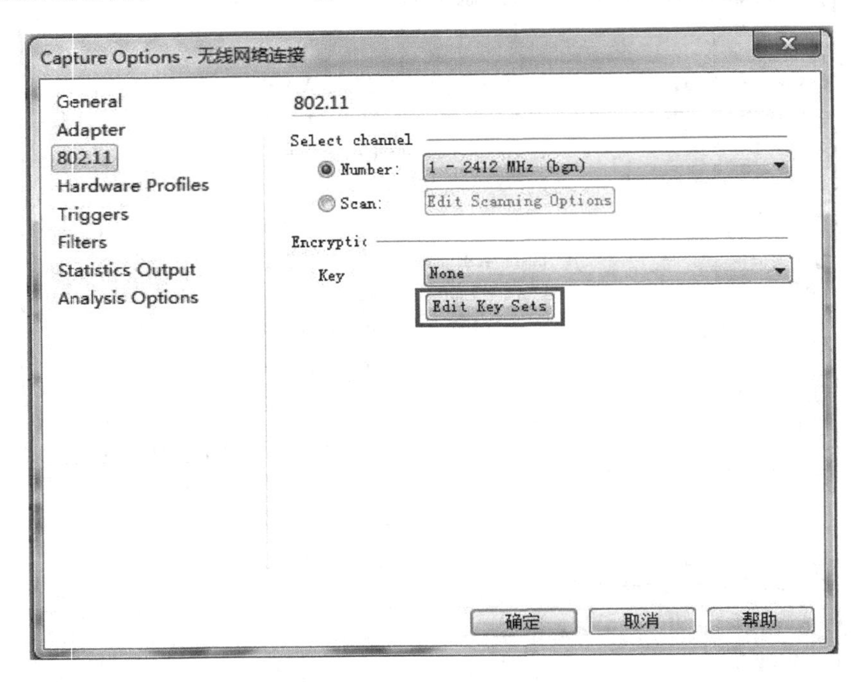

图 13-8　802.11 选项示意图

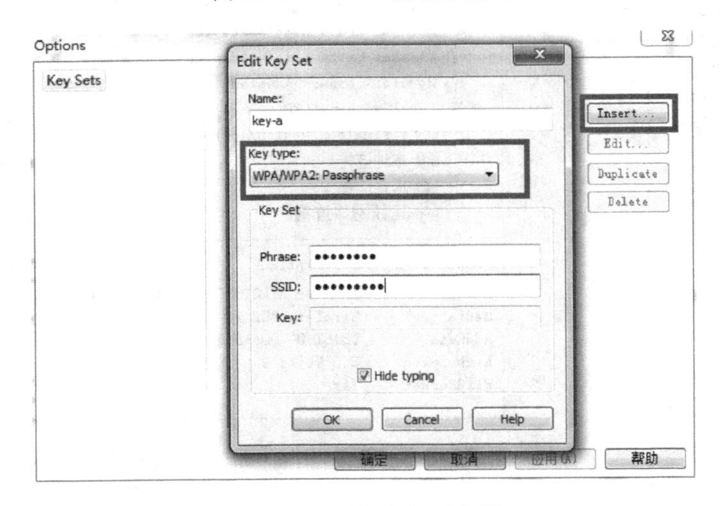

图 13-9　添加密钥示意图

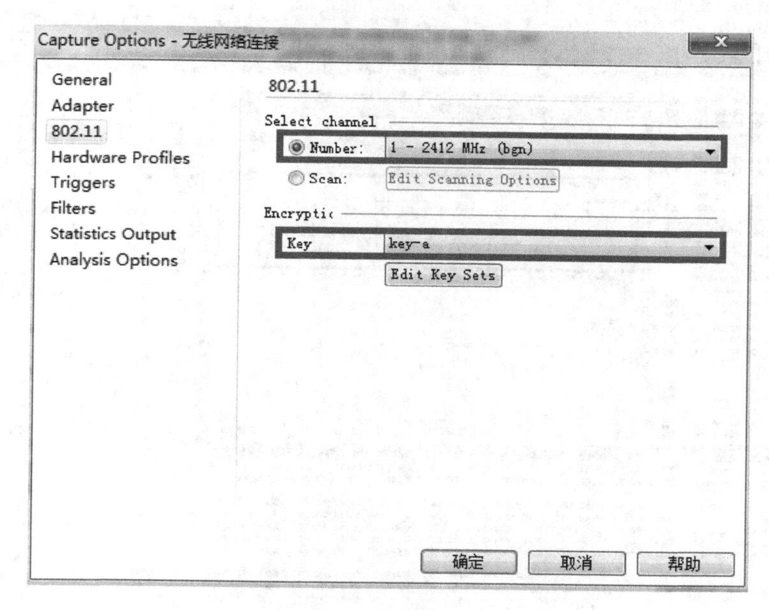

图 13-10　802.11 设置示意图

至此,必要的设置已经完成,单击“确定”按钮后进入抓包主界面,然后单击 Start 按钮即可开始抓取无线数据包。

步骤 4　数据包的抓取和过滤分析。

OmniPeek 软件完成上述的配置后,开始抓取数据包。此时让用于联网的主机接入自己组内 AP,然后设置联网主机的 DNS 为 202.112.128.51,设置好后,打开浏览器测试网络是否连接成功。为了保证能够捕获到完整的报文交互过程,可以断开联网主机的网络连接,然后重新连接,再次测试网络是否连接成功。

在捕获到了一定量的数据包后,可以停止报文的抓取。由于同一频段内无线通信数据包较多,此时捕获的报文应该比较杂乱。为了能够更好地分析无线协议,可以在 OmniPeek 上设置一定的报文过滤规则。例如,以联网主机的无线网卡的 MAC 地址为一个过滤条件,这样可以将该联网主机接入过程中的报文全部过滤出来,便于分析。具体设置如图 13-11 所示,单击“添加规则”按钮,会出现 Insert Filter 对话框。其中在 Filter 文本框中填入一个便于自己记忆的名字即可,勾选 Address filter 复选框,Address 1 文本框中填入所要过滤的无线网卡的 MAC 地址,Type 下拉列表框中选择 Ethernet Address 选项和 Both directions 选项,Address 2 下拉列表框中选择 Any Address 选项。注意:Protocol filter 选项和 Port filter 选项字段不需要选择。

添加规则后,即可应用该规则,应用规则如图 13-12 所示,单击“应用规则”按钮,出现图 13-12 所示界面,选择刚才添加的规则即可。

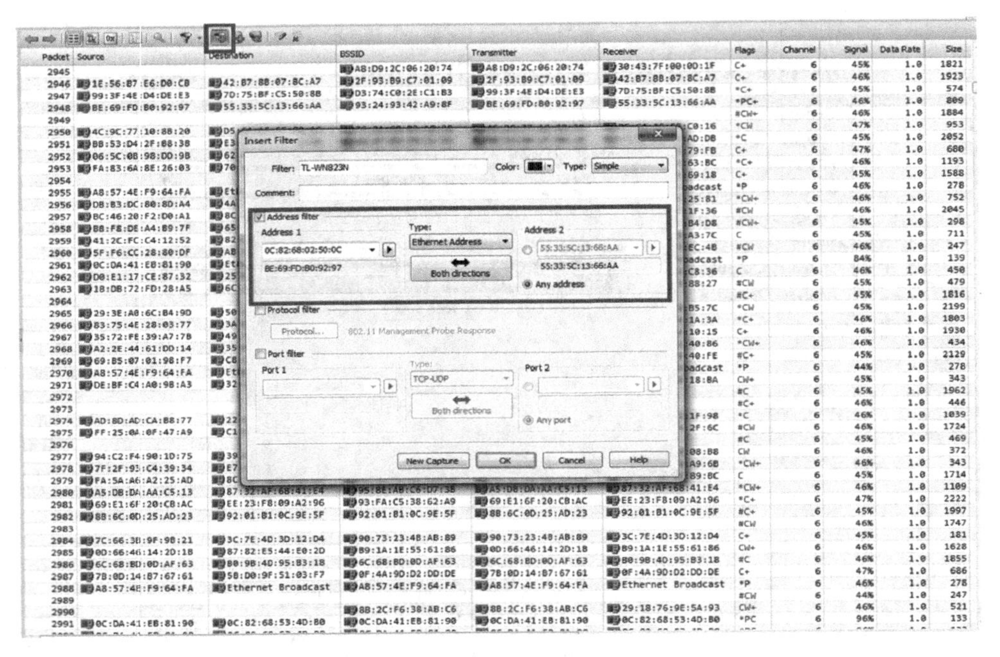

图 13-11　添加规则示意图

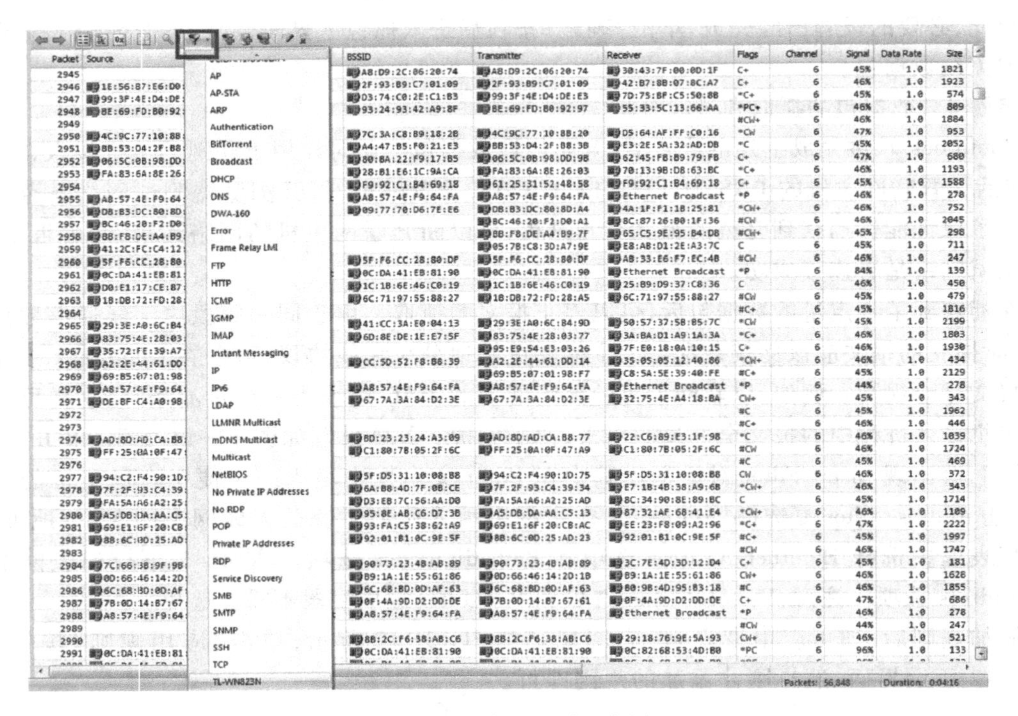

图 13-12　应用规则示意图

应用规则以后，OmniPeek 即可根据规则对数据包进行过滤，结果如图 13-13 所示。

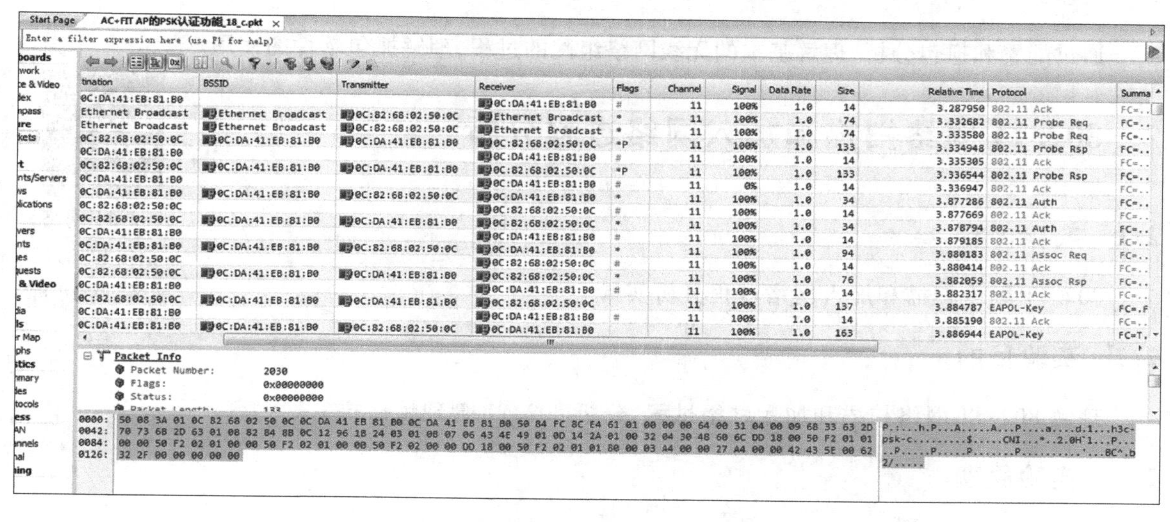

图 13-13　过滤结果示意图

思考题

1. 请写出自己组内联网主机无线网卡的 MAC 地址：________________。

2. 请根据无线网络的接入过程，在捕获到的数据包中，找到每个过程对应的数据包（多个的写出一两个即可），将数据包的序号、类型、对应网络接入过程的阶段分别填在表 13-1 中。

表 13-1　数据包信息

数据包序号	数据包类型	无线网络接入过程阶段

1.7　总结

通过配置和抓包分析，理解基本的无线网络组网的过程，理解抓包软件的使用。

2　802.11 网络扫描和加入网络过程分析

802.11 网络扫描和加入网络过程分析

2.1　实验内容

802.11 网络扫描和加入网络过程分析实验。

2.2　实验目的

理解 802.11 网络扫描和加入网络过程，分析 802.11 管理帧格式。

2.3　实验原理

2.3.1　802.11 帧格式概述

802.11 MAC 帧由一系列的元组按照一定的顺序组成，需要注意的是，在不同的具体帧中，这些元组的出现是不一样的，有很多元组只会出现在某些帧中。802.11 MAC 帧格式如图 13-14 所示。

Octets：2	2	6	6	6	2	6	2	4	0–7951	4
Frame Control	Duration /ID	Address 1	Address 2	Address 3	Sequence Control	Address 4	QoS Control	HT Control	Frame Body	FCS

（MAC Header：Frame Control 至 HT Control）

图 13-14　802.11MAC 帧格式

其中，前三部分（Frame Control、Duration/ID、Address 1）和最后一部分（FCS）构成了最基本的帧格式，具体的帧会根据类型的不同添加其他的元组。各个元组的意义分别如下。

（1）Frame Control Field。格式如图 13-15 所示。

① Protocol Version：表示 IEEE 802.11 标准版本。

② Type：帧类型，包括管理帧（00）、控制帧（01）和数据帧（10）。

	B0 B1	B2 B3	B4 B7	B8	B9	B10	B11	B12	B13	B14	B15
	Protocol Version	Type	Subtype	To DS	From DS	More Fragments	Retry	Power Management	More Data	Protected Frame	Order
Bits:	2	2	4	1	1	1	1	1	1	1	1

图 13-15　Frame Control 字段的格式

③ Subtype：帧子类型，和 Type 一起决定了帧的具体类型。

④ To DS：当帧发送给 Distribution System（DS）时，该值设置为 1。

⑤ From DS：当帧从 Distribution System（DS）处接收到时，该值设置为 1。

⑥ MF：More Fragments，表示当有更多分段属于相同帧时该值设置为 1。

⑦ Retry：表示该帧是先前帧的重传。

⑧ Power Management：表示传输帧以后，站点所采用的电源管理模式。

⑨ More Data：表示接入点为处于节点模式（PS）的终端缓存了一定量的帧。

⑩ Protected Frame：表示是否对 Frame Body 进行了加密。

⑪ Order：表示利用严格顺序服务类发送的帧。

（2）Duration/ID（ID）。Duration 值用于网络分配向量（NAV）计算。站 ID 用于 Power-Save Poll 信息帧类型。

（3）Address Fields（1~4）。包括 4 个地址（源地址、目标地址、发送方地址和接收方地址），取决于帧控制字段（ToDS 和 FromDS 位）。

（4）Sequence Control：由分段号和序列号组成，格式如图 13-16 所示。

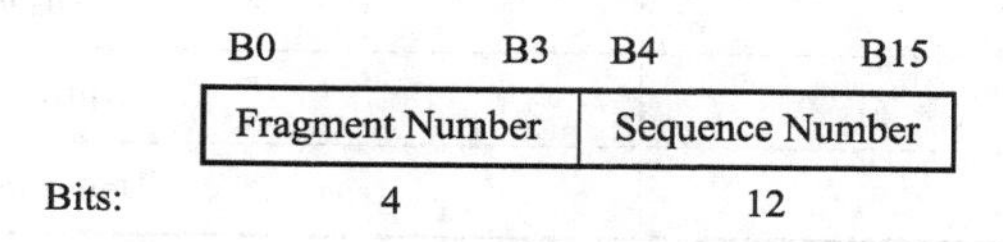

图 13-16　Sequence Control 字段的格式

① Sequence Number：表示终端发送出去的数据包的序号。

② Fragment Number：当一个数据包较大，被分成多个段时，Fragment Number 用于标示每个分段，这些分段拥有相同的 Sequence Number。

（5）QoS Control：服务质量控制。

（6）HT Control：仅在个别 QoS 数据帧、Wrapper 控制帧和个别管理帧中出现。

（7）Frame Body：发送或接收的信息。

（8）FCS：32 位的循环冗余校验（CRC）。

2.3.2　管理帧格式

802.11 帧类型分为 3 类，即管理帧、数据帧和控制帧，其中在无线网络的接入过程中，管理帧起到了决定性的作用。在 802.11 规范中，管理所占据的篇幅最多。各式各样的管理帧，为的只是提供对有线网络而言相当简单的服务。802.11 将整个程序分解为 3 个步骤。想要联网的移动工作站首先必须找出可供访问的无线网络。在有线网络中，这个步骤相当于在墙上找出适当的插孔。其次，网络系统必须对移动工作站进行身份认证，才能决定是否让工作站与网络系统连接。在有线网络方面，身份认证是由网络系统本身提供的。如果必须通过网线才能够取得信号，那么能够使用网线至少算得上是一种认证过程。最后，移动工作站必须与接入点建立关联，这样才能访问有线网络,这相当于将网线插到有线网络系统。

常见的管理帧如表 13-2 所示。

表 13-2　常见的管理帧

Management(00)	
Subtype Value	Subtype Description
0000	Association request
0001	Association response
0010	Reassociation request
0011	Reassociation response
0100	Probe request
0101	Probe respone
1000	Beacon
1010	Disassociation
1011	Authentication
1100	Deauthentication

管理帧的一般格式如图 13-17 所示。

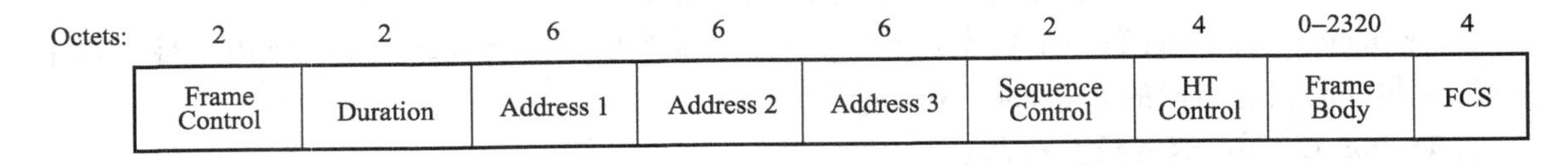

图 13-17　管理帧的一般格式

其中,一般情况下 Address 1 指目的地址,Address 2 指源地址,Address 3 为 BSSID(Basic Service Set ID)。当然,在其他的帧中或者场景下也会有不同的含义,另外,Sequence Control 和 HT Control 不是必需的,具体参照 IEEE 802. 11-2012。Frame Control 中不同 Subtype 会有不同的 Frame Body。其中,由于 Beacon 帧中所含元组最多,先介绍 Beacon 帧中的元组,另外,其他管理帧中拥有的相同的元组不再单独说明,只说明特别出现的元组的含义。

(1) Beacon 帧。

TimeStamp:8 个字节,代表发送帧的设备内部的同步时间值。

Beacon Interval:2 个字节,代表 Beacon 帧的帧发送间隔。

Capacity:2 个字节,代表要求或者公告的支持的子功能。

SSID(Service Set Identifier):长度不固定,0~32 个字节之间,Probe Request 帧中 0 字节,

Probe Response 和 Beacon 帧中表示基本服务集相关信息。

Supported rates:长度不固定,代表所支持的传输速率,最多携带 8 个速率。

DSSS Parameter Set:3 个字节,终端所允许的信道标识信息。

TIM(Traffic Indication Map):只出现在一部分 Beacon 帧中。

Country:地区信息。

ERP:存在于支持扩展速度的物理层所产生的 Beacon 帧中。

Extended Supported Rates:当支持速率超过 8 个时,此字段会含有其他速率,当然,还包含大量其他的子字段,在此不再赘述。

(2) Association Request。包括 Capacity、Listen Interval、SSID、Supported rates、Extended Supported Rates 等。

Listen Interval:2 个字节,代表唤醒处于 PS(Power Save)模式的终端以接收 Beacon 帧的时间间隔。

(3) Association Response。包括 Capacity、Status Code、AID、Supported rates、Extended Supported Rates 等。

Status Code 代表关联成功与否,0 代表成功,1 代表未知的错误,其他不同数字代表不同的错误。

AID 则是成功关联的网络代码。

(4) Probe Request。包括 SSID、Supported rates、Request Information、Extended Supported Rates 等。

此时一般是通告网卡自己所支持的信息。

(5) Probe Response。包括 TimeStamp、Beacon Interval、Capacity、SSID、Supported rates、DSSS Parameter Set、Country、ERP、Extended Supported Rates 等。

此帧和 Beacon 有大量相似的元组,因为此帧也是由 AP 发出以告知自己所支持的信息。

(6) Authentication。包括 Authentication algorithm number、Authentication transaction sequence number、Status code、Challenge text 等。

Authentication algorithm number:2 个字节,代表认证算法。值为 0 代表 Open System,值为 1 代表 Shared Key,其他代码不再赘述。

Authentication transaction sequence number:2 个字节,代表在多步骤认证过程中当前所在的步骤。

Challenge text:出现在加密认证交互过程中,长度取决于所用的认证算法和所处的认证阶段。

2.3.3　网络扫描

无线网络的接入过程可用图 13-18 来表示:首先是扫描,接着是链路认证,然后是关联,关联成功后即进入数据传输阶段,但是一般在数据传输开始之前还有一个用户身份认证阶段,如 PSK 认证等。

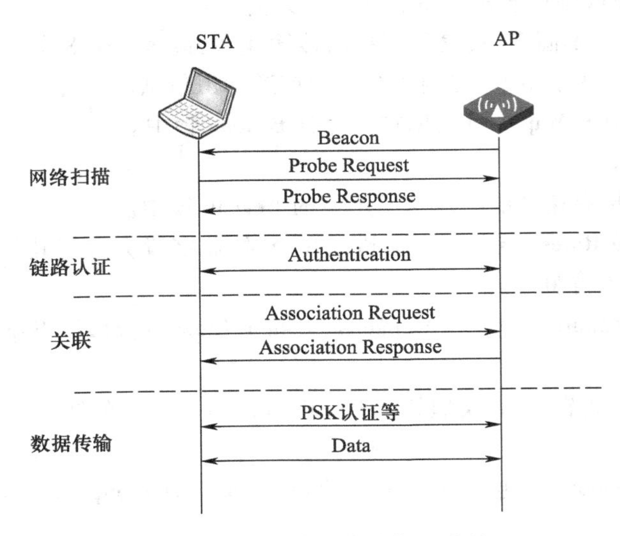

图 13-18　无线网络的接入过程

使用任何网络之前,必须先找到网络的存在。在所在区域识别发现现有网络的过程称为扫描。扫描过程中会用到以下几个参数。这些参数可由使用者来指定,有些产品则是在驱动程序中为这些参数提供预设值。

(1) BSSType。扫描时,可以指定所要搜寻的网络的类型。

(2) BSSID(individual 或 broadcast)。工作站可以针对所要加入的特定网络(individual)进行扫描,或者扫描允许该工作站加入的所有网络(broadcast)。

(3) ScanType(active 或 passive)。主动(active)扫描会主动传送 Probe Request 帧,以辨识该区域有哪些网络存在。被动(passive)扫描则是被动监听 Beacon 帧,以节省电池的电力。

(4) ChannelList。进行扫描时,若非主动送出 Probe Request 帧,就是在某个信道被动监听目前有哪些网络存在。802. 11 允许工作站指定所要尝试的信道表(ChannelList)。设置信道表的方式因产品而异。物理层不同,信道的构造也有所差异。

(5) ProbeDelay。主动扫描探测某个信道期间,是为了避免工作站一直等不到 Probe Response 帧所设置的延时计时器,以微秒为单位,用来防止某个闲置的信道让整个程序停止工作。

(6) MinChannelTime 与 MaxChannelTime。意指扫描每个特定信道时,所使用的最小与最大的时间量。

1. 被动扫描

被动扫描(Passive Scanning)可以节省电池的电力,因为不需要传送任何信号。在被动扫描中,工作站会在信道表(Channel List)所列的各个信道之间不断切换,并等待 Beacon 帧。所收到的任何帧都会被缓存起来,以便取出传送这些帧的 BSS(Basic Service Set,基本服务集合)的相关数据。在被动扫描的过程中,工作站会在信道间不断切换,并且会记录来自所收到之 Beacon 的信息。Beacon在设计上是为了让工作站得知加入某个BSS所需要的参数,以便进行通信。

2. 主动扫描

主动扫描是试图主动寻找网络,而不是等待网络自身宣告其存在。在主动扫描中,无线终端扮演比较积极的角色。在每个信道上,无线终端都会发出Probe Request帧,请求某个特定网络予以回应。使用主动扫描的无线终端将按照如下流程扫描信道表中的信道。

(1) 跳至某个信道,然后等候来帧指示,或者等到Probe Delay计时器超时。如果在这个信道能收到帧,就证明该信道有人使用,因此可以加以探测。此计时器用来防止某个闲置信道让整个程序停止,因此工作站不会一直等待帧的到来。

(2) 取得介质使用权后送出一个Probe Request帧。

(3) 至少等候一段最短的信道时间(MinChannelTime)。

① 如果介质不忙碌,表示没有网络存在。因此可以跳至下个信道。

② 如果在MinChannelTime这段时间介质非常忙碌,就继续等候一段时间,直到最长的信道时间(即MaxChannelTime),然后处理Probe Response帧。

(4) 当网络收到搜寻其所属之延伸服务组合的Probe Request(探查请求),就会发出Probe Response(探查回应)帧。在Probe Request帧中可以使用broadcast SSID,此时该区所有的802.11网络都回应Probe Response。

每个BSS中,至少有一个工作站负责回应Probe Request。其中,发送最近一个Beacon帧的工作站直接负责发送Probe Response帧作为回应。在基础型网络里,是由接入点负责传送Beacon帧,所以也就是由接入点负责发送Probe Response帧作为回应。在IBSS(独立型基本服务组合)中,工作站彼此轮流负责传送Beacon帧,因此负责发送Probe Response的工作站会经常改变。

扫描结束后会产生一份扫描报告,这份报告列出了该次扫描所发现的所有BSS及其相关参数(如BSSID、SSID、BSSType等)。进行扫描的工作站可以利用这份完整的参数清单,加入其所发现的合适的网络。

2.3.4　加入网络

1. 链路认证

链路认证是无线终端接入无线网络的起点,也是一种对网络表明身份的方式。只要无线终端打算连接到网络,就必须进行802.11"身份认证"。

当前802.11的链路认证支持两种认证方式:开放认证(Open System Authentication)和Shared-Key认证(Shared Key Authentication)。两种认证方式都是在IEEE 802.11中定义的,802.11链路认证通过Authentication报文实现。

2. 关联

一旦完成身份认证,无线终端就可以跟无线服务端进行关联(或者跟新的无线服务端进行重新关联),以便获得网络的完全访问权。

在无线网络扫描发现过程中,无线终端已经获得了当前无线网络服务的配置和参数(无线网络服务端会在 Beacon 和 Probe Response 报文中携带,如接入认证算法以及加密密钥)。无线终端在发起 Association 或者 Reassociation 请求时,会携带无线终端自身的各种参数,以及根据服务配置选择的各种参数(主要包括支持的速率,支持的信道,支持的 QoS 的能力,以及选择的接入认证和加密算法)。

无线终端和无线服务端成功完成关联,表明两个设备成功建立了 802.11 链路。对于没有使能接入认证的无线网络,无线终端已经可以访问无线网络;如果无线服务使用了接入认证(如 PSK 认证),则无线服务端会发起对无线终端的接入认证。

2.4　实验环境

(1) WX3024E 系列无线控制器、无线 AP WA2620i-AGN、二层交换机各一个。

(2) PC 两台,无线网卡 TP-LINK TL-WN823N 两个。

(3) 网线若干。

2.5　实验组网

实验组网如图 13-4 所示。

2.6　实验步骤

步骤 1　无线协议包过滤。

此实验直接使用实验一的截获的数据包。此实验最好在原始数据包的基础上针对联网主机无线网卡 MAC 地址进行过滤,这样后面的帧格式分析工作才能顺利进行。

步骤 2　分析管理帧。

(1) Probe Request/Probe Response。

无线网卡在进行主动扫描时,会在固定的信道内发送__________帧,该帧的目的地址字段为______________________,Type 字段值________,Subtype 字段值________。

当该信道内的无线服务端收到该帧后,会回复一个__________帧,该帧的目的地址字段为______________________,Type 字段值________,Subtype 字段值________,从该帧的 Frame body 内容中找出无线服务器端支持的以下信息:Beacon Interval 值为________,代表的意思是______________________________,该无线网络的 SSID 为__________,工作的信道是__________,所在国家的地区代码是__________。

(2) Authentication。

无线网络经过扫描,会收集到周边可供接入的无线网络信息。接下来进入链路认证阶段,在本实验中,无线网卡会发送一个__________帧,该帧的 Type 字段值________,Subtype 字段值________,从该帧的 Frame body 内容中可以看出,此无线网络采用的认证算法为__________,此时处在认证的阶段代码是__________。

当无线服务器端收到该帧后,会回复一个认证结果,该帧是__________帧,该帧的 Type 字段值________,Subtype 字段值________,从该帧的 Frame body 内容中可以看出,此时处在认证的阶段代码是______________,认证结果是______________。

（3）Association Request/Association Response。

成功通过链路认证后,就进入到关联阶段。此时,无线终端首先发出一个______________帧,该帧的目的地址字段为__________________________,Type 字段值________,Subtype 字段值________,从该帧的 Frame body 内容中可以看出,此帧 Listen Interval 字段值为________,所代表的意思为______________________,接入到的 SSID 名称为______________。

当无线服务器端收到该帧后,会回复一个__________帧,该帧的目的地址字段为________________________,Type 字段值________,Subtype 字段值________,从该帧的 Frame body 内容中可以看出,此次关联的结果是______________。

至此,无线网络数据传输前的基本接入工作已经完成。

2.7　总结

通过捕获并分析报文,理解基本的无线网络上网前期接入过程中具体的报文交互过程和每一步所涉及的信息等。

3　802.11 网络数据传输过程分析

802.11 网络数据传输过程分析

3.1　实验内容

（1）802.11 协议对上层协议的封装和数据传输过程分析。

（2）802.11 协议数据帧格式分析。

（3）802.11 协议的 WPA-PSK 认证过程分析。

3.2　实验目的

了解 802.11 协议对上层协议的封装和数据传输过程,掌握 802.11 协议数据帧格式,理解 802.11 协议的 WPA-PSK 认证过程。

3.3　实验原理

3.3.1　802.11 对上层协议的封装

与所有的 IEEE 802 链路层协议一样,802.11 协议可以支持各种不同的网络层协议。和以太网不同的是,802.11 协议是通过 802.2 的逻辑链路控制（LLC）层协议封装上层协议。如图 13-19 所示,802.1H 与 RFC 1042 所使用的 MAC 帧头长度都为 12 个字节,其内容是以太网上的源 MAC 地址与目的 MAC 地址,或者是前面所提到的 802.11 MAC 长帧头（long 802.11 MAC header）。

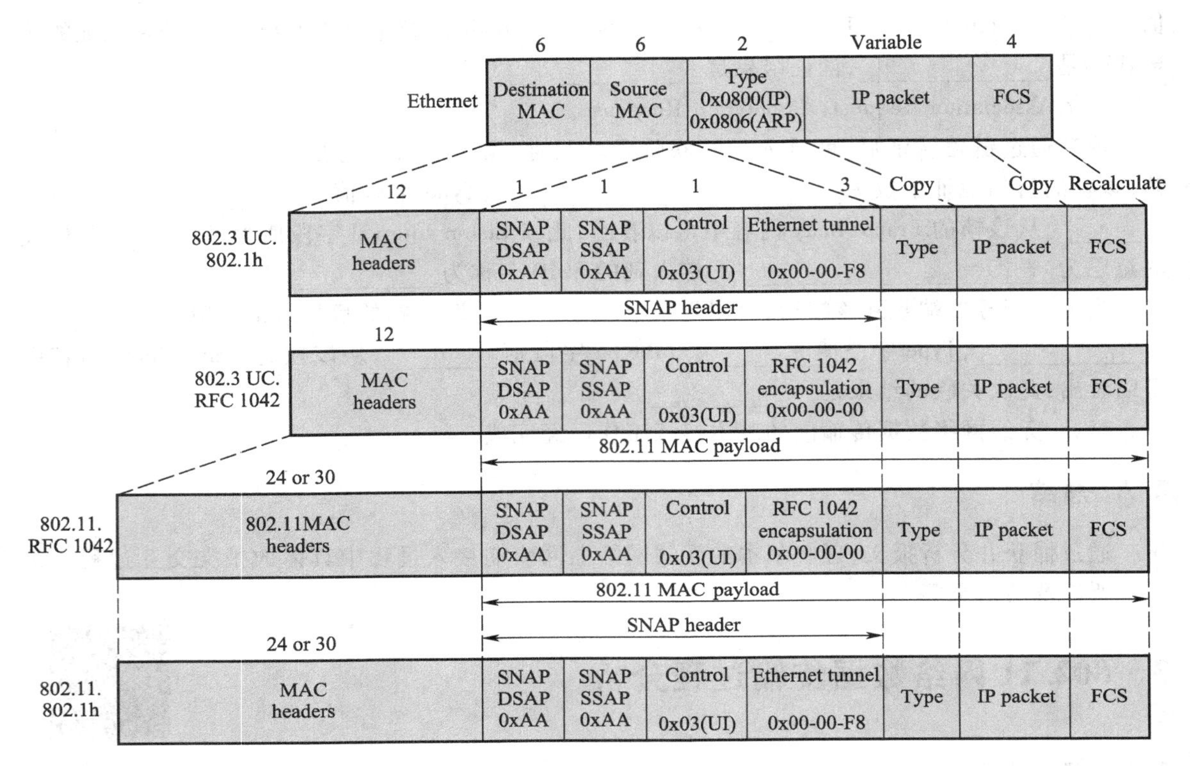

图 13-19　802.11 对上层协议的封装

传输时,用来封装 LLC 数据的方式有两种。一种是 RFC 1042 所描述的方式,被称为 IETF 封装,另外一种则是 802.1H 所规定的方式,被称为隧道式封装(Tunnel Encapsulation)。这两种方式非常相似,如图 13-19 所示。其最上方为以太网帧,具有 MAC 帧头(源与目的 MAC 地址),类型代码(Type code),内嵌报文(Embedded Packet)以及帧校验等字段。在 IP 域中,Type code 是代表 IP 的 0x0800,或者是代表地址解析协议(ARP)的 0x0806。

RFC 1042 与 802.1H 均衍生自 802.2 的子网络访问协议(Sub-Network Access Protocol, SNAP)。MAC 地址会被复制到封装帧(Encapsulation Frame)的开头,然后插入 SNAP 帧头。SNAP 帧头一开始是目的服务访问点(Destination Service Access Point, DSAP)与源服务访问点(Source Service Access Point, SSAP)。然后是一个控制位。与高层数据链路控制(High-level Data Link Control, HDLC)及其衍生协议一样,此控制位会被设定为 0x03,代表未编号信息(Unnumbered Information, UI),对应到 IP datagram 所谓的尽力传送(Best-effort Delivery)范畴。SNAP 所置入的最后一个位是组织代码(Organizationally Unique Identifier, OUI)。起初,IEEE 希望用一个字节的服务接入点(Service Access Point)来涵盖网络协议编号,不过后来证明这种想法过于乐观。因此,SNAP 只能从原来的以太网帧复制一份类型代码(Type code)。802.11H 与 RFC 1042 之间的唯一差异在于其使用的 OUI。

有些产品支持用户在两种封装标准间进行切换，然而这种功能并不常见。对 Microsoft 操作系统而言，AppleTalk 与 IPX 协议组预设使用 802.1H，其他协议则使用 RFC 1042。目前大部分接入点均依循 Microsoft 的做法，不再提供封装方式的切换选项。由于 Microsoft 所采用的封装方式得到广泛的支持，所以 WiFi 联盟的认证测试计划亦将其包含在内。

3.3.2　802.11 数据帧格式概述

802.11 数据帧格式如图 13-20 所示。

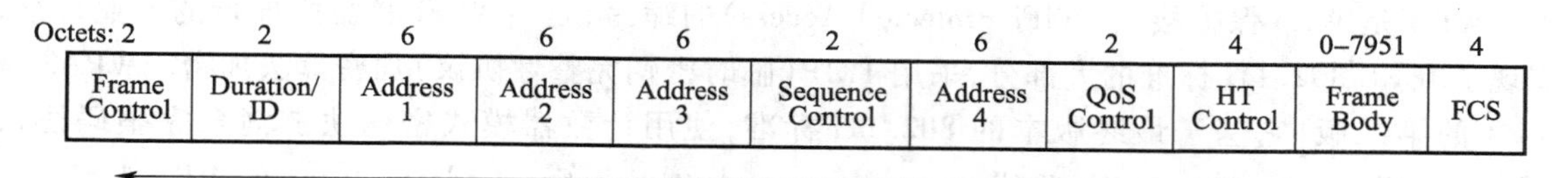

图 13-20　802.11 数据帧格式

其中，Frame Control、Duration/ID、Address 1、Address 2、Address 3、Sequence Control、FCS 构成了最基本的数据帧格式。具体的帧会根据类型的不同添加其他的元组。其中 Address 4 的出现与否是与 Frame Control 中的 To DS 和 From DS 相关的，如表 13-3 所示，其中 N/A（No Applicable）表示 Address 4 不存在。

表 13-3　To DS、From DS 与 Address 的关系

To DS	From DS	Address 1	Address 2	Address 3		Address 4	
				MSDU case	A-MSDU ease	MSDU case	A-MSDU case
0	0	RA = DA	TA = SA	BSSID	BSSID	N/A	N/A
0	1	RA = DA	TA = BSSID	SA	BSSID	N/A	N/A
1	0	RA = BSSID	TA = SA	DA	BSSID	N/A	N/A
1	1	RA	TA	DA	BSSID	SA	BSSID

来自较上层的报文以及某些较大的帧可能要经过分段，无线信道才能进行传输。当干扰存在时，分段报文同时有助于提升可靠性。利用帧的分段，无线局域网络的工作站可将干扰局限于较小的帧片段，而非较大的帧。由此降低可能受干扰的数据量，帧分段可以提高整体的有效传输量。

当上层报文超过网络管理人员所设定的门限值时，就要进行帧的分片。每一个帧片段（Fragment）都有相同的序列号（Fragment Sequence Number）以及一个递增的帧片段编号（Fragment Number）以便于重组。帧控制信息（Fragment Control Information）用来指示是否还有其他帧片段待接收。

3.3.3 WPA/WPA2-PSK 认证

大多数时候,在无线网络的数据传输的开始阶段,还需要进一步的用户接入认证,如图 13-18 所示。用户接入认证实现了对接入用户的身份认证,为网络服务提供了安全保护。接入认证主要有 802.1x 认证、PSK 认证、Portal 认证、MAC 认证等方式。其中 802.1x 接入认证、MAC 接入认证、Portal 认证可以应用于对有线或无线接入用户的身份认证,而 PSK 认证则是专门为无线用户提供认证的一种方法。

WPA 是 WiFi 保护接入(WiFi Protected Access)的缩写,是由 WiFi 联盟所推行的商业标准,实现了 IEEE 802.11i 标准的大部分,采用 TKIP(临时密钥完整性协议)加密算法加密。WPA2 是 WPA 的第二版,它基于最终版本的 802.11i 标准,使用计数器模式密码块链消息完整码协议(Counter Cipher Mode with Block Chaining Message Authentication Code Protocol,CCMP)加密算法进行数据加密。

WPA/WPA2-PSK(Pre-shared key)要求在每个 WLAN 节点(AP、无线路由器、网卡等)预先输入一个密钥。只要密钥吻合,客户就可以获得 WLAN 的访问权。这个密钥仅仅用于认证过程,而不用于加密过程。

本实验在链路认证阶段采用开放系统认证,它是 802.11 要求必备的一种方法。在这种方式下,接入点并未验证无线终端用户的真实身份,仅以 MAC 地址作为身份证明,这种验证方式让所有符合 802.11 标准的终端都可以接入到无线网络中来。在用户身份认证阶段采用 WPA-PSK 认证。

WPA-PSK 是一种通过 Pre-shared key 进行认证,并以 Pre-shared key 作为 PMK(Pairwise Master Key,成对主密钥)协商临时密钥的认证加密方式。

WPA-PSK 要求在无线终端侧预先配置 Key,通过与 AP 或 AC 侧的 4 次握手协商协议来验证无线终端侧 Key 的合法性。4 次握手过程主要是为了产生 PTK(Pairwise Transient Key)和 GTK(Group Temporal Key),PTK 用来加密单播无线报文,GTK 用来加密组播和广播无线报文。

在 802.11i 里定义了两种密钥层次模型,一种是成对密钥层次结构,主要用来描述一对设备之间的所有密钥;一种是组密钥层次结构,主要用来描述全部设备所共享的各种密钥。

在成对密钥层次结构下,TKIP 加密方式根据主密钥衍生出 4 个临时密钥,每个临时密钥 128 比特,这 4 个 key 分别是 EAPOL-Key-Encryption-Key、EAPOL-Key-Integrity-Key、Data-Encryption-Key 和 Data-Integrity-Key,前面两个 EAPOL 加密密钥用于在初始化握手信息过程中保护无线终端和无线服务端的通信。后面两个用于无线终端和无线服务端的加密数据和保护数据不被更改。

在组密钥层次结构下,TKIP 的加密方式下根据 GMK(128 比特)衍生出 2 个密钥,用来在无线终端和无线服务端之间进行多播数据加密和完整性加密。

1. 4 次单播密钥协商过程

4 次单播密钥协商过程如图 13-21 所示。

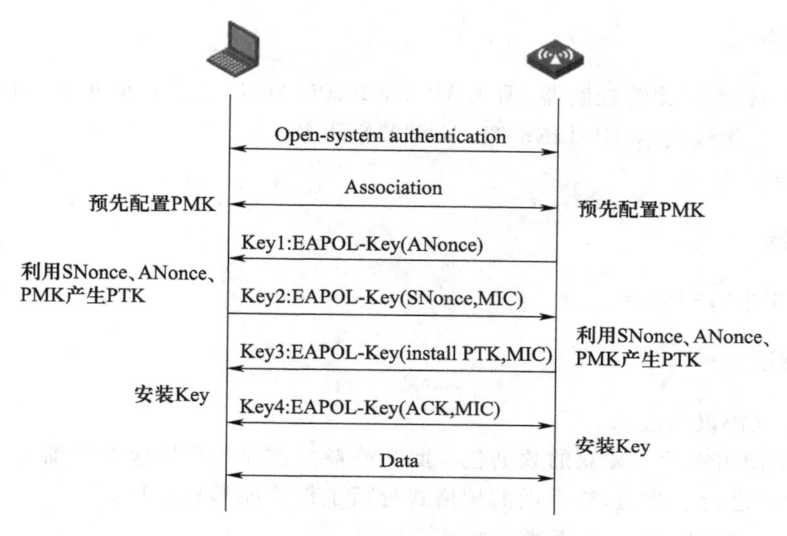

图 13-21　4 次单播密钥协商过程

(1) 无线服务端发送 EAPOL-Key 帧给无线终端，帧中包含随机数 ANonce（Nonce 是为了防范重放攻击的随机值，包括 ANonce 和 SNonce 两种，区别在于 ANonce 是无线服务端随机产生并发送给无线终端，SNonce 是无线终端收到 ANonce 后随机产生的）。

(2) 无线终端根据 PMK、ANonce、SNonce、自己的 MAC 地址、无线服务端的 MAC 地址计算出 PTK，无线终端发送 EAPOL-Key 帧给无线服务端，帧中包含 Snonce、EAPOL-Key 帧的消息完整码（MIC）。

(3) 无线服务端根据 PMK、ANonce、SNonce、自己的 MAC 地址、无线终端的 MAC 地址计算出 PTK，并校验 MIC，核实无线终端的 PMK 是否和自己的一致。

(4) 无线服务端发送 EAPOL-Key 帧给无线终端，并通知无线终端安装密钥，帧中包含 Anonce、帧 MIC、加密过的 GTK。

(5) 无线终端发送 EAPOL-Key 帧给无线服务端，并通知无线服务端已经安装并准备开始使用加密密钥。无线服务端收到后在本端安装加密密钥。

2. 二次组播密钥协商过程

两次握手主要是用来产生组播密钥，主要有两个消息，第一个发送密钥，第二个确认密钥已经安装。

当一个新用户上线后，经过 4 次握手产生 PTK 并安装密钥开始加密后，开始进行两次握手，由无线服务端计算出 GTK，并用该用户的单播密钥加密发送给无线终端，无线终端根据之前 4 次握手的临时密钥解密。

新用户上线，并不一定会产生两次握手，GTK 可以由 4 次握手中的第三个消息产生，如果不产生，可以由两次握手产生，两次握手也可以用于组密钥的更新。

3.4　实验环境

(1) WX3024E 系列无线控制器、无线 AP WA2620i-AGN、二层交换机各一个。

(2) PC 两台,无线网卡 TP-LINK TL-WN823N 两个。

(3) 网线若干。

3.5　实验组网

实验组网如图 13-4 所示。

3.6　实验步骤

步骤 1　无线协议包过滤。

此实验直接使用实验一截获的数据包。此实验最好在原始数据包的基础上针对联网主机无线网卡 MAC 地址进行过滤,这样后面的帧格式分析工作才能顺利进行。

步骤 2　分析 WPA-PSK 认证过程。

找到 EAPOL-Key 帧,对其进行分析。其中 802.2 LLC 头部中 Destination SAP 为________,Source SAP 为__________,Protocol Type 字段值为____________,代表____________协议。

802.1x Authentication 协议帧中协议类型为________,所携带数据类型值为________,表示________。

根据前面的原理,并结合 EAPOL-Key 中 Key Information 中个别字段的值变化来具体说明 WPA-PSK 单播密钥协商过程。

____

____

____

____

____

____

____

通过了身份认证后,无线网络数据传输的后续网络访问才能正式开始。

步骤 3　分析 802.11 数据帧。

找到一个 ARP 报文,对其进行分析。该 802.11 报文序号为________,Type 字段为________,Subtype 字段为__________,源地址为__________________,目的地址为__________________,该 ARP 报文在 802.11 LLC 子层中的协议类型代码为__________________。

找到一个 HTTP 报文,对其进行分析。该 802.11 报文序号为________,Type 字段为________,Subtype 字段为__________,源地址为__________________,目的地址为__________________,该报文在 802.11 LLC 子层中的协议类型代码为______________,表示上层协议是________。IP

字段里面源地址为____________________,目的地址为________________。

3.7 总结

通过捕获并分析报文,掌握无线网络数据帧格式及上层协议封装,理解无线网络数据传输过程中前期的用户身份认证过程和后续的数据传输。

4 802.11 协议控制帧分析

802.11 协议控制帧分析

4.1 实验内容

(1) 802.11 协议控制帧格式分析。

(2) 802.11 协议无线访问控制机制分析。

4.2 实验目的

掌握 802.11 协议控制帧格式,理解 802.11 无线访问控制机制。

4.3 实验原理

4.3.1 802.11 无线访问控制

由于无线信道天然的广播性质,所以无线信道的访问需要统一协调管控。类似以太网的 CSMA/CA 访问控制机制,无线信道的访问由分布式协调功能(Distributed Coordination Function, DCF)所管控。如果需要用到免竞争服务,则可通过架构于 DCF 之上的点协调功能(Point Coordination Function,PCF)来管控。在各取所需的 DCF 与精确管控的 PCF 之间,也可以选择使用介于两种极端之间的混合式协调功能(Hybrid Coordination Function,HCF),如图 13-22 所示。

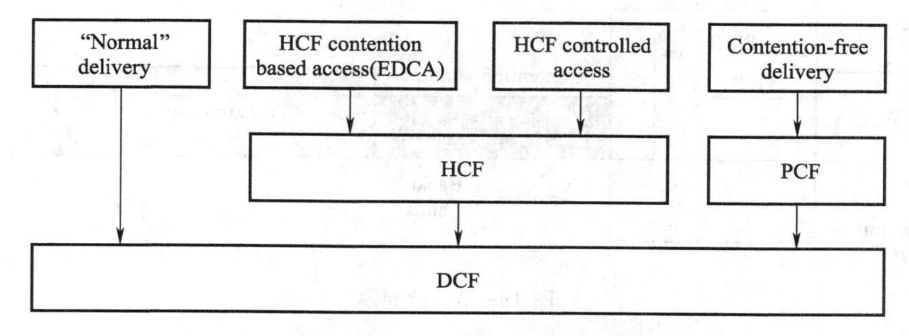

图 13-22 802.11 MAC 层协调功能架构

DCF 是标准 CSMA/CA 访问机制的基础。和以太网一样,工作站在传送数据之前会先检查无线链路是否处于空闲状态。为了避免冲突发生,当某个传送者占据信道时,工作站会随机为每个帧选定一段延后时间。在某些情况之下，DCF 可利用 RTS/CTS 技术，进一步减少碰撞发生的可能性。PCF 通过一个称为点协调者的特殊工作站可以确保不必通过竞争就可使用介质。有些应用需要尽量达到更高一级的服务质量，却又不希望用到 PCF 那么严格的管控。HCF 允许工作站维护多组服务队列，针对需要更高服务品质的应用，提供更多的介质访问机会。

1. 载波监听功能与网络分配矢量

载波监听主要用来判定介质是否处于可用状态。802.11 具备两种载波监听功能：物理载波监听与虚拟载波监听。只要其中有一个监听功能显示介质处于忙碌状态，MAC 层就会将此报告给高层的协议。

物理载波监听功能是由物理层所提供，取决于所使用的介质与调制方式。要为射频介质设计物理载波监听的硬件代价较高，因为除非采用昂贵的电子零件，否则收发器将无法同时进行收发的动作。此外，由于隐藏节点随处可见，物理载波监听无法提供所有必要的信息。

虚拟载波监听是由网络分配矢量（Network Allocation Vector，NAV）所提供。802.11 的帧通常会包含一个 duration 位，用来预订一段介质使用时间。NAV 本身就是一个计时器，用来指定预计要占用介质多少时间，以微秒为单位。工作站会将 NAV 设定为预计使用介质的时间，这包括完成整个处理过程必须用到的所有帧。其他工作站会将 NAV 值减至零。只要 NAV 的值不为零，代表介质处于忙的状态，此即虚拟载波监听功能。当 NAV 为零时，虚拟载波监听功能会显示介质处于闲置状态。

2. 帧间隔

所谓的帧间隔是指在介质空闲以后还需要等待一段时间才能使用介质，而这段时间称为帧间隔。和传统的以太网一样，帧间隔在协调介质的访问上扮演着重要的角色。802.11 协议会用到 4 种不同的帧间隔：SIFS（Short Interframe Space，短帧间隔）、PIFS（PCF Interframe Space，点帧间隔）、DIFS（DCF Interframe Space，分布式帧间隔）、EIFS（Extended Interframe Space，扩展的帧间隔）。其中的 3 种用来判定介质的访问。它们之间的关系如图 13-23 所示。

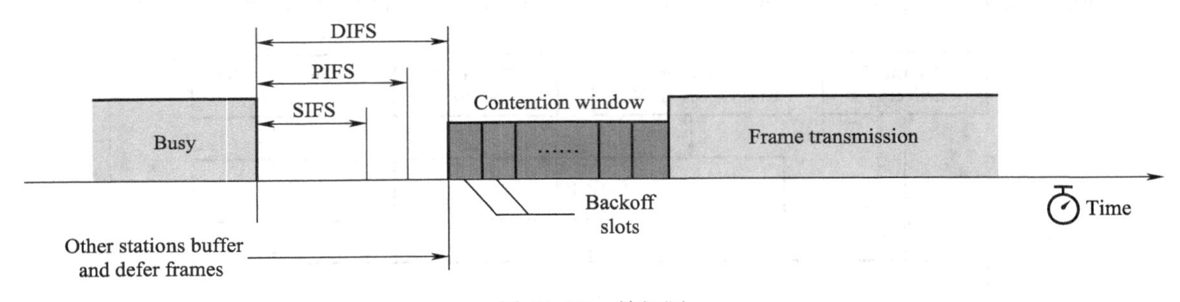

图 13-23　帧间隔

不同的帧间隔会产生不同的传输优先次序。因为当介质空闲后，SIFS 等待时间最短。SIFS 用于高优先级的传输场合，如 RTS/CTS 以及 ACK。经过 SIFS，即可进行高优先级的传输，等待时间较短。PISF 主要被 PCF 使用在免竞争过程。在免竞争时期，有数据传输的工作站等待 PISF

期间过后就可以传送，其优先程度高于任何竞争式传输。如果介质闲置时间长于 DIFS，无线终端可以立即对介质进行访问。图 13-23 并没有表明 EIFS，因为 EIFS 并非固定的时间间隔。只有在帧传输出现错误时才会用到 EIFS。

3. 利用 DCF 进行竞争式访问

无线局域网大部分的传输均采用 DCF，DCF 提供了类似以太网的标准竞争式服务。无线终端在传输数据前必须检查介质是否空闲。若处于忙碌状态，工作站必须延迟访问，并利用指数型退避算法来避免碰撞发生。在所有使用 DCF 的传输中，将会运用到以下两项基本原则。

（1）如果介质闲置时间长于 DIFS，便可立即进行传输。载波监听同时可通过物理与虚拟（NAV）方式进行。

① 如果之前的帧接收无误，介质必须至少空出一个 DIFS 时间。

② 如果之前的传输出现错误，介质必须至少空出一个 EIFS 时间。

（2）如果介质处于忙碌状态，工作站必须等候至信道再度闲置，802.11 称之为访问延期。一旦访问延期，工作站会等候介质闲置一段 DIFS 时间，同时准备指数型退避访问程序。

在特定状况下，会应用到一些额外的规则。其中有一些规则取决于"线上"的特殊状况，与之前传送的结果有关。

（1）错误复原（Error Recovery）属于传送端的责任。传送端预期每个帧均应收到应答信息，而且必须负责重传，直到传送成功为止（如果达到重传限制，该帧随即被丢弃，并将此状况告知上层协议）。

① 只有收到肯定确认，才表示传送成功。传输和确认一起算作一个原子交换操作。如果某个 ACK 未到，传送端即会加以重传。

② 所有单点传播数据必须得到确认。

③ 只要传送失败，重传计数器就会累加，然后重新发送。

（2）多帧序列在传输过程中更新 NAV。当所收到的介质预定时间比目前的 NAV 还长时，其他无线终端才会更新 NAV。

（3）以下的帧类型可在 SIFS 之后传输，因此优先程度较高：ACK、RTS/CTS 中的 CTS，以及分段序列（Fragment Sequence）中的帧片段（Fragment）。

① 一旦发送第一个帧，工作站就会取得信道的控制权。后续帧及其确认均可使用 SIFS 进行传送，以锁定信道不被其他工作站使用。

② 传送中，后续帧会将 NAV 更新为该介质预计使用的时间。

（4）如果较高层的报文长度超过所设定的门限，必须使用扩展帧格式。

4.3.2　802.11 控制帧格式

802.11 控制帧有多种，下面只简要介绍 RTS、CTS、ACK、PS-Poll 等，如表 13-4 所示。

表 13-4 802.11 控制帧

Control(00)	
Subtype Value	Subtype Description
0000~0110	Reserved
1000	Block Ack Request(BlockAckReq)
1001	Block Ack(BlockAck)
1010	PS-Poll
1011	RTS
1100	CTS
1101	ACK

1. RTS(Request To Send)

RTS 帧格式如图 13-24 所示。

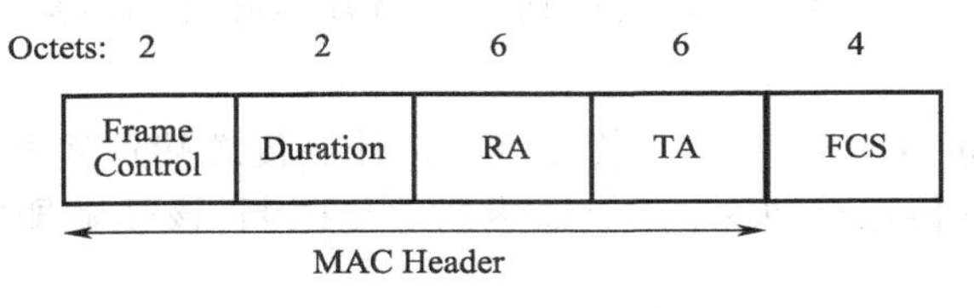

图 13-24 RTS 帧格式

RA:RTS 用于为要传送的数据帧、管理帧或者控制帧预约信道,RA 就是后续这些帧的目的地址。

TA:发送 RTS 的无线终端的地址。

Duration:时间,单位为微秒。值为传送一个管理帧或者数据帧时间加上一个 CTS 时间、一个 ACK 再加上 3 个 SIFS。

2. CTS(Clear To Send)

CTS 帧格式如图 13-25 所示。

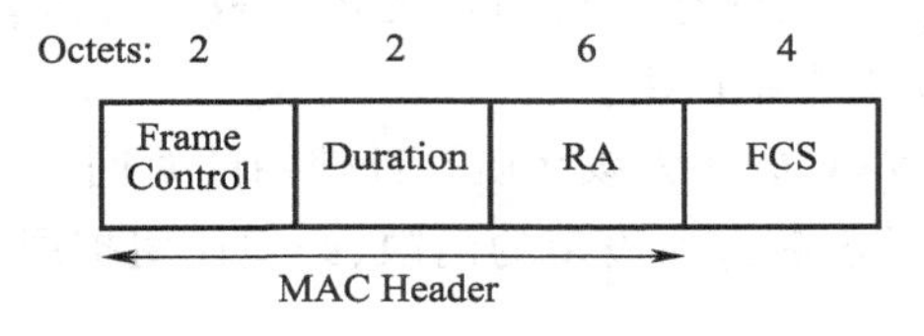

图 13-25 CTS 帧格式

RA:直接复制自对应 RTS 中的 TA。

Duration:值复制自对应的 RTS 中的 Duration,但是要减去传输此 CTS 帧的时间,再减去一个 SIFS。

3. ACK

ACK 帧格式如图 13-26 所示。

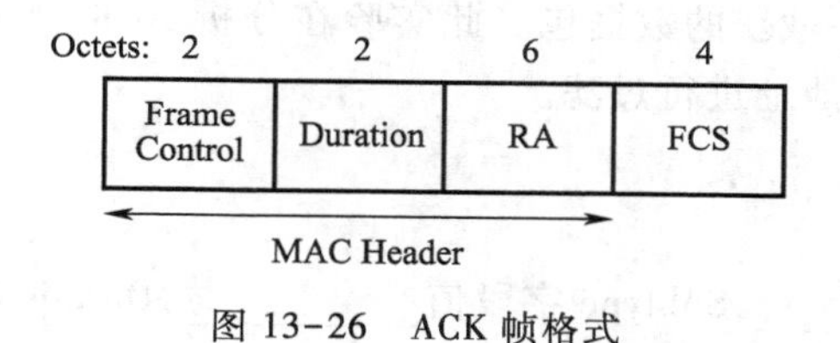

图 13-26　ACK 帧格式

RA:复制自所要确认的帧的 Address 2 字段。

Duration:如果 Frame Control 中 More Fragments 为 0,那么 Duration 为 0;否则复制自所要确认的帧中的 Duration,减去传输此 ACK 所需时间,再减去一个 SIFS。

4. PS-Poll

由于无线终端通常是便携式移动设备,所以节电也是无线网络管理中的一个因素。为此,802.11 为无线终端设置了 PS(Power Save)模式,无线接入点为处于 PS 模式的无线终端缓存数据帧等,当有缓存数据后,在 Beacon 帧中会有显示,处于 PS 模式的无线终端被唤醒后可以通过 PS-Poll 帧来通知无线接入点把缓存的帧发送过来。PS-Poll 帧格式如图 13-27 所示。

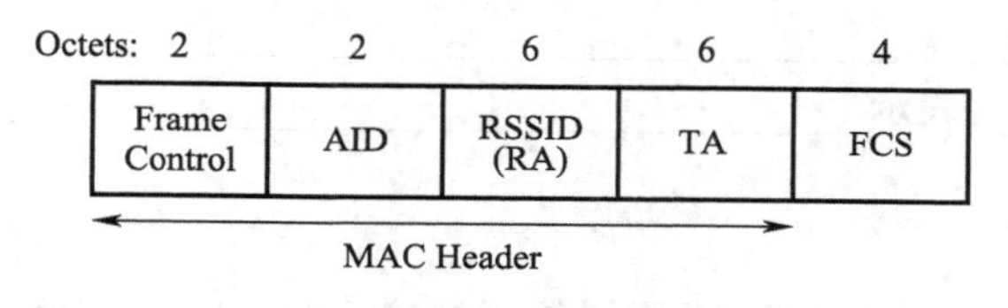

图 13-27　PS-Poll 帧格式

BSSID:包含连接无线终端的无线接入点所在的服务集标识。

TA:传输该帧的无线终端地址。

AID:该无线终端和无线服务器端关联时指定的关联代码。

4.4　实验环境

(1) WX3024E 系列无线控制器、无线 AP WA2620i-AGN、二层交换机各一个。

(2) PC 两台,无线网卡 TP-LINK TL-WN823N 两个。

(3) 网线若干。

4.5　实验组网

实验组网如图 13-4 所示。

4.6　实验步骤

步骤1　无线协议包过滤。

此实验直接使用实验一截获的数据包。此实验在分析 ACK 帧时在原始数据包的基础上针对联网主机无线网卡 MAC 地址进行过滤。

步骤2　分析控制帧。

（1）RTS。

该帧 Type 字段值________，Subtype 字段值__________，Duration 值为__________，代表的意思是____，RA 值为______________，表示__________________________________，TA 值为______________，表示__________________________________。

（2）CTS。

该帧 Type 字段值________，Subtype 字段值__________，Duration 值为__________，代表的意思是____，RA 值为______________，表示__________________________________。

（3）ACK。

该帧 Type 字段值________，Subtype 字段值__________，Duration 值为__________，为什么？____，RA 值为______________，表示__________________________。

4.7　总结

通过捕获并分析报文，理解 802.11 协议控制帧格式和 802.11 无线访问控制机制。

预习报告

1. 预习 802.11 基本帧格式，写出报文首部中主要字段名称、字段作用。
2. 简述 802.11 无线网络接入过程。
3. 写出无线网络接入过程中所用的管理帧的类型及代码。
4. 写出 3 种 802.11 无线网络控制帧的类型及代码。
5. 简述 802.11 无线网络中的认证过程。

实验十四 无线传感器网络实验

无线传感器网络简介

1 无线传感器网络简介

1.1 概述

无线传感器网络(Wireless Sensor Networks,WSNs)是一种特殊的无线自组织网络,它是由大量以一定规则部署在监控区域的智能传感器节点构成的一种网络应用系统。其快速方便的部署特性和完备的监控能力使其被广泛应用于军事、环境监测与预报、医疗护理和智能家居等领域。无线传感器网络是一种无基础设施的无线网络,它综合了传感器技术、嵌入式计算技术、分布式信息处理技术和无线通信技术,能够协作地实时监测、感知和采集网络分布区域内的各种环境或监测对象的信息,并对这些数据进行处理,获得详尽而准确的信息,传送给需要这些信息的用户。

当前,由于微电子系统(Micro-Electro-Mechanism System,MEMS)、片上系统(System on Chip,SOC)、无线通信和低功耗嵌入式技术的飞速发展,无线传感器网络以其低功耗、低成本、分布式和自组织的特点带来了信息领域的一场变革,无线传感器网络技术被认为是21世纪最重要的技术之一,它将会对人类未来的生活方式产生巨大影响。美国麻省理工学院(MIT)的《技术评论》杂志评出了对人类未来生活产生深远影响的十大新兴技术,而无线传感器网络则被列在了这10种新技术之首,足见其深远的意义。

同时,无线传感器网络作为当今信息领域的研究热点,涉及众多领域的知识,有非常多的关键技术,包括网络拓扑控制、网络协议、网络安全、时间同步、定位技术、数据融合及管理、无线通信技术、嵌入式操作系统以及应用层技术等。而正是由于其涉及的学科众多,越来越多的无线传感器网络新技术被提出。

1.2 无线传感器网络组成

无线传感器网络(WSN)由大量体积小,成本低,具有无线通信、传感、数据处理的传感器节点(Sensor Node)组成。这些节点通过自组织的方式构成网络,借助于节点中内置的形式多样的传感器,协作地实时感知和采集周边环境中众多人们感兴趣的物质现象,并对这些信息进行处理,获得更为详尽而准确的信息,可以在任何时间、绝大多数地点和多种环境条件下获取大量翔实而可靠的信息，并将这些信息发布给观察者。

在传感器网络中，传感器节点、感知对象和观察者是传感器网络的3个基本要素。观察者是传感器网络的用户，是感知信息的接收者和应用者。观察者可以是人，也可以是计算机或其他设备。一个传感器网络可以有多个观察者。一个观察者也可以是多个传感器网络的用户。观察者可以主动地查询或收集传感器网络的感知信息，也可以被动地接收传感器网络发布的信息。感知对象是观察者感兴趣的监测目标。感知对象一般通过表示物理现象、化学现象或其他现象的数字量来表征，如温度、湿度等。一个传感器网络可以感知网络分布区域内的多个对象。一个对象也可以被多个传感器网络所感知。

传感器节点一般由传感单元、处理单元、收发单元、电源单元等功能模块组成。除此之外，根据具体应用的需要，可能还会有定位系统、电源再生单元和移动单元等。

传感单元将基于观察得到的模拟信号通过ADC（模数转换器）转化成数字信号，并送入处理单元。处理单元配备有一个小的存储器，与其他节点协同完成感知任务。收发单元负责节点与网络的连接。大部分传感器网络的路由技术和感知任务需要高精度位置信息的获取，这样的传感器节点需要具备定位系统。在某些感知任务中传感器节点可能需要移动，这时需要移动单元的协助。在传感器节点的各模块中，电源单元是最重要的模块之一，有的系统可能采用太阳能电池等方式来补充能量，但是大多数情况下传感器节点的电源是不可补充的。

1.3　无线传感器网络关键问题

1.3.1　定位技术

节点定位是指确定每个传感器节点在传感器网络中的相对位置或绝对地理坐标。通过节点定位，WSN可以智能地选择一些特定的节点来完成任务，这种工作模式可以大大降低整个系统的能量消耗，提高系统的生存时间。目前，GPS定位是一种普遍使用的定位方法。但是在WSN中，由于体积、成本和功耗等方面的原因，不能为每个节点安装GPS。因此，需要在大部分节点不具备GPS定位功能的前提下设计新型的节点定位机制。一般来说，节点定位需要借助被定位节点与位置已知的参考节点间某种形式的通信。参考节点在接收到被定位节点的信息后，通过几何测量算法计算节点位置信息。目前的算法可以划分为集中定位方式和分布定位方式。

1.3.2　数据融合

在自组织无线传感器网络中由于传感器节点非常多，感知信息具有很大的冗余度，传感器节点的冗余性保证了在个别节点失效或个别通信链路失效的情况下，不至于引起网络分立或监测数据不完整。但如果直接把这些原始数据传输给用户节点集中计算，会造成网络通信量巨大，消耗过多的网络资源。因此在自组织无线传感器网络中嵌入“在网计算”（computing in-net），实现传感器数据融合（Data Fusion），降低数据冗余，减少网络的通信量，提高带宽效率和能量效率。

1.3.3 安全问题

传感器网络处于真实的物理世界,缺乏专门的服务与维护,因此传感器网络的安全受到严峻的挑战。传感器网络可能会遇到窃听、消息修改、消息注入、路由欺骗、拒绝服务、恶意代码等安全威胁。

另外,在传感器网络中,安全的概念也发生了变化,通信安全是其中重要的一部分,隐私保护日渐重要,而授权重要性则降低。目前传感器网络的安全研究仅处于起步阶段,需依据传感器网络的特点,针对传感器网络的安全威胁,研究新型的安全协议和安全策略。

1.3.4 MAC 协议

无线传感器网络的 MAC 协议必须达到两个目标:创建网络基础设施,即为数据传输建立通信链路;在传感器节点间公平有效地共享通信资源。传统的无线 MAC 协议要么没有考虑能源有效性,要么需要全局协调,因此,需要根据传感器网络的特点设计简单高效的 MAC 层协议。WSN 的 MAC 协议着重考虑节省能量、可扩展性和网络效率(包括公平性、实时性、网络吞吐量和带宽利用率),其中节约能量是首要考虑的因素。

1.3.5 路由

传统的无线 Ad-hoc 路由技术通常不符合传感器网络的需求,传感器网络的路由必须考虑能源有效性需求,以数据为中心,或者利用位置信息进行路由。在路由过程中同时需要考虑数据融合等操作。因此,传感器网络的路由协议既要有效维持数据传输通路,又要减少网络中的通信量,讲究能量效率,还要具有一定的鲁棒性。

1.3.6 能源感知计算

能源感知(Energy Aware)计算的目的在于最大化系统生命期。传感器网络的某些应用要求系统生命期必须达到数月甚至数年,而传感器节点一般由电池驱动,能源有限(再生能源技术又不成熟,成本高,目前还无法应用于微型传感器节点),并且对于大规模与物理环境紧密耦合的系统而言,以更换电池补充能源的方式是不现实的,这使得能源消耗成为确定系统生命期的最重要的因素。因此,需要将能源感知加入到传感器网络设计和操作的每一个阶段,充分挖掘系统在能源使用方面的潜力,使系统能够在能源消耗、系统性能和操作精度之间做出动态权衡,最大化整个网络的生命期。

1.3.7 操作系统

传统的操作系统 Windows 和 UNIX 不能满足无线传感器网络的需要。人们需要开发新的操作系统,它既要满足无线传感器网络特殊的需要,又要高效地利用无线传感器网络节点的有限硬件资源来为应用软件提供服务。美国加州大学伯克利分校计算机科学系“智能尘埃”课题组基于多线程技术，开发了一种微型操作系统——TinyOS，就是为了适应这种需要。另一种无线传感器网络微型操作系统是由美国科罗拉多大学开发的 MANTIS OS，它支持快速、灵活地构架无线传感器网络。操作系统如何自动配置、如何自适应地支持无线传感器网络的需要依旧是一个有待研究的问题。

1.3.8　其他

低天线情况下的无线电电波传播模型的研究。在大多数应用中传感器节点被任意放置在野外环境中的地面上，通信天线几乎没有高度，电波传播特性与有天线高度的电波传播特性不同。传感器软硬件技术的研究，主要包括新型传感器材料和 MEMS 技术的研究，恶劣环境下可操作的传感器技术的研究，适应于传感器节点的嵌入式操作系统的研究等。应用模型的研究。不同的应用目的对自组织无线传感器网络提出了不同的要求，将影响到网络拓扑、路由算法、组网算法等方面。

1.4　总结

本节介绍了无线传感器网络的基本组成，了解了其关键技术以及应用等内容。无线传感器网络作为一个全新的研究领域，在基础理论和工程技术两个层面向科技工作者提出了大量的挑战性研究课题，如针对其特点设计合理的协议、网络组织和维护、数据处理和网络安全等。随着各国工业界和学术界的重视以及技术的进步和经济的发展，有关无线传感器网络的研究必将会不断取得新的进展，传感器网络的广泛应用也必将在越来越多的方面影响人们的生活。

2　无线传感器网络基础演示实验

2.1　实验内容

无线传感器网络演示实验。

2.2　实验目的

(1) 对无线传感器网络形成感性的认识。

(2) 掌握 CrossBow 相关工具的使用。

2.3　实验环境

硬件：CrossBow IRIS-XM2110 4 个，MB520 一个以及 USB 数据线一根，MDA100 传感器 3 个。

软件：MoteWorks 和 MoteView。

2.4 实验组网

实验组网如图 14-1 所示。

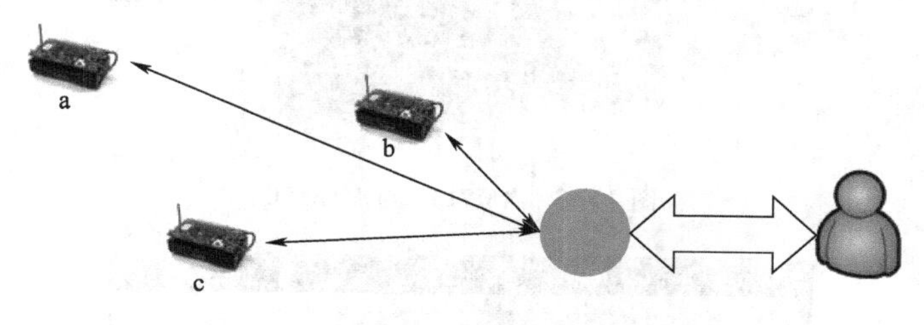

图 14-1 实验组网图

如图 14-1 所示是物理组网图,a、b、c 三个节点即是 MDA100 传感器,圆圈代表 BS(Base Station)节点,用户代表连接的终端。

2.5 实验步骤

这个实验的目标是使大家能够熟悉 MoteView 等工具的使用,同时对无线传感器网络有较为感性的认识。为了达到这个目的,这里把整个实验分成如下两个部分:实验环境准备和实验演示。

2.5.1 实验环境准备

步骤 1 软件环境搭建。

安装好 MoteWorks、MoteView 以及 MIB520 的 USB 驱动,并且通过设备管理器查看生成的虚拟 COM 端口号。如图 14-2 所示,COM5 用于编程和代码下载,COM6 用于数据通信。

步骤 2 使用 MoteConfig 为每个 XM2110 下载相应的代码。

按照图 14-3 所示将 XM2110 连接在 MIB520 之上,MIB520 通过 USB 数据线与计算机相连。**注意,不要在 XM2110 上安装电池,或者在放置到 MIB520 上之前把它的电源开关关掉,否则会烧坏 MIB520,因为 MIB520 是通过 USB 数据线获得能量的。**

打开 MoteConfig,选择 Settings→Interface Board Settings 命令,选择 MIB520's First Serial Port 单选按钮,然后在 COM 数字框中填上自己的计算机上较小的 COM 端口号,这里填 5,如图 14-4 所示。注意每次将 MIB520 与计算机相连都可能产生不同的 COM 端口号。

图 14-2 虚拟端口号

在 Local Program 下,NODE ID 和 GROUP ID 将唯一标识一个 Mote,只有相同 GROUP ID 的 XM2110 才能直接通信,NODE ID 为 0 时表示该 XM2110 将作为 Base Station。做实验时,如无特殊说明,请以教师分配好的组号作为自己实验的 GROUP ID。

使用的程序都位于 MoteView 的安装目录下:Base Station 的程序路径是 MoteView\xmesh\iris\XMeshBase\XMeshBase_M2110_hp.exe;

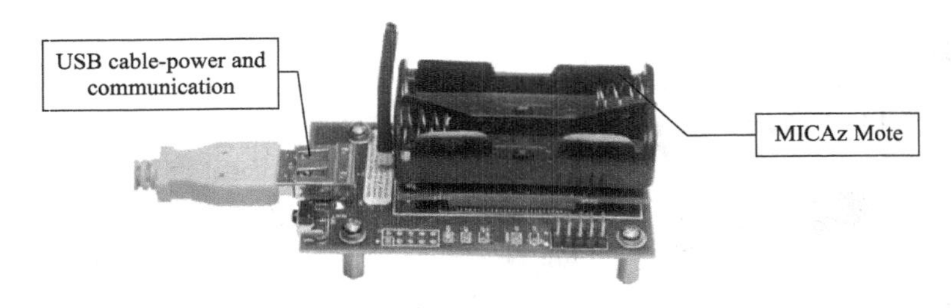

图 14-3　XM2110 与 MIB520

Interface Board Settings
Parameters
MIB510 Serial Port:
COM: 5　57600
MIB520's First Serial Port:
Prog　Comm
MIB600 Host: localhost　10001　10002
Apply　Close

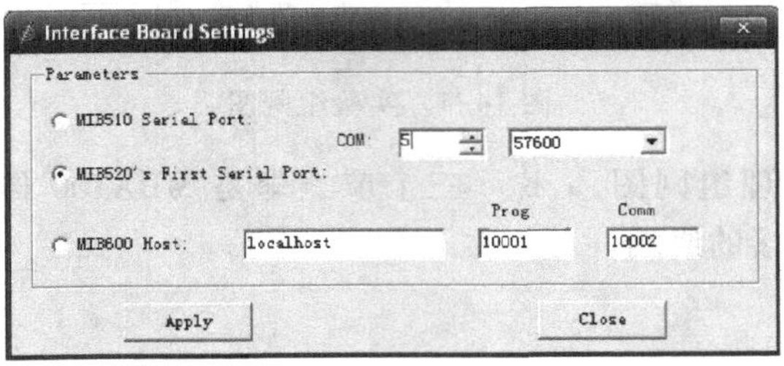

图 14-4　Interface Board Settings 对话框

其他 XM2110 的程序路径是 MoteView\xmesh\iris\MDA100\XMDA100CB_M2110_hp.exe。

MoteConfig 会自动扫描并填充一些信息,只需要设置好 NODE ID 和 GROUP ID 即可,如图 14-5 所示。如果勾选 OTAP Enable 复选框,则以后可以通过 OTAP(Over the Air Programming 空中编程,详见下一节的实验)更新无线传感器网络中的程序。最后单击 Program 按钮即可完成对一个 XM2110 上传程序。改变 NODE ID 则对不同的 XM2110 上传程序。

步骤 3　组网。

将 NODE ID 为 0 的 XM2110 与 MIB520 相连,其他则与传感器 MDA100 相连。**再次注意,MIB520 之上的 XM2110 不应该安装电池。**

2.5.2　实验阶段

在准备好了以上软硬件之后,即可开始无线传感器网络通信演示实验。

步骤 1　将所有节点开关打开,并保证其天线垂直向上。

步骤 2　配置 WSN 连接。

(1) 双击桌面上的 MoteView 快捷方式,打开 MoteView 程序,单击 Connect to WSN 按钮,准备配置参数连接 WSN。

(2) 在 Mode 选项卡中选择 Acquire Live Data 作为操作模式,并选择 Local 作为 Acquisition 类型,单击 next 按钮,如图 14-6 所示。

(3) 在 Gateway 选项卡中,选择 MIB520 作为 Interface Board,并选择相应的 COM 端口号,以及波特率,在此选择 COM6 和 57600,如图 14-7 所示。

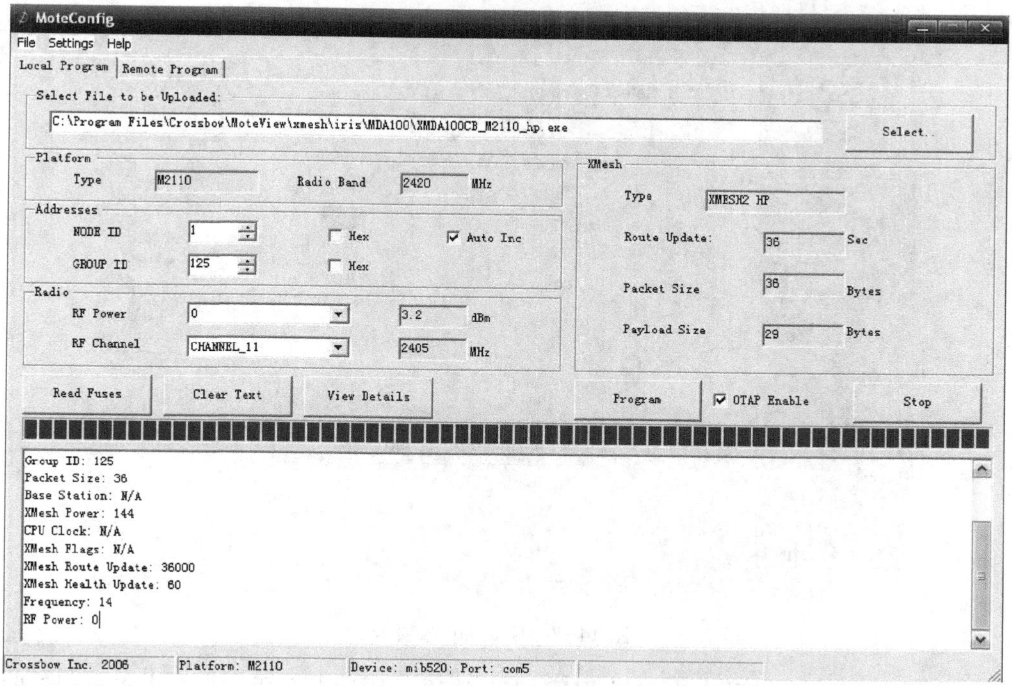

图 14-5　上传程序

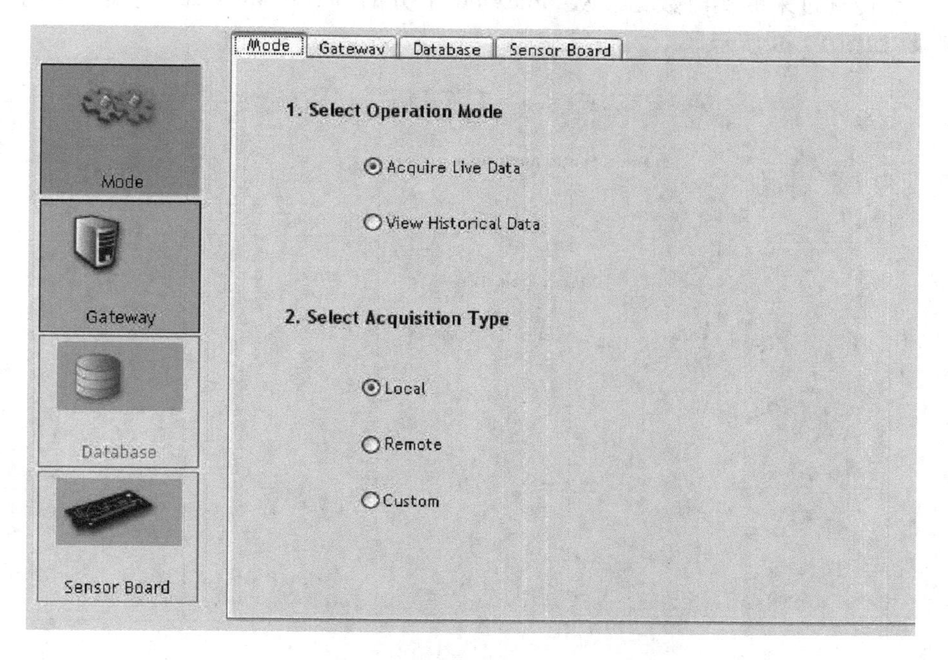

图 14-6　Mode 选项卡

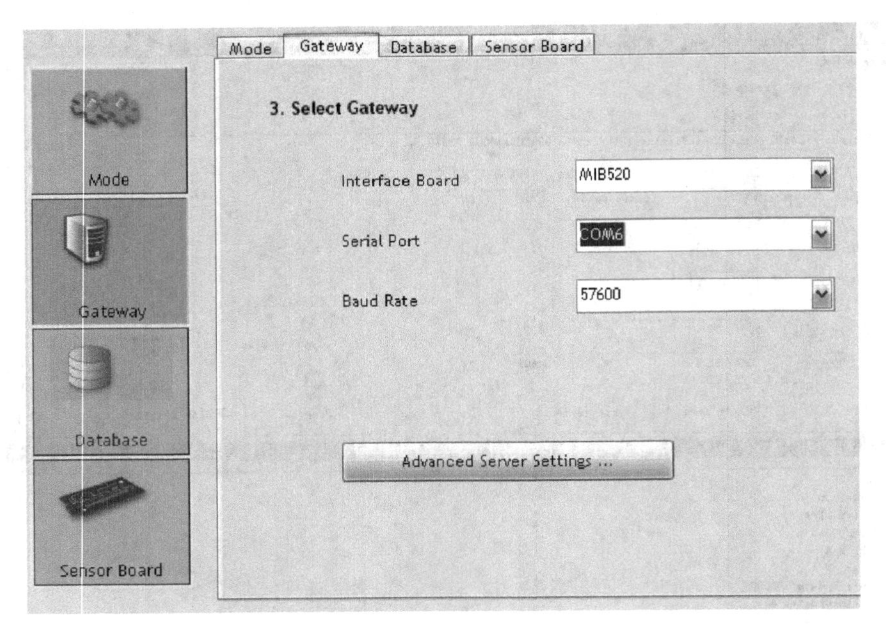

图 14-7　Gateway 选项卡

（4）在 Sensor Board 选项卡中选择 XMDA100 选项，如图 14-8 所示。单击 Done 按钮即可以获取 3 个节点传输过来的实时数据。从 MoteView 下方的 Server Messages 选项卡中可以看见实时信息记录，如图 14-9 所示。

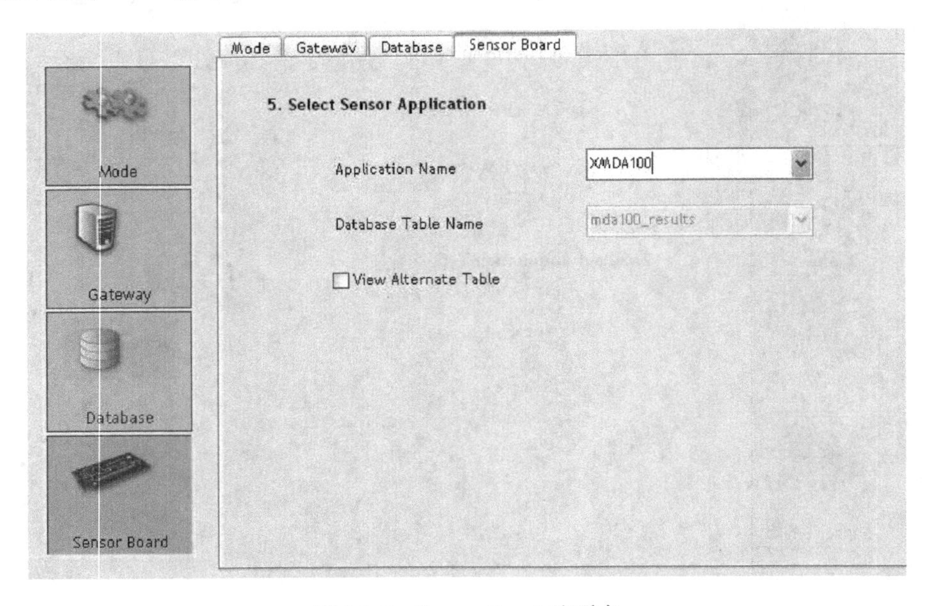

图 14-8　Sensor Board 选项卡

```
Server Messages | Error Messages
Query: INSERT into xbw_da100_results (result_time,nodeid,parent,voltage,temp,light,adc2,adc3,adc4,adc5,adc6) values (now(),2,0,399,514,468,382,320,297,346,278)
Query: INSERT into xbw_da100_results (result_time,nodeid,parent,voltage,temp,light,adc2,adc3,adc4,adc5,adc6) values (now(),1,0,416,514,406,303,253,250,294,204)
Query: INSERT into xbw_da100_results (result_time,nodeid,parent,voltage,temp,light,adc2,adc3,adc4,adc5,adc6) values (now(),3,0,398,513,503,291,289,279,283,406)
Query: INSERT into xbw_da100_results (result_time,nodeid,parent,voltage,temp,light,adc2,adc3,adc4,adc5,adc6) values (now(),2,0,399,514,467,382,321,298,347,279)
Query: INSERT into xbw_da100_results (result_time,nodeid,parent,voltage,temp,light,adc2,adc3,adc4,adc5,adc6) values (now(),1,0,416,514,408,304,254,250,295,204)
Query: INSERT into xbw_da100_results (result_time,nodeid,parent,voltage,temp,light,adc2,adc3,adc4,adc5,adc6) values (now(),3,0,398,513,501,289,288,280,283,405)
Query: INSERT into xbw_da100_results (result_time,nodeid,parent,voltage,temp,light,adc2,adc3,adc4,adc5,adc6) values (now(),2,0,399,514,466,382,320,297,346,278)
Query: INSERT into xbw_da100_results (result_time,nodeid,parent,voltage,temp,light,adc2,adc3,adc4,adc5,adc6) values (now(),1,0,416,514,406,303,254,250,294,204)
```

图 14-9 实时数据

实验使用的 MDA100 传感器是感温和感光的，通过 MoteView 工具可以实时查看监测数据，也可以查看保存在数据库中的历史数据，或者建立包含感光信息的拓扑图，如图 14-10 所示。步骤如下。

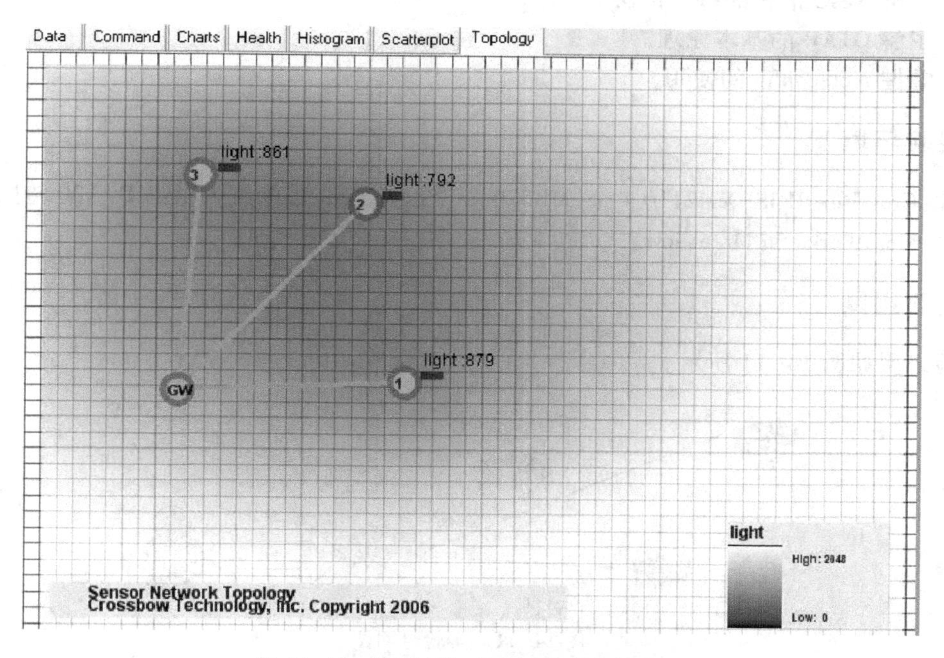

图 14-10 某时刻包含监测信息的拓扑图

步骤 1 单击 Stop Xserver 按钮，停止接收数据。

步骤 2 重新配置 WSN 连接，在 Mode 选项卡中选择 View Historical Data 选项，在 Sensor Board 选项卡中选择 xbw_da100_results 作为 Database Table Name。然后单击 Done 按钮则可获得拓扑图。

这样，这个无线传感器网络的演示实验的目标就达到了。通过本实验，应该要基本掌握 MoteView 的安装以及基本操作，对无线传感器网络有一个感性的认识。

3　传感器节点 OTAP 实验

3.1　实验内容

了解 NesC 的基本语法,了解 OTAP 的基本原理,熟悉 moteconfig 的基本使用方法。通过阅读简单的 NesC 代码,编译并使用 moteconfig 将其以 OTAP 的方式写入传感器节点中,切换重启传感器使得它们运行新的应用程序。

3.2　实验目的

(1) 了解 NesC 语言的基本语法。

(2) 了解 OTAP 的基本原理。

(3) 掌握 moteconfig 的使用。

3.3　实验环境

硬件:CrossBow IRIS-XM2110 4 个,MB520 一个以及 USB 数据线一根,MDA100 传感器 3 个。

软件:MoteWorks 和 MoteView。

3.4　实验组网

实验组网如图 14-11 所示。

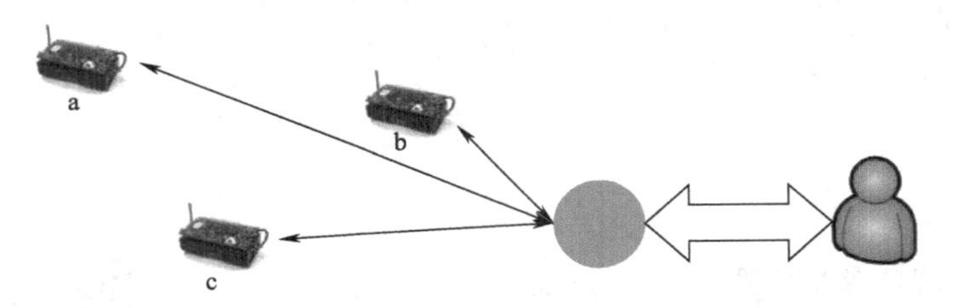

图 14-11　实验组网图

3.5　实验步骤

3.5.1　NesC 简介

NesC 是 C 语言的扩展,目的是支持 TinyOS 的组件化编程模式,NesC 语言引入了接口(Interface)和组件(Module 和 Configuration)的概念。NesC 有下列的基本规定。

(1) 组件的创建和使用是分离的。NesC 语言由一个个组件链接而成,组件被创建后可以多次使用。

(2) 组件使用接口进行功能描述。每个组件必须首先说明该组件使用哪些接口以及提供哪些接口,然后是组件提供接口的具体实现。

(3) 组件中的接口是双向的。接口给出使用者可以调用的命令或者必须处理的事件,从而在不同的组件之间起到连接的作用。

(4) 组件间通过接口静态连接。这样做有利于提高程序的运行效率,增加了程序的鲁棒性。

(5) NesC 的并发模型是基于"运行到底的"任务构建的。事件处理程序能够中断任务,也能够被其他的事件处理程序中断。由于事件处理程序只做少量的工作,很快会执行完毕,所以被中断的任务不会被无限期挂起。

3.5.2 OTAP 简介

OTAP 全称为 Over the Air Programming,意为空中编程。在前一节的演示实验中,通过Gateway直接下载代码的方式对每个节点进行编程。然而,当无线传感器网络已经部署好的时候,想要更新节点的程序,使用直接下载的方式是无法实现的,OTAP 利用网络自身下载代码进行更新更加切实可行。

首先了解节点的程序空间(Program Space)和 External Flash 的结构。如图 14-12 所示,External Flash 分为 4 个区域,每个区域都可以用来存储一个完成的应用程序,使用 OTAP 方式时,OTAP 程序将存储在 Image 0 中。节点在程序空间中运行复制到其中的程序代码,BootLoader 代码被复制在程序空间的高端,它可以从 External Flash 中选取一个 Image 复制到程序空间的低位重新运行程序。

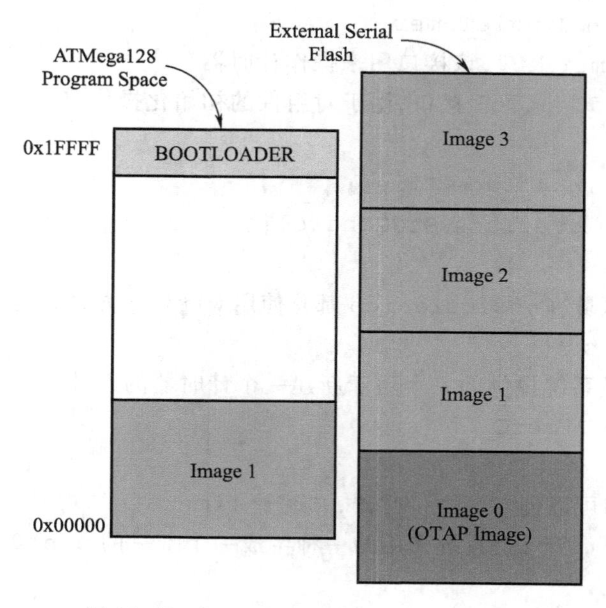

图 14-12 Program Space 和 External Flash

因此,使用 OTAP 特性有两个前提:OTAP 镜像已经安装在 Image 0 位置,而 BootLoader 也已经安装了。使用 OTAP 更新运行程序分为以下 3 个阶段。

(1) 初始化阶段,在当前程序运行时重启,启动运行 OTAP 镜像。

(2) 再编程,将新程序上传存储到节点指定的镜像区域中。

(3) 重启,重新启动运行指定的镜像。

3.5.3 实验阶段

1. 准备工作

按照演示实验的步骤,先给所有的节点上传 xmesh 目录下的程序,不同之处在于,使用 MoteConfig时,对 NODE ID 不为 0 的 XM2110 需要勾选 OTAP Enable 复选框,而作为 Base Station 的 NODE ID 为 0 的 XM2110 则不需要勾选。然后按照一样的组网图组好网,打开每个 XM2110 的电源开关。此时,这些 XM2110 已经具备了使用 OTAP 更新程序的能力。

2. 阅读 NesC 源代码

在 MoteWorks\apps\general\Blink 目录下,有 3 个源代码文件:Blink.nc、BlinkM.nc、SingleTimer.nc,Makefile 和 Makefile.component 用于编译的 make 文件。Blink 是顶层文件,也是程序执行的入口,BlinkM 是实现所需功能的模块文件,SingleTimer 组件提供一个计时器。

```
SingleTimer

configuration SingleTimer {
/ ** 提供了 Timer 接口,该接口用来操作计时器
   * 提供了 StdControl 接口,用于对组件的初始化操作
** /
   provides interface Timer;
   provides interface StdControl;
}
//这里是实现区域,Configuration 都是使用 wiring 方式组装各种 components 的
implementation {
  //TimerC 是系统提供的一个用于新建一个计时器的组件
  components TimerC;
  / **
* 利用这条语句可以创建一个计时器,并赋予 Timer
* unique("Timer")是系统采用的一种生成一个唯一的 uint8_t 类型的值的方式
   ** /
```

```
  Timer = TimerC.Timer[unique("Timer")];
  StdControl = TimerC;
}
```

```
BlinkM

/ **
 * Blink 程序的具体实现,当计时器触发时,红灯闪烁
 ** /
module BlinkM {
  / **
* 此模块对外提供 StdControl;使用 Timer 和 Leds 接口
  ** /
 provides {
   interface StdControl;
 }
 uses {
   interface Timer;
   interface Leds;
 }
}
implementation {

 / **
* 在 StdControl 接口中定义有 3 种方法
* init()初始化方法,组件在第一次使用前调用
* start()开始方法,组件第一次调用时调用
* stop()停止方法,组件停止执行时调用
* init()可以多次调用,但不能在调用 start()或 stop()之后再次调用
  ** /
 command result_t StdControl.init() {
   //此模块初始化时需要调用使用的接口中包含的初始化方法
   call Leds.init();
```

```
    return SUCCESS;
  }
  command result_t StdControl.start() {
    //在组件开始执行时,调用下面的方法创建一个计时器,周期为 1 000 ms
    return call Timer.start(TIMER_REPEAT, 1000);
  }
  command result_t StdControl.stop() {
    //在组件停止执行时,也要停止计时器
    return call Timer.stop();
  }
  //设置计时器触发时的动作,红灯闪烁
  event result_t Timer.fired()
  {
    call Leds.redToggle();
    return SUCCESS;
  }
}
```

```
Blink

/**
   * 作为顶层组件,通过 wiring 方式,将各个组件按照逻辑关系连起来
**/
configuration Blink {
}
implementation {

  //顶层文件必须有一个 Main 组件,相当于 C 语言中的 main()方法
  components Main, BlinkM, SingleTimer, LedsC;
  //将 Main 的 StdControl 接口与各个组件的 StdControl 接口连起来
  Main.StdControl -> SingleTimer.StdControl;
  Main.StdControl -> BlinkM.StdControl;
  //BlinkM 使用的 Timer 是 SingleTimer 提供的 Timer;使用的 Leds 是 LedsC
```

```
    BlinkM.Timer -> SingleTimer.Timer;
    BlinkM.Leds -> LedsC;
}
```

3. 编译源代码

因为此代码不涉及无线传输部分，也不涉及传感器部分，仅仅是控制节点上的红灯闪烁，所以 Makefile 各项参数都不需要修改。直接在 Programmers Notepad 中进入该源代码目录打开其中文件，然后选择 Tools->make iris 命令，将会在该目录下生成一个 Build 目录，里面生成的一个 main.exe 文件即为供上传的可执行文件。

4. 使用 OTAP 方式更新节点应用程序

步骤 1 初始化节点，重启运行 OTAP 镜像。

在 MoteConfig 窗口的 Remote Program 选项卡中单击 Search 按钮搜索活动节点。Xserve 自动运行，搜索到的活动节点 ID 将显示在窗口的左下部分，如图 14-13 所示。

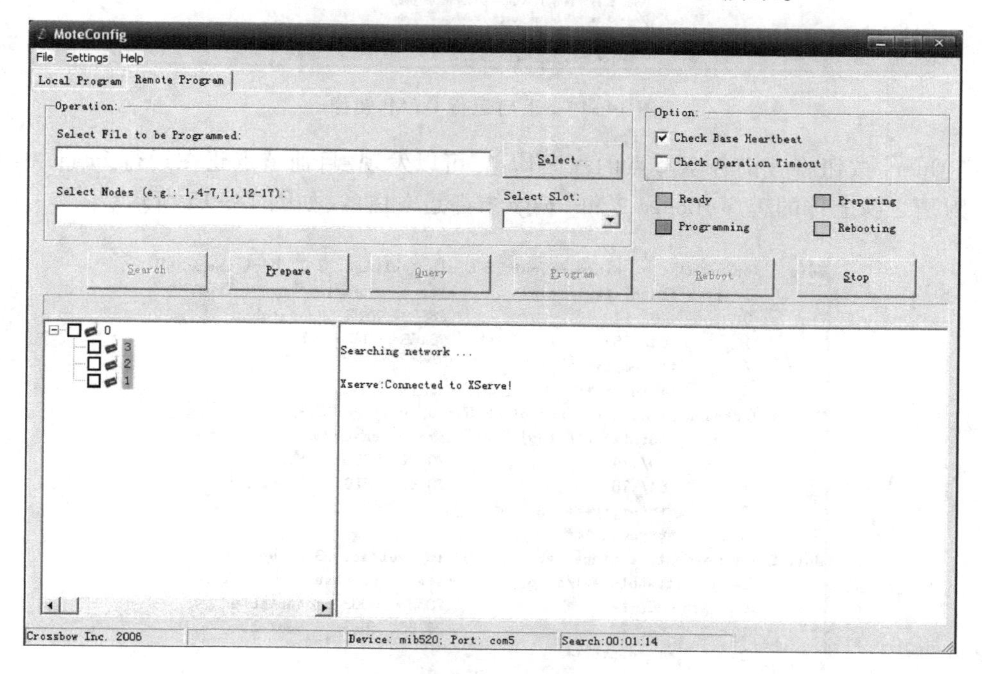

图 14-13 MoteConfig 窗口

勾选选定的远程节点，单击 Prepare 按钮重启运行 OTAP 镜像，节点的颜色会变成浅蓝色，当 Prepare 完成后节点颜色将变成橘黄色，并且右下部分会出现“Node X is ready to Query, Program or Reboot”的信息，如图 14-14 所示。

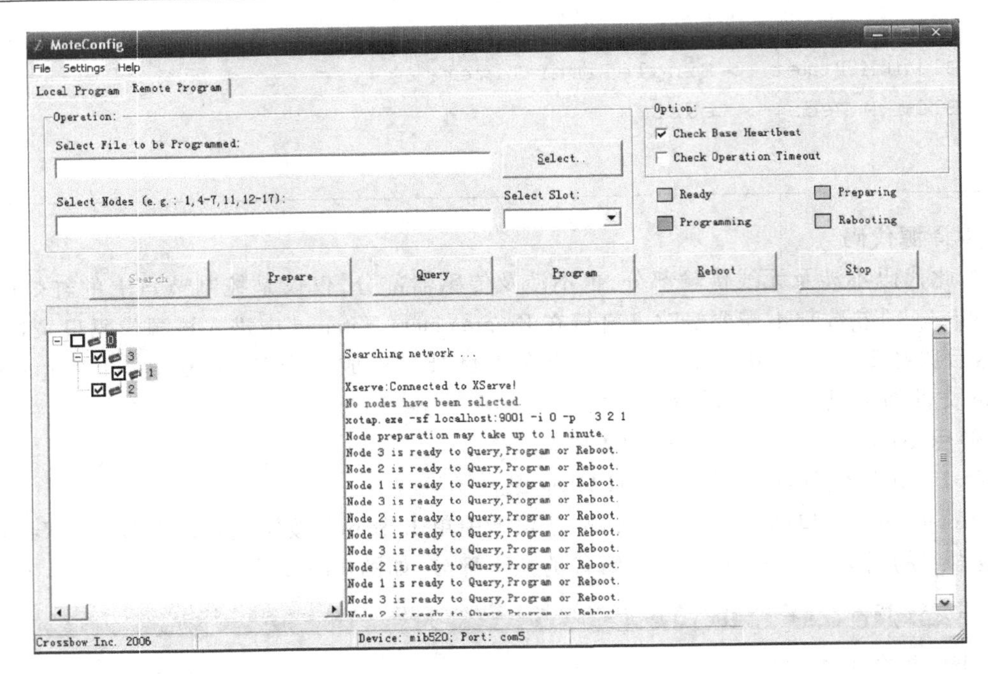

图 14-14　重启运行 OTAP 镜像

单击 Query 按钮将查询各个节点的程序信息，可以发现：目前节点正在运行 Image 0：OTAP，Image 1 则是之前上传的程序，Image 2 和 Image 3 都是空白的，如图 14-15 所示。

```
Mote 3 (unknown), time since reboot: 2.5 min, voltage: 3.0, boot image: 0
       Image    flash[start/stop]      size    checksum        Type
       0          0/ 14                28629   3333      bootable
       1         64/ 78                28165   c3d2      bootable
       2        ****empty***
       3        ****empty***
Mote 1 (unknown), time since reboot: 2.5 min, voltage: 2.9, boot image: 0
       Image    flash[start/stop]      size    checksum        Type
       0          0/ 14                28629   5551      bootable
       1         64/ 78                28165   a5b0      bootable
       2        ****empty***
       3        ****empty***
Mote 2 (unknown), time since reboot: 2.6 min, voltage: 3.0, boot image: 0
       Image    flash[start/stop]      size    checksum        Type
       0          0/ 14                28629   0002      bootable
       1         64/ 78                28165   f0e3      bootable
       2        ****empty***
```

图 14-15　各个节点的程序信息

步骤 2　将新程序上传至节点中的 Image 2 中。

将上传的程序选择为准备工作中编译好的程序，并且将 Select Slot 选择为 2，单击 Program 按钮。节点颜色会变为红色，当所有上传结束时，节点颜色会变为绿色，如图 14-16 所示。

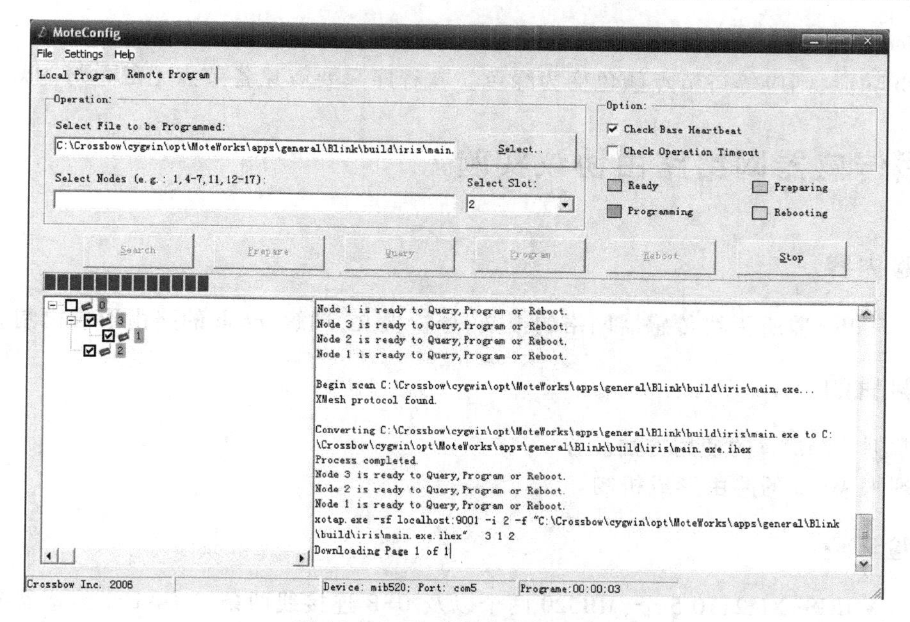

图 14-16 上传程序至 Image 2

步骤 3 重启运行 Image 2。

单击 Query 按钮查看目前节点的程序信息，可以看到现在 Image 2 不是空的了。如图 14-17 所示。

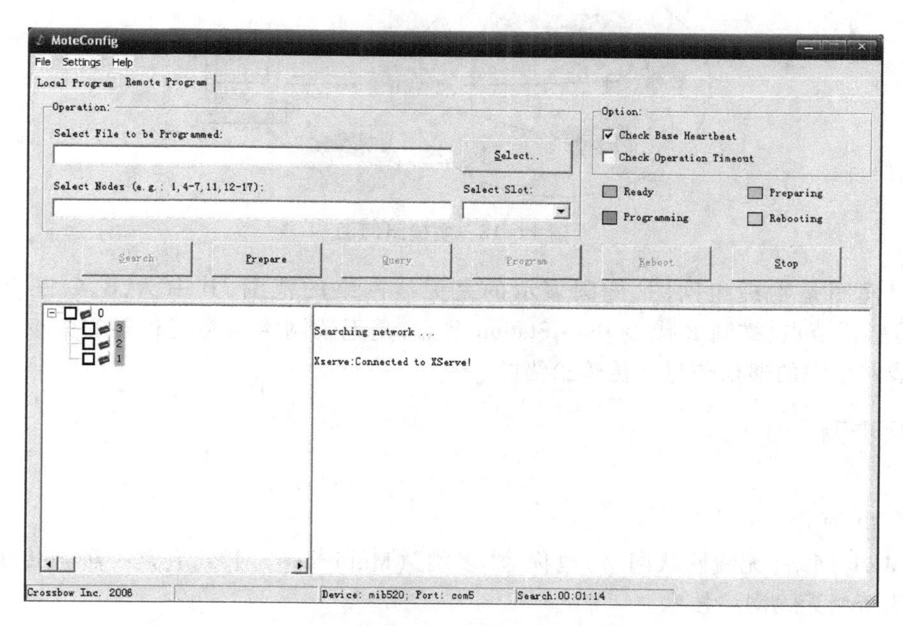

图 14-17 查询节点的程序信息

在 Select Slot 下拉列表框中选择 2,单击 Reboot 按钮,节点颜色变为橘黄色,若新运行的程序拥有 Xmesh 功能,则应等待节点颜色变为绿色。本程序只要看见各节点上红色灯闪烁即可。

4 无线传感器网络路由协议实验

4.1 实验内容

使用 XSniffer 监听无线传感器网络的报文,分析报文,理解 Mesh 的路由形成机制。

4.2 实验目的

(1) 掌握 XSniffer 的使用方法。

(2) 理解 Mesh 的路由形成机制。

4.3 实验环境

CrossBow IRIS-XM2110 5 个,MB520 两个以及 USB 连接线两条,MDA100 传感器 3 个。

4.4 实验组网

实验组网如图 14-18 所示。

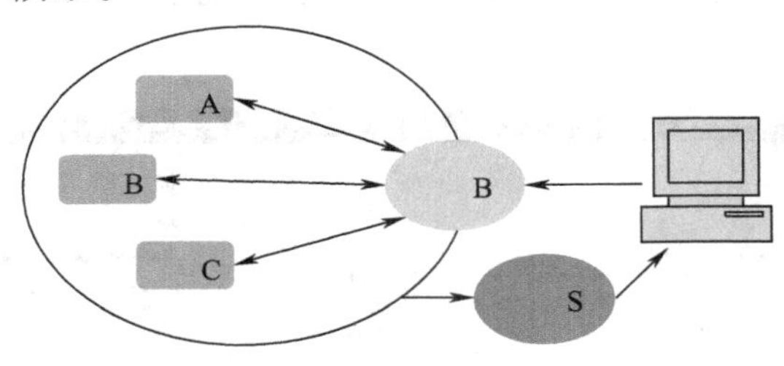

图 14-18 实验组网图

以上组网图是物理组网图,椭圆表示的是无线网络的范围,其中 A、B、C 三个节点即是 MDA100 传感器节点,椭圆 B 代表 Base Station 节点,是无线网络与终端相连的中枢。椭圆 S 节点监听无线网络中的通信信息并传输给终端。

4.5 实验步骤

4.5.1 Mesh 简介

无线 Mesh 网络(无线网状网络)也称为“多跳”(Multi-hop)网络,它是一种与传统无线网络完全不同的新型无线网络技术。

在传统的无线局域网(WLAN)中,每个客户端均通过一条与 AP 相连的无线链路访问网络,如果用户要进行相互通信,必须首先访问一个固定的接入点(AP),这种网络结构被称为单跳网络。而在无线 Mesh 网络中,任何无线设备节点都可以同时作为 AP 和路由器,网络中的每个节点都可以发送和接收信号,每个节点都可以与一个或者多个对等节点进行直接通信。

这种结构的最大好处在于:如果最近的 AP 由于流量过大而导致拥塞,那么数据可以自动重新路由到一个通信流量较小的邻近节点进行传输。依此类推,数据包还可以根据网络的情况,继续路由到与之最近的下一个节点进行传输,直到到达最终目的地为止。这样的访问方式就是多跳访问。

每个短跳的传输距离短,传输数据所需要的功率也较小。既然多跳网络通常使用较低功率将数据传输到邻近的节点,节点之间的无线信号干扰也较小,网络的信道质量和信道利用效率大大提高,因而能够实现更高的网络容量。例如,在高密度的城市网络环境中,Mesh 网络能够减少使用无线网络的相邻用户的相互干扰,大大提高信道的利用效率。

4.5.2　实验阶段

准备工作:完全按照演示实验的过程,将 A、B、C 节点上传 XMDA100CB_M2110_hp.exe,Base Station 节点上传 XMeshBase_M2110_hp.exe。再接上另一个 MIB520 和一个 XM2110,注意这个 MIB520 的虚拟 COM 端口号,改变 MoteConfig 的 Settings 菜单中的 Interface Board 配置,同时将 NODE ID 和 GROUP ID 都设置为 0,就像网卡的混合模式接收一切在该节点覆盖范围之内的信息,将此节点上传 XSniffer 程序:C:\Crossbow\XSniffer\XSniffer Firmwares\XSniffer_M2110_2420.exe。

步骤 1　打开 XSniffer 软件,将下方的 Serial Ports 设置为安装有 XSniffer 的节点的 MIB520 的虚拟 COM 端口号(较大的那个,如 COM8,用于与终端进行数据传输,波特率为 115200)。

步骤 2　单击 Start 按钮开始监听,然后打开 A、B 和 C 的开关,随即界面 Log 选项卡上开始显示各种报文信息。得到充足的报文信息后,单击"暂停"按钮,分析已有报文,理解 Mesh 路由的形成机制,并画出最终稳定的网络拓扑。

步骤 3　使用 MoteView 观察网络拓扑进行比对。

按照演示实验中的步骤打开 MoteView,设置相应的属性参数,开始观察节点组成的拓扑,可以发现节点组成的拓扑随着时间的推进在改变,如图 14-19 所示。

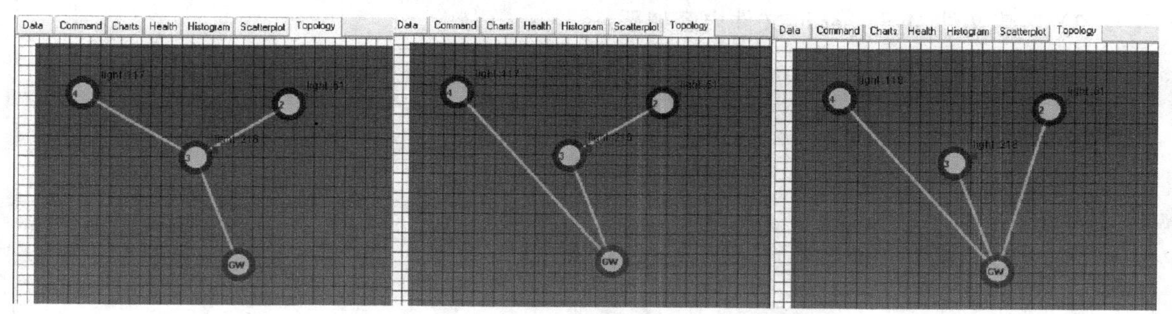

图 14-19　Mesh 在运行过程中的拓扑变化

这是因为 Mesh 是多跳路由协议,它会根据当前的路径状况选择下一跳,因此会在不同时期形成不同的拓扑。

5　无线传感器网络综合设计实验

5.1　实验内容

根据前面几个实验的学习内容,综合完成几个传感器节点的组网以及数据搜集任务。

5.2　实验目的

根据之前学习的相关知识,综合设计网络实现,以搜集数据。

5.3　实验环境

CrossBow IRIS-XM2110 4 个,MB520 一个以及 USB 连接线一条,MDA100 传感器 3 个。

5.4　实验组网

本实验是用于学生的设计型实验,没有具体的实验组网图。

5.5　实验步骤

这个实验的目标是希望通过前面几个实验的熟悉,以及学生查阅相关资料(NesC 的参考文档)等,使得学生能够自行设计并实现传感器网络的组网以及数据搜集。在此以简单的单跳形式进行组网和数据传输。

步骤 1　编写 NesC 代码。

可以使用 CrossBow 自带安装的 PN 集成开发工具进行编写,甚至可以使用"记事本"程序进行相应的代码编写工作。

(1) 在特定路径下建立文件夹 MySensor,这是用于存放将要编写的代码的目录。

(2) 新建文件 MySensor.h,文件内容如下。

```
#ifndef PRESSURE_SENSOR__
#define PRESSURE_SENSOR__
#define ELP_SLEEP      2000
#define ELP_HINT       20
#define NUM_ROUTE_DISCOVER_INTS 3
#define ELP_RETRIES     5
```

```
#define HEALTH_XMIT     0
#define NO_HEALTH_XMIT 1
#endif
```

(3) 新建文件 MySensorM.nc,文件内容如下。

```
module PressureSensorM {
  provides interface StdControl;
  uses {
    interface StdControl as XMeshControl;
    interface RouteControl;
    interface ElpI;
    interface ElpControlI;
    interface Leds;
    command result_t Enable();
    command result_t Disable();
    interface PowerManagement;
  }
}
implementation {
#include "MySensor.h"
uint16_t g_parent = 0xFFFF;
task void ElpSleepAgain(){
      call ElpI.sleep(ELP_SLEEP,ELP_HINT,ELP_RETRIES,HEALTH_XMIT);
}

task void route_discover_again(){
     call ElpI.route_discover(NUM_ROUTE_DISCOVER_INTS);
}

command result_t StdControl.init() {

call XMeshControl.init();
```

```
    call Leds.init();
    call Enable();
    return SUCCESS;
    }

    command result_t StdControl.start() {
    call XMeshControl.start();
    call ElpControlI.enable();
    call ElpI.route_discover(NUM_ROUTE_DISCOVER_INTS);
    return SUCCESS;
    }
    command result_t StdControl.stop() {
      call XMeshControl.stop();
      return SUCCESS;
      }

      event result_t ElpI.sleep_done(result_t success) {
        if(success == FAIL) {
            call ElpI.route_discover(NUM_ROUTE_DISCOVER_INTS);
        } else {
            post ElpSleepAgain();
        }
      }

      event result_t ElpI.route_discover_done(uint8_t success,uint16_t
parent){
        g_parent = parent;
        if (success == FAIL) {
        g_parent = TOS_BCAST_ADDR;
        post route_discover_again();
        }
        else post ElpSleepAgain();
      }
```

```
    event result_t ElpI.wake_done(result_t success){
  }

}
```

（4）新建文件 MySensor.nc，文件内容如下。

```
#define NO_LEDS
configuration MySensor {}
implementation {
    components Main, MULTIHOPROUTER, LedsC, NoLeds,
    HPLPowerManagementM, MySensorM;

    Main.StdControl -> MySensorM;
    MySensorM.XMeshControl -> MULTIHOPROUTER;
    MySensorM.RouteControl -> MULTIHOPROUTER;
    MySensorM.ElpI -> MULTIHOPROUTER.ElpI;
    MySensorM.ElpControlI -> MULTIHOPROUTER.ElpControlI;
    MySensorM.Enable -> HPLPowerManagementM.Enable;
    MySensorM.Disable -> HPLPowerManagementM.Disable;
    MySensorM.PowerManagement -> HPLPowerManagementM;
    #ifdef NO_LEDS
        MySensorM.Leds -> NoLeds;
    #else
        MySensorM.Leds -> LedsC;
    #endif
}
```

（5）在新建完源代码以后，要编写相应的 Makefile 文件，用于进行 make，方便编译的进行。在相同文件夹下建立 Makefile.component 文件，内容如下。

```
# $ Id: Makefile.component,v 1.1 2009/11/08 23:39:18 abroad Exp $
COMPONENT=MySensor
DEFINES += -DTOSH_DATA_LENGTH=60
```

(6) 再新建 Makefile 文件，内容如下。

```
include Makefile.component
include ../../MakeXbowlocal
include $(MAKERULES)
```

这样，所有的相关代码文件都已经编写完成，只需将代码编译并写入节点即可。

步骤 2　编译代码，并写入节点。

按照前面实验介绍的方法，将程序编译，并写入相应节点中。

(1) 打开 cygwin，将当前目录变换到当前建立的 MySensor 文件夹下。

(2) 将节点插在 MIB520 板上，并接入 PC 的 USB 口。

(3) 在 cygwin 中输入 make m2110 install,1 mib520,com4 进行源代码编译，并且将其烧入节点。

(4) 重复相同的步骤烧写 4 个节点，注意保持 Node ID 唯一，并且有一个为 0，作为 Base。

步骤 3　将 MDA100 连接到 XM2110 上，并为其装上电池，将它们散布于一定范围内。

在准备好了以上软硬件之后，即可打开所有节点，并用前述实验使用过的方法，使用 Mote-View 查看节点。

可以看到在网络建立以后某时刻感光数据在拓扑图上的呈现，如图 14-20 所示。

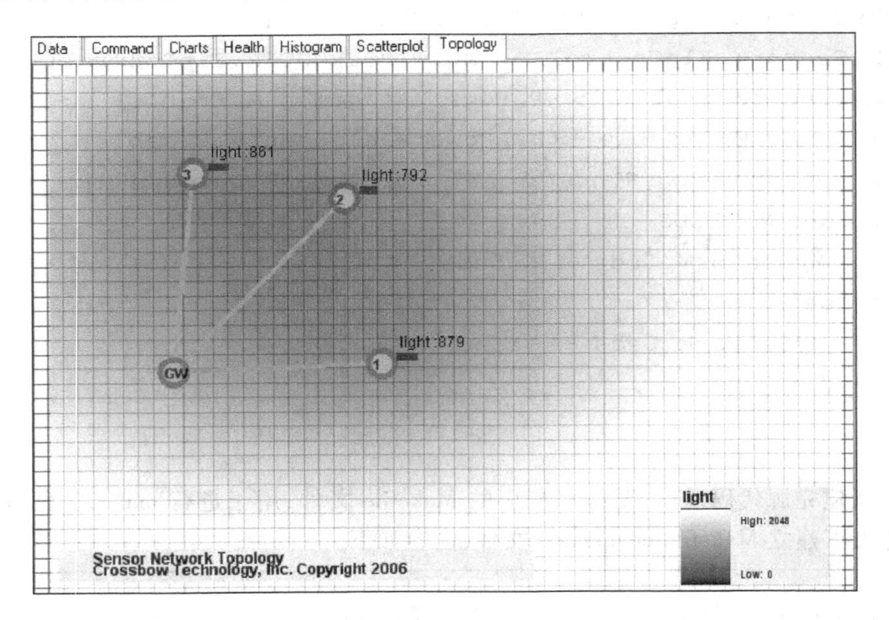

图 14-20　某时刻的监测数据

图 14-20 所示拓扑表示节点已经成功组网，并且搜集到了相应的数据，还可以通过下方的信息栏看到收到的每一条从节点发来的信息被插入到数据库的相应表中。

实验十五　网络编程实验

1　实验内容

实验十五
内容简介

（1）简单数据流 Socket 网络程序的开发实验。
（2）多客户数据流 Socket 网络程序的开发实验。
（3）数据报 Socket 网络程序的开发实验。
（4）ICMP 的实现。
（5）TCP 测试软件的实现。

2　简单数据流 Socket 网络程序的开发实验

简单数据流
Socket 网络
程序的开发
实验

2.1　实验目的

（1）了解基于 Socket 的 C/S 编程的概念。
（2）掌握使用 Socket 开发程序的方法。
（3）了解常见的 Socket 开发模式的使用。

2.2　实验内容

在 Linux 平台下，基于 Socket 开发一个简单 C/S 文本传输程序，客户端能够发送由标准输入得到的文本，服务器能够接收并显示在标准输出上。

2.3　实验原理

2.3.1　Socket 概述

Socket（套接字）是一种独立于协议的网络编程接口，在 OSI 模型中，主要集中于会话层和传输层。Socket 接口定义了许多函数或例程，程序员可以用它们来开发 TCP/IP 网络上的应用程序。

Socket 最早源于 UNIX，是一种在进程之间交换数据的机制。这个进程可以是一台计算机上的进程，也可以是通过网络连接起来的不同计算机上的进程。一个 Socket 套接字是通信的一端,并有唯一的标识与之对应。一个正在使用的 Socket 套接字都有它的类型和与其相关的进程。当一个 Socket 连接建立以后,就可以在两个终端间传送数据,并且这里的数据交换是双向的。当其中一个终端关闭了当前的 Socket 连接后,整个连接也同时中断。

Socket 接口在网络软件的开发上得到了广泛的应用,并被推广在多个操作系统平台上。Windows Sockets 是一个编程接口,它是在伯克利大学开发的套接字接口(Berkeley Socket Library)的基础上定义的。它包括了一组扩展件,以充分利用 Microsoft Windows 消息驱动的特点。规范的 1.1 版是在 1993 年 1 月发行的,2.2 版在 1996 年 5 月发行。Windows 2000 支持 Winsock 2.2 版。在 Winsock 2 中,支持多个传输协议的原始套接字、重叠 I/O 模型、服务质量控制等。

2.3.2　客户机/服务器编程模型

网络应用的标准模型是客户机/服务器模型(Client/Server 模型,简称 C/S 模型)。这是一个非对称的编程模型,通信的双方扮演不同的角色:客户和服务器。

一般发起通信请求的进程被称为客户端,用户一般是通过客户端软件来访问某种服务。客户端应用程序通过与服务器建立联系,发送请求,然后接收服务器返回的内容。服务器则一般是等待并处理客户请求的进程。服务器通常由系统执行,在系统生存期间一直存在,等待客户的请求,并且在接收到客户的请求后,根据请求向客户返回合适的内容。它们之间的通信过程如图 15-1 所示。

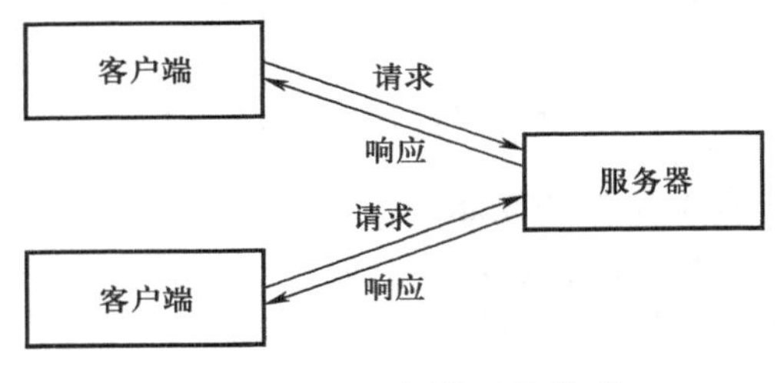

图 15-1　C/S 网络通信模型

这种 C/S 通信模型的用途十分广泛,现在的大多数的网络程序都使用了这种模型。在服务器端,根据服务器处理请求方式的不同,服务器可以分为以下两种类型。

(1) 循环服务器。这种模式在同一时间只能处理一个客户端的请求。服务器在接收到客户端的请求后,处理这个请求,在处理完毕后才继续等待下一个请求的到来。如果在处理过程中有新的客户请求,将只能等待。这种模式通常只能用于处理速度较快、处理逻辑比较简单的服务器程序的开发,如 Linux 的时间服务器。

(2) 并发服务器。这种模式在同一时间可以处理多个请求,服务器会建立多个处理客户请求的进程或者线程,在服务器接收到一个客户请求后,将按照一定的算法选择或者创建一个进程或者线程来处理这个客户请求,而服务器可以立即返回等待下一个客户请求的到来。显然这种处理模式可以尽量避免单处理模式中的对客户请求响应不及时的问题,但是这种模式需要占用较多的 CPU 处理时间和较多的系统资源，并且需要处理多个进程或者线程之间的通信和数据共享，编程具有一定的复杂性。通常使用这种模式处理比较耗时或者对速度要求较高的服务，如文件传输服务（FTP）等。

这种 C/S 的通信模型用途十分广泛，现在的大多数的网络程序都使用了这种模型。而且，许多编程语言如 Java 语言、C 语言等都提供了强大的对客户机/服务器模型编程的类库。

2.3.3　Socket 编程基础

这里介绍的是基于 Linux 的 Socket 编程接口，但是前面已经提到，由于 Windows Socket 以 UNIX 的 Berkeley Socket 为基础定义的，所以它们之间绝大多数函数的使用是基本相同的，设计上也比较类似。

1. 地址簇和 IP 地址

地址是网络通信时一个很重要的概念，必须了解如何利用指定的协议定址。Socket 套接字接口支持多种地址簇，如 IPv4、IPv6 和 AppleTalk 等，不同的地址簇的地址的表示和使用都有不同的方法。比较常见的是 IPv4，也就是常说的 IP，它是一种用于互联网的网络协议，广泛应用于大多数的操作系统和网络上。

IP 中，每个计算机都分配有一个 IP 地址，用一个 32 位二进制数来表示。客户机通过 IP 与服务器通信时，必须指定服务器的 IP 地址和服务的端口号。Socket 由网络地址和端口号组成，IP 地址和服务端口号使用 sockaddr_in 结构来表示，该结构的格式如下：

```
struct sockaddr_in
{
    short int sin_family;              /* 地址簇 */
    unsigned short int sin_port;       /* 端口号 */
    struct in_addr sin_addr;           /* IP 地址 */
    unsigned char sin_zero[8];         /* 填充 */
}
```

其中：

sin_family 表示协议的地址簇，由于是 IP，所以必须是 AF_INET。

sin_port 是端口号，表示 TCP 或者 UDP 的端口号。

sin_zero 是用于使各种协议簇保持结构大小一致的填充字段，在 IP 中为 8 位，需要在使用这个结构前填充为零。

sin_addr 是一个表示 IP 地址的字段，它也是一个结构，声明如下：

```
struct in_addr
{
    unsigned long s_addr;
}
```

这个结构与常见到的 IP 地址如“192.168.0.1”有些不同,它是一个无符号长整型的数,所以在使用地址时,需要将字符串表示的 IP 地址与 32 位二进制形式的 IP 地址进行转换,Socket 编程接口提供了两个转换的函数,分别将字符串 IP 地址转换为二进制地址和将二进制地址转换为字符串 IP 地址:

```
int inet_aton(const char * cp,struct in_addr * inp);
char * inet_ntoa(struct in_addr in);
```

2. 字节顺序

网络中存在多种类型的机器,不同类型机器表示数据的字节顺序是不同的。一个 16 位的整数在内存中可以有两种存储方式:高位字节在前和低位字节在前,如 B135 可以存储为 B1 35 或者 35 B1,这两种存储方式被称为 big-endian 和 little-endian。如果在网络间传输的数据未进行统一,在网络传输的另一边虽然得到了正确的数据,却因为理解的不同而造成了数据的错误。

网络协议中的数据采用统一的网络字节顺序,Internet 规定的网络字节顺序是采用 big-endian 方式。很容易自己实现字节顺序的转换,但并不推荐这样做,Socket 编程接口提供了字节转换的函数,从程序的可移植性要求来讲,就算本机的内部字节表示顺序与网络字节顺序相同也应该在传输数据之前先调用数据转换函数,以便程序移植到其他机器上后能正确执行。真正转换还是不转换是由系统函数自己来决定的。

Linux 系统提供 4 个库函数来进行字节顺序转换:

```
unsigned long int htonl(unsigned long int hostlong);
unsigned short int htons(unsigned short int hostshort);
unsigned long int ntohl(unsigned long int netlong);
unsigned short int ntohs(unsigned short int netshort);
```

其中,h 代表 host,n 代表 network,s 代表 short,l 代表 long。这些函数分别进行网络字节和主机字节顺序的转换。

3. Socket 的三种类型

(1) 流式 Socket(SOCK_STREAM)。流式套接字提供可靠的、面向连接的通信流。它使用 TCP,从而保证了数据传输的正确性和顺序的。

(2) 数据报 Socket(SOCK_DGRAM)。数据报套接字定义了一种无连接的服务,数据通过相互独立的报文进行传输,是无序的,并且不保证可靠、无差错。它使用数据报协议 UDP。

(3) 原始 Socket(SOCK_RAW)。原始套接字允许对底层协议如 IP 或 ICMP 直接访问,它功能强大但使用较为不便,主要用于一些协议的开发。

2.3.4　流套接字编程

TCP 是面向连接的传输层协议,它提供了两台计算机间的可靠数据传输通信。应用程序在使用 TCP 进行通信时,首先要建立一个连接,才可以进行数据的传输,最后会在传输结束时断开连接。

Socket 编程接口提供了流式套接字,实现面向连接的和可靠的通信类型。流式 Socket 是编程中常用的一种,这里将主要讨论流套接字的使用。

图 15-2 是 TCP 程序中服务器和客户端的交互过程,这个过程具有普遍的意义,几乎所有的面向连接的 Socket 流式套接字都会按照这个顺序建立并开始通信。

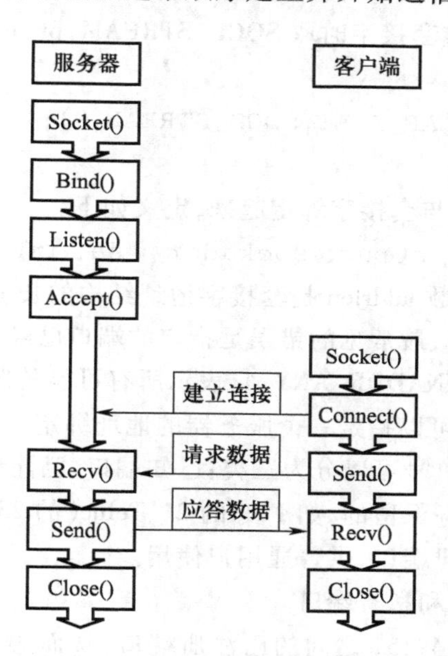

图 15-2 流式套接字的使用

解释一下这个过程,其中服务器进行了较多的工作。

(1) 调用 Socket 初始化套接字,如指定协议簇和使用的套接字类型。

(2) 调用 Bind 将套接字与服务器的 IP 绑定在一起,也就是指定了服务器对外服务的 IP 地址,客户端在连接时将使用这个地址。

(3) 调用 Listen 开始侦听客户端建立连接的请求。

(4) 调用 Accept 处理收到的客户连接请求,在客户端启动并发起与服务器建立连接请求后,Accept 就会收到这个请求。

(5) 调用 Recv 和 Send 接收和发送数据,与客户端通信。

(6) 最后调用 Close 关闭并释放 Socket。

客户端相对比较简单,它在调用 Socket 初始化套接字后,就可以直接调用 Connect 连接指定的服务器和端口,连接建立之后,就可以使用 Recv 和 Send 与服务器通信,最后调用 Close 关闭套接字。

需要注意的是,使用 Socket 编程接口时,所需的头文件如下:

```
#include <sys/socket.h>
#include <netinet/in.h>
```

1. socket 函数

socket 函数创建并初始化一个 socket 套接字接口,定义如下:

```
int socket(int domain, int type, int protocol);
```

函数返回 socket 描述符,返回-1 表示出错。domain 参数在使用 IP 协议簇时取 AF_INET, type 为套接字类型,在建立流式套接字时取 SOCK_STREAM,protocol 参数一般取 0。所以一般的流式 socket 初始化如下:

```
int sockfd = socket(AF_INET,SOCK_STREAM,0);
```

2. bind 函数

bind 函数将服务器的地址与套接字绑定起来,定义如下:

```
int bind(int sockfd, struct sockaddr *sa, int addrlen);
```

参数 sa 表示本地地址;参数 addrlen 是套接字地址结构的长度,可以使用 sizeof(sockaddr)获得。函数在出现错误时返回-1,最常见的错误是指定的端口已经被其他程序绑定。

在绑定服务器时,常用到 INADDR_ANY,它表示所有可能的服务器地址,如果服务器有多个 IP 地址,都会被绑定。当然也可以指定一个服务器的地址绑定,可以限制服务器的接收范围。

需要注意端口的选择,端口号可以分为三类:已知端口、已注册端口、动态和私有端口。

(1) 0~1023 是为固定服务保留的,如 FTP 的 21、Telnet 的 23 和 HTTP 的 80 等。

(2) 1024~49151 是已注册端口,供普通用户使用。

(3) 49152~65535 是动态和私有端口。

普通用户应当选择 1024~49151 之间的已注册端口,从而避免端口号已被其他应用程序和系统使用。此外,49152~65535 之间的端口可以自由使用。在 Linux 下,绑定小于 1024 的端口需要有 root 的权限。

3. listen 函数

listen 函数开始侦听客户端的连接请求,定义如下:

```
int listen(int sockfd, int backlog);
```

参数 backlog 是接收队列长度,一个新的 Client 的连接请求先被放在接收队列中,直到服务器程序调用 accept 函数接受连接请求,backlog 是在服务器程序调用 accept 函数之前最大允许的连接请求数,多余的连接请求将被拒绝。

4. accept 函数

accept 函数响应客户端的连接请求,定义如下:

```
int accept(int sockfd,struct sockaddr *addr,int *addrlen);
```

accept 函数将响应连接请求,建立连接并产生一个新的 socket 描述符来描述该连接,该连接用来与特定的客户端交换信息。函数返回新的连接的 socket 描述符(也就是客户端的 socket 描述符),错误返回-1。addr 将在函数调用后被填入连接对方的地址信息,如对方的 IP、端口等。addrlen 作为参数表示 addr 内存区的大小,在函数返回后将被填入返回的 addr 结构的大小。如果程序对客户端的信息不感兴趣,可以把 addr 和 addrlen 参数设置为 NULL。

需要注意的是，accept 默认是阻塞函数，程序调用这个函数后，将一直阻塞，直到有客户的连接请求（或者发生了中断或者错误）才会返回，并继续执行下去。这里的阻塞是由系统实现的。

5. recv 函数和 send 函数

recv 函数和 send 函数分别实现网络数据的接收和发送，分别定义如下：

```
int send(int sockfd, void *buf, int len, int flags);
int recv(int sockfd, void *buf, int len, int flags);
```

参数 buf 是接收和发送数据的缓冲区指针，需要在调用函数前分配并初始化；len 为缓冲区的大小，flags 是接收或者发送的类型，可以是 0 或者以下的标志的组合。

（1）MSG_DONTROUTE：不查找路由表。

（2）MSG_OOB：接收或发送带外数据。

（3）MSG_PEEK：查看数据，不从系统缓冲区删除数据。

（4）MSG_WAITALL：等待所有数据。

其中比较常用的是 MSG_PEEK，可以查看数据而不接收，但在多线程或进程操作时需要注意，由于并发的存在，查看后再去接收时数据也可能是不一样的。

flags 参数一般取 0，在接收缓冲区有数据时立即返回。

函数返回值表示实际接收或者发送了多少数据。在错误时返回-1。

需要注意的是，recv 函数和 send 函数也是阻塞的。调用 recv 函数后，程序将一直阻塞，直到接收到数据（或者发生了中断或者错误）才会返回，并继续执行下去。

6. close 函数

close 函数关闭一个套接字描述符，定义如下：

```
int close(int sockfd);
```

函数关闭连接将中断对该 socket 的读写操作，关闭用于 listen 的 socket 描述符将禁止其他客户端的连接请求。

7. connect 函数

connect 函数向指定的服务器和端口发送连接请求，定义如下：

```
int connect(int sockfd, struct sockaddr *servaddr, int addrlen);
```

函数在发生错误时返回-1，与服务器成功建立连接后返回 0，以后客户端就可以与服务器进行通信了。

2.4 实验环境

Red Hat Linux 7.2。

2.5 实验步骤

步骤 1 需求分析。

这是一个 Linux 操作系统下的简单的文本传输程序，客户端从标准输入（键盘）上输入文本后，发送到服务器，服务器将文本显示在标准输出（显示屏）上。

程序要求如下。

(1) 服务器可以接受任何客户的连接。

(2) 服务器在同一时刻只与一个客户通信，直到客户退出才可以接受下一个客户。

(3) 客户端程序使用参数传入服务器地址，如 simpClient 192.168.0.1。

(4) 客户端输入的文本都发送给服务器。

(5) 客户端使用 Ctrl+C 组合键停止发送，关闭连接。

所以该程序将包含两个独立程序的开发：服务器和客户端。而且服务器是单客户的循环服务器模式。

步骤 2　服务器的开发。

服务器开发采用前面介绍的常见的开发顺序进行，并使用循环服务器的模式。

(1) 服务器的启动：可以按照标准的服务器启动顺序进行，参考的代码如下：

```
int serverSocket,clientSocket;
struct sockaddr_in serverAddr;

//创建服务器套接字
serverSocket = socket(AF_INET,SOCK_STREAM,0);
if (serverSocket < 0)
{
    printf("server socket error\n");
    exit(1);
}
printf("server socket ok\n");

//绑定服务器地址到套接字
bzero(&serverAddr,sizeof(serverAddr));
serverAddr.sin_family = AF_INET;
serverAddr.sin_addr.s_addr = htonl(INADDR_ANY);
//SERVER_PORT 宏定义为 8010
serverAddr.sin_port = htons(SERVER_PORT);

if (bind(serverSocket,(struct sockaddr *)&serverAddr,
    sizeof(serverAddr)) < 0 )
{
     printf("bind error\n");
```

```
        exit(1);
    }
    printf("bind ok\n");

    //侦听客户
    if (listen(serverSocket,BACKLOG) < 0)  //BACKLOG 宏定义为 5
    {
        printf("listen error\n");
        exit(1);
    }
    printf("listening clients...\n");
```

(2) 处理客户的连接:循环接受客户连接,每接受一个连接,就与客户开始通信,直到客户退出。参考代码如下:

```
    //接受客户请求
    while(1)
    {
        clientSocket = accept(serverSocket,NULL,NULL);
        if (clientSocket < 0)
        {
            printf("accept error");
            exit(1);
        }
        printf("client accepted,socket:%d\n",clientSocket);

        //处理客户请求,将在后面实现
        doClientRequest(clientSocket);

        //关闭客户 socket
        close(clientSocket);
        printf("%d> client socket close ok\n",clientSocket);
    }
```

(3) 与客户端通信:循环接收客户发送的数据,将接收到的文本数据显示到标准输出,并在收到空数据(客户端使用了 Ctrl+C 组合键)时结束与客户端的通信。参考代码如下:

```
void doClientRequest(int clientSocket)
{
```

```
//接收缓冲区
char buf[BUF_SIZE]; //BUF_SIZE 为接收缓冲区大小宏定义
int n;

//接收客户发送的请求
while(1)
{
    n = recv(clientSocket,buf,BUF_SIZE,0);
    if (n < 0)
    {
        printf("%d> recv error\n",clientSocket);
        return;
    }
    if (n == 0)
    {
        printf("%d> client exit\n",clientSocket);
        return;
    }
    //解析接收数据内容并显示
    printf("%d> %s\n",clientSocket,buf);
}
}
```

步骤 3　客户端的开发。

客户端的实现比较简单,与服务器建立连接后就开始接收标准输入的文本,并发送到服务器。

(1) 连接到服务器:按照前面原理中的顺序连接到服务器,需要注意的是,要处理程序的输入参数作为服务器地址。参考代码如下:

```
int clientSocket;
struct sockaddr_in serverAddr;

//输入连接的服务器地址参数
if (argc ! = 2)
{
    printf("usage:client serverIPAddress\n");
    exit(1);
}
```

```
//创建客户端套接字
clientSocket = socket(AF_INET,SOCK_STREAM,0);
if (clientSocket < 0)
{
    printf("client socket error\n");
    exit(1);
}
printf("client socket ok\n");

//连接到服务器
bzero(&serverAddr,sizeof(serverAddr));
serverAddr.sin_family = AF_INET;
serverAddr.sin_port = htons(SERVER_PORT);
if (inet_aton(argv[1],&serverAddr.sin_addr) ==0)
{
    printf("inet_aton error\n");
    exit(1);
}

if (connect(clientSocket,(struct sockaddr *)&serverAddr,
    sizeof(serverAddr)) < 0 )
{
    printf("connect error\n");
    exit(1);
}
printf("connect ok\n");

//发送请求,与服务器通信函数,将在后面实现
doRequest(clientSocket);

//关闭套接字
close(clientSocket);
printf("socket close ok\n");
```

(2) 与服务器通信:使用循环接收用户输入,然后将文本发送到服务器。参考代码如下:

```
void doRequest(int clientSocket)
```

```
{
    //发送缓冲区
    char buf[BUF_SIZE];
    int n;

    //接收客户发送的请求
    while(1)
    {
        //接收客户输入
        scanf("%s",buf);

        //发送文本
        n = strlen(buf);
        if (send(clientSocket,buf,n+1,0) < 0)
        {
            printf("send error\n");
            return;
        }
        printf("send ok\n");
    }
}
```

步骤 4 编译和执行程序。

程序开发完成后,分别将服务器源程序和客户端源程序保存为 simpServer. c 和 simpClient.c。编译的命令如下:

```
$ cc-o simpServer simpServer.c
$ cc-o simpClient simpClient.c
```

如果程序有错误,将会在编译命令后列出。需要修改相应的错误后再重新编译,直至没有错误列出。

一个组的两名学生在两台计算机上分别运行服务器和客户端程序,首先运行服务器,在服务器程序 simpServer 所在目录下输入:

```
$ ./simpServer
```

输入后程序将阻塞,等待客户端的连接请求。然后客户端就可以运行:

```
$ ./simpClient 192.168.0.1
```

其中,192. 168. 0. 1 表示服务器的 IP 地址,如果成功连接到服务器,客户端就可以输入文本了,最后按 Ctrl+C 组合键退出客户端程序。

服务器和客户端的编译和执行过程分别如图 15-3 和图 15-4 所示(其中的? 是按 Ctrl+C 组合键后在系统中的表示)。运行环境为 Red Hat Linux 7.2。

```
[wz@rh72 wz]$ cc -o simpServer simpServer.c
[wz@rh72 wz]$ ./simpServer
server socket ok
bind ok
listening clients...
client accepted,socket:4
4> hi,server
4> kkk
4> client exit
4> client socket close ok
?
[wz@rh72 wz]$
```

图 15-3 服务器程序的编译和执行

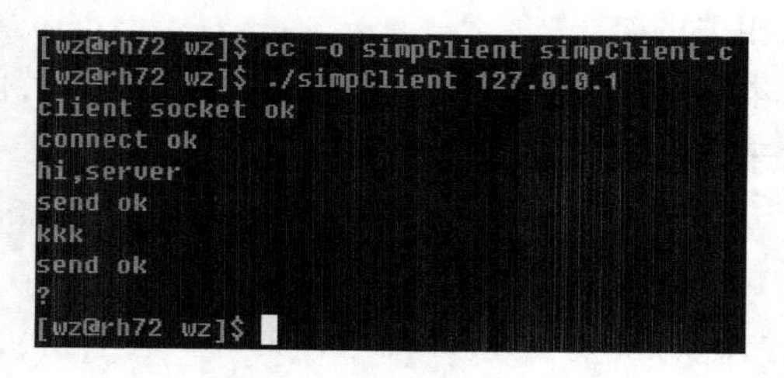

图 15-4 客户端程序的编译和执行

2.6 实验总结

本实验开发了一个简单的 C/S 通信程序,采用循环服务器模式,服务器一次只能处理一个客户请求,循环处理多个客户请求。通过编写这个网络程序,加深了对 Socket 编程的理解,对客户端/服务器编程方法的应用,有利于开发更复杂的 C/S 网络应用程序。

3 多客户数据流 Socket 网络程序的开发实验

多客户数据流 Socket 网络程序的开发实验

3.1 实验目的

(1) 了解 Java 语言实现 Socket 编程的方法。

(2) 初步掌握多线程服务器的设计和开发方法。

3.2 实验内容

采用 Java 语言提供的 Socket 类和 ServerSocket 类开发一个基于 Socket 的多客户 C/S 文本传输程序,客户端能够通过命令行输入信息发送到服务器端,服务器能够同时接收多个客户端发来的信息,显示在服务器端的命令行,并返回给客户端。

3.3 实验原理

上一个实验是利用基于 Linux 的 Socket 编程接口编写网络程序。本实验利用 Java 语言及其提供的类库编写一个多线程的 Socket 网络程序。Java 语言为 Java 网络编程提供了两种类:软件包 java.net 中的类和与流相关的类。由于篇幅关系,在本书中只简单介绍实验中用到的类的构造函数和成员方法,更多的介绍请查阅 Java 相关书籍。

数据流套接字编程采用客户端/服务器方式,并使用 java.net 类库中的 Socket 类为客户端提供套接字，ServerSocket 类为服务器提供套接字。Socket 类和 ServerSocket 类一起作用来建立客户端和服务器端之间的双向通信连接。

利用 Java 语言编写网络程序用到了 OutputStream、InputStream、PrintWriter、BufferedReader 等与流相关的类。

本实验中服务器同时处理多个客户请求，使用了并发服务器模式。Java 语言提供了多线程技术来支持并发服务器模式。

3.3.1　Socket 类和 ServerSocket 类

1. Socket 类

Socket 类用于实现客户端套接字，用来初始化并创建一个客户端对象。Socket 类为客户端套接字提供了 4 个构造函数。

(1) public Socket(String host, int Port) throws UnknownHostException, IOException。用于构造一个连接到指定主机和端口的 Socket 类，会产生 UnknownHostException、IOException、java.lang.SecurityException 异常。

(2) public Socket(InetAddress address, int Port) throws IOException。用于构造一个连接到指定 Internet 地址和端口的 Socket 类，会产生 java.io.IOException 异常，不抛出 UnknownHostException。

(3) public Socket(String host, int Port, InetAddress localAddr, int localPort) throws IOException。用于构造一个连接到指定主机和端口的 Socket 类，并绑定到特定的本地地址和端口。这些本地参数对于多地址主机(两个或更多 IP 地址)是有用的。

(4) public Socket(InetAddress address, int Port, InetAddress localAddr, int localPort) throws IOException。用于构造一个连接到指定 Internet 地址和端口的 Socket 类，并绑定到特定的本地地址和端口。同上也适用于多地址主机作为客户端。

其中的参数解释如下。

String host：服务器地址，如 192.168.5.200。

int Port：服务器监听端口，如 9876。

InetAddress address：服务器地址，如 www.buaa.edu.cn。

InetAddress localAddr：本机地址。

int localPort：本机端口。

Socket 类为客户端关闭与服务器端的连接提供了 close()方法，该方法的定义如下：

```
public void close()
```

2. ServerSocket 类

ServerSocket 类用于实现服务器端套接字，ServerSocket 负责监听和响应客户端的连接请求，并接收客户端发送的数据。

(1) 创建 ServerSocket 对象。ServerSocket 类为创建服务器套接字对象提供了 3 个构造函数。

① public ServerSocket(int port) throws IOException

② public ServerSocket(int port, int backlog) throws IOException

③ public ServerSocket(int port, int backlog, InetAddress bindAddr) throws IOException

在以上构造方法中,参数 port 指定服务器要绑定的端口(服务器要监听的端口);参数 backlog 指定客户连接请求队列的长度,一个新的 Client 的连接请求先被放在接收队列中,直到服务器程序调用 accept 函数接受连接请求,backlog 是在服务器程序调用 accept 函数之前最大允许的连接请求数,多余的连接请求将被拒绝;参数 bindAddr 指定服务器要绑定的 IP 地址,适用于具有多个 IP 地址的主机。

当运行时无法绑定到指定端口时,Socket 构造方法会抛出 BindException 异常(IOException 异常的子类);当客户进程发出的连接请求被服务器拒绝时,Socket 构造方法就会抛出 ConnectionException 异常。

(2) ServerSocket 类的成员方法。

① 服务器端的 ServerSocket 对象监听到客户端发来的连接请求后,就交由 ServerSocket 类的 accept( )方法处理。该方法的定义如下:

```
public Socket accept() throws IOException
```

该方法从连接请求队列中取出一个客户的连接请求,然后创建与客户连接的 Socket 对象,同时返回已建立连接的客户端 IP 地址和端口号,此时服务器端和客户端之间的连接已经建立。如果队列中没有连接请求,accept( )方法就会一直等待,直到接收到了连接请求才返回。accept( )方法会产生 java.net.IOException 和 java.lang.SecurityException 异常,等待客户端向某个服务器套接字请求连接,并接收连接,是一种阻塞(blocking) I/O 操作,并且不会返回,直到建立一个连接(除非设置了超时套接字选项)。当连接建立时,将作为 Socket 对象被返回。

② 关闭与客户端的连接由 close( )方法完成。该方法的定义如下:

```
public void close()
```

该方法使服务器释放占用的端口,并且断开与所有客户端的连接。服务器或者客户的任何一方调用该方法都可使它们之间的连接断开。一般情况下,当一个服务器程序运行结束时,即使没有执行 close( )方法,操作系统也会释放这个服务器占用的端口。因此,除了在某些情况下,希望及时释放服务器端口以便让其他程序能占用该端口时,显式调用该方法,一般在服务器程序不使用该方法。

3. Socket 和 ServerSocket 编程中的常用方法

在利用 Socket 类和 ServerSocket 类编写客户端/服务器网络应用程序时,客户端和服务器端获取数据信息和交换数据常用的方法如下。

(1) public InetAddress getInetAddress( )方法。返回 Socket 连接的 InetAddress 类对象。

(2) public InetAddress getLocalAddress( )方法。返回本机的 InetAddress 类对象。

(3) public int getPort( )方法。返回 Socket 的端口号。

(4) public int getLocalPort( )方法。返回 Socket 的本机端口号。

(5) public InputStream getInputStream( ) throws IOException 方法。得到 Socket 连接的输入流。

(6) public OutputStream getOutputStream( ) throws IOException 方法。得到 Socket 连接的输出流。

4. Socket 异常

Java 中,套接字 Socket 提供的方法在出错时会抛出 java.net.SocketException,它是由 IOException 派生而来的。然而这仍然无法确定具体是何种异常,这将影响到网络程序的调试。因此,Java 语言引入了 3 个异常类的子类。

(1) BindException 异常:在创建客户端套接字或服务器端套接字时,若指定的端口被占用或不够权限去使用那个端口,会抛出这种异常。

(2) ConnectException 异常:当创建套接字时,若被远端的服务器拒绝,则抛出此种异常。

(3) NoRouteToHostException 异常:连接时间超时会抛出这种异常。

3.3.2 与流相关的类

1. OutputStream 类

OutputStream 类是一个输出流类,它代表了到通信通道的一个入口,可以将数据写入 OutputStream,然后通过同 OutputStream 连接的通信通道传输出去。OutputStream 类是所有输出流的父类。在 Java 网络程序中,所有的通信数据先被写入这个 OutputStream 流,然后再通过 TCP 连接传输到对端,最后被对端读取。

2. InputStream 类

InputStream 类是一个输入流类,它代表一个通道,该通道允许从通信通道中读取数据。通过 OutputStream 写入到通信通道的数据传输到对端后,对端从对应的 InputStream 读取出来。

3. PrintWriter 类

PrintWriter 类也是一个字符输出流类,它依附于现存的一个流上,并提供了以文字形式写出数据的方法。

PrintWriter 类的构造函数:

```
PrintWriter(OutputStream out, Boolean autoFlush)
```

用系统默认字符编码方式创建一个进入指定输出流 out 的 PrintWriter 对象,可以选择是否自动溢出。如果 autoFlush 值是 true,则自动使其依附的流溢出。

PrintWriter 类的成员方法:

```
Void println(String s)
```

将字符串 s 以文字形式写入相应的输出流,并且跟一个新行。

4. BufferedReader

BufferedReader 类在所依附的流上提供输入缓存。数据成组地从所依附的流中读入到内部缓存,并在内部缓存中以较小的容量被高效地读出。BufferedReader 类常与 InputStreamReader 类结合使用。

BufferedReader 类的构造函数:

```
BufferedReader(Reader in)
```

用系统默认的缓存创建一个从 in 中读出数据的 BufferedReader 类。

BufferedReader 类的成员方法：

```
String readline() throws IOException
```

用来读取并返回一个单精度文本行，并删除行的结束符。它能处理标准的行结束符\n\r 或\r\n。

5. InputStreamReader 类

InputStreamReader 类是 Reader 类的子类，它将从 InputStream 中读取的字节转换成字符。InputStreamReader 类提供的构造方法如下：

```
InputStreamReader(InputStream in)
```

用系统默认的字节转换成字符的方式创建一个依附在 InputStream 对象 in 之上的输入流 InputStreamReader 对象。

3.3.3　Java 的多线程

多线程是在同一程序中可同时运行多个执行流程，也就是多个线程。与多任务不同的是，各线程共享同一数据空间；如果一个线程中的全局变量的值发生了变化，那么所有其他的线程都将能够观察到这个变化。多线程在 Java 网络编程中常被用于编写服务器。多线程服务器提供一个主服务器线程和多个处理线程，主服务器线程将专注于接受客户连接，为每一个客户连接启动处理线程，处理线程将服务于已接受的客户连接。Java 语言提供了两种实现多线程的方法：一种是继承 Thread 类实现多线程程序，另一种是通过 Runnable 接口实现多线程。下面对继承 Thread 类实现多线程的方法进行解释。

1. 多线程的实现架构

一般来说，通过 Thread 类实现多线程需要完成以下几步。

(1) 构造一个线程对象。

(2) 启动工作线程。

(3) 调用 run()方法。

继承 Thread 类实现自己的线程类时，必须重写 Thread 类的 run 方法，编写自己的线程类的方法如下：

```
public class MyThread extends Thread{
    public void run(){
    //重写 Thread 类的 run()方法
    }
    …
}
```

2. Thread 类的构造函数和实例方法

(1) 构造函数。

Thread 类常用的构造函数如下：

```
Thread(string name)
```

用来创建一个名为 name 的 Thread 对象。线程名可以用来识别应用程序的各个线程。

```
Thread(Runnable target)
```

用来创建一个新的 Thread 对象。其对应的线程将休眠,直到调用了 start( )方法为止。

(2) 实例方法。

① void run( ):这是其内部的 Thread 方法,当线程启动时调用并执行这个方法。如果创建 Thread 类的子类,run( )方法应该重设。

② void start( ):用来启动一个工作线程。当调用本方法时,对应的线程启动,并进入 run( )方法。不能调用当前正处于激活状态的 Thread 的 start( )方法,否则会出错。

③ void stop( ):用来终止一个线程。如果一个线程被终止,它将不能被再次启动。一般不建议使用此方法。

④ void suspend( ):用来挂起一个线程,其执行被暂停。

除此之外,Thread 类还提供了以下的静态方法。

① static void sleep(long millis):用来使当前线程休眠指定的毫秒数。

② static void yield( ):用来使当前线程把处理器出让给其他正在等待的线程。

需要注意的是,在使用 Java 语言编写网络应用程序时,需要引入类库,方法如下:

```
import java.net.*;
import java.io.*;
```

3.4　实验环境

(1) Windows XP/Vista。

(2) Eclipse 3.7.0。

3.5　实验步骤

步骤 1　需求分析。

这是一个使用 Java 语言实现的多客户的文本传输程序,多个客户端从命令行输入文本信息,发送到服务器,服务器同时处理多个客户端发来的文本信息,将文本显示在命令行并返回给客户端。程序的要求如下。

(1) 服务器可以接收任何客户端的连接请求。

(2) 服务器在同一时刻可以接收多个客户端的通信连接,每个客户连接由一个线程管理。

(3) 服务器接收客户端发来的文字信息并返回给客户端。

(4) 服务器和客户端套接字分别由 ServerSocket 和 Socket 类来实现。

(5) 客户端输入的文本都发送给服务器。

(6) 客户端通过输入“bye”与服务器断开连接。

可见,该网络程序包含两个独立的子程序:服务器和客户端,而且服务器采用多线程架构。

步骤 2 服务器子程序的开发。

服务器程序的实现利用 java.net 包的 ServerSocket 类。为了实现服务器同时与多客户通信，服务器子程序采用了多线程，并设计了两个类：TCPServer 类和 serverThread 线程类。TCPServer 类完成启动服务器和处理客户连接请求，serverThread 线程类完成与客户通信。

(1) 启动服务器。在服务器的指定端口上启动数据流服务，参考代码如下：

```
//定义服务器提供服务的端口
private int port = 8000;
private ServerSocket serverSocket;

//构造指定端口 port 的服务器套接字对象 serverSocket
public TCPServer() throws IOException {
    serverSocket = new ServerSocket(port);
    System.out.println("服务器成功启动……");
}
```

如果启动服务器不成功，程序抛出 IOException 异常。

(2) 处理客户的连接。TCPServer 类的 service 方法完成处理客户连接，采用多线程的方式，每一个客户连接启动一个工作线程，参考代码如下：

```
public void service() {
      while (true) {
        Socket socket = null;
        try {
          //接收客户连接
          socket = serverSocket.accept();
          //为每一个客户连接创建一个工作线程
          Thread workThread = new serverThread(socket);
          //启动工作线程
          workThread.start();
        } catch (IOException e) {
          e.printStackTrace();
        }
      }
}
```

(3) 与客户通信。serverThread 线程类被每一个客户线程调用，专门处理服务器与每一个客户之间的通信数据。服务器循环接收客户端输入的文本信息，并显示在命令行，直到客户端输入文本“bye”。

服务器与客户端通信线程执行方法如下:

```
public void run(){
    try {
      //显示新的 socket 连接及其 IP 地址和端口号
      System.out.println("New connection accepted " +
      socket.getInetAddress() + ":" +socket.getPort());

      BufferedReader br =getReader(socket);
      PrintWriter pw = getWriter(socket);

      String msg = null;
      //循环接收客户输入信息,并显示在服务器命令行,直到客户端输入文本 bye
      while ((msg = br.readLine()) ! = null) {
       msg = socket.getInetAddress() + ":" +socket.getPort() + " say : " +
       msg;
       System.out.println(msg);
       pw.println(echo(msg));
       if(msg.equals("bye"))
          break;
      }
    }catch(IOException e) {
       e.printStackTrace();
    }finally {
        try{
           if(socket! =null)socket.close();
        }catch (IOException e) {e.printStackTrace();}
    }
}
```

其中,方法 echo(msg)返回文本"echo :" + msg。

步骤 3　客户端子程序的开发。

客户端的实现利用了 Java 的 Socket 类。客户端创建到服务器的指定端口的套接字,主动与服务器发起连接,连接成功之后,就开始接收命令行的文本输入,并发送给服务器。

(1) 连接到服务器。客户端构建一个到服务器的 Socket 对象,主动与服务器连接。如果连接成功,返回一个到服务器的客户端套接字;如果连接失败,抛出 IOException 异常。参考代码如下:

```
//指定服务器 IP 地址
private String host = "192.168.50.209";
//指定服务器提供服务的端口号
private int port = 8000;
private Socket socket;
//初始化客户端套接字,请求与服务器的连接
public TCPClient()throws IOException{
   socket = new Socket(host,port);
}
```

(2) 与服务器通信。如果与服务器的连接建立成功,客户端从命令行输入文本并发送给服务器,通信结束,关闭客户端套接字,参考代码如下:

```
public void talk()throws IOException {
      try{
         BufferedReader br = getReader(socket);
         PrintWriter pw = getWriter(socket);
         BufferedReader        localReader = new      BufferedReader
         (new InputStreamReader (System.in));
         String msg = null;
         while((msg = localReader.readLine())! = null){
           pw.println(msg);
           if(msg.equals("bye"))
              break;
         }
      }catch(IOException e){
           e.printStackTrace();
      }finally{
           try{
              socket.close();
           }catch(IOException e) {
           e.printStackTrace();
           }
      }
}
```

步骤 4 运行程序。

在 Eclipse 3.1 开发环境中,先编译和运行服务器程序 TCPServer.java,当开发环境的终端

Console 显示“服务器成功启动……”时，服务器进入监听客户连接状态，然后运行客户端程序 TCPClient.java。因为服务器支持多客户连接，这里运行两个客户程序。服务器程序运行结果如图 15-5 所示。

```
Javadoc Declaration Console
TCPServer [Java Application] C:\Program Files\Java\jre1.6.0_05\bin\javaw.exe (2009-
服务器成功启动......
New connection accepted /192.168.50.229:2299
New connection accepted /192.168.50.209:49306
/192.168.50.229:2299 say : Hello,I am the client from 229
/192.168.50.209:49306 say : Hello,I,m client from 209
/192.168.50.229:2299 say : This is a multiple thread program
```

图 15-5　多客户数据流 Socket 网络程序的服务器运行结果

3.6　实验总结

通过开发一个多客户 C/S 网络通信程序，加深了对使用 Java 语言开发数据流 Socket 网络程序的理解和对 C/S 网络编程模式的应用，为开发更复杂的 C/S 网络应用程序奠定了基础。

4　数据报 Socket 网络程序的开发实验

数据报 Socket 网络程序的开发实验

4.1　实验目的

（1）了解 DatagramSocket 类和 DatagramPacket 类。
（2）掌握数据报套接字编程的方法。

4.2　实验内容

应用 java.net 包中的 DatagramSocket 类和 DatagramPacket 类实现一个基于 UDP 的文本传输程序。采用多线程技术实现同步发送和接收数据包。客户端的发送线程将用户输入的文本发送给服务器，服务器的线程将接收的文本返回给客户端，客户端的接收线程接收返回的文本。

4.3　实验原理

数据报套接字编程是基于 UDP 的网络编程，它为两台计算机之间提供无连接的和非可靠的数据传送。数据报的优点是通信速度比较快，因此，数据报通信一般用于非关键性的和传送速度要求比较快的网络通信。数据报通信中，服务器和客户端之间利用数据报（UDP）来发送和接收相互独立的数据包，而且所有的包都需要包含该包的完整的源和目标信息，以便指明该数据包的走向。

Java 的数据报 Socket 网络编程使用了 java.net 类库提供的 DatagramSocket 类和 DatagramPacket 类。DatagramSocket 类提供了服务器和客户端套接字,在服务器和客户端之间发送和接收数据包;DatagramPacket 类包含了具体的数据信息和地址信息。

4.3.1 DatagramSocket 类

1. 构造函数

DatagramSocket 类有多个构造函数,但在实际编程中常用的构造函数是 DatagramSocket( ) 和 DatagramSocket(int port)。

(1) DatagramSocket( )用于构造客户端套接字。

(2) DatagramSocket(int port)用于构造服务器套接字。

如果未能创建数据报套接字或者绑定数据报套接字到本地端口,以上两个构造函数都将抛出一个 SocketException 异常;一旦创建了 DatagramSocket 对象,接下来程序就会发送和接收数据包。

2. 成员方法

DatagramSocket 类在服务器和客户端成功创建数据报套接字后,通过套接字发送和接收数据包,用到的方法是 send(DatagramPacket dgp) 和 receive(DatagramPacket dgp)。

(1) send(DatagramPacket dgp) 用于向 DatagramSocket 发送 DatagramPacket 对象的数据报文包。

(2) receive(DatagramPacket dgp) 用于从 DatagramSocket 接收 DatagramPacket 对象的数据报文包。

在以上两个成员方法中,是以 DatagramPacket 对象为参数的,DatagramPacket 类将在下面详细介绍。

(3) close( )方法用于关闭数据报套接字。

4.3.2 DatagramPacket 类

在基于数据报套接字的网络通信中,需要传送的数据和包的目标地址等信息被封装在 DatagramPacket 类中,然后在服务器和客户端套接字 DatagramSocket 中传送。因此,DatagramPacket 类是数据报套接字编程的基础。

1. 构造函数

DatagramPacket 类同样有多个构造函数,这里介绍常用的两个构造函数。

(1) DatagramPacket(byte[ ]buffer, int length) 函数构造一个用于接收数据报的 DatagramPacket 对象,buffer 是接收数据报的缓冲区,length 是接收数据报中的字节数(数据包长度)。该方法也可用于发送端,通过 setAddress( ) 方法和 setPort( ) 方法指定数据报的地址和端口信息。

(2) DatagramPacket(byte[ ]buffer, int length, InetAddress address, int port) 函数构造一个用于发送数据报的 DatagramPacket 对象,buffer 是发送数据报的缓冲区,length 是发送的字节数。

2. 成员方法

(1) setAddress(InetAddress address)方法：设置(发送的)数据包的 IP 地址。

(2) setPort(int port)方法：设置(发送的)数据包的端口信息。

(3) setData(byte[ ] buffer)方法：在创建了 DatagramPacket 对象后要改变字节数组时，调用该方法来实现。

(4) setLength(int length)方法：在创建了 DatagramPacket 对象后要改变对象的长度时，调用该方法来实现。

(5) byte[ ] getData( )方法：获取一个字节数组，包含收到或发送的数据报中的数据。

(6) int getLength( )方法：获取发送或接收到的数据的长度。

4.4　实验环境

(1) Windows XP/Vista。

(2) Eclipse 3.7.0。

4.5　实验步骤

步骤 1　需求分析。

本实验要求实现一个基于 UDP 的多线程同步发送和接收数据包的文本传输程序，客户端发送文本给服务器，服务器又返回信息给客户端，客户端再接收信息并显示。客户端的发送数据由一个线程管理，而接收数据由另外一个线程管理。

程序要求如下。

(1) 服务器设置服务端口。

(2) 服务器接收客户端文本，并作为输出流返回给客户端。

(3) 客户端设计两个线程，一个输入并发送文本给服务器，另一个从服务器接收文本。

(4) 客户端从命令行每次输入一行，以回车结束一次输入信息，以“bye”文本结束通信。

步骤 2　服务器程序。

服务器程序设计了一个 UDPServer 类，具体包括以下操作。

(1) 启动服务器。指定服务端口，创建服务器 DatagramSocket 对象。参考代码如下：

```
private int port=8000;
private DatagramSocket socket;

//与服务器的一个固定端口绑定
socket=new DatagramSocket(port);
System.out.println("服务器成功启动……");
```

(2) 处理与客户端的通信。通信包括接收来自客户端的文本信息和向客户端发送文本信息，循环重复接收和发送文本信息，直到客户端关闭数据报套接字。参考代码如下：

```
while (true) {
    try{
        //创建一个接收客户端文本的 DatagramPacket 对象
        DatagramPacket packet=new DatagramPacket(new byte[512],512);
        //接收来自任意一个 UDPClient 的数据报
        socket.receive(packet);
        String msg=new String(packet.getData(),0,packet.getLength
        ());
        System.out.println(packet.getAddress() + ":" +packet.get-
        Port()+">"+msg);

        //将客户端输入的文本作为输出流,发送给客户端
        packet.setData(echo(msg).getBytes());
        //给 UDPClient 回复一个数据报
        socket.send(packet);
    }catch (IOException e) {
        e.printStackTrace();
    }
}
```

其中,echo(msg)方法返回字符串"echo:"+msg。

步骤 3 客户端程序。

客户端程序设计了 3 个类:UDPClient 类、SendThread 类和 ReceiveThread 类,其中 UDPClient 类是主类,创建客户套接字;SendThread 类是发送文本给服务器的线程类;ReceiveThread 类是接收文本线程类。

(1) 启动客户端。创建客户端套接字,启动客户端。参考代码如下:

```
//指定服务器 IP 地址
String remoteHost="localhost";
//指定服务器端口号
int remotePort=8000;

//创建客户 DatagramSocket 对象,与客户的任意一个 UDP 端口绑定
DatagramSocket dgSocket=new DatagramSocket();

//下面就可以与服务器传送文本
try{
```

```
        //获取服务器 IP 地址
        InetAddress remoteIP=InetAddress.getByName(remoteHost);

        //创建 SendThread 对象,启动发送文本线程
        SendThread sender = new SendThread(remoteIP,remotePort);
        sender.start();

        //创建 ReceiveThread 对象,启动接收文本
        ReceiveThread receiver = new ReceiveThread(sender.getSocket());
        receiver.start();
    }
    catch(IOException e){
      e.printStackTrace();
    }finally{
        dgSocket.close();
    }
```

(2) 发送文本线程。为了让客户端发送文本和接收文本同步进行,将发送文本和接收文本分别由两个线程管理。发送文本线程由 SendThread 类完成,参考代码如下:

```
class SendThread extends Thread{
    private InetAddress serverIP;
    private int serverPort;
    private DatagramSocket ssocket;

    //SendThread 类构造函数
    public SendThread(InetAddress ia,int port) throws SocketExcep-
    tion{
        this.serverIP = ia;
        this.serverPort = port;
        this.ssocket = new DatagramSocket();
    }

    //获得 SendThread 线程的客户端套接字
    public DatagramSocket getSocket(){
        return this.ssocket;
    }
```

```
    public void run(){
        try{
            System.out.println("请输入要发送的信息,每次一行,回车结束一次
输入,bye 结束通信……");
            BufferedReader userInput = new BufferedReader(new Input-
StreamReader(System.in));(紧跟 StreamReader 后面)
            while(true){
            String msg = userInput.readLine();
            if(msg.equals("bye"))
                break;
            byte[] data = msg.getBytes();
            //创建目的地址为服务器的数据报文包对象
            DatagramPacket dgpOutput = new DatagramPacket(data,data.
length,serverIP,serverPort);(紧跟 length,后面)
            //客户端发送数据报给服务器
            ssocket.send(dgpOutput);
            Thread.yield();
            }
        }
        catch(IOException e){
            e.printStackTrace();
        }
    }
}
```

(3) 接收文本线程。接收文本线程由 ReceiveThread 类完成,参考代码如下:

```
DatagramSocket rsocket;
public ReceiveThread(DatagramSocket dgSocket) throws SocketException{
    this.rsocket = dgSocket;
}

public void run(){
    byte[] buffer = new byte[65507];
    while(true){
        //创建接收文本的 DatagramPacket 对象
        DatagramPacket dgp = new DatagramPacket (buffer, buffer.
```

```
                                    length);
            try{
              //接收服务器返回的文本,存入上面定义的 dgp 对象
            rsocket.receive(dgp);
            String msg = new String(dgp.getData(),0,dgp.getLength());
            System.out.println(msg);
            Thread.yield();
        }
        catch(IOException e){
            e.printStackTrace();
        }
    }
}
```

步骤 4　运行程序。

在 Eclipse 3.1 开发环境中先编译和运行服务器程序,然后编译和运行客户端程序。得到如图 15-6 和图 15-7 所示的结果。

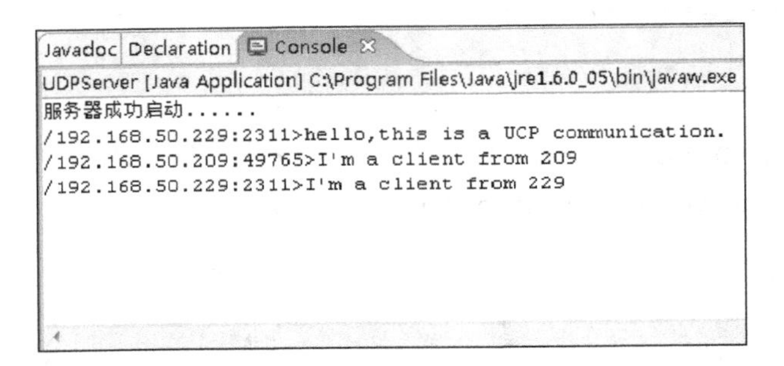

图 15-6　服务器显示结果

```
Problems Javadoc Declaration Console
UDPClient [Java Application] C:\Program Files\Java\jre1.6.0_05\bin\javaw.exe
请输入要发送的信息，每次一行，回车结束一次输入，bye结束通信......
hello,this is a UCP communication.
echo:hello,this is a UCP communication.
I'm a client from 229
echo:I'm a client from 229
```

图 15-7　客户端显示结果

4.6 实验总结

通过开发一个基于 UDP 的多线程同步文本传送程序，学会了使用 Java 语言提供的 DatagramSocket 类和 DatagramPacket 类开发数据报 Socket 网络程序。数据报 Socket 编程是基于 UDP 的编程，相比基于 TCP 的数据流 Socket 网络程序，它不能保证数据传送的可靠性和有序性，但它更有效率，而且具有更低的系统开销。因此，在进行大量的数据传输，且要求数据被正确而完整地传输时，使用数据流 Socket 进行网络编程。对于没有这种要求的数据，使用数据报 Socket 网络编程更好一些，如视频和音频通信，少量的丢失或重新排序的数据包并不重要，而在投递可行性上较低的系统开销更重要。还有时间服务器，一个服务器能够监听即将输入的 UDP 包，并且实时地对每个数据包做出响应，以实现最少的网络系统耗费。

5 ICMP 应用编程实验

5.1 实验目的

应用 ICMP 进行网络编程，实现网络控制信息传递的一些基本功能，加深对 ICMP 的理解，进一步理解网络编程的过程。

5.2 实验内容

基于标准 C 语言和基本的套接字编程技术，针对 ICMP 进行网络编程，通过调用一些基本函数，发送不同种类的 ICMP 报文，实现 ping、traceroute、请求时间戳、请求子网掩码等功能。具体功能要求如下。

（1）通过调用封装好的 ICMP 函数，进行编程实现 ping 和 traceroute 命令，对外网某个地址进行实测，验证可用性。

（2）通过改变 ICMP 报文中 Type 字段、Code 字段、报文长度，发送时间戳请求和地址掩码请求到默认网关，通过 Wireshark 网络协议分析工具截取报文、分析结果。

5.3 实验原理

因为 ICMP 报文是直接封装在 IP 数据报中发送的，所以必须使用原始套接字 Raw-Socket，从而可以直接发送 IP 数据报。具体使用方法如下。

（1）调用 WSAStartup 初始化 socket 的动态链接库。

（2）调用 socket(ing af, int type, int protocol) 创建 socket。调用该函数要注意三点。

① 参数 af 一般设置为 PF_INET。

② 创建原始套接字，参数 type 为 SOCK_RAW。

③ 参数 protocol 为 1(表示 ICMP)。

(3) 调用 gethostbyname 得到目标机器的信息(包括 IP 地址)。然后把相应的 IP 地址复制到结构 SOCKADDR_IN,代码如下:

```
LPHOSTENT lpHostEntry;
SOCKADDR_IN sockAddrDest;
if ((lpHostEntry=gethostbyname(host))=NULL)
     return false;
sockAddrDest.sin_family=AF_INET;
sockAddrDest.sin_add=*(LPIN_ADDR)*lpHostEntry->h_addr_list;
```

(4) 构造 ICMP 数据报,数据报格式应该严格按照 RFC 定义的格式构造。其中需要注意的是校验和字段必须为零。

在构建数据报时一般分 3 步。

① 声明一个字节数组(或用 new 动态分配内存空间),该数组(或动态分配的内存空间)足以容纳一个 ICMP 数据报,例如:

```
BYTE IcmpSendPacket[100];
```

② 定义一个结构来描述 ICMP 数据报的结构,例如,可以定义一个如下结构(Struct)来描述 ICMP 数据报的结构:

```
Struct icmp_packet
{
  unsigned char icmp_type;   //类型 8 bits
  unsigned chat icmp_code;   //代码 8 bits
  unsigned short icmp_cksum;  //16 bits 的首部校验和
  unsigned short icmp_id;   //标识符 16 bits
  unsigned short icmp_seq;   //序号 16 bits
unsigned short icmp_data[1];   /* ICMP 数据报的数据部分的第一个字节的地址 */
};
```

在构造数据报时,只需把 IcmpSendPacket 数组的开始地址赋给一个 icmp_packet 结构的指针。然后对该指针指向的 icmp_packet 结构的实例的各个成员进行赋值。

③ 如果 ICMP 数据报要附带数据,则把要附带的数据直接复制到以 icmp_data 开始的内存中即可。

(5) 根据计算校验和的规则计算校验和并填充到数据报的校验和字段。计算校验和有成熟的函数,可以直接使用,代码如下:

```
/* 计算校验和,校验和的计算规则请参考 RFC 1071[Braden, Borman and Patridge
1988] */
unsigned short internet_chksum(unsigned short * 1)
unsigned short internet_chksum(unsigned short * lpwIcmpData,unsigned
```

```
short wDataLength)
  {
      long lSum;
      unsigned short wOddByte;
      unsigned short wAnswer;
      lSum=0L;
      while (wDataLength>1)
      {
          lSum+= *lpwIcmpData++;
          wDataLength-=2;
      }
      if (wDataLength ==1)
      {
          wOddByte=0;
           *((LPBYTE)&wOddByte)= *(unsigned char *)lpwIcmpData;
          lSum+=wOddByte;
      }
      lSum=(lSum>>16)+(lSum & 0xffff);
      lSum+=(lSum>>16);
      wAnswer=(unsigned short)~lSum;
      return wAnswer;
  }
```

(6) 调用 int sendto(SOCKET s, const char FAR * buf, int len, int flags, const struct sockaddr FAR * to, int tolen)。

其中,参数解释如下。

① s 为(2)中创建 socket 时返回的 socket 句柄。

② buf 是指向数据报的指针。

③ len 为 ICMP 报文的大小。

④ flags 一般为 0。

⑤ to 为(3)中所创建的 socket 地址。

⑥ tolen 为 sockaddr 结构的大小。

(7) 调用 closesocket 关闭 socket。

(8) 调用 WSACleanup 释放 socket 的动态链接库资源。

5.4　实验环境

(1) H3C 系列以太网三层交换机 2 台，标准网线 5 根，Console 线 4 根，计算机 4 台。

(2) 开发环境：Microsoft Visual Studio 2010（但不限于）。

5.5　实验步骤

步骤 1　需求分析。

本实验要求设计并实现一个 ICMP 实验软件，用户通过设置 ICMP 报文的 Type、Code、Address 等字段的值发送地址掩码请求、时间戳请求等 ICMP 报文给指定的目的地址。软件要求如下。

(1) 软件要提供用户界面给用户，同时提供 ICMP 报文结构字段，包括类型、代码、校验和、标识、序列、数据等，用户通过改变以上字段的值来发送不同类型的 ICMP 报文。

(2) 用户还可以设置目标地址和报文大小。

(3) 类型、代码、校验和、标识、序列、数据、报文大小字段设置默认的值，都为 0，且校验和字段的值不可改变，其他字段值都可以改变。

(4) 设置完成后，用户单击"发送"按钮可以发送 ICMP 报文，单击"取消"按钮能够退出软件。

步骤 2　新建 MFC ActiveX 控件项目，这样才可以方便快捷地设计界面。

步骤 3　软件界面的设计和实现。

ICMP 实验软件的界面设计如图 15-8 所示。

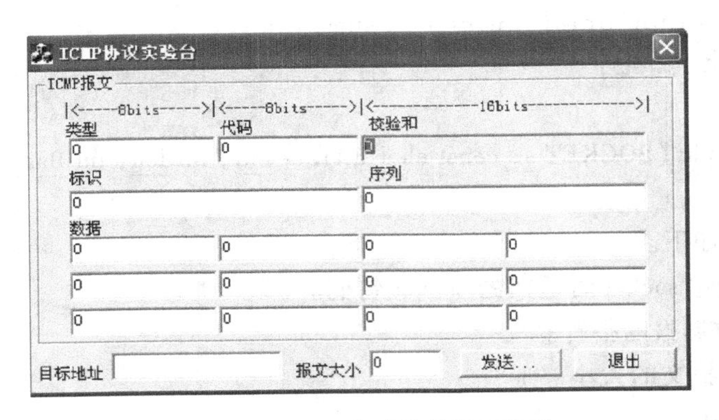

图 15-8　ICMP 实验软件界面设计

设计好界面之后，需要为类型、代码、校验和、标识、序列、数据、报文大小字段设置默认值，都为 0，以及为按钮添加动作，这些功能都是在 CPingTestDlg 类中完成的，这里给出部分代码：

```
//初始化 ICMP 各个字段值，默认都为 0
CPingTestDlg::CPingTestDlg(CWnd * pParent /* =NULL * /)
    : CDialog(CPingTestDlg::IDD, pParent)
```

```
    , m_bIcmpType(0)
    , m_bIcmpCode(0)
    , m_nCheckSum(0)
    , m_nIcmpId(0)
    , m_nIcmpSeq(0)
    , m_bData1(0)
    , m_bData2(0)
    , m_bData3(0)
    , m_bData4(0)
    , m_bData5(0)
    , m_bData6(0)
    , m_bData7(0)
    , m_bData8(0)
    , m_bData9(0)
    , m_bData10(0)
    , m_bData11(0)
    , m_bData12(0)
    , m_strHostName(_T(""))
    , m_nIcmpSize(0)
{
}
```

另外一部分重要的程序是将界面 IDC_EDIT 控件的值与程序中对应的变量绑定起来,进行数据交换和互相验证,即变量的值发生改变传递给控件,控件的值发生改变传递给变量,以保持一致。代码如下:

```
void CPingTestDlg::DoDataExchange(CDataExchange * pDX)
{
    CDialog::DoDataExchange(pDX);
    DDX_Text(pDX, IDC_EDIT_TYPE, m_bIcmpType);
    DDV_MinMaxByte(pDX, m_bIcmpType, 0, 18);
    DDX_Text(pDX, IDC_EDIT_CODE, m_bIcmpCode);
    DDV_MinMaxByte(pDX, m_bIcmpCode, 0, 255);
    DDX_Text(pDX, IDC_EDIT_CHECKSUM, m_nCheckSum);
    DDX_Text(pDX, IDC_EDIT_ID, m_nIcmpId);
    DDX_Text(pDX, IDC_EDIT_SEQ, m_nIcmpSeq);
    DDX_Text(pDX, IDC_EDIT_DATA1, m_bData1);
```

```
    DDX_Text(pDX, IDC_EDIT_DATA2, m_bData2);
    DDX_Text(pDX, IDC_EDIT_DATA3, m_bData3);
    DDX_Text(pDX, IDC_EDIT_DATA4, m_bData4);
    DDX_Text(pDX, IDC_EDIT_DATA5, m_bData5);
    DDX_Text(pDX, IDC_EDIT_DATA6, m_bData6);
    DDX_Text(pDX, IDC_EDIT_DATA7, m_bData7);
    DDX_Text(pDX, IDC_EDIT_DATA8, m_bData8);
    DDX_Text(pDX, IDC_EDIT_DATA9, m_bData9);
    DDX_Text(pDX, IDC_EDIT_DATA10, m_bData10);
    DDX_Text(pDX, IDC_EDIT_DATA11, m_bData11);
    DDX_Text(pDX, IDC_EDIT_DATA12, m_bData12);
    DDX_Text(pDX, IDC_EDIT_HOST_NAME, m_strHostName);
    DDX_Text(pDX, IDC_EDIT_SIZE, m_nIcmpSize);
}
```

当用户设置完 ICMP 报文字段值、目的地址和报文大小之后,单击“发送”按钮发送 ICMP 报文给指定的目的地址,这里需要实现一个单击按钮添加动作的功能,通过 void CPingTestDlg::OnBnClickedButtonSendIcmp()函数实现,代码如下:

```
void CPingTestDlg::OnBnClickedButtonSendIcmp()
{
    //单击“发送”按钮添加动作
    UpdateData(TRUE);
    BYTE IcmpSendPacket[100];
    icmp_packet * p_packet=(struct icmp_packet *)IcmpSendPacket;
    p_packet->icmp_type=m_bIcmpType;
    p_packet->icmp_code=m_bIcmpCode;
    p_packet->icmp_id=m_nIcmpId;
    p_packet->icmp_seq=m_nIcmpSeq;
    p_packet->icmp_cksum=m_nCheckSum;
    //填充数据,无论报文是否包括这 12 个字节,都把它们复制到 IcmpSendPacket
数组中
    p_packet->icmp_data[0]=m_bData1;
    p_packet->icmp_data[1]=m_bData2;
    p_packet->icmp_data[2]=m_bData3;
    p_packet->icmp_data[3]=m_bData4;
    p_packet->icmp_data[4]=m_bData5;
```

```
        p_packet->icmp_data[5]=m_bData6;
        p_packet->icmp_data[6]=m_bData7;
        p_packet->icmp_data[7]=m_bData8;
        p_packet->icmp_data[8]=m_bData9;
        p_packet->icmp_data[9]=m_bData10;
        p_packet->icmp_data[10]=m_bData11;
        p_packet->icmp_data[11]=m_bData12;
    /* 调用发送 ICMP 报文函数发送 ICMP 报文,如果成功,弹出对话框显示"ICMP 报文发送成功!",如果发送不成功,弹出对话框显示"发送 ICMP 数据报文出现错误" */
        if
    (! send_icmp_packet(m_strHostName.GetBuffer(m_strHostName.GetLength()),p_packet,(unsigned short)m_nIcmpSize))
        {
            AfxMessageBox("发送 ICMP 数据报文出现错误");
        }
        else
        {
            AfxMessageBox("ICMP 报文发送成功!");
        }
    }
```

从上面程序代码可以看出,OnBnClickedButtonSendIcmp()函数中并没有直接编写发送 ICMP 报文的详细程序代码,而是调用了类 IcmpFuncs 中的方法 send_icmp_packet((char * host,icmp_packet * p_packet,unsigned short ui_packet_size)),这是为了使得程序具有模块化的结构,便于扩展。

步骤 4 发送 ICMP 报文的设计与实现。

这部分功能是在类 IcmpFuncs 中实现的,该类中一共有以下 5 个函数。

(1) unsigned short internet_chksum(unsigned short * lpwIcmpData, unsigned short wDataLength):用来计算校验和。

(2) unsigned int open_icmp(void):用来打开一个 ICMP 会话,返回 ICMP 会话的句柄。

(3) bool send_icmp_packet(unsigned int ui_handle, char * host, icmp_packet * p_packet, unsigned short ui_packet_size):用来发送一个 ICMP 数据包,参数包括 ICMP 会话的句柄 ui_handle,目标地址 host,数据报文的首地址 p_packet,数据报文的大小 ui_packet_size,函数中调用了 internet_chksum(unsigned short * lpwIcmpData,unsigned short wDataLength)函数,运行结束后,发送成功返回 true,失败返回 false。

(4) void close_icmp(unsigned int ui_handle):用来关闭一个 ICMP 会话,返回 ICMP 会话的

句柄。

(5) bool send_icmp_packet(char * host,icmp_packet * p_packet,unsigned short ui_packet_size)用来发送一个 ICMP 数据包,参数包括目标地址 host,数据报文的首地址 p_packet,数据报文的大小 ui_packet_size,该函数只是通过调用函数 open_icmp(void)、函数 send_icmp_packet(unsigned int ui_handle,char * host,icmp_packet * p_packet,unsigned short ui_packet_size) 和函数 close_icmp(unsigned int ui_handle)来完成发送 ICMP 报文的功能,并不需要完成详细的程序。运行结束后,发送成功返回 true,失败返回 false 。

在以上 5 个函数中,这里重点来看一下 send_icmp_packet(unsigned int ui_handle,char * host,icmp_packet * p_packet,unsigned short ui_packet_size)函数,代码如下:

```
//具体实现发送 ICMP 报文的函数
bool send_icmp_packet(unsigned int ui_handle,char * host,icmp_packet *
p_packet,unsigned short  ui_packet_size)
{
    int i_send_types;
    SOCKET hsock=(SOCKET)ui_handle;
    LPHOSTENT lpHostEntry;
    SOCKADDR_IN sockAddrDest;
    /* 从主机信息库(域名服务器上)获得目标机器的信息
    这里主要是得到域名对应的 IP 地址 */
    if ((lpHostEntry=gethostbyname(host)) ==NULL)
        return false;
    sockAddrDest.sin_family=AF_INET;
    sockAddrDest.sin_addr = * ((LPIN_ADDR) * lpHostEntry->h_addr_
list);
    /* 计算校验和 */
    p_packet->icmp_cksum=internet_chksum((unsigned short *)p_pack-
et,ui_packet_size);
    if (p_packet->icmp_cksum ==0)
        return false;
    int  iSocketError;
    iSocketError=0;
    /* 利用 socket 发送 ICMP 数据报文 */
    i_send_types=sendto(hsock,(char *)p_packet,ui_packet_size,0/*
no flags */,(LPSOCKADDR)&sockAddrDest,sizeof(sockAddrDest));
    if (i_send_types ==SOCKET_ERROR)
```

```
        return false;
    if (i_send_types! =ui_packet_size)
        return false;
    return true;
}
```

步骤 5 测试与调试 ICMP 实验软件。

将编写的 ICMP 实验软件编译和运行,通过之后按照“网络层实验”章节部分的实验步骤对所编写的软件进行测试和调试,使得设置不同的类型、代码等参数时能够产生正确的对应 ICMP 类型的协议报文。

步骤 6 撰写实验报告,详细介绍实验设计和实现过程,并撰写实验过程和分析实验数据。

5.6 实验总结

通过设计和实现具有一定功能的 ICMP 应用程序,加深对 ICMP 的理解,培养网络编程的思维和能力。

6 TCP 测试软件的实现

6.1 实验目的

(1) 通过实现“TCP 测试软件”,掌握基于 TCP 的 Socket 编程方法。

(2) 熟练使用 Java 语言进行 Socket 编程。

(3) 掌握 Java 语言的界面设计和实现。

6.2 实验内容

使用 Java 语言的 Socket 编程实现一个提供用户界面的“TCP 测试软件”,既可作为发送端也可作为接收端,发送端可提供要发送文件、目的 IP 地址、目的端口、发送缓存、滞留时间、每次写入套接字的字节数、Nagle 算法选择等设置选项,接收端提供要写入的文件、指定端口、休眠时间、计数器阈值、接收缓存、滞留时间、每次读出套接字的字节数、Nagle 算法选择等设置选项。用户可通过对以上设置选项进行不同的设置测试 TCP 的流量控制和拥塞控制等传输控制机制。

6.3 实验原理

关于 Java 的 Socket 编程以及流相关的类的知识已在前面介绍,由于篇幅关系,关于 Java 界面设计和编程的知识在此不做介绍,请查阅 Java 相关书籍。这里对本实验的设计思路进行介绍。

本实验软件的实现定义了 3 个类:TcpTest 类、TcpResend 类和 TcpReceive 类。下面详细介绍各个类及其包含的变量和方法。

6.3.1 TcpTest 类

TcpTest 类被定义用来完成“TCP 测试软件”的主要功能,包括初始化作为发送端的用户界面、作为接收端的用户界面,处理用户设置(如发送端要发送的文件、目的 IP 地址、目的端口、发送缓存、每次写入套接字的字节数等,接收端的要写入的文件、指定端口、休眠时间、计数器阈值、接收缓存、每次读出套接字的字节数等),处理用户操作(如用户选择作为接收端、用户选择作为发送端、用户选择取消、用户选择发送文件、用户选择接收文件、用户选择取消发送、用户选择取消接收等)等。为了很好地完成以上功能,TcpTest 类需要定义一系列的属性和方法。

1. 属性

作为发送端时,定义发送端的发送参数,包括要发送的文件、目的 IP 地址、目的端口、发送缓存、每次写入套接字的字节数、滞留时间、Nagle 算法选项,用于用户设置不同的发送参数,完成不同的传送文件任务和 TCP 测试任务;定义“发送”按钮和“取消”按钮两个属性,用于进行发送文件的操作和取消发送文件的操作。

作为接收端时,定义接收端的接收参数,包括指定要写入的文件、指定端口、接收缓存、休眠时间、计数器阈值、每次读出套接字的字节数、滞留时间、Nagle 算法选项,用于用户设置不同的接收参数,完成不同的接收任务和 TCP 测试任务;定义“接收”按钮和“取消”按钮两个属性,用于进行接收文件的操作和取消接收文件的操作。

定义整个“TCP 测试软件”的控制属性,包括选择作为发送端、选择作为接收端、选择取消 TCP 文件传输、发送端发送文件进度信息反馈、接收端接收文件进度信息反馈、面板布局、发送面板及其大小、接收面板及其大小、窗口标题等。

2. 方法

实验中在 TcpTest 类中设计了 10 个方法,学生可根据自己的编程习惯设计需要的方法,只要完成 TcpTest 类的功能即可。

TcpTest()方法是 TcpTest 类的构造方法,这里调用了初始化界面方法 jbInit()、单击“作为发送端”按钮监听方法 bOpenSend_actionPerformed()、单击“作为接收端”按钮监听方法 bOpenRec_actionPerformed()、取消文件传输按钮监听方法 bCancel_actionPerformed()、开始发送文件按钮监听方法 bSend_actionPerformed()、取消发送文件按钮监听方法 bSendCancel_actionPerformed()、开始接收文件按钮监听方法 bRec_actionPerformed()、取消接收文件按钮监听方法 bRecCancel_actionPerformed()等。

bSend_actionPerformed(ActionEvent e)方法用来对用户选择作为发送端进行操作,包括显示发送端面板,隐藏接收端面板。

bRec_actionPerformed(ActionEvent e)方法用来对用户选择作为接收端进行操作,包括显示接收端面板,隐藏发送端面板。

bCancel_actionPerformed(ActionEvent e)方法用来对取消传输文件所进行的操作,即退出系统。

bOpenSend_actionPerformed(ActionEvent e)方法用来对用户单击"发送"按钮开始发送文件所进行的操作,包括初始化发送端界面,获得发送端各个发送参数的数据,调用 TcpResend 类的 TcpResend 构造方法。

bOpenRec_actionPerformed(ActionEvent e) 方法用来对用户单击"发送"按钮开始发送文件所进行的操作,包括初始化接收端界面,获得接收端各个接收参数的数据,调用 TcpReceive 类的 TcpReceive 构造方法。

bSendCancel_actionPerformed(ActionEvent e)方法用来对取消发送文件所进行的操作,即不再显示发送面板。

bRecCancel_actionPerformed(ActionEvent e)方法用来对取消接收文件所进行的操作,即不再显示接收面板。

windowClosed()方法用来关闭窗口,退出系统。

jbInit()方法用来初始化"TCP 测试软件"界面,包括发送面板和接收面板的布局、背景、字体、大小,以及发送和接收面板的各参数的标签和控件的字体、位置、大小等。

6.3.2 TcpResend 类

TcpResend 类是"TCP 测试软件"中的核心类,用来与接收端建立 Socket 连接并传送文件数据。这里需要根据用户在发送端面板设置的目的地址和目的端口与接收端建立 Socket 连接,根据用户设置的要发送文件、发送缓存、每次写入套接字的字节数、滞留时间来传送文件数据,根据用户设置的 Nagle 算法选项来确定是缓存中有文件就立即发送还是延迟到要发送文件数据不小于一个 MSS 才发送,这里用到了 Socket 中的 setTcpNoDelay()方法,用来设置是否立即发送数据,即设置 Nagle 算法,有两种状态,即 false 和 true,默认情况是 false,即启用 Nagle 算法。

这里,在 TcpResend 类中,只需定义一个方法,即 TcpResend 类的构造方法 TcpResend(String fileName,String addr,String port,String scale,String buffer,String ling,int nag),此方法中传递以下变量:文件名 fileName、目的地址 addr、目的端口 port、每次写入套接字的字节数 scale、发送缓存 buffer、滞留时间 ling、nagle 选项设置 nag。TcpTest 类中调用 TcpResend 构造方法时将用户设置的以上发送参数传递给 TcpResend 构造函数。

6.3.3 TcpReceive 类

TcpReceive 类是"TCP 测试软件"中的另一个核心类,用来与发送端建立 Socket 连接并接收发送端发送来的文件数据。这里需要根据用户在接收端面板设置的指定端口来监听发送端的 Socket 连接,根据接收缓存、休眠时间、计数器阈值、每次读出套接字的字节数、滞留时间选项接收文件数据,根据 Nagle 算法选项设置来确定是否立即确认准备接收数据还是要等到缓存控制不少于一个 MSS 或整个缓存空间一半时才确认并准备接收数据。这里同样需要采用 Socket 中的 setTcpNoDelay( )方法来设置。

在 TcpReceive 类中,同样只要定义一个方法,即 TcpReceive 类的构造方法 TcpReceive(String file,String portListen,String buff,String sca,String c,String sle,String ling,int nag),此方法中传递以下变量:文件名 file、指定监听端口 portListen、每次读入套接字的字节数 sca、接收缓存 buff、滞留时间 ling、nagle 选项设置 nag。TcpTest 类中调用 TcpReceive 构造方法时将用户设置的以上接收参数传递给 TcpReceive 构造函数。

6.4 实验环境

(1) 2 台 Linux 系统的计算机,1 台 H3C 系列路由器和 1 台 H3C 系列以太网交换机,标准网线 4 根,Console 线4 根。

(2) Eclipse 3.7.0 开发环境。

6.5 实验步骤

步骤 1 需求分析。

本实验要求设计并实现一个“TCP 测试软件”,发送端发送文件,接收端接收文件,来测试 TCP 的 3 次握手建立连接过程、4 次握手断开连接的过程、滑动窗口机制、慢启动和拥塞避免机制、快重传和快恢复机制、糊涂窗口综合征和 Nagle 算法等 TCP 的流量控制和拥塞避免机制。而以上机制是通过设置不同的缓存、每次写入或读取套接字的字节数、计数器阈值、休眠时间、滞留时间、设置启动 Nagle 等来实现的,所以在用户界面上要提供用户进行相应设置的接口。同时还需要提供用户设置要发送的文件和要接收的文件、通信 IP 地址和端口号的接口。所以,软件要求如下。

(1) 软件要提供用户界面,既可作为发送端,也可作为接收端。

(2) 发送端界面提供要发送的文件、目的 IP 地址、目的端口、发送缓存、每次写入套接字的字节数、滞留时间、Nagle 算法设置的接口,设置完发送参数之后单击“发送”按钮可发送文件数据。

(3) 接收端界面提供指定要写入的文件、指定端口、接收缓存、休眠时间、计数器阈值、每次读出套接字的字节数、滞留时间、Nagle 算法设置的接口,设置完后单击 “接收”按钮可接收发送端发送来的文件数据。

(4) 发送端和接收端可通过设置不同的发送参数和接收参数对 TCP 文件传输采用流量控制和拥塞控制机制。

(5) 软件界面能够显示当前发送文件和接收文件的进度信息反馈。

步骤 2 主类 TcpTest 类的设计和实现。

在 TcpTest 类中,完成整个软件用户界面的设计和对用户的参数设置和发送接收等操作进行处理。

用户界面设计如图 15-9 所示。

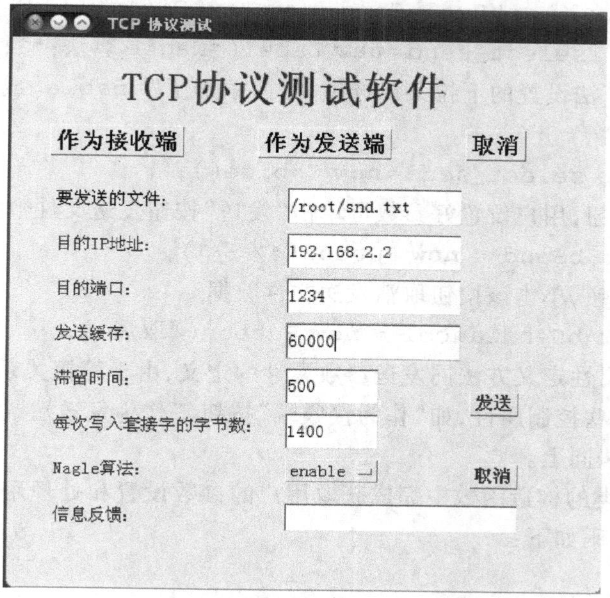

图 15-9　“TCP 测试软件”用户界面

图 15-9 中所示为“TCP 测试软件”的发送端用户界面，在 TcpTest 类中对发送参数定义如下：

```
/*定义要发送文件项的标签，告诉用户后面对应文本框内可设置要发送文件所在目录及文件名*/
private Label lsetFileSend=new Label("要发送的文件：");
/*定义要发送文件项标签后面的文本框，默认值为/root/snd.txt，用户可在文本框中重新设置要发送文件所在目录和文件名*/
private TextField setFileSend=new TextField("/root/snd.txt",15);
//下面各发送参数项定义同上
private Label lsetDestAddr=new Label("目的 IP 地址：");
private TextField setDestAddr=new TextField("192.168.2.2",15);
private Label lsetDestPort=new Label("目的端口：");
private TextField setDestPort=new TextField("1234",15);
private Label lsetSendBuffer=new Label("发送缓存：");
private TextField setSendBuffer=new TextField("60000",15);
private Label lsetLingerSend=new Label("滞留时间：");
private TextField setLingerSend=new TextField("500",15);
private Label lsetScaleSend=new Label("每次写入套接字的字节数:");
```

```
private TextField setScaleSend=new TextField("1400",15);
private Label lselect_send=new Label("Nagle 算法:");
/* 定义 Nagle 算法设置的下拉菜单选项,后面添加了"enable"或者"disable"两个选
项 * /
private Choice select_send=new Choice();
//定义"发送"按钮,用户设置好参数可单击"发送"按钮发送文件数据
private Button bSend = new Button("发送");
//定义"取消"按钮,单击该按钮取消发送文件数据
private Button bSendCancel = new Button("取消");
```

接收参数对应的属性定义方法同发送参数属性的定义,由于篇幅关系,在此不给出。

另外,还定义了一些控制属性,如"作为接收端"按钮、"作为发送端"按钮、信息反馈文本框、界面大小、字体等,方法同上。

然后,在 TcpTest 类的构造函数中完成获取用户的参数设置和处理用户的发送、接收和取消等的操作,核心程序代码如下:

```
//设置界面标题
super("TCP 测试");
//设置界面大小
this.setSize(487,497);
//调用初始化界面方法
this.jbInit();
//为界面添加发送端和接收端 Nagle 算法选择选项
select_send.add("enable");
select_send.add("disable");
select_rec.add("enable");
select_rec.add("disable");
//默认情况下,软件界面显示发送端界面,隐藏接收端界面
this.setVisible(true);
sendPanel.setVisible(true);
receivePanel.setVisible(false);
/* 监听单击"发送"按钮操作,调用 TcpTest 类中定义的发送文件方法
bSend_actionPerformed(e),此方法的实现用到了 TcpResend 类的构造方法 * /
bSend.addActionListener(new java.awt.event.ActionListener(){
        public void actionPerformed(ActionEvent e){
            bSend_actionPerformed(e);
    }
```

```
});
/* 监听单击"接收"按钮操作,调用 TcpTest 类中定义的接收文件方法
bRec_actionPerformed(e),此方法的实现用到了 TcpReceive 类的构造方法 * /
bRec.addActionListener(new java.awt.event.ActionListener(){
      public void actionPerformed(ActionEvent e){
         bRec_actionPerformed(e);
      }
});
/* 监听取消文件传输操作,调用 TcpTest 类中定义的 bCancel_actionPerformed(e)方法
* /
bCancel.addActionListener(new java.awt.event.ActionListener(){
         public void actionPerformed(ActionEvent e){
            bCancel_actionPerformed(e);
         }
});
/* 监听单击"作为发送端"按钮操作,调用 TcpTest 类中定义的 bOpenSend_actionPer-
formed(e)方法 * /
bOpenSend.addActionListener(new java.awt.event.ActionListener(){
         public void actionPerformed(ActionEvent e){
            bOpenSend_actionPerformed(e);
         }
});
/* 监听单击"作为接收端"按钮的操作,调用在 TcpTest 类中定义的
bOpenRec_actionPerformed(e)方法 * /
bOpenRec.addActionListener(new java.awt.event.ActionListener(){
         public void actionPerformed(ActionEvent e){
            bOpenRec_actionPerformed(e);
         }
});
/* 监听取消发送按钮的操作,调用在 TcpTest 类中定义的
bSendCancle_actionPerformed(e)方法 * /
bSendCancle.addActionListener(new java.awt.event.ActionListener(){
         public void actionPerformed(ActionEvent e){
            bSendCancel_actionPerformed(e);
         }
```

```
});
/* 监听取消接收按钮的操作,调用在 TcpTest 类中定义的
bRecCancel_actionPerformed(e)方法 * /
bRecCancel.addActionListener(new java.awt.event.ActionListener(){
        public void actionPerformed(ActionEvent e){
            bRecCancel_actionPerformed(e);
        }
});
```

由于篇幅关系,上面用到的方法实现在此不给出。

步骤 3　发送端发送文件数据的 TcpResend 类的设计和实现。

TcpResend 类只需定义一个构造函数,在函数中主要完成打开文件、建立 Socket 连接并传送文件的工作。

打开文件部分的代码如下:

```
try{
    //打开文件成功
    fin=new FileInputStream(args[0]);
    messEcho=("文件已经打开!");
    TcpTest.sendMessEcho.setText(messEcho);
  }
    //打开文件不成功
    catch (FileNotFoundException exc){
        messEcho=("文件不存在");
        TcpTest.sendMessEcho.setText(messEcho);
        return;
    }
    catch (ArrayIndexOutOfBoundsException e){
            messEcho=("使用方法: java TcpResend File ");
            TcpTest.sendMessEcho.setText(messEcho);
        return;
    }
```

创建 Socket 连接并发送文件数据部分的代码如下:

```
try{
    Socket send=new Socket(destAddr,destPort);
    //设置 Nagle 选项,false 是启用 Nagle 算法,true 是禁用 Nagle 算法
    if(nagle ==0){
```

```
                send.setTcpNoDelay(false);
          }
          else if (nagle ==1){
                send.setTcpNoDelay(true);
          }
          //设置发送缓存和滞留时间
          send.setSendBufferSize(sendBuffer);
          send.setSoLinger(true,lingerTime);
          messEcho=("已连接！开始传送...");
          TcpTest.sendMessEcho.setText(messEcho);
             //开始根据所设置的缓存和滞留时间发送数据
            dataWrite=new DataOutputStream(send.getOutputStream());
            while(i! =-1){
                    i=fin.read(buf);
                    if ((i! =-1)){
                         dataWrite.write(buf,0,i);
                    }
            }
          //发送完文件数据,关闭连接
          messEcho=("传送完成!");
          TcpTest.sendMessEcho.setText(messEcho);
             fin.close();
             dataWrite.close();
             send.close();
          }
          //创建 Socket 连接不成功
          catch (UnknownHostException uhe){
                    messEcho=("找不到主机");
                    TcpTest.sendMessEcho.setText(messEcho);
                    return;
    }
catch (java.io.IOException ioe){
          messEcho=("系统 IO 错误");
          TcpTest.sendMessEcho.setText(messEcho);
return;
```

```
}
```

步骤 4　接收端接收文件数据的 TcpReceive 类的设计和实现。

TcpReceive 类只需定义一个构造函数，在函数中主要完成打开文件、建立 **Socket** 连接并接收文件的工作，部分代码如下：

//设置 Nagle 算法，nagle 为 0 时为启用 Nagle 算法，nagle 为 1 时为禁用 Nagle 算法

```
if(nagle ==0){
     receive.setTcpNoDelay(false);
}
else if (nagle ==1){
     receive.setTcpNoDelay(true);
}
//设置接收缓存和滞留时间
receive.setReceiveBufferSize(buffRec);
receive.setSoLinger(true,lingerTime);
//定义读数据流
dataRead=new DataInputStream(receive.getInputStream());
messEcho=("正在接收...");
TcpTest.recMessEcho.setText(messEcho);
while(i! =-1){
   //从 Socket 通道读数据流
   i=dataRead.read(buf);
//循环写数据
       if ((i! =-1)&&(count<countLimit)) {
         fout.write(buf,0,i);//write to file
         count++;
       }
       else{
        if (i! =-1){
          fout.write(buf);
        }
        //设置休眠时间
        try{Thread.sleep(sleepTime);}
        catch(Exception e){
            System.out.println("Sleep interrupted.");
```

```
            }
            count = 0;
            }
        }
    ...
    //接收文件失败
    catch(FileNotFoundException e){
        //System.out.println("Error opening output file!");
        messEcho = ("打开文件错误!");
        TcpTest.recMessEcho.setText(messEcho);
        return;
    }
    catch (UnknownHostException uhe){
        //System.out.println("I cannot find the host");
        messEcho = ("主机不存在");
        TcpTest.recMessEcho.setText(messEcho);
        return;
    }
    catch (java.io.IOException ioe){
        System.out.println(ioe);
        messEcho = ("系统 IO 错误!");
        TcpTest.recMessEcho.setText(messEcho);
        return;
    }
```

步骤 5 调试和测试“TCP 测试软件”。

将编写的“TCP 测试软件”编译和运行,通过之后按照传输层实验章节部分的实验步骤对所编写的软件进行测试和调试,使得设置不同的发送和接收参数时能够调用不同的 TCP 的流量控制和拥塞控制机制,获得的实验数据能够正确解释相应的机制。

步骤 6 撰写实验报告,介绍实验设计和实现过程,并撰写实验过程和分析实验数据。

6.6 实验总结

通过设计和实现“TCP 测试软件”,进一步掌握 TCP 及其流量控制和拥塞控制机制。同时,培养网络编程的思维和能力。

实验十六　复杂网络组建实验[1]

1　实验内容

实验十六
内容简介

(1) 网络设计原则。
(2) 网络的拓扑结构和自治系统的划分。
(3) 网络可靠性的设计。
(4) 网络路由的设计与配置。
(5) CAMS 业务管理平台演示(802.1x 认证)。
(6) VoIP 的设计与配置。

2　实验目的

根据实验室现有设备条件,按照网络工程的方法模拟设计一个全国性的三级的银行网络。该银行骨干网络按照地域划分成南北两个互为备份的总行数据中心,每个数据中心下联若干个省级分行,每个省级分行下联若干个地市行,整体上组成了一个总行数据中心—省行—地市行三级网络架构。同时还需要重点考虑网络的可靠性和安全性。

通过这个综合设计型实验,希望学生能够将前面所学的内容进行综合、应用与提高,同时达到以下实验目的。

(1) 通过对网络设备的连通和对拓扑的分析,加深对常见典型网络拓扑的理解。
(2) 了解构建复杂网络时应该注意的各种设计原则。
(3) 了解网络可靠性的几种实现方式。
(4) 了解网络路由设计与配置。
(5) 了解业务管理系统的功能,进行 802.1x 认证实验。
(6) 了解 VoIP 的实现方式。

1　在线实验平台不支持本实验。受篇幅限制,关于设备部署和设备配置文件,请访问本书配套北航学堂 MOOC 课程网站。

3 实验原理

计算机网络建设是一项系统化的工程。网络工程可以描述为:为达到一定的目标,根据相关的标准规范并通过系统的规划,按照设计的方案将计算机网络的技术、系统和管理有机地集成到一起的工程。系统集成是网络工程实施的主要方法。

网络工程建设中主要涉及以下几方面的问题:需求分析、规划设计、网络系统设计、网络技术的选用、网络设备及选型、系统集成、综合布线和接入技术。

3.1 网络需求分析

网络需求分析是网络规划设计的第一步。网络需求分析是在网络设计过程中用来获取和确定系统需求的方法。网络需求指明必须实现的网络规格参数,需求分析是网络设计的基础,良好的需求分析有助于为后续工作建立一个良好的基础。网络需求分析一般包括网络建设目标分析、网络应用约束分析和网络技术分析等方面。分析时一般采用系统调查的方法,包括了解应用背景、查询技术文档和与客户交流等手段。

3.2 网络规划设计

进行网络工程建设的首要工作就是要进行总体的规划。进行细致深入的规划是网络工程成功建设的保证。一个好的规划能够起到事半功倍的作用。缺乏规划或规划粗略的网络,其扩展性、安全性、可靠性及可用性都得不到保证,在实际的实施工程中也会遇到很多的问题。不仅不能保证工期,工程质量也难以保证。

网络工程是一项复杂的系统工程。它不仅涉及很多技术问题,同时也涉及管理、组织、经费、法律等很多方面的问题,因此必须遵循一定的网络系统分析与设计方法。网络规划的主要任务是对一些指标给出尽可能准确的分析和评估,包括需求分析、网络的规模、网络的结构、网络管理、网络的扩展、网络安全及与外部网络的互联等方面。

了解客户的网络应用目标是网络设计中重要的方面。只有对客户的设计目标进行全面的分析,才能提出得到用户认可的网络设计方案,从而确定总体设计目标。了解客户需求的方法包括:查询以前的技术文档和客户的背景资料、与客户全方位交流、使用问卷调查。具体规划阶段主要是完成对所收集数据的分析,并在此基础上确定对所要采用的网络的功能和性能方面的要求,分析结果应尽可能地量化。

由于网络要求为多种类型的应用服务,必须将所有的应用信息综合在一起才能决定最后的网络设计。在分析工作完成之后,要形成一份报告,该报告要说明网络必须完成的功能和达到的性能要求。分析报告一般包括以下几个部分:网络解决方案的描述、网络的规模、该方案的优点、现有网络状况、网络的运行方式、安全性要求、网络可提供的应用、响应时间、可靠性、节点的分布、扩展性等。

3.3 网络系统设计

主要完成网络系统的结构和组成设计,确定网络方案。在设计工作完成之后,要形成设计报告。该报告作为网络实现管理、维护、升级等的基础或基本框架。网络系统设计主要包括以下方面:网络系统需求、网络体系结构设计、网络拓扑结构设计、网络安全性设计。基本原则:性价比高,统一建网模式,统一网络协议,保证可靠性和稳定性,保证先进性和适用性,具有良好的开放性和扩展性,在一定程度上保证安全性和保密性,具有良好的可维护性等。

3.3.1 系统需求

设计者必须拥有关于所有网络需求的详细说明,并根据优先级高低将这些网络需求进行分类。

3.3.2 网络体系结构设计

确定网络的层次及各层采用的协议。常用的网络体系结构主要有 ISO/OSI、TCP/IP、SNA 等。与网络体系结构设计有关的内容包括以下几个方面:传输方式、客户接口、服务器、网络划分和互连设备等。设计完毕后应该用一张图表示网络体系结构和设计结果。

3.3.3 网络拓扑结构设计

这是网络逻辑设计的第一步,主要是确定各种设备以什么方式互相连接起来。在设计时应考虑网络的规模、网络的体系结构、所采用的协议、扩展和升级管理维护等各方面的因素。

现实世界中的网络形形色色,各不相同,但再复杂的网络也不外乎由 3 种类型组成:局域网、广域网和城域网。负责网络建设和运营的组织和机构也可以有多个,称为网络运营商。负责提供网络内容和服务的称为 ISP(Internet 服务提供商)。网络运营商也可以是 ISP,每个 ISP 一般情况下分配一个 AS 号,所以自治系统在网络中是一个非常重要的概念,也可以说网络就是多个 AS 的集合。

在网络构建中需要考虑方方面面的问题,一般包括以下方面。

(1) 综合性:为多种业务应用与信息网络提供统一的综合业务传送平台。数据、语音和视频都可以通过统一的网络平台传送。

(2) 高可靠性:网络可靠性主要是指当设备或网络出现故障时,网络提供服务的不间断性。应具有很高的容错能力,具有抵御外界环境和人为操作失误的能力,保证单点故障尽可能小地影响整个网络的正常运作。可靠性一般通过设备本身的可靠性和链路、路由、设备的备份来实现。可靠性设计又称为可用性设计。设计技巧包括设备冗余、模块冗余、线路冗余等。

(3) 高性能:具有较高的传输带宽,并在高负荷情况下仍然具有较高的吞吐能力和效率,延迟低。

(4) 层次性:网络的物理结构、逻辑结构和地址空间的层次化和模块化,利于网络的构建和扩展。物理结构一般应由 3 层组成:核心层、汇聚层和接入层,如图 16-1 所示。核心层为下两层提供优化的数据输送功能,它是一个高速的交换骨干,其作用是尽可能快地交换数据报而不涉及具体数据报的逻辑运算中(ACL、过滤等),否则会降低数据报的交换速度。汇聚层提供基于统一策略的互连性,其位于核心层和接入层之间,对数据报进行复杂的运算。汇聚层主要提供如下功能:地址的聚集、部门和工作组的接入、广播域的定义、VLAN 间路由、介质的转换及安全控制。接入层的主要功能是为最终用户提供网络访问的途径,也可以提供进一步的调整,如 Access-list Filtering 等。接入层主要提供如下功能:分解带宽冲突、MAC 层过滤等,在广域网环境中,接入层主要提供通过 Frame Relay、ISDN、租用数字线路接入远程节点的功能。

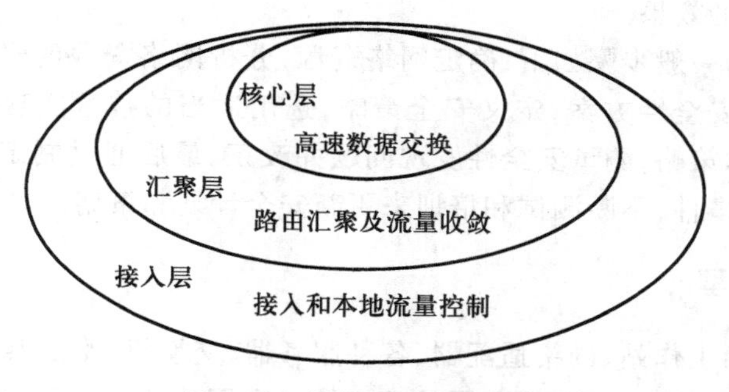

图 16-1 网络 3 层设计模型

(5) 支持 QoS:能根据业务的要求提供不同等级的服务并保证服务质量,提供拥塞控制、报文分类、流量整形等强大的 IP QoS 功能。

(6) 安全性:具有保证系统安全,防止系统被人为破坏的能力。支持 AAA 功能、ACL、IPSEC、NAT、路由验证、CHAP、PAP、CA、MD5、DES、3DES、日志等安全功能。

(7) 扩展性:设计方案应易于增加新设备、新用户,易于和各种公用网络连接,能够随系统应用的逐步发展不断延伸和扩充,充分保护现有投资利益。

(8) 开放性:符合开放性规范,方便接入不同厂商的设备和网络产品。

(9) 标准化:通信协议和接口符合国际标准。

(10) 实用性:具有良好的性能价格比,经济实用,拓扑结构和技术符合骨干网信息量大、信息流集中的特点。

3.3.4 网络安全性设计

网络安全的设计要用科学的方法。要对网络上的各种数据进行风险评估,然后再选择适当的网络安全机制和方法。网络安全的设计与网络应用目标密切相关。安全设计主要包括以下几个方面。

（1）网络层安全：核心问题是网络能否得到控制，即是不是任何一个客户都能访问到指定的网络资源。

（2）系统安全：需要注意的问题有两个，一是病毒对于网络的威胁，二是黑客对网络的破坏和侵入。

（3）客户安全：对客户进行分级管理，根据不同的安全级别，将客户分成若干等级。每一等级客户只能访问到与其等级相对应的系统资源和数据，并采取强有力的身份认证措施。

（4）应用程序的安全：涉及两方面的问题，一是应用程序对数据的合法权限，二是应用程序对客户的合法权限。

（5）数据安全：在数据的传输过程中，对其进行加密处理，这虽然是一种比较被动的安全手段，但往往能收到最好的效果。

网络安全性设计的一般步骤如下：确定网络资源，分析网络资源的安全性威胁，分析安全性需求和折中方案，开发安全性方案，定义安全策略，选用适当的技术实现安全策略，用户认可策略，培训用户，实现技术策略，测试安全性发现问题并改正，最后通过制定周期性的独立审计，阅读审计日志，响应突发事件，不断测试和培训来更新安全计划和策略。

3.4　网络设备及选型

网络设备主要包括工作站、网络适配器、各种服务器、交换机、路由器、共享设备、前端通信处理机、加密设备、测试设备等。应根据采用的网络技术和网络应用的不同，分别考虑各组成部件的选择。

3.5　系统集成

在一定的系统功能目标的要求下，把建立系统所需的管理人员和技术人员、软硬设备和工具，以及成熟可靠的技术，按低耗、高效、高可靠性的系统组织原则加以结合，使它们构成解决实际问题的完整方法和步骤。具体工作包括：系统逻辑结构图的设计，项目及分包商的管理，硬件和软件产品的采购，开发环境的建立，应用软件的开发，应用系统的安装、测试、实施和培训。

系统集成的特点包括：责任单一，客户要求能得到较大限度地满足，系统内部的一致性能得到较大限度地满足，从而保证客户得到较好的解决方案。

3.6　综合布线

综合布线系统是一个模块化的、灵活性极高的建筑物或建筑群内的信息传输系统。它影响到网络的性能、网络的投资、网络的使用、网络的维护等诸多因素，是信息网络系统不可分割的重要组成部分。

3.7 接入技术

目前主要的接入技术有基于双绞线的以太网接入技术、基于双绞线的 ADSL 技术、基于 HFC 网的 Cable Modem 技术、光纤接入技术等。

3.8 IP 地址规划和子网划分

设计 IP 网络时,要面对的一个关键问题就是地址规划问题,良好的地址规划是进行进一步设计的前提,也为进行有效的地址管理打好基础。

IP 是一台主机在网络中的唯一标识,由类别字段、网络地址和主机地址组成。目前 IP 地址分为 A、B、C、D、E 五类。分类标准在此就不详述了。IP 地址的设计体现了分层设计思想,但类别的机械划分造成了 IP 地址的严重浪费,为此人们提出了子网的概念,其主要思想是把原 IP 地址的部分主机位借用为网络位,从而增加了网络数目,进而可以分配给更多的单位(地区)使用,由于网络寻址是通过网络位实现的,这也意味着 IP 地址资源得到较充分的利用。

分配地址可以采取如下 4 种方法。

(1) 按顺序分配:在一个大地址池中,取出需要的地址。如果网络规模比较大,地址空间会变得非常混乱(相对于网络拓扑而言),没有简单方法可以实施路由聚合以缩减路由表规模。

(2) 按行政分配:将地址分开,使每一部门都有一组可以供其使用的地址。若某些部门分布于不同的地理位置,在大规模网络中,这个方案会产生和按申请顺序分配方案相同的问题。

(3) 按地域分配:将地址分开,使每个地区都有一组可供其使用的地址。

(4) 按拓扑方式分配:该方式基于网络中设备的位置及其逻辑关系分配地址(在某些网络中可能会与按地域划分相类似)。优点是可以有效地实现路由聚合。缺点是,如果没有相应的图表或者数据库参考,要确定一些连接之间的上下级关系(如确定一个部门具体属于哪一个网络)是相当困难的。这种情形下,把它和前面的方法结合起来会达到较好的效果。

4 种地址分配方式的大致对比如表 16-1 所示。

表 16-1 4 种分配方式对比

分配方式	特点
按顺序分配	无须规划,缺乏可管理性
按行政分配	需要很少的规划,便于给机构中的某一部分分配地址,如果机构组织是按地域划分的,这种方案比较好。否则,网络缺乏可扩展性
按地域分配	需要规划,可以提供一定的聚合性
按拓扑方式分配	在一个大规模的网络中具备可聚合性,并能大大减小路由表的大小,扩展性好,一般较易配置和维护

那么在一个具体的环境中如何去选择地址分配的方案呢？一般有如下的分配原则可以遵循。

（1）管理便捷原则：对私有网络尽量采用 IANA 规定的私有地址段：10.0.0.0/8、172.16.0.0/12、192.168.0.0/16，可采用与电话区号等特殊号码一致的策略。

（2）整网原则：各个地址空间大小应是 2 的幂次，便于各种安全策略、路由策略的选择和设置。

（3）地域原则：一般高位用来标识级别高的地域，低位用来标识级别低的地域。

（4）业务原则：将越来越多的网络进行集中，允许不同的业务在同一个网络中传输，但不允许其相互访问。不同的业务通过地址中的某位来识别。

（5）地址节省原则：地址节省的技术包括地址转换、地址代理、VLSM（可变长子网掩码）等，目前一般采用地址转换、可变长子网掩码两种方式，对选定的地址也需要进行节省，地址节省同时也是网络扩展性的需要。

3.9　路由设计

在网络地址分配好后，就需要路由器指导数据转发的路径，这些路径称为路由。当路由器正常运行时，路由存在于路由器的路由表中。根据路由的生成方式，路由被分为手工配置的静态路由和由路由协议动态发现的动态路由。

3.9.1　静态路由

静态路由是建立路由表最简单的方法，对于规模较小、网络规划很好、拓扑结构稳定的网络，常常只使用静态路由。自然的，静态路由的静态属性必然使得它不能单独作用于很多网络，如大型复杂的（配置太烦琐）或经常变化的（管理员无法跟踪网络的快速的、大量的变化）网络。但它配合动态路由使用，依然是很常见的使用方法，尤其是默认路由，互联网几乎 99.99% 的路由器上都有一条默认路由。

3.9.2　动态路由

动态路由是按照相应的动态路由协议编写的运行于网络设备中的程序动态发现的。基于动态路由协议可以动态地发现路由变化，并可以实现基于程序的灵活的路由策略。

路由协议的核心功能是根据其所知道的网络拓扑结构信息和网络的各种参数指标信息，寻找最优的或者最符合要求的路径，生成路由表，从而指导数据报的转发。目前的路由协议很多，都是在对网络拓扑及网络规模的不同假定前提下发展起来的，不同的协议适合不同的应用场合，这就需要网络管理员对路由协议有一个全面的了解，根据实际情况选择合适的路由协议。具体协议的实现原理和配置方式这里不再提及，仅介绍路由协议的选取。

在网络设计中，对某种路由协议的选取，重在考虑各种协议的不同应用场合及其之间的相互作用。综上所述,小型网络和网络边缘一般采用静态路由的方式来进行路由获取,小型网络采用静态路由的方式主要是为了减少网络的错误点、节省线路带宽和设备开销;网络边缘设备采用静态路由主要是避免边缘设备将整个网络路由学习过来,节省网络开销兼顾网络设备的处理能力。RIP 是最早的和应用较多的动态路由协议,在传统的小型网络中,体现出了一定的优势,但 RIP 由于设计的缺陷,不能用于现在的大型网络中,一般用于网络中的路由器的数量少于 30 台的场合;OSPF 和 IS-IS 能用于大型的复杂网络,虽然 IS-IS 能支持多种网络层协议、配置相对简单灵活等优点,但比较而言,OSPF 是专门为 IP 设计的,发展成熟,更适合 IP 的路由,而且使用得多,缺点暴露多,改进也多,在本书实验中将主要使用 OSPF。与 OSPF 和 RIP 等在自治区域内部运行的协议对应,BGP 是一类 EGP 协议。BGP 通过在路由信息中增加自治区域(AS)路径的属性,来构造自治区域的拓扑图,从而消除路由环路并实施用户配置的策略。同时,随着 Internet 的飞速发展,路由表规模迅速增大,自治区域间路由信息的交换量越来越大,对网络性能有不同程度的影响。而 BGP 支持无类型的区域间路由 CIDR,可以有效地缩减日益增大的路由表,是目前普遍使用的一种 EGP,IPv4 网络上最新的并实际在 Internet 上广泛使用的版本是 BGPv4。

实际组网中,选取路由协议可以参考如下的原则。

(1) 路由能在选取的各种 IGP 之间进行快速而简捷的切换。

(2) 尽量少的流量占用。

(3) 在大型网络中,优先考虑其适应能力和强壮性。

(4) 为充分利用地址资源,应优先考虑选用支持 VLSM 和 CIDR 的路由协议。

(5) 考虑选取能用于不同 AS 之间的 EGP,如 BGP。

(6) 在复杂网络环境下场合,应考虑使用路由策略来控制路由的发布。

3.10 网络可靠性的设计

网络可靠性主要是指当设备或网络出现故障时,网络提供服务的不间断性。可靠性一般通过设备本身的可靠性和链路、路由、设备的备份来实现。可靠性设计又称为可用性设计。

核心层处于网络的中心,网络之间的大量的数据流量都通过核心层设备进行交换,核心层设备一旦出现故障,整个网络就面临瘫痪。因此核心层设备的选择,不仅要求其具有强大的数据交换能力,而且要求其具有很高的可靠性。为了保证核心层设备的可靠性,在网络设计中,通常选择高端网络设备作为核心层设备。这不仅是因为高端设备的数据处理能力强,而且也因为高端设备独有的高可靠性设计。高端网络设备的主要组件都采用冗余设计,具有双处理板,互为备用;双交换网板,互为备用;甚至电源都采用了多个电源备份,确保核心网络设备正常工作。同时,也可以采用链路备份的形式,核心层设备通过两条或者两条以上链路连接到其他设备。也可以在核心层再放置一台设备,作为另一台高端设备的备份,一旦主用设备整机出现故障,立即切换到备用设备,确保核心层设备的高度可靠性。

汇聚层处于网络的中间,负责各个网段路由汇聚、实施访问策略和传输不同网段之间的流量。汇聚层设备是各个接入层设备的集中点，如果某台汇聚层设备失效，其下面连接的接入层设备就无法访问网络，因此汇聚层设备的可靠性也较为重要。考虑到成本因素，汇聚层往往采用中端网络设备，采用链路备份方式提供网络可靠性。必要时汇聚层设备也可以采用设备备份的形式提供可靠性。

接入层设备负责接入用户，处于网络拓扑树形结构靠近树梢的位置。如果接入层设备出现故障，只会对本网段造成影响，波及范围较小。一般不考虑接入层设备的可靠性。当然如果接入层设备接入了 VIP 用户或者重要服务器，可以考虑采用链路或者设备备份形式来保证网络可靠性。

网络承载着许许多多的业务，如 Web 服务、FTP 服务、数据共享、IP 电话、视频服务、邮件服务等。不同的服务对网络的要求有所不同，例如，视频服务要求低延迟、高带宽，是一种实时性业务；IP 电话业务也要求低延迟，并且要保证一定带宽。因此对于视频和音频流经过的网段，一定要保证这些数据传输的实时性、带宽和可靠性。再者，现代网络建设都采用客户机/服务器模式，服务器集中放置在数据中心，因此一定要确保数据中心网络的可靠性。可以考虑采用服务器备份、链路备份或者网络设备备份的方法来确保数据中心可靠性。

3.10.1 链路备份技术

前面已经介绍了可以在网络设计中采用链路或者设备备份来保证网络的可靠性，这里首先介绍链路备份技术。目前在 H3C 网络设备上可以采用的链路备份技术有 3 种：H3C 路由器独有的常用于广域网链路备份的备份中心技术、用于局域网络的链路备份技术和路由协议备份技术。

1. WAN 链路备份

备份中心是 VRP（Versatile Routing Platform，通用路由平台）中管理备份功能的模块，它主要用于为路由器的广域网接口提供备份（也可以用于局域网接口备份）。没有运用备份中心时，一旦接口上的线路发生故障，数据传输就中断了。运用备份中心后，当主接口上的线路发生故障 down 掉后，备份中心根据用户配置的延迟时间启动备份接口上的线路进行通信，数据传输又可以继续进行了。因此运用备份中心可以提高网络的可靠性，增强网络的可用性。

VRP 使用备份中心提供完善的备份功能。可被备份的接口称为主接口，路由器上的任意一个物理接口或子接口，以及逻辑通道（Dialer 口除外）都可以作为主接口；为其他接口作备份的接口称为备份接口。路由器上的任意一个物理接口或接口上的某条逻辑通道都可以作为其他接口或逻辑通道的备份接口。对一个主接口，可为它提供多个备份接口；当主接口出现故障时，多个备份接口可以根据配置的优先级来决定接替顺序；具有多个物理通道的接口（如 ISDN BRI 和 ISDN PRI 接口）可以通过 Dialer route 来为多个主接口提供备份。备份中心支持备份负载分担功能。当主接口的流量达到设定的门限上限时，路由器启动一个优先级最高的可用备份接口，同主接口一起进行负载分担；当主接口的流量小于设定的门限下限时，路由器关闭一个优先级别最低的备份接口。

备份中心的基本配置包括:进入将被备份的主接口配置模式,指定主接口使用的备份接口及其优先级,设置主备接口切换的延时,配置主备接口的路由。高级配置包括:配置备份负载分担,配置主接口备份带宽,配置检测接口流量的时间间隔。下面是部分配置的说明,其他相关内容请参考本书配套北航学堂 MOOC 课程网站上的相关资料。

进入主接口视图;指定主接口使用的备份接口及其优先级。参考命令如下:

```
[Quidway] interface type number
[Quidway interface xxx]standby interface type number [ priority ]
```

参数 priority 用于当某一个主接口有多个备份接口时,如果主接口故障,根据备份接口的优先级高低来判断哪一个备份接口首先成为主接口。

设置主备接口切换的延时:当主接口的状态由 up 转为 down 之后,系统并不立即切换到备份接口,而是等待一个预先设置好的延时。若超过这个延时后主接口的状态仍为 down,系统才切换到备份接口;若在延时时间段中,主接口状态恢复正常,则不进行切换。在主接口配置视图下使用以下命令设置从主接口切换到备份接口的延时:

```
standby timer enable-delay seconds
```

类似的,在主接口配置视图下使用以下命令设置从备份接口切换到主接口的延时:

```
standby timer disable-delay seconds
```

配置备份中心时,需要注意的是,不仅要配置主接口路由,而且也要配置备份接口路由,否则,一旦主接口故障切换到备份接口,而备份接口没有路由,网络当然无法连通,也就失去了配置备份接口的意义了。可以为备份接口配置静态或者动态路由。建议配置静态路由,这样如果主接口故障,切换到备份接口时,就立即具有路由了,而不是让动态路由协议花费一定时间来学习路由,导致网络短暂连通性问题。备份中心只需要在两端任意一端配置即可。

2. LAN 链路备份

前面介绍了局域网交换机技术,对于局域网链路备份,可以使用二层交换机支持的 STP 实现。STP 通过在交换机之间传递 BPDU(Bridge Protocol Data Unit)来学习网络拓扑,计算最短路径。

如图 16-2 所示,局域网络使用了 4 台以太网交换机,其中 B、C 和 D 三地的交换机之间部署多条物理线路,为了避免环路,启动交换机的生成树功能。正常情况下,生成树协议网络的每台交换机以自己为根,计算到达每个节点的无环路路径,阻断某些冗余连接,确保网络无环路,不会产生广播风暴。图 16-2 的 C 和 D 之间的链路被 STP 阻断,避免了 B—C—D—B 的环路出现。如果网络稳定之后某条链路出现故障,假定 B 和 D 之间链路出现故障,生成树会重新计算链路连通情况,使 C 和 D 之间的链路从阻塞状态转换为转发状态,实现了链路之间的相互备份,确保网络不中断。

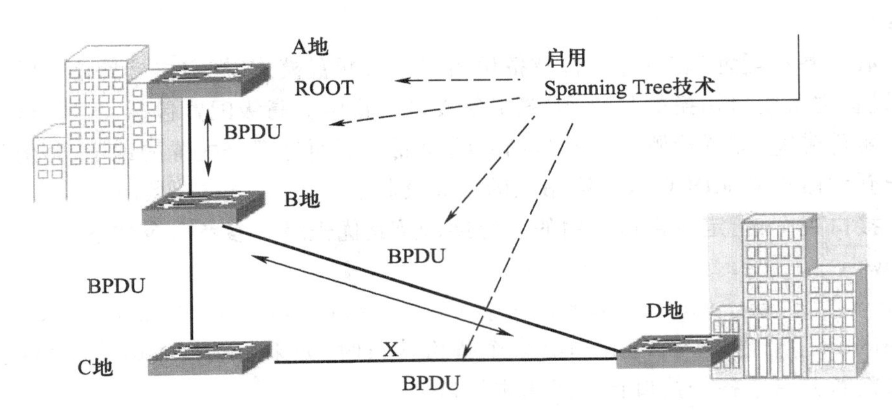

图 16-2　STP 实现局域网链路备份

利用生成树固然可以达到链路备份的目的，但是同一时刻只有一条线路处于通信状态，其他线路均处于备份状态，导致线路带宽资源的浪费。利用交换机支持的 Link Aggregation 功能实现局域网链路间备份可以克服这一缺点。将多条特性相同的局域网线路进行汇聚，并且汇聚后的线路负荷分担传输数据，汇聚线路中的一条链路故障并不会影响其他线路的汇聚，更不会影响数据的传输。根据这一特性可以在重要的节点之间部署多条物理链路，并将它们汇聚在一起，线路之间既实现了负载均衡又保障了节点间数据传输的可靠性，如图 16-3 所示。

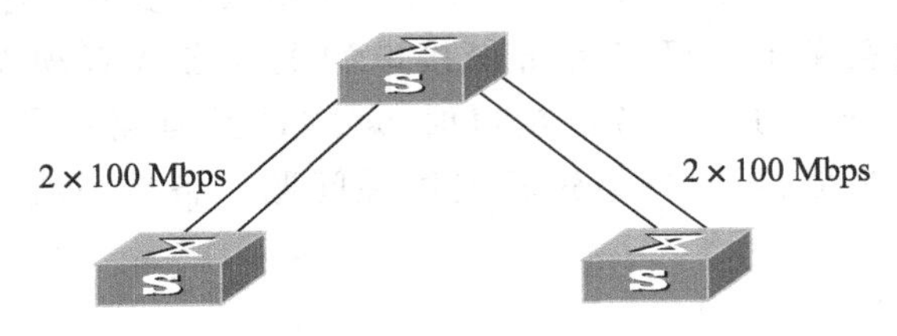

图 16-3　链路聚合示意图

参考命令如下：

```
[Quidview]link-aggregation Ethernet port_num1 to Ethernet port_num2
{ingress|both}
```

大括号中的 ingress 和 both 为可选参数，ingress 表示聚合方式为根据源 MAC 地址进行数据分流，both 表示聚合方式为根据源 MAC 地址和目的 MAC 地址进行数据分流。

路由器上也有类似链路聚合的技术，这就是以太网 Trunk。端口 Trunking（Port Trunking）是一种将多个物理端口捆绑成一个逻辑端口的技术，使用的协议为 IEEE802.3ad、LACP（Link Aggregation Control Protocol）。以太网 Trunk（Eth-Trunk）利用了端口 Trunking 技术，它最多可捆绑 16 个物理的以太网端口。捆绑后形成的 Eth-Trunk 接口与普通以太网端口一样支持各种业务，大多数业务可以直接在捆绑后形成的 Eth-Trunk 接口上配置。

Eth-Trunk 只支持同种类型端口的捆绑，FE 与 GE 不能混合捆绑。被捆绑的端口必须使用相同的速率。加入 Eth-Trunk 的物理端口必须为全双工模式，而且在加入 Eth-Trunk 前不能进行任何其他配置。以太网 Trunk 可通过配置子接口支持 VLAN，与以太网子接口配置 VLAN 相同。

创建以太网的 Trunk 接口的参考命令如下：

```
[router]interface eth-trunk trunkid
```

创建 Eth-Trunk 接口后，就进入了 Eth-Trunk 接口视图。这时需要配置 Eth-Trunk 接口的工作模式，Eth-Trunk 接口被创建后，默认工作于 LACP 非使能状态。这种情况下，Eth-Trunk 接口连接的建立不依赖于 LACP，可以与不支持 LACP 设备互通，通常，以太网交换机不支持 LACP。可以配置 Eth-Trunk 接口连接的建立与 LACP 的依赖关系。

设置 Eth-Trunk 接口工作于 LACP 使能状态：

```
[interface Eth-Trunk0]lacp-working-mode active
```

设置 Eth-Trunk 接口工作于 LACP 非使能状态：

```
[interface Eth-Trunk0]undo lacp-working-mode active
```

接下来需要增加以太网物理端口到 Eth-Trunk 接口，请在以太网接口视图下进行下列配置：

```
[interface GigabitEthernet1/0/0]eth-trunk trunkid
```

3. 路由协议备份

前面介绍了动态路由协议 RIP 和 OSPF，可以知道，动态路由协议能够自动发现路由，生成路由表。动态路由协议的特性决定了它也可以用于链路备份。在一个到达目的地具有冗余路径的网络中，根据动态路由协议的原理，动态路由协议会把发现的最佳到达目的地的路由添加到路由表中，如果由于某种原因，这条最佳路由出现问题而被删除，那么动态路由协议会重新计算到达目的地的路由，这时就会使用动态路由协议重新计算得来的次优路由到达目的地，从而保证网络不中断，达到备份的目的。

路由协议备份没有具体限制，广泛用于各种网络，但是网络运行动态路由协议可能会出现一些问题，这是路由协议自身缺点带来的，例如，广播路由协议更新报文带来的带宽开销，网络设备处理更新报文带来的处理开销，以及网络故障动态路由协议重新计算路由带来的延迟和暂时性网络中断，等等。

3.10.2 设备备份技术

采用路由协议或者备份中心等实现的链路备份技术，只能保证在一条或者几条链路出现故障的情况下提供备份，但是如果整个设备出现故障，那么与之相连的所有链路都会失效，链路备份也就无法实现了。为了解决这个问题，必要时需要保证设备的可靠性，也就是提供设备备份。

RFC 2338 所描述的 VRRP 提供了局域网上的设备备份机制。VRRP(Virtual Router Redundancy Protocol，虚拟路由器冗余协议)是一种 LAN 接入设备备份协议。

1. VRRP 简介

VRRP 为具有多播或广播能力的局域网设计,如图 16-4 所示。它将局域网的一组多台路由器组织成一个虚拟路由器,称为一个备份组。路由器根据其优先级一个作为主用(Master),其余的作为备用(Backup)。

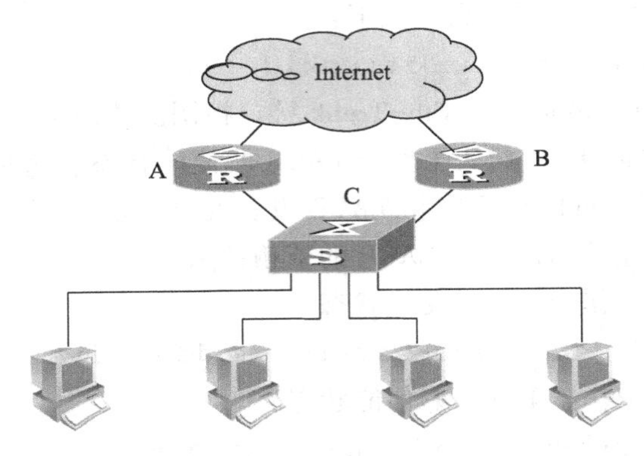

图 16-4　VRRP 示意图

这个虚拟的路由器拥有自己的 IP 地址(这个 IP 地址可以和备份组内的某个路由器的接口地址相同),备份组内的路由器也有自己的 IP 地址。局域网内的主机仅仅知道这个虚拟路由器的 IP 地址并与其通信,而并不知道具体的某个路由器的 IP 地址,它们将自己的默认路由设置为该虚拟路由器的 IP 地址。于是,网络内的主机就通过这个虚拟的路由器来与其他网络进行通信,实际的数据处理由 Master 路由器执行。如果备份组内的 Master 路由器发生故障,备份组内的其他 Backup 路由器将会接替成为新的 Master,继续向网络内的主机提供路由服务。从而实现网络内的主机不间断地与外部网络进行通信,保证了局域网络的可靠性。

一台路由器可以属于多个备份组。假定图 16-4 所示的网络中配置了两个备份组。在一个备份组中,B 路由器是 Master,A 路由器为备份;在另一个备份组中,A 路由器是 Master,B 路由器为备份。这样网络中有两个备份组。每台路由器既是一个组的 Master 路由器,又是另一个备份组的 Backup 路由器。可以指定一部分主机使用备份组 1 作为网关,另一部分主机使用备份组 2 作为网关,这样既实现了两台路由器的互为备份,又实现了局域网流量的负载分担,这是目前最常用的 VRRP 解决方案。

还有一种比较特别的情况,如图 16-5 所示,当备份组的两台路由器由两台三层交换机来充当时,可以在两台交换机之间再加一条直连线,这根线连接的两个端口都配成 Trunk,使交换机 A、B 连通,可以实现负载分担并且增加冗余链路。

2. VRRP 配置

VRRP 的配置内容包括:添加虚拟 IP 地址,设置备份组中的优先级,设置备份组中的抢占方式和延迟时间,设置认证方式和认证字,设置备份组的定时器,设置监视指定接口。添加备份组接口的虚拟 IP 地址的参考命令如下(在 VLAN 接口视图下):

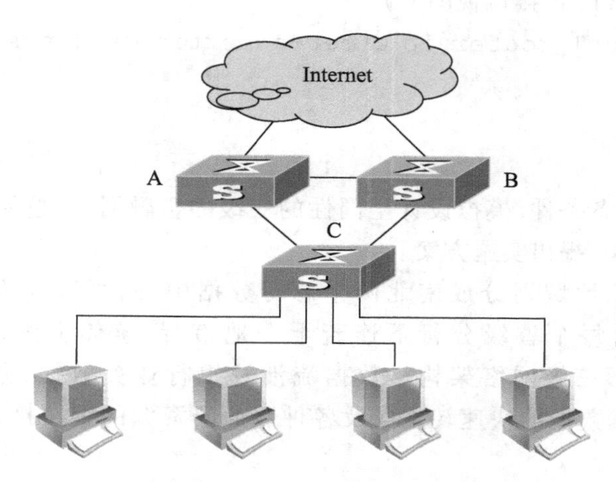

图 16-5 VRRP 与 STP

```
vrrp vrid virtual_router_id virtual-ip virtual-ip-address
```

这里的 virtual_router_id 定义了备份组号。备份组号范围是 1~255,虚拟地址可以是备份组所在网段中未被分配的 IP 地址,也可以是属于备份组某接口的 IP 地址。对于后者,称拥有这个接口 IP 地址的路由器为一个地址拥有者(IP Address Owner)。当指定第一个 IP 地址到一个备份组时,系统先创建这个备份组,以后再指定虚拟 IP 地址到这个备份组时,系统仅仅将这个地址添加到这个备份组的虚拟 IP 地址列表中。这条命令需要在备份组的所有接口配置,并且参数相同。

VRRP 中根据优先级来确定参与备份组的每台路由器的地位,备份组中优先级最高的路由器将成为 Master。优先级的取值范围为 0 到 255(数值越大表明优先级越高),但是可配置的范围是 1 到 254。优先级 0 为系统保留给特殊用途来使用,255 则是系统保留给 IP 地址拥有者。默认情况下,优先级的取值为 100。优先级是可选参数,如果没有配置优先级,默认情况下,路由器会自动选择备份组接口 IP 地址较大的路由器为 Master。

参考命令如下(在 VLAN 接口视图下):

```
vrrp vrid virtual_router_id priority priority
```

VRRP 备份组中的 Master 路由器通过定时(adver_interval)发送 VRRP 报文来向组内的路由器通知自己工作正常。如果 Backup 超过一定时间(master_down_interval)没有收到 Master 发送来的 VRRP 报文,则认为它已经无法正常工作。同时就会将自己的状态转变为 Master。用户可以通过设置定时器的命令来调整 Master 发送 VRRP 报文的间隔时间(adver_interval)。而 Backup 的master_down_interval 的间隔时间则是 adver_interval 的 3 倍。如果网络流量过大或者不同的路由器上的定时器差异等因素,会导致 master_down_interval 异常到时而导致状态转换。对于这种情况,可以通过将 adver_interval 的间隔时间延长和设置延迟时间的办法来解决。默认情况下,adver_interval 的值是 3 秒。

参考命令如下（在 VLAN 接口视图下）：

```
vrrp vrid virtual_router_id timer-advertise seconds
```

4　总体设计

总体设计

根据实验室现有设备条件，模拟设计全国性的三级的金融网络，按照网络工程的方法，规划网络结构，提出实施方案。

银行骨干网络按照地域划分成南北两个总行数据中心，可以互为备份，每个数据中心下连若干个省级分行，每个省级分行下连若干个地市行，整体上组成了一个总行数据中心—省行—地市行树形三级网络架构。数据流涉及银行业务数据、办公数据和 VoIP 数据等。总行数据中心完成数据的快速转发以及各种服务器资源的直接接入，省行和地市行作为银行业务延伸的途径。

在保证网络性能的前提下，尽量采用多种网络技术组建网络。既符合网络工程的各项要求，又能够体现足够的复杂性和可操作性，满足教学要求。

4.1　系统设计要求

考虑到金融业务数据的重要性，为了保证多项业务的顺利进行，需要一套高度稳定可靠、处理能力强大、安全性高、可管理并且能够兼容原有网络的平台，具体应该具有以下特点。

（1）高可靠、高智能：由于金融网络上运行的既有实时交易数据，又有办公自动化、IP 语音等重要数据，这些数据的高可靠传输将是多项网络业务正常运行的必要保证。这就要求必须拥有高可靠、智能化的网络。通过链路冗余、路由热备份负载均衡（VRRP）等技术提供高可靠、高智能的网络系统。

（2）更高的性能：要求网络产品在数据的转发能力、高端口密度、多样的物理或协议的兼容性方面有很高的性能。

（3）更高的安全性：由于金融网络上传递的数据可能包含资金、账号、密码等重要信息，如何保证这些信息安全可靠地在网络上传输是一个不容忽视的问题。利用全方位的网络安全技术，如入侵检测、网络弱点扫描、AAA 认证、访问控制列表、数据加密等技术，保证数据在网络上传输的安全性。

（4）更好的可管理性：作为一套考虑完善、可靠性要求极高的系统，网络管理是网络设计必不可少的考虑因素之一。

4.2　网络设计原则

（1）统一网络平台，业务系统有效隔离。在一个统一的物理网络上（IP）可以支撑出多个不同的业务网络，不同的业务网络之间彻底隔离，互访严格受控，形成专网效果。

（2）异地互备，充分保护的原则。提供完备的灾难备份解决方案，实现设备间、线路间、数据中心间的完全实时备份。

(3) 实施整体安全策略。保证业务系统之间的安全隔离,同时,利用全方位安全技术,保障数据安全。

(4) 高可扩展性。良好体系结构保证网络具有强大的业务可扩展性,支持未来批量业务的开发和拓展。

4.3 网络管理系统

好的网络构建不是性能优良设备的“堆砌”,随着网络规模的越来越大,网络会变得越来越复杂,网络的管理就显得尤为重要。本实验在 AS2 采用 H3C Quidview 网管软件对网络设备实施统一管理。其具体配置和操作请参考前面的相关实验。

4.4 网络接入的安全设计

1. VLAN 技术实现业务的隔离

由于银行业务部门众多,网络用户密集,结构也比较复杂,纯二层以太网交换机产品组建的网络往往会出现广播报文急剧增多而导致的网络转发效率降低的现象,同时,不同的部门处在同一个网络中,也可能产生安全漏洞,所以,有必要使用相应的网络技术来控制不同子网的广播范围,使用 VLAN(虚拟私有网)技术可以有效地隔离广播,控制不同网络用户的互访,不同 VLAN 之间通过三层交换机互通。VLAN 设计实现了部门之间的业务完全隔离的需求。

2. 802.1x 技术实现对终端用户的认证管理

IEEE 802.1x 是一种基于端口的网络接入控制技术,在 LAN 设备的物理接入级对接入设备进行认证和控制。连接在该类端口上的用户设备必须通过认证,才可以访问 LAN 内的资源;如果不能通过认证,则无法访问 LAN 内的资源,相当于物理上断开连接。

本次方案设计采用的交换机均支持 802.1x 本地或者 RADIUS 认证。在部分接入交换机上配置 802.1x 认证,主机必须通过认证才能访问网络,提供私网内部的安全机制。

3. 防火墙技术实现公网与私网的隔离

很多私网数据是不希望被发布到公网上去的,但是私网仍然需要从公网获取必要的信息。防火墙技术可以通过地址转换和访问控制来管理网络数据的流向,能很好地满足这种要求。

5 实验环境

(1) Quidway NE80 1 台,NE40 2 台,NE16E 1 台,NE05 1 台,R2600 系列中低端路由器 20 台,R1760 路由器 1 台,Eudemon 100 防火墙 1 台,S8016 1 台,S5516 2 台,S3526 12 台,S3026 1 台,服务器 4 台,各种线缆和光缆根据设备实际模块和接口准备。

(2) 由于本实验涉及 H3C 的全系列网络设备,所以对设备接口的编号并不相同。高端设备

（NE 系列、S8016、S6506）采用三段式编号，如 Ethernet 5/0/1，S5516、S3526、S3026 使用二段式编号，如 Ethernet 0/2，中低端路由器使用一段式编号，如 Ethernet 0，请大家对照本书配套北航学堂 MOOC 课程网站上的相关资料中各个设备的配置学习不同的编号方式和规律。

（3）实验时，请参照各个 AS 拓扑图上设备接口的实际位置进行连线和配置，以免出错。

6　网络详细设计

6.1　网络拓扑设计

网络拓扑结构和自治系统的划分

根据银行通信网络建设的目标和业务需求，在充分分析现有通信网络存在的问题及业务的基础上，模拟构建全国规模的银行通信骨干网。银行骨干网是整个银行网络运行的基础网，应能满足银行多业务、高带宽应用的需求，因此骨干网将建成一个承载多种业务的网络平台。

根据行政关系及重要性将全网大体分为三级：总行数据中心担负着繁重的数据交换任务，是全网的核心，构成一级骨干网络；每个省级分行需要处理相当数量的不同业务流，作为数据中心和地市行之间的桥梁，构成二级网络；各地市行主要完成用户接入和汇聚流量的任务，处于网络的边缘，构成三级网络。

如图 16-6 所示，全网划分为 4 个 AS，AS 之间运行 BGP。以 AS1、AS2 作为南方和北方两个数据中心，核心层设备都部署在这两个 AS，为了保证可靠性，使用了链路备份、设备备份技术，所采用的路由协议分别为 OSPF 和 RIP。而 AS3、AS4 作为两个省级网络分别连接到各自归属的数据中心，其内部又分为省行和地市行，由于网络设备较多，这两个 AS 都采用 OSPF 协议。AS1 中 OSPF 只有一个区域 area0，AS3 以 rt9 和 rt10 作为边界设备将整个自治系统划分为 3 个 area，省行为 area0，两个地市行分别为 area1 和 area2，AS4 与 AS3 类似。详细内容请参考本书配套北航学堂 MOOC 课程网站上的相关资料中给出的各个设备的配置信息及注释。

各个 AS 内部的网络逻辑层次可以这样划分：数据中心和省行中处于拓扑中间位置的交换机位于核心层，所有 AS 边界路由器以及连接省行与地市行的路由器位于汇聚层，所有与用户设备以及服务器直连的交换机位于接入层。

6.1.1　总行数据中心网络设计

总行设备原则上要满足高性能、大负荷网络运行需求。自治系统内，主要使用 S8016 和 S5516 等高性能三层交换机设备，它们采用了大容量交换芯片和高性能网络处理器，提供完善的 Diff-Serv/QoS 保证和业务流量控制机制，能满足较高的网络需求。自治系统之间采用高性能的路由器作为互联设备。这里核心设备采用 Quidway NetEngine 系列高端路由器，备份设备则采用 R2600 系列中低端路由器，如图 16-7 和图 16-8 所示。

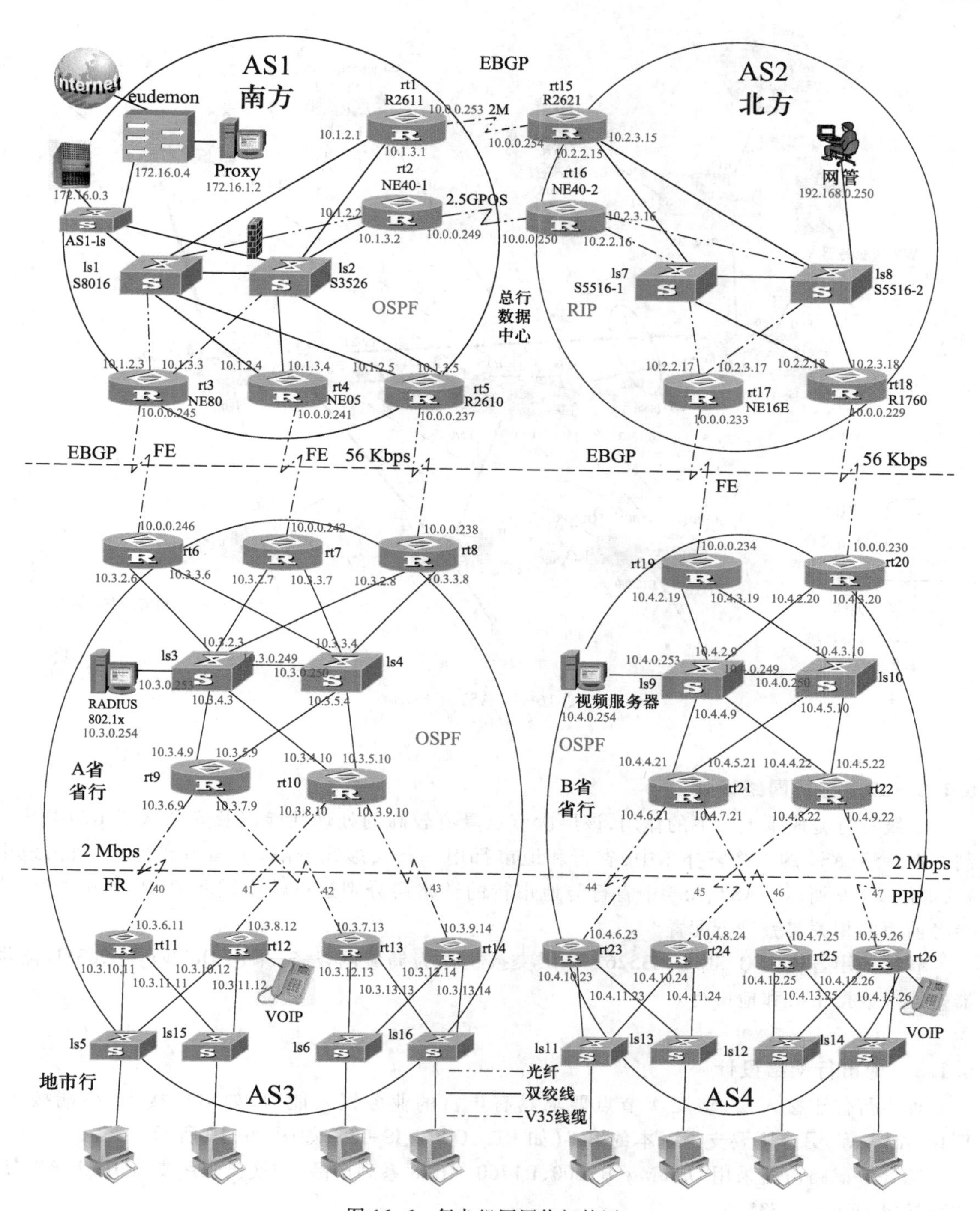

图 16-6 复杂组网网络拓扑图

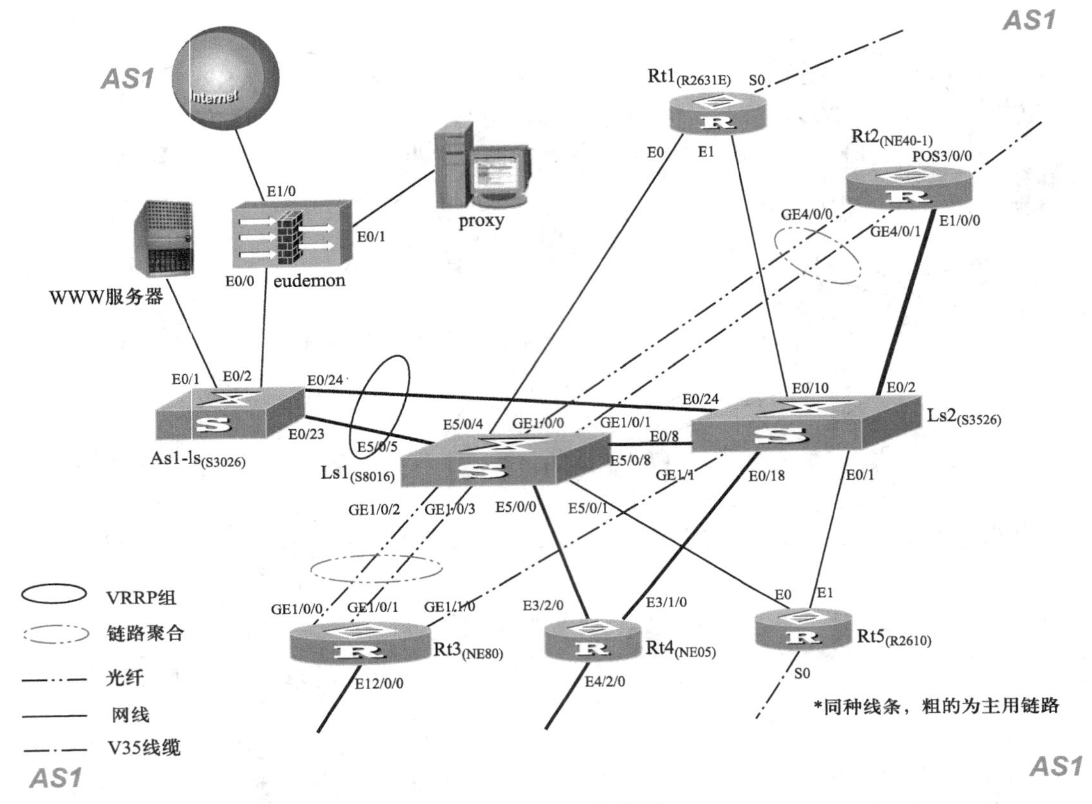

图 16-7　AS1 拓扑图

6.1.2　二级省行网络设计

二级省行完成承上启下的作用，该层次节点具有较高的处理性能以及安全认证 RADIUS 机制。在 AS3、AS4 的网络拓扑图中，省行和地市行用一条长虚线分隔，上面为省行，下面为地市行，如图 16-9 所示。AS3、AS4 中省行与地市行的链路层分别运行帧中继和 PPP chap 协议，请参考前面的相关实验进行配置。

省行采用普通的 Quidway S3526E 三层交换机作为局域网设备，采用 Quidway R2631E 路由器来连接数据中心和地市行。

6.1.3　地市行网络设计

地市行位于接入层，该层次节点要求具有丰富的业务接入能力，如串口接入、终端接入、VoIP、AAA 等，另外需要支持基本的 IGP（如 RIP、OSPF、IS-IS），如图 16-10 所示。

综合考虑路由器采用 Quidway R2600、R1760、AR28 系列产品，交换机采用支持 IEEE 802.1x 的交换机 Quidway S3526。

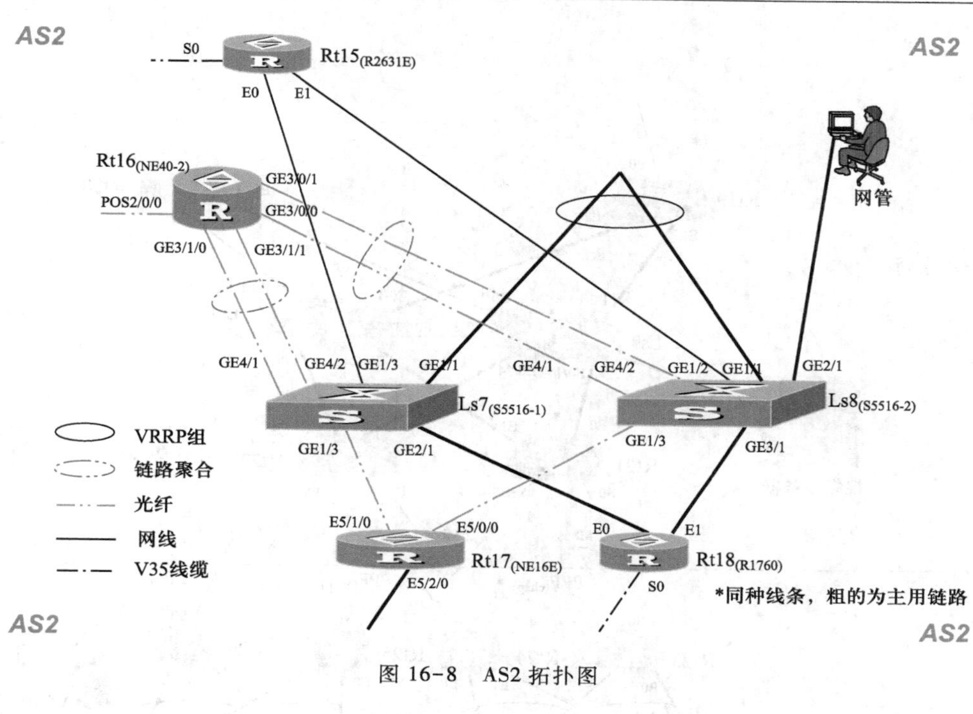

图 16-8 AS2 拓扑图

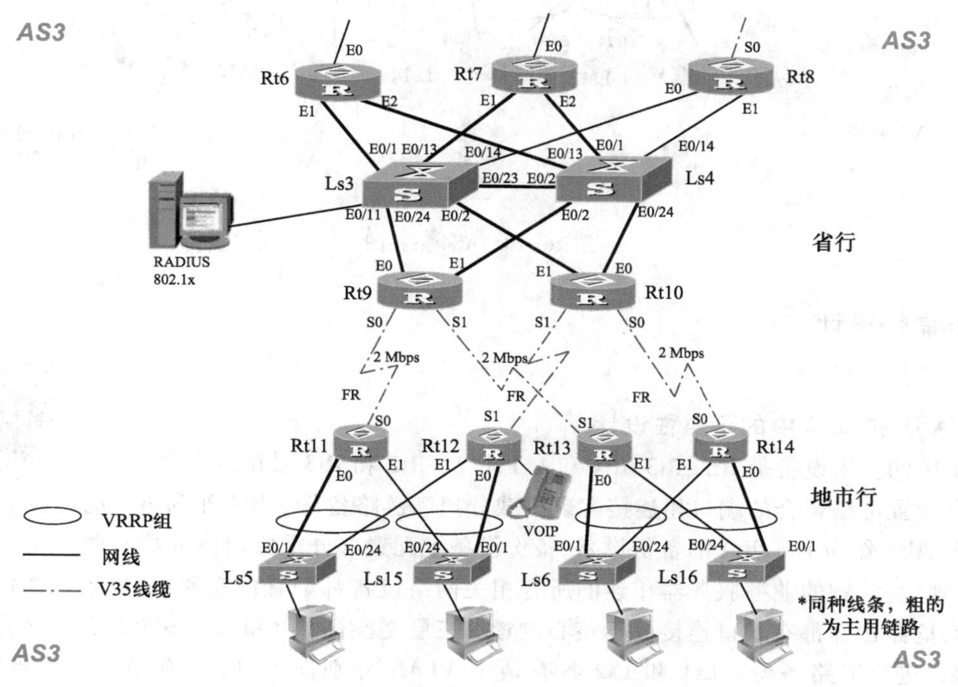

图 16-9 AS3 拓扑图

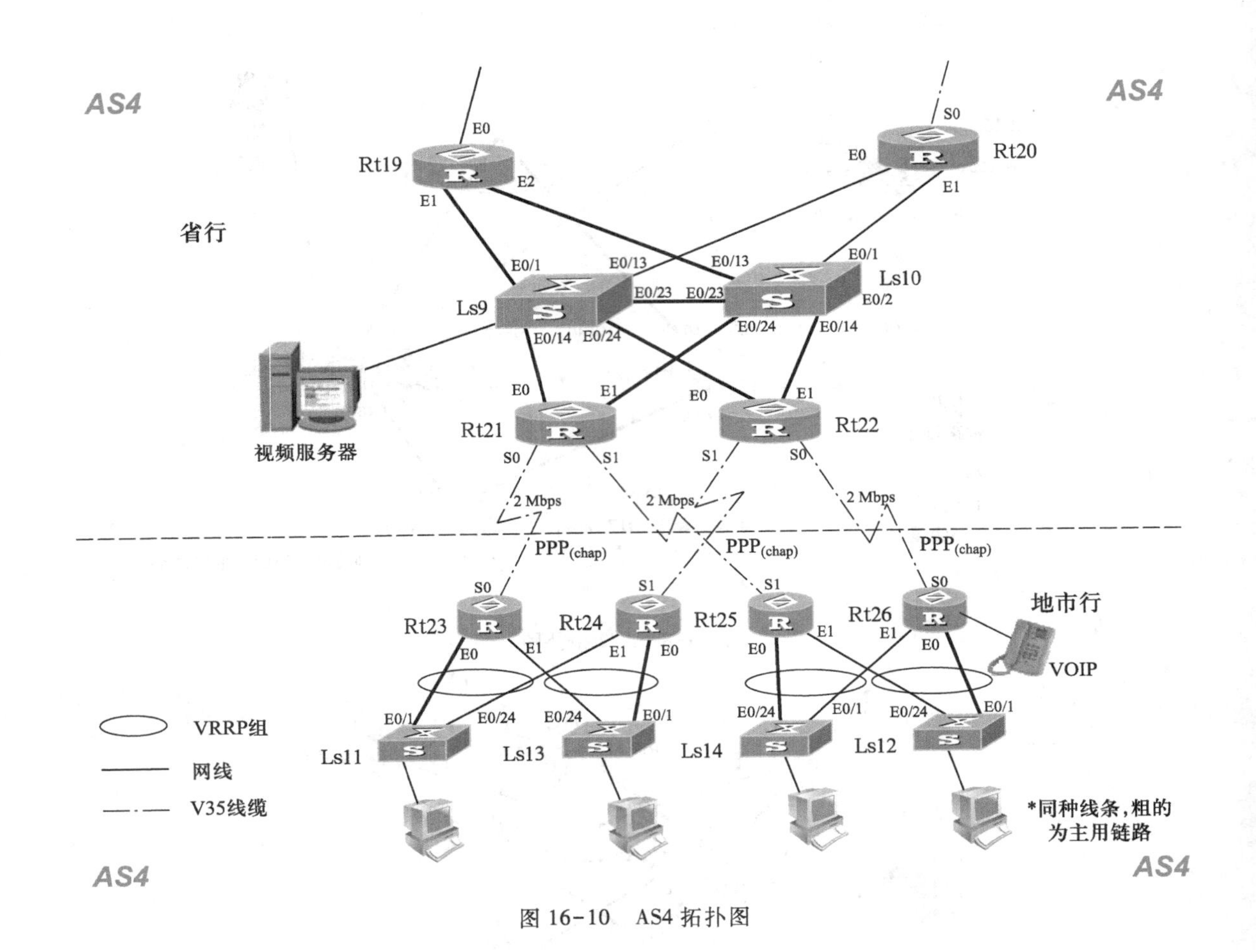

图 16-10　AS4 拓扑图

6.2　可靠性设计

可靠性设计

6.2.1　AS1 和 AS2 中的可靠性设计

AS1 中的主用设备是 Rt2、Rt3、Rt4 和 Ls1、Ls2。Rt2 和 Rt3 采用以太网 Trunk 与 Ls1 上配置链路聚合的端口相连接实现负载分担和链路备份。Rt1 作为 Rt2 的备份设备，Rt5 作为 Rt3、Rt4 的备份设备，备份设备上配置部分重要网段的静态路由，相应地，与关键的业务服务器相连的所有相关网络设备都配置静态路由，以备网络故障时使用。所有的路由器都有端口连接处于核心位置的三层交换机 Ls1 和 Ls2，这些网络设备通过运行 OSPF 协议进行链路备份。Ls1 和 Ls2 各有两个 VLAN 分别向上、向下连接各个边界路由器。AS1-ls 作为 AS1 的接入设备，防火墙和数据服务器以及 AS1 中的用户分别接在 AS1-ls 的

vlan100 和 vlan101 上，再通过 AS1-ls 的两个 Trunk 口向上连接 Ls1 和 Ls2，Ls1 和 Ls2 组成 VRRP 备份组提供设备备份。Ls1 和 Ls2 之间用一根网线直连，可以看到，每个 AS 中都有类似的结构，把这根线称为心跳线，它在网络可靠性的设计中有非常关键的作用（注意：不同 AS 的心跳线配置并不完全一样）。在 AS1 中，AS1-ls、Ls1、Ls2 三台交换机连成环路，以 AS1-ls 为根，运行 STP，心跳线连接的端口配置成 Trunk，连接 vlan100 和 vlan101，Ls1 和 Ls2 分别在 vlan100 和 vlan101 上启动 OSPF 协议。这样，在链路层，当 AS1-ls 与 Ls1 或 Ls2 的连线出现故障时，心跳线可以起到负载分担和链路备份的作用，在网络层，心跳线作为冗余链路，可以在网络故障时作为连接 Ls1 和 Ls2 的桥梁。

AS2 中的主用设备是 Rt16、Rt17 和 Ls7、Ls8。从 Rt16 到 Ls7、Ls8 的连接采用了链路聚合技术。与 As1 类似，Rt15 作为 Rt16 的备份，Rt18 作为 Rt17 的备份，因为 AS2 运行 RIP，所以配置静态路由时需要注意令其优先级低于 RIP 路由。Ls7 和 Ls8 除了连接心跳线的端口之外，其他端口处于同一个 VLAN，将其 IP 地址分别配置成 10.2.2.7/24 和 10.2.3.8/24，与这两个 VLAN 连接的边界路由器端口也都配置在相同的网段，这样 Ls7 和 Ls8 在正常情况下就被当作二层设备使用。将 Rt16、Rt15 和 Rt17、Rt18 分别配置成两个 VRRP 备份组，以 Rt16 和 Rt17 为主用设备（因为设备数量不足，在 AS2 的两个出口都只设有一条主用链路，如果设备充足，也可以像 AS1、AS3 那样设两条主用链路，这时可以在 VRRP 设置中将不同的设备作为主用，实现数据分流）。用户通过 Ls7、Ls8 或其级联交换机接入。心跳线连接的两个端口分别加入一个 VLAN，并在这两个 VLAN 接口上配置 IP 地址，运行 RIP，心跳线只在网络层作为冗余链路使用。

AS2 的网络拓扑与 AS1 有些类似，但这里采用了不同的可靠性设计方案，请结合实验比较两种方案的优劣。

6.2.2　AS3 和 AS4 中的可靠性设计

AS3 和 AS4 中运行 OSPF 协议。省行用路由协议进行链路备份，两台交换机之间的心跳线连接的两个端口所在的 VLAN 分别分配 IP 地址并且启动 OSPF 协议。

每个地市行配置两个 VRRP 备份组，实现设备备份和数据分流。下面以 Rt11 和 Rt12 所在的地市行为例进行说明。在 Rt11 的 E0 口上作如下配置：

```
[Rt11-Ethernet0] vrrp vrid 11 virtual-ip 10.3.10.1
[Rt11-Ethernet0] vrrp vrid 11 priority 110
[Rt11-Ethernet1] vrrp vrid 12 virtual-ip 10.3.11.2
```

在 Rt12 的 E0 端口上作如下配置：

```
[Rt12-Ethernet1] vrrp vrid 12 virtual-ip 10.3.11.2
[Rt12-Ethernet1] vrrp vrid 12 priority 120
[Rt12-Ethernet0] vrrp vrid 11 virtual-ip 10.3.10.2
```

Rt11 和 Rt12 各有一个端口连接到 Ls5 和 Ls15，不同身份的用户经由不同的交换机接入。

6.3　IP 地址的分配、设备编号以及 router id 的规划

因为实验网络是按照全国范围的规模来进行设计的，所以这里使用 A 类网络地址 10.0.0.0/8 来进行全局规划。每个 AS 的地址按照 AS 号依次为 10.1.0.0/16、10.2.0.0/16、10.3.0.0/16、10.4.0.0/16，10.0.0.0/24 的地址分配给所有 AS 边界路由器使用，其余地址预留。各个 AS 内部用 IP 地址的第三字节来标识不同网段，最后一个字节使用设备的统一编号，这样看到一个设备的 IP 地址就可以很容易地确定它在网络中的位置，例如，AS4 中的 Rt21 共有 4 个端口，被分配了 4 个 IP 地址，它们依次为 10.4.4.21、10.4.5.21、10.4.6.21、10.4.7.21。为了节省地址，分配给每一对边界路由器的地址都采用 30 位掩码，全网所有的服务器都采用 30 位掩码。各 AS 的边界路由器以及 Rt12 和 Rt26 上的 Loopback 地址都使用 32 位或者 30 位掩码。AS1 中的防火墙和 WWW 服务器使用 172.16.0.0/28 网段，用户接入使用 10.1.0.0/24 网段。网管系统使用 192.168.0.0/24 网段，Ls7 和 Ls8 使用 28 位掩码，运行网管软件的主机也采用 28 位掩码。

网络设备采用全局统一编号，路由器以“Rt”作为前缀，交换机以“Ls”作为前缀。

所有运行 OSPF 的路由器和三层交换机都要配置 Router id。Router id 按照下面的规则来命名：假设 router id 为 A.B.C.D，则 A 为自治系统号；B 代表设备类型，路由器为 1、交换机为 2；C 保留，默认值为 1；D 为设备编号，例如，Ls7 的 router id 就是 2.2.1.7。

6.4　路由设计

路由设计

AS2 运行 RIP，其他各个 AS 运行 OSPF 协议。各个 AS 内部的 IGP 请参考本书前面的有关实验进行配置，下面主要分析与 BGP 相关的路由配置，网管系统和 RADIUS 认证系统的路由设计请参考 IP 电话、外网代理服务器的设计思想自行完成，具体配置请参考本书配套北航学堂 MOOC 课程网站上的相关资料。

6.4.1　BGP 邻居的配置

BGP 抽象拓扑图如图 16-11 所示。

建立 BGP 邻居使用 Loopback 地址，配置方式是在 BGP 视图下，使用以下两条命令：

[bgp]peer x.x.x.x as-number number　//number 是 peer 所在的 AS 号

[bgp]peer x.x.x.x connect-interface LoopBack x　//句末的 x 是 Loopback 接口号

邻居关系如下。

AS1：Rt1、Rt2、Rt3、Rt4、Rt5 之间相互配置建立 IBGP 邻居；Rt1 与 Rt15，Rt2 与 Rt16，Rt3 与 Rt6，Rt4 与 Rt7，Rt5 与 Rt8 之间配置建立 EBGP 邻居。

AS2：Rt15、Rt16、Rt17、Rt18 之间相互配置建立 IBGP 邻居；Rt1 与 Rt15，Rt2 与 Rt16，Rt17 与 Rt19，Rt18 与 Rt20 之间配置建立 EBGP 邻居。

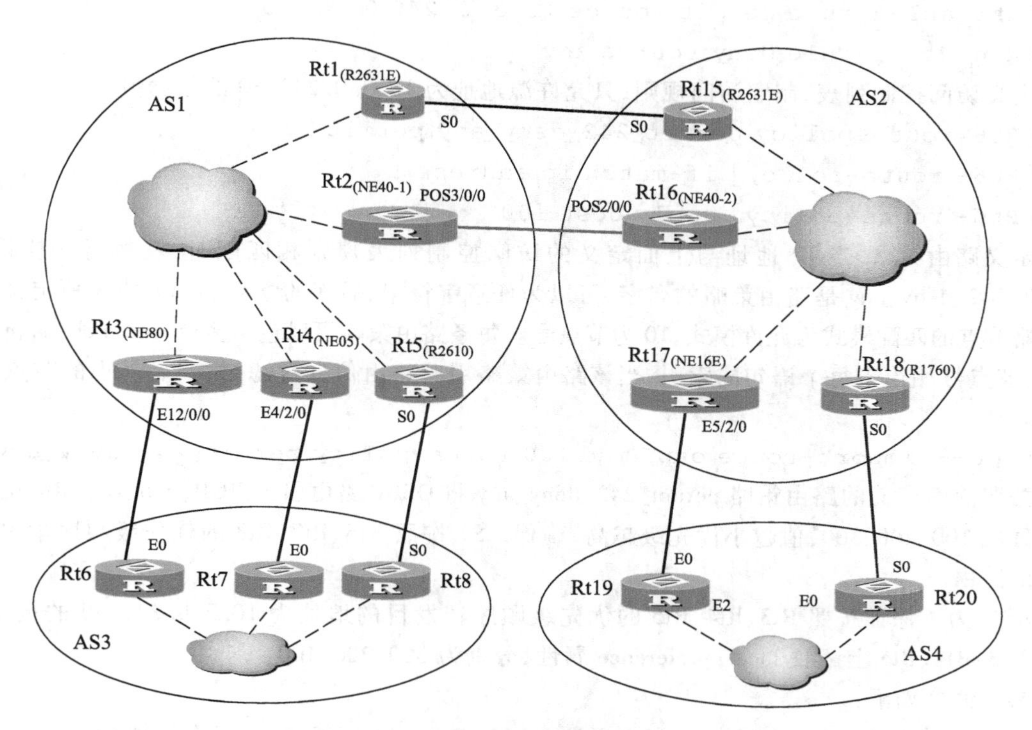

图 16-11　BGP 抽象拓扑图

AS3:Rt6、Rt7、Rt8 之间相互配置建立 IBGP 邻居;Rt3 与 Rt6,Rt4 与 Rt7,Rt5 与 Rt8 之间配置建立 EBGP 邻居。

AS4:Rt19、Rt20 之间相互配置建立 IBGP 邻居;Rt17 与 Rt19,Rt18 与 Rt20 之间配置建立 EBGP 邻居。

用 display bgp peer 命令查看 BGP 邻居状态,当邻居状态为 Established 时,说明邻居关系建立成功。

6.4.2　发布 IP 电话路由

IP 电话接在 Rt12 和 Rt26 上,双方为了实现 VoIP 通信,Rt12 和 Rt26 必须相互学习到对方的路由,在这两台路由器上配置 Loopback 地址供 IP 电话寻址使用,其地址分别为 10.3.0.242/30 和 10.4.0.242/30。实验中通过 BGP 发布双向的路由,以下主要分析依照 AS3→AS1→AS2→AS4 的方向发布 10.3.0.242/30 路由的配置过程,反向的路由配置与此类似。

AS3:在 Rt6、Rt7、Rt8 上使用 route-policy 发布 10.3.0.242/30 的路由。

参考命令如下:

```
[Rt6]acl 1
```

```
[Rt6-acl-1]rule permit source 10.3.0.242 0.0.0.3
[Rt6-acl-1]rule deny source any
```

定义访问控制列表，制定访问规则，只允许源地址为 10. 3. 0. 242/30 的数据报。

```
[Rt6]route-policy permit_242_deny_any permit 10
[Rt6- route-policy] if-match ip address 1
[Rt6- route-policy] apply cost 100
```

定义路由策略，当 IP 地址与上面定义的访问控制列表规则相匹配时，就执行相应操作。permit_242_deny_any 是路由策略的名字，可以为任意字符串，后面的参数 permit 指定所定义的路由策略节点的匹配模式为允许模式，10 为节点号。每条路由策略可以包括多个 if-match{}apply{}语句，节点号相当于每个语句的索引，当该路由策略用于路由信息过滤时，节点号小的节点优先级高。

```
[bgp-3]import-route ospf med 100 route-policy permit_242_deny_any
```

按照前面定义的路由策略 permit_242_deny_any 将 OSPF 路由引入 BGP，Rt6、Rt7、Rt8 的 med 值配置成 100、200、300，值越小优先级越高，确保 AS1 按照 Rt6、Rt7、Rt8 的优先级顺序学习 AS3 发布的路由。

AS1：为了保证按照 Rt3、Rt4、Rt5 的优先级顺序转发目的地址为 10. 3. 0. 242/30 的报文，需要在 Rt3、Rt4、Rt5 上配置 local-preference 属性，分别为 300、200、100：

参考命令如下：

```
[bgp-1]default default-local-pref 100      //值越大，优先级越高
```

因为 AS1 内的主机对 10. 3. 0. 242/30 路由不感兴趣，所以不需要将其引入到 OSPF 协议中，只需通过 BGP 向 AS2 发布即可。需要取消 BGP 同步，强制修改下一跳属性。

参考命令如下（在 Rt3、Rt4、Rt5 的 BGP 视图下）：

```
[bgp-1]undo synchronization
[bgp-1]peer x.x.x.x next-hop-local
```

在 Rt1 和 Rt2 上配置路由过滤，只向 AS2 发布 10. 3. 0. 242/30 的路由。

参考命令如下：

```
[Rt2]ip ip-prefix permit1 permit 10.3.0.242/30
[bgp-1]filter-policy ip-prefix permit1 export
```

AS2：配置思想与 AS1 类似。

AS4：参考 AS2 配置 local-preference 属性，再把 10. 3. 0. 242/30 的路由引入到本地的 OSPF，使 Rt26 可以学习到。

当完成上述双向的 BGP 配置以后，两端的 VoIP 就可以实现了。

6.4.3　配置外网代理服务器的路由

AS1：用路由策略将 172. 16. 1. 2/32 的路由在 AS 边界对外发布，并通过路由过滤引入各个

自治系统需要访问互联网的主机的路由，让 proxy 服务器学习到。

AS2、AS3、AS4：用路由策略发布需要访问互联网的主机的路由，并通过路由过滤将 172.16.1.2/32 的路由引入本地路由协议。

6.4.4 配置多出口 AS 的边界路由器需注意的问题

多出口 AS 如果把外部路由引入到内部路由协议中，则需要在几台 local-preference 优先级较低的边界路由器上做配置，使 IGP 的优先级低于 EGP，或者在 IGP 中配置过滤策略禁止通过 IGP 学习指定路由，否则 BGP 的边界路由器将通过 IGP 学习外部路由，而不是像期望的那样通过 BGP 学习。在本实验中，AS2、AS3、AS4 分别把 172.16.1.2/32、10.4.0.242/30 和 10.3.0.242/30 引入了 IGP，需要做相应的配置。配置方法在不同 VRP 版本的 H3C 路由器上有所不同：在 3.xx 以上版本的设备上比较简单，只要修改 IGP 中外来路由的优先级就可以了，配置命令如下：

[ospf]preference ase x /* x 越大优先级越低，x 应低于相应的 BGP 路由的优先级 */

在 1.74 版本的路由器上没有这条命令，需要在 OSPF 协议中配置过滤，方法是，先定义访问控制列表，禁止指定的外部路由，再在 OSPF 中应用。参考命令如下：

```
[router-acl11]rule deny source x.x.x.x wildcast
[router-acl11]rule permit source any
[ospf]filter-policy 11 import
```

6.5 隔离不同业务流的设计

业务流的隔离主要通过以下 4 个方面的配置来实现：各 AS 的接入层 VRRP 备份组的配置，汇聚层路由器上防火墙的配置，各个 AS 内部 IGP 中不同链路的 cost 值的配置，AS 之间向 BGP 中引入 IGP 路由时在 route-policy 中不同的 local-preference 的配置。下面分别进行说明。

6.5.1 VRRP 备份组的设计

在各个 AS 的接入层都配置两个或更多的 VRRP 备份组，如图 16-12 所示。在 AS3、AS4 中，两交换机分别连接两台路由器；AS1 中用户和重要服务器的接入方式与 AS3、AS4 类似；AS2 中，两台交换机连接所有的 AS 边界路由器，将部分边界路由器配置成 VRRP 组。不同的业务通过不同的交换机接入，使它们分别处于不同的网段，这样用户数据在接入层就可以实现分流。例如，AS3 中，Rt11 和 Rt12 连接 Ls5 和 Ls15，与 Ls5 相连的两个端口的 IP 地址配置为 10.3.10.0/24 网段，与 Ls15 相连的两个端口的 IP 地址配置为 10.3.11.0/24 网段。与 Ls5 对应的 VRRP 组将 Rt11 设为 master，Rt12 设为 backup，与 Ls15 对应的则相反。

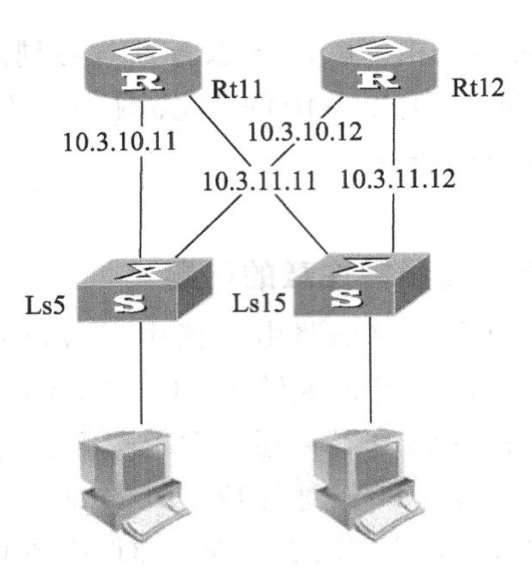

图 16-12　VRRP 备份组设计图

6.5.2　路由器上防火墙的相关设计

为了完全隔离业务,达到专网效果,还要对用户的访问加以控制,禁止处于不同业务区域的主机互相访问。在每一处用户接入路由器上,配置相应的防火墙就可以达到这样的目的。例如,图 16-9 的 AS3 里面 Rt11 和 Rt12 所连接的地市行,处于不同业务区域的主机通过路由器是可以互相通信的,要达到隔离的目的就需要在路由器上进行相关的配置。下面以 Rt11 为例,给出参考命令。

定义扩展访问控制列表:

```
[Rt11] acl 101
[Rt11-acl-101] rule normal deny ip source 10.3.10.0 0.0.0.255 destination 10.3.11.0 0.0.0.255
[Rt11] acl 102
[Rt11-acl-102] rule normal deny ip source 10.3.11.0 0.0.0.255 destination 10.3.10.0 0.0.0.255
```

使能防火墙:

```
[Rt11]firewall enable
```

在相应端口配置防火墙过滤:

```
[Rt11-Ethernet0]firewall packet-filter 101 outbound
[Rt11-Ethernet1]firewall packet-filter 102 outbound
```

其他业务区域可以参考上面的命令进行配置。

6.5.3　IGP 的相关设计

通过在 IGP 中配置不同的 cost 值来引导数据流向不同的路径转发,下面以 AS3 为例进行分析。如图 16-13 所示,正常情况下,希望来自 Rt9 的数据流按照 Rt9 →Ls3 →Rt6 的路径转发,而来自 Rt10 的数据流按照 Rt10 →Ls4 →Rt7 的路径转发;链路故障时,使数据流的转发经过尽量少的路由次数,也就是说,尽量不经过心跳线,心跳线只有在最万不得已的情况下才用。为达到以上目的,按照图中所示来配置各链路的 cost 值。配置完成后可以查看 Rt6 和 Rt7 上的路由表来验证配置的正确性。

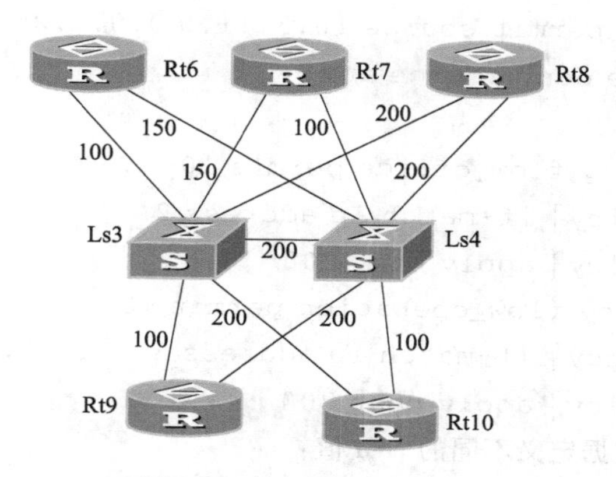

图 16-13 IGP 配置示意图

6.5.4 BGP 的相关设计

在 AS 边界,通过源地址来区分不同数据流。如图 16-14 所示,AS1 和 AS3 通过两条运行 BGP 的高速链路相连(另外一条低速链路作为备份,这里不关心备份链路的配置)。

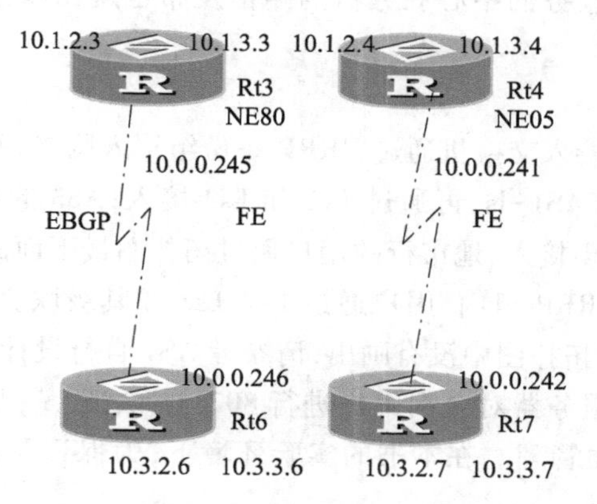

图 16-14 BGP 配置示意图

在 Rt6 和 Rt7 上面配置 route-policy,分别为 10.3.10.0/24 和 10.3.11.0/24 设置不同的 cost 值(如 100 和 200),在将这两条路由引入 BGP 时配置不同的 med 值(如 100 和 200)。以 Rt6 为例,参考命令如下。

定义访问控制列表：

```
[Rt6]acl 2
[Rt6-acl-2]rule permit source 10.3.10.0 0.0.0.255
[Rt6-acl-2]rule deny source any
[Rt6]acl 3
[Rt6-acl-3]rule permit source 10.3.11.0 0.0.0.255
[Rt6-acl-3] rule deny source any
```

定义路由策略：

```
[Rt6]route-policy flow_office permit 10
[Rt6- route-policy] if-match ip address 2
[Rt6- route-policy] apply cost 100
[Rt6]route-policy flow_opetation permit 10
[Rt6- route-policy] if-match ip address 3
[Rt6- route-policy] apply cost 200
```

对来自不同网段的数据定义不同的 med 值：

```
[bgp-3]import-route ospf med 100 route-policy flow_office
[bgp-3]import-route ospf med 200 route-policy flow_operation
```

Rt7 上的配置类似，只是 cost 和 med 值的配置不同。

在 Rt3 和 Rt4 上，则需要在路由策略里面为这两个网段的路由配置不同的 local-preference 值，然后将其引入 IGP。

同理，AS1 中提供不同服务的中心服务器的路由发布也遵循以上的策略。

6.6　用户接入方式

用户接入方式

各个 AS 的用户直连到接入交换机通过 VRRP 备份组接入网络，例如，AS1 的用户可以通过交换机级联到 AS1-ls，再通过 Ls1 和 Ls2 接入；AS3 的省行用户将交换机连接到 Ls3 和 Ls4 实现接入，地市行的用户通过拓扑图最下面的交换机接入。AS2 中把部分的边界路由器配置在一个 VRRP 组内，用户通过 Ls7、Ls8 或其级联交换机接入。AS3、AS4 中省行用户接入点的二层交换机在拓扑图中没有画出，请参考 AS1 自行设计。

在 AS3 中设有 CAMS 服务器对全网用户进行 802. 1x 认证。一般来说，这样的认证服务器应该部署在两个金融中心以便管理。在本书的实验环境下，为保证不同分组内学生的工作量大致相等，才做这样的设计。

这里使用的软件是 H3C 公司的 CAMS（Comprehensive Access Management Server）综合访问管理服务软件，如图 16-15 所示。这套软件可以针对包括用户分级管理、IP 地址动态分配的管理、信息安全保障等网络运营管理和安全问题，提供一套全网解决方案。软件分为服务器端和客户端，下面分别进行介绍。

图 16-15 CAMS 服务器组网图

6.6.1 服务器端的配置

用户可以在服务器上或者从远端用 IE 等浏览器登录服务器，以 admin 身份进入管理系统，执行下列操作。添加一个账号用户：选择“用户管理”组中的“账号管理”选项，可以看到所有存在的账号。单击“增加”按钮，进入“增加账号用户”界面，输入用户名、密码和用户基本信息等，如图 16-16 所示。

CAMS配置管理系统
华为技术有限公司 Huawei Technologies
操作员：ADMIN (40.0.2.13) 登录时间：2004年6月5日 星期六 上午09时05分18秒 CST
CAMS
用户管理
帐号用户
卡号用户
黑名单用户
资费管理
时段优惠
优惠策略
帐务管理
充值卡号
用户帐单
用户费用
业务管理
安全管理
系统管理
系统参数
系统日志
操作日志
用户日志
数据导出
数据导入
文件配置
在线用户
系统监控
弹出式广告
帮助
注销
用户管理 >> 帐号用户 >> 增加帐号用户
增加帐号用户
* 帐号名： student
* 用户密码： ******* * 密码确认： *******
用户基本信息
* 用户姓名： 学生 证件号码： 123456789
联系方式： 北航大三学生宿舍
* 帐号类型： 普通帐号
下一步 返回 帮助

图 16-16 “增加账号用户”界面

单击“下一步”按钮。进入用户业务管理界面，申请所需业务，如 LAN 接入业务，如图 16-17 所示。填写完成后，单击“确定”按钮，申请完成。

选择“系统管理”组中的“文件配置”选项，选择客户端配置文件，单击“修改”按钮，进入“修改客户端配置文件”界面，单击“增加”按钮，进行修改配置项界面，如图 16-18 所示，把参数设置好。

LAN接入业务申请 - Microsoft Internet Explorer

LAN接入业务申请

* 业务名: www　　业务密码:
* 费率级别: 第三等级　　密码确认:
* 基本费率: 上网费　　* 优惠策略: 上
☑ 限制在线用户数量
☑ IP地址绑定　　☐ 启用IP地址自动
起始IP地址: 40 . 0 . 2 . 65　　终止IP地址: 40
☐ 物理端口绑定
设备IP地址:　　端口号:
槽号:　　子槽号:
虚拟网号:
☐ 使用访问控制
外部组:　　内部组:
☐ MAC地址绑定 ☐ 启用MAC地址自动学习　　指定MAC地址:
☐ 限制接入时段　　接入时段策略:

图 16-17　“LAN 接入业务申请”界面

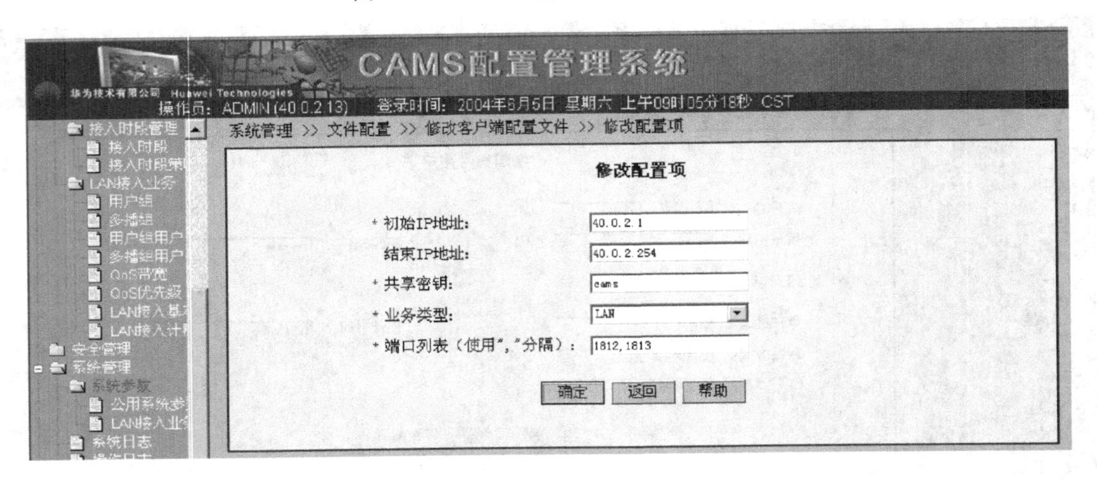

图 16-18　“修改配置项”界面

单击“确定”按钮,修改完成。

注意:要返回“文件配置”界面,选中客户端配置文件,单击“立即生效”按钮,以使配置生效。

6.6.2　用户接入交换机参考配置

参考配置命令如下:

```
[S3526]radius scheme cams
    New Radius server
[S3526-radius-cams]server-type huawei
```

```
[S3526-radius-cams]primary authentication 10.3.0.254 1812
[S3526-radius-cams]primary accounting 10.3.0.254 1813
[S3526-radius-cams]key authentication cams
[S3526-radius-cams]key accounting cams
[S3526-radius-cams]user-name-format without-domain
[S3526-radius-cams]quit
[S3526]domain cams
    New Domain added.
[S3526-isp-cams]radius-scheme cams
[S3526-isp-cams]access-limit disable
[S3526-isp-cams] state active
[S3526-isp-cams] idle-cut disable
[S3526]domain default enable cams
[S3526]dot1x
    802.1x is enabled globally
[S3526]interface e 0/13
[S3526-Ethernet0/13]dot1x   //在用户接入的端口上启动 802.1x 认证
[S3526]quit
```

6.6.3 用户计算机的设置

在用户计算机上,安装 802.1x 认证客户端(HWSupplicantV2.01(Nx_ch))。运行 802.1x 认证客户端,输入用户名和密码,如图 16-19 所示。

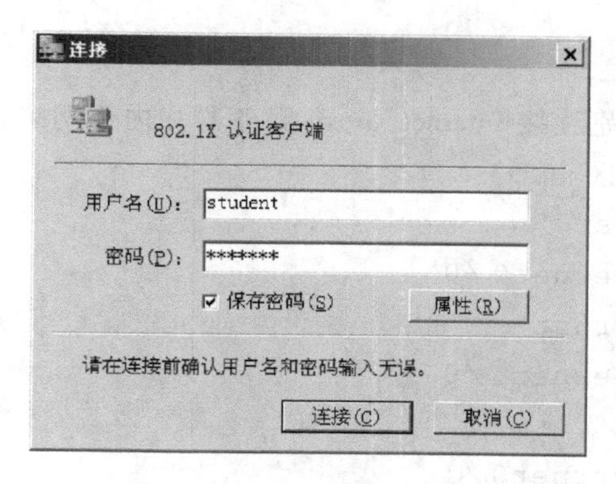

图 16-19 802.1x 认证客户端

单击“属性”按钮,选择“其他”选项卡,勾选“获取 IP”组中的“上传客户端的 IP 地址”复选框,单击“确定”按钮,如图 16-20 所示。

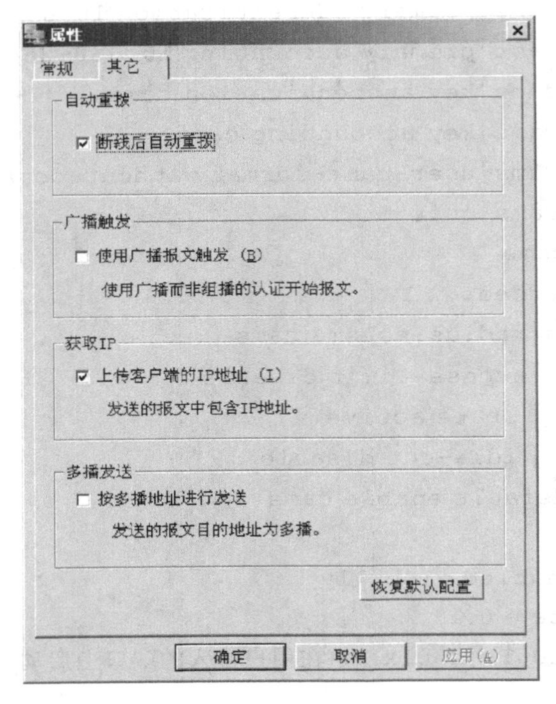

图 16-20　“属性”对话框

返回“连接”对话框,单击“连接”按钮即可。

经过以上的操作,用户终端的上网已经在 CAMS 的管理之下了,系统可以统计用户的上网时长,也可以控制上网时段,以及进行一些其他的管理。

6.7　公网访问的控制

防火墙有 3 个接口,分别连接 Internet、proxy 服务器和内部网络,将 3 个接口分别加入到不可信区、非军事化区和可信区。

```
firewall zone trust
add interface Ethernet0/0
firewall zone untrust
add interface Ethernet1/0
firewall zone DMZ
add interface Ethernet0/1
```

在不可信区和非军事化区之间配置地址转换,只允许 proxy 服务器访问 Internet,在非军事化区和可信区之间配置访问控制策略,允许本地主机访问 proxy 服务器。参考配置如下:

```
firewall interzone trust DMZ
```

```
firewall permit local ip
firewall interzone DMZ untrust
nat outbound 2000 interface Ethernet1/0
```

proxy 服务器为用户提供 WWW、FTP、DNS 等服务，负责管理用户列表，只对得到授权的用户提供服务。本实验采用北京遥志软件开发的 CCProxy 作为代理服务器软件。软件主界面如图 16-21 所示。

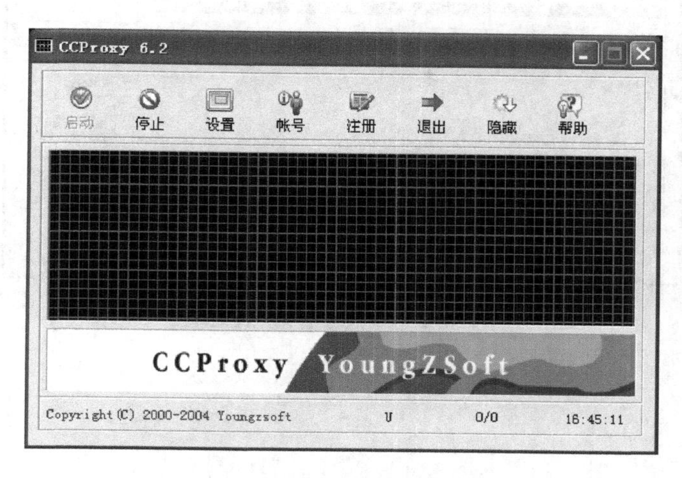

图 16-21 CCProxy 软件主界面

在“设置”对话框中，可以设定服务内容及其对应的端口，如图 16-22 所示。软件默认不启动 DNS 服务，本实验需要启动 DNS 服务，上网用户把 DNS 服务器地址设为代理服务器地址 172.16.0.2。

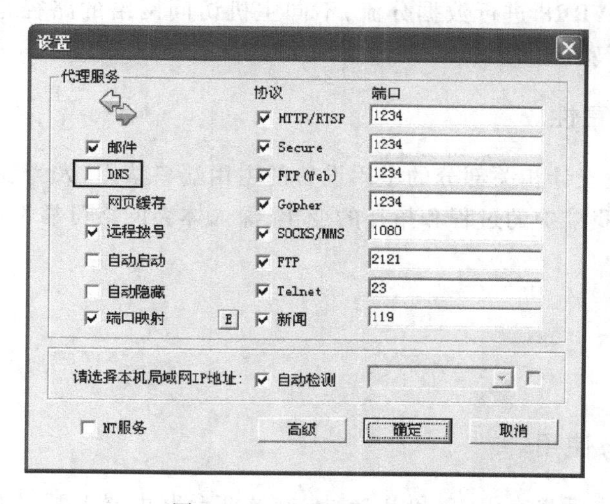

图 16-22 “设置”对话框

在“账号管理”对话框中，可以设定账号属性，管理用户账号，如图 16-23 所示。

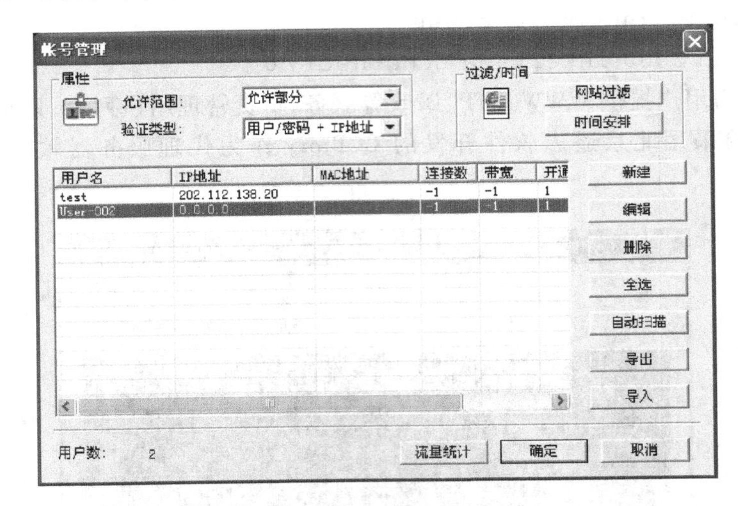

图 16-23　“账号管理”对话框

7　网络测试

7.1　验证网络的连通性

从前面的路由设计可以看出，全网除了 IP 电话、proxy 服务器、RADIUS 服务器等路由，其他路由不会被发布到本地 AS 之外；安全性设计则保证了只有合法用户才被允许接入或者访问 Internet；各地市行通过 VRRP 进行数据分流，不同主机访问网络的路径是不同的。请自行设计方案对网络互通性进行验证。

7.2　验证网络的可靠性

将网络中与可靠性设计相关部分的主用设备的主用端口禁用，人为制造网络故障，观察网络的连通性，分析网络自我维护的过程和拓扑的变化，深入体会网络可靠性的设计思想及不同实现方式的优缺点。

8　网络应用

VoIP 的配置与使用

8.1　VoIP 的配置与使用

如组网图所示，IP 电话接在 Rt12 和 Rt26 上，在这两台路由器上配置 Loopback

地址供 IP 电话寻址使用,其地址分别为 10.3.0.242/30 和 10.4.0.242/30,按照前文路由设计部分成功发布路由之后,参考下面的说明配置 VoIP。

配置 VoIP 语音实体:

[Router] voice-setup

[Router-voice]dial-program

[Router-voice-dial]entity 020 voip　　/* 020 是实体代号,可以设成任意合法字符串 */

配置被叫方电话号码,点是通配符,通配符代表具体电话号码的位数:

[Router-voice-dial-entity020]match-template 020……　　//020 相当于区号

配置被叫方 IP 地址:

[Router-voice-dial-entity020]address ip x.x.x.x

配置 IP 电话连接的本地端口:

[Router-voice-dial-entity020]entity 100 pots

配置本地的电话号码:

[Router-voice-dial-entity100]match-template 010123456

配置 POTS 语音实体 100 与语音用户线 0 关联:

[Router-voice-dial-entity100]line 0

配置完成后,就可以直接拨对方的号码进行通话了。

8.2 组播服务器的配置

8.2.1 视频服务器配置

这里选用 Windows Server 2000 中的 Windows Media 管理器作为组播发送软件。首先,配置多播站服务器,打开 Windows Media 管理器,选择“多播站”选项,界面如图 16-24 所示。

单击“广播站”按钮,新建一个广播站,根据提示,创建工作站 Station1,这个名字和下面的节目名、流名都可以任意指定,如图 16-25 所示。

创建 Station1 的 Program1,并指定数据流 Stream1,如图 16-26 所示。

指定组播源路径:“源 URL”文本框中会出现“mms://BUAACSE/”,这里 BUAACSE 为主机名,不需要修改,后面要手动添加视频文件名,并且这个文件要事先复制到 C:/ASFROOT 文件夹下,如图 16-27 所示。

输入组播文件的路径,如图 16-28 所示。

保存组播工作站设置。可以右击 Station1,更改组播地址或进行其他设置,需要指出的是,TTL 值应根据网络情况作相应的改动,保证最远的主机也可以收到。注意所有设置只能在节目停止的情况下进行。图 16-29 是一个已建好的组播站。

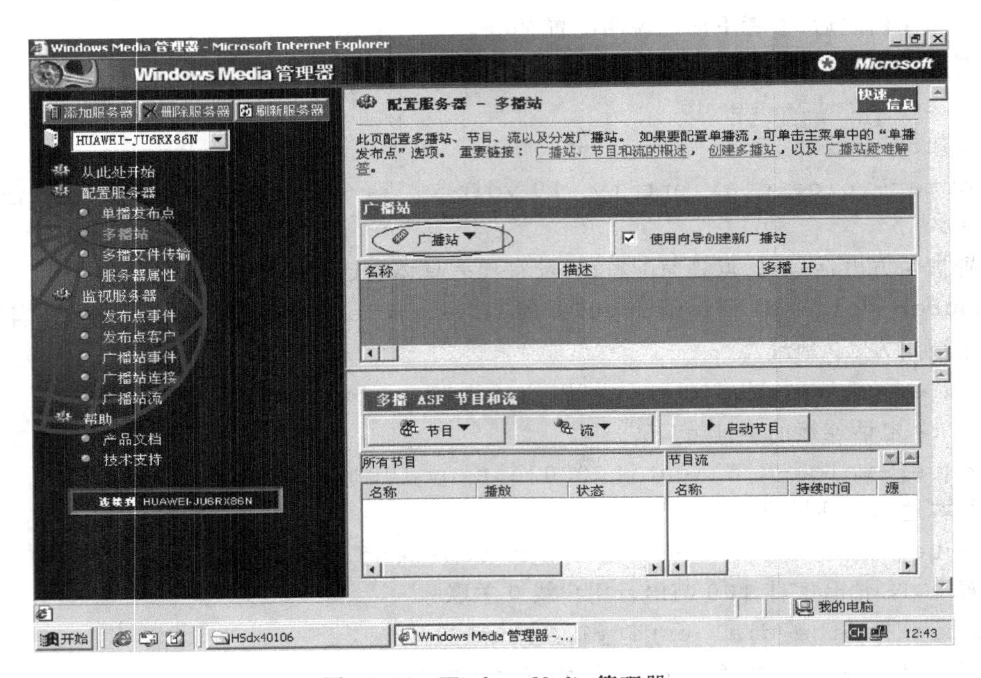

图 16-24　Windows Media 管理器

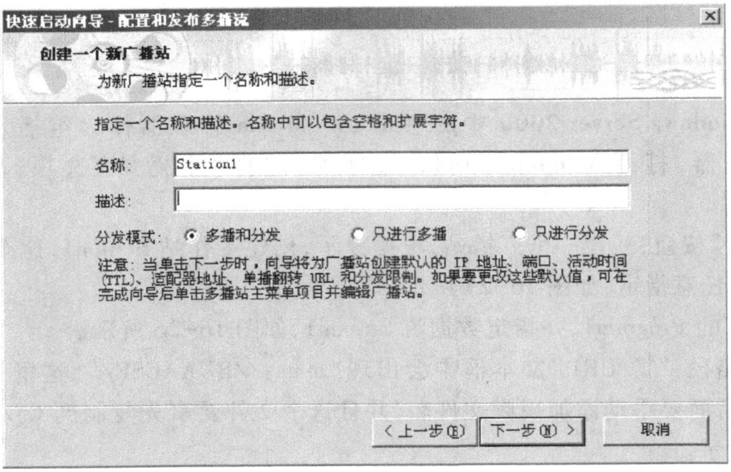

快速启动向导 - 配置和发布多播流

创建一个新广播站

为新广播站指定一个名称和描述。

指定一个名称和描述。名称中可以包含空格和扩展字符。

名称：Station1

描述：

分发模式：◉ 多播和分发　○ 只进行多播　○ 只进行分发

注意：当单击下一步时，向导将为广播站创建默认的 IP 地址、端口、活动时间(TTL)、适配器地址、单播翻转 URL 和分发限制。如果要更改这些默认值，可在完成向导后单击多播站主菜单项目并编辑广播站。

< 上一步(B)　下一步(N) >　取消

图 16-25　创建一个新广播站

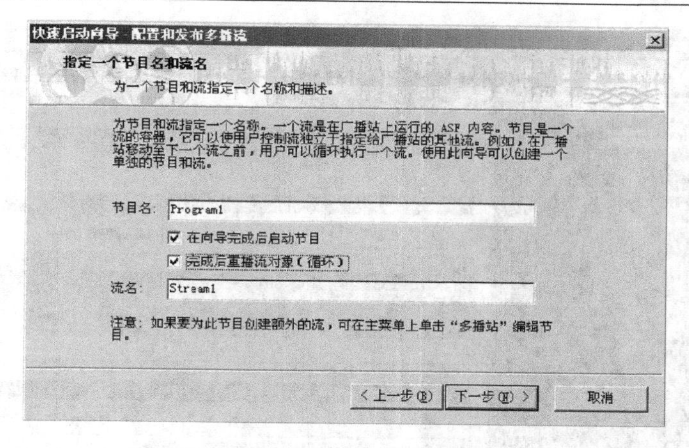

图 16-26 指定一个节目名和流名

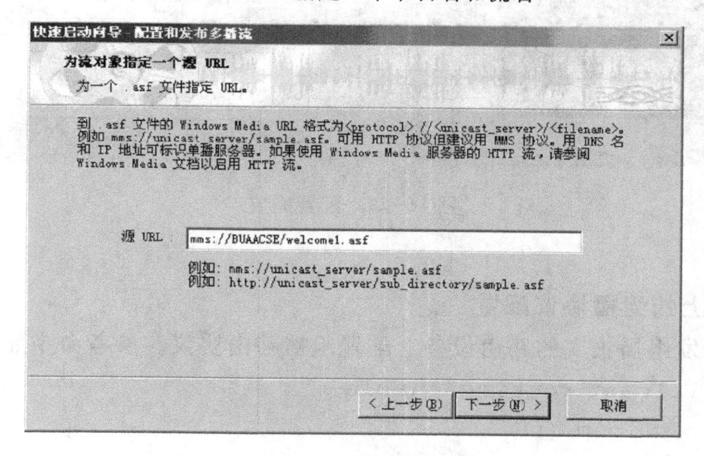

图 16-27 为流对象指定一个源 URL

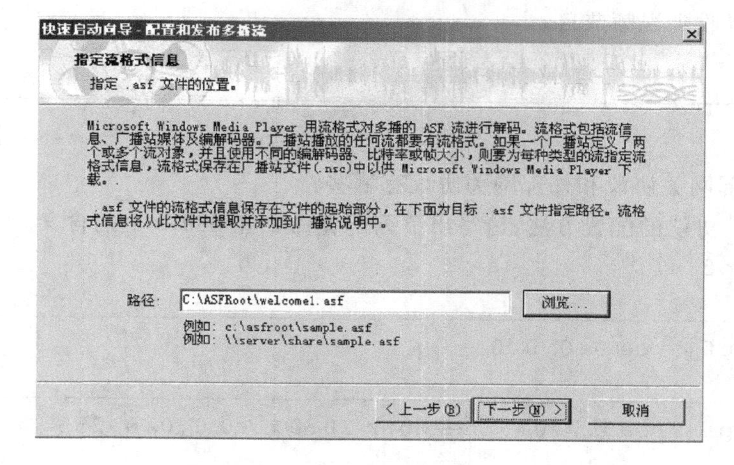

图 16-28 指定流格式信息

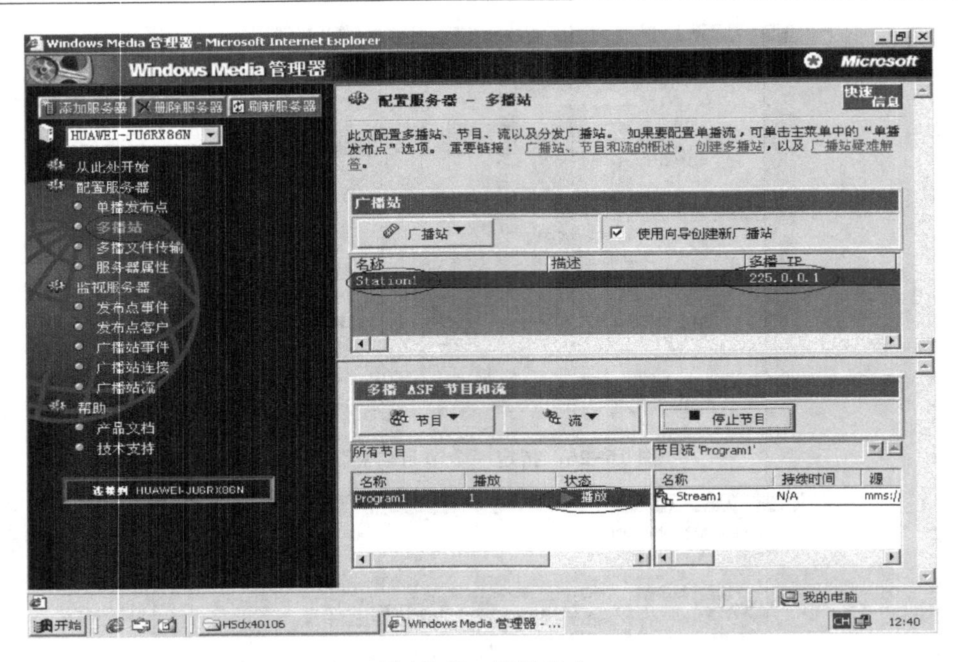

图 16-29　配置完成

8.2.2　网络设备上的组播协议配置

在所有需要转发组播报文的路由设备上配置组播路由协议。参考命令如下：

```
[router]multicast routing-enable
[Interface xxx]pim dm
```

如果组播网络配置成功，在接收端用 Windows Media Player 打开 URL：http://20.1.1.2/station1.nsc 就可以收到视频节目。

预习报告

1. 常用的内部网关协议和外部网关协议有哪些？

2. 复习 OSPF 协议的配置方法，请写出下列配置命令在 S8016 上的含义。

```
[S8016]ospf
```

____

```
[S8016-ospf]area 0.0.0.0
```

____

```
[S8016-ospf-area0.0.0.0]network 20.0.1.0 0.0.0.255
```

____

3. 什么是自治系统？为什么要引入自治系统？

4. 简述 BGP 状态机的几种状态及其相互转换关系。

5. BGP 中的 med 属性和 local-preference 属性有什么区别？

6. 请阅读实验手册，写出在 NE80 上配置 BGP 的命令的含义。

[NE80]bgp100

____

[NE80-bgp]network10.0.0.0

____

[NE80-bgp]import-route direct

____

[NE80-bgp]undo synchronization

____

[NE80-bgp]peer 10.0.1.2 as-number 100

____

[NE80-bgp]peer 10.0.2.2 as-number 100

____

[NE80-bgp]peer 10.0.4.2 as-number 200

____

7. 网络可靠性有几种实现方式？简述其特点。

实验十七 综合组网实验

综合组网实验

1 实验内容

(1) 网络规划与拓扑结构设计。
(2) 网络地址规划与设备编号。
(3) VLAN 划分与配置。
(4) 网络路由的设计。
(5) NAT 地址转换与访问控制。
(6) 网络管理应用的部署。
(7) 组播应用的部署。

2 实验目的

本实验以北航沙河校区信息平台 2 号实验楼网络工程项目的应用需求为背景,规划一个 6 层楼约 30 个机房 1 600 多台计算机的实验教学网络,并利用计算机网络实验室的路由交换设备,应用网络设计规划、地址分配、VLAN 划分、路由协议、网络管理、组播协议、地址转换、访问控制等技术,部分实现该网络的设计。通过这个综合设计型实验,希望学生能够将前面所学的内容进行综合、应用与提高,同时达到以下实验目的。

(1) 了解网络设计的原则和过程。
(2) 了解网络总体架构的设计,了解拓扑结构和地址的划分。
(3) 了解网络安全性、可靠性、路由、可管理性等的设计。
(4) 了解网络应用的部署和相关网络应用软件的使用。

3 实验原理

参见实验 16 的实验原理。

4 总体设计

网络规划与
拓扑结构设计

4.1 系统需求和设计目标

沙河校区信息平台承担面向全校一、二年级学生在沙河校区的几乎全部专业课程上机和公共上机的教学任务，每年为 6 000 多名学生提供从大学英语视听教学、计算机文化基础上机到机械制图和画法几何、新媒体艺术设计等课程的教学服务，教学工作量超过 100 万人学时。

为了满足上述教学要求，需要规划和设计一个 6 层楼 30 多个机房 1 600 多台计算机的实验教学平台，集成网络、监控、服务器、存储、信息发布、电子教室、中控和投影等多个系统，具有规模大、复杂度高、高性能和高稳定性的特点。网络系统是其中的基础和核心，该系统的任务是设计并构建一个全千兆的网络系统，信息平台所有系统都要平稳运行在该网络平台之上。其具体要求如下。

（1）将整个实验中心各个机房连成一个相对独立的局域网，保证网络互联互通，学生自由上机，正常上网，刷卡系统、网络服务器、考试系统正常运行。

（2）满足多媒体教学、流媒体教学的需求，保证音频、视频的流畅播放，确保良好的服务质量。

（3）网络的连通性完全可控，要求某些机房考试时，能够禁止该机房访问互联网，避免通过互联网作弊，而正常上课的机房将不受影响。

（4）网络支持组播应用，能够满足机房管理软件等教学相关应用的需求。

（5）网络设备支持抗 ARP 病毒攻击、广播风暴抑制、DHCP、IPv6 等功能。

（6）所有网络设备都要能够被实时监控和管理。

4.2 总体规划

由于沙河信息平台实验室有 1 600 多台计算机，网络中心没有足够的公网地址分配给每台计算机，因此，需要采用地址转换技术（NAT）进行网络规划。

（1）整个信息平台网络按照分层次划分的方法，划分为接入层、汇聚层、核心层。

（2）考虑多媒体教学、流媒体教学对网络带宽和路由交换设备的高要求，以及网络应用对网络带宽要求越来越高的趋势，接入层、汇聚层、核心层均采用不同级别的千兆交换机，确保足够的带宽和高效的转发效率。出口路由器采用性能较强的中高端路由器。

（3）IP 地址规划应考虑机房考试时有断网的需求，每个机房划分为一个网段，各个机房的网络地址包含楼层、房间号的信息，既方便记忆又方便管理。

（4）地址转换技术采用常用的基于端口的 NAT-PT 技术，公网地址将向网络中心申请一个至少包括 128 个公网地址的地址池，以尽量减少众多学生同时上网可能产生的问题。

（5）机房考试时断网，采用 ACL 访问控制列表的方式，对相关网段进行访问控制。

(6) 设备选型时考虑设备对 IPv6、DHCP、路由协议、组播协议的支持，以及抗 ARP 病毒攻击、广播风暴抑制等基本安全功能。

4.3　网络拓扑的规划

如图 17-1 所示，整个信息平台网络可以划分为接入层、汇聚层、核心层，接入层位于各个机房或实验室，通过接入交换机将所有计算机接入网络，接入端口的带宽为 100/1 000 Mbps，每个交换机都有一个上行的千兆接口，该接口与机房墙上的网络接口相连，通过楼内的水平布线子系统与弱电间的汇聚层交换机相连。

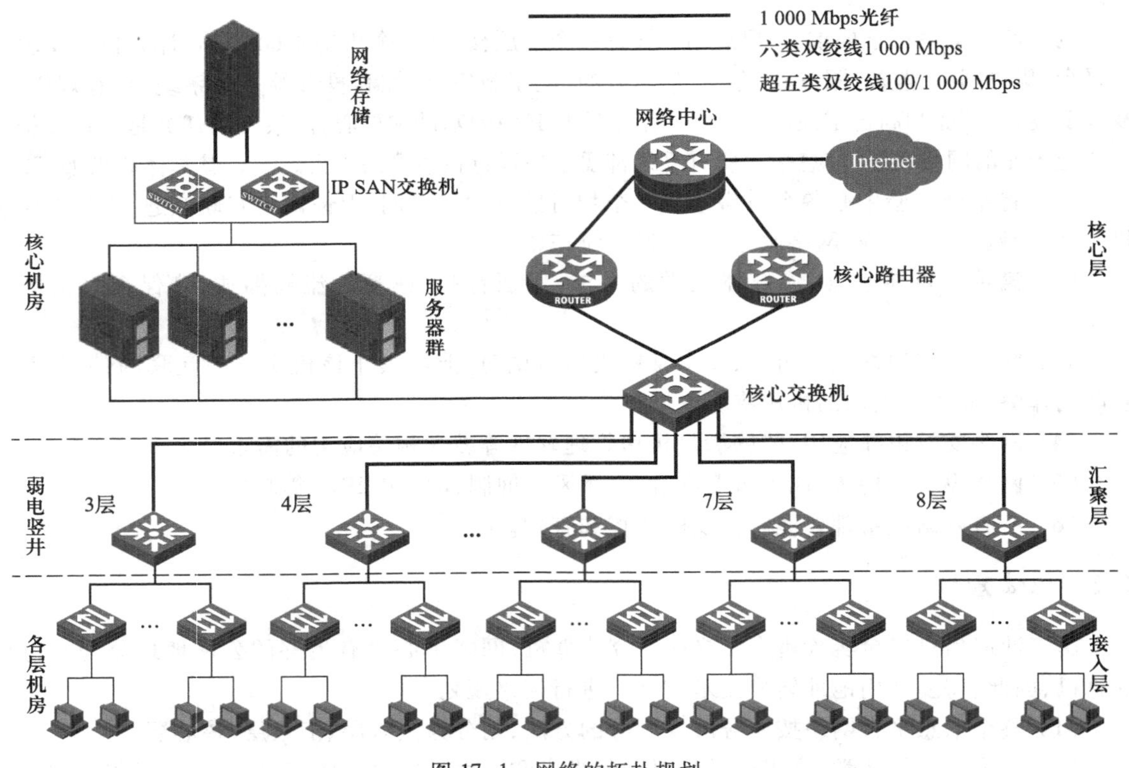

图 17-1　网络的拓扑规划

每层弱电间中的汇聚层交换机与本层机房内的接入交换机相连，同时，其上行的千兆接口与核心层交换机相连，核心交换机再通过其上行口与核心路由器相连，核心路由器的另外一个接口与网络中心相连。

局域网内所有主机和服务器均分配一个专用私网地址，访问外网时，需要通过核心路由器进行地址转换。每个服务器同时还分配一个私网地址，在路由器上进行配置，建立服务器公网地址和内网地址的映射，使得在局域网外也能够访问服务器。

5 网络详细设计

5.1 网络拓扑设计

根据对网络的整体规划进一步详细设计网络拓扑,如图 17-2 所示。

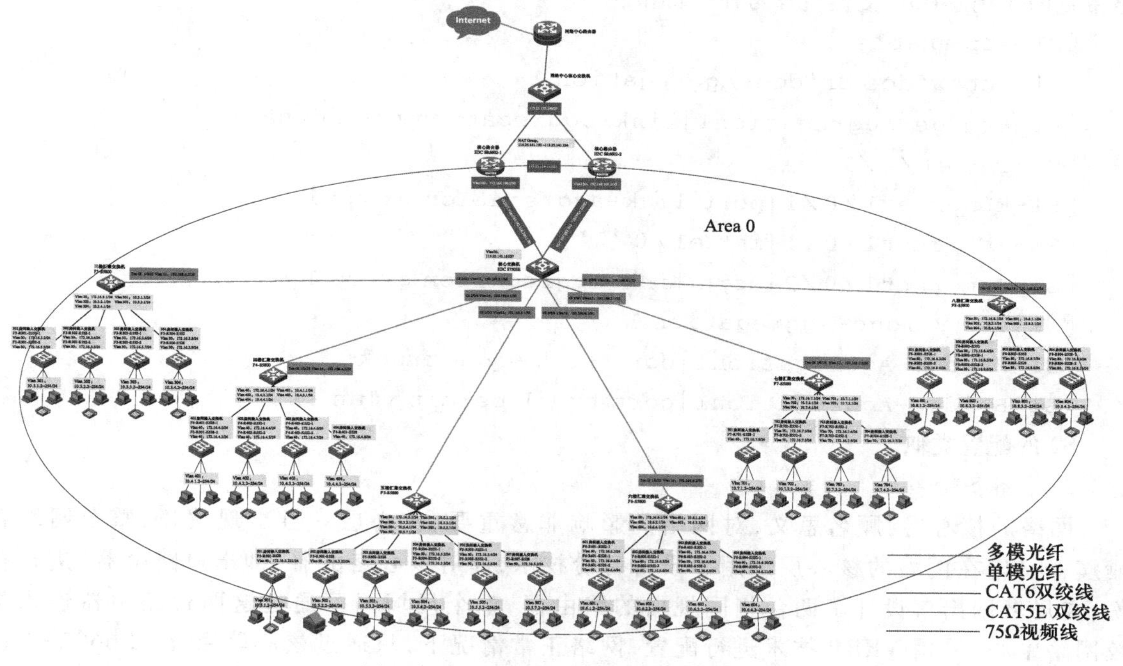

图 17-2 沙河信息平台网络拓扑结构

整个信息平台网络划分为接入层、汇聚层、核心层,接入层位于各个实验室,通过接入交换机将所有计算机接入网络,每个交换机都有 2 个上行的千兆接口,与机房墙上的网络接口相连,通过楼内的水平布线子系统与弱电间的汇聚层交换机相连。

每层弱电间中的汇聚层交换机与本层机房内的接入交换机相连,同时,其上行的千兆接口与核心层交换机相连,核心层交换机再通过其上行接口与核心路由器相连,核心路由器的另外一个接口与校园网相连,这样整个沙河信息平台的网络就接入了校园网。

5.2 网络可靠性设计

为了确保网络的可靠性,采用了链路备份、设备备份和路由备份技术。

1. 链路备份

从实验室的接入交换机到弱电竖井中的汇聚交换机、从汇聚交换机到核心交换机,所有这些链路的布线都采用了链路备份技术。例如,在301实验室,为了使59台计算机连入平台网络,为这个实验室布置了一台24口交换机和一台48口交换机,这两台交换机位于整个局域网中的接入层,它们与3层弱电竖井中的汇聚交换机连接时,每台交换机通过两根超五类双绞线与汇聚层交换机相连,301实验室的两台交换机通过4根双绞线连接汇聚交换机,并配置生成树协议和链路聚合,这样确保每台接入交换机与汇聚交换机之间有两条链路,采用生成树协议可以避免链路环路导致的广播风暴,配置链路聚合可以使两条链路同时传输数据,起到负载均衡和增加主干链路带宽的作用。H3C交换机参考命令如下:

```
[S1]stp enable
[S1]interface Bridge-Aggregation 1
[S1-Bridge-Aggregation1]link-aggregation mode dynamic
[S1]int e1/0/1
[S1-Ethernet1/0/1]port link-aggregation group 1
[S1-Ethernet1/0/1]int e1/0/2
[S1-Ethernet1/0/2]port link-aggregation group 1
[S1]int Bridge-Aggregation 1
[S1-Bridge-Aggregation1]port link-type trunk
[S1-Bridge-Aggregation1]port trunk permit vlan all
```

S2的配置类似。

2. 设备备份

网络的核心层,顾名思义,对网络的影响非常重要,核心层一旦出现故障,整个网络就瘫痪,所以,在网络的核心层采用了设备备份技术,即对核心路由器(即出口路由器)进行备份,在局域网出口设计了两台相同规格的路由器,整个局域网可通过这两台路由器连入学校网络中心,采用VRRP技术进行配置,网络正常情况下,只通过核心路由器SR6602-1连入校园网,但当这台路由器发生故障时,网络会自动启用核心路由器SR6602-2连入校园网,这样就能保证当核心路由器SR6602-1出现问题时网络仍然正常运行。参考命令如下:

```
R1:
interface Ethernet0/0
 ip address 192.168.100.3 255.255.255.0
 vrrp vrid 11 virtual-ip 192.168.100.2
R2:
interface Ethernet0/0
 ip address 192.168.100.4 255.255.255.0
 vrrp vrid 11 virtual-ip 192.168.100.2
 vrrp vrid 11 priority 80
```

3. 路由备份

在设备备份和链路备份的同时,也需要实现路由的备份,需要在核心交换机上配置多条去往外网的默认路由,通过设置默认路由的优先级,使当经过核心路由器 SR6602-1 进入校园网的路由失效时,就可以走经过核心路由器 SR6602-2 的路由。

5.3 设备选型

5.3.1 设备厂商的选择

目前网络设备厂商主要有 Cisco、H3C、锐捷等公司。Cisco 公司的设备尽管有性能好、稳定性高等优点,但其价格较贵,在银行、政府等部门使用较多。与 Cisco 的设备相比,H3C 公司的产品在性能、稳定性方面有一定差距,但一般都能满足正常使用,其价格优势比较明显。

因此,H3C 公司的产品在国内外的市场占有率逐年上升,北航的校园网改造、新主楼、沙河校区都已全部采用 H3C 的网络设备。考虑到设备的兼容性,因此,沙河信息大平台也采用 H3C 网络设备。

5.3.2 接入层设备选型

接入层设备选型主要考虑带宽、安全性、协议支持和性能价格比等几个方面,同时借鉴学校校园网、沙河校区学生宿舍和其他高校的网络建设经验。

1. 网络带宽

考虑到在流媒体教学和多媒体教学时对带宽要求较高,同时还具有接入密度高、持续时间长、所有端口同时大流量工作、对网络服务质量要求高(如考试)等特点。因此,这种高密度接入、高带宽要求组网方案,接入层多采用千兆交换机。

目前 H3C 公司千兆交换机主要有 E528、E552 和 S5800-32C 两种系列。E528 系列为弱三层交换机,S5800-32C 系列为全三层交换机。性能和价格后者远高于前者。

2. 安全性

目前,网络上安全攻击层出不穷,如 ARP 病毒攻击、MAC 欺骗、IP 欺骗和 DoS 攻击,以及由此带来的广播风暴等。接入设备选型应当考虑首先在接入层防范和抑制这些攻击,使网络安全保障从底层做起,有效保证整个网络的安全性。E528 和 S5800-32C 都能够满足要求,S5800-32C 性能上优势比较明显。

3. 协议支持

考虑对 VLAN、IPv6、组播协议、路由协议、DHCP、网络管理和 802.1x 认证的支持。E528 基本满足要求,S5800-32C 完全满足要求。

4. 性能价格比

考虑到经费有限,沙河信息大平台实验室接入层交换机选用 E528 系列交换机,S5800-32C 系列交换机作为其汇聚层设备。

5.3.3　汇聚层设备选型

汇聚层交换机采用 H3C S5800-32C 系列以太网交换机,每层弱电间一个,共 6 个。

5.3.4　核心层设备选型

核心交换机采用一台 H3C S7503E 路由交换机,核心路由器采用两台 H3C SR6602 系列路由器,这两台路由器互为备份,将有效保证网络的可靠性。核心层设备均放置在服务器机房。

5.3.5　网络设备汇总

根据每个机房能够容纳计算机的数量,如表 17-1 所示,可以计算出接入层需要的 H3C E528 接入层交换机的数量。同时,还需要 6 台汇聚层交换机 H3C S5800-32C,核心层交换机 H3C S7503E 1 台,核心层路由器 H3C SR6602 两台。网络设备汇总如表 17-2 所示。

表 17-1　接入层设备统计和网线计算

房间号	测量长(m)	测量宽(m)	计算面积(m^2)	实际排定计算机数	网线长度计算(cm)	交换机数量	交换机类型
810	19.9	7.52	149.6	82	2 519	4	E528
807	15.91	6.61	105.2	46	1 266	3	E528
…	…	…	…	…	…	…	…
合计							

表 17-2　网络设备汇总表

序号	产品代码	项目名称	数量	单价(元)	总价(元)
1	H3C S7500E 系列以太网交换机				
	LS-7503E	H3C S7503E 以太网交换机主机	1		
	LSQM1AC1400	H3C S7500E 交流电源模块,1 400 W	2		
	LSQM1MPUB0	H3C S7500 Salience VI-Lite 交换路由引擎	2		
	LSQM1FWBSC0	H3C S7500E 防火墙业务板模块	0		

续表

序号	产品代码	项目名称	数量	单价(元)	总价(元)
	LSQM1GP24TSC0	H3C S7500E-24 端口千兆/百兆以太网光接口模块(SFP, LC),其中 8 端口可光电复用	1		
	SFP-GE-LX-SM1310-A	光模块-SFP-GE-单模模块-(1 310 nm,10 km,LC)	2		
2	H3C S5800 系列以太网交换机				
	LS-5500-28C-EI	H3C S5500-28C-EI-以太网交换机主机(24GE+4SFP Combo+2Slots)	6		
3	H3C SR6602 系列路由器				
	RT-SR6602-AC-H3	H3C SR6602 1U 高度路由器主机(100 - 240VAC, 4GE/2 HIM slot)	2		
	SDRAM-2GB-DDR2	2GB DDR2-667 内存条	4		
	CF-1G	存储介质-CF-1G	2		
	SFP-GE-LX-SM1310-A	光模块-SFP-GE-单模模块-(1 310 nm,10 km,LC)	4		
4	H3C E500 以太网交换机				
	LS-E528-H3 LS-E552-H3	H3C E528 或 H3C E552 以太网交换机主机,24 台 10/100/1000Base-T, 4 个 SFP,支持 AC 110/220 V			
	总计				

5.4 VLAN 划分、网络地址、设备编号的规划

5.4.1 VLAN 划分

平台网络中接入层、汇聚层和核心层都采用了交换机,对接入交换机、汇聚交换机和核心交换机需进行不同的 VLAN 划分。

在接入交换机，将所有连接 PC 的交换机端口划分到一个 VLAN 中，为了便于记忆和管理，VLAN 编号为所属房间号，其上行口，即与汇聚交换机相连的端口也划分到这个 VLAN 中。如 301 房间的接入交换机，为它划分了 Vlan301。

在汇聚交换机上，为每个实验室建立一个 VLAN，为了便于记忆和管理，为 VLAN 设置编号为实验室房间号，然后把所有连接这个实验室的接入交换机的端口都划分到这个 VLAN 中，如汇聚交换机 F3－5800 需要为 4 个实验室建立 4 个 VLAN，分别为 Vlan301、Vlan302、Vlan303、Vlan304，即 301 实验室的交换机设置一个名为 Vlan301 的虚拟局域网，然后把连接 301 机房交换机的所有端口划分到 Vlan301；然后再建立一个 VLAN，编号为 $10\times n$，其中 n 为楼层号，并将所有连接核心交换机的接口划分到该 VLAN。

同样道理，在核心交换机上为每个楼层建立一个 VLAN，编号分别为 Vlan30、Vlan40、Vlan50、Vlan60、Vlan70、Vlan80；为了交换机与交换机之间能够传送不同 VLAN 的数据帧，相连的交换机的端口需要设置为 Trunk 口，并允许所有 VLAN 数据帧通过。例如，汇聚交换机与核心交换机上需要将它们相连的端口都配置为 Trunk 端口。同时，核心交换机还需再建立一个 VLAN，将与核心路由器相连的端口划分到该 VLAN。

另外，为了方便对所有网络设备进行网络管理，各台网络设备需要配置一个 Loopback 网络管理地址，对各网络设备网络管理地址的配置在 5.7 节有详细设计。

5.4.2　网络地址规划

如表 17-3 所示，地址规划采用私网地址 10.0.0.0/8 网段，第二个字节代表楼层，第三个字节代表房间号，第四个字节表示其在房间中的位置编号。这样便于网络管理，能够很快根据出问题的计算机的 IP 地址，定位到计算机的具体物理位置。

例如，从 IP 地址 10.5.4.16 立即可以定位该计算机在 5 层 504 机房 16 号机位。

表 17-3　网络地址分配表

房间号	网段规划	子网掩码	网关	1 号机位	地址分配
301	10.3.1.*/24	255.255.255.0	10.3.1.1	10.3.1.201	10.3.1.2…
302	10.3.2.*/24	255.255.255.0	10.3.2.1	10.3.2.201	10.3.2.2…
303	10.3.3.*/24	255.255.255.0	10.3.3.1	10.3.3.201	10.3.3.2…
304	10.3.4.*/24	255.255.255.0	10.3.4.1	10.3.4.201	10.3.4.2…
401	10.4.1.*/24	255.255.255.0	10.4.1.1	10.4.1.201	10.4.1.2…
402	10.4.2.*/24	255.255.255.0	10.4.2.1	10.4.2.201	10.4.2.2…
403	10.4.3.*/24	255.255.255.0	10.4.3.1	10.4.3.201	10.4.3.2…
404	10.4.4.*/24	255.255.255.0	10.4.4.1	10.4.4.201	10.4.4.2…

续表

房间号	网段规划	子网掩码	网关	1号机位	地址分配
501	10.5.1.*/24	255.255.255.0	10.5.1.1	10.5.1.201	10.5.1.2…
502	10.5.2.*/24	255.255.255.0	10.5.2.1	10.5.2.201	10.5.2.2…
503	10.5.3.*/24	255.255.255.0	10.5.3.1	10.5.3.201	10.5.3.2…
504	10.5.4.*/24	255.255.255.0	10.5.4.1	10.5.4.201	10.5.4.2…
505	10.5.5.*/24	255.255.255.0	10.5.5.1	10.5.5.201	10.5.5.2…
506	10.5.6.*/24	255.255.255.0	10.5.6.1	10.5.6.201	10.5.6.2…
601	10.6.1.*/24	255.255.255.0	10.6.1.1	10.6.1.201	10.6.1.2…
602	10.6.2.*/24	255.255.255.0	10.6.2.1	10.6.2.201	10.6.2.2…
603	10.6.3.*/24	255.255.255.0	10.6.3.1	10.6.3.201	10.6.3.2…
604	10.6.4.*/24	255.255.255.0	10.6.4.1	10.6.4.201	10.6.4.2…
701	10.7.1.*/24	255.255.255.0	10.7.1.1	10.7.1.201	10.7.1.2…
702	10.7.2.*/24	255.255.255.0	10.7.2.1	10.7.2.201	10.7.2.2…
703	10.7.3.*/24	255.255.255.0	10.7.3.1	10.7.3.201	10.7.3.2…
704	10.7.4.*/24	255.255.255.0	10.7.4.1	10.7.4.201	10.7.4.2…
801	10.8.1.*/24	255.255.255.0	10.8.1.1	10.8.1.201	10.8.1.2…
802	10.8.2.*/24	255.255.255.0	10.8.2.1	10.8.2.201	10.8.2.2…
803	10.8.3.*/24	255.255.255.0	10.8.3.1	10.8.3.201	10.8.3.2…
804	10.8.4.*/24	255.255.255.0	10.8.4.1	10.8.4.201	10.8.4.2…

房间内每个机位的编号规则为:面向讲台,从第一排开始,每一排均由左向右,从1开始顺序编号,如图17-3所示。

除了第一排第一个机位,每个机位的IP地址的第四字节与其在房间的位置编号一致。第一个机位编号为了避开网关,其IP地址的第四字节为201。例如:

504房间的第1号机位的IP地址是10.5.4.201。

504房间的第2号机位的IP地址是10.5.4.2。

504房间的第 n 号机位的IP地址是10.5.4.n($n>1$)。

每个房间的讲台上接有3根网线,这3根网线对应教学视频和教师计算机的IP地址。其中,其所在网段与该房间的计算机在同一网段,*.*.*.254和*.*.*.253分配给教学视频设备,*.*.*.252分配给教师计算机。例如:

504房间的教学视频设备地址为10.5.4.254和10.5.4.253(备用)。

504房间的教师计算机的地址为10.5.4.252。

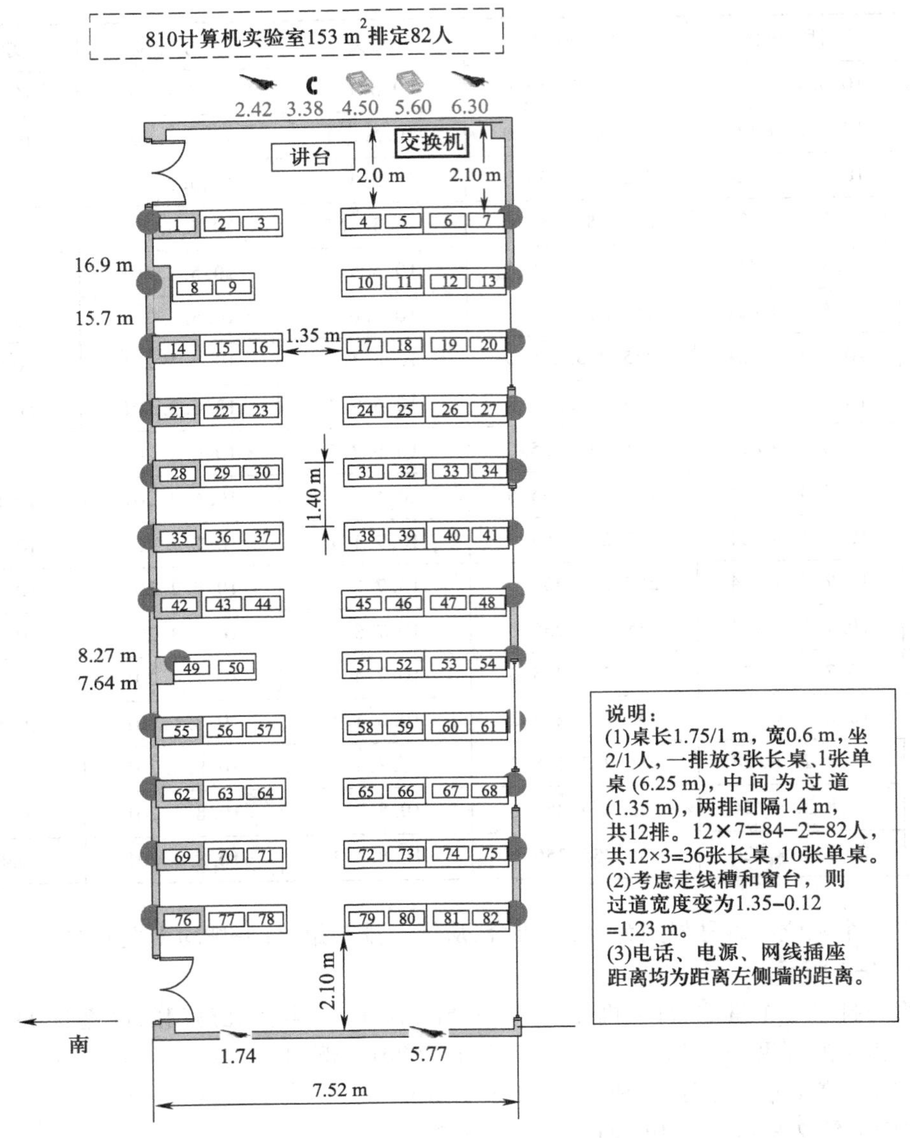

图 17-3　房间内机位的 IP 地址编号规划

5.4.3　设备编号规划

网络设备采用统一编号，核心路由器以 SR6602-*n* 方式编号，共有两台核心路由器，所以它们的编号分别为 SR6602-1 和 SR6602-2；核心交换机编号为 S7503E-core；汇聚交换机以 F*n*-5800 方式编号，其中 *n* 为楼层号，如 3 层的汇聚交换机为 F3-5800；接入交换机以“F 楼层号-房间号-设备型号-n"方式编号，其中 n 为房间内接入交换机的编号，如 301 房间的第 1 台 E552 系列的接入交换机编号为 F3-301-E552-1，如果房间内只有一台 E552 系列接入交换机，可省略编号中的"-1"。

5.5 路由设计

路由的设计

通常情况下，在出口路由器以内的网络设备(包括出口路由器的入口)都可以启动动态路由协议，为了网络安全起见，在出口路由器的出口不启动动态路由协议，至少不启动与局域网内部相同的动态路由协议，避免在动态路由交换路由信息时将局域网内部的 IP 地址及路由交换到外部网络，而是配置一条默认路由，将局域网内部的数据包通过默认路由转发到外网。路由设计如下。

OSPF 动态路由协议：在各实验室内的接入交换机、各楼层的汇聚交换机 F3-S5800、F4-S5800、F5-S5800、F6-S5800、F7-S5800、F8-S5800、核心交换机 S7503E-core、核心路由器 SR6602-1 和 SR6602-2 的 G0/0 接口上配置 OSPF 动态路由协议，使得平台内部网络互通。

静态路由协议：在路由器、核心交换机、汇聚交换机、接入交换机上分别配置一条指向外部网络的默认路由，使得局域网内部能够访问互联网。

5.6 NAT 地址转换与访问控制设计

NAT 地址转换与访问控制设计

5.6.1 NAT 地址转换的配置

网络中心给沙河信息平台网络提供了 115.25.141.129~115.25.141.255/25 这个地址段共 128 个公有网络地址，远不能满足平台实验室计算机全部上网的需求，所以在平台内部使用了 10.0.0.0/8 这个网段的私有地址作为内部 IP 地址，使用上面公有地址段中的一个地址段 115.25.141.193~115.25.141.254/26 作为公网地址，另外一段地址为其他服务器等设备使用，在出口路由器 SR6602-1 和 SR6602-2 上配置 NAT 地址转换，达到平台实验室所有计算机同时上网的目标。

地址转换的关键配置如下：(以 V5 版本命令为例，V7 版本命令请参考实验一第 7 节)

```
//配置地址池
nat address-group 1 115.25.141.193 115.25.141.254
//配置访问控制列表
acl number 2001
      rule 0 permit source 10.0.0.0 0.255.255.255
      rule1 deny
```

然后应用地址池和访问控制列表到出口路由器 SR6602-1 和 SR6602-2，最后再配置一条默认路由将 NAT 转换后的数据包转发到外网，具体配置请参考本书实验一中的配置命令。

5.6.2　访问控制的配置

在平台网络的日常运行中，经常有需求，就是不让某个或者某些实验室访问 Internet，但不影响其他实验室访问 Internet。其中的访问控制列表可以实现内网对外网访问的控制。例如，禁止 403 房间访问外网，其他房间仍可以访问外网，要达到这个访问控制目标，需要修改上面的访问控制列表（或者重新定义一个访问控制列表），例如：

```
acl number 2001
   rule 0 deny source 10.4.3.0 0.0.0.255
   rule 1 permit source 10.0.0.0 0.255.255.255
   rule 2 deny
```

5.7　网络管理设计

网络管理设计

网络管理可实现通过网络对设备进行远程管理的目标，在网络管理服务器上对整个沙河信息平台网络进行网络管理。网络中选取一台计算机（最好是服务器）作为网管服务器，安装网络管理软件（如"网络管理实验"章节中使用的华为 3Com 公司的 Quidview 网络管理软件），其他所有被管设备都启动 SNMP 网管协议及代理程序，通过网络在网管服务器端就可以对被管设备进行配置、流量、故障、安全等管理。

为了便于对平台网络内的网络设备进行网络管理，为所有网络设备配置 Loopback 管理地址，包括所有的接入交换机、汇聚交换机、核心交换机和核心路由器。具体如表 17-4 所示。

表 17-4　网络管理地址设计表

楼层（房间）	设备名称	管理地址
	核心路由器 SR6602-1	172.16.1.1/24
	核心路由器 SR6602-2	172.16.1.2/24
	核心交换机 S7503E-core	172.16.2.1/24
3 层	**Vlan30**	
	汇聚交换机 F3-S5800	172.16.3.1/24
301	F3-R301-E552-1	172.16.3.2/24
	F3-R301-E552-2	172.16.3.3/24
302	F3-R302-E552-1	172.16.3.4/24
	F3-R302-E552-2	172.16.3.5/24

续表

楼层(房间)	设备名称	管理地址
303	F3-R303-E552-1	172.16.3.6/24
	F3-R303-E552-2	172.16.3.7/24
304	F3-R304-E552	172.16.3.8/24
	F3-R304-E528	172.16.3.9/24
4层	**Vlan40**	
	汇聚交换机 F4-S5800	172.16.4.1/24
401	F4-R401-E528-1	172.16.4.2/24
	F4-R401-E528-2	172.16.4.3/24
402	F4-R402-E552-1	172.16.4.4/24
	F4-R402-E552-2	172.16.4.5/24
403	F4-R403-E552-1	172.16.4.6/24
	F4-R403-E552-2	172.16.4.7/24
404	F4-R403-E528	172.16.4.8/24
5层	**Vlan50**	
	汇聚交换机 F5-S5800	172.16.5.1/24
504	F5-R504-E552-1	172.16.5.2/24
	F5-R504-E552-2	172.16.5.3/24
505	F5-R505-E552-1	172.16.5.4/24
	F5-R505-E552-2	172.16.5.5/24
6层	**Vlan60**	
	汇聚交换机 F6-S5800	172.16.6.1/24
601	F6-R601-E552-1	172.16.6.2/24
	F6-R601-E528-1	172.16.6.3/24
	F6-R601-E528-2	172.16.6.4/24

续表

楼层(房间)	设备名称	管理地址
602	F6-R602-E552-1	172.16.6.5/24
	F6-R602-E552-2	172.16.6.6/24
603	F6-R603-E552-1	172.16.6.7/24
	F6-R603-E552-2	172.16.6.8/24
	F6-R603-E552-3	172.16.6.9/24
604	F6-R604-E552-1	172.16.6.10/24
	F6-R604-E552-2	172.16.6.11/24
7 层	**Vlan70**	
	汇聚交换机 F7-S5800	172.16.7.1/24
702	F7-R702-E552-1	172.16.7.2/24
	F7-R702-E552-2	172.16.7.3/24
703	F7-R703-E552-1	172.16.7.4/24
	F7-R703-E552-2	172.16.7.5/24
8 层	**Vlan80**	
	汇聚交换机 F8-S5800	172.16.8.1/24
802	F8-R802-E552	172.16.8.4/24
	F8-R802-E528-1	172.16.8.5/24
	F8-R802-E528-1	172.16.8.6/24
803	F8-R803-E552	172.16.8.7/24
	F8-R803-E528	172.16.8.8/24

对各接入交换机、汇聚交换机、核心交换机和核心路由器的管理接口启动动态路由器协议 RIP 或者 OSPF,使得被管设备管理接口与整个网络互相连通,确保能够被管理端 ping 通。

然后在所有被管设备上启动 SNMP 网管协议,在 501 值班室设置一台计算机作为管理端,安装 Quidview 管理软件,并指定 Trap 报文发送目的地址为到此管理端的 IP 地址。这里以核心交换机 S7503E-core 为例,给出 SNMP 网络管理协议配置命令如下:

```
[S7503E-core]snmp-agent
[S7503E-core]snmp sys ver v1
```

```
[S7503E-core]snmp com write private
[S7503E-core]snmp com read public
[S7503E-core]snmp trap enable
[S7503E-core]snmp target-host trap address udp-domain 10.5.1.100 params
securityname public
```

5.8 组播设计

组播设计

为了能够满足平台实验室电子教室软件、管理软件等教学和管理等组播应用需求,使得平台网络支持电子教室、实验室统一管理等组播应用,即同一实验室内、同一楼层不同实验室机器之间、不同楼层的机器之间都能进行组播传输。平台网络设计配置了 PIM-DM 组播路由协议,在各接入交换机、汇聚交换机、核心交换机的各接口上都配置了 PIM-DM 组播路由协议。这里以汇聚交换机 F3-S5800 为例,给出 PIM-DM 组播路由协议配置命令如下:

```
[F3-S5800]multicast routing-enable
[F3-S5800]int vlan 30
[F3-S5800-vlan-interface30]igmp enable
[F3-S5800-vlan-interface30]pim dm
[F3-S5800]int vlan 301
[F3-S5800-vlan-interface301]igmp enable
[F3-S5800-vlan-interface301]pim dm
[F3-S5800]int vlan 302
[F3-S5800-vlan-interface302]igmp enable
[F3-S5800-vlan-interface302]pim dm
[F3-S5800]int vlan 303
[F3-S5800-vlan-interface303]igmp enable
[F3-S5800-vlan-interface303]pim dm
[F3-S5800]int vlan 304
[F3-S5800-vlan-interface304]igmp enable
[F3-S5800-vlan-interface304]pim dm
```

5.9 网络布线与电源布线

5.9.1 网络布线

根据需求,在 6 层楼内共 35 个机房布放信息点,预估信息点为 950 个,根据机房的大小按照平均最远距离为(机房的长+机房的宽+5 m),最近距离为(机房的宽+5 m),计算得出平均长度为(最远距离+最近距离)/2,根据总电缆长度 L=(平均电缆长度+备用部分(平均长度的10%)+端接容差(通常设为 6 m))×信息总点数,总用线量为 25 124 m。所需的总箱数=25 124/305≈82 箱。

线缆布放采用优质 PVC 线槽沿房间两侧踢脚线安装,并在各行信息点位置引出线缆并连接至计算机。

为方便以后网线重复利用及网络传输数据的质量,选用质量优秀的国外品牌线,如康普、安普、施耐德等优质超五类非屏蔽 4 对双绞线。

另外,有 5 个房间没有线槽(605、606、705、706、810),需要开槽。所有开槽房间都需要放置镀锌金属线槽,镀锌金属线槽长度按照每房间纵向 4 条,横向 1 条,其长度根据房间长宽计算,总长度约 1 300 m。

网络布线及施工预算表如表 17-5 所示。

表 17-5　网络布线及施工预算表

综合布线	规格	单价	数量	合计
超五类非屏蔽 4 对双绞线 AMP	Cat 5E 305 m/箱			
AMP 水晶头	含线套			
镀锌金属线槽	200×100 mm			
开槽工程	200×100 mm			
工程费	含人工、安装、标签			
测试费	工程造价 10%			
合计				

5.9.2　电源布线及电源改造

电源布线及电源改造预算表如表 17-6 所示。

表 17-6　电源布线及电源改造预算表

强电安装	规格	单价	数量	合计
空开控制电缆	4 mm^2铜芯聚氯乙烯绝缘导线			
连接计算机电缆	1.5 mm^2铜芯聚氯乙烯绝缘导线			
2 孔接线板	定制			
空开	施耐德开关 32 A			
工程费用	已包含在线缆价格中			
合计				

6 实验环境与分组

(1) H3C 系列路由器 2 台,H3C 系列以太网三层交换机 2 台,PC 4 台,标准网线若干根。

(2) 每组 2~3 名学生,各操作 1 台 PC,合作进行实验。

7 实验步骤

实验步骤

7.1 网络的总体规划与拓扑设计

根据实验环境及所提供实验设备模拟沙河信息平台网络,模拟其中具有代表性的一部分网络结构(包括核心路由器、核心交换机、汇聚交换机、实验室接入交换机和 4 台 PC)进行综合设计实验,实验组网图如图 17-4 所示。

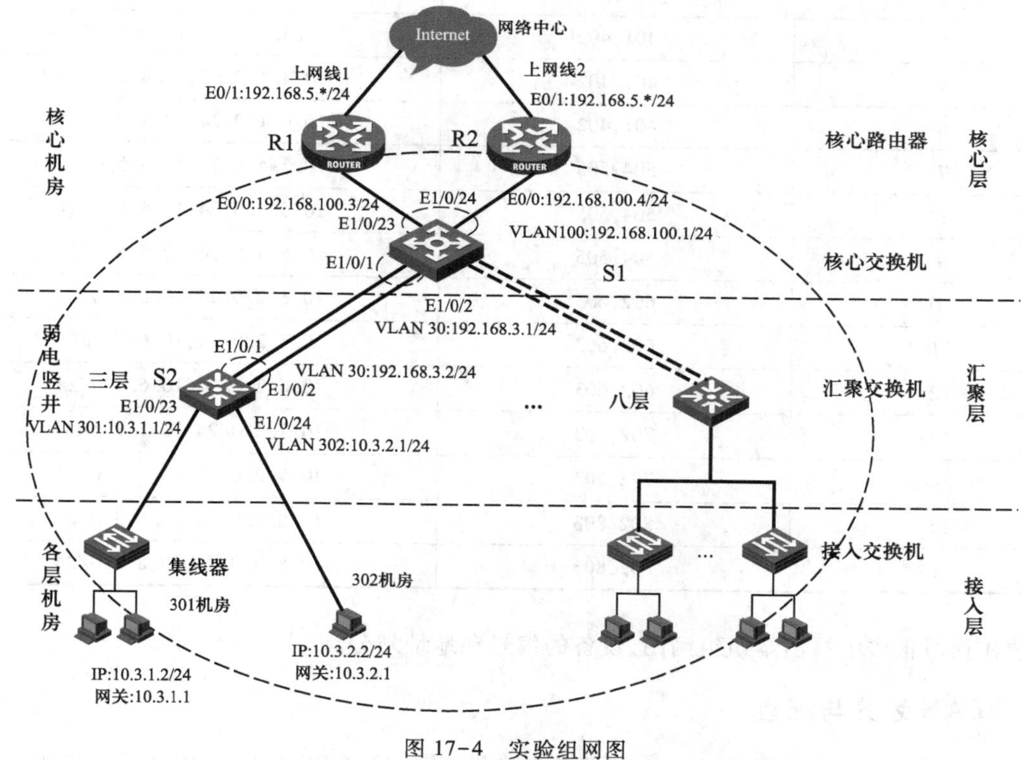

图 17-4 实验组网图

组网图以三层 301 机房和 302 机房为例,R1 和 R2 分别为两台核心路由器,S1 为核心交换机,S2 为三层的汇聚交换机。受设备限制,301 机房的接入交换机 F3-301-E552 用 Hub 替代,

302 机房的机器直接连接在 S2 上的网关接口。请各组根据各自任务，参照该组网图进行组网（由于在线实验平台没有 Hub，故 301 机房的机器也直接连接在 S2 的网关接口上）。

7.2　网络地址规划与设备编号

实验中每小组分配的可上网地址网段是 192.168.5. * /24，每组可上网地址和地址池的分配请参照实验一的第 7 节。

实验中每小组模拟一个沙河信息平台的实验室，私有 IP 地址对应所模拟实验室的 IP 地址，具体安排如表 17-7 所示。

表 17-7　各小组模拟实验室网络分配表

实验小组	模拟平台实验室	对应私有地址
1	303,304	10. 3. 3. 0/24,10. 3. 4. 0/24
2	303,304	10. 3. 3. 0/24,10. 3. 4. 0/24
3	303,304	10. 3. 3. 0/24,10. 3. 4. 0/24
4	401,402	10. 4. 1. 0/24,10. 4. 2. 0/24
5	401,402	10. 4. 1. 0/24,10. 4. 2. 0/24
6	401,402	10. 4. 1. 0/24,10. 4. 2. 0/24
7	504,505	10. 5. 4. 0/24,10. 5. 5. 0/24
8	504,505	10. 5. 4. 0/24,10. 5. 5. 0/24
9	504,505	10. 5. 4. 0/24,10. 5. 5. 0/24
10	602,603	10. 6. 2. 0/24,10. 6. 3. 0/24
11	602,603	10. 6. 2. 0/24,10. 6. 3. 0/24
12	602,603	10. 6. 2. 0/24,10. 6. 3. 0/24
13	702,703	10. 7. 2. 0/24,10. 7. 3. 0/24
14	702,703	10. 7. 2. 0/24,10. 7. 3. 0/24
15	802,803	10. 8. 2. 0/24,10. 8. 3. 0/24
16	802,803	10. 8. 2. 0/24,10. 8. 3. 0/24

请在预习报告中写出本组组网图、设备的编号和地址划分。

7.3　VLAN 划分与配置

这里主要是给交换机划分 VLAN、配置各交换机、路由器和 PC 的接口 IP 地址。实验中接入交换机用 Hub 代替，无需配置，所以只为汇聚交换机、核心交换机划分 VLAN，然后配置核心路由器、核心交换机、汇聚交换机和 4 台 PC 的各接口 IP 地址。

在汇聚交换机上，为每个实验室建立一个 VLAN，为了便于记忆和管理，为 VLAN 设置编号为实验室房间号，然后把所有连接这个实验室的接入交换机的端口都划分到这个 VLAN 中，如汇聚交换机 F3-5800 需要为 4 个实验室建立 4 个 VLAN，分别为 VLAN301、VLAN302、VLAN303、VLAN304，即 301 实验室的交换机设置一个名为 VLAN301 的虚拟局域网，然后把连接 301 机房交换机的所有端口划分到 VLAN301。

同样道理，在核心交换机上为每个楼层建立一个 VLAN，编号分别为 VLAN30、VLAN40、VLAN50、VLAN60、VLAN70、VLAN80；为了交换机与交换机之间能够传送不同 VLAN 的数据帧，相应的交换机端口需要设置为 Trunk 端口，并允许所有 VLAN 数据帧通过。

7.4 网络可靠性的设计

1. 链路备份的设计

根据组网图，配置生成树协议和链路聚合，并写出相关命令。

2. 设备备份的设计

由于核心路由器的负荷最重，本实验采用两台核心路由器双机热备份的设计。两台路由器上运行 VRRP，R2 为备份路由器，虚拟路由器地址为 192.168.100.2。参考 5.2 节的命令。

3. 路由备份的设计

由于本实验的网络拓扑总体上属于树形结构，路由备份主要在核心交换机与核心路由器之间。主要体现在访问互联网的默认路由的配置，为了使整个设计简单、高效，只在两个出口路由器上配置去外网的默认路由：

```
[R1]ip route-static 0.0.0.0 0.0.0.0 192.168.5.1
[R2]ip route-static 0.0.0.0 0.0.0.0 192.168.5.1
```

而核心交换机 S1 和汇聚交换机 S2 上不单独配置前往外网的默认路由，只需要在出口路由器处 R1 和 R2 上，将默认路由引入至 OSPF 或 RIP，并通过 OSPF 或 RIP 协议传播给 S1 和 S2。例如(以应用 OSPF 协议为例)：

```
[R1-OSPF-1]default-route-advertise cost 100
//将 R1 上的默认路由 ip route-static 0.0.0.0 0.0.0.0 192.168.5.1 引入 OSPF
[R2-OSPF-1]default-route-advertise cost 200
//将 R2 上的默认路由 ip route-static 0.0.0.0 0.0.0.0 192.168.5.1 引入 OSPF
```

这样，S1 和 S2 不需要配置默认路由。

这里，我们通过设置引入路由的 cost 值来优选出路由器 R1 作为主出口路由器，R2 作为备份路由器。其优点是配置命令比较简洁，还可以做到全面的主备路由器的自动切换。

7.5 网络路由的设计

根据 5.5 节介绍的路由设计思路，为各小组配置 RIP 或 OSPF 动态路由协议，并配置适当的静态路由或者默认路由，确保全网互通，并能够访问 Internet。

思考题

请写出核心路由器和核心交换机中的指定路由器和备份指定路由器,并说明为什么。

7.6　NAT 地址转换与访问控制

在出口路由器 R1 和 R2 上配置 NAT 协议,使得局域网内部的计算机通过出口路由器地址转换后可以访问 Internet,并通过访问控制列表技术,能够实现内网对外网访问的控制。

1. 地址转换的设计

实验中每小组分配的可上网地址网段是 192.168.5. * /24,每组可上网地址和地址池的分配请参照实验一的第 7 节。其中,R1 的上网地址是该组地址池的第 1 个地址,R1 的地址池是该组地址池的前两个地址;R2 的上网地址是该组地址池的第 3 个地址,R2 的地址池是该组地址池的后三个地址。

对 R1 和 R2 进行地址转换配置,使所有机房能够上网。

2. 访问控制的设计

考虑机房经常要进行考试,考试时相关机房必须禁止访问互联网,但其他不考试的机房仍然可以访问互联网。

思考题

写出访问控制列表的相关命令。

7.7　网络管理应用的部署

为了能够对实验网络中的所有设备进行网络管理,需要为被管设备配置网络管理地址和 SNMP 网络管理协议,实验中对核心路由器、核心交换机、汇聚交换机进行管理,在被管设备上配置 SNMP 网管协议,4 台 PC 作为管理服务器,安装 H3C 的网管软件 Quidview,安装完成之后在管理服务器上对核心路由器、核心交换机和汇聚交换机进行配置管理、流量管理等网管操作。

步骤 1　安装 H3C 的网管软件 Quidview。

步骤 2　先启动 Windows 桌面上的 Startup Quidview Server 程序,然后再启动 Quidview Client 程序,弹出用户登录窗口,输入"用户名"和"密码",完成启动 Quidview Client 程序。其中"用户名"和"密码"的默认值为"admin"和"quidview"。

步骤 3　在 Quidview 主界面中,选择"资源管理"→"设置 SNMP 参数"命令,弹出"SNMP 参数设置"窗口,SNMP 参数包括"SNMPv1"、"SNMPv2"、"SNMPv3"三个版本。

SNMPv1 和 SNMPv2 采用共同体名认证,与设备认可的共同体名不符的 SNMP 报文将被丢弃。具有只读权限的共同体名只能对设备信息进行查询,而只有具有读写权限的共同体名才可以对设备进行配置。默认的只读共同体名是 public,默认的读写共同体名是 private。

除设置共同体名外,还需设置"超时"和"重试","超时"时间表示网管站与被管设备通信时,等待其响应的最长时间,其值至少应设为从网管站到被管设备通信平均时延的两倍,若两者通过低速网络连接,应将"超时"值设得大一些。"重试"表示在网管站与被管设备通信发生故障时的最大重试次数。网络繁忙时 SNMP 数据包可能被丢弃,为防止这一情况,Quidview 在设备响应超时后将重新发送 SNMP 请求,直至得到设备的 SNMP 报文或超过重试次数。

步骤 4 在交换机或路由器上配置 SNMP 代理程序,并打开设备。参考配置命令如下:

```
[Router]snmp-agent
[Router]snmp sys ver v1
[Router]snmp com write private
[Router]snmp com read public
[Router]snmp trap enable
[Router ]snmp target-host trap address udp-domain 10.3.1.2 params securityname public
```

步骤 5 在 Quidview 主界面上,选择"资源管理"→"添加设备"命令,打开"添加设备"窗口,输入待发现的网络设备的 IP 地址和子网掩码。单击"确定"按钮后即可在资源面板的"root/IP 视图"选项卡中发现刚添加的网络设备。

步骤 6 右击被发现的设备,在弹出的下拉菜单中选择"打开设备"命令。

步骤 7 打开设备后,在 Quidview 设备管理界面中,选择"系统"→"系统参数"命令,弹出"系统参数"窗口,各参数含义如下。

(1) 面板刷新间隔:设备信息、接口信息等界面的刷新间隔。轮询间隔对网络效率有一定影响,如降低轮询频率可以减少网络上 SNMP 报文的流量和被管设备处理 SNMP 请求的工作量。设置范围是 2~65 535 秒,默认是 300 秒。

(2) 实时监视刷新间隔:预设接口监视、设备监视界面的刷新间隔。设置范围是 2~65 535 秒,默认是 60 秒。

修改完参数后单击"确定"按钮关闭该界面,参数立即生效。

思考题

1. 将路由器 R1 的 E1 接口断掉,截获并分析 Trap 报文,写出报文的字段名和字段值,然后重新连接,通过网络管理服务器查看路由器状态。

2. 每台设备上配置专用的网络管理地址有什么好处?

7.8 组播应用的部署

在核心交换机、汇聚交换机和接入交换机上配置组播路由协议 PIM-DM,并确保相关的交换机上能运行 IGMP,启动组播测试台软件,在一个房间的主机上发送组播信息,测试另一个房间的主机能否收到相应的组播信息。模拟应用组播技术实现教师在一个机房讲课,其他机房的学生也能够收听的功能。组播参考命令如下:

```
[F3-5800]multicast routing-enable
[F3-5800-vlan-interface30]pim dm
```

7.9 网络测试

设计配置完网络设备和 PC 之后,自行设计方案对网络进行测试和验证,包括网络的连通性、链路路由备份、地址转换、访问控制、组播应用等。

预习报告

1. 根据 7.2 节每组的组网任务,画出本组的组网图,并标出相应的 VLAN、IP 地址和设备编号。

2. 复习 RIP 或 OSPF 协议的配置方法,写出在 S1 上的配置命令的含义。

[S8016]ospf

____

[S8016-ospf]area 0.0.0.0

____

[S8016-ospf-area0.0.0.0]network192.168.100.0 0.0.0.255

____

或者

[S8016]rip

____

[S8016-rip]network 192.168.100.0

____

3. 网络可靠性有几种实现方式? 简述其特点。

4. 仔细阅读实验指导书,写出相关的配置命令。

参 考 文 献

[1] 谢希仁.计算机网络[M].7 版.北京:电子工业出版社,2016.
[2] W.Richard Stevens.TCP/IP 详解　卷 1:协议[M].范建华,胥光辉,张涛,等,译.北京:机械工业出版社,2000.
[3] W.Richard Stevens.TCP/IP Illustrated Volume 1:The Protocols[M].北京:机械工业出版社,2002.
[4] A.S. Tanenbaum,D.J.Wetherall.计算机网络[M].5 版.严伟,潘爱民,译.北京:清华大学出版社,2012.
[5] A.S. Tanenbaum,D.J.Wetherall.Computer Networks[M].Fifth Edition.北京:清华大学出版社,2012.
[6] D.E.Comer.用 TCP/IP 进行网际互联　第一卷:原理、协议与结构[M].4 版.林瑶,蒋慧,杜蔚轩,等,译.北京:电子工业出版社,2001.
[7] D.E.Comer.Internetworking With TCP/IP Vol I: Principles, Protocols, and Architectures[M].北京:人民邮电出版社,2002.
[8] Larry L. Peterson.Computer Networks, A system Approach[M].北京:机械工业出版社,2002.
[9] 杭州华三通信技术有限公司.H3C 网络学院系列教程(1-2)学期,2010.
[10] 杭州华三通信技术有限公司.H3C 网络学院系列教程(3-8)学期,2010.
[11] 杭州华三通信技术有限公司.H3C 网络学院系列教程-IPv6 技术,2010.
[12] M.Hughes,M.Shoffner,D.Hamner.et al.Java 网络编程技术内幕[M].刘先勇,高志勇,乐莉,等,译. 北京:国防工业出版社.
[13] 赵腾任,刘国斌,孙江宏.计算机网络工程典型案例分析[M].北京:清华大学出版社,2004.
[14] IEEE Std 802.11™-2012(Revision of IEEE Std 802.11-2007).
[15] M.S.Gast.802.11 无线网络权威指南[M].2 版.南京:东南大学出版社,2006.
[16] 华为技术有限公司.WLAN 认证和加密技术白皮书,2012.

参考文献

郑重声明